U0810242

中国互联网发展报告
2024

中国互联网协会　编

電子工業出版社
Publishing House of Electronics Industry
北京・BEIJING

内 容 简 介

《中国互联网发展报告》是由中国互联网协会组织编撰的大型编年体综合性研究报告，自 2003 年以来，每年出版一卷。

《中国互联网发展报告 2024》客观记录了 2023 年中国互联网行业的发展轨迹，总结归纳了中国互联网在基础资源与技术、领域应用与服务、治理与发展环境等方面的发展现状、前沿技术及创新成果。本书内容丰富，数据翔实，图文并茂，重点突出，旨在为互联网从业者提供参考和借鉴，为相关部门的决策和相关产业协同发展提供有效支撑。

未经许可，不得以任何方式复制或抄袭本书之部分或全部内容。
版权所有，侵权必究。

图书在版编目（CIP）数据

中国互联网发展报告. 2024 / 中国互联网协会编.
北京 : 电子工业出版社, 2024. 11. -- ISBN 978-7-121-49084-2

Ⅰ. TP393.4

中国国家版本馆 CIP 数据核字第 20243T7S16 号

责任编辑：徐蕾薇　　文字编辑：赵　娜
印　　刷：天津画中画印刷有限公司
装　　订：天津画中画印刷有限公司
出版发行：电子工业出版社
　　　　　北京市海淀区万寿路 173 信箱　邮编：100036
开　　本：787×1092　1/16　印张：25.75　字数：660 千字
版　　次：2024 年 11 月第 1 版
印　　次：2024 年 11 月第 1 次印刷
定　　价：1280.00 元

凡所购买电子工业出版社图书有缺损问题，请向购买书店调换。若书店售缺，请与本社发行部联系，联系及邮购电话：（010）88254888，88258888。

质量投诉请发邮件至 zlts@phei.com.cn，盗版侵权举报请发邮件至 dbqq@phei.com.cn。

本书咨询联系方式：xuqw@phei.com.cn。

《中国互联网发展报告 2024》

编辑委员会名单

顾　问

胡启恒　中国工程院院士
邬贺铨　中国工程院院士

主任委员

尚　冰　中国互联网协会理事长

编辑委员会委员（按姓氏笔画排序）

毛　伟　北龙中网董事长、中国互联网协会副理事长
卢　卫　中国互联网协会副理事长
刘郁林　中国互联网络信息中心主任、中国互联网协会副理事长
李　星　CERNET 网络中心副主任、中国互联网协会学术工作委员会主任委员
李晓东　伏羲智库主任、中国互联网协会副理事长
吴建平　中国工程院院士、中国互联网协会副理事长
余晓晖　中国信息通信研究院院长、中国互联网协会副理事长兼秘书长
赵志国　工业和信息化部总工程师
侯自强　中国科学院原秘书长
钱华林　中国互联网络信息中心首席科学家
高卢麟　中国互联网协会咨询委员会委员
高新民　中国互联网协会咨询委员会委员
黄澄清　中国互联网协会副理事长
韩　夏　工业和信息化部信息通信科技委常务副主任兼秘书长
雷震洲　中国信息通信研究院教授级高工
廖方宇　中国互联网协会副理事长

总 编 辑

余晓晖

副总编辑

陈家春

主　　编

裴　玮

编　　辑

王　鲲

撰稿人（按章节排序）

王　鲲　嵇叶楠　龚达宁　冯泽鲲　张郁安　左铠瑞　张雅琪　尹昊智
李　原　杨　波　王　珂　李向群　王智峰　张爱丽　刘林林　郭　亮
王少鹏　邱　奔　李　洁　毛馨纬　巩艺骧　周丹颖　黄天昊　王蕴婷
刘　硕　李侠宇　王　敬　张　萌　赖俊森　王泽宇　张玮婷　靳　震
刘星辰　张学强　齐　静　燕江依　赵丹萍　刘衡萍　田　娟　邵小景
丛瑛瑛　陈　曦　池　程　罗　璨　尹子航　宋文希　康　宸　庞伟伟
傅蓉蓉　刘毓炜　董千洲　范洪源　杨玲玲　牛晓玲　尚梦宸　白　璐
王欣怡　张恒升　王亦澎　张　蕾　吴诗雨　马　娟　李昭伦　郭亚楠
关　欣　孙立鑫　徐　鸿　权卓然　武　昱　王汉唐　张佳宁　陶白丁
裴　艳　任光辉　徐贵宝　徐　渊　于青平　董子毓　郭宇欣　吴元尊
胡　穆　付　彪　李　玥　王　龙　邓寒思　孙　静　李思明　马阿鑫
陈　鹏　叶茜林　强靖雯　梁德平　郑华平　徐　钧　盘　剑　刘　慧
董　振　黄嘉强　叶国营　汤　俏　孙金琛　程超功　许小乐　芦思超
王　珺　杨　祎　赵淑钰　郭　丰　张蕾蕾　李文宇　毕春丽　张涵羽
葛悦涛　朱　帅　李　强　王一新　杨泠子　李小丽　李玉昭　把　冉

审校人（按章节排序）

高新民　何　伟　周晓龙　厉基巍　张姗姗　田　东　吴双力　唐建军
姜昕蔚　柳文龙　马阿鑫　李　勇　尹艳鹏　李　想　李先懿　付　伟
彭　勇　田　宇　艾瑞数智　王　磊　李文超　冯　骏　刘文懋

前　言

《中国互联网发展报告 2024》（以下简称《报告》）是一部客观记录中国互联网行业发展进程、系统总结和分析互联网细分行业和重点领域的大型编年体综合性研究报告。《报告》由中国互联网协会理事长尚冰担任编辑委员会主任，中国工程院院士胡启恒、中国工程院院士邬贺铨担任编辑委员会顾问。

《报告》分为综述、基础资源与技术、领域应用与服务、治理与发展环境和附录 5 篇，共 31 章，力求保持整体结构的延续性。《报告》以习近平新时代中国特色社会主义思想，特别是习近平总书记关于网络强国的重要思想为指导，聚焦 2023 年中国互联网发展实践，全面反映了 2023 年中国互联网行业的发展情况，展现了基础资源、基础设施、数据要素、人工智能等基础资源与技术的发展成就；展示了工业互联网、车联网、商务交易类应用、数字政府等领域应用的发展成果；分析了互联网政策法规、互联网治理、网络安全等方面的发展成效。

《报告》的编撰工作得到了相关政府部门、科研机构、互联网企业等社会各界的大力支持，来自中国信息通信研究院等诸多单位的专家和研究人员共 120 人参与了编撰工作。编辑委员会委员对《报告》内容进行了认真严格的审核，保障了《报告》的质量和水平。

《中国互联网发展报告》自 2003 年以来，每年出版一卷，已经持续 22 年，对中国互联网管理部门、行业机构及专家学者等互联网领域从业人员全面了解和掌握中国互联网发展情况具有重要参考价值。

《中国互联网发展报告》积极促进了行业研究与咨询服务。中国互联网协会在研究领域不断开拓创新，聚焦互联网前沿技术，融合应用及创新成果，为政府的决策服务，为行业的发展服务，为产业的繁荣服务。

《中国互联网发展报告》以其权威性和全面性得到政府、业界的持续关注及高度评价，已成为互联网行业研究、产业发展和政府决策的重要支撑。

目　录

第二篇　基础资源与技术篇

第三篇 领域应用与服务篇

第四篇 治理与发展环境篇

第五篇 附录篇

总　论

2023年是全面贯彻落实党的二十大精神的开局之年，在以习近平同志为核心的党中央坚强领导下，在习近平新时代中国特色社会主义思想科学指引下，我国迈入了加快数字化发展、建设数字中国的新阶段。以互联网为代表的新一代信息通信技术正引领和推动着经济发展、社会治理、百姓生活等方方面面的变革。一年来，我国5G、千兆光纤网络等新型信息基础设施建设日益完备，下一代互联网IPv6用户和流量规模显著提升，卫星互联网建设稳步推进，光纤宽带网络服务能力不断增强；一年来，我国人工智能产业迅猛发展，大模型正在融入各行各业，量子计算领域科研水平持续提升，物联网成为新形势下推动数字化转型、新质生产力、实施新型工业化等战略的重要组成；一年来，我国数字经济法治体系得到持续完善，数字政府引领数字化发展的作用不断显现，数字社会建设的整体性、协同性水平稳步提升；一年来，我国网络安全产业持续创新迭代，基础能力显著提升、产业应用快速布局，持续向各领域输出安全能力；一年来，我国数字领域对外合作环境日趋复杂，国际数字治理体系的重构推动我国持续加强政策统筹。总体来看，2023年数字中国建设实现积极成效，智能化、智慧化水平显著提高。

数字基础设施扩容提速。高速泛在、天地一体、云网融合、智能敏捷、绿色低碳、安全可控的智能化综合性数字信息基础设施建设持续推进。**一是**我国5G、千兆光纤网络等新型信息基础设施建设日益完备，截至2023年年底，累计建成5G基站337.7万个，4G和5G移动宽带用户总数达15.17亿户，占移动电话用户的87.84%[1]。**二是**IPv6网络规模部署行动持续深入，IPv6活跃用户数达到7.78亿[2]，超额完成2023年目标，网络性能持续优化，网内时延为25.74ms，网内丢包率为0.0038%。**三是**我国蜂窝物联网规模化应用表现突出，已实现全球领先，连接数在全球的占比达到2/3以上。截至2023年年底，我国蜂窝物联网连接数达23.32亿户，全年净增4.88亿户，占移动网终端连接数的比重达57.5%[3]。**四是**算力基础设施建设稳步推进，截至2023年年底，我国在用数据中心机架总规模超过810万标准机架，算力总规模达到230EFLOPS[4]。数据中心作为承载各类信息技术的核心枢纽，成为经济社会运行不可或缺的关键基础设施。

关键前沿技术创新发展。一是我国卫星互联网建设稳步推进，北斗系统正式加入国际民航组织标准，成为全球民航通用的卫星导航系统。**二是**量子计算领域科研水平稳步提高，量子计算领域中国受理的发明专利申请共计3783件，中国授权总量1399件，量子计算领域的专利申请趋势和专利授权趋势基本与全球的发展趋势同步[5]。**三是**我国人工智能科研创新能力

---

1 资料来源：工业和信息化部。

2 资料来源：《数字中国发展报告（2023年）》。

3 资料来源：工业和信息化部。

4 资料来源：工业和信息化部。

5 资料来源：《量子信息技术发展与应用研究报告（2023）》，中国信息通信研究院。

不断提升，人工智能专利数量高速增长，2013 年 1 月至 2023 年 9 月，全球人工智能专利累计申请量超过 129 万件，中国占比达 64%[1]。生成式人工智能大模型发展迅速，应用场景不断拓展，覆盖交通、金融、政务等多个领域。**四是**物联网产业链自主化取得新进展，已形成涵盖芯片、模组、终端、软件、平台和服务等环节的较为完整的移动物联网产业链。

互联网融合应用不断深化。一是 2023 年我国数字经济规模达 56.1 万亿元，同比增长 11.8%，占国内生产总值的比重提升至 44.5%[2]。**二是**工业互联网取得显著进展，核心产业规模达 1.35 万亿元，已全面融入 49 个国民经济大类，涵盖所有 41 个工业大类[3]。网络、标识、平台、数据、安全体系建设不断完善，融合应用不断涌现，产业生态日益优化。**三是**以国家数据局为代表的数据要素统筹管理体制更加完善，分类推进数据要素发展成为共识，公共数据建设成效显著。全国一体化政务大数据体系初步形成，截至 2023 年 12 月底，全国一体化政务服务平台已接入 52 个部门（含国家数据共享交换平台）和 32 个地方，共上线 6006 个目录，挂接 2.06 万资源，累计调用 4847.07 万次服务[4]。**四是**电子商务市场保持稳步增长，数实融合新模式更加丰富，2023 年全国电子商务交易额达到 46.83 万亿元，产业电商平台交易功能进一步强化，国家电子商务示范基地作用更加凸显，整合培育形成 30 余个数字化产业带[5]。

网络综合治理框架加速构建。一是促进数字经济规范健康发展的法治体系持续完善。《个人信息出境标准合同办法》《规范和促进数据跨境流动规定（征求意见稿）》《禁止垄断协议规定》《禁止滥用市场支配地位行为规定》《经营者集中审查规定》《未成年人网络保护条例》《互联网信息服务深度合成管理规定》《生成式人工智能服务管理暂行办法》等规范与征求意见稿发布实施，数据资源体系架构得到明确、新技术新应用监管方式持续优化，推动新技术新应用实现精细化治理。**二是**数字政府引领驱动数字化发展的作用不断显现，各地区各部门聚焦企业和群众办事的痛点堵点，通过制度创新、技术创新双轮驱动，深化政务服务改革，持续提升政务服务效能，赋能营商环境建设及数字惠民便民。**三是**数字社会建设的整体性、协同性水平稳步提升，"一网统管"进一步延伸到基层，城市韧性智治水平不断提高；数字乡村建设分类推进、重点突出，全国已建设 355 个县级政务服务平台，县级远程医疗覆盖率达到 90%以上。

网络安全产业发展壮大。一是我国网络安全产业规模持续扩张，产业规模接近 2200 亿元[6]，且有进一步提速态势，产业发展活力显著。**二是**网络安全防护体系建设进展显著，数字安全体系全面覆盖信息通信、数据要素、运行操作、物理安全四大核心领域。**三是**网络安全技术不断创新应用，我国网络安全产品已从传统网络安全领域延伸到云、大数据、物联网、工业控制、5G 等新兴应用场景，产品服务体系覆盖从"底层基础设施安全"至"上层应用

1 资料来源：中国信息通信研究院。

2 资料来源：中国信息通信研究院。

3 资料来源：工业和信息化部。

4 资料来源：《数字政府一体化建设白皮书》，中国信息通信研究院。

5 资料来源：商务部。

6 资料来源：中国信息通信研究院。

场景服务安全”等多个维度。

数字领域对外合作面临挑战。一是全球技术合作遭受冲击。大国数字技术竞争加剧，博弈烈度上升，呈现出长期性与全面性的特征。欧盟《欧洲芯片法案》生效、G7 科技部长会议通过若干条构建新科研秩序等举措，不断推动现有国际技术供应链、技术生态的重构。**二是**数字领域国际治理体系迎来变革。人工智能等前沿技术对现有生产关系、法律制度、社会伦理等带来不同程度冲击，科技治理成为迫在眉睫的时代挑战。中国以落实全球发展倡议为引领，推动国际社会巩固扩大发展共识，发布《全球人工智能治理倡议》，并依托“一带一路”合作机制提出《国际科技合作倡议》，推动构建全球科技共同体，以应对变革。

经过近 30 年的蓬勃发展，中国互联网历经产业初创期、规模成长期、数实融合期，逐步向智能发展期迈进，已成为国家高质量发展的重要创新驱动力量。我国互联网发展应立足党的二十大提出的“加快建设网络强国、数字中国”发展目标，充分发挥以人工智能为代表的新一代信息技术的变革性作用，推动数字经济和实体经济进一步深度融合，将网络强国、数字中国建设与我国加快发展新质生产力同频共振、协同发力，为全面建设社会主义现代化国家提供有力支撑，为构建开放共赢的数字领域国际合作格局注入强劲动能。

尚冰

2024 年 7 月 19 日

第一篇

综述篇

第 1 章　2023 年中国互联网发展综述

1.1　中国互联网总体发展情况

2023 年是全面贯彻落实党的二十大精神的开局之年，在坚实推进《数字中国建设整体布局规划》等顶层设计和战略部署的基础上，以 5G、数据中心为代表的新型信息基础设施建设取得显著成果，网络底座进一步夯实；人工智能、云计算、物联网等关键前沿技术创新发展，应用成果加速涌现；数实融合赋能效应更加强大，数字经济、工业互联网发展势头强劲；网络安全产业发展壮大，安全防护体系建设进展显著；网络综合治理框架加速构建，数字社会建设的整体性、协同性水平稳步提升，数字中国发展呈现出良好态势。

以互联网为代表的信息技术日新月异，深刻改变了全球经济格局、利益格局、安全格局，伴随人工智能进入新一轮技术创新的爆发期，推动互联网进一步成为智能化发展浪潮的战略前沿，不断重塑国家间比较优势和竞争能力。2023 年，我国加快推进网络强国、数字中国建设。一是我国数字基础设施不断扩容提速，5G 网络、光纤宽带网络和移动物联网络覆盖面更广、应用场景更丰富。二是我国算力规模持续提升，在用数据中心机架总规模超过 810 万标准机架，算力总规模达到 230EFLOPS，居全球第 2 位。三是我国人工智能科研创新能力不断提高，2023 年我国人工智能领域的论文产出数量位列全球第 2，人工智能核心企业数量超过 4500 家，核心产业规模达 5784 亿元，同比增长 18%。四是数字中国赋能效应更加凸显，数字经济保持稳健增长，数字经济规模达 56.1 万亿元，占 GDP 比重提升至 44.5%。五是数字政府在线服务指数继续保持全球领先水平，92.5%的省级行政许可事项实现网上受理和“最多跑一次”。六是数字社会更加普惠可及，数字医疗健康服务资源加速扩容下沉，电子社保卡用户覆盖全国近 70%的人口。网络强国建设在实现第二个百年奋斗目标的新征程中进入了新的发展阶段，立足新起点、奋进新征程，互联网发展肩负着更加重要的使命。我们要充分利用好自身拥有的丰富的数字化应用场景、强大的数字基础设施和高素质的数字人才，推动数字中国建设提质提速，加速数字基础设施建设进程，强化数字技术创新应用能力，完善中国式网络治理框架体系，努力打造高质量发展新引擎，为全面推进强国建设、民族复兴伟业提供强劲动力。

1.2 中国互联网发展能力建设概况

1.2.1 基础设施

中共中央、国务院印发的《扩大内需战略规划纲要（2022—2035 年）》明确提出，要“加快建设信息基础设施。建设高速泛在、天地一体、集成互联、安全高效的信息基础设施，增强数据感知、传输、存储、运算能力”。数字基础设施建设步伐进一步加快，带动了我国信息通信业高质量发展。2023 年，我国骨干网络及互联互通建设优化工作持续推进，骨干网与云和算力融合程度逐步加深，“全方位、立体化”网间架构布局进一步完善。基础电信企业骨干网带宽规模达到 1200Tbps 水平。骨干网 400G 技术开启商用，流量处理能力持续提升。国际互联网出入口持续扩容，2023 年扩容 14.97Tbps（含香港），同比增长约 18.62%。我国“全光网”建设快速推进，全国新建光缆线路 473.8 万千米，总长度达 6432 万千米，其中总长度同比增长 7.96%。FTTH 网络覆盖进一步增长，截至 2023 年年底，互联网宽带接入端口数量达到 11.36 亿个，比 2022 年年末净增 6486 万个。光纤接入（FTTH/O）端口比 2022 年净增 6915 万个，达到 10.94 亿个，占比提升至 96.3%。我国移动 5G 网络建设深入推进，网络深度和广度不断拓展，5G 网络覆盖所有地级市城区、县城城区，持续推进向重点场所深度覆盖。2023 年，新增移动通信基站 79 万个，总数达 1162 万个，其中 5G 基站为 337.7 万个，全年新建 5G 基站 106.5 万个，占移动基站总数的 29.1%，占比较 2022 年年末提升 7.8 个百分点。受 5G 新应用和超高清视频、裸眼 3D 等大流量应用拉动，移动互联网流量保持两位数快速增长。同时，5G 行业融合应用深化拓展，2023 年共发展 5G 虚拟专网数量 3.16 万个，达到 2022 年的 2.2 倍，5G 应用案例数超 9.4 万个，融入 97 个国民经济大类中的 71 个。我国 IPv6 网络规模部署行动持续深入推进，用户和流量规模取得新的突破。我国 IPv6 活跃用户数达到 7.78 亿，超额完成 2023 年目标，IPv6 流量持续快速增长，移动网 IPv6 流量占比已超过 IPv4。

在基础设施全面提升完善的同时，我国应用基础设施建设布局持续优化，互联网网络性能持续提升。内容分发网络（CDN）业务与网络布局已向国际扩展，同时在视频、游戏、电商等行业对 CDN 服务需求增加的带动下，获得 CDN 牌照的企业持续增多。随着人工智能和算力设施在国内加速发展，CDN 也逐步向智能化、与算力融合方向发展，向提供多种增值服务的综合性平台转型。我国互联网骨干网网内平均时延为 25.99ms，优于国际主要运营商平均水平，网内丢包率达到 0.0038%，趋近国际水平。我国互联网骨干网网间性能持续优化，网间时延低于 32ms。我国固定宽带、移动宽带接入速率和全球排名大幅提升，据 Ookla 统计，我国固定宽带和移动宽带接入速率分别为 256.32Mbps、160.14Mbps，全球排名均在第 4 位。主流在线视频平台的平均卡顿率约为 0.09%，用户体验良好。2024 年《政府工作报告》指出，要“以广泛深刻的数字变革，赋能经济发展、丰富人民生活、提升社会治理现代化水平”。

1.2.2 算力基础设施

工业和信息化部等六部门印发的《算力基础设施高质量发展行动计划》提出，“以构建现代化基础设施体系为目标，面向经济社会发展和国家重大战略需求，稳步提升算力综合供给能力，着力强化运力高效承载，不断完善存力灵活保障，持续增强算力赋能成效，全面推动算力绿色安全发展，为数字经济高质量发展注入新动能”，并从计算力、运载力、存储力及应用赋能等方面规划了到 2025 年的发展量化指标。2023 年，我国云计算市场规模达 6165 亿元，较 2022 年增长 35.5%，大幅高于全球增速。其中，公有云市场规模为 4562 亿元，同比增长 40.1%；私有云市场规模为 1563 亿元，同比增长 20.8%。我国在用数据中心机架总规模超过 810 万标准机架，算力总规模达到 230EFLOPS。在算力结构方面，通用、智算、超算多元异构算力建设均在积极推进，尤其是随着大模型的爆发，智能算力需求快速提升，智算中心建设进一步加快，2023 年年底智能算力规模占比提升至 30%。同时，“东数西算”对数据中心布局应用正在不断优化，需求引领叠加政策驱动，我国数据中心总体市场规模仍将保持持续增长态势。

随着我国数字化、智能化转型的持续推进，数据中心技术创新加快推进，“风火水电”基础设施及算存运 IT 技术协同发展。我国部分数据中心正在试点源网荷储、分布式光伏技术应用，以满足节能降碳的发展要求。全闪存、存算一体等先进存储技术应用进程加快，数据访存速度、稳定性、安全性显著优化。光传送网（OTN）、SRv6 等前沿网络技术应用快速普及，用户入算及算间网络性能持续提升。边缘计算场景需求快速涌现，边缘计算产业发展动力强劲，多地推动边缘计算发展，包括深圳等在内的多个城市均在积极推动边缘数据中心建设，打造 1ms 时延圈，促进与枢纽节点、集群算力的高速互联，支持城市教育、医疗、工业生产等边缘场景的数字化应用。云边协同管理、边云协同云原生、云边数据处理等为基础的云边协同技术体系逐步走向成熟，在商业转化进程中，与业务需求互相驱动，人工智能技术的快速发展也为云边协同带来了人工智能下沉挑战，为人工智能应用提供新方向。2024 年《政府工作报告》指出，要“加快形成全国一体化算力体系，培育算力产业生态”，并“发挥好政府投资的带动放大效应，重点支持科技创新、新型基础设施等经济社会薄弱领域补短板”。

1.2.3　卫星互联网

工业和信息化部发布的《关于创新信息通信行业管理优化营商环境的意见（征求意见稿）》明确提出，分步骤、分阶段推进卫星互联网业务准入制度改革，不断拓宽民营企业参与电信业务经营的渠道和范围。近年来，我国加强卫星互联网整体战略统筹部署，逐步构建完善的产业生态链，卫星互联网发展迅速。华为技术有限公司推出首款支持卫星通信的大众消费手机，浙江极氪智能科技有限公司联合浙江时空道宇科技有限公司共同发布卫星互联网乘用车。我国卫星互联网市场规模逐步扩大，2021—2025 年复合增长率达到 11%。我国卫星互联网产业逐步以传统航天企业和科研院所为主的科学技术研究，向商业航天企业广泛参与的规模化、商业化发展。

伴随全球用户对移动通信全域覆盖的需求不断提升，个人应急通信问题的解决成为实现天地一体卫星互联网的初期重点。我国手机直连卫星技术路线分为三种：一是采用北斗短报文的技术路线。北斗短报文利用 3 颗北斗高轨卫星搭载的通信转发器载荷，为用户提供基于卫星的短消息服务，前期主要面向行业提供应用服务。北斗短报文功能已在华为部分机型得到实现，贯穿芯片、终端、服务平台、卫星的全链条已打通，适合在短时间内解决急需。此外，北斗短报文只能提供消息类服务，属于手机直连卫星应用的初级阶段，难以支撑未来的语音、宽带数据业务。二是采用天通一号的技术路线。天通一号是我国自主建设运营的卫星移动通信系统，由中国电信运营。天通一号可提供双向话音业务，实用性更强，采用中国电信已有号段、业务许可等资源。三是基于非地面网络（NTN）的技术体制。3GPP NTN 与地面移动通信系统的体制兼容；在手机芯片中基于 5G 技术体制即可支持与天网地网分别互通，具备"一号一卡多模"功能。此外，该方案使用 3GPP 规范的 NTN 标准，可以充分利用我国移动通信行业的先进成果和产业基础，促进手机直连卫星规模化、产业化、市场化发展。《工业和信息化部等七部门关于推动未来产业创新发展的实施意见》指出，要"强化新型基础设施，前瞻布局卫星互联网、手机直连卫星等关键技术研究，构建高速泛在、集成互联、智能绿色、安全高效的新型数字基础设施"。

1.2.4 量子计算

工业和信息化部等五部门印发的《元宇宙产业创新发展三年行动计划（2023—2025 年）》提出，要"加快高性能计算、异构计算、智能计算、量子计算、类脑计算等突破，推动云网、算网协同发展"。2023 年，我国量子计算领域科研水平稳步提高。在论文方面，我国量子计算领域的发文量增长至 880 篇，并呈现出逐年增长的趋势。在专利方面，量子计算领域中国受理的发明专利申请共计 3766 件，中国授权总量 1311 件。同时，我国量子计算领域的专利申请趋势和专利授权趋势基本与全球的发展趋势同步。但我国量子计算领域产业发展有待提升，在投融资方面，中国在量子计算领域投融资事件较少，且大多处于天使轮、A 轮等早期风险投资阶段，进入 IPO 上市阶段的企业仅有国盾量子一家。

我国量子计算领域研究起步较晚，但随着近年来多地陆续发布科技和信息产业规划，部署支持量子计算领域发展，我国量子计算应用开始向量子金融、化工材料、生物医药、交通物流等垂直产业领域探索。在量子金融领域，已实现通过传统手机端接入量子计算金融应用，量子计算金融云平台的研制工作也在积极推进。在化工材料领域，通过量子虚拟机和量子计算机，能够可视化构建分子模型、快速模拟基态能量、扫描势能面、研究化学反应，最终以图形化形式展示量子计算结果。在生物医药领域，开始基于量子计算在生命科学领域的应用展开探索。在交通物流领域，已启动探索和实施量子计算在智慧地铁中的应用场景研究工作，以及推出基于量子计算云平台的交通物流大数据解决方案。2024 年《政府工作报告》指出，要"制定未来产业发展规划，开辟量子技术、生命科学等新赛道，创建一批未来产业先导区"。

1.2.5 数据要素

中共中央、国务院印发的《数字中国建设整体布局规划》指出，要"畅通数据资源大循环。构建国家数据管理体制机制，健全各级数据统筹管理机构。推动公共数据汇聚利用，建设公共卫生、科技、教育等重要领域国家数据资源库。释放商业数据价值潜能，加快建立数据产权制度，开展数据资产计价研究，建立数据要素按价值贡献参与分配机制"。2023 年，我国数据要素统筹管理体制机制更加完善。国家数据局正式挂牌，并联合十六个部门共同印发《"数据要素×"三年行动计划（2024—2026 年）》，选取工业制造、现代农业、商贸流通、交通运输、金融服务等十二个行业，以场景为牵引，推进数据要素协同优化、复用增效、融合创新，为发挥数据要素乘数效应、赋能经济社会发展提供加速度。公共数据授权运营探索进程不断推进，多个地级市出台了针对公共数据的政策、制度，截至 2023 年 8 月，我国已有 226 个省级和城市的地方政府上线数据开放平台，各地平台上开放的有效数据集达 345853 个，与 2022 年下半年相比，新增 18 个地方平台，平台总数增长约 9%，数据集数量增长约 22%。企业数据参与数据要素市场活动更加频繁，我国参评 DCMM 的企业总数较 2022 年增长 108%，数据管理能力达到“稳健级”及以上的企业占比 23.6%，较 2022 年增长 3.7 个百分点，金融、通信、电力三大领域的数据管理能力领先其他行业。同时，财政部发布《企业数据资源相关会计处理暂行规定》肯定了数据资源的资产属性，企业数据的市场价值与业务贡献得以“显性化”。个人数据权益保护工作有待加强，截至 2023 年 7 月，工业和信息化部已发布关于侵害用户权益行为的 App（SDK）通报 30 批。在通报并责令整改的 App、SDK 中，违规收集个人信息、强制频繁过度索取权限、违规使用个人信息等问题仍然突出。

数据要素时代，技术发展持续推动着产业进步，业务需求也对技术提出新的要求。随着数据规模爆发式增长、数据类型日渐丰富，传统大数据处理技术面临着诸多挑战，以满足业务需求为导向的数据技术体系不断变革创新。2023 年，以 ChatGPT 等为代表的生成式人工智能（AIGC）技术应用迅猛发展，大模型技术取得的突破使人工智能技术发生了深刻的变革，进而对数据存储与计算技术产生深刻影响。一方面，向量数据库有效支撑 AIGC 技术对数据存储与计算的更高要求，通过不断优化技术架构和算法，向量数据库在智能搜索、内容推荐、自然语言处理等多个领域发挥更加关键的作用，为用户提供更加丰富与个性化的数据服务，赋能数据要素价值释放。数据可信流通的场景对数据技术也提出了新要求，多方安全计算、联邦学习、可信执行环境等隐私计算技术在一定程度上解决了数据可信流通场景下训练数据不足、数据泄露风险等问题。《“数据要素×”三年行动计划（2024—2026 年）》指出，“到 2026 年年底，数据要素应用广度和深度大幅拓展，在经济发展领域数据要素乘数效应得到显现，推动数据要素价值创造的新业态成为经济增长新动力，数据赋能经济提质增效作用更加凸显，成为高质量发展的重要驱动力量”。

1.2.6　人工智能

2023 年中央经济工作会议指出，要“以科技创新引领现代化产业体系建设，要大力推进新型工业化，发展数字经济，加快推动人工智能发展”。人工智能已成为推动产业链现代化和加速国家科技经济发展的关键因素。2023 年，我国人工智能产业规模稳中有进，人工智能核心产业规模达 5784 亿元，预计 2024 年全球人工智能产业收入接近 6200 亿美元，同比增长 21.4%。从企业数量来看，我国人工智能企业数量超过 4400 家，约占全球企业总数的 1/7。我国人工智能领域科研创新能力不断提升。人工智能科研论文产出增速可观，论文产出数量位列全球第 2，中美两国的人工智能发文量远超其他国家。人工智能专利数量高速增长，全球人工智能专利累计申请量与授权量，中国均占比过半。同时，有 62 个大模型于 2023 年完成生成式人工智能服务备案。

随着各产业智能化发展需求增加和国家政策鼓励，我国人工智能正与实体经济深入融合，在金融、医疗、工业制造等领域实现广泛应用，大模型智能底座推陈出新，衍生出检索增强生成（RAG）、智能体（Agent）等多种服务模式涌现。RAG 通过外挂知识库，可实现专业知识更新，增强大模型的生成、理解、记忆、决策能力。通过运用数据检索、信息增强、模型生成技术将 RAG 与大模型深度融合，进一步改善大模型在处理对高知识或时效要求场景的精准性，为内容创建提供一种变革策略，可局部弥补大模型幻觉、领域迁移、迭代成本高等短板，成为企业构建生成式人工智能应用的主流技术路线。智能体基于大模型等人工智能核心技术，能够精准感知环境，科学做出决策，采取有效行动，不断拓展人工智能应用生态边界，成为人工智能应用落地的新范式类型。此外，数据成为新一轮人工智能竞争的制高点。高质量行业训练数据集对于推动行业智能化、数据化升级至关重要，随着人工智能技术的不断进步，行业数据集的需求日益增加，数据集正朝着更加专业化的方向发展，以满足特定行业的分析和应用需求。数据服务产业也迎来提质升级的新机遇，数据服务人才由劳动密集型向知识密集型转变，数据服务技术不断创新实现降本增效，形成涵盖基础服务、技术研发、人才培养、平台运营等不同环节的人工智能数据服务产业链条。2024 年《政府工作报告》提出，要“深入推进数字经济创新发展。制定支持数字经济高质量发展政策，积极推进数字产业化、产业数字化，促进数字技术和实体经济深度融合。深化大数据、人工智能等研发应用，开展‘人工智能+’行动，打造具有国际竞争力的数字产业集群”。

1.2.7 物联网

中共中央、国务院印发的《数字中国建设整体布局规划》提出，“要夯实数字中国建设基础，打通数字基础设施大动脉，推进移动物联网全面发展”。2023 年，我国物联网应用已进入规模化爆发期，我国无线物联网连接数在全球的占比已达 55.62%，蜂窝物联网规模化应用表现突出，已实现全球领先，连接数在全球的占比达到 2/3 以上，蜂窝物联网连接数达 23.32 亿户，全年净增 4.88 亿户，较移动电话用户数多出 6.06 亿户，占移动网终端连接数（包括移动电话用户和蜂窝物联网终端用户）的比重达 57.5%。5G/4G、NB-IoT、Wi-Fi、蓝牙、NFC、UWB、卫星通信等多种物联网连接技术已广泛融入交通、电网、水务等传统行业基础设施中。蜂窝物联网终端应用于公共服务、车联网、智慧零售、智慧家居等领域的规模分别达 7.99 亿、4.54 亿、3.35 亿和 2.65 亿户，并形成水表、气表、烟感、追踪类 4 个千万级应用，以及白电、路灯、停车、农业等 7 个百万级应用。物联网产业链自主化取得新进展，已形成涵盖芯片、模组、终端、软件、平台和服务等环节较为完整的移动物联网产业链，产业自主化取得突破成果。此外，我国物联网安全与应用标准研制取得新进展，以工业和信息化部发布的《物联网基础安全标准体系建设指南（2021 版）》为依据，2021 年以来已发布系列国家标准 30 余项，系列行业标准 20 余项，进一步提升标准在细分行业及领域的覆盖程度，提高跨行业物联网应用安全水平，保障消费者安全使用。

当前，我国物联网连接技术体系格局基本形成，我国 NB-IoT 连接规模占据全球 LPWAN 半壁江山，低功耗 LPWAN 技术现占据全球 8%的物联网连接数，NB-IoT、LoRa、LTE-M 主导 LPWAN 领域的技术格局基本形成，所占份额分别为 54%、29%、14%。物联网新技术产业加速推进成熟，5G RedCap 产业初具雏形准备开始规模商用。高通、紫光展锐、联发科等主流芯片厂商和国内外领先无线模组供应商积极参与和推动 5G RedCap，电信运营商、网络设备商积极开展相关技术试验。物联网集成人工智能赋能创新更多应用场景，通过对收集到的数据进行学习、处理、分析和预测，不断增强物联网设备功能，包括实时监控、预测性维护、智能控制和决策等，推动物联网设备的智能化、自动化和高效运行。物联网设备和网络安全性措施和技术不断增强，依靠安全芯片、加密技术和安全协议、标识解析等技术措施，提高物联网设备和网络的安全性能，保护个人隐私和敏感数据，应对物联网络攻击和其他安全威胁。《工业和信息化部办公厅关于开展 2024 年度 5G 轻量化（RedCap）贯通行动的通知》提出，要“打通 5G RedCap 标准、网络、芯片、模组、终端、应用等关键环节，扎实有序推进 5G RedCap 商用进程”。

1.2.8　元宇宙

工业和信息化部等五部门印发的《元宇宙产业创新发展三年行动计划（2023—2025 年）》提出，“以构建工业元宇宙、赋能制造业为主要目标，以新一代信息技术融合创新为驱动，以虚实相生的应用需求为牵引，以培育元宇宙新技术、新产品、新模式为抓手，引导元宇宙产业健康安全高质量发展，有力支撑制造强国、网络强国和文化强国建设”。2023 年，元宇宙作为新一代信息技术的集大成者，技术创新进入密集活跃期，产业发展与经济社会加速渗透融合，整体表现出蓬勃发展态势。据 IDC 测算，2023 年全球元宇宙市场规模将超过 4700 亿美元，并有望于 2030 年突破 6 万亿美元。内容生产、行业应用呈现出较强的变现能力，互联网领军企业正在积极布局 3D 数字内容领域，推动 3D 软件工具链、AIGC 引擎等关键环节建设，有望破解数字内容市场供给匮乏的瓶颈。此外，随着传统行业数字化转型与信息消费升级等常态化，行业应用市场呈现爆发式增长。

随着全球新一轮科技革命和产业变革的深入推进，元宇宙作为新一代信息技术集成创新和应用的未来产业，以及数字与物理世界融通作用的沉浸式互联空间，有望通过虚实互促带动社会生产力提升、生产关系变革，成为下一代互联网的雏形和全球数字经济发展的重要方向。发展 XR 终端已成为 Meta、苹果、谷歌、高通等 ICT 终端企业的战略共识，苹果发布首款头戴式设备 Vision Pro，标志着 XR 终端迎来主导设计，产业发展有望进入起飞提速的关键时窗。数字孪生深度赋能工业元宇宙，随着工业元宇宙对精细化管理与操作的需求不断攀升，数字孪生技术正推动着包括实时数据采集、复杂系统建模、动态仿真、预测性维护等在内的全链路技术发展进步。西门子、通用电气、施耐德电气、博世等领军企业，都在积极推动数字孪生技术的发展，并在各自的领域内进行战略布局。此外，伴随元宇宙产业升温，人工智能、内容制作等技术升级及丰富应用空间需求，驱动数字人快速发展，将能够以更高的真实度模拟人类的外貌、行为和思维，为用户提供更加沉浸式和个性化的体验。中共中央、国务院印发的《数字中国建设整体布局规划》提出，“普及数字生活智能化，打造智慧便民生活圈、新型数字消费业态、面向未来的智能化沉浸式服务体验”。

1.2.9　区块链

工业和信息化部、中央网信办印发的《关于加快推动区块链技术应用和产业发展的指导意见》提出，“到 2025 年，区块链产业综合实力达到世界先进水平，产业初具规模。区块链应用渗透到经济社会多个领域，在产品溯源、数据流通、供应链管理等领域培育一批知名产品，形成场景化示范应用”。2023 年，全国范围内已有十余个城市区块链基础设施建设完成并投入使用，如由四川省主导建设的“蜀信链”、河南省主导建设的“河南链”、重庆市主导建设的“山城链”、浙江省杭州市主导建设的“之江链”、贵州省贵阳市主导建设的“主权链”、江苏省无锡市主导建设的“太湖链”等，均已在一定程度上形成体系化、规模化建设成效，新型基础设施支撑作用逐渐显现。2023 年，受数字藏品业务商业模式难以持续的影响，区块链市场热度有一定回落，产业进入收缩期，我国新增区块链企业速度也有所放缓，主要集中在数字化发展较快的地区，包括北京、广东、上海、浙江、江苏等省市，已形成一定规模的产业生态。区块链技术赋能数字经济的边界在不断延展，政务数据共享、民生服务、数字金融、医疗健康、数字文创等各类行业应用纷纷涌现。

我国区块链产业发展已近十载，从初期以公有链为主导构建全球最为活跃的加密资产交易生态，到将重心转向联盟链推动区块链技术与实体领域深度融合，再到数据要素、Web 3.0 等新理念推动数字信任价值潜力释放，区块链技术呈现出沿公有链和联盟链两大技术路线分别演进的态势。一方面，公有链聚焦可扩展性和安全性，强化技术创新，公有链扩容技术多样化发展，带动隐私计算技术融合发展，可验证计算兼顾效率和安全，成为公有链技术创新重要方向。另一方面，联盟链则面向自主化、多领域、规模化应用持续优化，面对共识算法、加密算法、数据库等基础技术短期内难以取得根本性突破的情况，通过分片、二层网络（Layer2）等方案进行链上扩容，发展智能合约安全检测技术，以及通过一体机、加速卡等软硬件协同技术提升区块链性能，保障业务安全。两大技术路线并行发展的同时，融合二者优势的开放联盟链也迎来快速发展，有望成为 Web 3.0 时代数据价值释放和协作共享的重要技术底座。开放联盟链正面向区域和行业加快部署，生态体系逐步成型。开放联盟链有效降低了应用开发成本，提供了高效、开放、可靠的区块链开发环境，方便业务用户快速搭建应用和拓展生态，为 Web 3.0 时代数据价值释放、数据协作共享提供了基础服务。中共中央总书记习近平在主持区块链技术发展现状和趋势进行第十八次集体学习时强调，“区块链技术的集成应用在新的技术革新和产业变革中起着重要作用。我们要把区块链作为核心技术自主创新的重要突破口，明确主攻方向，加大投入力度，着力攻克一批关键核心技术，加快推动区块链技术和产业创新发展”。

1.3 中国互联网细分领域发展概况

1.3.1 工业互联网

中共中央、国务院印发的《数字中国建设整体布局规划》提出，“推动数字技术和实体经济深度融合，在农业、工业、金融、教育、医疗、交通、能源等重点领域，加快数字技术创新应用”。工业互联网作为稳定经济社会投资的重要方面，能够有效带动社会投资，为经济发展注入强大动力。2023 年，我国工业互联网核心产业规模达到 1.35 万亿元，全国“5G+工业互联网”项目超过 10000 个，覆盖 41 个国民经济大类，已实现工业行业大类全覆盖，并向水利、轨道交通等其他国民经济重点行业加速延伸。工业互联网标识解析体系“夯基架梁”工作基本完成，工业互联网标识解析“5+2”国家顶级节点全面上线，包括北京、上海、广州、武汉、重庆五大国家顶级节点和南京、成都两大灾备节点，标识融入仪器仪表制造业、汽车制造业、高端装备制造业等 46 个国民经济大类，产业生态向着创新开放加速构建，国际化服务能力稳步提升，进入规模化发展的关键阶段。

工业互联网作为数字经济和实体经济深度融合的关键底座，其应用范围加快从工业向公共服务行业拓展，有效赋能经济社会高质量发展。2023 年我国工业互联网网络、平台、安全三大体系建设成效显著。在网络方面，5G 工业专网应用加速，轻量化核心网、软硬件一体化的专网解决方案逐渐落地应用，5G 工厂成为“5G+工业互联网”技术应用推动重点。TSN 与 5G 融合成为解决 5G 提供工业确定性服务的重点技术方向，一大批 5G 与 TSN 融合的技术与产业研究成果发布，标志着该领域产业正逐步从产品研发走向成熟应用。在平台方面，我国工业互联网平台蓬勃发展，平台赋能场景日益丰富，发展路径日渐清晰，应用价值初步显现，取得了阶段性发展成效。我国具有一定影响力的工业互联网平台超 340 家，工业和信息化部办公厅公布跨行业跨领域工业互联网平台达 50 个，重点平台设备连接数超过 9600 万台套，成为支撑制造业数字化转型的关键驱动。在安全方面，我国工业互联网安全发展不断取得新成果。随着制造业数字化、网络化、智能化转型需求日益加大，工业互联网安全的赋能和保障作用越发凸显。我国工业互联网政策标准研制持续推进，安全环境持续向好。23 项国家、行业、团体标准加快研制，覆盖分类分级防护、安全管理及安全应用服务等方面，轻工、钢铁、建材等垂直行业分类分级安全标准在相关行业协会立项研制。国家级工业互联网安全赛事活动影响持续扩大，全国工业互联网安全技能比拼、创新人才培育的热情进一步激发，赛事引领性进一步夯实。2024 年《政府工作报告》指出，“深入推进数字经济创新发展”“实施制造业数字化转型行动，加快工业互联网规模化应用”。

1.3.2　车联网

2023 年 6 月，国务院常务会议明确提出“要巩固和扩大新能源汽车发展优势，进一步优化产业布局，加强动力电池系统、新型底盘架构、智能驾驶体系等重点领域关键核心技术攻关，统筹国内国际资源开发利用，健全动力电池回收利用体系，构建‘车能路云’融合发展的产业生态，提升全产业链自主可控能力和绿色发展水平”。2023 年，我国车联网产业已从测试验证与应用示范进入小规模部署与先导性应用实践的新阶段。智能网联协同发展战略进一步形成共识并落地实践。整车产品智能化、网联化能力持续升级，新型基础设施建设规模化扩展，车联网产业发展稳步推进。具备组合驾驶辅助功能的乘用车新车销量占比达到 42.4%，全速自适应巡航、自动泊车辅助等 L2 级辅助驾驶功能已经规模化成熟应用，以“高速领航辅助驾驶”和“城区领航辅助驾驶”为代表的高阶智能辅助驾驶功能加速量产应用。全国部署车联网路侧通信单元超过 8500 套，相比 2022 年同期增加超过 2000 套。我国已有 30 余个城市和高速公路路段启动车联网融合基础设施建设工作。无锡、天津、重庆等 7 个国家级车联网先导区和北京、上海、合肥等 16 个“双智”试点城市相继发布扩大车联网新型基础设施规模建设规划，呈现从单一区县（单一高速路段）部署向多区县（多高速路段）部署乃至市级全域（全路段）部署的发展趋势。

经过政、产、学、研、用各方的协同配合与积极努力，我国车联网产业的智能网联协同发展共识深化、态势明确、成果显著。车端“高性能计算平台—操作系统—功能软件”技术开发架构不断升级迭代，高性能计算单元加速智驾域和智舱域融合。车载计算平台可同时支持智驾和智舱功能，有助于缩短开发周期，降低整车成本。路侧感知系统向一体化、融合化发展，4D 毫米波雷达崭露头角，大幅提升感知性能。“边缘—区域—中心”多层级协同架构部署需求在业界已达成共识，我国多个城市和高速公路已根据各自实际业务需求，开展多级多业务云平台的落地建设，呈现出“边缘—区域”“区域—中心”“边缘—区域—中心”多种灵活部署方案。LTE-V2X、5G 等车联网无线通信技术与光纤网络深度融合，形成多网融合的交通信息通信网络，通过部署不同网络满足实时性要求较高、实时性要求较低、局部热点区域等不同场景差异化业务需求。2024 年《政府工作报告》提出，“积极培育新兴产业和未来产业。实施产业创新工程，完善产业生态，拓展应用场景，促进战略性新兴产业融合集群发展。巩固扩大智能网联新能源汽车等产业领先优势”。

1.3.3 商务交易类应用

2023 年中央经济工作会议提出，“要加快培育外贸新动能，巩固外贸外资基本盘，拓展中间品贸易、服务贸易、数字贸易、跨境电商出口”。2023 年，电子商务在恢复和扩大消费、促进数实融合、深化国际合作中发挥了重要作用，高质量发展取得积极成效。2023 年网上零售额达 15.42 万亿元，同比增长 11%。在线旅游、在线文娱和在线餐饮销售额合计对网络零售增长贡献率达 23.5%，拉动网络零售增长 2.6 个百分点，服务消费新热点更加多元。产业电商平台交易功能进一步强化，“数商兴农”成效显著，全年农村和农产品网络零售额分别达 2.49 万亿元和 0.59 万亿元，增速均快于网络零售总额。跨境电商进出口总额达 2.38 万亿元，同比增长 15.6%，占外贸进出口总额的 5.7%。其中，出口为 1.83 万亿元，同比增长 19.6%；进口 5483 亿元，同比增长 3.9%。跨境电商主体超过 10 万家，独立站超过 20 万个；跨境电商海外仓超过 1500 个，面积近 1900 万平方米。政策完善、跨境电商基础设施建设完善、机制日趋成熟等多方面因素有力支持跨境电商高质量发展。

我国已连续十年保持全球规模最大的网络零售市场地位，立足实施扩大内需战略，电子商务创新发展将继续为我国消费市场成长壮大提供重要动力。2023 年，随着科技的飞速发展和消费者需求的日益多元化，新零售电商市场正在以前所未有的速度变革，实物商品网上零售额约为 13.02 亿元，同比增长 8.4%，增速较 2022 年有所回升，占社会消费品零售总额的比重也不断提升，当前已达到 27.6%。新零售电商平台在技术和服务创新方面不断取得突破，通过引入人工智能、大数据等先进技术，平台能够精准预测消费者需求，提供个性化推荐和服务。直播电商市场规模达 49168.4 亿元，相比 2022 年的 36369.2 亿元，呈高速增长态势，同比涨幅 35.2%。在人工智能发展的浪潮下，数字人进入直播电商领域，以高性价比的优势受到商家的青睐，给直播电商带来新变化。数字人通过大数据的深度训练，以较低的成本就可以实现全天候 24 小时电商直播售卖，抢占非黄金时间段的流量。数字人民币试行多点开花，进一步实践普惠便民宗旨，2023 年数字人民币试点范围已扩展至 17 个省市的 26 个地区，助力便民服务、生活缴费、优惠活动等领域，落地场景得到进一步丰富。此外，随着互联网技术和人工智能技术的进一步发展，电商行业泛化发展的趋势明显，覆盖面也逐渐扩大，为新兴生产力的崛起提供了丰富多样的应用场景，将有力推动经济高质量发展。2024 年《政府工作报告》提出，要“促进跨境电商等新业态健康发展，优化海外仓布局，支持加工贸易提档升级，拓展中间品贸易、绿色贸易等新增长点。积极扩大优质产品进口。完善边境贸易支持政策。全面实施跨境服务贸易负面清单。出台服务贸易、数字贸易创新发展政策”。

1.3.4　数字政府

中共中央、国务院印发的《数字中国建设整体布局规划》指出，要“发展高效协同的数字政务。加快制度规则创新，完善与数字政务建设相适应的规章制度”。2023 年，在“十四五”规划和数字政府政策的引导下，我国数字政府市场规模增长处在重要窗口期。伴随地方政府进入偿债高峰期，政府财政压力较大，将在一定程度上影响未来 2～3 年的政务领域数字化投资需求，IDC 发布的《中国数字政府整体市场预测（2023—2028）》显示，2023 年，中国数字政府市场规模达 1372 亿元。与前一期预测相比，IDC 调低了未来 5 年中国数字政府整体市场规模预测。“1+32+N”的全国一体化政务大数据体系逐步构建，有效促进了政务数据纵向贯通、横向联通。国务院有关部门、各省级地区的政务数据平台均与国家政务大数据平台实现对接，有效推动各地区各部门数据交换共享，支撑政务数据按需调用。2023 年，全国一体化政务服务平台已接入 52 个部门（含国家数据共享交换平台）和 32 个地方，共上线 6006 个目录，挂接 2.06 万个平台资源，累计调用 4847.07 万次服务。政务大模型应用成为各地关注新热点，国内多地出台相关政策支持政务领域大模型应用。北京、上海、杭州、深圳等地发布的人工智能政策或行动计划中，均明确提及推进政务领域大模型应用，要求将政务列为大模型的垂直领域示范应用，率先突破，打造标杆性大模型产品和服务，并普遍将政务热线、智能客服等政务服务问询相关场景，以及社会治理、医疗、教育等民生场景作为大模型技术应用的重点方向。

近年来，各地区各部门认真贯彻落实党中央、国务院决策部署，深入推进政务数据共享开放和平台建设，不断提升政务服务能力。一是推动政务服务效能提升常态化，从企业和群众办事体验出发，建立管根本、利长远、重实效的政务服务效能提升常态化工作机制，推动解决更多办事堵点、优化更多高频服务，持续释放改革红利，惠及民生福祉。二是以“一件事”促进服务精细化，“一件事”服务模式作为政务服务精细化创新的举措之一，以用户视角整合服务流程，实现跨部门协同与流程再造，有效地促进了政务服务从碎片化、复杂化向精细化、便捷化转变，提升了政务服务的整体效能。三是改革创新推进政务服务增值化，政务服务理念从深层次发生了改变，从过去政府“有什么、给什么”变为市场经营主体“要什么、给什么”，政务服务从便捷服务向增值服务迭代升级，构建全景式、链条化的服务模式，持续增强政府服务力。2024 年《政府工作报告》提出，“围绕贯彻好、落实好党中央决策部署，坚持优化协同高效，深入推进政府职能转变，不断提高执行力和公信力。加快数字政府建设。以推进‘高效办成一件事’为牵引，提高政务服务水平”。

1.3.5　娱乐与创作类应用

中共中央、国务院印发的《扩大内需战略规划纲要（2022—2035 年）》提出，要“培育‘互联网+社会服务’新模式。深入发展在线文娱，鼓励传统线下文化娱乐业态线上化，支持打造数字精品内容和新兴数字资源传播平台”。2023 年，网络视听市场规模超过 1.15 万亿，网络视听继续保持“第一大互联网应用”地位，用户数量达到 10.74 亿，网民使用率高达 98.3%，相较 2022 年度稳中有增。直播电商市场规模达 4.9 万亿元，同比增速为 35.2%。网络直播用户规模达 8.16 亿人，较 2022 年 12 月增加 6501 万人，占网民整体的 74.7%，网络直播成为网络视听的第二大应用。中国网络游戏市场实际销售收入达到 3029.64 亿元，同比增长 13.95%，用户规模达 6.68 亿人，同比增长 0.61%，为历史新高。网络文学总体规模不断扩大，阅读市场规模达 404.3 亿元，同比增长 3.8%，网络文学 IP 市场规模大幅跃升至 2605 亿元，同比增长近百亿元，用户规模达 5.2 亿人，达到历史最高水平。

伴随人工智能的快速发展，文娱领域的垂直大模型应用也纷纷落地，网络音视频领域，长视频平台、短视频平台和网络音频平台积极拥抱人工智能，密切关注人工智能为市场带来的新变化。各平台积极尝试借助 AIGC 进行图文创作、视频创作和音频创作，在策划、宣发阶段提供支持，并且在其他领域拓展了“AI+网络音视频”的想象空间。其中，短视频平台推出文生图大模型，能够实现短视频评论文生图、图生图、扩图功能。网络直播领域，人工智能赋能电商直播，数字人技术实现 24 小时不间断直播，同时还可以搭建不同的人工智能场景，使场景根据产品的不同变换而更加多元丰富，已有超过 500 家商家实现 24 小时全时直播，成本降低了 90%。网络游戏领域，大模型在游戏行业也实现了加速落地，应用场景丰富多样，人工智能可精确处理原本耗时的撰写代码、优化代码等基础工作，将研发人员从繁复的编写代码工作中解放出来，还可制作虚拟玩家，使其以普通玩家的身份扮演游戏中的部分角色和承担一些任务，丰富玩家游戏体验。网络文学领域，人工智能翻译推动网络文学向海外传播，文字翻译的瓶颈实现突破，出海作品数量有望相应进入井喷期。此外，网络文学大语言模型还为网文作者提供了世界观设定、角色设定、情景描写和打斗描写等多种写作辅助功能，在有效提升网络文学作者创作效率的同时，也为粉丝参与同人文化活动的形式提供了新的可能性，帮助其更加灵活地分析、探索小说文本，并将自己独特的构思与偏好融入其中。习近平总书记指出，“人工智能是新一轮科技革命和产业变革的重要驱动力量，加快发展新一代人工智能是事关我国能否抓住新一轮科技革命和产业变革机遇的战略问题”。充分立足文化资源优势，实现与数字技术特别是新一代人工智能技术的有机融合，是增强文化产品创新能力、促进数字文化产业高质量发展再上新台阶、贯彻国家文化数字化战略的关键。

1.4 中国互联网安全与治理概况

1.4.1 互联网政策法规

2022 年中央经济工作会议提出，“要大力发展数字经济，提升常态化监管水平，支持平台企业在引领发展、创造就业、国际竞争中大显身手”。我国立法机关迅速开展相关立法规划工作，推动实现互联网由“管”到“治”的根本转变。2023 年是全面贯彻落实党的二十大精神的开局之年，也是实施“十四五”规划承上启下的关键之年。我国深入贯彻落实党中央关于网络强国、数字中国的决策部署，积极推进互联网立法工作，不断完善相关法律制度规范，基本形成了具有中国特色的互联网法律体系，为推动互联网持续健康发展提供了法治保障。

法律是治国重器，良法是善治前提。网络法治建设是全面依法治国的时代课题。2023 年，在筑牢国家网络安全、数据安全屏障，规范网络信息内容管理的基础上，我国重点突出互联网立法稳预期、利长远的作用，在创新构建数据价值释放和数据跨境制度、促进新技术新应用向上向善发展方面加快推进相关立法，为数字经济创新发展提供基础保障。在网络设施方面，继续推进网络安全法等相关上位法配套规则出台，在金融、交通等重点行业领域加强对网络设施的安全保护力度。在数据立法方面，呈现出促进数据价值释放的明显转变，在推动数据跨境流动、促进数据产业发展、构建数据资产管理制度等方面进行创新性制度设计。国家互联网信息办公室通过发布《个人信息出境标准合同办法》《个人信息出境标准合同备案指南（第一版）》等，构建形成个人信息出境标准合同规范，并通过发布《规范和促进数据跨境流动规定（征求意见稿）》为企业数据跨境流动“减负”。在互联网平台方面，进一步细化数字市场竞争管理法律制度，针对重点平台业务出台管理要求，强化互联网平台在未成年人网络保护等方面的义务。出台《移动互联网未成年人模式建设指南（征求意见稿）》《未成年人网络保护条例》等未成年人网络保护专门立法和实践指南，构筑了覆盖未成年人参与网络活动全链条，涵盖家庭、学校、社会、政府等多主体的网络保护体系。在数字技术方面，立足技术产业发展实践，出台人工智能等相关立法，促进安全与发展的动态平衡，在全球新技术法律规则制定中占据主动地位。通过发布《互联网信息服务深度合成管理规定》《生成式人工智能服务管理暂行办法》，明确了人工智能技术应用的管理要求和发展原则。中共中央、国务院印发《数字中国建设整体布局规划》指出，“要建设公平规范的数字治理生态。完善法律法规体系，加强立法统筹协调，研究制定数字领域立法规划，及时按程序调整不适应数字化发展的法律制度”。

1.4.2　互联网治理

2023 年《政府工作报告》提出，“大力发展数字经济”，释放了我国数字经济地位不断强化的政策信号。2023 年，我国互联网治理体系进一步完善，基层社会治理增“数”赋“智”。一是促进数字经济规范健康发展的法治体系持续完善，聚焦数据、平台和新技术新应用领域，完善相关法律制度，健全配套规则，促进数字经济规范健康发展。二是数字政府引领驱动数字化发展的作用不断显现，各地区各部门聚焦企业和群众办事的痛点堵点，通过制度创新、技术创新双轮驱动，深化政务服务改革，持续提升政务服务效能，赋能营商环境建设及数字惠民便民。国务院办公厅会同各地区各有关部门依托全国一体化政务服务平台开展政务服务效能提升“双十百千”工程，围绕为民办实事、惠企优服务，推动解决一批企业和群众办事“急难愁盼”问题，集中优化推广一批高频“一网通办”服务。三是数字社会建设的整体性、协同性水平稳步提升，已有 400 个县级以上城市发布了智慧城市相关专项政策文件，高位统筹谋划智慧城市建设。各地数字基础设施、共性赋能平台集约化建设水平不断提升，智慧城市底座进一步夯实。城市大脑呈现市、区（县）、乡镇（街道）多级联动发展趋势，“一网统管”进一步延伸到基层，推动城市治理条抓块统、敏捷高效，城市韧性智治水平不断提高。

数字治理是数字中国建设的基本保障，数字治理现代化水平的持续提升，推动着数字中国发展环境不断优化。2023 年，我国数字治理顶层制度设计逐步健全，在公平竞争方面，《反垄断法》目前已完成修订，提升了对平台经济领域的适用性；在防止资本无序扩张方面，监管从规范投资与并购两方面出发逐步强化资本监管，完善经营者集中审查制度，提出资本“红绿灯”制度，并逐步推出系列“绿灯”案例，引导资本规范健康发展，充分发挥资本的积极作用；在新技术监管方面，建立了新技术新业务安全评估监管工具，并针对算法推荐、深度合成、生成式人工智能等重点新技术领域，出台多部法律法规和规范性文件。同时，平台经济专项整改基本完成，在金融业务监管方面，自 2020 年金融管理部门对蚂蚁集团、腾讯等从事金融业务的 14 家网络平台企业进行集中监管约谈，要求平台企业从支付业务、个人征信业务、资本市场业务、金融消费者权益保护等方面开展自查整改。截至 2023 年 7 月，平台企业金融业务存在的大部分突出问题已完成整改，金融管理部门工作重点从推动平台企业金融业务的集中整改转入常态化监管。国家数据局印发《数字社会 2024 年工作要点》提出，“围绕促进数字公共服务普惠化、推进数字社会治理精准化、深化智慧城市建设、推动数字城乡融合发展、着力构筑美好数字生活等 5 个方面部署重点任务”。

1.4.3 网络安全

2024 年《政府工作报告》提出，要“加强重点领域安全能力建设。提高网络、数据等安全保障能力”。网络安全作为国家网络安全能力的重要组成，在维护国家安全、促进经济发展、维护社会稳定、保障人民利益等方面的全局性、基础性、战略性地位日益凸显。2023 年，我国网络安全产业逐步进入扩张成长期，其规模接近 2200 亿元；从长期发展趋势来看，2016 年以来我国产业规模复合年均增长率超 14%，高出全球近 4 个百分点，且有进一步提速态势，产业发展活力显著。我国网络安全企业数量目前已超过 2000 家，并且仍在进一步增长。我国网络安全市场中，部署的产品形态仍以软硬件产品为主，其中移动安全、工控安全等增速较快；以安全运维为代表的安全服务在网络安全销售中的占比快速增加，反映出行业用户注重安全防护。

网络安全随着信息化、数字化发展同步演进，网络安全技术亦随着威胁持续演进而不断升级。我国网络安全技术产品赛道可分为传统赛道和新兴赛道两类，从产品服务布局情况来看，我国在传统、新兴赛道布局均较为齐全。网络安全产品已从传统网络安全领域延伸到云、大数据、物联网、工业控制、5G 等新兴应用场景，产品服务体系覆盖底层基础设施安全至上层应用场景服务安全等多个维度。需要注意的是，由于我国网络安全市场起步较晚，网络资源、网络防御等方面能力储备不足，网络安全企业在营收情况、融资并购、技术发展方面仍较为薄弱。我国网络安全企业数量众多、产业集中度小，新进入者竞争壁垒越来越高，限制创新企业自由竞争，使得优质企业发展空间有限。我国现存网络安全企业数量超过 2000 家，但由于欠缺强有力的整合和筛选机制，我国约有 55%的企业需依靠客户关系、概念炒作等方式存活。在经济大环境不确定性增加、资本市场投资信心不足等因素影响下，我国网络安全融资规模震荡下跌，数据安全、工业互联网安全、软件供应链安全、安全管理与运营等热门融资领域获得较多融资，并且涌现出一批高成长性企业，创新型企业相继获得大额融资，但头部企业并购数显著低于国际同业。2024 年全国网信办主任会议提出，“持续提高网络综合治理效能，全面推进国家网络安全体系和能力现代化，以信息化发展新成效助力高质量发展”。

1.4.4 网络投融资

2022 年《政府工作报告》指出，要“加强和创新监管，反垄断和防止资本无序扩张，维护公平竞争”。2023 年，尽管新冠疫情对全球投资市场的冲击影响已基本消退，但在美联储加息、地缘政治等多重因素影响下，全球经济增长乏力，一级市场投资热度相对低迷。2023 年中国新经济领域的一级市场投资交易事件数量共 4482 起，同比下降 26.9%，创下近十年的最低点，新经济投融资总金额为 6283.7 亿元，同比下降 28.4%，也成为近八年以来的低点。2023 年我国互联网领域投融资案例数和金额均出现下降，共发生投融资案例 946 起，同比下降 51.5%，披露的总交易金额为 49.6 亿美元，同比下降 52.4%，投融资市场呈现收缩态势。可喜的是，我国上市互联网企业营收实现平稳增长，2023 年，国内互联网发展进入高质量发展阶段，上市互联网企业营收总计 4.8 万亿元。其中，2023 年第四季度上市互联网企业总营收达 12893 亿元，同比增速达 10.1%，除第一季度外，其余季度增速均超 10%。总体来看，我国互联网企业聚焦主营业务，不断坚持对人工智能等前沿技术的高品质投入，以数字化水平不断提高与自主创新能力持续突破，实现自身逆势增长的良好状态。

全球通货膨胀压力上升，多国的经济形势承压，资本对产业投资主要持观望态度，联合国贸易和发展会议将投资不足、增长低迷等列为问题，中国互联网行业并购同步也受到一定影响。2023 年国内共发生 431 起并购交易，相关交易金额约 1782.3 亿元，相较 2022 年环比分别下降 33%和 32%。对比 2021 年，并购交易数量和交易金额均有一定程度的下滑。头部互联网企业的并购交易活动在 2023 年呈现低迷态势。2023 年，国家对创业投资行业发展存在的重点问题作出了积极回应，围绕强监管、防风险、促发展等方面出台多项政策，以推动中国资本市场的健康可持续发展。在政府引导基金方面，伴随着国内私募股权创投基金首部行政法规的出台落地，行业规范发展将迎来新的契机。在创投基金方面，中国证监会发布全面实行股票发行注册制相关制度规则，中国资本市场改革发展迎来又一重要里程碑，将有利于资本市场的生态优化，进一步提升服务实体经济、支持创新发展和推动经济转型的能力。2024 年《政府工作报告》提出，“加快全国统一大市场建设。制定全国统一大市场建设标准指引。着力推动产权保护、市场准入、公平竞争、社会信用等方面制度规则统一。深化要素市场化配置综合改革试点。出台公平竞争审查行政法规，完善重点领域、新兴领域、涉外领域监管规则”。

2024 年，是中国全功能接入国际互联网 30 周年，也是实现“十四五”规划目标任务的关键一年。中国互联网行业应在立足党的二十大提出的“加快建设网络强国、数字中国”发展目标的基础上，以更加积极务实的态度加快推进数字中国建设。充分发挥以人工智能为代表的新一代信息技术的变革性作用，推动数字经济与实体经济进一步深度融合，数字技术和数据要素深度耦合，将网络强国、数字中国建设与我国加快发展新质生产力同频共振、协同发力，成为推动国家发展质量变革、效率变革、动力变革的重要引擎。

撰稿：王鲲
审校：张姗姗

第2章 2023年国际互联网发展综述

2.1 国际互联网发展概况

2023年，国际互联网向数字化、智能化方向深入演进，新技术、新应用不断涌现，人类日益向数字世界迈进。一年来，网络基础设施在数字经济发展中的基石作用愈发凸显，世界主要经济体持续推动网络基础设施建设。以5G、大数据、人工智能等为代表的新一代信息技术加速创新应用，并向政治、经济、文化等各领域广泛渗透，成为国家间竞争的关键领域。智能产业、数字经济蓬勃发展，数字化转型步伐大幅加快，为全球经济发展注入新动能。国际网络空间治理体系构建进入关键时期，新概念、新模式促进数字连接，加速实现可持续发展目标。中国等国家不断拓展数字经济国际合作，积极推动网络空间全球治理。

全球域名注册市场规模总体平稳增长，新通用顶级域（gTLD）[1]注册量回升明显。根据威瑞信（VeriSign，Inc.）最新发布的《域名行业简报》，截至2023年第四季度，全球域名注册总量约为3.6亿个[2]，较2022年同期增长2%。其中，国家和地区代码顶级域名（ccTLD）注册量约为1.38亿个，同比增长2.2%；gTLD域名注册量约为2.22亿个，同比增长1.9%；全球新gTLD域名注册量约为3180万个，同比增长15.9%，基本恢复到新冠疫情前的规模。全球排名前十的顶级域仍然是“.COM”“.CN（中国）”“.DE（德国）”“.NET”“.UK（英国）”“.ORG”“.NL（荷兰）”“.RU（俄罗斯）”“.BR（巴西）”和“.AU（澳大利亚）”，合计约占全球域名注册总量的70.6%；其中，排名首位的“.COM”域名注册量为1.6亿个，约占全球域名注册总量的44.4%，较2022年下降1.2个百分点。

全球可供分配的IPv4地址已所剩无几，IPv6部署推进较为缓慢。根据亚太互联网络信息中心（APNIC）截至2023年12月的全球IP地址发展数据，2023年全球可供分配的IPv4地址数仅为368.1万个，主要集中在亚太地区（APNIC，246.9万个）和非洲地区（AFRINIC，120.2万个），其中APNIC正在通过调整历史地址资源管理方式，回收未使用的IPv4地址资源，以供未来2～4年面向新用户分配使用。我国已持有的IPv4地址数为3.43亿个（排名第

1 新gTLD为2012年互联网名称与数字地址分配机构（ICANN）启动新gTLD计划以后出现的gTLD。

2 为确保准确性，本报告剔除了“.TK”“.CF”“.GA”“.GQ”“.ML”等采取免费政策运营的顶级域相关域名注册数据。另外，“.CN”数据按中国互联网络信息中心（CNNIC）发布的数据计算。

二），人均 IPv4 地址数为 0.24 个。2023 年全球新分配的 IPv6 地址数为 7.4 万个/32，主要分布在北美地区（ARIN，6.6 万个/32）和欧洲地区（RIPE NCC，6353 个/32）。全球已通告使用的 IPv6 地址数约占 IPv6 地址分配总数的 34.5%，通告地址数较 2022 年略有增长。全球 IPv6 平均部署率[1]约为 35.5%（同比增长 2.5 个百分点），不同国家/地区部署水平仍存在显著差距。我国持有的已分配 IPv6 地址数为 42.2 亿个/48（排名第二），人均 IPv6 地址数为 3 个/48，其中已通告使用的 IPv6 地址数为 16.65 亿个/48（排名首位），如表 2.1 所示。

表 2.1　各国家/地区持有 IPv6 地址数 TOP10 排名

排名	国家/地区	已分配 IPv6 地址数（/48）	占全球已分配 IPv6 地址的比例	人均 IPv6 地址数（/48）	其中已通告使用的 IPv6 地址数（/48）	占全球已通告使用的 IPv6 地址的比例
1	美国	9126192440	31.3%	26.8	1399113308	13.8%
2	中国	4220731486	14.5%	3	1665240127	16.4%
3	德国	1567556343	5.4%	18.8	1067282327	10.5%
4	英国	1508704744	5.2%	22.2	468594870	4.6%
5	法国	983511453	3.4%	15.2	181849911	1.8%
6	俄罗斯	896401723	3.1%	6.2	196222375	1.9%
7	荷兰	774635835	2.7%	43.9	328258068	3.2%
8	意大利	689770536	2.4%	11.7	426414680	4.2%
9	日本	665723093	2.3%	5.4	510861733	5%
10	澳大利亚	622396680	2.1%	23.4	309895455	3.1%

资料来源：APNIC。

全球 5G 保持快速增长，在全球经济增长乏力的大背景下，为数字经济发展注入强劲动能。根据全球移动通信系统协会（GSMA）和全球移动供应商协会（GSA）统计，截至 2023 年年底，全球 5G 连接数量超过 16 亿，同比增长 61%，5G 用户渗透率达 18.7%，成为迄今为止增长最快的移动技术。5G 网络持续向欠发达地区扩展，全球覆盖版图不断完善。截至 2023 年年底，全球 113 个国家和地区的 302 家运营商已经推出了 5G 商用网络服务，全球 5G 人口覆盖率达到 43%，年度新增 30 多个 5G 商用国家/地区，主要集中在非洲、美洲等发展中国家和区域。5G 行业专网和应用持续探索，2023 年全球 46 家运营商已提供 5G 独立组网（SA）服务，年度新增 11 家，向工业、教育、医疗、政府等垂直行业客户提供增强移动宽带（eMBB）、超可靠低时延通信（uRLLC）等服务，SA 产业生态不断完善，已有 2100 多款终端支持 SA，占比提升到 90.3%，主要为手机、用户前置设备（CPE）、模组等类型。

2023 年，世界经济整体步入“弱复苏”态势，数字经济则呈现“强支撑”特点，数字经济加速构筑经济复苏关键支撑，全球数字经济多极化格局进一步演进。数据要素市场建设、以数字化转型培育中小企业市场能力、数字经济普惠性发展成各国数字经济发展新特征。

数字经济加速构筑经济复苏关键支撑。据中国信息通信研究院测算，从规模上看，2022 年已统计的 51 个国家数字经济增加值规模为 41.4 万亿美元，占总 GDP 的 46.1%。从增速上看，

1 IPv6 用户数占互联网用户数的比例。

名义增长 7.4%，高于同期 GDP 名义增速 4.2 个百分点，有效支撑全球经济持续复苏。从结构上看，产业数字化依然是全球数字经济发展的主导力量，数字产业化规模为 6.1 万亿美元，产业数字化规模为 35.3 万亿美元，后者占数字经济比重为 85.3%。

全球数字经济多极化格局进一步演进。在规模方面，2022 年，美国、中国、德国连续多年居全球前三位，美国数字经济排名世界第一，达 17.2 万亿美元；中国排名第二，规模为 7.5 万亿美元，是美国的 43%；德国排名第三，规模为 2.9 万亿美元。此外，日本、英国、法国的数字经济规模均超过 1 万亿美元。新加坡、中国、芬兰、墨西哥、沙特阿拉伯五国数字经济占 GDP 比重为 30%～45%。从增速看，发展中国家数字经济同比名义增长 22.3%，高于同期发达国家 9.1 个百分点。沙特阿拉伯、挪威、俄罗斯数字经济增长速度位列全球前三位，均在 20%以上。此外，巴西、墨西哥、印度尼西亚、越南、土耳其、马来西亚、中国和罗马尼亚等发展中国家数字经济增速超过 10%，数量远超发达国家。

发达地区持续完善数据共享与规制机制，新兴市场国家着手建立数据要素治理框架。在发达国家和地区中，欧盟持续深化内部数据要素共享相关规定，《数字市场法》以市场自由和公平竞争为原则，反对数据平台利用垄断地位进行经营。日本第三次修订《个人信息保护法》，内容涉及整合医疗和学术领域的个人信息保护规则，明确规定行政机关对匿名化信息的处理规则等。在发展中国家和地区，印度发布《2023 年数字个人数据保护法案》，确保个人数据的隐私和安全得到充分保护，更加规范进行相关数据的合规处理。泰国《个人数据保护法》生效，包含数据主体权利、数据处理者义务、跨境数据传输、滥用个人数据处罚等方面规定，成为泰国首部综合性数据保护立法。

全球人工智能产业规模平稳增长，生成式人工智能突破式发展。IDC 数据显示，预计 2024 年全球人工智能产业收入接近 6200 亿美元，同比增长 21.4%。从投融资金额来看，2023 年全球人工智能领域融资金额逐渐回升，融资金额达 333.57 亿美元。从企业数量来看，截至 2024 年 3 月末，全球人工智能企业超过 29770 家。在产业应用方面，智能体应用场景持续走深向实，推动生成式人工智能进一步普及应用，NVIDIA、Google、Amazon、阿里云、实在智能、澜码科技等均已推出智能体相关产品。同时，算力成为人工智能发展的关键引擎，智能算力的市场需求激增，AMD 的数据显示，2023 年全球数据中心人工智能加速器的潜在市场总额约为 300 亿美元，预计 2027 年这一数字将超过 1500 亿美元，年复合增长率超过 50%。

各国中小企业数字化转型抓手逐渐清晰，市场能力培育成突破口。2023 年，美国授权网络安全和基础设施安全局执行《中小型企业弹性供应链风险管理计划》，旨在提升中小企业应对供应链中断的能力。同年，其编撰《为中小型企业赋能：制订弹性供应链风险管理计划的资源指南》，帮助中小企业制订符合业务需求的数字供应链计划。德国"制造业-X"计划提出，要降低中小型企业的生产成本与合规成本，降低中小企业与客户或供应商交换数据时的规则、要求和标准风险，打破中小企业大数据治理难题，实现数据驱动型发展。中国开展中小企业数字化转型试点工作，加快带动一批中小企业成长为专精特新企业，增强中小企业市场竞争力。

公众数字素养和技能提升、公共服务便利化政策成为普惠发展热点。2023 年 3 月，美国推出《2023 年数字公平基金会法案》，鼓励就全国范围内实现"数字扫盲培训"投资。9 月，美国发布《“数字优先”公众体验倡议》指南，提出政府各机构应提升服务对象的体验感、满意度和信任度。2023 年 3 月，法国部际数字局（DINUM）提出《高效公共行动数字战略》，拟有效利用数据，提高行政效率，简化公民、企业和公务员的工作。韩国发布《创建安全、包容的数字社会》，以增进老年人、残障人士和其他人员的数字素养。日本数字厅继续推进“个人编号卡”绑定、优化日本政务网站 Mynaportal 流程及其 App 使用体验、推进《无现金法》制定、促进地方政务系统的标准化等措施，以提供便民服务。

2.2　国际网络空间治理概况

各国持续加强数字领域对外政策统筹。2022 年 3 月，美国成立了隶属于国务院的网络空间和数字政策局（Bureau of Cyberspace and Digital Policy，CDP），并有望在 2024 年年底之前，在所有美国驻外大使馆中设置一名网络和数字政策专职官员，以统筹美国对外数字政策，推广美国治理理念和治理方案。欧盟各国的数字政策更加凸显一致性，欧盟《数据治理法》于 2023 年 9 月正式生效，由各成员国主管机构代表、欧洲数据保护委员会、欧洲数据保护监督机构、欧洲网络和信息安全局、欧盟中小企业代表及其他利益相关方代表共同组成的欧盟数据创新委员会投入运作。2023 年 10 月，欧盟按照《经济安全战略》开展评估，预计将推行全欧盟统一的关键技术对外转移限制政策。日本以数字厅为核心推动日本参与全球数字治理，陆续成立企业规划办公室、人工智能委员会等机构，以快速建立国内产业、企业统筹协调的机制基础，形成对外合力。韩国国家数据政策委员会审议《第一批数据产业振兴基本规划》，确定 2023—2025 年国家数据综合政策方向，包括到 2027 年将韩国数据市场规模扩大到 50 万亿韩元，数据利用能力进入全球前 10 等。

新概念、新模式促进数字连接，加速实现可持续发展目标。自联合国《数字合作路线图》于 2021 年提出“普遍和有意义的连接”概念以来，国际社会积极围绕概念内涵、框架和指标体系开展深入讨论。“数字公共产品”“数字公共基础设施”等创新数字解决方案应运而生，各方对人工智能风险具有全局性、系统性、国际性的共识逐步加深，透明度政策、标准框架、治理工具和开源模型成为当前国际讨论的焦点。2023 年 11 月，人工智能安全峰会在英国举行，中国、美国、英国、欧盟等 29 个国家和地区共同签署《布莱切利宣言》，提出共同合作应对人工智能安全风险。在军事、信息内容、生物合成和公共卫生领域，人工智能应用可能引发“灭绝风险”，呼唤重启或更新既有人工智能治理进程。全球主要国家和地区的数据治理活跃，个人信息保护、数据安全、跨境数据流动、机器学习和人工智能规则政策持续出台或调整。美欧围绕数据调取和隐私保护达成新一轮数据流动协定，美国在世贸组织电子商务规则谈判中转变长期坚持的跨境数据自由流动主张，为国内监管调控大型科技企业提供空间。以数据推动创新和可持续发展是全球共同关切，欧盟提出《数据法案》，中国发布《关于构建数据基础制度更好发挥数据要素作用的意见》，联合国提出“数据的力量”高影响力倡议，以规则评估、推动国际数据空间、隐私增强技术（PETs）等为代表的数据互操作机制和标准逐步落地。

全球数字治理机制孕育新机遇。多边机制中多利益攸关方作用更为突出，目前联合国采用多利益攸关方模式的数字合作机构和论坛共有 16 个，为各项数字进程输入了大量成果。

技术特使办公室以 2024 未来峰会筹备和《全球数字契约》制定为契机，成为人工智能、能源结构转型等领域多利益攸关方参与联合国工作的重要枢纽。二十国集团重申包容公平非歧视基本原则，围绕"数字公共基础设施"等新概念，邀请国际组织、产业联盟、国内企业等各方深入介绍案例，参与文稿撰写和研讨，推动新概念、新模式扩大影响力。"全球南方"数字领域合作持续深化。金砖国家、上海合作组织扩员，推动发展中国家提升制度性话语权。金砖国家新工业革命伙伴关系走深走实，金砖国家工业能力中心、创新基地、初创企业论坛等机制协同进一步加强。上海合作组织由国际信息安全合作向数字化转型全面扩展。东盟经济一体化与数字化转型齐头并进，启动《东盟数字经济框架协议（DEFA）》谈判。非盟数字单一市场监管框架稳步发展，17 国签署的《非盟网络安全和个人数据保护公约》生效，非洲自贸区谈判加紧审议第三阶段《数字贸易议定书》。拉丁美洲和加勒比地区数字议程（eLAC）持续更新，拉共体峰会、南美国家领导人峰会致力于推动区域各国数字化转型，加强网络安全合作等共同愿景。"一带一路"制度化进程加快，成立"一带一路"国际合作高峰论坛秘书处，设立"一带一路"企业廉洁合规评价体系等机制，"中国—中亚"电子商务合作机制、中阿网信交流机制、中非创新大会等对话合作交流日益密切。

2.3 国际互联网资本市场概况

投融资规模持续下探，2023 年，全球互联网投融资案例数共 12902 笔，同比下降 26%；披露的总交易金额为 1116.1 亿美元，同比下降 49.2%（见图 2.1）。近五年来，全球互联网投融资总体呈现先波动上升后下降趋势，主要受三个方面因素的影响：**一是**受多国央行继续收紧货币政策、全球利率水平提高、地缘冲突持续升级等多重因素叠加，全球经济增长进一步放缓，投资持续低迷；**二是**投资者布局更为谨慎，对市场估值认可度较低，与发行者之间的估值预期长期不匹配，促使投资热情降低；**三是**全球投融资市场经过前期的快速发展阶段，正逐步进入平稳发展阶段。

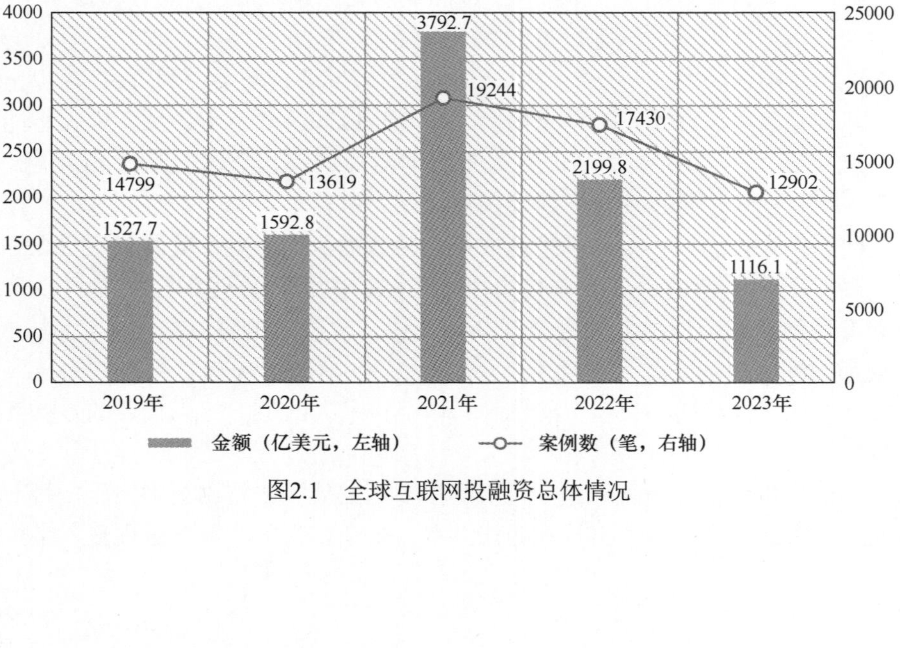

图2.1　全球互联网投融资总体情况

从季度表现来看，2023 年前三季度呈现下降走势，仅第四季度出现小幅上升趋势，从第三季度开始，投融资案例数持续走低至 3200 笔以下，季度投融资金额从第二季度开始便已降至 300 亿美元以下（见图 2.2）。其中，第一季度的投融资案例数和金额均为各季度最高，分别为 3354 笔和 328.8 亿美元。

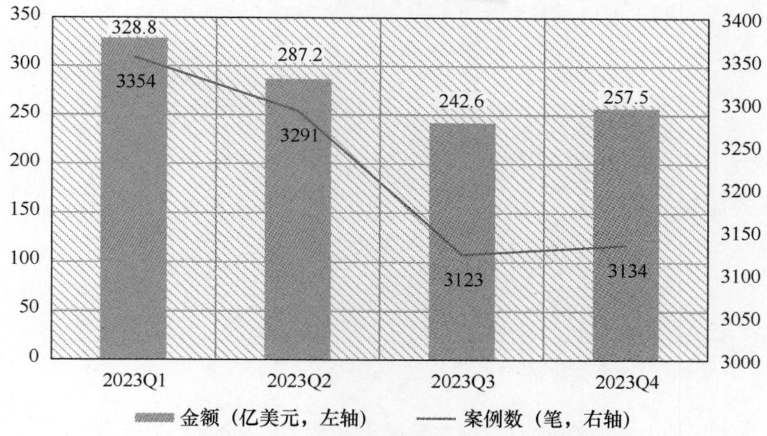

图2.2　2023年全球互联网投融资季度情况

从细分领域来看，2023 年，企业服务、互联网金融和电子商务三个领域的投融资活跃度最高，案例数分别为 2782 笔、2244 笔和 1424 笔，占比分别为 21.6%、17.4%、11.0%。**互联网金融、企业服务和电子商务**三个领域的投融资金额最大，投融资金额分别为 294.6 亿美元、210.4 亿美元和 130.7 亿美元，占比分别为 26.4%、18.9%、11.7%。此外，医疗健康领域的投融资案例数和投融资金额均位居第四，分别为 1421 笔和 95.7 亿美元，与电子商务领域差距正在逐年缩小（见图 2.3 和图 2.4）。

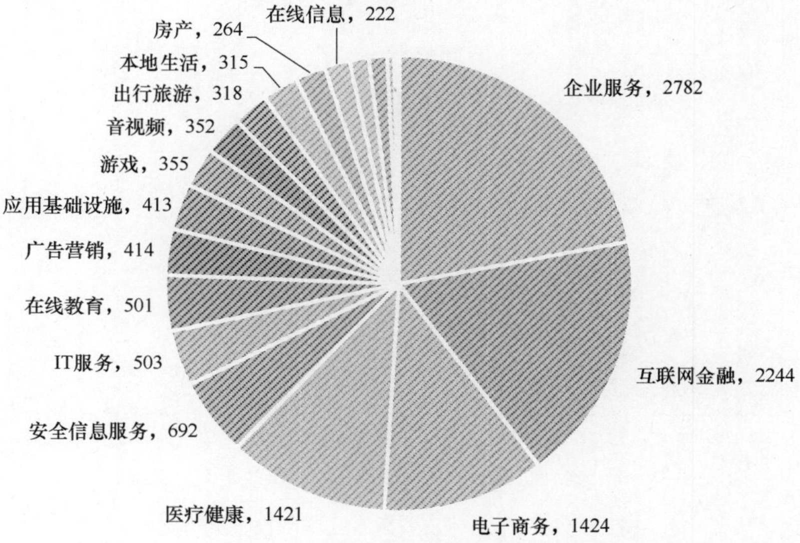

图2.3　2023年全球互联网投融资领域情况（案例数：笔）

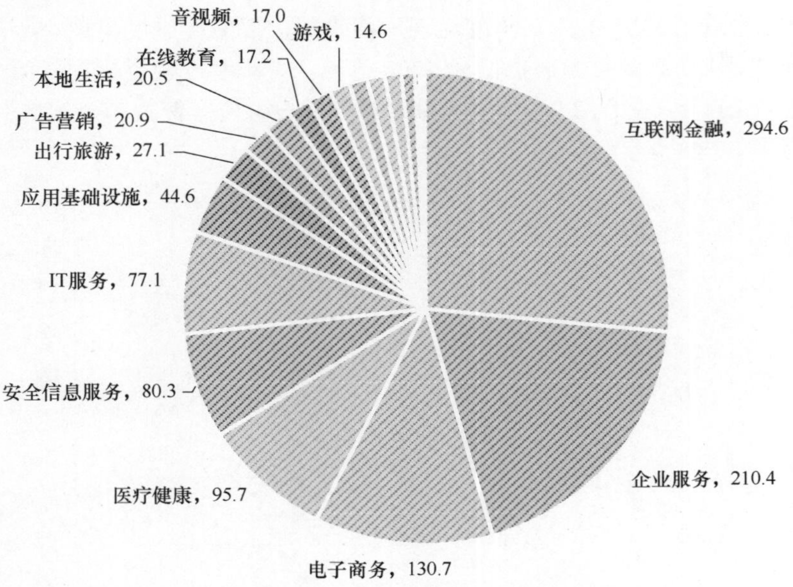

图2.4　2023年全球互联网投融资领域情况（金额：亿美元）

从全球主要国家来看，2023 年，美国为投融资最活跃的市场，总规模遥遥领先其他国家，投融资案例数为 4322 笔，交易金额为 567.4 亿美元；英国、印度、中国位于第二梯队，投融资案例数分别为 867 笔、640 笔和 946 笔，总交易金额分别为 67.4 亿美元、53.2 亿美元和 49.6 亿美元；德国、法国、加拿大、韩国和以色列的投融资金额均在 20 亿美元以上，分别为 35.4 亿美元、31.6 亿美元、23.9 亿美元、23.1 亿美元和 21.2 亿美元。其中，韩国的投融资案例数超过 640 笔，在这五个国家中最高（见图 2.5）。

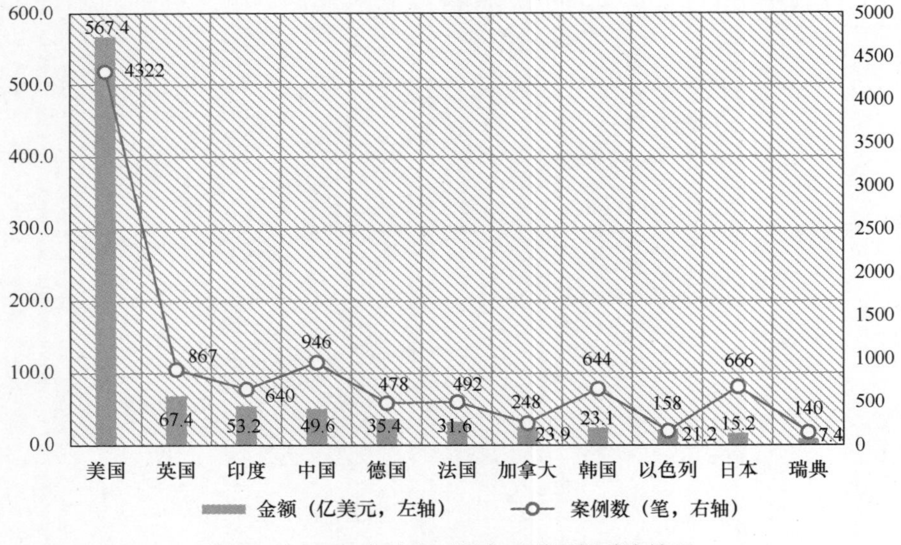

图2.5　2023年全球主要国家互联网投融资情况

从重点案例来看，2023 年共有 7 家企业单轮融资额超过 10 亿美元，美国以四席的优势位列第一，中国则以两席紧随其后，挪威仅占据一席。其中，中国跨境电商 SHEIN 已完成 20 亿美元的 F 轮融资，有消息称，SHEIN 已申请在美国上市，或将于 2024 年启动首次公开募股。上海创业之家已完成 35 亿美元的成长股权融资；美国支付巨头 Stripe、人工智能驱动的停车平台 Metropolis、人工智能初创公司 Inflection 和 Anthropic 分别完成 65 亿美元的 I 轮融资、10.5 亿美元的 C 轮融资、13 亿美元的 B 轮融资和 12.5 亿美元的 D 轮融资；挪威云托管服务提供商 Visma 已完成超过 34 亿美元的私募股权融资。

撰稿：嵇叶楠、龚达宁、冯泽鲲、张郁安、左铠瑞、张雅琪、尹昊智
审校：高新民

第二篇

基础资源与技术篇

- 2023 年中国互联网基础资源发展状况
- 2023 年中国互联网络基础设施建设状况
- 2023 年中国算力基础设施发展状况
- 2023 年中国卫星互联网发展状况
- 2023 年中国量子计算技术发展状况
- 2023 年中国数据要素发展状况
- 2023 年中国人工智能发展状况
- 2023 年中国物联网发展状况
- 2023 年中国元宇宙发展状况
- 2023 年中国区块链发展状况
- 2023 年中国互联网泛终端发展状况
- 2023 年中国智能运维发展状况

第 3 章　2023 年中国互联网基础资源发展状况

3.1　网民

3.1.1　网民规模

1. 总体网民规模

截至 2023 年 12 月，我国网民规模为 109225 万人，同比新增网民 2481 万人，互联网普及率达 77.5%，同比提升 1.9 个百分点（见图 3.1）。

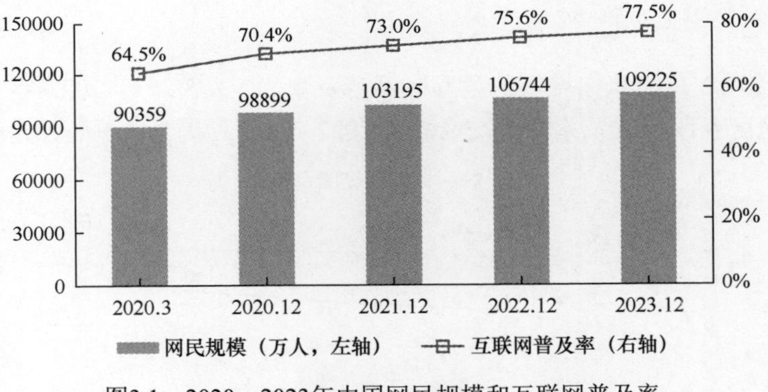

图3.1　2020—2023年中国网民规模和互联网普及率

资料来源：CNNIC。

2. 手机网民规模

截至 2023 年 12 月，我国手机网民规模为 109072 万人，同比新增手机网民 2562 万人，网民中使用手机上网的比例为 99.9%（见图 3.2）。

3. 城乡网民规模

截至 2023 年 12 月，我国城镇网民规模为 7.66 亿人，占网民整体规模的 70.2%；农村网民规模为 3.26 亿人，占网民整体规模的 29.8%（见图 3.3）。

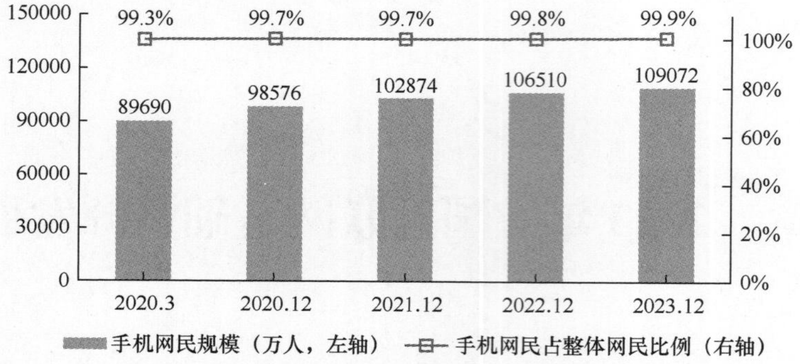

图3.2　2020—2023年中国手机网民规模及其占比

资料来源：CNNIC。

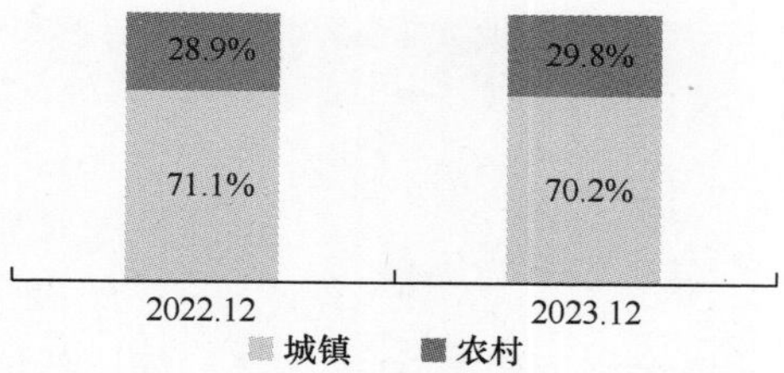

图3.3　2022—2023年中国城乡网民结构

资料来源：CNNIC。

截至 2023 年 12 月，我国城镇地区互联网普及率为 83.3%，较 2022 年 12 月提升 0.2 个百分点；农村地区互联网普及率为 66.5%，较 2022 年 12 月提升 4.6 个百分点（见图 3.4）。

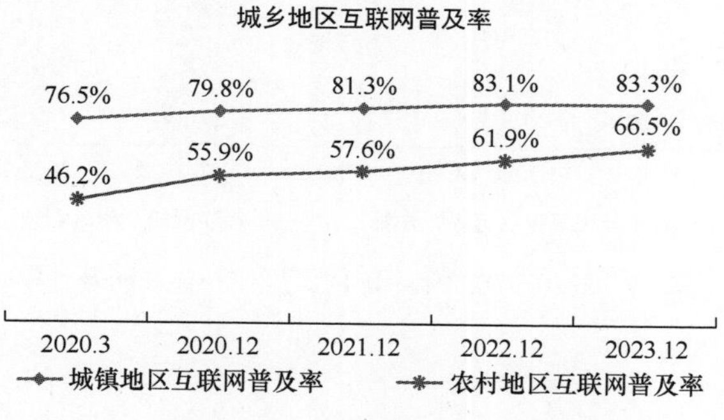

图3.4　2020—2023年中国城乡地区互联网普及率

资料来源：CNNIC。

4. 非网民规模

截至 2023 年 12 月，我国非网民规模为 3.17 亿人，同比减少 2688 万人。从地区来看，我国非网民仍以农村地区常住人口为主，农村地区非网民占比为 51.8%，高于城镇地区 3.5 个百分点。

从年龄来看，60 岁及以上老年群体是非网民的主要群体。截至 2023 年 12 月，我国 60 岁及以上非网民群体占非网民总体的比例为 39.8%。

非网民群体无法接入网络，在出行、消费、就医、办事等日常生活中遇到不便，无法充分享受智能化服务带来的便利。数据显示，非网民认为不上网带来的各类生活不便中，买东西不方便的比例为 20.1%；办事、缴费很困难的比例为 18.6%；很难和家人朋友联系的比例为 15.3%；看病、挂号、买药难的比例为 14.7%；缺少休闲娱乐活动的比例为 13.7%；很难买到火车票、飞机票的比例为 13.4%；很难打到车的比例为 13.1%（见图 3.5）。

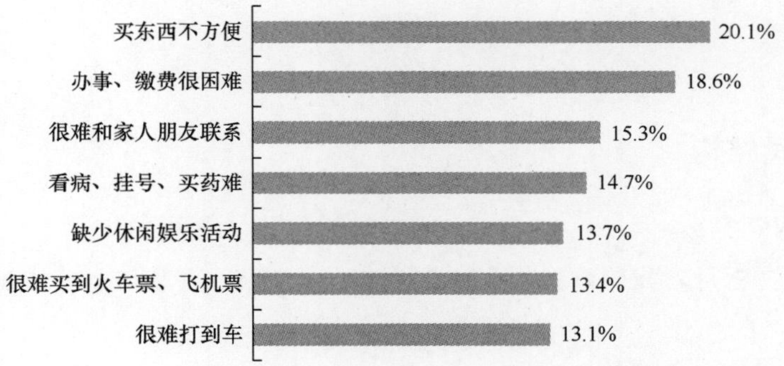

图3.5　2023年非网民不上网带来的生活不便

资料来源：CNNIC。

不懂计算机/网络、不懂拼音等文化程度限制、年龄太大/太小、没有计算机等上网设备是非网民不上网的主要原因。因为“不懂计算机/网络”而不上网的非网民占比为 51.6%；因为“不懂拼音等文化程度限制”而不上网的非网民占比为 27.7%；因为“年龄太大/太小”而不上网的非网民占比为 20.8%；因为“没有计算机等上网设备”而不上网的非网民占比为 16.7%（见图 3.6）。

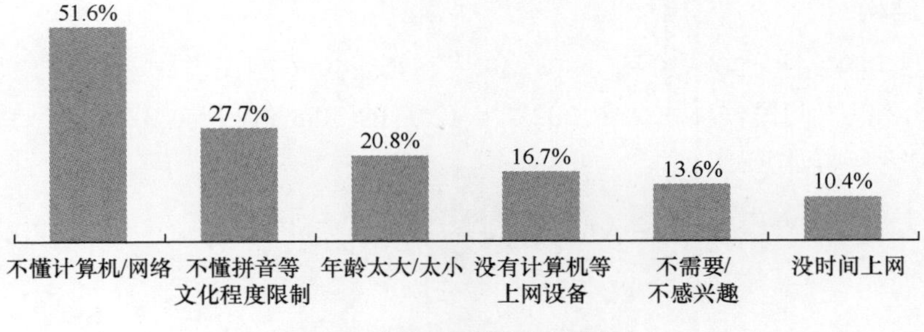

图3.6　非网民不上网原因分布

资料来源：CNNIC。

促进非网民上网的首要因素是“方便获取专业信息，如医疗健康信息等”，占比为 29.9%；“方便与家人或亲属的沟通联系”是促进非网民上网的第二大因素，占比为 26.9%；“帮助增加收入，如能卖出农产品”是促进非网民上网的第三大因素，占比为 25.9%（见图 3.7）。

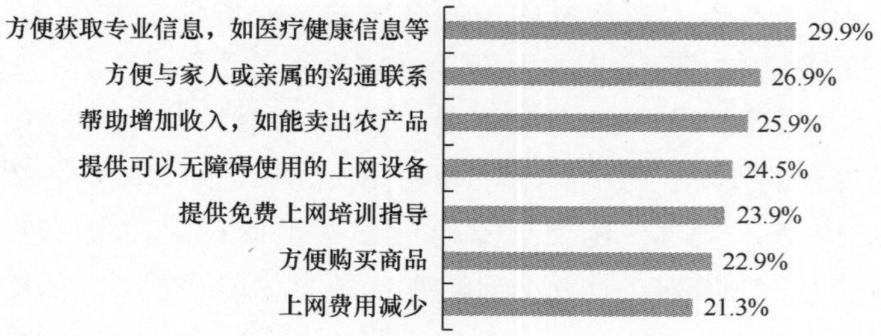

图3.7　促进非网民上网的因素占比情况

资料来源：CNNIC。

3.1.2　网民结构

1. 性别结构

截至 2023 年 12 月，我国网民男女比例为 51.2∶48.8（见图 3.8），与整体人口中男女比例基本一致。

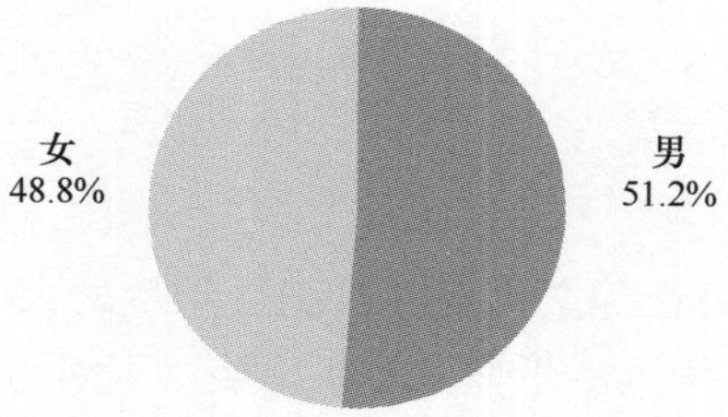

图3.8　2023年中国网民性别结构

资料来源：CNNIC。

2. 年龄结构

截至 2023 年 12 月，20～29 岁、30～39 岁、40～49 岁网民占比分别为 13.7%、19.2%和 16.0%；50 岁及以上网民群体占比由 2022 年 12 月的 30.8%提升至 32.5%（见图 3.9），互联网进一步向中老年群体渗透。

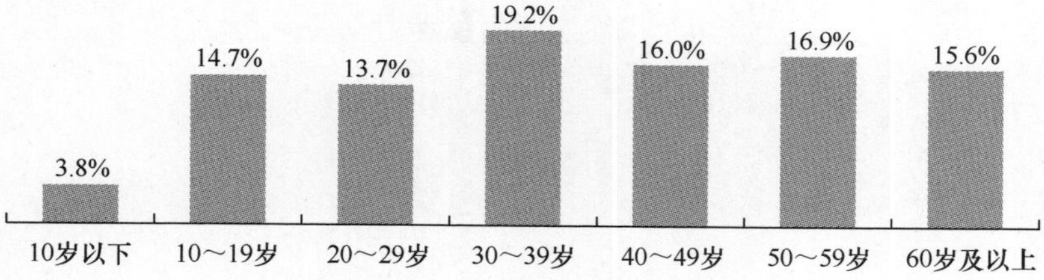

图3.9　2023年中国网民年龄结构分布

资料来源：CNNIC。

3.2　网站

3.2.1　网站整体情况

截至 2023 年 12 月，我国已备案网站（域名注册者在中国境内的网站）数量为 385.1 万个（见图 3.10）。

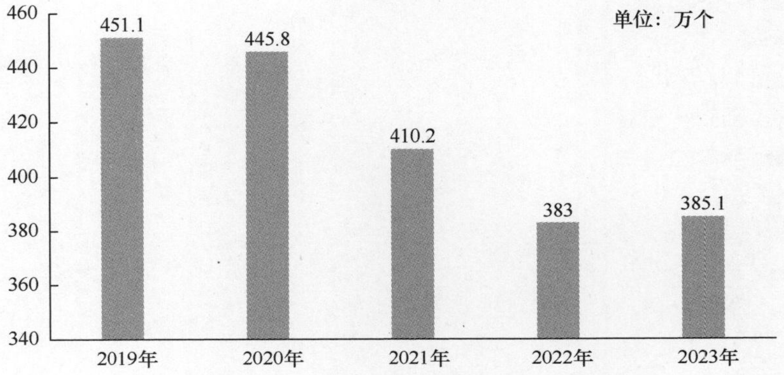

图3.10　2019—2023年中国已备案网站总量变化情况

资料来源：网站备案系统。

3.2.2　各省份网站分布

从各省份网站总量的分布情况来看，广东以 58.54 万个网站居首位，占全国网站总量的 15.20%；其次是北京和上海，分别以 40.93 万个和 33.48 万个居第 2 位和第 3 位，占全国网站总量的比例分别为 10.63%和 8.69%（见图 3.11）。

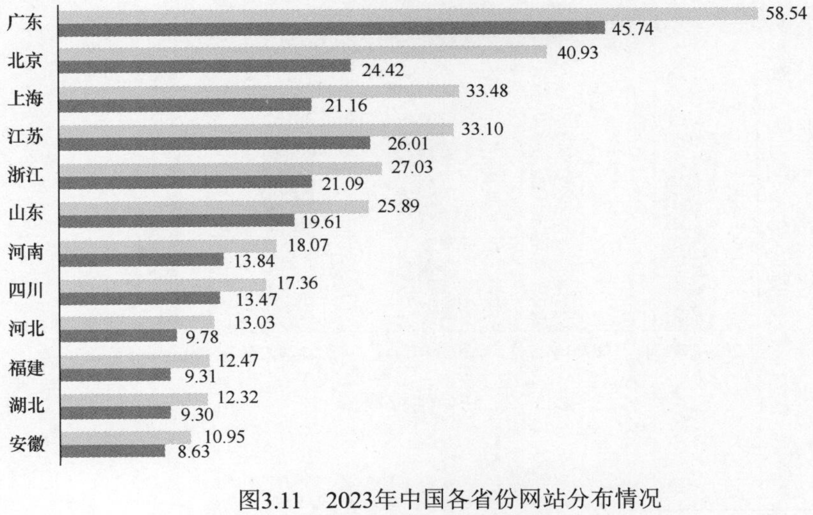

图3.11　2023年中国各省份网站分布情况

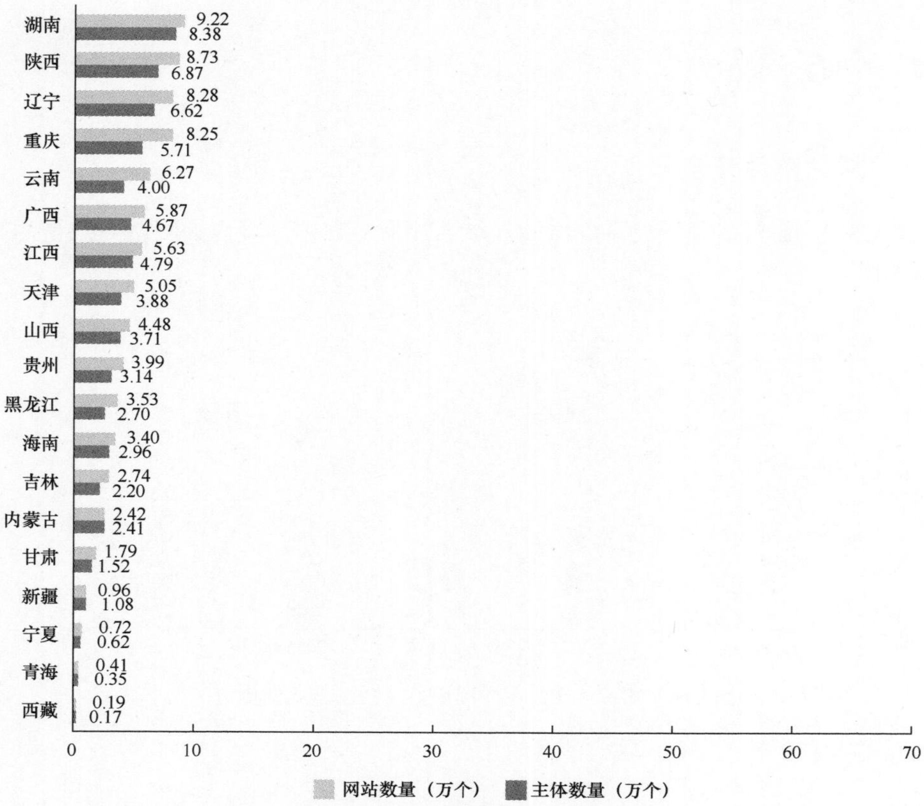

图3.11　2023年中国各省份网站分布情况（续）

资料来源：网站备案系统。

3.3　IP 地址

截至 2023 年 12 月，我国 IPv4 地址数量为 39219 万个（见图 3.12）。

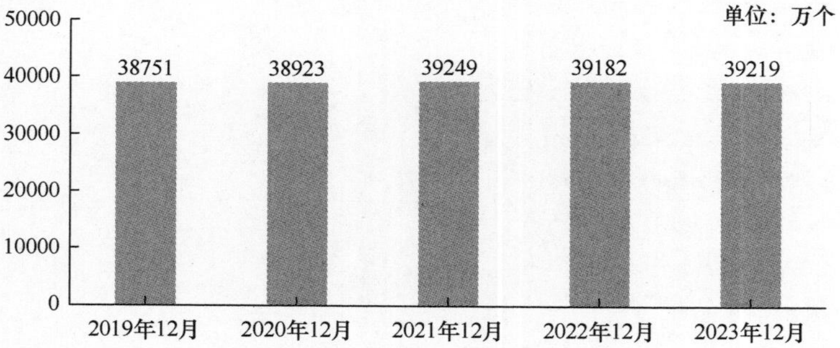

图3.12　IPv4地址数量[1]

资料来源：CNNIC。

1 数据均包含中国港、澳、台地区。

从各省份 IPv4 地址数量分布情况来看，北京 IPv4 地址数量为 9879 万个，居全国首位，其次是广东和浙江，分别为 3698 万个和 2506 万个（见图 3.13）。

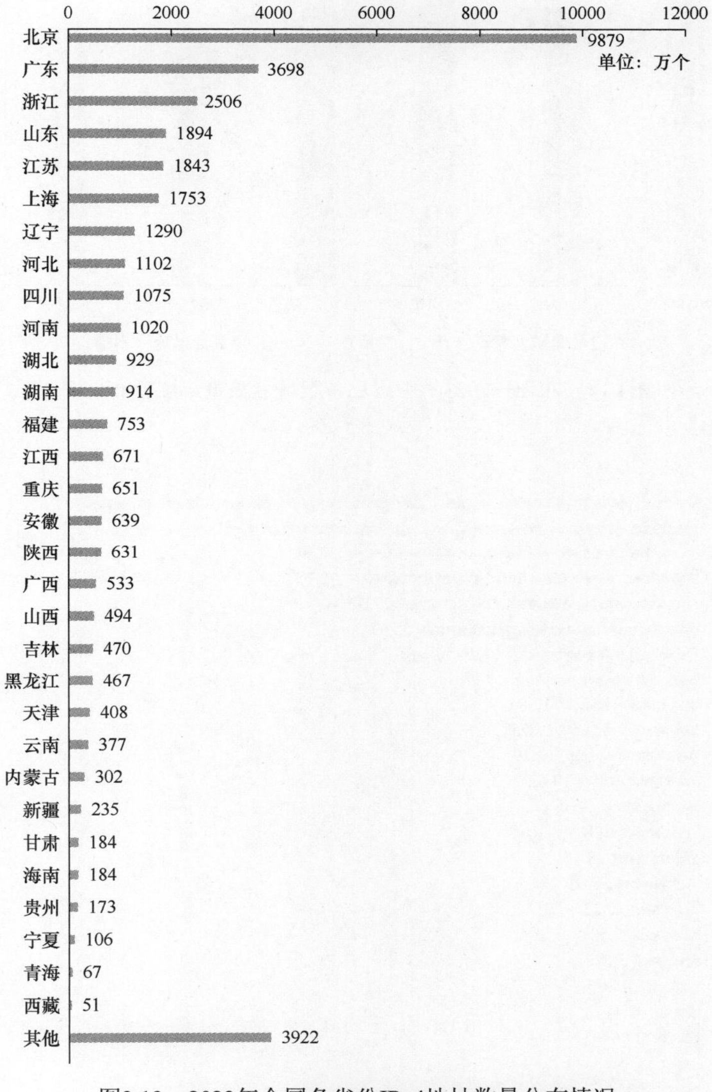

图3.13　2023年全国各省份IPv4地址数量分布情况

资料来源：CNNIC。

3.4　域名

截至 2023 年 12 月，我国已备案域名数量为 381 万个，相比 2022 年下降 1.04%（见图 3.14）。

从各省份域名数的分布情况来看，广东以 57.85 万个域名数居全国首位，其次是北京和江苏，分别为 40.50 万个和 32.91 万个（见图 3.15）。

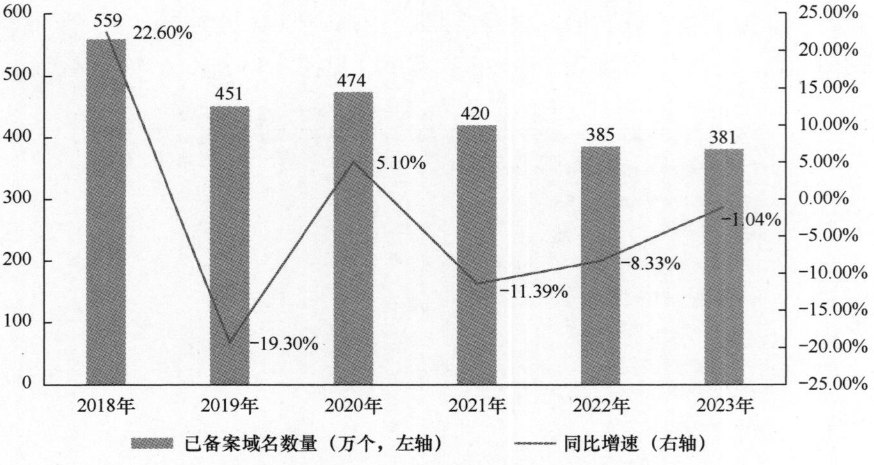

图3.14　2018—2023年中国已备案域名数量年度分布情况

资料来源：网站备案系统。

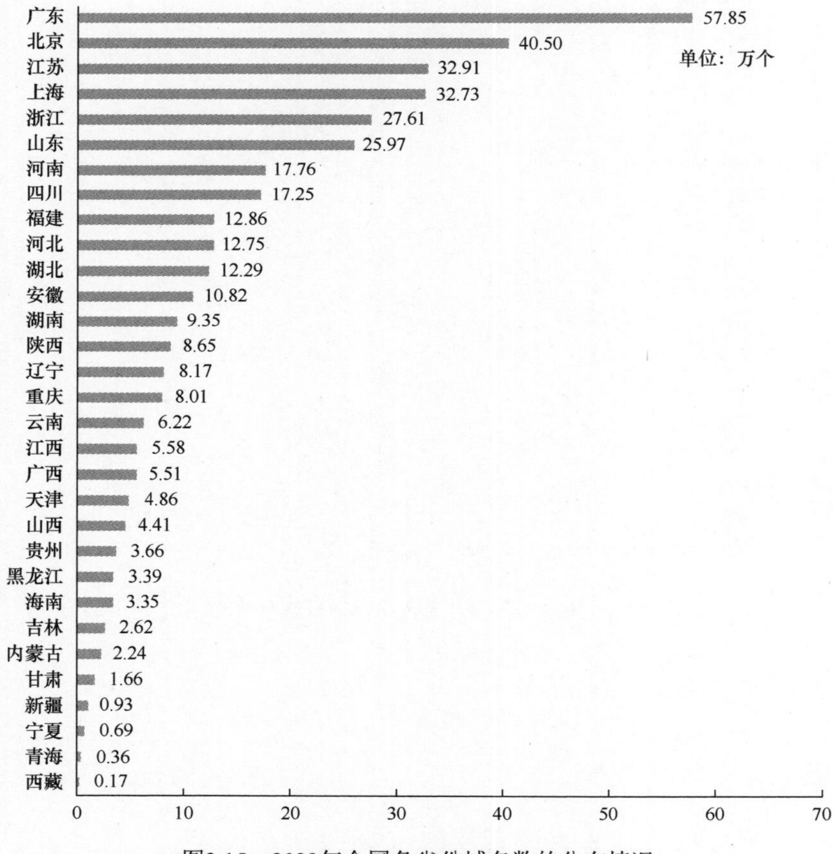

图3.15　2023年全国各省份域名数的分布情况

资料来源：网站备案系统。

3.5　用户

截至 2023 年年底，全国电话用户总数为 189992.3 万户，其在各省份的分布情况如图 3.16 所示。其中，广东以 18830.9 万户居首位，山东、江苏分别居第 2 位、第 3 位。

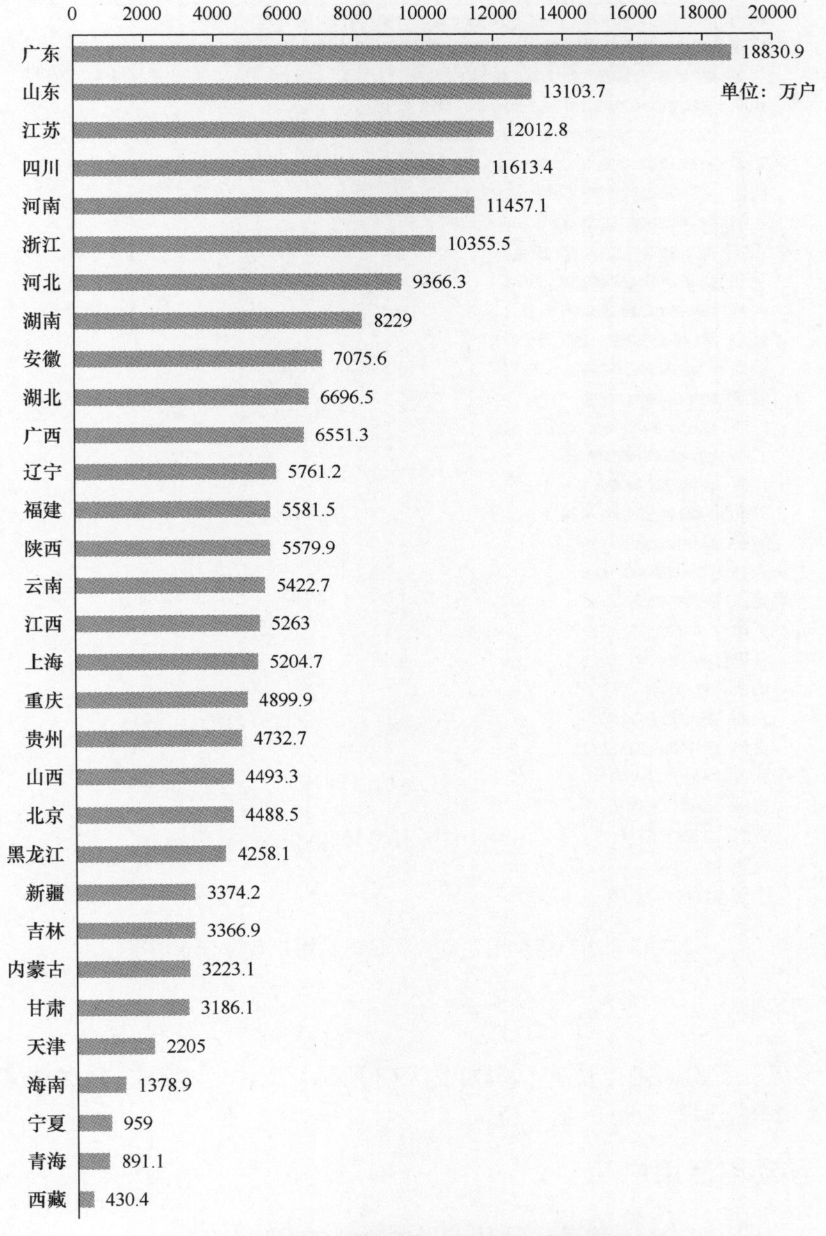

图3.16　2023年全国各省份电话用户数量分布情况

资料来源：工业和信息化部。

3.5.1 固定电话用户

截至 2023 年年底，全国固定电话用户总数达 17332.6 万户，其在各省份的分布情况如图 3.17 所示。其中，四川以 1942.9 万户居全国首位，广东以 1783.7 万户居第 2 位。

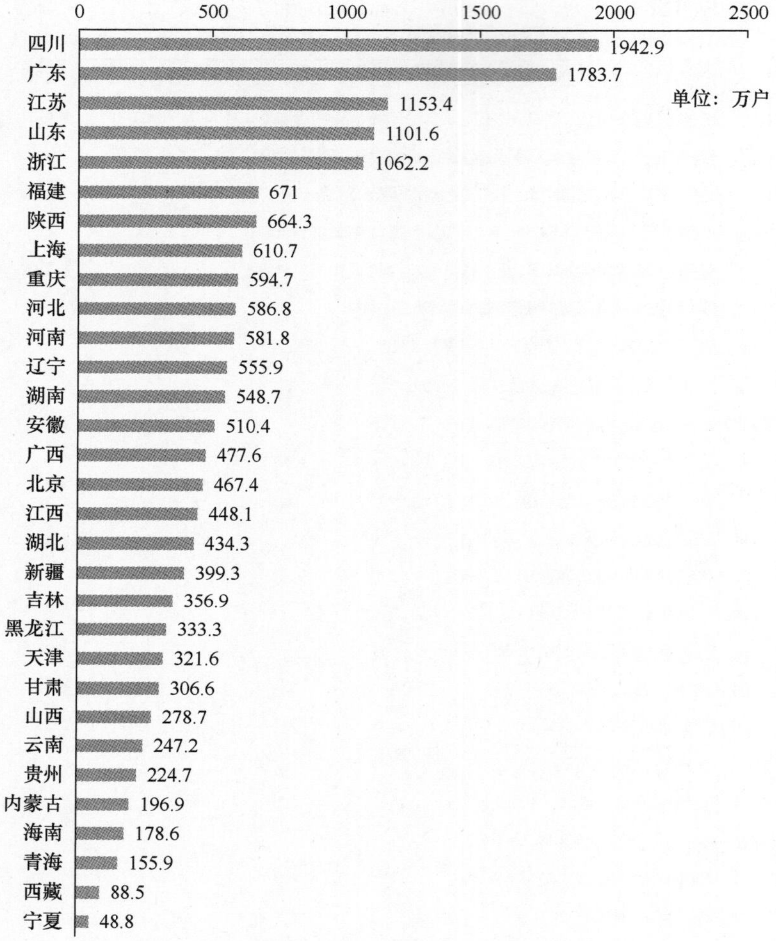

图3.17　2023年全国各省份固定电话用户数量分布情况

资料来源：工业和信息化部。

2023 年全国各省份固定电话普及率如图 3.18 所示。其中，青海以 26.2 部/百人居全国首位，上海、西藏分别居第 2 位、第 3 位。

3.5.2 移动电话用户

截至 2023 年年底，全国移动电话用户总数为 172659.7 万户，其在各省份的分布情况如图 3.19 所示。其中，广东以 17047.2 万户居首位，山东、河南分别以 12002.1 万户和 10875.3 万户居第 2 位、第 3 位。

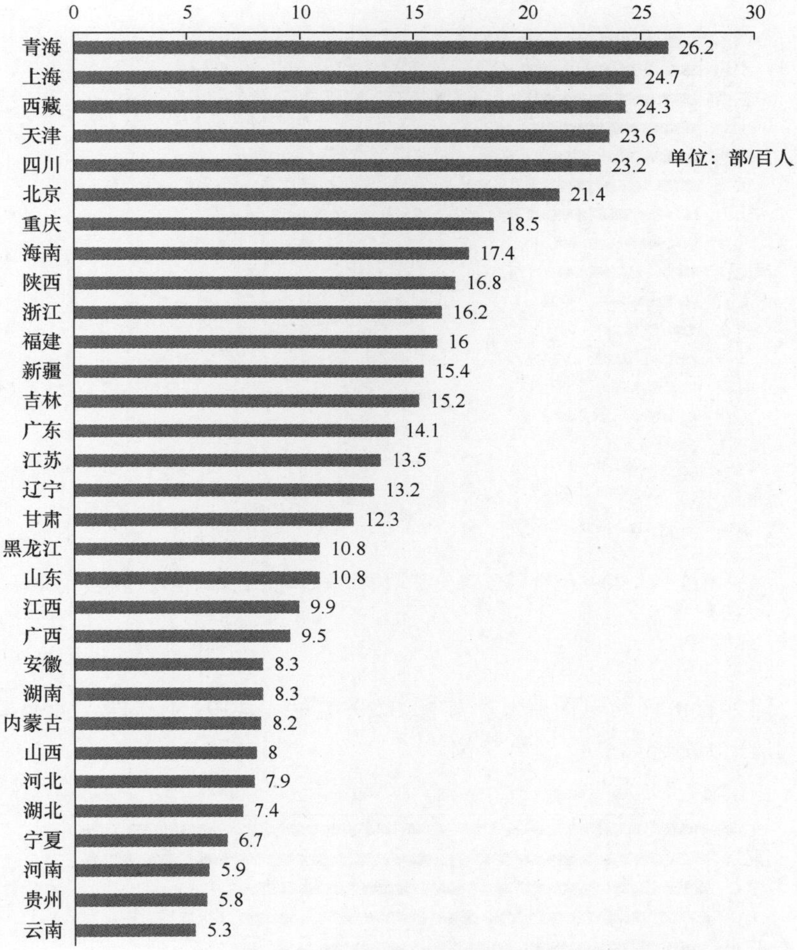

图3.18　2023年全国各省份固定电话普及率

资料来源：工业和信息化部。

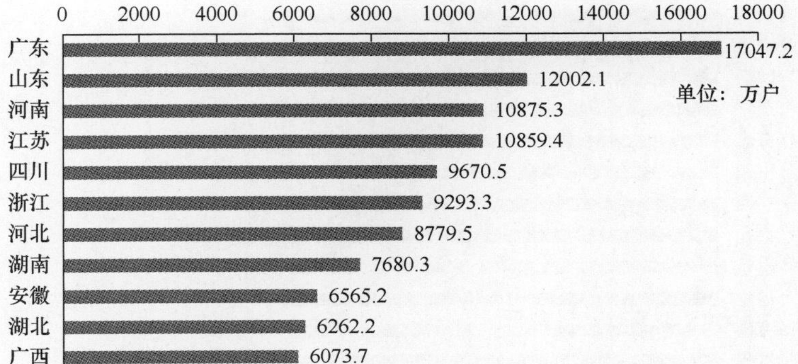

图3.19　2023年全国各省份移动电话用户数量分布情况

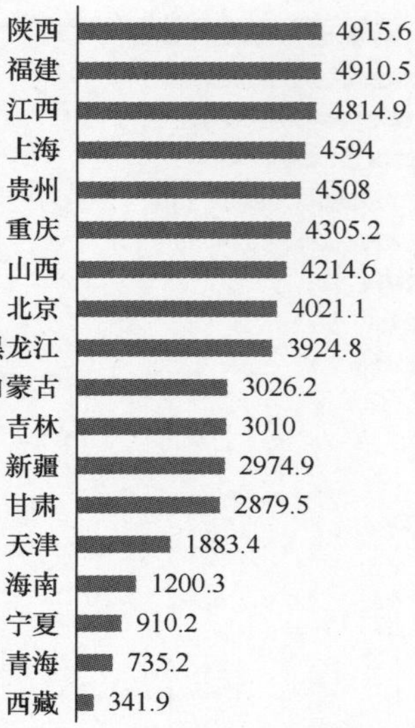

图3.19　2023年全国各省份移动电话用户数量分布情况（续）

资料来源：工业和信息化部。

2023 年全国各省份移动电话普及率如图 3.20 所示。其中，上海以 185.5 部/百人居全国首位，北京、浙江分别居第 2 位、第 3 位。

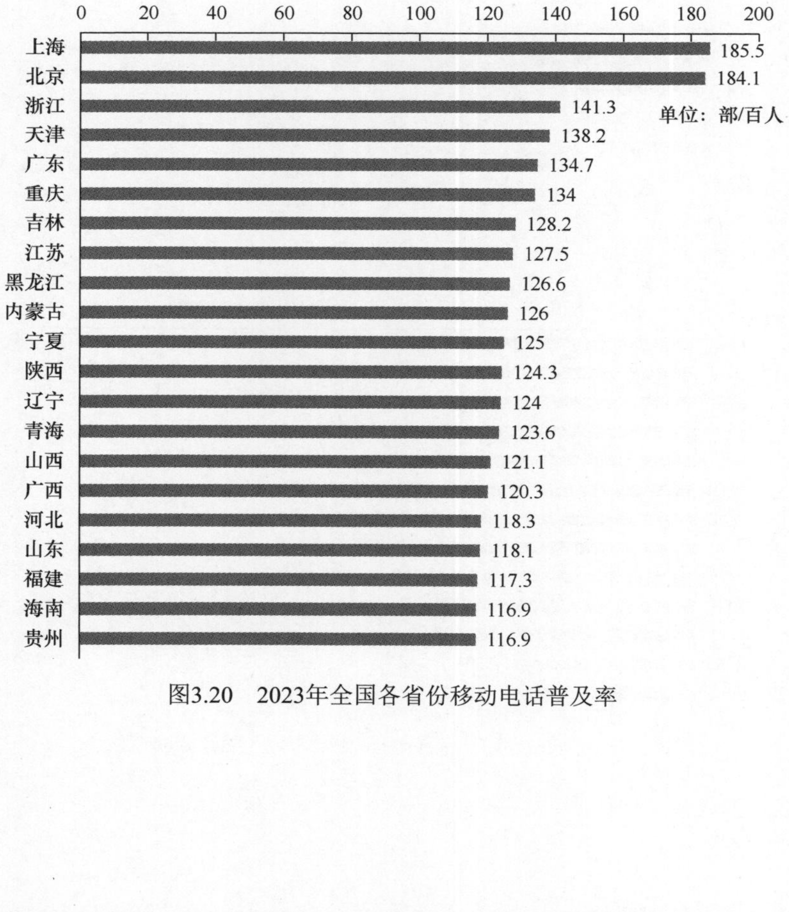

图3.20　2023年全国各省份移动电话普及率

图3.20　2023年全国各省份移动电话普及率（续）

资料来源：工业和信息化部。

第 4 章　2023 年中国互联网络基础设施建设状况

4.1　基础设施建设概况

2023 年，我国各级政府与行业多方全面贯彻党的二十大精神，认真落实党中央、国务院各项决策部署，全力推进网络强国和数字中国建设，促进数字经济与实体经济深度融合，大力推进网络基础设施建设，高速泛在、天地一体、云网融合、智能敏捷、绿色低碳、安全可控的智能化综合性数字信息基础设施建设持续推进。我国 5G、千兆光纤网络等新型信息基础设施建设日益完备，不断扩展优化全球最大的光纤和移动宽带网络，骨干网与互联互通架构持续优化、带宽规模持续增大，国际网络全球布局持续完善，下一代互联网 IPv6 用户和流量规模显著提升，应用基础设施布局逐步走向国际、技术部署持续优化，卫星互联网建设稳步推进，网络基础能力持续增强，网络综合服务水平不断提升，网络技术创新能力持续加强，国内网络与业务性能水平积极追赶发达国家。互联网网络基础设施的建设带动了我国信息通信业高质量发展，为打造产业创新发展新优势、加快形成新质生产力提供了有力支撑。

2023 年，我国骨干网络及互联互通建设优化工作持续推进，骨干网与云和算力融合程度逐步加深，“全方位、立体化”网间架构布局进一步完善。骨干直联点持续扩容，互联网带宽持续增长，新型互联网交换中心与算力平台建设开展结合，骨干网络架构围绕算力网络建设不断调整优化，网络智能化水平进一步提升。基础电信企业骨干网带宽规模达到 1200Tbps 以上水平。骨干网 400G 技术开启商用，流量处理能力持续提升。国际互联网出入口持续扩容，2023 年扩容 14.97Tbps（含中国香港），同比增长约 18.62%。东盟方向海缆布局进一步强化，新疆卡拉苏信道出入口局获批，中亚、欧洲方向国际通信能力将有效提升。

2023 年，我国“全光网”建设快速推进，全国新建光缆线路 473.8 万千米，总长度达 6432 万千米，其中总长度同比增长 7.96%。FTTH 网络覆盖进一步增长，截至 2023 年年底，互联网宽带接入端口数量达到 11.36 亿个，比 2022 年年末净增 6486 万个。光纤接入（FTTH/O）端口比 2022 年净增 6915 万个，达到 10.94 亿个，占比提升至 96.3%。在光网建设的持续推动下，我国宽带接入网络能力在 2023 年进一步提升，3 家基础电信企业的固定宽带接入用户净增 4666 万户，总数达 6.36 亿户。其中，千兆及以上接入速率用户数净增 7153 万户，达 1.63 亿户；百兆及以上接入速率用户总数达 6.01 亿户，占比达 94.5%，占比较 2022 年年末提高 0.6 个百分点。同时，千兆网络支撑千行百业部署企业/工厂网络、智慧教育民生工程等，2023 年年底具备千兆网络服务能力的 10G PON 端口数达 2302 万个，同比增长 51.2%。

2023 年，我国移动 5G 网络建设深入推进，网络深度和广度不断拓展，5G 网络覆盖所有地级市城区和县城城区，持续推进向重点场所深度覆盖。2023 年，新增移动通信基站 79 万个，总数达 1162 万个，其中 5G 基站为 337.7 万个，全年新建 5G 基站 106.5 万个，占移动基站总数的 29.1%，占比较 2022 年年末提升 7.8 个百分点。受 5G 新应用和超高清视频、裸眼 3D 等大流量应用拉动，移动互联网流量保持两位数快速增长。2023 年，4G 和 5G 移动宽带用户总数达 15.17 亿户，占移动电话用户的 87.84%。移动互联网接入流量消费达 3015 亿 GB，同比增长 15.2%。全年月户均移动互联网接入流量达 16.85GB，同比增长 10.9%。同时，5G 行业融合应用深化拓展，2023 年共发展 5G 虚拟专网数量 3.16 万个，达到 2022 年的 2.2 倍，5G 应用案例数超过 9.4 万个，融入 97 个国民经济大类中的 71 个。

2023 年，我国 IPv6 网络规模部署行动持续深入推进，用户和流量规模取得新突破。我国 IPv6 活跃用户数达到 7.78 亿人，超额完成 2023 年目标，IPv6 流量持续快速增长，移动网 IPv6 流量占比已超过 IPv4。骨干网 IPv6 网络性能持续优化，IPv6 时延和丢包率总体已优于 IPv4，业务承载质量进一步提升。

2023 年，我国应用基础设施建设布局持续优化。内容分发网络（CDN）业务与网络布局已向国际扩展，同时在视频、游戏、电商等行业对 CDN 服务需求增加的带动下，获得 CDN 牌照的企业持续增多。随着人工智能和算力设施在国内加速发展，CDN 也逐步向智能化、与算力融合方向发展，向提供多种增值服务的综合性平台转型。我国根镜像部署成效日益凸显，.CN 域名系统和国内新通用顶级域的服务节点部署持续推进，解析性能整体不断提升。

在基础设施全面提升完善的同时，我国互联网网络性能持续提升。据中国信息通信研究院统计，我国互联网骨干网网内平均时延为 25.99ms，已优于国际主要运营商平均水平，网内丢包率达到 0.0038%，已趋近国际水平。我国骨干网网间性能持续优化，网间时延低于 32ms。国际互联网平均访问时延为 238.44ms，与发达国家相比仍有较大差距。我国固定宽带、移动宽带接入速率和全球排名大幅提升，据 Ookla 统计，2023 年 12 月，我国固定宽带和移动宽带接入速率分别为 256.32Mbps、160.14Mbps，全球排名均在第 4 位。主流在线视频平台的平均卡顿率约为 0.09%，用户体验良好。

4.2　互联网骨干网络建设

1. 骨干网络加速向大容量、智能化演进，助力云（算）网深化融合

一是 400G 拉开商用帷幕，开启骨干网重大变革。中国电信、中国移动、中国联通均开展 400G 全光网构建，在粤港澳大湾区、东中西部省份等多个地区进行试验网建设。单波 400G 从短距向超长距发展，骨干网加速从 100G 向 400G 代际演进，为算网业务提供更快传输、更大容量、更低时延保障。二是调整骨干网架构布局，推动云算网深入融合发展。围绕云计算和算力枢纽建设，协同调整骨干网布局，实现云、算力业务的高效互通。中国电信持续推动省际链路建设，80%的骨干网流量可一跳直达，接入 110 多个云资源池，覆盖全国 300 多个城市；中国移动围绕国家算力枢纽节点建设，优化云专网布局，实现全国一级算力资源池互

联互通；中国联通升级算力承载网络，增加算力核心节点和算力接入节点，实现算力高效连接。三是 SRv6 部署和 AI 技术应用，推动网络智能化调度能力不断提升。中国电信和中国移动加快部署 SRv6，实现集中管控和端到端业务差异化承载，中国联通结合 IPv6+、AI 等技术，构建算力网络智能协同管控体系，提升差异化服务能力。四是网间架构更加均衡，网间带宽保持较高增幅。2023 年，批复增设西宁、宁波 2 个骨干直联点，全国骨干直联点达到 27 个；合肥、兰州、西宁骨干直联点开通，全国已开通骨干直联点达到 24 个；截至 2023 年年底，3 家运营商骨干网网间带宽达到 50.21Tbps，与 2022 年年底相比扩容超过 30%。

2. 我国持续推动国际通信能力建设，加强国际互联互通

基础电信企业持续推进我国国际网络互联互通能力建设，截至 2023 年年底，我国自治域网络与国际自治域网络之间互联数量增长约 30%。加强网络基础设施建设国际合作，启动柬埔寨西港—中国香港海缆项目，进一步增强中国与东盟地区的互联互通能力。我国国际网络布局持续完善，工业和信息化部批复建设新疆卡拉苏信道出入口局，我国西向经中亚至欧洲有望开辟国际通信新路由。

4.3 IPv6 规模部署与应用

2023 年，我国 IPv6 规模部署在用户、流量、应用基础设施、网络性能等方面均取得了较大提升。

1. IPv6 活跃用户数达 7.78 亿，较 2019 年翻一番

我国 IPv6 活跃用户数逐年上升，截至 2023 年年底达 7.78 亿，占比达 72.10%（见图 4.1），超额完成《关于加快推进互联网协议第六版（IPv6）规模部署和应用工作的通知》（中网办发文〔2021〕15 号）中 2023 年 IPv6 活跃用户数达到 7 亿的目标，较 2022 年增幅有提升，较 2019 年翻一番。

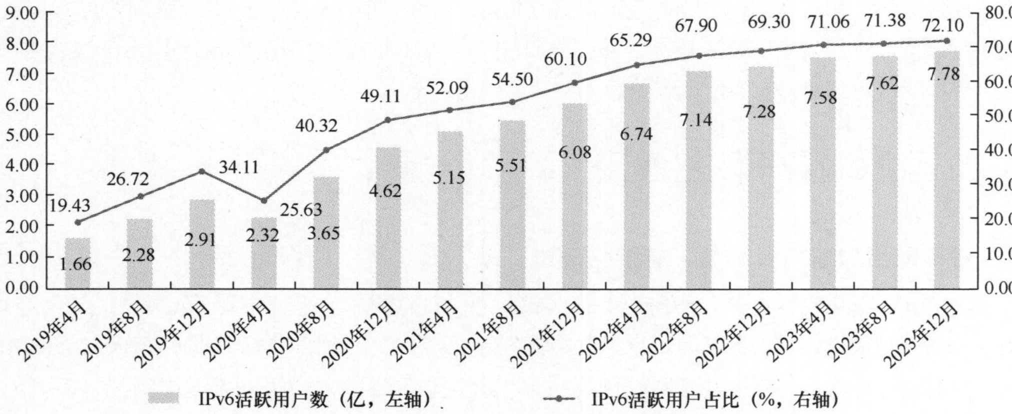

图4.1　2019—2023年我国IPv6活跃用户数和活跃用户占比

2. IPv6 流量占比明显提升，超额完成 2023 年年底目标

随着 IPv6 规模部署的深入推进，固定城域网流量、移动核心网 IPv6 流量均明显提升。

如图 4.2 所示，截至 2023 年年底，固定城域网 IPv6 流量占比达 19.57%，移动核心网 IPv6 流量占比达 60.88%，超额完成《关于加快推进互联网协议第六版（IPv6）规模部署和应用工作的通知》（中网办发文〔2021〕15 号）中固定城域网 IPv6 流量占比达到 15%的目标和移动核心网 IPv6 流量占比达到 50%的目标。

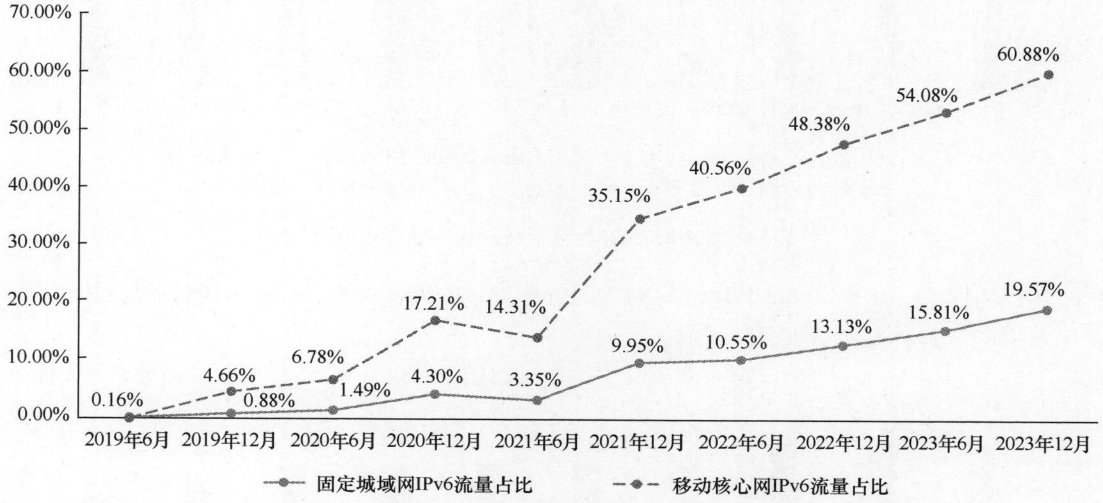

图4.2　2019—2023年我国固定城域网、移动核心网IPv6流量占比

3. 国际出入口 IPv6 带宽达到 11320G，应用基础设施就绪度接近 100%

截至 2023 年年底，基础电信企业国际出入口 IPv6 带宽增长到 11320G，IPv6 流量占比达到 5.99%，较 2019 年翻两番。纳入国家 IPv6 发展监测平台监测的 TOP12 内容分发网络运营企业边缘节点就绪度平均为 96.7%，具体数据详见图 4.3。

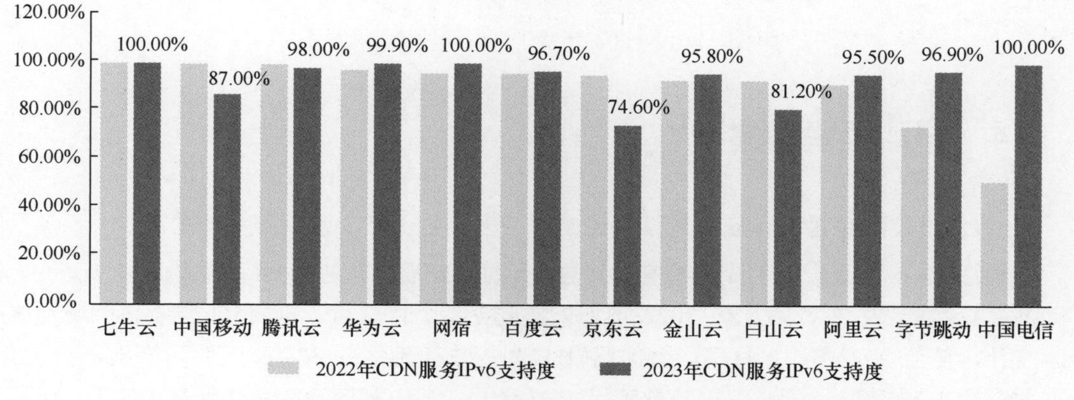

图4.3　2022—2023年纳入监测的内容分发网络运营企业边缘节点就绪度

4. 骨干网 IPv6 网络性能持续优化，IPv6 丢包率已优于 IPv4

骨干网 IPv6 网内性能和网间性能持续优化，丢包率优于或趋同于 IPv4。2023 年年底，IPv6 网内平均时延为 25.74ms，IPv6 网内丢包率为 0.0038%，优于 IPv4 网内丢包率（0.006%），具体数据详见图 4.4。

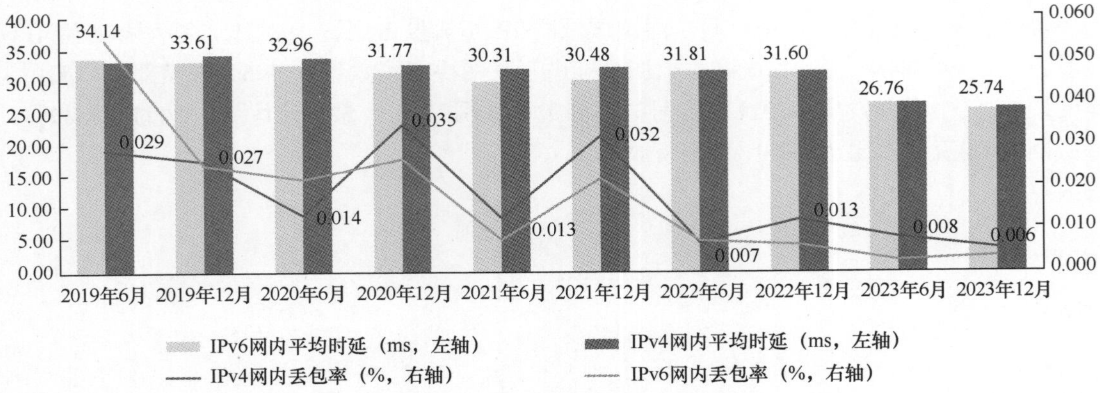

图4.4 2019—2023年骨干网网内性能变化情况

2023 年年底，IPv6 网间平均时延为 32.39ms，IPv6 网间丢包率为 0.019%，与 IPv4 网间丢包率相同，具体数据详见图 4.5。

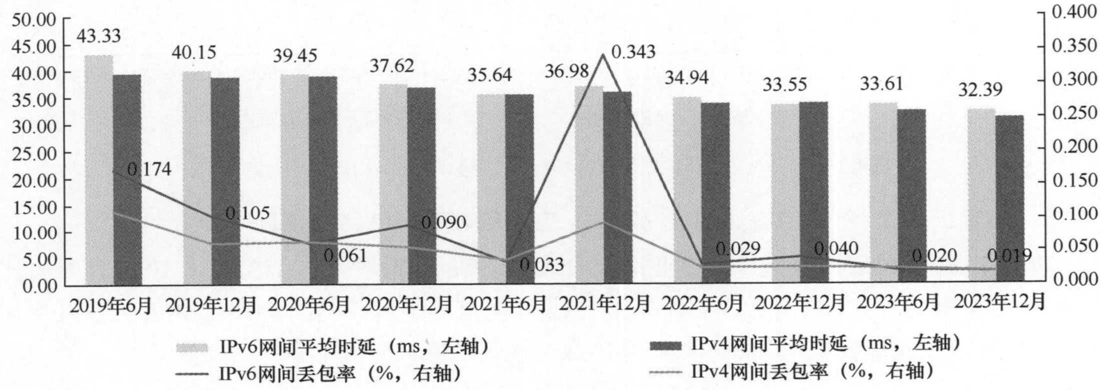

图4.5 2019—2023年骨干网网间性能变化情况

4.4 移动互联网建设

1. 我国 5G 网络建设和应用持续领先全球，多国拉开 6G 政策部署帷幕

截至 2023 年年底，全国移动通信基站总数达 1162 万个，其中 5G 基站为 337.7 万个，占移动基站总数的 29.1%，占比较 2022 年年末提升 7.8 个百分点。据《5G 产业和市场发展报告》统计，截至 2023 年 12 月底，全球已有 119 个国家/地区的 304 家运营商推出基于 3GPP 标准的商用 5G 网络，全球 5G 用户数突破 15.7 亿户，其中我国 5G 用户数占比过半。随着全球 5G 建设和商用日渐完善，全球 6G 竞速全面拉开帷幕。2023 年 6 月，欧盟无线电频谱政策小组开展 6G 频谱需求识别工作，旨在为 6G 发展提供参考；11 月，美国发布国家频谱战略，有助于把握 6G 发展主动权；12 月，国际电信联盟发布 6G 系统标准和空口技术开发框架。同期，我国进一步加强 6G 前瞻布局工作，工业和信息化部在全球率先将 6GHz 频段用于 6G 系统，有利于推动 5G/6G 频谱资源全球或区域划分一致。

2. 5G 移动互联网用户规模持续增长，移动互联网流量突破 3000 亿 GB

截至 2023 年年底，我国移动互联网用户规模为 15.17 亿户，占移动电话用户数的比例为 87.84%，用户渗透率持续攀升，较 2022 年提高 1.48 个百分点。其中，5G 移动电话用户数达 8.05 亿户，占移动电话用户的 46.6%，较 2022 年提高 13.3 个百分点，高于全球平均水平。随着 5G 技术的不断成熟和应用推广，移动互联网流量持续快速增长。2023 年，我国移动互联网累计流量达 3015 亿 GB，同比增长 15.2%，月户均接入流量（DOU）达到 16.85GB/户月，较 2022 年增长 10.9%。

3. 移动物联网连接数突破 20 亿户，5G RedCap 技术商用落地即将来临

我国已建成全球规模最大的移动物联网。截至 2023 年年底，3 家基础电信企业蜂窝物联网用户数达 23.32 亿户，全年净增 4.88 亿户，较移动电话用户数高 6.06 亿户，占移动网终端连接数的比重达 57.5%。同时，移动物联网技术深入赋能各类行业应用，"连接+算力+能力"的"5G+物联网"新技术助力行业发展全面提速。2023 年 10 月，在迪拜举行的第十四届全球移动宽带论坛 MBBF 上，全球 13 家运营商联合发布首批 5G-Advanced 网络。同期，工业和信息化部印发《关于推进 5G 轻量化（RedCap）技术演进和应用创新发展的通知》，提出 2025 年 5G RedCap 量化发展目标。中国电信、中国联通、中国移动积极推动 5G RedCap 技术试验、商用模组和试点商用，积极验证 5G RedCap 现网部署和性能。中兴通讯、爱立信、高通公司、紫光展锐、联发科技等设备和芯片厂商相继完成了 5G R17 版本的 RedCap 系列测试工作。

4.5　互联网带宽及速率

1. 我国基础电信企业骨干网带宽稳步增长

随着"双千兆"加速建设，以及数据中心、云计算、大数据、物联网等互联网业务快速发展，3 家基础电信企业持续提升互联网骨干网络带宽承载能力。中国电信、中国移动公众互联网业务均迁移到骨干网新平面，800G、1.6T 设备平台成为主流。截至 2023 年年底，3 家基础电信企业骨干网带宽规模总和突破 1200Tbps 并稳步增长。

2. 我国互联网网间互联带宽持续增长

为适应互联网用户规模和网间互通需求的快速增长，我国网间互联带宽持续提升。2023 年，我国新增开通合肥、兰州、西宁 3 个国家级骨干直联点，中国电信、中国移动和中国联通网间互联带宽大幅扩容，其中，中国移动与中国电信、中国联通网间互联带宽分别为 18.5Tbps 与 13.6Tbps，平均增长率分别为 37%和 38%，中国电信与中国联通网间互联带宽为 18.1Tbps，平均增长率为 26%。我国骨干网网间互联总带宽超过 51.6Tbps，增长超过 12.4Tbps，增长幅度达 32%。2009—2023 年互联网网间带宽增长情况如图 4.6 所示。

3. 我国国际互联网出口带宽保持稳定增长

据 TELEGEOGRAPHY 统计，截至 2023 年年底，我国国际互联网出口带宽（含中国香港）达 95.36Tbps，同比增长 18.62%，扩容 14.97Tbps，创历史新高，如图 4.7 所示。

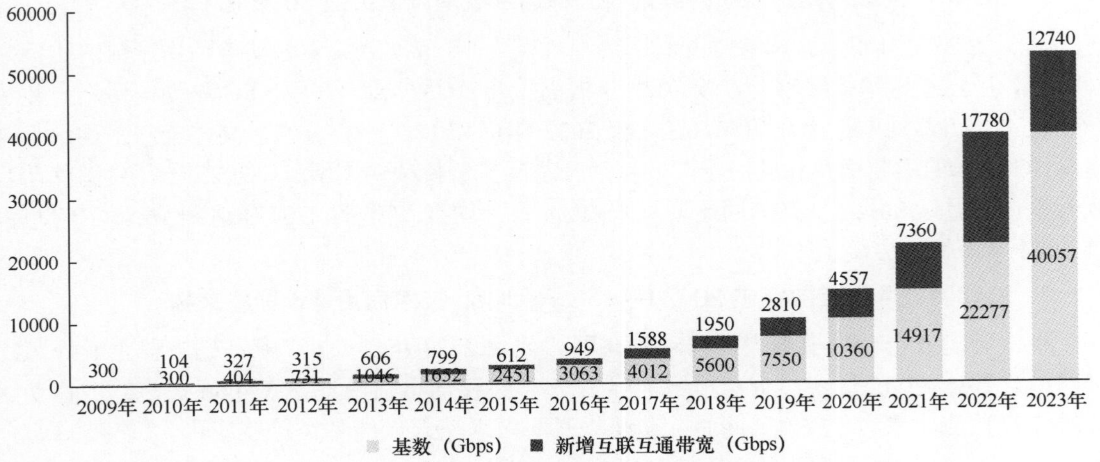

图4.6　2009—2023年互联网网间带宽增长情况

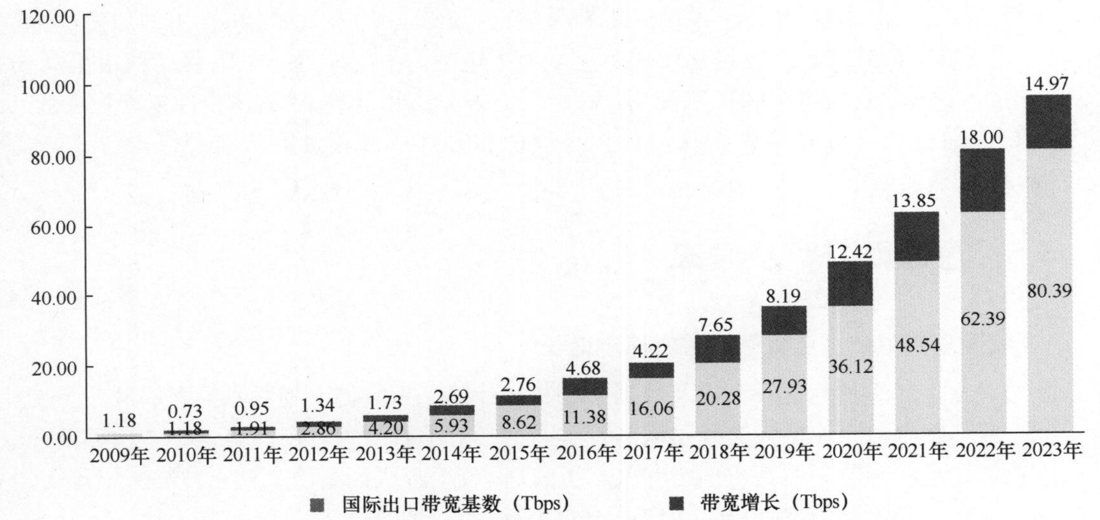

图4.7　2009—2023年我国国际互联网出口带宽（含中国香港）

4. “双千兆”网络用户占比持续提升

千兆光网快速规模部署，FTTR（光纤到房间）进入快速发展阶段，5G 网络持续深度扩展，千兆用户和 5G 用户数持续增长。截至 2023 年年底，我国建成 2302 万个具备千兆服务能力的 10G PON 端口，在 2022 年翻一番的基础上，2023 年增幅达 51.2%，形成覆盖超过 5 亿户家庭的能力。3 家基础电信企业固定宽带接入用户总数达 6.36 亿户（见图 4.8），全年净增 4666 万户。其中，固定宽带 1000Mbps 及以上接入速率的用户数达到 1.63 亿户，全年净增 7153 万户，占总用户数的 25.7%，占比较 2022 年年末提高 10.1 个百分点。我国已开通 5G 基站 337.7 万个，占移动基站总数的 29.1%；5G 用户数达 8.05 亿户，每万人拥有 5G 基站数达到 24 个，占比较 2022 年年末提高 7.6 个百分点。

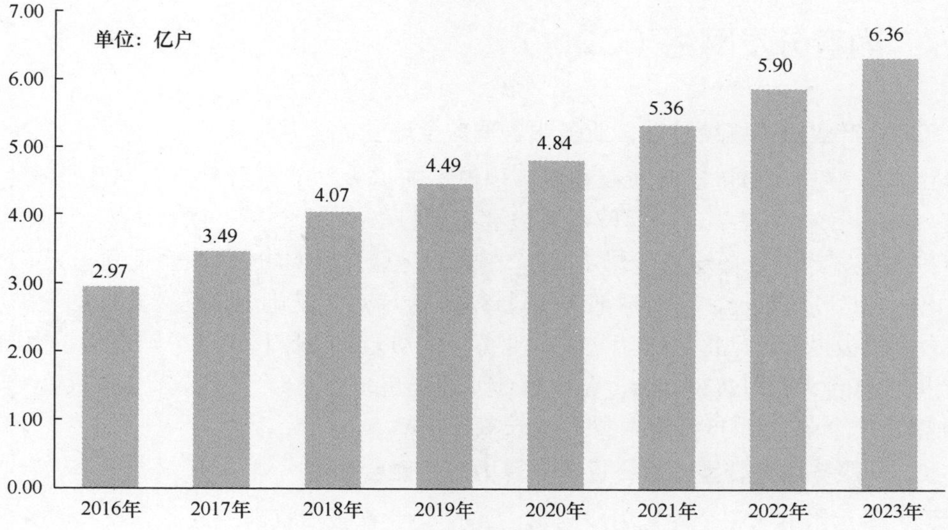

图4.8　2016—2023年固定宽带接入用户总数

4.6　互联网交换中心（IXP）

1. 国内新型互联网交换中心用户流量双提升，市场影响力持续增大

杭州、深圳前海、上海、宁夏中卫四个新型互联网交换中心稳定运行，交换中心日渐成为我国互联网互联互通架构的重要组成，接入企业和带宽不断提升，流量汇聚能力明显提高，在提升我国互联网整体运行效率、支撑区域数字经济发展等方面发挥了重要作用。截至 2023 年 12 月，已有 400 多家头部互联网企业、IDC 企业、制造业企业等接入交换中心，较 2022 年增长 56%；接入总带宽超过 40Tbps，峰值交换流量达到 7.6Tbps，带宽和流量都超过 2022 年的 2.5 倍。

2. 新型互联网交换中心发力算力市场，成为算力平台的重要载体

新型互联网交换中心试点在软件定义交换中心、多云互联、算力服务、行业场景等方面开展创新探索，在算力融合发展方面加大研发力度，获得丰硕成果，初步形成算力对接、算力调度、算力交易一体化服务体系。杭州交换中心联合省市政府等多家单位发布浙江省一体化算力服务平台，汇聚浙江省算力资源，构建跨行业、跨地区、跨层级算力服务资源池，实现省内多元异构算力资源的融合调度和弹性供给。上海交换中心推出上海算力交易平台 2.0，为企业用户提供以 GPU 为核心的多云算力资源服务，累计已接入通算、超算和智算资源超过 8000PFLOPS。深圳前海交换中心“粤港澳大湾区一体化算力服务平台”上线试运行，集成算力调度、交易、应用、安全等多项功能服务，汇聚的算力规模超过 5100 PFLOPS，为 10 余个企业、高校、科研机构的人工智能团队提供算力服务。

4.7 内容分发网络（CDN）

1. CDN 产业规模继续扩增，业务服务覆盖全球

2023 年，我国 CDN 厂商产业和服务规模不断扩大，节点覆盖范围遍及全球主要国家和地区。国内传统 CDN 头部企业网宿科技拥有超过 2800 个全球 CDN 节点，累计服务超过 3000 家中大型客户，业务遍及全球 70 多个国家和地区。云 CDN 代表企业阿里云 CDN 全网带宽输出能力达 180Tbps，在全球部署超过 3200 个节点。基础电信运营企业加速扩展 CDN 板块能力，积极提升跨地区、跨国之间的业务访问质量。中国移动、中国电信、中国联通的 CDN 全网带宽合计超过 520Tbps，在全球合计部署超过 6000 个 CDN 节点。2023 年，国内 CDN 领域获牌企业达到 4546 家，同比增长接近 10%。

2. CDN 服务加速转型升级，促进与算力网络融合创新

为满足多元化市场和个性化用户需求，CDN 企业积极探索新的业务领域和服务模式，如人工智能（AI）服务、云游戏服务、5G 内容分发等。网宿科技聚焦“CDN+边缘计算+云安全”业务，网宿云原生及云服务（MSP）升级成为亚马逊云科技核心级合作伙伴，正加速布局生成式 AI 服务。云 CDN 代表企业阿里云提供全站加速（DCND）服务，支持动静态加速、TCP/UDP 四层加速，拥有边缘大流量 DDoS 攻击清洗与 Web 应用防火墙防护能力，能够为全球企业提供高速和安全的服务。随着基础网络与算力网络的融合创新发展，基础电信企业积极构筑 CDN 算力底座，如中国电信打造天翼云安全加速（SCDN）产品，中国移动构建新一代 CDN 算力网络，中国联通提供“CDN+MEC”算网一体化服务。

4.8 卫星互联网

1. 加速布局卫星互联网产业发展

2023 年 10 月 7 日，工业和信息化部发布《关于创新信息通信行业管理优化营商环境的意见（征求意见稿）》（以下简称《意见》）。《意见》在卫星互联网方面提出：“分步骤、分阶段推进卫星互联网业务准入制度改革，不断拓宽民营企业参与电信业务经营的渠道和范围。”

我国多地积极布局，推进卫星互联网产业链发展。其中，2023 年 10 月 24 日，上海市人民政府办公厅印发的《上海市促进商业航天发展打造空间信息产业高地行动计划（2023—2025 年）》提出，到 2025 年，以商业航天跨越式发展为牵引，围绕卫星制造、运载发射、地面系统设备、空间信息应用和服务等环节，加强卫星通信、导航、遥感一体化发展，推动空天地信息网络一体化融合。

2. 我国卫星互联网基础设施建设持续推进

2023 年 2 月 2 日，高通量高轨卫星中星 26 号成功发射，容量超过 100Gbps，卫星将定点于东经 125 度轨位。该卫星交付后，将由航天科技集团中国卫通公司负责运营管理。2023 年 1 月 26 日，亚太 6E 卫星成功发射。亚太 6E 卫星作为新一代全电推商业卫星，是我国首颗全自主实现轨位转移的卫星。

民营企业投入卫星互联网发展建设中。2023 年 7 月 23 日，银河航天灵犀 03 星发射任务获得圆满成功，这是我国首次在轨对多星堆叠发射技术进行验证，将为我国低轨通信卫星星座的快速部署提供技术支撑。银河航天在灵犀 03 星上成功实现了终端到终端（Terminal to Terminal，T2T）低轨卫星通信测试。国电高科建设低轨卫星物联网“天启星座”，由 38 颗低轨卫星组成，2023 年年底部署完成，目前 17 星已经在轨组网运营，为全球用户提供“空天地海一体”的卫星物联网数据通信服务。

2023 年 12 月 29 日，位于文昌的海南国际商业航天发射中心一号发射工位正式竣工。该项目的建成，标志着我国首个商业航天发射场在形成发射能力过程中取得关键进展。

3. 手机直连卫星通信开启卫星互联网新热点

2023 年 8 月 29 日，华为技术有限公司正式上架开售全球首款支持卫星通话的大众智能手机——HUAWEI Mate 60 Pro。Mate 60 Pro 的卫星通信功能依托于中国电信负责的“天通一号”卫星系统实现。中国电信于 2023 年 9 月 8 日正式上线了名为“手机直连卫星”的新服务，主打不换卡、不换号，只要是电信号卡用户即可开通手机直连卫星服务。

中国移动完成国内 NR NTN 低轨卫星宽带业务实验室验证，验证手机直连低轨宽带卫星的通信能力，对促进 3GPP 非地面网络（Non-Terrestrial Network，NTN）技术的全面演进及产业链的发展具有重要意义。

4.9 域名系统

1. 我国根镜像服务器布局稳定，根解析性能持续提升

2023 年，我国根镜像节点总数 24 个，根解析性能持续提升。根据中国信息通信研究院全球互联网网络感知平台监测，如图 4.9 所示，截至 2023 年 12 月，我国访问全球 13 个根的 IPv4 和 IPv6 平均解析时延分别为 115.5ms 和 133.0ms，相比 2022 年分别提升 23%和 11%，其中访问境内已部署镜像的根的 IPv4 和 IPv6 平均解析时延[1]分别为 71.8ms 和 62.6ms，相比 2022 年分别提升 8%和 26%。同时，我国北京、上海、广州地区通过中国电信、中国移动、中国联通 3 家基础电信企业网络对境内根镜像的平均访问率分别是 66.24%、64.22%和 65.55%。未来，我国将进一步加强境内机构与更多国际根服务器运行机构合作，有序引进并优化根镜像地域部署，推进网络互联互通，以及采用根解析本地化等其他技术方案，进一步提升我国根解析性能。

2. 我国“.CN”和新 gTLD 解析性能稳步提升，权威解析服务节点走向海外

在顶级域解析方面，2023 年我国访问国家顶级域“.CN”域名和境内新 gTLD 性能稳步提升。其中，访问“.CN”境内服务器的平均解析时延为 24.3ms[2]，较 2022 年提升 11%；

1 利用中国信息通信研究院全球互联网网络感知平台部署在全国电信、移动、联通网内的服务器，模拟用户向 13 个 DNS 根服务器簇分别进行 IPv4 和 IPv6 解析访问，获取解析时延，并进行相关统计。

2 利用中国信息通信研究院全球互联网网络感知平台部署在全国电信、联通、移动网内的服务器，模拟用户向全部“.CN”域名服务器进行访问，获取解析性能，并进行相关统计，下述其他顶级域监测方法相同。

访问自营的新 gTLD 境内服务器的平均解析时延为 42ms，较 2022 年提升 8.5%；访问境内新 gTLD 后台托管服务器的平均解析时延为 54ms，较 2022 年提升 23.73%。对比来看，我国访问全球各主要 gTLD（包括“.COM”“.NET”“.ORG”“.INFO” 和 “.BIZ”）的平均解析时延总体有所提升，但仍均超过 110ms，解析时延相对较高，与相应顶级域解析设施在境内部署较少、路由绕转等因素有关。我国访问主要顶级域名服务器的平均解析性能如图 4.10 所示。

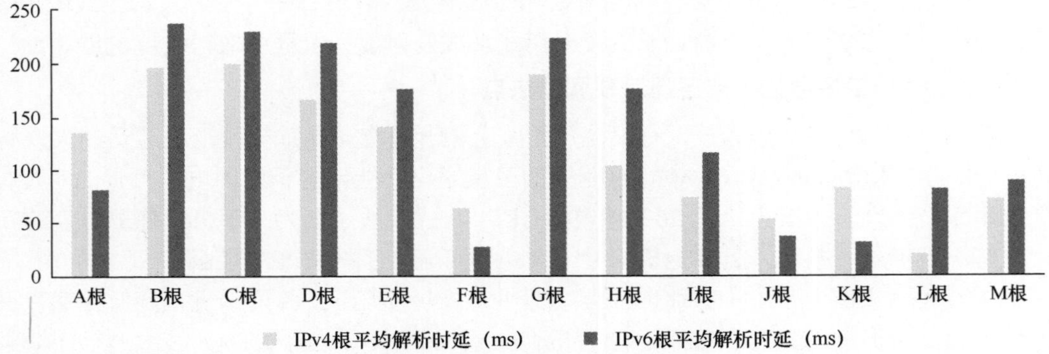

图4.9　我国访问根服务器（含镜像）的平均解析性能

资料来源：中国信息通信研究院全球互联网网络感知平台。

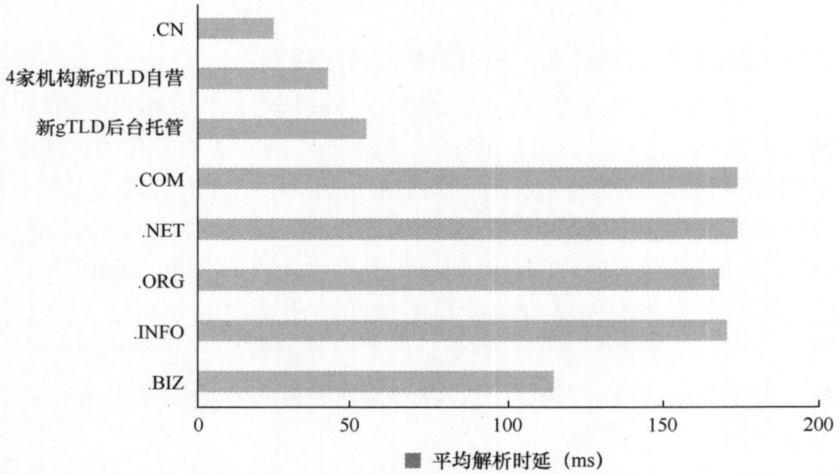

图4.10　我国访问主要顶级域名服务器的平均解析性能

资料来源：中国信息通信研究院全球互联网网络感知平台。

在网站权威解析方面，我国第三方权威解析服务机构其解析域名总量超过 2000 万个，合计占全球排名前 500 机构的 7.5%。其中阿里云、帝恩思、帝思普、西维数码和新网数码分别排名全球第 7 位、第 10 位、第 15 位、第 29 位和第 34 位。我国排名前 5 位的第三方权威解析服务机构服务的域名数量如图 4.11 所示。

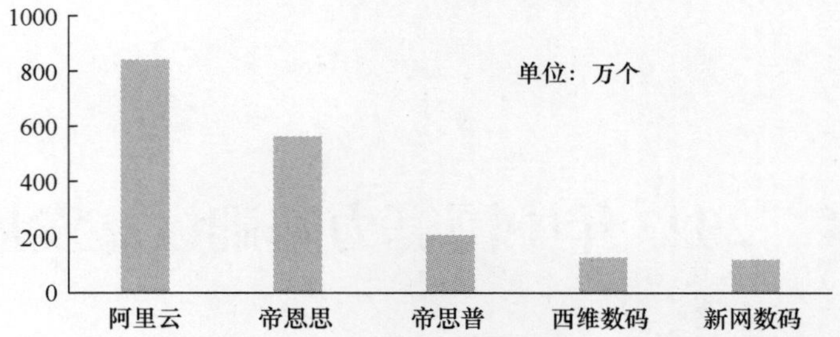

图4.11　我国排名前5位的第三方权威解析服务机构服务的域名数量

资料来源：DailyChanges。

3. 下一代 DNS 系统融合多种技术，赋能产业数字化转型

随着终端连接方式变化、网络基础设施升级及业务云化发展，我国 DNS 逐渐由承担传统基础解析功能向承载万物互联的智能网络中枢转变，成为支撑万物互联的关键系统。基于搭载 HTTPDNS、DOH、DOT、DNSSEC 等加密技术、威胁情报技术及深度学习技术，DNS 传输的安全可控性不断提升。通过与各类云原生架构技术集成、数据全面上云，DNS 综合智能调度能力向网络、云上云下延伸。同时，我国 DNS 技术正向自主可控方向发展。目前，基于自主研发核心技术，DNS 与国产操作系统、芯片等多样化软硬件平台实现生态融合，在数据赋能、全面感知、可靠传输、智能分析、精准决策等方面实现创新能力升级，建立起更安全、更智能且完全自主可控的技术生态体系。

下一代 DNS 赋能各行业数字化转型。在金融领域，实现域名基础设施跨云跨 DC 的统一调度、管控，保障应用多活，加速应用发布，提升应用体验，为金融领域互联网体系架构升级筑牢更安全、更高效、更智能的网络根基。在政务领域，助力电子政务优化升级，并通过域名集约化管理服务，赋能数字政府智能集约形态支撑体系建设。在大型企业领域，广泛应用于 IPv6 规模部署、DNS 威胁管控等企业重要场景，为大型企业构建高速、移动、安全、泛在的新一代信息基础设施。

撰稿：李原、杨波、王珂、李向群、王智峰、张爱丽、刘林林
审校：周晓龙

第 5 章　2023 年中国算力基础设施发展状况

5.1　互联网数据中心（IDC）

从政策环境来看，我国高度重视算力产业，发布多项政策推动数据中心高质量发展。2023 年 10 月，工业和信息化部、中央网信办等六部门联合印发《算力基础设施高质量发展行动计划》，从计算力、运载力、存储力及应用赋能等方面提出了到 2025 年的发展量化指标。2023 年 12 月，国家发展和改革委员会、国家数据局、工业和信息化部等五部门联合发布《关于深入实施“东数西算”工程 加快构建全国一体化算力网的实施意见》，为我国算力多元异构、协同一体、绿色低碳发展提供了重要指引。

从产业发展来看，随着我国数字化、智能化转型的持续推进，数据中心产业发展迅速，算力规模持续提升。近年来，我国持续强化 5G、云计算、人工智能等新一代信息技术战略布局，推动信息技术迭代升级，信息技术与传统产业加速融合，促进数字经济蓬勃发展。数据中心作为承载各类信息技术，实现海量数据计算、存储和传输的载体，成为经济社会运行不可或缺的关键基础设施。截至 2023 年年底，我国在用标准机架达到 810 万架，算力规模达到 230EFLOPS。在算力结构方面，通用、智算、超算多元异构算力建设均在积极推进，尤其是随着大模型的爆发，智能算力需求快速提升，智算中心建设进一步加快，2023 年年底智能算力规模占比提升至 30%。

从关键技术发展来看，数据中心技术创新加快推进，“风火水电”基础设施及算存运 IT 技术协同发展。在供配电方面，随着数据中心节能降碳要求提升，部分数据中心正在试点源网荷储、分布式光伏技术应用。在制冷方面，为了提高制冷效率，数据中心液冷技术得到快速发展。联想、新华三、浪潮等主流 IT 设备厂商纷纷发力液冷产品研发。在 IT 技术方面，全闪存、存算一体等先进存储技术应用加快，数据访存速度、稳定性、安全性显著优化。光传送网（OTN）、SRv6 等前沿网络技术应用加快，用户入算及算间网络性能持续提升。

从平台生态来看，算力平台建设不断加速，算力产业生态逐步建立。国内积极探索平台建设，中国信息通信研究院围绕算力资源监测、供需匹配、算网协同等持续完善中国算力平台，助力一体化算力体系建设，河南、新疆、青岛、宁夏等地积极推进区域级算力平台发展。算力产业发展方阵的成立，以及“华彩杯”算力应用创新大赛的举办，进一步丰富了产业生态，有力地促进了算力产业的发展。

从发展趋势来看，数据中心节能降碳、绿色低碳要求持续提升，新能源利用不断扩大。随着“双碳”节点的临近，我国数据中心绿色低碳要求日趋严格，在这一背景下，高效冷却技术将不断发展。同时，随着储能技术的不断发展，光伏、风能等可再生能源利用将不断扩大，数据中心绿色低碳水平持续提升。

从发展挑战来看，区域协同能力有待加强，传统行业算力应用不足。在算力布局方面，出于迁移成本、网络性能、数据安全、运维便捷性等考虑，业务应用大多选择在靠近用户的东部地区部署，仅有部分灾备算力中心选择在西部地区建设，东西部协同联动不足，难以为西部带来有效的算力需求。在算力应用方面，算力在传统行业拓展仍有待进一步增强。工业、能源、交通、农业等传统行业，兼具离散型行业、流程型行业特点，对于算力的需求差异较大，需求量相对分散，这使得算力提供商难以集中提供服务。

5.2　云计算

在国家层面，政策支持力度不断加大，持续加强云计算基础设施建设和行业应用。在基础设施建设方面，2023 年 10 月，工业和信息化部、国务院国资委等六部门联合印发《算力基础设施高质量发展行动计划》，提出“推动以云服务方式整合算力资源，充分发挥云计算资源弹性调度优势”，促进多方算力互联互通；2024 年《政府工作报告》指出发挥好政府投资的带动放大效应，重点支持科技创新、新型基础设施、节能减排降碳；2024 年 1 月，工业和信息化部在《云计算综合标准化体系建设指南》中，明确优先制定云计算创新技术产品、新型服务应用和重要缺失领域的关键标准。在行业应用方面，2023 年 3 月，中共中央办公厅、国务院办公厅印发了《关于进一步完善医疗卫生服务体系的意见》，提出要加快推进云计算等在医疗卫生领域中的应用，加强健康医疗大数据共享交换与保障体系建设；2023 年 11 月，《工业和信息化部关于健全中小企业公共服务体系的指导意见》出台，提出要充分运用云计算等技术，建立贯通国家、省、市、县各级中小企业公共服务机构的全国中小企业服务“一张网”，与政务服务平台加强互联互通；2023 年 12 月，工业和信息化部发布《工业和信息化部等八部门关于加快传统制造业转型升级的指导意见》，提出大力推进企业智改数转网联。立足不同产业特点和差异化需求，加快云计算等信息技术与制造全过程、全要素深度融合。

在地方层面，各地积极贯彻落实国家战略部署，结合区域特点和发展需求，推动云计算技术创新和产业智能化应用。一方面，各省市通过政策支持和资金投入，大力推动云计算关键技术的研发与创新。例如，北京市、山东省等地采用“揭榜挂帅”和“赛马制”等方式，推动云计算重大研究项目和关键技术攻关；浙江省聚焦云计算战略领域，加快打造一批重大战略成果；广东省致力于形成城市级分布式云计算能力，促进云计算与边缘计算的协同发展。另一方面，各地政府结合本地产业特点和发展需求，积极推广企业上云计划，促进云计算技术的实际应用和产业化落地。例如，江苏省鼓励企业在数字化转型过程中使用银行贷款购置公有云、私有云等数字化设备；上海市对购买云计算等公共服务的科技创新企业直接给予一次性补贴；广东省推动云计算在生态环境感知领域的应用；甘肃省注重云计算在文旅产业中的智能化提升。此外，各地还在积极探索大模型和人工智能技术在云计算中的应用。北京市加快建设信息软件产业创新发展高地，设立人工智能场景应用实验室，打造广泛参与的人工智能开源社区，以云计算平台为基础，支持大模型的训练和部署；山东省部署数字技术攻关工程，推动大模型等关键技术突破，依托云计算资源提高大模型的计算效率和应用广度。

从整体来看，我国云计算市场保持较高活力。据中国信息通信研究院统计，2023 年，我国云计算市场规模达 6165 亿元，较 2022 年增长 35.5%，大幅高于全球增速。其中，公有云市场规模为 4562 亿元，同比增长 40.1%；私有云市场规模为 1563 亿元，同比增长 20.8%。随着 AI 原生带来的云计算技术革新及大模型规模化应用落地，我国云计算产业发展将迎来第二轮增长曲线，预计到 2027 年我国云计算市场规模将超过 2.1 万亿元。

从细分领域来看，AI 推动市场增长点向 PaaS、SaaS 上移。2023 年，我国 IaaS 市场增速达到 38.5%，市场总额达 3383 亿元，运营商在 IaaS 领域的市场份额稳步上升，为整体市场营收持续提供增长动力；PaaS 市场总额达 598 亿元，同比增长 74.9%，得益于公有云出海业务及 AI 需求的增长，预计 PaaS 领域产品将持续发热；SaaS 市场渗透率逐年提升，2023 年市场总额达到 581 亿元，增长率为 23.1%。未来，随着 AI 大模型进入商业落地阶段，大量中小型创新企业和投资公司将涌入 SaaS 领域，商业化应用将全面发展。

从厂商层面来看，产业升级带来新机遇，厂商格局或面临洗牌。据中国信息通信研究院调查统计[1]，阿里云、天翼云、移动云、华为云、腾讯云、联通云占据中国公有云 IaaS 市场份额前六[2]；在公有云 PaaS 方面，阿里云、华为云、腾讯云、天翼云、百度云处于领先地位。受生成式 AI 和大模型等新技术影响，云计算市场面临新机遇，中腰部厂商借助科技平台优势强势发力，快速推动原有云业务智能化转型，从而抢占市场，厂商格局或借此机遇进行洗牌。

5.3 边缘计算

从政策环境来看，我国积极推动边缘计算发展。《“十四五”国家信息化规划》提出，“统筹建设面向区块链和人工智能等的算力和算法中心，构建具备周边环境感应能力和反馈回应能力的边缘计算节点，提供低时延、高可靠、强安全边缘计算服务”。《“十四五”数字经济发展规划》提出，“加快实施‘东数西算’工程，推进云网协同发展，提升数据中心跨网络、跨地域数据交互能力，加强面向特定场景的边缘计算能力，强化算力统筹和智能调度”。《算力基础设施高质量发展行动计划》指出，要加快边缘算力建设，支撑工业制造、金融交易、智能电网、云游戏等低时延业务应用，推动“云边端”算力泛在分布、协同发展。

从产业发展来看，边缘计算场景需求快速涌现，边缘计算产业发展动力强劲，多地推动边缘计算发展。随着 AI 大模型、工业互联网、数字城市等应用场景的不断成熟，以及智能终端、传感设备、感知设备的快速发展，各行业对边缘数据中心的需求正在不断增加，进一步推动边缘数据中心市场的发展。当前，我国边缘计算应用能力持续提升，多地积极推动边

1 市场规模为 2023 年全年数据统计，主要依据企业财报、人员访谈、可信云评估、历史数据等得出。对于市场数据不明确的领域，只发布头部企业整体情况，不作具体排名。

2 因为 IaaS 和 CDN 是两种业态，需要分别获得互联网资源协作服务业务牌照和内容分发网络业务牌照，所有 IaaS 不包括 CDN 收入，只统计计算、存储、网络等基础资源服务收入。

缘计算的发展，包括深圳等在内的多个城市均在积极推动边缘数据中心建设，打造 1ms 时延圈，促进与枢纽节点、集群算力的高速互联，支持城市教育、医疗、工业生产等边缘场景的数字化应用。边缘计算服务以边缘云和现场边缘计算为代表模式。边缘云服务从公有云服务延伸而来，一般在次中心区域提供广域覆盖边缘计算资源，包括公有云边缘区域、CDN 边缘区域和 5G MEC 边缘云，由于规模大、覆盖范围广等特点，云延伸边缘计算服务具有等同于公有云的按需使用、灵活计费、高可靠性等优势。现场边缘计算通过本地部署形式直接构筑在用户本地位置，可以提供极低时延、适度定制、高性价比的边缘计算、网络传输和存储服务，在生产现场，本地边缘计算平台得以充分利用物联网技术，实现大量终端设备的连接、生命周期管理和轻量化应用的运行，在传统行业广泛应用。

从关键技术来看，边缘计算关键技术持续创新演进，在诸多方向上加速探索和实践。软硬一体技术呈现高度集成的架构，能够将算力下沉至极端边缘和用户所需的任何位置，在极端边缘位置和工业生产现场应用广泛。物联网边缘计算技术融合发展、相辅相成，在生产现场能够高效、高速、广泛地管理大量终端设备，在传统制造行业大量应用。边缘云原生技术以其轻量、灵活的独特优势天然匹配边缘场景，在边缘计算中深度应用。边缘算力网络将边缘算力和网络技术融合，致力于形成边缘算网一体化架构，实现算网统一编排、调度，在以运营商为代表的场景中积极探索。边缘 AI 被看作 AI 应用的重要管道，在边缘节点部署 AI 模型进行推理，可以大大减少数据传输延迟和资源开销，但是边缘资源碎片化、零散化依然是边缘 AI 推理的痛点。

从发展趋势来看，边缘计算应用场景更加广泛，渗透到生产生活的各个领域。随着物联网、智能制造、智慧城市等领域的不断发展，边缘计算将在更多场景中发挥作用。未来，边缘计算将广泛应用于智能交通、环境监测、智能家居、工业自动化等多个领域，为人们的生活和工作带来更大的便利。边缘计算节点性能持续提升，随着技术的不断进步，边缘计算节点的性能将得到进一步提升，处理能力更强、响应速度更快。同时，随着低功耗技术的研发和应用，边缘计算节点的能效也将得到显著提高，从而延长设备的使用寿命，降低运营成本。

从发展挑战来看，边缘计算技术标准有待强化，安全隐私保护能力仍需加强。目前，边缘计算领域标准仍需进一步加快，不同企业之间的互操作性较差，限制了边缘计算的广泛应用和协同工作，仍需加强技术标准的制定和推广，促进不同平台之间的互联互通，推动边缘计算的健康发展。边缘计算涉及大量的敏感数据和隐私信息，如何保障数据的安全性和隐私性是一个重要挑战。需进一步加强边缘计算的安全技术研发和应用，包括数据加密、身份验证、访问控制等，确保数据在传输和处理过程中的安全性和隐私性。

5.4　云边协同

从政策环境来看，《中华人民共和国国民经济和社会发展第十四个五年规划和 2035 年远景目标纲要》（以下简称《“十四五”规划和 2035 年远景目标纲要》）中提出，“协同发展云服务与边缘计算服务”。5G、物联网、车联网等技术的快速发展和云服务的广泛推广，使边缘计算备受产业关注，同时，边缘计算需要与云计算紧密协同，来满足各种需求场景的匹配，从而最大化体现云计算与边缘计算的应用价值。打造云边协同的新型基础设施是实现分布式资源灵活调度、全域数据高速互联及智能应用渗透边缘的重要途径。

从应用上看，云边协同在工业生产、智能家居、车路协同、云游戏等场景中应用颇多。 随着政府部门陆续出台相关政策支持及生态建设的不断完善，中国工业互联网产业正在迅猛发展，在工业生产场景中，在边缘计算环境中安装和连接智能设备能够处理关键任务数据并实时响应，云端在收集关键或模糊数据后进行第二轮评估，实现再处理和深入分析，借助这种云边协同手段来实现信息的融合，大大提升了工业生产效率。随着家庭局域网络、智能物联设备的快速发展，智能家居进家入户颇为常见，在智能家居场景中，边缘计算节点（家庭网关、智能终端）具备管理大量物联设备、处理大量异构数据的能力，同时，将处理后的数据统一上传到云平台实现云边联动，用户不仅可以通过网络连接对家庭终端进行控制，还可以通过访问云端对长时间的数据进行访问。车路协同系统是全方位实施人车、车车、车路动态实时信息交互，并开展车辆主动安全控制和道路协同管理的系统，在实际应用中，边缘计算与云计算配合，将大部分的计算负载整合到道路边缘层，并且利用 5G、LTE-V 等通信手段与车辆进行实时的信息交互，汽车本身也将成为边缘计算节点，与云边协同相配合为车辆提供控制和其他增值服务。云游戏是云边协同领域被广为期待的场景之一，游戏制作质量的不断提升对游戏运行设备提出了越来越高的要求，云游戏解决方案应运而生。其核心原理是将所有游戏部署在云端服务器中运行，云端将渲染完毕后的游戏画面压缩后通过网络发送到用户终端，应用云边协同技术，同一区域的玩家通过连接一个边缘计算节点，大大减少他们的时延；同时在云端运行游戏，可减少本地游戏“体积”，使玩家方便、快捷地接入游戏。

从关键技术上看，以云边协同管理、边云协同云原生、云边数据处理等为基础的云边协同技术体系逐步走向成熟，在商业转化进程中，与业务需求互相驱动。 边缘计算节点数量众多，分散的边缘计算节点严重异构、边缘应用统一运维管理成为主要挑战，通过在云端搭建云边协同全局管理平台，对边缘计算节点进行统一纳管，从资源、数据、服务、应用、安全、运维等方面实现云端与边缘计算节点间的协同，为边缘节点管理保驾护航。将容器技术从云端下沉到边缘侧，解决海量设备接入、边缘资源受限、资源严重异构、网络通信质量不稳定、统一运维管理复杂、安全风险控制难度高等主要问题，为云边协同生态和产业的发展提供了完美的解决方案。伴随自动驾驶、云游戏、超高清视频等场景的拓展，巨量的数据对云边协同的数据处理能力提出新的要求，时序数据库、边缘流数据分析等边缘数据处理技术可以从不同程度上予以回应解决。人工智能技术的快速发展为云边协同带来了人工智能下沉挑战，通过将模型在边缘和云端进行协同推理和训练，为人工智能应用提供新方向，云边协同人工智能技术主要涉及协同推理、增量学习、联邦学习、模型分割与剪裁、安全隐私保护等方向，技术应用尚处于探索阶段。

5.5 分布式计算

从产业发展来看，分布式计算以提升数据多节点协同计算能力为目标，应用范围不断扩展。 分布式计算通过将一个巨大的计算任务分解成许多小部分，然后分配给多台计算机进行并行处理，最后将处理结果综合起来得到最终结果。分布式计算的主要特点在于利用互联网上广泛分布的闲置计算资源来处理大型计算问题，具有稀有资源共享、计算负载平衡、程序最优化运行等优点。随着计算需求的增加，分布式计算迎来了飞速发展的黄金时期。政府、金融、医疗、科研等行业广泛应用分布式计算技术，以提升数据处理能力、降低成本并驱动业务创新。在金融领域，分布式计算技术通过多节点协同计算能力，支持高频交易，确保交易系统能够在极短时间内处理大量交易请求，同时提升风险管理水平，使金融机构能够更精确地评估各类风险。在医疗领域，分布式计算提升了医院信息系统的性能和可靠性，使得医疗数据能够更高效地处理和共享，从而支持更准确的诊断和治疗。在科研领域，分布式计算为大规模科学计算和人工智能算法提供了强大的计算资源，加速了科研进程，推动了科技创新。在制造领域，通过整合多节点计算能力，分布式计算技术能够实现生产过程的实时监控和数据分析，优化生产流程，提高生产效率。同时，分布式计算还支持智能制造和工业互联网等新兴应用，推动制造业向数字化、智能化方向转型。

从关键技术来看，分布式计算注重任务的分解并将任务分配到不同的计算节点执行，对资源统一管理、协同等技术提出了较高要求。分布式计算关键技术包括任务分解与分配、资源管理与协同、负载均衡、容错与恢复、通信与协调，任务分解与分配需要考虑节点的计算能力、通信成本、任务间的依赖关系等多个因素，以实现高效的并行处理。资源管理与协同需要根据任务的优先级、节点的负载情况、通信时延等因素，动态地调整资源的分配和使用。负载均衡可以动态调整任务的分配策略、使用负载均衡算法等方式来实现，有助于提高系统的吞吐量和响应速度，降低任务的执行时间。容错与恢复可以通过数据备份、任务重试、节点替换等方式来实现，有助于提高系统的可靠性和稳定性，确保在出现故障时能够快速地恢复并继续执行任务。通信与协调技术可以通过使用高效的通信协议、实现节点间的同步和协作机制等方式来实现，有助于提高系统的通信效率和协作能力，降低任务执行过程中的时延和错误率。

从发展趋势来看，分布式计算将变得更加高效、智能。随着技术的不断进步，分布式计算正向着更高的并行处理能力、更低的时延和更完善的资源利用率发展，以满足不断增长的数据处理需求。同时，随着人工智能、物联网等技术的融合，分布式计算将更深入地渗透到各个行业中，为智能制造、智慧城市等领域提供更强大的计算支持，推动产业的创新与发展。

5.6 超级计算机

从政策环境来看，我国政府长期关注超级计算机（以下简称超算）发展，加快推动超算建设布局。2021 年 3 月，《“十四五”规划和 2035 年远景目标纲要》提出“建设 E 级和 10E 级超级计算中心”，2022 年 8 月，科技部、财政部联合发布《企业技术创新能力提升行动方案（2022—2023 年）》，提出推动国家超算中心、智能计算中心等向企业提供低成本算力服务。为进一步响应国家超算发展目标，北京、上海、广东、陕西、重庆、湖南、浙江、山西等省市均发布相关政策推动超算发展。

从产业发展来看，复杂科研计算及工程模拟过程对超算算力需求持续提升，为超算发展提供了良好的市场环境，我国超算数量稳步增长。随着科学研究的深入，航空航天、生物医药、能源化工、石油勘探等各类工程领域，在设计、制造和测试等过程中往往需要大量的模拟计算。超算的应用将进一步支持预测产品性能、优化设计方案、降低生产成本，并提高产品的质量和可靠性。我国超算规模稳步增长，数量扩充，且大多集中在中东部地区。2022年4月18日，太原中心通过科技部验收，被正式纳入国家超算序列管理。截至2023年8月，中国已批准建立的国家超级计算中心共有11个，分别是国家超级计算天津中心、深圳中心、济南中心、广州中心、长沙中心、无锡中心、成都中心、郑州中心、昆山中心、西安中心和太原中心。我国现有超算基本上聚集在东部和中部地区，其中江苏、广东均为双超算中心省份。

从关键技术来看，我国前沿超算单体性能不断提升，已跻身世界前列。2023年12月6日，国家超算广州中心正式发布了新一代国产超级计算系统——“天河星逸”。“天河星逸”系统以应用为中心，采用国产先进计算架构、高性能多核处理器、高速互联网络、大规模存储等关键技术构建，在通用CPU计算能力、网络能力、存储能力及应用服务能力等多方面较“天河二号”实现倍增，支持高性能计算、AI大模型训练及大数据分析各类应用模式，将进一步提升广州超算中心的多领域服务能力，切实满足各行业领域的超算应用需求。

从发展趋势来看，超算将成为科技创新的重要引擎，技术创新将持续活跃。超算在推动科学研究方面起到至关重要的支撑作用，是众多学科研究和创新的基石。随着我国科学研究的日益深化，对超算的需求将持续提升，超算应用将进一步加快推动我国科学进步和经济发展。为了更好地支撑科学计算，超算技术本身也将持续演进，我国超算将采用更加先进和高效的处理器架构，包括多核处理器、众核处理器及量子计算等前沿技术。此外，内存和存储技术的创新也将助力超算性能的提升，实现更高效的数据处理和分析。

撰稿：郭亮、王少鹏、邱奔、李洁、毛馨纬、巩艺骧、周丹颖、黄天昊、王蕴婷
审校：田东

第 6 章　2023 年中国卫星互联网发展状况

6.1　发展环境

近年来，我国政府和相关地市高度重视和支持卫星互联网发展，已出台多项政策措施鼓励推动卫星互联网规模化应用及商业化服务。

在国家层面，2021 年 3 月 13 日发布《中华人民共和国国民经济和社会发展第十四个五年规划和 2035 年远景目标纲要》，提出建设天地一体、集成互联、安全高效的信息基础设施。2021 年 11 月，工业和信息化部发布《“十四五”信息通信行业发展规划》，提出加快布局卫星通信，初步形成覆盖全球、天地一体的信息网络。2021 年 12 月，国务院发布《关于印发“十四五”数字经济发展规划的通知》，强调建设天地一体的数字信息基础设施，支持推动卫星互联网建设。2022 年 12 月，国家发展和改革委员会发布《扩大内需战略规划纲要（2022—2035 年）》，提出加快物联网、工业互联网、卫星互联网、千兆光网建设，促进“云、网、端”资源要素相互融合、智能配置。2023 年 10 月，工业和信息化部发布《关于创新信息通信行业管理优化营商环境的意见（征求意见稿）》，提出分步骤、分阶段推进卫星互联网业务准入制度改革，不断拓宽民营企业参与电信业务经营的渠道和范围。

在省市层面，2023 年 8 月，河南省政府印发《河南省重大新型基础设施建设提速行动方案（2023—2025 年）》，提出推进 5G、千兆光网、新型互联网交换中心、卫星互联网、量子通信网建设，打造空天地一体化新型网络体系。2023 年 9 月，北京市政府发布《北京市促进未来产业创新发展实施方案》，提出面向未来太空探索需求，重点发展商业航天、卫星网络等细分产业。同月，上海市政府印发《上海市进一步推进新型基础设施建设行动方案（2023—2026 年）》，提到布局“天地一体”的卫星互联网，促进天基网络与地面网络融合应用。2023 年 11 月，成都市政府发布《成都市卫星互联网与卫星应用产业发展规划（2023—2030 年）》，提出聚焦抢抓整星制造产业链关键环节、卫星数据应用价值链高端环节，着力推动卫星互联网与卫星应用产业高质量发展。

6.2　发展现状

近年来，我国加强卫星互联网整体战略统筹部署，逐步构建完善的产业生态链，卫星互联网发展迅速。

在卫星互联网应用市场方面，从行业应用逐步向大众应用发展。随着 2023 年，华为技术有限公司推出首款支持卫星通信的大众消费手机，浙江极氪智能科技有限公司联合浙江时空道宇科技有限公司共同发布卫星互联网乘用车，我国卫星互联网市场规模逐步扩大。中商产业研究院相关机构测算，2022 年我国卫星互联网行业市场规模达到 314 亿元，到 2024 年我国卫星互联网行业市场规模将达到 404 亿元，到 2025 年将增至 447 亿元，2021—2025 年复合年均增长率达到 11%。

在卫星互联网产业发展方面，从独立发展向与地面融合的方向发展，未来市场空间广阔。我国卫星互联网产业逐步从以传统航天企业和科研院所为主的科学技术研究，向商业航天企业广泛参与的规模化、商业化逐步发展。央视网相关信息显示，2020 年起，我国卫星相关企业新注册量规模迅速扩张，2022 年卫星相关企业首次突破 3 万家，进入 2023 年更是开始出现爆发式增长。同时，据天眼查统计，自 2022 年以来，卫星通信相关企业融资事件合计发生 8 起，融资金额超过 7 亿元。

6.3 关键技术

随着全球用户对移动通信全域覆盖的需求不断提升，手机直连卫星作为实现天地一体卫星互联网的首要发展阶段，初期重点解决个人应急通信问题。我国手机直连卫星技术路线分为三种。

一是采用北斗短报文的技术路线。北斗短报文利用 3 颗北斗高轨卫星搭载的通信转发器载荷，为用户提供基于卫星的短消息服务，前期主要面向行业提供应用服务。北斗短报文功能已在华为部分机型得到实现，贯穿芯片、终端、服务平台、卫星的全链条已打通，适合在短时间内解决急需。此外，北斗短报文只能提供消息类服务，属于手机直连卫星应用的初级阶段，难以支撑未来的语音、宽带数据业务。

二是采用天通一号的技术路线。天通一号是我国自主建设运营的卫星移动通信系统，由中国电信运营。天通一号可提供双向语音业务，实用性更强，采用中国电信已有号段、业务许可等资源。

三是基于非地面网络（NTN）的技术体制。3GPP NTN 与地面移动通信系统的体制兼容；其在手机芯片中基于 5G 技术体制即可支持与天网地网分别互通，具备“一号一卡多模”功能。此外，该技术路线使用 3GPP 规范的 NTN 标准，可以充分利用我国移动通信行业的先进成果和产业基础，促进手机直连卫星规模化、产业化、市场化发展。但是目前重点开展技术验证，商业化服务经验不足。

6.4 典型案例

1. 国际案例

星链是美国太空探索技术公司（SpaceX）的一个卫星互联网项目，计划在 2019 年至 2029 年间在太空搭建由约 1.2 万颗卫星组成的卫星网络并提供互联网服务，已经从 2020 年正式提供商业服务。

在宽带通信方面，星链卫星通信采用 Ku 和 Ka 频段，单颗重量为 260kg，在轨寿命为 15 年。截至 2023 年 12 月，SpaceX 公司累计发射超过 5600 颗星链卫星，分布在距地 300～1100km 高度的 72 个倾斜轨道面上，卫星信号具备覆盖除两极外的全球南北纬 60° 以内地区的能力。星链已经获得超过 70 个国家和地区的业务许可，全球用户数超过 230 万人。

在手机直连卫星方面，2023 年 10 月，SpaceX 官方网站推出了手机直连星链卫星业务，预计在 2024 年实现短信发送，2025 年分阶段实现语音通话、上网业务和物联网业务。2023 年 12 月，SpaceX 获得 FCC 正式批准，计划与 T-Mobile 合作，使用地面业务频率通过星链卫星和普通手机进行 6 个月的直接通信测试，将涉及约 2000 台测试设备和 840 颗卫星。2024 年 1 月 3 日，SpaceX 公司使用猎鹰 9 号火箭，成功发射 6 颗具备直连手机功能的低轨星链卫星。这些卫星是基于二代星链卫星进行增强，使用标准的 LTE/4G 协议。短短 5 日后，SpaceX 公司和 T-Mobile 公司开展联合测试，利用现网苹果手机通过 T-Mobile 的 1.9GHz 地面业务频率直连星链卫星，完成两台 iPhone 之间的双向短信息测试。2024 年 3 月 8 日，SpaceX 公司宣布星链卫星完成与涵盖三大主流操作系统的三星、苹果、谷歌手机的直连通信测试，测试地点包括城市、农村，室内、室外，开放地区和树林等多场景，实现短信、推特和 WhatsApp 等方式通信。

除 SpaceX 公司外，还有英国一网公司、美国亚马逊公司计划打造海量低轨卫星互联网星座。目前，英国一网公司的在轨卫星达到 634 颗，已经完成了第一阶段的组网，正在提供相关的商业服务。美国亚马逊公司计划推出一项名为“柯伊伯”（Kuiper）的全球卫星宽带服务，将包括 3236 颗低轨卫星。

2．国内案例

2021 年 4 月 26 日，中国卫星网络集团有限公司成立，其经营范围不仅有卫星开发、设计和发射等常规卫星业务，更是扩展到了基础电信、卫星通信、广播、导航等服务层面业务。中国星网已经启动了卫星互联网地面网络建设，正在参与建设海南商业火箭发射基地，同时发射了多颗试验卫星，正在开展相关调试。

上海垣信卫星科技有限公司由上海联和投资有限公司和上海市信息投资股份有限公司于 2018 年 3 月发起设立。上海垣信卫星科技有限公司是千帆星座的建设与商业运营公司，以服务国家战略为使命，以商业化、国际化模式，分阶段、低成本、快速建成全球低轨宽带卫星网络，为全球用户提供高带宽、低时延、高质量、高安全性、全球覆盖的低轨宽带卫星网络接入服务和解决方案，赋能全球经济的数字化。目前，上海垣信卫星科技有限公司正在开展低轨宽带卫星互联网建设工作。

在民营企业方面，银河航天（北京）科技有限公司提出了采用 5G 标准的“银河 Galaxy”低轨宽带卫星星座，预计在 1200km 左右的轨道上发射上千颗 5G 卫星。截至 2024 年 4 月，银河航天（北京）科技有限公司在轨卫星数量达到 8 颗，用于开展卫星互联网新技术试验。北京国电高科科技有限公司计划建设运营中国首个低轨卫星物联网星座“天启星座”，将由 38 颗低轨卫星组成，包含高度 900km 的 36 颗 45° 低倾角轨道卫星和 2 颗 97° 倾角的太阳同步轨道卫星。天启星座在轨卫星 21 颗，已经完成一期的发射部署并提供低速数据和短消息服务。浙江时空道宇科技有限公司是吉利旗下涉及卫星制造与运营的企业，致力于提供全球卫星通信服务。浙江时空道宇科技有限公司已完成吉利星座 20 颗卫星的部署，计划在 2025 年年底前完成一期 8 轨全部 72 颗卫星的部署。

6.5 发展挑战

1. 总体发展挑战与建议

目前，我国卫星通信产业快速发展，并已具备建设卫星互联网的基本条件。但面对国际低轨星座互联网加速开展与地面融合的整体趋势及日益激烈的国际竞争，建设我国自主可控的卫星互联网系统，在多个方面仍存在亟待解决的问题。与此同时，国际卫星互联网系统的快速发展也会给我国带来频率资源、技术和产业等方面的影响。

在发展卫星互联网方面，我国与美国有不同的基本国情和产业基础，应采取差异化的推进策略和发展路径。美国航天产业在技术水平、经济成本、生产能力、发射能力、商业卫星资源等方面均有明显优势，而卫星产业能够借助这些优势补充地面网络覆盖的不足。相较而言，我国地面产业优势突出，具备先进的信息通信技术和成熟的产业生态，已经建成世界规模最大、技术最先进的 5G 网络，建议充分发挥地面移动通信产业综合优势，带动卫星互联网发展，推动卫星互联网与 5G、6G 融合演进。

2. 频率资源方面

目前，卫星互联网主要使用 L、S、C、Ka、Ku、Q/V 等卫星通信频段，其中 C 频段以上可作为宽带卫星互联网通信频段，L 和 S 频段可用带宽较窄，主要用于支持手机直连的卫星互联网系统。从卫星网络资料申报的情况上看，我国申报的网络资料优先级不高，我国已经协调完成的卫星网络资料（N 阶段）仅为美国的一半。同时，近年来全球各国都在加速申报大型低轨宽带卫星星座，协调资料申报的难度将会与日俱增。

在频率申报方面，建议加大频率资源申报储备和协调力度。一是深入进行国际规则研究。随着国际电联对卫星审查评估程序的进一步规范，需组织相关单位深入剖析国际规则，充分理解其运行原理。二是加强对国外卫星互联网系统建设的跟踪和分析。密切跟踪和分析相关频轨资源申报情况，包括国际电信联盟（ITU）、美国联邦通信委员会（FCC）等管理机构授权信息，分析其申报意图，判断未来可能的发展方向。

在频率使用方面，我国卫星互联网系统将包含手持终端、物联网终端、甚小口径终端（VSAT）三种类型。对于手持终端，由于 S、Ku、Ka 等频段日益拥挤，我国可考虑使用地面移动通信频段布局卫星系统，但需要获得主管部门的批准并完成国内必要的协调工作后方可施行。对于物联网终端，考虑采用甚高频（VHF）频段资源或租用 L 频段资源。对于 VSAT 终端，考虑使用 Ka 频段资源，未来可能向 Q、V、E 等频段发展。

3. 产业发展方面

我国卫星互联网的产业链完备，但仍存在一些问题亟待解决。一是商业发射产业规模受限，运载火箭有效运力不足。我国体制内运载火箭在全球商业发射市场参与程度较低，产业规模受限。面对新生的大规模商业发射需求，国内运载火箭有效运力不足，发射成本较高的矛盾愈发明显。二是卫星研制生产主要依靠传统航天生态。我国具有较为完整的卫星平台及载荷产业链，但研制能力主要集中于高校和科研院所，生产能力主要集中于传统航天体系，如中国航天科技集团有限公司、中国航天科工集团有限公司、中国电子科技集团有限公司、中国科学院体系内。

在我国卫星互联网的产业发展方面，建议考虑以下发展建议。一是培育以卫星制造业为龙头的特色制造业集群，支持卫星制造企业从“实验室定制研发模式”向“工业化批量生产模式”转变。二是火箭发射要逐步提效降本，提高单颗火箭的运载能力，开展火箭回收技术攻关，降低火箭成本。三是在电信准入方面，建议引入多元主体，激发市场活力，加快我国卫星互联网部署进度。

在卫星制造方面，可以参考美国 SpaceX 的卫星制造经验，我国卫星制造要逐步实现流水线作业及进行模块化设计，进一步降低成本，提高效率，实现商业化快速发展。具体而言，一是采用模块化设计，适应技术快速迭代的生产模式。与传统卫星制造技术相比，星链在结构、太阳帆板、卫星天线、推进、星敏感器等方面均有创新，推动卫星制造成本下降。二是采用流水线作业，压缩规模化生产的研制周期。传统大型商业通信卫星的设计、制造、发射周期理论上为 26～32 个月，而采用流水线并行生产等方式，SpaceX 可以每周制造 45 颗卫星。

在卫星发射方面，可以参考美国 SpaceX 的火箭制造与发射经验，我国卫星发射要逐步提效降本，提高单颗火箭的运载能力，开展火箭回收技术攻关，降低火箭成本。一是采用通用化设计，实现整体架构和分系统结构简洁化、系列化、智能化。与传统卫星制造技术相比，SpaceX 在动力系统、控制系统、测控系统、能源加注配气系统、驻箱材料等方面均有创新，推动火箭制造成本下降。二是提效降本作业，提高火箭运载能力，增加可复用部分。包括增加火箭运载能力，实现一箭多星，提高运载效率，降低火箭发射成本；增加可复用部分，实现火箭可回收技术，包括伞降回收、垂直返回及带翼飞回三种方式。

4. 技术体制方面

传统卫星通信系统的技术发展独立于地面移动通信系统。目前，包括星链在内的多个商用卫星互联网通信系统主要基于 DVB-S 标准体制做出升级以支持交互式互联网业务，均是私有制的技术体制。ITU、第三代合作伙伴计划（3GPP）等国际标准化组织正在研究天地一体的卫星互联网技术体制。目前，全球针对卫星互联网的技术体制尚未达成一致。

天地一体是我国卫星互联网技术发展的重要方向。建议我国卫星互联网考虑采用 3GPP 5G NTN 的技术体制。3GPP NTN 是移动通信行业公认的卫星互联网技术体制，与 5G 一脉相承，结合卫星高动态性、高时延等特点，对 5G 技术进行针对性优化和增强。3GPP NTN 与地面移动通信系统的体制兼容，可以充分利用我国移动通信行业的先进成果和产业基础，促进卫星互联网规模化、产业化、市场化发展。

撰稿：刘硕、李侠宇

审校：吴双力

第7章　2023年中国量子计算技术发展状况

7.1　发展环境

国家层面，中国在国家战略层面对量子信息技术领域高度重视。2020年10月，习近平总书记在中共中央政治局第二十四次集体学习中，作出把握量子科技大趋势，下好先手棋系列重要指示，讲话从发展趋势研判、顶层设计规划、政策引导支持、人才培养激励、产学研协同创新等五个方面对我国量子科技发展作出全方位系统性布局，为加快促进我国量子信息技术领域发展提供了战略指引和根本遵循。我国在多个国家政策文件中，明确量子信息技术的重要性，代表性量子信息领域政策如表7.1所示。2021年，《中华人民共和国国民经济和社会发展第十四个五年规划和2035年远景目标纲要》发布，在强化国家战略科技力量、整合优化科技资源配置等多个方面对量子信息发展进行规划；国务院印发的《国家标准化发展纲要》中也提出，要加强量子领域等关键技术领域的标准化研究。2022年1月，量子信息作为“关键技术”被列入国务院印发的《“十四五”数字经济发展规划》。2022年10月，党的二十大报告中指出：一些关键核心技术实现突破，战略性新兴产业发展壮大，量子信息等取得重大成果。

表7.1　我国代表性量子信息领域政策

时间	政策名称	主要内容
2021年	《中华人民共和国国民经济和社会发展第十四个五年规划和2035年远景目标纲要》	在强化国家战略科技力量、整合优化科技资源配置等多个方面对量子信息发展进行规划
2021年	《国家标准化发展纲要》	标准化在推进国家治理体系和治理能力现代化中发挥着基础性、引领性作用。加强关键技术领域标准研究，在人工智能、量子信息、生物技术等领域开展标准化研究
2021年	《“十四五”软件和信息技术服务业发展规划》	为我国软件行业面对全球新一轮科技革命和产业变革提出指导性方针，加速向网络化、平台化、智能化方向发展，驱动云计算、大数据、人工智能、5G、区块链、工业互联网、量子计算等新一代信息技术迭代创新、群体突破，加快数字产业化步伐

（续表）

时间	政 策 名 称	主 要 内 容
2021 年	《“十四五”国家信息化规划》	在“建设泛在智联的数字基础设施体系”的任务中，要求探索建立面向未来的量子信息设施和试验环境。在“构建释放数字生产力的创新发展体系”的任务中，要求前瞻布局战略性、前沿性、原创性、颠覆性技术。加强人工智能、量子信息、集成电路、空天信息、类脑计算、神经芯片、DNA 存储、脑机接口、数字孪生、新型非易失性存储、硅基光电子、非硅基半导体等关键前沿领域的战略研究布局和技术融通创新
2022 年	《“十四五”数字经济发展规划》	提出要瞄准传感器、量子信息、网络通信、集成电路、关键软件、大数据、人工智能、区块链、新材料等战略性前瞻性领域，提高数字技术基础研发能力。着力提升基础软硬件、核心电子元器件、关键基础材料和生产装备的供给水平，强化关键产品自给保障能力
2022 年	《国家自然科学基金“十四五”发展规划》	规划公布的 115 项“十四五”优先发展领域中量子领域共占 8 项，分别是：量子 Grothendieck 纲领，量子随机积分的分析理论，量子计算理论，量子材料与器件，量子信息，量子精密测量，量子色动力学在高能对撞过程的应用，格点量子场论及计算
2022 年	《扩大内需战略规划纲要》	系统布局新型基础设施，加快建设信息基础设施，以需求为导向，增强国家广域量子保密通信骨干网络服务能力。在人工智能、量子信息、脑科学等前沿领域实施一批前瞻性、战略性国家重大科技项目

地方层面，2021 年以来，北京、安徽、广东、上海、山东等二十余个省市在地方“十四五”科技与信息技术产业发展规划中，对以量子计算为代表的量子信息技术领域的基础科研、应用探索和产业培育等方面作出具体部署，纷纷推出量子信息发展规划，积极推动量子信息技术发展。2022 年 3 月，广东省科学技术厅牵头起草《广东省基础与应用基础研究十年“卓粤”计划（公开征求意见稿）》，将量子科技项目建设排在重点研究领域的首位，将大力支持粤港澳大湾区量子科学中心建设。4 月，《成都市“十四五”数字经济发展规划》正式印发，指出重点发展量子信息科技。5 月，北京市经济和信息化局发布《北京市数字经济全产业链开放发展行动方案》，强调超前布局量子计算等未来科技前沿领域。6 月，深圳市政府发布《关于发展壮大战略性新兴产业集群和培育发展未来产业的意见》，将重点发展量子信息领域，推动在量子操作系统、量子云计算、含噪声中等规模量子处理器等方面取得突破性进展。10 月，上海市政府印发《上海打造未来产业创新高地发展壮大未来产业集群行动方案》，指出培育量子科技产业，攻关量子信息关键技术，推动量子技术在金融、大数据计算、医疗健康、资源环境等领域的应用。2023 年 1 月，合肥市发布《政府工作报告》，强调加快建设综合性国家科学中心和量子信息未来产业园。6 月，广东省政府印发《广东省质量强省建设纲要》，提出支持量子信息等前沿领域加强研发布局。8 月，国务院印发《河套深港科技创新合作区深圳园区发展规划》，支持深港联合国内外高校和科研院所在深圳园区共建“量子谷”。9 月，北京市政府印发《北京市促进未来产业创新发展实施方案》，提出面向量子物态科学、量子通信、量子计算、量子网络、量子传感等方向开展技术攻关；工业和信息化部等五部门印发《元宇宙产业创新发展三年行动计划（2023－2025 年）》，加快高性能计算、异构计算、智能计算、量子计算、类脑计算等突破。10 月，武汉市政府召开常务会议，提出要抢抓量子

科技发展机遇，全力打造量子科技产业发展高地。11 月，湖北省印发《湖北省加快发展量子科技产业三年行动方案（2023—2025）》，设立 20 亿元量子科技产业投资基金，部署创新突破发展、科技成果转化、场景应用示范、产业融合发展、产业人才聚集等五大工程和 18 项重点工作。

我国在以量子计算为代表的量子信息技术领域起步稍晚，但重视程度逐渐加大，近年来多地陆续发布科技和信息产业规划，部署支持量子计算领域发展，未来也将持续加大量子计算方面的支持力度，持续加强顶层规划并完善布局，产出更多高水平技术成果。

7.2 发展现状

1. 量子计算领域科研水平稳步提高

在论文方面，我国量子计算领域的发文量从 2013 年的 172 篇增长至 2023 年的 880 篇，呈现出逐年增长的趋势，如图 7.1 所示。从我国量子计算论文量占全球的比重分析，我国的论文量占全球的比重大致趋于稳定，表明我国相关研究的增长速率与全球量子计算领域的增长速率相当。2014 年，中国占全球量子计算论文量的比重跃升至 27%，此后虽有所波动，但总体上保持了一定的稳定性。综合分析，我国量子计算发文量持续增长且在全球的占比稳步提升。

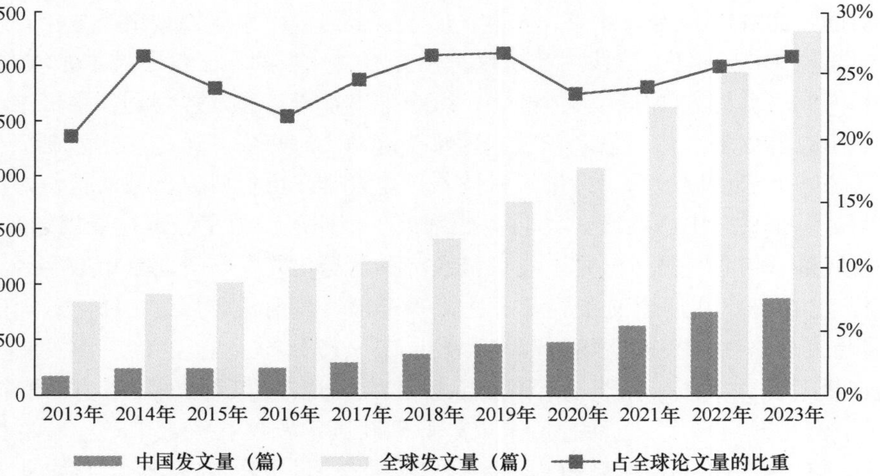

图7.1　我国量子计算领域的发文量及占全球的比重

在专利方面，2004 年 1 月 1 日—2024 年 3 月 31 日，量子计算领域中国受理的发明专利申请共计 3783 件，中国授权总量 1399 件，其中 1218 件授权专利目前处于有效状态，如图 7.2 所示。在中国，量子计算领域的专利申请趋势和专利授权趋势基本与全球的发展趋势同步。量子计算领域的五个技术方向在中国的专利发展状况各不相同。其中，超导量子计算中国申请量为 1762 件，授权量为 636 件，当前 553 件授权专利处于有效状态，有效占比为 86.95%；离子量子计算中国申请量为 468 件，授权量为 155 件，当前 149 件授权专利处于有效状态，有效占比为 96.13%；光量子计算中国申请量为 645 件，授权量为 268 件，当前

240 件授权专利处于有效状态，有效占比为 89.55%；中性原子量子计算中国申请量为 230 件，授权量为 85 件，当前 72 件授权专利处于有效状态，有效占比为 84.71%；硅半导体量子计算中国申请量为 289 件，授权量为 145 件，当前 99 件授权专利处于有效状态，有效占比为 68.28%。超导量子计算是五个技术方向中在中国发展最为突出的方向。

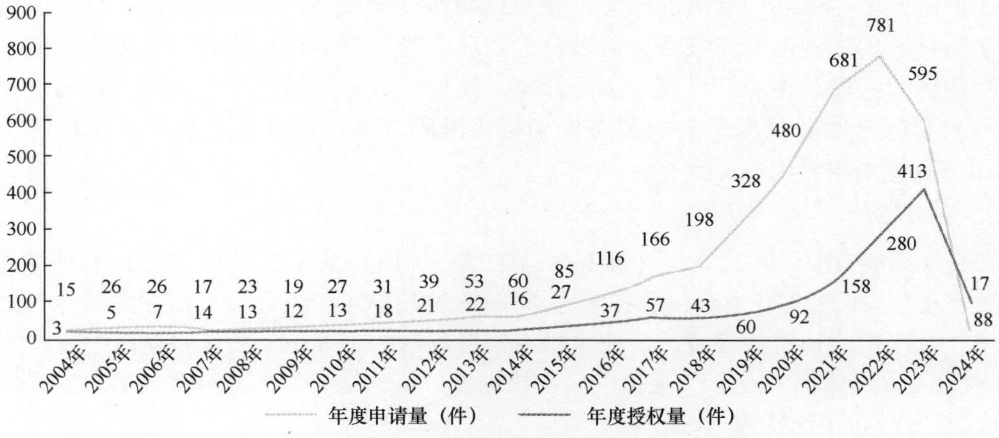

图7.2　量子计算领域中国专利情况

2. 量子计算领域产业发展有待提升

在投融资方面，中国在量子计算领域投融资事件较少，且大多处于天使轮、A 轮等早期风险投资阶段，进入 IPO 上市阶段的企业仅有国盾量子 1 家，2024 年 3 月中国电信子公司更是斥资 19 亿元入股。其他代表性企业中，本源量子经历 6 轮融资，已获投超过 2 亿美元；图灵量子经过 4 轮融资，获投超过 1 亿美元。2022 年 4 月，华翊量子成立仅 3 个月便拿到过亿元人民币的天使轮融资。尽管企业不多，但整体投资市场仍处于十分活跃的状态。

在企业方面，从数量上看，截至 2023 年 9 月，量子计算相关企业 278 家，凸显出量子计算是全球技术产业竞争的关注焦点。从上市情况来看，美国量子计算企业中上市公司有 IonQ、Rigetti、Quantum Computing Inc 4 家，中国仅有国盾量子 1 家。从风险投资上来看，2013—2023 年美国共有 85 笔投融资事件，涉及金额超过 23 亿美元；中国仅有 22 笔，涉及金额仅为 4 亿美元。

7.3　关键技术

1. 基础理论

我国量子计算领域研究起步较晚，基础理论研究的原始创新成果较为有限。近年来在量子算法研究、量子纠错编码研究等方面取得了一些进展。

在量子算法研究方面，我国取得的重要进展成果包括：Grover 算法，也称量子搜索算法，是可在量子计算机上运行的非结构化搜索算法，是量子计算的典型算法之一，相较于经典搜索具有多项式量级的加速优势。Long-Grover 算法，清华大学研究团队提出了 Grover 算法的改进方案，Grover 算法无法保证最后测量得到目标态的概率为 100%，而 Long-Grover 算法通过调节在反射操作中的一个相角参数，可提升 Grover 算法的搜索成功概率。

在量子纠错编码研究方面，我国取得的重要进展成果包括：量子纠错码，经典纠错码通过增加冗余度来保护信息免受噪声干扰，这个思想被推广到了量子信息处理领域。量子纠错码的基本理论建立在经典纠错码的基础上，考虑量子信息处理中的特殊性，量子纠错码需要保护量子态免受环境噪声的影响，并通过特殊编码和解码方法来实现，这方面的研究主要包括量子码的构造、纠错条件，以及对物理、逻辑错误数目的限制等内容。通过研究量子纠错码的特性和性能，可以为量子计算系统提供更好的保护和稳定性。目前，中国科学技术大学联合团队提出了高维图态量子纠错编码方案，以及基于量子非定域性构建的 GHz 图态等量子纠错编码方案。

2. 硬件路线

在超导路线方面，2022 年，中国科学院物理研究所开发并展示 43 量子比特超导量子处理器“庄子”。2023 年，中国科学技术大学在 66 位超导量子处理器“祖冲之二号”的基础上新增 110 个耦合比特控制接口，使可操纵比特数达到 176 位。中国科学院物理研究所利用 41 位超导量子芯片“庄子”模拟“侯世达蝴蝶”拓扑物态。中国科学技术大学联合团队实现 51 位超导量子比特簇态制备。

在光量子路线方面，我国主要以科研单位为主体，科研成果世界领先，如中国科学技术大学的“九章二号”“九章三号”光量子计算原型实现量子优势演示，但相关工程化和市场化稍显不足，行业发展中的企业参与度也与国际有一定差距，图灵量子、玻色量子等初创公司目前仍处于跟跑阶段。2023 年，中国科学技术大学联合团队发布 255 光子的“九章三号”光量子计算原型机，进一步提升了高斯玻色采样速度和量子优越性。玻色量子发布了 100 量子比特光量子相干伊辛机“天工量子大脑”，并与中国移动合作开展图像渲染算力调度优化等任务的可行性验证。南京大学提出一种可落地、可扩展的 *N*-光子态（*N*-photonstate）生成方案，对于未来最终实现大规模光子态制备具有较大意义。

在离子阱路线方面，国内研究起步较晚，整体处于跟随阶段。国内对离子阱量子计算的研究主要集中于开发先进的离子阱技术，提高离子阱量子比特的可扩展性和相干时间。2023 年，华翊量子发布 37 位量子比特离子阱原型机 HYQ-A37，成为国内代表性成果，但逻辑门保真度等指标稍逊 Quantinuum 一筹。

在中性原子路线方面，国内研究起步较晚，整体处于跟随阶段。2023 年，合肥国家物理科学微尺度研究中心等基于一种角自旋相关的超光学晶格制备出保真度为 95.6（5）%、寿命为（2.20±0.13）s 的 Bell 态，并进一步实现了一维原子链中 10 个原子及二维原子阵列中 2×4 个原子的量子纠缠。

7.4 应用探索

我国量子计算应用探索主要的垂直产业领域包括量子金融、化工材料、生物医药、交通物流等。

在量子金融领域，2021 年 1 月，由本源量子联合新华财经共同发布的“量子金融应用”正式在新华财经 App 上线。这是我国量子计算金融应用首次接入传统手机端并与主流金融信息平台合作。4 月，建信金科联合本源量子、建信基金等合作伙伴发布业内首批量子计算金融应用算法，包括“量子期权定价算法”与“量子风险价值计量算法”，聚焦金融市场与风险管理，实现了国内金融领域对量子计算指数级加速能力的首次尝试。同时，建信金科研发“量子贝叶斯网络算法”“量子投资组合优化算法”等算法，并积极推进国内首个量子计算金融云平台的研制工作。6 月，本源量子计算科技有限责任公司（以下简称本源量子）发布用于金融概率预测、网络监控和故障溯因的量子贝叶斯算法应用，通过优化因子选择帮助识别金融风控领域企业债务违约行为的量子 mRMR 算法 QmRMR，专门适用于分析期权等金融衍生品定价的开发者工具，且包含亚式期权、一篮子期权及障碍期权等奇异期权定价功能，以及衍生品定价 API、衍生品定价 SDK 与衍生品定价的本源量子期权计算器。

在化工材料领域，2021 年 7 月，本源量子团队发布自主研发的量子化学应用 ChemiQ 2.1 正式版，可以适配量子虚拟机和量子计算机，能够可视化构建分子模型、快速模拟基态能量、扫描势能面、研究化学反应，最终以图形化形式展示量子计算结果。2022 年 2 月，中国科学技术大学搭建超冷锂—镝原子量子模拟平台实现均匀费米气体的制备。中国科学技术大学与中国科学院化学所合作，首次实现了利用射频场相干合成三原子分子。4 月，清华大学通过对 16 个离子和 16 个简谐振动模式的操控，实验实现拉比—哈伯德模型并验证了该模型的量子相变及量子动力学过程。7 月，中国科学技术大学与其他联合单位合作使用超冷原子量子模拟器模拟格点规范场理论中非平衡态过渡到平衡态的热化动力学，首次在实验上证实了规范对称性约束下量子多体热化导致的初态信息“丢失”。

在生物医药领域，2020 年 6 月，本源量子与瀚海博兴联合攻关，共同开发出系列特异性识别病毒的胶体金试剂盒——新冠病毒（COVID-19）抗原免疫直检试剂盒、抗原抗体混检试剂盒等产品。2024 年 3 月，北京玻色量子科技有限公司（以下简称玻色量子）与深圳华大生命科学研究院达成战略合作，基于量子计算在生命科学领域的应用展开探索合作，并计划进行专项人才培养。

在交通物流领域，2019 年 1 月，空客公司发起了全球量子计算挑战赛，邀请了全球 36 个量子计算团队超过 800 位研究人员，本源量子受邀参赛，针对计算流体动力学问题进行科研攻关，为飞机的设计和优化提供解决方案。2022 年 11 月，玻色量子与北京交通大学国家重点实验室组成联合体，接受北京城市轨道交通咨询有限公司委托，三方共同探索和实施量子计算在智慧地铁中的应用场景研究工作。2024 年 1 月，中交通信大数据（上海）科技有限公司、国开启科量子技术（北京）有限公司和上海软件中心签署了三方战略合作框架协议，并联合发布了基于量子计算云平台的交通物流大数据解决方案。

7.5　发展挑战

在供应链方面，我国量子计算领域科学研究、工程研发和产品研制所需专用材料、高性能元器件、高端仪表装备等供应链支撑能力的关键环节有诸多短板，高性能专用化产品短期内难以实现自主创新，对外依存度较高。建议补齐产业基础短板，保障自主支撑能力。一是加快共性基础技术提升，依托信息产业领域相关工程、国家重大科研仪器研制项目等，统筹推动量子计算与半导体、光电子、仪器仪表等领域共用的核心元器件和设备关键技术攻关及实用化研发。二是组织专用器件设备攻关，部署量子计算专用器件与设备研发专项，整合国家实验室、科研院所、科技领军企业等产学研用各方力量，针对量子计算领域涉及的高纯度材料、低温电子学组件、特种光电元器件、低温真空环境系统、高性能测控装备等特性化需求开展重点攻关，补齐供应链关键环节短板。

在产学研用协同方面，我国量子计算研究主要集中在学术界，科技企业和初创企业难以参与科技项目，产学研用分工协同、联合攻关的合作机制尚未建立，未形成上下游合作、软硬件协同的创新生态，难与欧美科技巨头竞争。建议加强产学研用协同，推动多方深入合作。一是设立产业化研究攻关项目，加强产学研用深度合作。在量子计算相关科技项目中，设置样机工程化研发、软件算法开发、示范应用推广、供应链短板攻关等产业化研究项目，支持学术界和产业界共同申请承担相关课题，在项目引导下形成优势互补的分工合作，开展联合研发的协同创新。二是发挥产业联盟、学会、协会等平台生态培育作用，依托量子计算领域学会、协会、产业联盟等平台，开展技术发展趋势、行业现状问题、产业化发展需求等交流研讨，为管理部门提供政策建议。

撰稿：王敬、张萌、赖俊森
审校：唐建军

第 8 章　2023 年中国数据要素发展状况

8.1　发展环境

2023 年，我国数据要素统筹管理体制机制更加完善。2023 年 3 月，《党和国家机构改革方案》提出组建国家数据局。10 月 25 日，国家数据局正式挂牌。国家数据局的使命是促进数据合规高效流通使用、赋能实体经济，围绕数据要素产权、流通、分配、治理，构建适应数据特征、符合数字经济发展规律、彰显创新引领的数据基础制度；打通数据流通使用的堵点难点，充分挖掘数据要素潜能；推动做强做优做大数字经济，推进数字基础设施建设高质量发展；推进数据领域科技创新，推动数字经济领域国际合作等。随着国家数据局工作的开展，我国数据工作体系初步成型，数据要素市场化配置改革加快破局，统筹数字化发展力度稳步增强，数据基础设施建设有力推进，数据领域开放合作进一步拓展。国家数据局全力推动实现数据“供得出”“流得动”“用得好”，为我国数据要素发展营造积极的环境。

数字中国建设引领数据要素价值释放方向。建设数字中国是数字时代推进中国式现代化的重要引擎，是构筑国家竞争新优势的有力支撑。2023 年 2 月，《数字中国建设整体布局规划》指出，畅通数据资源大循环是数字中国建设的两大基础之一，要构建国家数据管理体制机制，健全各级数据统筹管理机构，推动公共数据汇聚利用，释放商业数据价值潜能。《数字中国建设整体布局规划》提出的“五位一体”总体布局为数据要素价值释放指引了方向，数字技术与经济、政治、文化、社会、生态文明建设的深度融合将带动数据要素在各场景发挥独特作用，从而充分激活数据要素内在价值，全面赋能经济社会发展。

“数据要素×”行动进一步发挥我国海量数据规模和丰富应用场景优势。数据要素高水平应用是数据要素发展的主线，数据要素的价值最终体现在提升经济运行效率和全要素生产率、扩展生产可能性边界不断创造新业态新动能、提升科技创新能力和社会治理能力等落地应用中。2023 年 12 月 31 日，国家数据局联合 16 个部门共同印发《“数据要素×”三年行动计划（2024—2026 年）》，选取工业制造、现代农业、商贸流通、交通运输、金融服务、科技创新、文化旅游、医疗健康、应急管理、气象服务、城市治理、绿色低碳等 12 个行业，以场景为牵引，推进数据要素协同优化、复用增效、融合创新，为发挥数据要素乘数效应、赋能经济社会发展提供加速度。对于广大企业而言，“数据要素×”行动赋予数据供给方、数据服务方、数据需求方等各类企业“以用促建”的良好契机，有助于拓展企业业务增长点，提升企业经营竞争力，推动企业数字化转型，通过数据的增值和创新利用赋能企业高质量发展。

数据资产相关政策布局促进企业发现并确认数据要素的价值。将企业的数据要素视为资产进行管理已逐渐成为广大企业的共识。2023 年 8 月和 12 月，财政部相继印发《企业数据资源相关会计处理暂行规定》《关于加强数据资产管理的指导意见》，肯定了数据要素可能具有的资产属性，从资产的角度加强引导，推动企业对数据资源进行列示或披露，规范公共数据资产基础管理，助力探索数据价值的可靠计量，提升全社会数据资产经济价值和社会价值，对引导企业发挥数据要素价值、促进数据要素发展具有重要意义。企业推进数据资源入表，有利于企业更准确地评估和披露其数据价值，使企业数据要素的市场价值与业务贡献在财务报表中得以"显性化"，进而更好地展现企业未来发展前景、更有效地进行战略规划。企业加强数据资产管理，有利于企业内部和金融机构加强风险管理、创新融资方式，提高企业经营能力。数据资产化的发展环境也将倒逼企业加强数据管理和挖掘应用，提高数据安全保障能力，促进数据要素价值释放。

各地因地制宜积极营造数据要素探索创新的发展环境。2023 年，多个省市在《中共中央 国务院关于构建数据基础制度更好发挥数据要素作用的意见》（以下简称"数据二十条"）的基础上，制定符合本地的数据要素相关规划和目标。例如，北京市印发《关于更好发挥数据要素作用进一步加快发展数字经济的实施意见》，提出形成一批先行先试的数据制度、政策和标准，打造数据要素配置枢纽高地，形成一批数据赋能的创新应用场景，培育一批数据要素型领军企业。力争到 2030 年，北京市数据要素市场规模达到 2000 亿元。上海市印发《立足数字经济新赛道推动数据要素产业创新发展行动方案（2023—2025 年）》，着力建设具有国际影响力的数据要素配置枢纽节点和数据要素产业创新高地，以数据要素供给流通应用为重点，以数商新业态培育为特色，布局发展数据要素产业集聚区、国际数据港先导区等发展新空间，营造发展新生态。广大企业面向各省市实际发展需求开展实践探索，在数据开发、数据运营、数据交易、数据定价等方面推出创新举措，对国家层面进一步深化数据要素开发开放和流通使用、构建全国统一大市场、促进数字经济高质量发展等方面，都具有重要的借鉴意义。

8.2 发展现状

"数据二十条"在总述探索数据产权结构性分置制度时，提出"建立公共数据、企业数据、个人数据的分类分级确权授权制度"，按照数据相关权益归属的不同，将数据分为公共数据、企业数据、个人数据三大类型。在推进开发利用、释放数据要素价值的过程中，不同类型数据面临不同的重点任务与关键问题，分类推进数据要素发展已成为当前共识。

1. 公共数据：在完善开放的基础上推动授权运营探索

2023 年，多个地级市出台了针对公共数据的政策、制度，从相关部门职责的明确到数据采集、存储、管理、加工、开放、应用、安全等全生命周期的制度建设，完善了公共数据开发利用体系。在公共数据开放方面，各地区、各部门进行了积极实践。截至 2023 年 8 月，我国已有 226 个数据开放平台，其中省级平台 22 个（不含直辖市和港澳台地区），城市平台 204 个

（含直辖市、副省级与地级行政区）。各地方平台上开放的有效数据集达 345853 个，与 2022 年下半年相比，新增 18 个地方平台，平台总数增长约 9%，数据集数量增长约 22%[1]（见图 8.1）。基于开放平台，各级政府开放大量公共数据集，覆盖市监、工商、交通、生态、公共设施等多个领域，并且多个地区建立了开放数据需求反馈机制，满足社会对公共数据的应用需求。

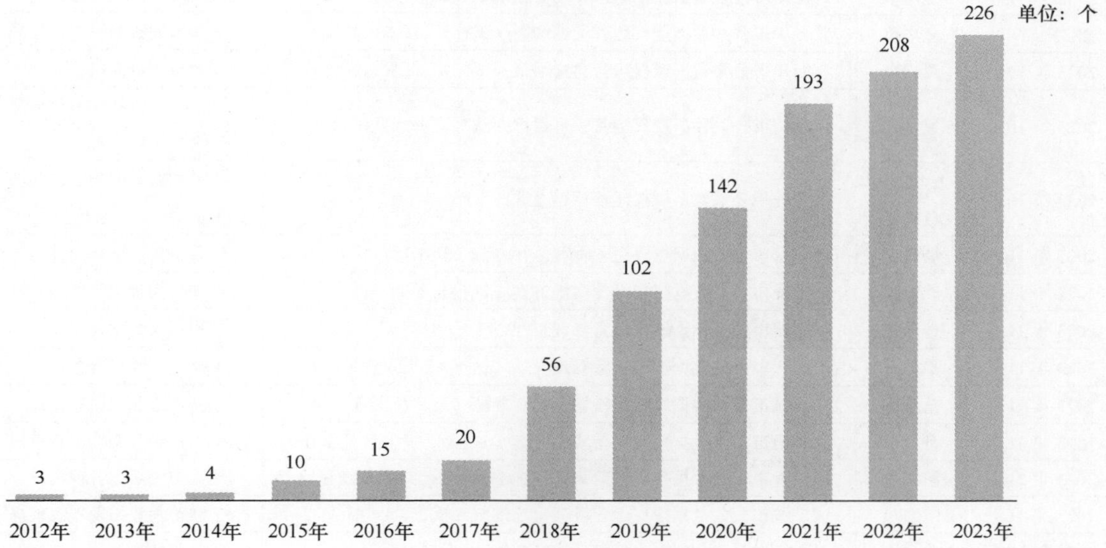

图8.1　历年地级及以上数据开放平台数量增长情况

资料来源：复旦大学数字与移动治理实验室，2023 年 11 月。

各地区、各行业推动公共数据授权运营，引入社会化力量进行开发利用，以实现数据价值的充分挖掘与释放。2023 年，多地出台公共数据授权运营相关政策法规（见表 8.1）。《浙江省公共数据授权运营管理办法（试行）》《北京市公共数据专区授权运营管理办法》等文件专项规定了本省级行政区内公共数据授权运营的管理机制、职责分工、工作流程、运营单位资质、安全监督等方面的要求。长春、济南、青岛、杭州、宁波、厦门等地出台市域范围内的授权运营专项政策文件，通过场景牵引、激励引导等方式推动本地授权运营落地。

表 8.1　2023 年地级及以上公共数据授权运营政策（含征求意见稿）

时　间	地　区	名　称	发 文 单 位
2023 年 4 月	青岛市	《青岛市公共数据运营试点管理暂行办法》	青岛市大数据发展管理局
2023 年 4 月	东营市	《东营市公共数据授权运营暂行管理办法（征求意见稿）》	东营市人民政府
2023 年 6 月	达州市	《达州市公共数据授权运营管理办法（征求意见稿）》	达州市数字经济局
2023 年 7 月	包头市	《包头市公共数据运营管理试点暂行办法》	包头市人民政府
2023 年 7 月	长沙市	《长沙市政务数据运营暂行管理办法（征求意见稿）》	长沙市数据资源管理局
2023 年 8 月	浙江省	《浙江省公共数据授权运营管理办法（试行）》	浙江省人民政府办公厅

1 复旦大学数字与移动治理实验室，《中国地方公共数据开放利用报告——省域（2023 年度）》。

（续表）

时　间	地　区	名　称	发文单位
2023 年 8 月	长春市	《长春市公共数据授权运营管理办法》	长春市人民政府
2023 年 9 月	杭州市	《杭州市公共数据授权运营实施方案（试行）》	杭州市人民政府办公厅
2023 年 9 月	温州市	《温州市公共数据授权运营管理实施细则（试行）》	温州市人民政府办公室
2023 年 9 月	金华市	《金华市公共数据授权运营实施细则（试行）（征求意见稿）	金华市大数据发展管理局
2023 年 10 月	衢州市	《衢州市公共数据授权运营实施细则（试行）（征求意见稿）》	衢州市大数据局
2023 年 10 月	厦门市	《厦门市公共数据授权运营管理暂行办法（征求意见稿）》	厦门市工业和信息化局厦门市大数据局
2023 年 10 月	大理白族自治州	《大理州公共数据授权运营管理办法》	大理白族自治州发展和改革委员会
2023 年 11 月	烟台市	《烟台市公共数据授权运营管理暂行办法（征求意见稿）》	烟台市大数据局
2023 年 11 月	淮安市	《淮安市公共数据授权运营实施方案（试行）》	淮安市大数据管理局
2023 年 11 月	德州市	《德州市公共数据授权运营管理暂行办法》	德州市大数据局
2023 年 11 月	泰州市	《泰州市公共数据授权运营管理办法（试行）（征求意见稿）》	泰州市大数据管理局
2023 年 11 月	盐城市	《盐城市公共数据授权运营管理暂行办法（公开征求意见稿）》	盐城市工业和信息化局
2023 年 11 月	舟山市	《舟山市公共数据授权运营实施方案（试行）（征求意见稿）》	舟山市大数据发展管理局
2023 年 11 月	绍兴市	《绍兴市公共数据授权运营管理实施细则（试行）（征求意见稿）》	绍兴市大数据管理局
2023 年 11 月	宁波市	《宁波市公共数据授权运营管理实施细则（试行）》	宁波市大数据发展管理局
2023 年 12 月	北京市	《北京市公共数据专区授权运营管理办法》	北京市经济与信息化局
2023 年 12 月	安徽省	《安徽省公共数据授权运营管理办法（试行）（征求意见稿）》	安徽省数据资源局
2023 年 12 月	济南市	《济南市公共数据授权运营办法》	济南市人民政府
2023 年 12 月	丽水市	《丽水市公共数据授权运营管理实施细则（试行）》	丽水市人民政府办公室
2023 年 12 月	湖州市	《湖州市公共数据授权运营管理实施细则（试行）》	湖州市人民政府办公室
2023 年 12 月	遂宁市	《遂宁市公共数据运营管理办法（试行）》	遂宁市人民政府办公室

资料来源：中国信息通信研究院。

2．企业数据：在夯实能力的基础上参与数据要素市场

企业数据管理能力建设，对数据采集、加工、使用过程提出了规范要求，是企业丰富数据应用、参与数据要素市场的前序基础。2023 年，企业积极参与数据管理能力成熟度评估模型（DCMM）评估贯标，数据管理能力稳步提升。我国参评 DCMM 的企业总数较 2022 年增长 108%，数据管理能力达到“稳健级”及以上的企业占比为 23.6%，较 2022 年增长 3.7 个百分点，金融、通信、电力三大领域的数据管理能力领先其他行业[1]。

数据应用将数据真正转化为生产力，是释放数据要素价值的最后一环。2023 年，企业积极推进业务需求梳理与挖掘，数据应用场景持续扩充，进而输出自身数据能力特色，通过提供高质量数据服务创新数据要素市场参与方式。例如，中国移动打造了生态开放、技术先进、数据全面、安全可控的“梧桐”大数据品牌，通过梧桐大数据门户实现“产品订购入口、生态合作入口、技术分享入口”的统一，全面对外输出中国移动的数据产品与能力。

1 中国电子信息行业联合会，《2023 中国数据管理白皮书》。

2023 年 5 月，招商银行整合发布“企业数智金融”品牌服务，突出从产品视角向客户视角的转变，从客户的销售场景、采购场景和员工服务中研究客户的需求和痛点，提供整体的数智化解决方案。

3. 个人数据：在明确规则的基础上有待加强权益保护

我国建立起严格的个人信息保护法律体系，但个人对个人数据的掌控能力有限，权益保护落地实践未达预期。我国《个人信息保护法》在规则严厉程度上基本对标欧盟《通用数据保护条例》（GDPR），两部法律文本均赋予个人全面、细致的权利，均对信息处理者施加了较高的合规义务。同时，我国关于个人信息违法犯罪相关罪名适用主体广泛，入罪门槛较低。因此，我国已建立起较为严厉的个人信息数据保护原则。然而，由于个人数据主要由公共部门和企业实际掌控，个人数据相关的权利在具体场景和问题中又较为复杂，个人信息泄露时有发生，个人数据越权滥用现象仍然存在。2020 年 7 月以来，工业和信息化部开展纵深推进 App 侵害用户权益专项整治行动。截至 2023 年 7 月，工业和信息化部已发布关于侵害用户权益行为的 App（SDK）通报 30 批。在通报并责令整改的 App、SDK 中，违规收集个人信息、强制频繁过度索取权限、违规使用个人信息等问题仍然突出。

8.3　关键技术

数据要素时代，技术发展持续推动着产业进步（见图 8.2），业务需求也对技术提出新的要求。随着数据规模爆发式增长、数据类型日渐丰富，传统大数据处理技术面临着诸多挑战，以满足业务需求为导向的数据技术体系不断变革创新。

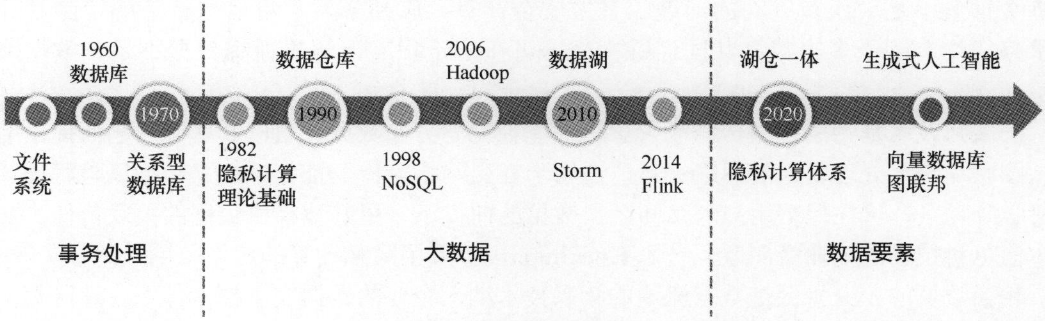

图8.2　技术演进路线图

资料来源：中国信息通信研究院。

1. 人工智能推动数据存储与计算技术蓬勃发展

2023 年，以 ChatGPT 等为代表的生成式人工智能（AIGC）技术应用迅猛发展，大模型技术取得的突破使人工智能技术发生了深刻的变革，进而对数据存储与计算技术产生深刻影响。

一方面，向量数据库有效支撑 AIGC 技术对数据存储与计算的更高要求。AIGC 对训练数据的体量、所属行业领域、垂直业务及细节层面的精细度都有极高的要求，向量数据库可以为其提供高效的解决方案。向量数据库的核心思想是将数据转换为向量形式进行存储，进而有效减少大模型的计算负担，提升响应速度。向量数据库聚焦于提高非结构化数据、多模态数据的处理能力，加强智能化和自动化查询优化，增强大模型的检索能力，推动人工智能领域的创新和应用。随着对向量数据库的关注度持续上升，众多数据库企业纷纷推出或升级向量数据库产品。Zilliz 的 Milvus、京东的 Vearch、腾讯的 Tencent Cloud VectorDB、爱可生的 TensorDB、汇联科技的 Om-iBASE 等，都是向量数据库领域的典型代表。通过不断优化技术架构和算法，向量数据库在智能搜索、内容推荐、自然语言处理等多个领域发挥更加关键的作用，为用户提供更加丰富与个性化的数据服务，赋能数据要素价值释放。

另一方面，AIGC 技术扩展了数据库与人工智能融合的发展空间。AIGC 在数据库结构设计、架构设计、数据分析挖掘等方面可以不同程度地简化人员操作，提高开发、运维、分析的效率。例如，阿里巴巴开源了支持自然语言与 SQL 互相转换的数据库开发工具 Chat2DB，Bytebase 推出了基于对话式交互的 SQL 客户端 SQL Chat。此外，在云计算的加持下，人工智能技术还为数据库全生命周期的自动化管理运维提供强大支持，赋予数据库的自动化供应、配置、安全管控、更新、弹性扩展和调优等能力。例如，数据库利用机器学习、深度学习、自然语言对话等技术，实现自动优化查询语句、预测数据趋势、进行数据的自动分类和标注等功能，显著降低了低代码开发平台的应用门槛，促进实际问题高效解决。

2. 数据可信流通场景促进各类数据技术深度融合

2023 年，数据要素的发展使数据在流通交易中的经济价值不断凸显。数据可信流通的场景对数据技术提出了新要求，各类技术的深度融合为数据要素价值释放保驾护航。

隐私计算与人工智能的融合助力模型训练的数据可信供给。当前人工智能大模型面临训练数据量不足、质量不高的问题。多方安全计算、联邦学习、可信执行环境等隐私计算技术路线均有利于多方数据共同训练模型，可在一定程度上解决训练数据不足、数据泄露风险问题。

图联邦技术是为了解决传统联邦学习的非独立同分布数据、通信效率等问题而提出的概念，图联邦善于处理复杂的网络关系，适用于社交网络分析、推荐系统、金融风险管理、生命科学等场景，可在保护用户隐私和公司数据的前提下，更好地释放数据的关联价值。2023 年，信也科技推出工业级图联邦技术 FateGraph，扩展了隐私计算的应用范围。

相当数量的企业将促进数据流通的新兴技术纳入企业的数据安全技术体系，满足数据流通、数据安全、数据价值释放等多重需求。众多数据安全产品已实现覆盖数据的全生命周期。无论是数据采集存储阶段的识别、标记、审计、分类分级，还是流通使用阶段的加密、脱敏、隐私计算、数据水印，基于技术融合形成的产品工具为保障数据的保密性、完整性、可用性，以及数据流通使用活动的合规性、可控性提供了技术支撑。

8.4 典型案例

数据技术在释放数据要素价值过程中已得到较为充分的应用，但数据要素发展作为一项系统工程，数据技术也需要根据业务场景、业务需求进行组合搭配，形成通用、可扩展的共性基础设施。数据基础设施是从数据要素价值释放的角度出发，在网络、算力等设施的支持下，面向社会提供一体化数据汇聚、处理、流通、应用、运营、安全保障服务的一类新型基础设施，是覆盖硬件、软件、开源协议、标准规范、机制设计等的有机整体。2023 年，数据基础设施建设得到广泛关注，产生若干典型技术案例。

1. 数据空间

数据空间的理念起源于欧洲，我国借鉴国际数据空间理念，主要在垂直领域内开展工业数据空间探索。数据空间通过标准化的通信接口、统一的连接与交互网络等架构设计，综合分布式计算、数据跨域控制、身份认证、元数据、存证溯源、密码学等众多技术，形成了保障数据可信、可控、可追溯的技术体系。数据空间构成了实现数据要素、云计算、边缘计算、算力等资源共享流通的基础设施，成为建立在各方共同需求、法律法规、标准规范和管理工具上的整体规则体系。

2023 年 3 月，深圳数据交易所、中国信息通信研究院、四川长虹电子控股集团有限公司、深圳数鑫科技有限公司四方携手共创的国内首笔场内数据空间业务合作，成为我国首个智能制造领域数据空间应用案例。合作中搭建的数据空间有机结合国内现有消费电子行业企业数据流通特点、实际应用场景、数据保护及交易法规等，实现质量数据可信流通，消费电子产品、新能源锂电池等生产全过程质量数据可信共享，有效解决数据协同策略难统一、数据使用难监控、发生事件难溯源等诸多数据安全及管控的具体问题，进而支撑产业链上下游全过程实时柔性双向质量追溯。

2. 数据网

2023 年 9 月，习近平总书记主持召开新时代推动东北全面振兴座谈会时提出，要加快论证和建设新一代移动通信和数据网。网络是由节点和连线构成的复杂系统，具有强大的价值整合、价值传递、资源共享、创新扩展等能力。提出构建的“数据网”，不单是满足数据交换、通信的底层数据传输网络，更是蕴含价值互联、能力互通理念的整体性架构。北京大学提出以协议化和标准化为主要构建方式的“数联网”，支持各类数据主体以配置化、低成本、高效率的方式进行数据互操作。

中国信息通信研究院云计算与大数据研究所提出了“可信数据流通网络”（TDN）架构，通过建立顶级节点、枢纽节点、子节点等层次结构，以实现数据互联互通和价值共享。

2023 年，无锡市 20 家银行及公安、通信运营商等数据源之间建立了跨机构信息核验机制及风险信息共享机制，各单位子节点有序连接，是“织点成域、联域成网”的生动体现。

8.5 发展挑战

数据要素作为新战略、新方向，必然面临大量复杂问题和挑战。为抓住主要矛盾，分层剖析我国数据要素发展的问题，可从制度基础、参与主体、产业生态三个层次展开，归纳总结出三大核心共性挑战。

1. 数据作为生产要素的制度基础不牢

从制度制定看，当前制度还不够深化，存在规章空白。尽管“数据二十条”建立了数据制度体系的基本架构，“三法一条例”相继出台，搭建起数据安全基本法框架，但在数据确权、数据流通等环节，支撑性的法律规章还处于空白状态。例如，产权制度理论上是数据要素发展的“根制度”，但数据确权作为一项世界级难题，我国顶层法律规章同样缺位，导致确权落地方案难以提出。

从制度执行看，当前制度还不够细化，存在落地困境。由于数据分类分级、披露、容错免责等实施细则尚未出台，导致各地区各部门推进落地时缺少细则指引，数据开发利用依然存在“不敢用、不能用、不知道如何用”等困境。而合规法律法规标准繁多，主管部门要求不统一，企业合规成本高，也导致数据流通使用意愿低。

2. 参与数据要素价值释放的主体作用发挥不够

政府关于安全的政策工具偏多，而关于发展的政策工具偏少。政府既是公共数据重要持有者，又是数据要素市场与产业的监管者。在引导和管理数据要素产业发展方面，各地数据相关条例、各行业相关规章均对数据安全作出详细规定，国家安全机关、审计部门、网信部门、行业主管部门、公安机关等对政府机关、企事业单位的数据安全进行多头监管。但是，在平衡发展与安全，制定出讲实际、促发展的落地政策，加大发展支持力度方面，政府的作用尚不显著。

不同层次企业未能有效发挥相应作用促进数据要素价值释放。龙头企业掌握大量数据资源，但大规模、市场化的数据供给所带来的竞争风险、安全风险、社会风险，远远大于实际收益，导致龙头企业的数据社会化供给顾虑重重。对于传统产业、中小企业等数字化转型落后的企业，由于人员、技术、资金、认知等问题，仍然面临数字基础薄弱，“不敢转、不会转”等问题，导致数据应用整体层次较浅，数据价值未能得到充分利用。

3. 数据要素产业生态不完善

数据交易场所定位不清晰，市场对接不顺畅。我国数据交易市场培育存在“重场内、轻场外”现象，各地纷纷以成立数据交易场所作为培育数据要素市场的核心着手点，但对于大部分既有的场外数据交易，进场交易只会增加交易成本、拉长交易流程。除少数发达地区数据交易所在完善交易规则、升级技术平台、打造第三方数商生态等方面取得成果外，数据交易场所挖掘、孵化、撮合更多更新的数据交易活动的作用尚未显现，并未形成数据进场交易的竞争优势。

当前数据产业链条尚不完整，业务领域仍有空白。数据产业是以数据资源供给、技术工具、应用赋能和生态服务等为主的战略性新兴产业，是数据要素价值释放的核心支撑。大量数据资源持有方针对数据管理、应用、产品开发与资产化运营的数据能力不足，难以扮演数据供应商的角色。数据集成商、数据经纪商、数据资产评估商、数据技术服务商等数据商和第三方专业服务机构数量仍然不足，降低了市场活跃度，阻碍了数据产业发展。

撰稿：王泽宇

审校：姜昕蔚

第 9 章　2023 年中国人工智能发展状况

9.1　发展环境

随着大模型技术的迅猛发展，人工智能（AI）已经成为全球科技竞争的焦点。2023 年，中国在 AI 领域的发展尤为引人注目，其背后不仅有技术进步的推动，更有政策、产业和社会等多方环境因素的支撑。从政策制定明确指向，到产业环境的优化改善，再到社会对 AI 技术的广泛接纳和应用，这些因素共同塑造了中国人工智能行业的发展格局。

政策环境为人工智能的发展提供了坚实支撑和明确指引。2023 年，我国出台涵盖国家发展战略、财政及税收方面的多项国家级政策，确立了人工智能技术在国家战略中的重要地位，促进了科研和商业应用的快速进展。一方面，国家在 2023 年出台的《新产业标准化领航工程实施方案（2023—2035 年）》《数字中国建设整体布局规划》等关于工业与科技产业的发展规划中，强调了人工智能在健康医疗、城市管理和工业自动化等领域的重要作用。中央政治局第十一次集体学习中明确要求加强科技创新，布局建设未来产业，强调了发展新质生产力的必要性。人工智能是发展新质生产力的重要引擎，已成为推动产业链现代化和加速国家科技经济发展的关键因素。另一方面，国家通过设立人工智能产业投资基金专项基金资助人工智能技术的研发和市场化应用，同时提供税收减免政策，以降低初创和中小企业在 AI 领域的投资门槛。此外，在人才培养方面，教育部出台加快构建"人工智能+教育"新生态，推动拔尖创新人才自主培养质量提高等工作，旨在培养更多优秀的人工智能技术人才，强化国内人工智能领域的人才储备。

产业环境的优化加速了人工智能产业的蓬勃发展。一是我国人工智能产学研协同发展为产业发展注入活力。2023 年，我国人工智能核心产业规模达 5000 余亿元，同比增长 13.9%。二是随着市场环境的成熟，从事人工智能产业的企业数量持续增多。截至 2023 年，国内人工智能企业超过 4300 家，这不仅强化了人工智能行业的竞争力，同时也促进了行业内协同发展的产业环境建设，从而推动了技术创新和迭代进步。三是日益普及的应用环境加速了人工智能技术的落地进程。据相关统计，2023 年国内人工智能行业采用率已达 28%，其中，智能制造、智能营销与新零售、智能网联汽车等领域应用扩展速度较快，显著拉动了整体产业的发展速度。这些因素为人工智能产业快速发展奠定了良好基础。

社会环境的成熟为人工智能发展提供了肥沃的土壤。随着人工智能安全、伦理、道德等方面的治理与规范日渐完善，民众对人工智能技术的接受度和认知度日益提高，人工智能产品和服务在各个领域正逐渐扩大应用。一方面，社会对人工智能的法律法规和伦理道德问题更加关注，促进了相关机制的完善。2023 年 10 月，中国发布《全球人工智能治理倡议》，围绕人工智能发展、安全、治理三方面系统阐述了人工智能治理的中国方案，为人工智能的健康发展提供了指引。另一方面，人工智能技术在医疗、教育、交通等民生行业的广泛应用为民众带来了切实的便利。调查显示，国内民众对新兴科技的接受程度高于全球平均水平，国内受访者中有相当比例已经在工作中尝试使用 AI。民众的认可也在很大程度上促进了人工智能技术在各行各业的渗透和加速发展。

9.2 发展现状

1. 人工智能产业发展稳中有进

全球人工智能产业规模平稳增长，我国核心产业规模超过 5700 亿元。IDC 数据显示，预计 2024 年全球人工智能产业收入接近 6200 亿美元，同比增长 21.4%，软件占据近 90%的市场份额（见图 9.1）。同时，中国信息通信研究院数研中心数据显示，我国人工智能产业规模保持较快增长，2023 年核心产业规模达到 5784 亿元，同比增长 18%，具体如图 9.2 所示。

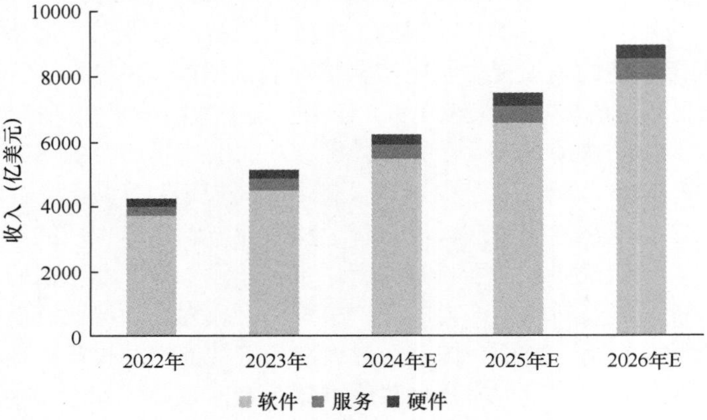

图9.1　2024年全球人工智能产业规模

资料来源：IDC。

人工智能投融资马太效应凸显，中美融资占比保持领先。从投融资金额来看，在大模型行业蓬勃发展的带动下，2023 年全球 AI 领域投融资金额逐渐回升，在第三季度同比增长 11%。2023 年，全球人工智能领域投融资总额与 2020 年基本持平，中美两国企业在该领域投融资规模的占比约为 70%，持续保持活跃状态。从获投项目类型来看，成长期人工智能项目获投资金占比有所提升。2023 年，全球 AI 领域投融资金额为 333.57 亿美元，投融资笔数为 2928 笔；中国投融资金额为 40.29 亿美元，投融资笔数为 203 笔（见图 9.3、图 9.4）。投资方向逐渐渗透到细分领域，从投融资的细分领域来看，智能机器人、智能办公、智能网联汽车等领域是投融资重点关注的细分领域，“AI+互联网”“AI+交通”“AI+医疗”“AI+制造”“AI+金融”是投融资集中的重点行业。

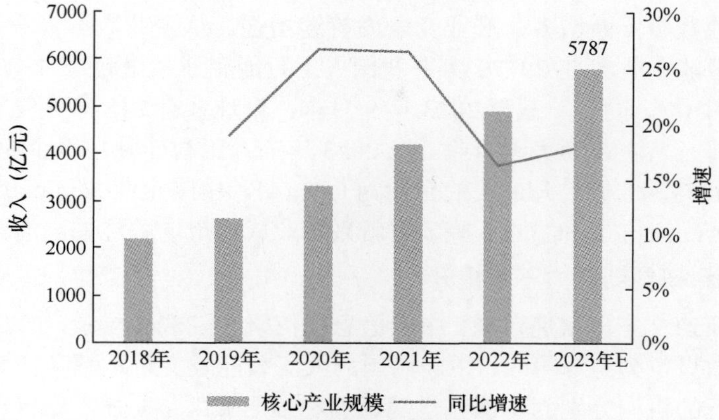

图9.2　中国人工智能产业规模（增加值口径）

资料来源：中国信息通信研究院数研中心。

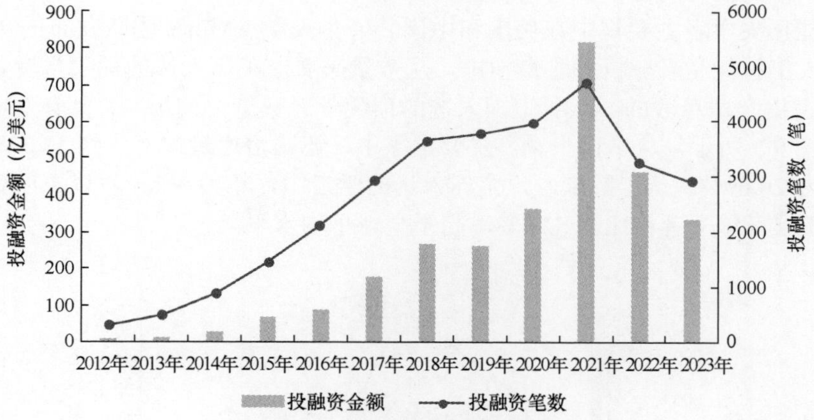

图9.3　全球AI领域投融资规模

资料来源：中国信息通信研究院数研中心。

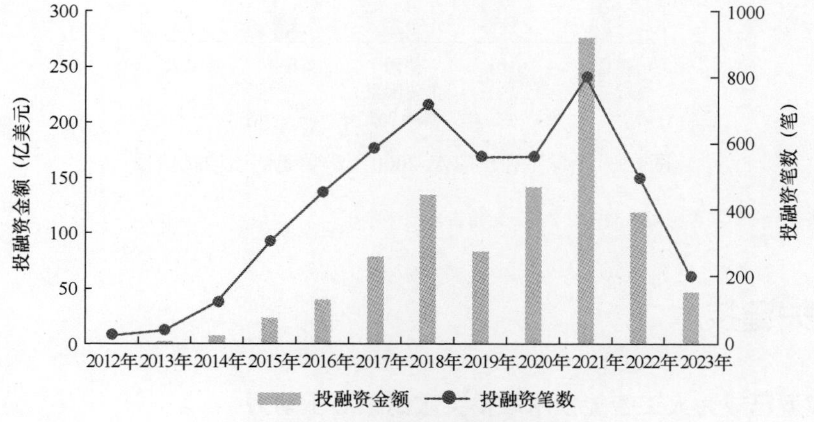

图9.4　中国AI领域投融资规模

资料来源：中国信息通信研究院数研中心。

人工智能企业数量不断增多，产业竞争力持续增强。从企业数量来看，截至 2024 年 3 月末，全球人工智能企业超过 29770 家，我国人工智能企业数量超过 4300 家，约占全球人工智能企业总数的 1/7。同时，截至 2023 年 9 月末，全球共有 218 家人工智能独角兽企业，市场估值最高的前三名企业为美国企业。在 2023 年的人工智能独角兽企业中，有 28 家大模型企业，占比近 13%，价值上升最快的企业为 OpenAI。中国企业 Minimax 和智谱 AI、对话式人工智能企业 Anthropic 和 Cohere 等多家新兴企业成为市场关注的高潜力企业。

2. 人工智能科研创新能力不断提升

人工智能科研论文产出增速可观。中国信息通信研究院数据显示，2023 年中国人工智能领域的论文产出数量位列全球第二，中美两国的人工智能发文量远超其他国家。2023 年论文产出数量排名前五的机构分别为中国科学院、加利福尼亚大学系统、法国研究型大学联盟协会 UDICE、法国国家科学研究中心和清华大学。

人工智能专利数量高速增长。2013 年至 2023 年 9 月，全球人工智能专利累计申请量超过 129 万件，中国占比高达 64%。同期，全球专利累计授权量超过 51 万件，中国占比近半。

人工智能顶尖学者主要集中在美国和中国。清华大学 AMiner 团队发布的《2023 年全球最具影响力人工智能学者分析报告》指出，从数量来看，美国入选的顶尖学者数量最多，为 1079 人次，占据全球总数的 54%；中国入选的顶尖学者数量位列第二，共计 280 人次，占比为 14%。如图 9.5 所示，从增速来看，主要国家中，德国增速最快，达到 33.33%，中国增速排名第二，为 20.69%。从年龄来看，全球入选的学者中，年龄在 45 岁以下的青年学者占比为 51.8%，我国青年学者占比为 54.3%，高于全球平均水平。

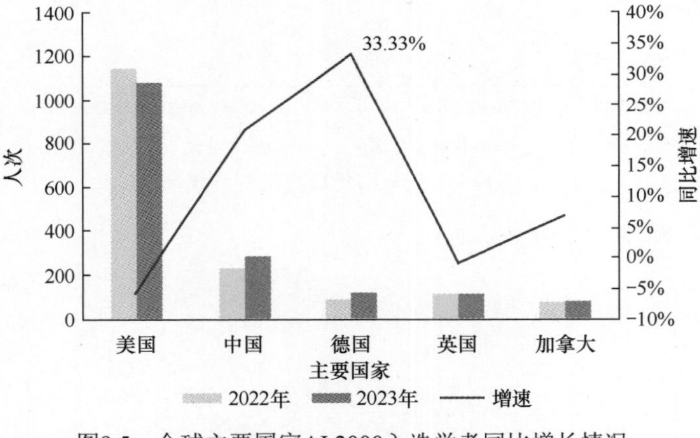

图9.5　全球主要国家AI 2000入选学者同比增长情况

资料来源：《2023 年全球最具影响力人工智能学者分析报告》。

9.3 关键技术

1. 大模型已成为人工智能技术取得突破的核心驱动力

1）大模型底层架构迭代革新，激发全新技术方案

探索新的模型架构及混合架构模型将持续推动大模型技术进一步发展。以 Transformer

为代表的主流架构持续迭代革新，从 Transformer 原生架构到与循环神经网络（RNN）、卷积神经网络（CNN）等模型的高效融合，创新出 RWKV、InternImage 等深度学习神经网络架构，进一步优化大模型的训练效率和推理能力，提升大模型的数据建模和泛化能力。在 Transformer 解码器的基础上融入混合专家模型（MoE）可以有效提升大模型的性能表现。**新型底层架构正在萌芽**，Mamba、Megalodon 新型模型架构及全新神经网络架构 KAN 开始出现，重构大模型底层架构，全力突破技术发展瓶颈。基于 Mega 架构改进的 Megalodon 能够处理无限上下文，有效提高大模型在长上下文场景的训练推理质量和效率。KAN 受到 Kolmogorov-Arnold 的启发，提出全新架构思路，具有更高的准确性、可解释性和交互性。新的架构研究思路带动技术方案的全新升级，形成了新一代智能底座。

2）大模型智能底座推陈出新，驱动多种服务模式涌现

在智能底座的支撑下，大模型与新技术交汇融合，衍生出检索增强生成（RAG）、智能体（Agent）等多种服务模式。

RAG 充分融合外部知识源，有效缓解大模型幻觉问题，满足更具专业性和细致性的业务需求场景。在能力方面，RAG 通过外挂知识库，可实现专业知识更新，增强大模型的生成、理解、记忆、决策能力。通过运用数据检索、信息增强、模型生成技术将 RAG 与大模型深度融合，可进一步改善大模型在处理具有高知识或时效要求的应用场景下的精准性，为内容创建提供一种变革策略。在**应用方面，**RAG 可局部弥补大模型幻觉、领域迁移、迭代成本高等短板，成为企业构建生成式 AI 应用的主流技术路线。百度、腾讯云、百川智能、昆仑万维、Microsoft、LlamaIndex 等国内外企业纷纷推出大模型与 RAG 结合的解决方案，给用户带来新体验。

智能体基于大模型等人工智能核心技术，能够精准感知环境，科学做出决策，采取有效行动。在技术能力方面，智能体是由规划、记忆、工具和行动模块组成且以 AI 为核心的云、网、边、端协同化的智能系统，具有感知、判断、反应和学习能力。大模型技术架构的持续迭代升级，促使智能体在重构人机交互模式上更好地发挥作用。单智能体、多智能体、人—智能体等方面的创新升级，助力构建以“人机协同”为核心的智能化运营新生态。在**产业应用方面，**智能体应用场景持续走深向实，支持大模型落地应用。NVIDIA、Google、Amazon 均已推出智能体相关产品，如 Eureka、Robotic Agent、Amazon Bedrock Agents 等。国内智能体技术发展迅速，产品百花齐放，如阿里云的 ModelScopeGPT、实在智能的 TARS-RPA-Agent、澜码科技的 Ask XBot 及联汇的 OmBot 欧姆智能体等。通过大模型的能力革新和新型人机协同模式赋能，智能体将不断拓展应用生态边界，成为人工智能应用落地的新范式类型，推动普及应用。

2. 算力成为人工智能发展的关键引擎

2022 年至今，以 ChatGPT 为代表的 AI 热潮席卷全球，算力的稀缺和昂贵已成为 AI 发展的瓶颈之一。算力也成为社会发展数字化、智能化转型的重要基石。随着行业发展，智能算力的市场需求激增。AMD 的数据显示，2023 年全球数据中心 AI 加速器的潜在市场总额约为 300 亿美元，预计 2027 年这一数字将超过 1500 亿美元，年复合增长率超过 50%。目前，英伟达占据全球数据中心 AI 加速市场 80%以上的份额，而且以 95%的市场占有率垄断了全球 Al 训练领域的专业市场。

大模型热潮进一步强化英伟达算力垄断地位，多方试图破局。大模型计算特性对硬件要求极高，提出分布式训练支持、混合数据精度、高速互联通信等新要求、新挑战，英伟达凭借“高性能训练芯片+CUDA 生态”进一步强化垄断地位，2023 年年底，市值已增长至年初市值的 3 倍。尽管目前英伟达在人工智能算力生态中处于垄断地位，但面对高昂的采购成本和庞大的市场空间，行业各方也在持续寻找替代英伟达的解决方案，市场中出现三类挑战者。一是以 AMD、英特尔为代表的半导体巨头，凭借深厚技术积累、庞大资金支持和市场渠道优势，推出面向大模型和人工智能的高性能计算产品。二是以 Cerebras、d-Matrix、Graphcore 等为代表的芯片初创企业，尝试通过超大尺寸芯片、存内计算等创新技术路线取得突破，已获得 OpenAI、微软、三星等行业巨头投资。三是以微软、Meta 等为代表的互联网巨头加快自研芯片进程，试图摆脱对英伟达的依赖，提升自主议价能力。

训练侧和推理侧算效持续提升，算力成本不断降低。在训练方面，英伟达在最新硬件架构 Hooper 中引入 Transformer 引擎，并持续升级分布式训练框架软件 NeMo Megatron，结合主流大模型特性做出优化，大幅提升训练效率，推动单位计算成本下降。据估算，类似 GPT-3 级别性能的语言模型的训练成本从 2020 年的 460 万美元降至 2022 年的 45 万美元，每年下降 70%。在推理方面，英伟达推出开源加速软件库 TensorRT-LLM，使得 GPT-J 6B 模型在 H100 平台上的推理性能提升 8 倍，加快了大模型的推理速度。此外，英伟达推出内存容量更大的 GH200 芯片，使用 CPU 芯片将近十分之一的成本和电力完成更大规模模型的推理过程，显著降低推理成本。

3. 数据成为新一轮人工智能竞争的制高点

人工智能数据服务产业成为高质量数据集的核心生产力。当前，随着人工智能对高质量数据集的需求不断增加，数据服务产业迎来提质升级的新机遇，数据服务人才由劳动密集型向知识密集型转变，数据服务技术不断创新实现降本增效，形成涵盖基础服务、技术研发、人才培养、平台运营等不同环节的人工智能数据服务产业链条。经过几年的发展，人工智能数据服务产业呈现如下发展趋势。一是大模型等新技术加速数据服务产业规模持续增长。二是人工智能加速数据服务产业技术迭代升级，自动化、智能化数据服务技术成为市场主导。三是人工智能数据服务已逐渐形成完整的上、中、下游产业链。上游是数据需求方，中游是数据服务平台公司，下游是第三方数据服务商。

人工智能数据集跨模态与跨领域融合发展趋势增强。随着人工智能数据技术的不断进步，AI 大模型已能够处理来自不同领域和模态的复杂数据，实现更高效、更全面的信息融合和知识传播。跨模态融合侧重于整合文本、图像、声音、视频等多种类型的数据，构建更加丰富、立体的信息处理环境。跨领域数据集融合使得 AI 打破行业与学科界限，将来自不同背景和领域的数据整合在一起，促进知识的交叉验证与迁移学习，为不同行业提供创新的解决方案。

人工智能高质量行业数据集需求不断增加。高质量行业训练数据集是特定行业内精准、全面的数据资源，对于推动行业智能化、数据化升级至关重要。随着 AI 技术的不断进步，行业数据集的需求日益增加，数据集规模不断扩大。同时，针对不同行业的特点和需求，数据集正朝着更加专业化的方向发展，以满足特定行业的分析和应用需求。这类数据集具备行业针对性强、标签清晰、维度多样等特点，可帮助不同企业发掘数据中的潜在信息和关联，从而快速了解市场趋势、用户行为等关键信息，为决策提供有力支持。例如，IT 桔子专注于新经济、新科技和泛 TMT 领域的创业投资数据库和商业信息报告；巨量算数依托抖音和今日头条的内容生态，提供热门品牌、商品及深度分析报告等电商及社交媒体数据；万得数据专注于经济、金融领域的数据集平台，提供丰富的经济、金融数据资源。

4. 模型即服务（Model as a Service，MaaS）成为人工智能新质生产力高效落地的重要模式

大模型时代下 MaaS 破落地之局。近年来，大模型以其庞大的参数量与独特的模型结构，展现了出色的应用能力，正随着“人工智能+”（AI+）需求增长而迅猛发展。然而，在大模型强大能力的背后，也存在着成本投入巨大的问题，对数据和算力的高需求使得大模型的应用成本高昂。在此背景下，MaaS 通过改善提供服务的方式，降低用户使用大模型的门槛，让业务能够更快速、更有效地享受大模型的价值，MaaS 正逐渐成为大模型落地应用的重要形态，为用户带来了有效增益。

三大特性展现 MaaS 核心优势。MaaS 以其独到特性在为大模型落地提供高效便捷途径的同时，也为行业应用带来了新的变革。一是通过全流程平台工具降低技术门槛，使模型训练和调整更为高效，无论是学习新算法还是定制专属模型，都能更好地实现闭环、强化学习通路。二是 MaaS 集约化的模型库和数据集消除了“重复造轮子”式的资源浪费，通过模型共享和统一管理，提升了资源利用效率和风险可控性。三是针对企业规模化的场景需求，MaaS 提供模型应用高效开发能力，通过多种方式增强模型能力，帮助用户构建基于 AI 模型的个性化应用，从而为 AI 模型规模化落地提供了有效路径。

MaaS 发展稳步前行，初见成效，未来前景可期。在产业需求的推动下，MaaS 产业图谱初步形成并在业界出现多种优秀的落地模式。这些模式以平台或社区形式呈现，共同目标是为用户提供便捷的模型服务，进一步发挥模型价值。在 MaaS 的未来发展中，一是在落地形态方面走向 ToB 和 ToC 两种模式，主攻 B 端业务的企业更倾向于平台加私有化部署的模式，期望发力 C 端市场的企业将持续打造开源模式，以高质量便捷的模型服务扩大 C 端用户的规模并强化行业影响力。二是 MaaS 服务的能力和接口将走向统一化。一方面，模型服务水平将逐步规范化，单个模型未来或可服务多个业务。另一方面，企业内部模型服务的接口将逐步统一，实现不同业务间的高效调用和模型共享。三是 MaaS 将催生基于大模型的软件开发新生态，未来的软件开发也将发生变革。四是 MaaS 将围绕模型服务持续强化其安全能力，从平台安全、数据隐私保护等维度，保障企业和用户的安全，筑牢模型服务风险管理防线和安全防线。

9.4　典型案例

1. 人工智能在银行业和保险业已得到广泛应用

人工智能正改变金融行业的运作方式，其影响力已逐步从银行业和保险业拓展至证券、股票、基金、资产管理等多个领域，有效提升行业效率并优化成本结构。人工智能不仅能高

效处理日常业务，如智慧办公、数据统计、客户服务、内部研发，还在信贷支持、财富管理和金融反欺诈等环节发挥作用。在银行业，工商银行率先采用昇腾 AI 技术构建的金融行业通用模型，不仅显著提升了客服识别准确率，优化了研发监控的精准度和效率，还通过智能提取技术，极大地提高了信贷审批的效率与准确性。度小满金融的“轩辕”大模型在提升客服和研发效率方面表现突出。该模型在金融领域的表现优良，特别是在开放性问题处理和市场风险预测方面，为投资决策提供了强有力的数据支持。在保险业，人工智能在客户服务和索赔处理等环节能大幅提升业务处理的速度和效率。以中国人寿财险公司建立的智能反欺诈体系为例，该系统利用大数据与 AI 技术精准识别欺诈风险，实现理赔流程的全面监控，有效预防团伙欺诈，保障理赔安全，优化服务效率，成功拦截万笔欺诈，挽回数亿元的损失。未来，随着技术的不断进步和应用场景的持续拓展，AI 将在金融行业中扮演更加重要的角色，引领金融行业向着更高效、更智能、更人性化的方向发展。

2. 人工智能助力汽车行业强化自动驾驶和智能座舱

智能汽车开启新纪元。随着自动驾驶技术的日益成熟和新能源汽车市场的蓬勃发展，汽车正逐步转变为集出行、娱乐、办公等多功能于一体的智能设备。AI 技术是这一转变的关键驱动力之一。AI 在汽车行业的应用范围正在拓展，已覆盖安全驾驶、个性化服务、智能道路优化等多个方面。在安全驾驶方面，新一代人工智能技术将会更好地提升行车安全。例如，百度 Apollo 的 VTA 平台，凭借其纯视觉高阶智驾能力和车道级地图（简称 LD 地图），为未来的自动驾驶车辆提供可靠性更高的技术支持。该平台可实现对复杂环境的高精度感知和智能决策，将提升行车安全性。在个性化服务方面，AI 技术通过智能交互系统为用户提供创新体验。蔚来的 NOMI GPT 模型、科大讯飞的星火大模型、理想 Mind GPT 大模型等技术应用不仅提升了车载娱乐系统的智能化水平，还为出行场景增强定制化服务。用户可以通过与车辆的智能交互系统对话，轻松控制娱乐系统、导航系统等功能，使驾驶过程更加便捷和舒适。AI 技术正在加速推动汽车行业的革新与发展，引领我们步入一个更智能、更便捷的出行新时代。

3. 人工智能助力通信行业数智化转型

在通信行业，人工智能的广泛应用在提升服务质量、保障网络安全、推动企业业务转型、优化管理流程等方面发挥了重要作用，推动通信业向更加智能化的方向发展。在提升服务质量方面，中国电信开发智能语音客服，可实现收集整理客户意见，推广相关的套餐营销等功能，提高话务人员办事效率。在保障网络安全方面，人工智能的强大模式识别和数据分析能力使其在入侵检测和防御方面增强优势。通过自动检测和识别网络流量中的异常模式，实时判断是否有潜在的攻击行为并增加风险防控能力。在推动企业业务转型方面，人工智能全方位赋能通信网络规划、建设、维护、优化、运营全流程业务，如可以根据业务需求和网络状况，智能选择最佳的网络组网方式，提高网络性能。华为 OPTIX FA16 针对电力、铁路、公路等专网的应用，利用人工智能实现了网络的快速高效建设及部署，提升通信网络环境。在优化管理流程方面，人工智能可通过分析用户数据与业务数据，优化业务流程，改进产品和服务，提高客户满意度。人工智能对通信领域提供支持，逐步解决行业难点问题，在硬件建设、软件服务、后期维护、转型升级上有效发挥作用，在检测关键技术节点、提高安全性与用户体验、增强通信网络信号等方面已进入价值创造阶段。

4. 人工智能赋能政务应用智能化转型

人工智能技术围绕智慧办事、智慧监管、智能税务、智能客服等场景持续发力，成为建设数字政务的重要技术手段。在智慧办事场景，政府加快推进政务服务在线化，如成都“温江市民之声”借助“天府市民云”App 和微信公众号的技术支撑，全天候地开展民生诉求收集和反馈；安徽马鞍山发布平台也利用互联网技术，为民解困，为民答疑。在智慧监管场景中，人工智能通过与城市大脑相互配合，在环保、食品安全等领域实现智能监管，通过分析和预警，对存在的问题提高发现效率和处理效率。在智慧税务场景中，人工智能通过大数据分析企业的缴税纳税情况，实行线上统一办理、快速办理，对企业偷税漏税行为进行预警。在智慧客服场景中，政府引入智能客服系统，通过人工智能实现自主咨询、业务办理等业务，提高办事效率。数字政务场景依托人工智能中的大数据分析、大模型理解等技术，拓宽政务服务模式，简化办事流程，推动多个应用场景间的数据打通和平台融合，融入多项人工智能技术为服务赋能。

9.5　发展挑战

由于产业智能化需求增加和国家政策鼓励，我国人工智能正与实体经济深入融合，在金融、医疗、工业制造等领域形成了多个典型应用场景。然而，我国人工智能产业仍面临一些核心问题。

一是亟须解决智能算力不足的问题，为我国人工智能产业发展奠定算力基础。我国芯片行业面临多方面的挑战。在训练芯片领域，英伟达公司占据我国市场份额的 95%以上，设计和制造工具也多依赖于美国的相关企业与技术。在推理芯片方面，尽管国内产品已接近可用水平，但与英伟达等国外巨头相比，市场份额仍有较大差距。尽管我国在智能算力集群建设上有一定的布局，但与美国相比仍存在规模和质量上的差距。这些问题会影响我国通用大模型的能力水平。我国在芯片设计与制造方面对外依赖度高的问题较为突出，如 EDA 工具主要由美国公司垄断，芯片 IP 核技术掌握在国外企业手中。虽然国内企业在制造方面取得了一定的进展，但仍无法满足国内对高端芯片的市场需求。我国需要从中长期角度规划，加大在芯片行业的研发投入和政策支持。一方面，要鼓励国内企业自主创新，突破关键技术瓶颈；另一方面，也要加强与国际先进企业的合作，引进先进技术和管理经验。此外，还要加强人才培养和团队建设，为芯片行业的可持续发展提供人才保障。

二是应重视人工智能在重点行业的应用率，以加速智能化转型落地。一方面，人工智能对我国大多数传统行业的应用还处于小范围试点阶段，我国顶级制造业企业的人工智能应用普及率与欧美相比有较大差距。根据凯捷统计，美国顶级制造业企业人工智能应用率达到 28%，我国相关指标尚有明显差距。另一方面，大模型在重点应用领域缺乏典型应用案例。目前，工业领域对大模型的初步探索性应用主要集中在设计辅助、质量预测、设备维护等方面，没有广泛落地或形成可规模化复制的工业大模型。目前，我国通用大模型的开放性有限，使用门槛相对较高，致使尚未广泛形成较好的商业模式。相较具有国际先进水平的大模型的开放性和商业化程度，我国大模型在技术能力和生态建设上存在一定差距，尚未能完全支撑上层应用创新，商业化运营模式还未成熟。我国应重视加强人工智能产业的生态建设与技术研发，解决产业落地难、技术创新受限等问题，提升人工智能在重点行业的应用率。

三是需同步增强社会对人工智能领域管理机制的完善。人工智能产业的发展带来了经济增长与社会福祉提升的可能性，但同时也伴生了数据伦理、安全等潜在问题。政策制定在平衡产业发展与技术负面效应方面尤为重要。监管部门需精准把握制定规则的力度、方式和时机。我国需与全球各国同步细化人工智能治理规则，强化治理，加快制度制定和完善的进程，推进行业治理，鼓励行业自律。

撰稿：张玮婷、靳震、刘星辰、张学强、齐静、燕江依、赵丹萍
审核：柳文龙

第 10 章　2023 年中国物联网发展状况

10.1　发展环境

1. 国家明确提出要推进移动物联网全面发展

自 2023 年 2 月中共中央、国务院印发《数字中国建设整体布局规划》，提出要推进移动物联网全面发展以来，工业和信息化部有序推出一系列发展政策细则。例如，为持续完善物联网新型基础设施技术和标准体系，2023 年 8 月，《物联网新型基础设施标准体系建设指南（2023 版）》（征求意见稿）发布，提出到 2025 年，物联网新型基础设施标准体系基本建立，新制定国家标准和行业标准 30 项以上。为推进 5G 轻量化（RedCap）技术演进、产品研发及产业化，促进 5G 应用规模化发展，2023 年 10 月，《关于推进 5G 轻量化（RedCap）技术演进和应用创新发展的通知》发布，提出到 2025 年，5G RedCap 产业综合能力显著提升，新产品、新模式不断涌现，融合应用规模上量，安全能力同步增强。2024 年 4 月，《工业和信息化部办公厅关于开展 2024 年度 5G 轻量化（RedCap）贯通行动的通知》发布，提出要打通 5G RedCap 标准、网络、芯片、模组、终端、应用等关键环节，扎实有序推进 5G RedCap 商用进程。

2. 物联网成为数字经济重要核心产业

根据工业和信息化部公开的数据，自 2022 年我国成为全球主要经济体中首个“物超人”的国家，物联网得到快速发展，产业规模突破 3 万亿元，移动物联网连接数达 23.6 亿户，成为全球重要的物联网应用与产业市场，助力千行百业的高端化、数字化、智能化、绿色化、融合化发展。物联网成为新形势下推动数字化转型、新质生产力、新型工业化等战略实施的核心组成，支撑能力持续增强。截至 2024 年 2 月末，我国 5G 基站总数达 350.9 万个，比 2023 年年末净增 13.2 万个，占移动基站总数的 29.8%。5G 已融入 97 个国民经济大类中的 74 个，在工业、矿业、电力、医疗等重点领域实现规模推广，“5G+工业互联网”项目数超过 1 万个，应用赋能向核心控制环节加速拓展。

3. 物联网安全风险受到国际社会日益关注

当前，物联网正改变着全球几乎所有行业的旧有规则，尤其物联网带来一些内生风险，如海量设备管理困难加剧、终端和平台身份认证方式相对缺乏及权限管理不够灵活等，将安全威胁从网络空间带入物理世界，涉及经济安全、公共安全、军事安全、国家安全等各方面。包括我国在内的诸多国家日益加强物联网安全和治理监管，致力于维护物联网络空间主权利益，通过持续深化物联网安全关键举措，包括国家法律规制、采购管理、细化标准规范等手段，实施强制性物联网安全保护措施，指导设备制造商、供应商等产业各方开展新技术、新应用安全能力建设。

10.2 发展现状

1. 物联网应用处于规模化爆发期

在物联网连接规模方面，我国无线物联网连接数在全球的占比已达 55.62%，Analysys Mason 发布的《物联网预测：2022—2031 年的连接、收入和技术趋势》预计，到 2030 年中国占比仍将保有 50%左右。其中，我国蜂窝物联网规模化应用表现突出，已实现全球领先，连接数在全球的占比达到 2/3 以上。根据工业和信息化部公开的数据，截至 2023 年年底，我国蜂窝物联网连接数达 23.32 亿户，全年净增 4.87 亿户，较移动电话用户数多出 6.06 亿户，占移动终端连接数（包括移动电话用户和蜂窝物联网终端用户）的比重达 57.5%（见图 10.1）。另据 2024 年 2 月数据，蜂窝物联网连接数已达到 23.6 亿户，同比增长 24%，强劲增长势头仍继续保持。

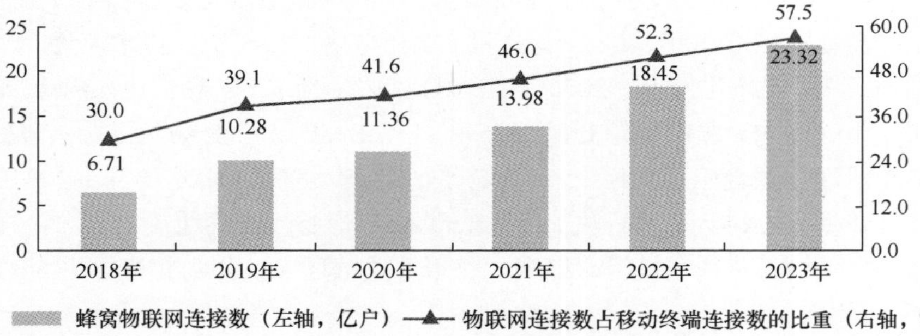

图10.1 2018—2023年物联网用户情况

资料来源：工业和信息化部。

在物联网行业应用方面，5G/4G、NB-IoT、Wi-Fi、蓝牙、NFC、UWB、卫星通信等多种物联网连接技术已广泛融入交通、电网、水务等传统行业基础设施中。根据工业和信息化部公开的数据，截至 2023 年年底，蜂窝物联网终端应用于公共服务、车联网、智慧零售、智慧家居等领域的规模分别达 7.99 亿户、4.54 亿户、3.35 亿户和 2.65 亿户，并形成水表、气表、烟感、追踪类 4 个千万级应用，以及白电、路灯、停车、农业等 7 个百万级应用。在消费物联网领域，我国市场规模庞大且出货量仍在快速增长。根据 Morgan Stanley 预测，2030 年中国支持物联网的智能家电设备市场规模可达 1.4 万亿元，复合年均增长率达 12%，其中白电、小家电占据主要份额。

在物联网支出规模方面，IDC 跟踪数据显示，制造业、政府和消费品三个行业占据总支出的 50%以上，其他行业贡献占比为 45%，从侧面反映了物联网的行业需求呈长尾分布。据 IDC 预测，2027 年中国物联网支出规模将趋近 3000 亿美元，占全球物联网总投资规模的 1/4 左右，且未来 5 年复合年均增长率将达到 13.2%，超过全球平均水平，制造业、政府、公共事业、专业服务和零售业将成为物联网支出主要的行业用户，合计占比接近 70%，其中与制造业相关的应用场景如生产、资产管理将成为未来几年物联网支出市场的重要投资方向。

2. 物联网产业链自主化取得新进展

在物联网产业方面，我国已形成涵盖芯片、模组、终端、软件、平台和服务等环节较为完整的移动物联网产业链，产业自主化取得突破成果。例如，中国移动作为一家国内电信运营商，近年来重资布局移动物联网领域自研芯片、操作系统及技术标准，新发布了国内首颗基于 RISC-V 开源指令集架构自研的 LTE-Cat.1 芯片。在近距离无线连接技术领域，2023 年 8 月，华为发布全栈自研的具有一定技术优势的星闪技术，可同时连接 4000 多台设备，数据传输速率达到 900Mbps，传输时延约为 20μs，且采用 5G Polar 码技术，具有强抗干扰能力，可逐步替代部分蓝牙设备。当前，华为、创耀科技、中科晶上、爱旗科技、鹰驾科技、鼎桥通信等芯片厂商、模组厂商和终端厂商发布了星闪的商用产品，产业链正在逐渐健全。

3. 物联网安全与应用标准研制取得新进展

我国持续推动物联网安全标准体系建设，以工业和信息化部发布的《物联网基础安全标准体系建设指南（2021 版）》为依据，加快推动物联网安全相关标准的研究制定工作，2021 年以来发布《信息安全技术物联网感知终端应用安全技术要求》《信息安全技术物联网感知层网关安全技术要求》等物联网网络安全领域国家标准，以及《林草物联网标识分配规则》《物联网智慧农业数据传输技术应用指南》等系列国家标准 30 余项；《物联网基础安全物联网平台安全分级分类管理评估方法》《物联网基础安全物联网平台安全分级分类管理技术要求》等系列行业标准 20 余项，进一步提升标准在细分行业及领域的覆盖程度，提高跨行业物联网应用安全水平，保障消费者安全使用。

10.3　关键技术

1. 我国物联网连接技术体系格局基本形成

物联网应用场景极其复杂多样，对接入速率、时延、连接密度等技术指标要求各异，无线物联网是物联网连接技术的重要组成，主要分为三大类，一是无线个人域技术，包括蓝牙、ZigBee 等基本上围绕个人身边的短距技术，可连接无线耳机、无线音箱之类；二是局域物联技术，如 WLAN 可实现上百米的覆盖范围；三是长距离物联技术，包括 2G/3G/4G/5G 蜂窝物联网和低功耗 LPWAN 广域技术，可支撑局域和广域物联应用。根据 counterpoint 统计，Wi-Fi、蓝牙等短距和局域物联技术的连接数占比超过 70%，以蜂窝物联网为代表的长距离物联技术连接数占 20%左右，且正成为越来越重要的物联网技术族群，其包括 4G（含 LTE Cat.1～M）、5G 及 NB-IoT、LoRa 等 LPWAN 技术。

我国 NB-IoT 连接规模占据全球 LPWAN 半壁江山。IoT Analytics 跟踪数据显示，截至 2023 年，低功耗 LPWAN 技术占据全球 8%的物联网连接数，NB-IoT、LoRa、LTE-M 主导

LPWAN 领域的技术格局基本形成，所占份额分别为 54%、29%、14%。其中，中国 NB-IoT 连接数贡献最大，占全球 NB-IoT 连接总数的比例达到 84%。当前在国内，NB-IoT 在所有 LPWAN 连接数中的占比达到 81%。

电信运营商大力推广 LTE Cat.1～M 技术。随着国内 2G/3G 转网加速，LTE Cat.1～M 技术正受到电信运营商的关注，因其无须针对基站进行软硬件的升级，即可无缝接入现有 LTE 网络当中，网络覆盖成本很低。事实上，LTE Cat.1～M 技术早在 2009 年 3 月由 3GPP 在 Release8（以下简称 R8）中正式推出，有 LTE Cat.1（以下简称 Cat.1）、Cat.2、Cat.3、Cat.4、Cat.5 共 5 个终端类别，Cat X 全称为 LTE UE Category X，是 3GPP 用来衡量用户终端设备无线性能（如 UE 支持的速率等）的标准。

2. 物联网新技术产业加速推进成熟

5G RedCap 产业初具雏形，准备开始规模商用。5G RedCap 作为 3GPP 专为物联需求设计的一种新型技术标准，支持网络切片、5G LAN、高精度授时、uRLLC 等行业增强特性，旨在通过减少终端支持带宽、接收天线数量、降低调制阶数等方式，降低终端成本和功耗，以便降低建设成本和使用功耗，更利于 5G 规模应用。当前，高通、紫光展锐、联发科等主流芯片厂商和国内外领先无线模组供应商积极参与和推动 5G RedCap，电信运营商、网络设备商积极开展相关技术试验。工业和信息化发布的《关于推进 5G 轻量化（RedCap）技术演进和应用创新发展的通知》提出，到 2025 年全国县级以上城市实现 5G RedCap 规模覆盖，5G RedCap 连接数实现千万级增长。5G RedCap 终端产品超过 100 款，在工业、能源、物流、车联网、公共安全、智慧城市等领域的应用场景更加丰富，应用规模持续提升，打造 5 个以上实现百万连接的 5G RedCap 应用领域等。

无源物联网成为物联网应用更上台阶的重要推手。近年来，以 RFID 为代表的无源物联网逐步成为物联网行业讨论的热点，被认为是物联网从百亿级迈向千亿级规模应用的重要推手。"无源"是不依赖于内部电池或外部电源，而是通过从周围环境中捕集能量来运作，方式主要有光能、振动能量、热能、射频等能量采集，通过能量采集、反向散射通信、低功耗计算等技术实现自我供电。目前最具代表性的传统无源物联网技术是 RFID，但通信距离短、读写能力弱是其局限性。未来，无源物联网技术致力于在 RFID 技术的基础上扩展基于 Wi-Fi、蓝牙、3G/4G、5G 的新型无源互联，将蜂窝基站、Wi-Fi 路由器、电视塔等作为射频能量来源，而无源物联网的研究重点将是探究如何同时实现射频能量获取和信号传输调制两个功能。

无线通感融合技术开始从概念走向实践。国际电信联盟（ITU）已将通信与感知融合列为面向 6G 的主要场景之一，要求 6G 基站在具备通信能力的同时，提供全域高精度感知能力，实现无处不在、无时不在的监测跟踪等功能。当前，无线通感融合技术的深入研究与探索正在进行。首先，一些理论方法和基础研究已展开，包括建立感知信道建模理论，开展通感算融合空口设计，建立通感一体化性能指标，寻求通信容量与感知精度的平衡等。其次，无线通感融合将依据不同场景的需求持续提高感知的准确性、精度和效率，对边缘与端侧的算力性能提出更高要求。3GPP Release19 已启动针对通信感知融合的研究与工作项目，无线通感融合的标准研究正在凝聚共识。

3. 物联网智能化、安全化的发展趋势日益明晰

物联网集成人工智能将赋能创新更多应用场景。物联网通过传感器和设备收集大量数

据，人工智能和机器学习可以对收集到的数据进行学习、处理、分析和预测，不断增强物联网设备功能，包括实时监控、预测性维护、智能控制和决策等，推动物联网设备的智能化、自动化和高效运行。例如，在智能家居系统中，物联网设备能够从用户日常生活行为中学习、适应偏好，预测性提出照明、供暖和安全等相应调整建议。再如，在智慧工厂中，连接到机器和工厂的物联网传感器将提供转速和油压、温度和运行性能等测量结果，通过人工智能进行数据分析，预测性提出最佳维护时间，减轻熟练操作人员的负担，或者通过人工智能和计算能力识别振动及功率波动等异常情况，辅助物联网设备对故障检测做出更快的处理反应。

物联网设备和网络安全性措施及技术将不断增强。物联网安全涉及连接设备和系统的完整性、机密性和可用性。随着保护物联网设备和平台免受物理及在线攻击的安全新技术的发展，提高物联网设备和网络安全性能的方式、手段在不断增强，包括：将安全芯片、加密技术和安全协议、标识解析等技术措施嵌入物联网设备，确保硬件和软件的安全性；采用强密码、双因素认证等方法，建立完善身份验证和访问控制机制；采用加密和安全通信协议，确保设备之间的数据加密和通信安全；建立强大的安全监测和响应机制，及时检测、识别和快速响应潜在的安全威胁；通过安全测试和漏洞扫描，及时发现和修复物联网系统的安全漏洞；加强人工智能和机器学习的数据分析与处理，提高安全威胁的检测和防范能力。通过以上措施和技术的增强，提高物联网设备和网络的安全性能，保护个人隐私和敏感数据，应对物联网络攻击和安全威胁。

10.4　典型案例

应用案例一：AIoT 让传统制造业开启数字化转型之路

当前，在汽车、工业制造、交通运输、公用事业和智慧城市等领域，物联网正在加速与人工智能的融合，实现运营效率和生产率的提升及客户体验的改善，助力解决方案价值的提升，尤其预测性维护、机器人技术优化和驾乘体验的提升凸显了物联网与人工智能融合带来的切实投资回报。例如，在工厂环境中引入物联网，制造商可以对工厂资产进行实时监控，借助先进的人工智能和机器学习技术，能够识别异常情况，进而预测潜在问题，防止设备故障导致停机。再如，预测性维护，通过物联网为系统输入高质量的数据并加以人工智能系统训练，不仅可以自主采取行动，防止组件故障，还能确保只在必要时才进行人工检查，从而减少设备和人员开支。

物联网融合人工智能优化机器人技术对制造业也很重要。例如，一些制造商已在大力推动自动化及智慧工厂和仓库的建设，在这些工厂和仓库中，机器人和自动导引车集成在一起，用于识别、检索和智能码垛。例如，DHL 正在扩大与 AutoStore 的合作，将采用 1000 台自动化仓储机器人。人工智能、网络连接和引导系统（如机器人操作系统）等更先进的功能有望加速协作系统的发展。利用自然语言处理技术，人机交互也将得到改进。

应用案例二：边缘计算与物联网融合发展，助力构建智慧水务

随着物联网数据量的增加，越来越多的数据处理动作需要被下放到边缘设备进行。所有现场采集到的数据总要由某个设备节点进行处理。如今的物联网设备更加智能化，能够对“边缘 AI”（边缘人工智能）进行编程，满足了数据边缘处理的多样化需求，引领了边缘智能的快速增长。例如，在传统的水务场景，基本使用远程终端单元（RTU）、数据传输单元（DTU）的方式上报数据，采用的都是自定义的传输协议，会带来数据标准不统一、一数多源、数据可靠性差、数据时序错乱等问题，造成业务系统要在云端做大量的数据处理、汇总、整合，才能把边缘侧数据用起来，而如今物联网通过融合边缘计算技术，可以把各种数据整合起来，实现视频及 IoT 设备的联动，从而解决烟囱林立的问题。同时，将云端训练好的成熟算法按需下发到边缘端进行推理，实现水位识别、闸门开合识别、漂浮物识别等智能算法，能够降低人工监控的投入。

此外，物联网融合边缘计算技术可以大大节省传输带宽的成本。传统远程终端单元（RTU）和数据传输单元（DTU）的方式全部都是透传，视频流全部都传到云端，会导致带宽的问题。因此，通过在边缘节点完成实时视频流的采集和处理，在本地进行人工智能推理，并上报结构化识别数据及相关的异常情况截图到云端。视频流在业务需要的时候才进行推送，可有效降低带宽压力和节省成本。

应用案例三：应用云端物联网技术，实现大数据在云端的集中处理及整合

物联网平台是通过各种传感技术、通信手段，将传统物体与互联网进行连接，以实现远程监控、自动报警、远程控制、远程诊断、远程维护，进而实现管理、控制、营运一体化的网络。云技术作为新一代的信息通信技术，可以实现人与人、人与物、物与物的信息互联。物联网平台的作用是为物联网应用提供数据存储、数据分析、设备管理、应用开发等功能支持。它可以将海量的设备数据进行整合和管理，帮助用户实现对设备的远程监控和控制，提高生产效率和管理水平。

以雄安新区构建的智慧中心为例，雄安市民服务中心打造了园区“最强大脑”物联网平台，集成了 34 个不同厂家的 25 个子系统，共计约 19054 个物联网数据点实现互联互通，成为市民服务中心的物联网数据枢纽，并引入云端物联网技术，实现大数据在云端的集中处理及整合。物联网平台为其提供水、电、冷热量等综合能源的全景监测及数据分析，实现物理园区与虚拟园区的同生共长，形成雄安新区“数字孪生城市”的微缩雏形。

10.5 发展挑战

挑战一：供给方价值回报偏低，影响物联网生态系统发展

经过多年发展，物联网的价值回报不及预期，成为影响供给方积极性的重要因素。例如，在物联网平台层，一些公有云 IoT 平台如极光 JIoT 物联网服务下线，国内云计算企业 UCloud 下线 UIoT 物联网云服务。在网络连接层，电信运营商的物联网业务收入占比及在物联网卡上的平均收入均偏低。作为各类物联网项目实现落地的直接关联环节，物联网感知设备和应用系统的单品市场盈利能力也相对低，究其缘由在于行业对物联网项目的需求碎片化，易造成技术选型、设备组合等向多样性和非标性发展。

为进一步提升物联网价值驱动，建议加快精耕新产品、新赛道，深挖高价值产品，强化场景与市场细分，挖掘潜力应用，同时加强垂直拓展整合，通过“硬件+软件服务”“连接+

平台+应用服务”“平台+应用服务”等多种产品组合，增强物联网技术应用“端到端”的整体可供性。

挑战二：标准监管不够健全，影响基础设施服务化

随着物联网加快渗入各行各业数字化转型，物联网作为新型信息基础设施的角色日益明晰，行业单位对物联网设备和服务的一致性、互操作性、安全性和可靠性等要求不断增强。当前，行业单位集中反映的问题主要涉及网络覆盖质量、售后服务、流量费用、功能开放等方面。

为不断提升物联网服务监管水平，建议加强物联网基础设施标准体系建设，提高物联网设备和系统之间的互操作性、兼容性和一致性。制定完善的物联网基础设施标准，推动基础设施集约化、规范化建设，推动制定行业应用标准，促进物联网技术在行业的广泛应用。建立物联网标准验证和检测公共服务平台，加强重点标准的实施和评估。制定物联网领域的相关政策和法规，确保物联网设备和服务的一致性、安全性和可靠性，保护消费者权益等。

挑战三：安全治理不够完善，影响设施设备安全运行

当前，物联网安全风险分为终端、网络、平台三个层面，其中物联网终端设备的安全事件占 70%以上。尤其在消费物联网设备（如智能手表及视频娱乐、家庭监控/安防、智能音箱等家电设备）已占据 50%全球物联网终端连接的情况下，大量感知终端及网络设备直接暴露于互联网，由于未配备安全保护策略及安全系统软件，其在数据存储、传输、加载等场景中，易被攻破和利用，导致用户隐私泄露、服务数据被窃取等安全事故频发。

为加快推动物联网设备的安全发展，建议加快推动物联网安全相关标准的研制和落地，引导物联网安全向更加科学化、体系化的方向发展。推动物联网终端的安全等级认证，加快构建自主可控的消费物联网终端设备安全标签机制，开展物联网设备网络安全标签标识、标签设计、分级分类、评估认证等国家标准研制。

撰稿：刘衡萍、田娟、邵小景
审校：吴双力

第 11 章　2023 年中国元宇宙发展状况

11.1　发展环境

随着全球新一轮科技革命和产业变革的深入推进，元宇宙作为新一代信息技术集成创新和应用的未来产业，以及数字与物理世界融通作用的沉浸式互联空间，有望通过虚实互促带动社会生产力提升、生产关系变革，成为下一代互联网的雏形和全球数字经济发展的重要方向。

1. 元宇宙已成为未来数字网络空间主权竞争的重要焦点

全球领先国家和地区抢抓元宇宙战略机遇。一是以美国为代表，强调经济主导和未来技术布局。在重大技术研判上，2022 年 7 月，美国国会通过《2022 年芯片与科学法案》，授权拨款约 2000 亿美元用于促进美国未来十年的科研创新，并将以先进的通信和 XR 为代表的沉浸式技术列入十项重大技术领域之一。2024 年，美国白宫发布 2024 年版《关键和新兴技术清单》，提出对美国国家安全产生重要影响的关键和新兴技术，将空间计算、人机界面 VR/AR 等元宇宙关键技术列入清单。在经济体系框架构建上，2022 年，美国总统拜登签署《关于确保负责任地发展数字资产的行政命令》，表明美国正式推动构建基于美元的数字资产体系，强化数字资产风险防范，维持和保护美国在数字资产领域创新的领先地位。二是以韩国为代表，高举元宇宙新产业的发展旗帜，从技术创新、经济发展、社会民生全局开展元宇宙顶层设计，明确提出以“元宇宙”为政策落点的规划举措。2022 年，韩国政府公布《元宇宙新产业领先战略——培育数字新政 2.0 引领新产业发展》，以“数字新大陆，迈向元宇宙的韩国”为愿景口号，提出到 2026 年，元宇宙产业规模迈入全球前列。三是以欧盟为代表，执行严格行业监管以保护市场。近年来，欧盟不断加强在数字领域的监管力度，建立《人工智能法案》《数字服务法案》等立法保障体系，通过严格监管手段防范国际巨头市场垄断。2023 年 6 月，欧洲议会下辖公民权利和宪法事务政策部发布元宇宙研究报告，指出元宇宙可能对公民生活、健康、工作和安全带来潜在挑战，建议构建更适应元宇宙的监管模式，鼓励创新合作的同时保障公民、企业的基本权利。

我国政府积极布局元宇宙新赛道。当前，元宇宙发展已上升为国家级战略。2023 年，工业和信息化部、教育部、文化和旅游部、国务院国资委、广电总局五部门印发《元宇宙产业创新发展三年行动计划（2023—2025 年）》，提出以构建工业元宇宙、赋能制造业为主要目标，以新一代信息技术融合创新为驱动，以虚实相生的应用需求为牵引，以培育元宇宙新技术、新产品、新模式为抓手，引导元宇宙产业健康、安全、高质量发展，有力支撑制造强国、网络强国和文化强国建设。此外，北京、上海、合肥、武汉、杭州、成都等地方政府相继发布元宇宙专项规划，围绕新一代信息技术、数字经济、未来产业等视角谋划发展思路，结合政策支持、产业集聚、技术攻关、场景牵引、开放协作等多措并举推进元宇宙创新发展。

2. 行业发展重归理性

三重要素叠加促成元宇宙发展浪潮。一是伴随我国数字化发展水平的提升，元宇宙场景下的虚拟社交、线上购物、网络课堂和沉浸娱乐等体验愈发成熟，并以跨越地理限制、线上线下协同等模式，满足人们的互动、创业、学习和娱乐需求，为数字化进一步发展开辟更广阔的应用前景。二是技术能力升级，包括交互终端逐渐成熟，如智能手机普及，XR 终端性能升级，脑机结构雏形显现；内容生产技术发展，数字人进入大众视野，人工智能辅助内容生成提质增效；算力、通信基础设施快速建设，增强了元宇宙世界的构建能力。三是行业巨头的强势入局，包括 Meta、谷歌、脸书、英伟达等全球市值前十科技企业在内的国内外 ICT 巨头与初创企业纷纷发声，推进元宇宙战略布局。

全球领军企业调整元宇宙布局策略。目前，全球领先 ICT 巨头及细分环节代表企业均切入元宇宙赛道，受全球经济环境、元宇宙市场遇冷及长周期特性影响，行业巨头纷纷进行业务调整，从端到端激进式投入转为更注重结合主业进行长线投入。Meta 以社交网络为基础，通过长期地布局沉浸式交互设备，将旗下元宇宙社交平台 Horizon Worlds 的内容资源与 Quest 3 头显生态相结合，致力于引领元宇宙沉浸式业态的发展。苹果在面临手机市场疲软的挑战下，积极拓展下一代智能硬件，于 2023 年 6 月发布了首款头戴式产品 Vision Pro，将其对标引擎移动互联网时代的 iPhone 智能手机，期望开创空间计算的创新赛道。2023 年 8 月，英伟达宣布对元宇宙平台 Omniverse 进行重大升级，加强对 OpenUSD 技术整合，实现连接和使用第三方 3D 工具链，促进开放的 3D 软件生态系统的建设。微软虽然于 2023 年解散了工业元宇宙团队，但仍基于其云计算和人工智能等能力，面向 Meta 等企业提供元宇宙技术解决方案。

3. 社会环境

元宇宙有望创造虚实深度融合的新型社会景观。一是社会生活，作为物理世界社会生活时空深度延伸的新型网络社会，元宇宙相关数字技术的社会嵌入将加速人与数字信息的融合进程，大众通过该技术对自身能力的延伸不再局限于物理空间，每一代人都比之前一代更加数字化。二是社会分工，元宇宙发展愿景为平台经济注入活力，总体上有望增加众多新兴就业岗位与工作类型。三是社会关系，既包含现实关系在元宇宙网络空间的映射延伸，也涵盖数字世界人际关系在现实中的渗透影响。四是社会传播、数字技术带来的持续加速导致人际沟通与群体互动变成了一种流动的状态，进而导致大众注意力经济的重构。

11.2　发展现状

元宇宙产业展现出快速增强潜力。元宇宙作为新一代信息技术的集大成者，技术创新进入密集活跃期，产业发展与经济社会加速渗透融合，整体表现出蓬勃发展态势。据 IDC 预测，2024 年全球元宇宙市场规模将超过 7000 亿美元，并有望于 2030 年突破 6 万亿美元。从产业链结构看，内容生产、行业应用呈现较强的变现能力。目前，全球领军企业正在积极布局 3D 数字内容领域，推动 3D 软件工具链、AIGC 引擎等关键环节建设，有望破解数字内容市场供给匮乏的瓶颈。此外，随着传统行业数字化转型与信息消费升级等常态化，行业应用市场将呈现爆发式增长。

元宇宙产业体系初具雏形。从体系结构看，主要包括基础设施层、平台赋能层、前端体验层、创新应用层四部分（见图 11.1）。基础设施层旨在支撑元宇宙这一虚实融合 3D 数字世界的持久运行及海量用户的群体互动，通信、算力、地理信息与信任基础设施成为元宇宙关键基础设施。平台赋能层提供元宇宙多元创新应用的技术驱动力，主要涉及云计算、云服务与电子商务产业，可划分为沉浸式计算服务平台、新型数据资产与交易服务平台。前端体验层触发软硬协同的用户体验闭环，主要涉及智能终端、音视频产业，眼镜与 3D 沉浸视听成为元宇宙接入终端与视听内容的新形态。创新应用层旨在解决大众消费、行业赋能与公共服务方面的多元需求。从技术主线看，以 XR 为代表的沉浸式技术将塑造前端体验层、平台赋能层中的沉浸式计算服务，基于区块链的分布式信任技术有望助推平台赋能层中的新型数据资产与交易服务。

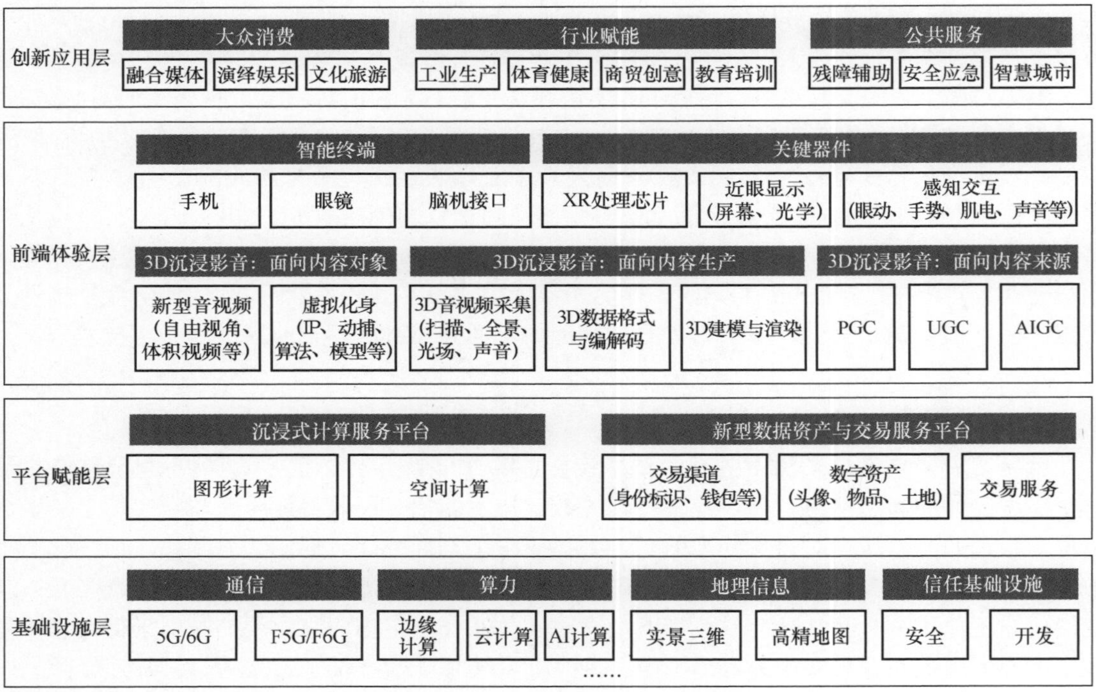

图11.1　元宇宙技术产业体系图

工业元宇宙的应用范围不断扩展。通过融合前沿数字技术，如数字孪生、物联网、人工智能、增强现实（AR）和虚拟现实（VR），赋能工业制造业，优化生产流程，极大提升工业生产的灵活性和效率，有望解决工业领域长期面临的一些挑战，如生产成本控制、资源优化配置及复杂系统的维护等。例如，通过创建机器和生产线的虚拟三维模型，使工程师能够在不影响实际生产的情况下测试不同的操作场景和优化策略，不仅减少了试错成本，还提高了生产线的可靠性和效率。通过 AR 技术，技术人员可以叠加显示设备内部结构和维修指南，从而提高维护工作的准确性和速度。此外，VR 技术可以用于模拟复杂的工业环境，为员工提供安全、低成本的培训环境，增强员工对操作流程的理解和掌握。

游戏成为元宇宙发展的重要方向。首先，游戏内容天然具备沉浸感，结合 XR 等元宇宙关键技术，玩家将进一步获得更深刻的游戏体验；其次，社交属性是游戏内容的关键一环，诸如公会、组团副本等玩法设定，元宇宙概念将进一步深化玩家间的社交及互动水平，提升交互频率；最后，诸如货币、物品等经济相关内容是构成游戏的关键，元宇宙概念下由区块链技术而诞生的 Web 3.0 将赋能游戏经济体系，帮助游戏资产确权、交易。总体而言，"游戏+元宇宙"概念已于当下逐步落地，未来二者将进一步融合。

11.3　关键技术

XR 终端迎来里程碑式产品。发展 XR 终端也已成为 Meta、苹果、谷歌、高通等 ICT 终端企业的战略共识。2023 年 6 月，苹果发布首款头戴式设备 Vision Pro，这一里程碑事件标志着 XR 终端迎来主导设计，产业发展有望进入起飞提速的关键时窗。具体包括：一是苹果公司的首款头戴式"空间计算"显示设备，以裸手、眼动、语音组合式交互为核心，配置 12 个摄像头、6 个麦克风强化感知能力，提供更为自然的交互模式；二是新一代空间计算平台，应用三维操作系统 visionOS，内嵌空间计算子系统、多应用 3D 引擎等模块，结合苹果 M2 与 R1 双芯片算力支持，实现真实世界和虚拟空间的融合互动；三是低门槛的 3D 相机及播放终端，依托空间视频、空间音频等功能，成为首款打通 3D 内容制作流程的消费电子产品。

数字孪生深度赋能工业元宇宙。数字孪生技术通过创建物理实体的虚拟映射，实现了工业资产的全生命周期管理，为工业元宇宙提供了一个高度仿真的数字副本，从而使得复杂的工业系统得以在虚拟环境中进行全方位的模拟、分析和优化。随着工业元宇宙对精细化管理与操作的需求不断攀升，数字孪生技术正推动着包括实时数据采集、复杂系统建模、动态仿真、预测性维护等在内的全链路技术发展进步。标准化组织及工业界的领军企业，如西门子、通用电气、施耐德电气、博世等，都在积极推动数字孪生技术的发展，并在各自的领域内进行战略布局。

数字人有望成为千行百业交互新界面。伴随元宇宙产业升温，人工智能、内容制作等技术升级及丰富应用空间需求，驱动数字人快速发展。从功能类型看，目前数字人技术已经演化出多种功能类型，包括功能服务型、内容 IP 类和代表真人的虚拟分身等。从应用场景看，数字人可以替代文字和语音场景，提供更加丰富的情感交流界面。无论是社交媒体、虚拟社交平台领域，还是在线教育和远程工作等领域，数字人都能够为用户提供更加沉浸式和个性化的体验。此外，数字人还可以根据不同行业的需求进行个性化定制，成为各行各业交互的新界面。从技术趋势看，随着人工智能和图形技术的不断进步，数字人技术将能够以更高的真实度模拟人类的外貌、行为和思维，为用户提供更加沉浸式和个性化的体验。

沉浸式计算服务平台主要呈现两种发展模式。当前，越来越多的元宇宙产品愈发强调自身平台属性，以单一产品内嵌多重功能，来丰富内容和应用业态。一是以苹果、Meta、Unity 等沉浸技术服务商为代表，面向消费市场主要推进 XR 开发平台布局，推进跨平台兼容、提升内容拟真度、实时渲染效能和强化真实场景互动等成为重要趋势。二是以英伟达、微软等为代表，定位为基建供应商，主要面向企业市场，拓展业务主航道市场空间。英伟达 Omniverse 定位为工业元宇宙平台，围绕 GPU 图形渲染算力、人工智能算力构建生态，面向工业、建筑等多行业应用提供 3D 模拟仿真与协同开发环境，现已被数百家头部企业采用。

11.4 典型案例

元宇宙行业应用加速探索。元宇宙沉浸式技术已广泛渗透到大众消费、行业赋能、公共服务等领域，形成了一批覆盖生产生活领域且各具特色的应用场景和创新实践，为数字中国建设提供了有力支撑。例如，**面向工业生产行业**，元宇宙应用已经能够覆盖研发设计、生产制造、运行管理、售后服务等全流程，提供协同设计、数字孪生、现场巡检、虚拟培训、远程维保、远程验货等价值场景，促进工业关键流程的数实融合，实现工业生产提质、增效、降本。例如，华为面向某油气田公司提供 AR 油气智慧巡检系统，可协助油气田行业员工更加准确、高效地完成巡检任务，实现巡检效率提升 20%，作业员工的工作量得到减轻。宝马汽车引入英伟达元宇宙平台改造 31 余座工厂生产模式，通过全过程模拟仿真、验证与优化，生产效率提高 30%，并且旗下沈阳里达工厂是宝马集团第一座完全在虚拟环境进行规划和模拟的元宇宙工厂。海尔卡奥斯打造生产全要素的统一数字模型，通过无代码、拖拉拽的方式快速搭建产线，实现“以虚优实”的元宇宙工厂探索。美的应用元宇宙技术赋能工业生产，基于工业仿真三维规划设计搭建线上“虚拟工厂”，代替实体工厂进行产品可制造性、虚拟装配验证，对精益生产、生产方案的科学优化等，在有效减少试错成本的同时，提升生产运行效率。**面向教育培训行业**，目前元宇宙相关技术已经应用到基础教育、高等教育、职业教育、行业培训等场景。例如，在基础教育方面，学生可以通过虚拟实验室进行科学实验，探索历史事件的虚拟重现，或参与虚拟现实场景中的角色扮演，这样的互动体验可以激发学习兴趣和动力，提高知识吸收和理解效果。华渔教育利用虚拟现实、3D 影音等技术赋能中小学实验类课程教学，实现学生直观开展物理、化学、生物、科学等学科虚拟实验，提升实验教学的趣味性和吸引力。青岛海洋科普 VR 体验馆以“海洋科普+虚拟现实”为核心，将海洋数字化、科普教育、VR 体验有机融合，开展海洋科普 VR 主题活动、航母舰载机 VR 飞行等系列活动。**面向文化旅游行业**，元宇宙应用已经能够覆盖到行前规划、游中体验、游后营销服务等全流程，提供 VR 云观景、VR 直播、AR 导游导览、数字藏品等丰富多样的应用形式，提升文化旅游吸引力，促进文化传播，推动旅游业的创新发展。2024 年 3 月，文化和旅游部公布首批全国智慧旅游沉浸式体验新空间培育试点项目，面向旅游景区、度假区、休闲街区、博物馆等场所，通过借助虚拟现实、增强现实、人工智能等元宇宙相关技术应用，打造多维互动、立体展示的新空间，实现沉浸式体验升级。例如，无锡拈花湾利用虚拟现实技术重构景区“人、场、物”场景，打造沉浸式夜游的项目，为游客提供智能化、沉浸式游园体验。

11.5 发展挑战

元宇宙技术产业发展存在堵点、断点。一是承载元宇宙发展愿景的技术产业生态尚未成熟，在一定程度上影响行业对元宇宙的发展信心。例如，XR 终端体验效果与大众体验存在落差，用户虚拟化身的动作行为与表情神态不够自然，3D 数字内容产业链仍不成熟，基于图形计算、空间计算的元宇宙沉浸式计算平台缺乏多人实时交互、室内外任意空间、网联云控等关键能力。二是元宇宙超脱了传统经济社会运行模式，为技术产业发展带来隐私保护、市场垄断、金融安全、伦理规则等一系列新的风险挑战。

多措并举推进元宇宙创新发展。一是确保元宇宙技术竞争力，加大以 XR 为代表的沉浸式技术与区块链分布式信任技术的研发投入。二是提升产业供给能力，激活元宇宙生态系统，构建从产品创新到新兴产业形成的内生机制，加快元宇宙新终端、新视听内容与新平台等前置生态关键领域落地推广。三是探索元宇宙先导应用，提高概念落地的认知程度。探索大众、企业与工业元宇宙应用试点场景，鼓励深挖具备潜在推广价值的先导应用，“让能跑的先跑起来”。四是研究构建元宇宙技术标准体系，落实《国家标准化发展纲要》部署要求，强化未来产业标准布局，充分发挥标准在技术进步、加强行业指导、服务企业发展、引领产业升级方面的引领性作用。五是坚持发展和规范并重的监管理念，针对社会文化安全、资本垄断、金融安全、隐私安全等方面，适时开展元宇宙监管治理研究，抓好规则构建。

撰稿：丛瑛瑛、陈曦、池程、罗璨、尹子航
审校：马阿鑫

第12章　2023年中国区块链发展状况

12.1　发展环境

2023年，数字化建设政策密集出台，我国已经基本形成完善的数字化发展战略规划和举措相结合的政策体系。在国家政策指导下，各地方政府积极出台数字经济、区块链、Web 3.0等有关政策。总体来看，各地方政策均强调：一是推动区块链及其他数字化技术的应用。各地方认可区块链技术和其他数字化技术的潜力，并致力于在其管辖范围内推动这些技术的应用和发展。二是加强对数字内容的保护。多项政策强调了对数字内容的保护，以保障数字内容拥有者的权益，促进数字经济的健康发展。三是探索新的商业模式。多个地方政府指出新的商业模式能为数字经济发展提供新路径和新模式。各地方政府的灵活性和创新将有助于推动区块链领域相关应用的发展，并在全国范围内形成有益的政策探索和经验分享。

2023年年底，由中央网信办秘书局牵头，会同中央宣传部办公厅等17个部门和单位联合发起的国家区块链创新应用试点工作顺利结束。经过两年时间的试点工作，179个试点单位积极创新探索，形成了一批可复制、可推广的典型经验，将推动产生良好的社会效益和经济效益。

多地政府打造城市区块链基础设施。近年来，随着《关于加快推进区块链技术应用和产业发展的指导意见》的贯彻落实，以及国家区块链创新应用试点工作的深入推进，多地省、市两级政府面向数据共享、资源管理等公共服务共性需求，加快探索城市区块链基础设施建设，统一承载相关应用，提升区块链技术平台和应用的管理效能，促进区域内数据要素跨机构、跨平台、跨行业有序流动和高效共享。据不完全统计，截至2023年年底，全国范围内已有十余个城市区块链基础设施建设完成并投入使用，如由四川省主导建设的“蜀信链”、河南省主导建设的“河南链”、重庆市主导建设的“山城链”、浙江省杭州市主导建设的“之江链”、贵州省贵阳市主导建设的“主权链”、江苏省无锡市主导建设的“太湖链”等，均已在一定程度上形成体系化、规模化建设成效，新型基础设施支撑作用逐渐显现。

国际主要标准化组织加快区块链标准制定，我国已成为标准研制重要力量。区块链是多种技术的融合创新应用，对标准化要求较高，特别是区块链技术逐步在关键领域落地应用，各国对标准化工作的重视程度也在不断提升。自 2016 年起，国际电信联盟电信标准分局（ITU-T）、国际标准化组织（ISO）等纷纷组建区块链标准研制工作组。在区块链国际标准工作组建立及标准贡献度方面，我国均占有一席之地。在组织建设方面，ITU-T、ISO 等国际标准化组织已设立 16 个工作组和研究组，推动区块链标准研制工作，其中我国参与 14 个，如表 12.1 所示。在标准研制方面，ITU-T 共发布区块链标准 45 项，我国参与 19 项。区块链和分布式记账技术委员会 ISO/TC 307 共发布区块链标准 11 项，我国参与 3 项。全球企业和研究机构正全面参与区块链国际标准制定，并取得阶段性成果，还将进一步提升区块链技术应用标准化水平。

表 12.1　国际标准化组织区块链标准研制情况

组织名称	发布区块链标准数量（项）	工作组	领域	我国参与情况
ITU-T	45	ITU-T SG2	区块链+管理	参与
		ITU-T SG5	区块链+能效	参与
		ITU-T SG11	区块链+网络	参与
		ITU-T SG13	区块链+NGN	参与
		ITU-T SG16	区块链技术	参与
		ITU-T SG17	区块链+安全	参与
		ITU-T SG20	区块链+物联网	参与
ISO/TC 307	11	ISO/TC 307/WG 1	基础	参与
		ISO/TC 307/WG 3	智能合约及其应用	参与
		ISO/TC 307/WG 5	治理	参与
		ISO/TC 307/WG 6	用例	参与
		ISO/TC 307/WG 7	互操作性	参与
		ISO/TC 307/WG 8	NFT	—
		ISO/TC 307/AG 3	数字货币	—
		ISO/TC 307/AHG 4	分布式记账技术和碳市场	参与
		ISO/TC 307/JWG 4	安全、隐私和身份认证工作组	参与

资料来源：中国信息通信研究院，2023 年 12 月。

12.2　发展现状

国内区块链企业数量保持相对稳定，数字藏品业务吸引资本布局。2021 年以来，基于区块链的数字藏品业务快速发展，带动企业数量扩张。2023 年，受数字藏品业务商业模式难以持续的影响，市场热度有一定回落，产业进入收缩期，我国新增区块链企业的速度也有所放缓。从备案情况来看，截至 2023 年 10 月，国家互联网信息办公室已发布 13 个批次的区块链信息服务备案清单（见图 12.1）。可以看出，技术赋能数字经济的边界在不断延展，政务数据共享、民生服务、数字金融、医疗健康、数字文创等各类行业应用纷纷涌现。从地域分布来看，我国区块链企业主要集中在数字化发展较快的地区，包括北京、广东、上海、浙江、江苏等省市（未包含港澳台地区），已形成一定规模的产业生态（见图 12.2）。

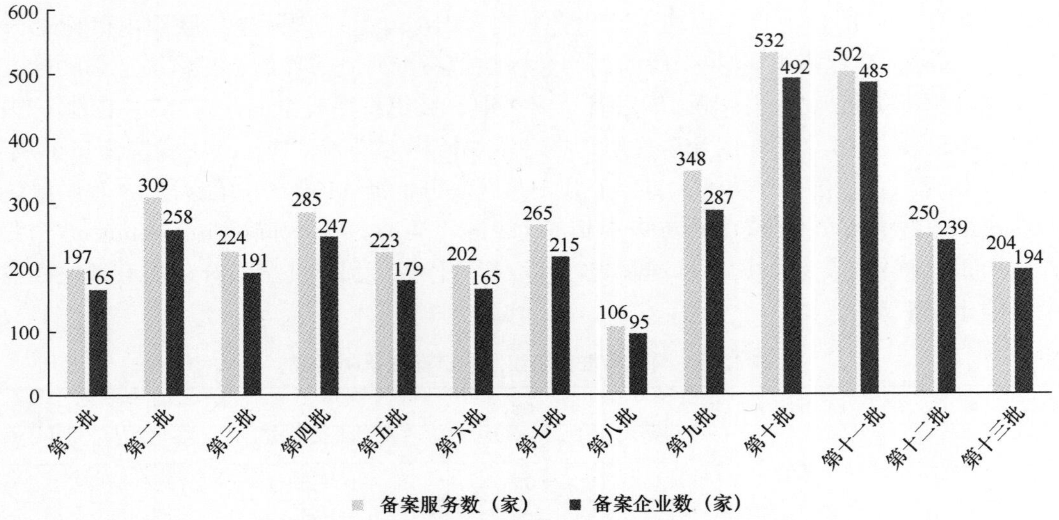

图12.1　各批次区块链信息服务备案清单区块链企业数量

资料来源：中国信息通信研究院，2023 年 12 月。

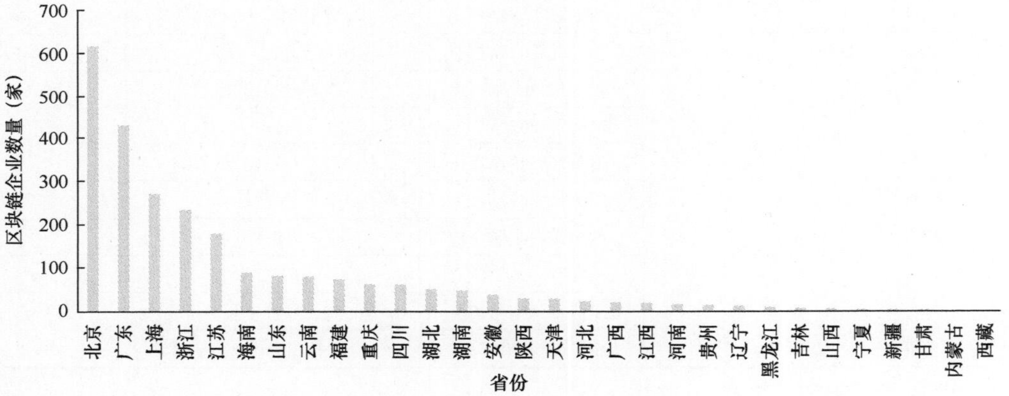

图12.2　2023年我国区块链企业省份分布

资料来源：中国信息通信研究院，2023 年 12 月。

12.3　关键技术

当前，区块链技术沿公有链和联盟链两大技术路线分别演进，公有链聚焦可扩展性和安全性，强化技术创新；联盟链则面向自主化、多领域、规模化应用持续优化。两大技术路线并行发展的同时，融合二者优势的开放联盟链也迎来快速发展，有望成为 Web 3.0 时代数据价值释放和协作共享的重要技术底座。

公有链扩容技术多样化发展，带动隐私计算技术融合发展。公有链去中心化部署、分散化运维的特点，决定了其难以通过频繁的版本更新进行全网节点升级，随着非同质化通证

（Non-Fungible Token，NFT）、Web 3.0 等相关业务的兴起，链上交易规模和频率快速增长，公有链现有交易处理能力难以满足应用需求，性能问题日益突出。为了提升公有链系统性能，二层网络（Layer2）技术应运而生，通过链上链下协同交互的方式，扩展公有链交易处理能力。同时为兼顾安全性问题，Optimistic Rollup、Zero-Knowledge Rollup 等 Layer2 技术方案，正在逐步取代侧链和状态通道，成为主流的公有链系统的扩容方案。这也带动了包括零知识证明（Zero-Knowledge Proof，ZKP）、可信执行环境（Trusted Execution Environment，TEE）在内的可验证计算（Verifiable Computation）技术的快速发展。此外，ZK Rollup 方案在执行效率和隐私保护强度方面具有突出优势，也受到了广泛关注，但是受限于零知识证明算法实现难度及智能合约兼容性等问题，该技术尚未能得到广泛使用。

可验证计算兼顾效率和安全，成为公有链技术创新重要方向。可验证计算需要将计算任务外包给第三方算力提供者，其发展关键在于零知识证明的研发和应用。零知识证明的重要性不仅在于能够解决数据隐私方面的问题，还在于允许参与方验证计算结果的正确性，从而进一步保障区块链技术体系的安全性。一方面，零知识证明已成为全面支撑公有链的基础性和关键性技术。从以 Polygon、Starkware、ZKSync、Scroll 为主的 Layer2 开始，零知识证明逐步向数字身份、跨链等方向延伸，目前已经渗透到公有链技术的各个领域。另一方面，密码加速硬件技术是可验证计算技术与应用的基石。以 CPU 为主的通用控制芯片并不是为密码学而设计的，运算效率较低，专用密码芯片的出现推动密码算法效率提升，当前围绕可验证计算已形成 10 亿美元的密码加速市场，带动了相关技术产业发展。

联盟链技术持续优化，以满足更广泛的应用场景需求。我国区块链企业已成为联盟链底层关键技术研发的主力，特别是在 Web 3.0 等新应用、新业态快速发展，催生大规模节点、多用户协同、海量交易上链等应用需求的大背景下，我国区块链企业进一步加大对联盟链技术研发的投入。联盟链技术在满足现有应用需求的基础上，面对共识算法、加密算法、数据库等基础技术短期内难以取得根本性突破的情况，可通过分片、二层网络（Layer2）等方案进行链上扩容，发展智能合约安全检测技术，以及通过一体机、加速卡等软硬件协同技术提升区块链性能，保障业务安全。

开放联盟链融合公有链和联盟链特点，产品服务形态持续迭代。在节点准入方面，其采用联盟链的节点准入机制，通过许可审核保障每个参与者可对应相应主体；在建设运营方面，采用公有链多主体参与建设运营模式，节点和运营主体更具有开放性、广泛性。开放联盟链正面向区域和行业加快部署，生态体系逐步成型。开放联盟链有效降低了应用开发成本，提供了高效、开放、可靠的区块链开发环境，方便业务用户快速搭建应用和拓展生态，为 Web 3.0 时代数据价值释放、数据协作共享提供了基础服务。

12.4　典型案例

近年来，全球区块链应用范围从金融领域逐步向外延展，在实体经济、政务服务、公共服务、数字原生等领域加速落地，场景创新、模式创新层出不穷，行业生态逐步完善。行业主体积极发挥区块链在促进数据共享、优化业务流程、降低运营成本、提升协同效率、建设可信体系等方面的作用，服务行业数字化转型。

1. 公共服务应用打通数据堵点，助推数据价值释放

基于区块链的政务数据共享平台助力数字政府建设。政务区块链应用成为各级政府部门数据和业务交互的桥梁纽带，正在数据共享和业务协同等方面发挥出重要价值，已逐步成为政务平台一体化建设的基础组件。

（1）在数据共享方面：通过区块链提供的身份认证、电子印章、溯源留痕、存证验真等能力，将政务大数据进行分类、分级，实现各个政务系统可信的数据交换和共享。

北京市：已建成市级目录链系统，将全市 80 余个部门的市级数据目录、16 个行政区与经济技术开发区的区级数据目录，以及民生、金融等领域 10 余家社会机构的数据目录全部上链，实现了对数据调用、授权访问的全过程管理和留痕，从而支撑政务大数据开放探索和产业应用。

（2）在业务协同方面：利用区块链打破各部门信息孤岛，建立政府部门间点对点的可信网络，实现公民/法人的可信电子证照的全面归集和共享，并为各行各业提供可验证、可授权的数字身份基础设施服务，充分保护用户信息的隐私性和安全性。

重庆市：基于“山城链”建设公积金信息共享联盟链场景，支撑公积金提取实现“零材料、零跑腿”“指尖办、秒级到账”，大幅提升服务效能，为住房公积金协同创新发展提供有力的信息化支撑，有助于成渝两地住房公积金探索创新体制机制。

区块链应用促进数据开发利用，探索数据要素流通机制。

（1）以公共数据授权运营为重点，以数据促发展。通过区块链将信用、交通、医疗、卫生、就业、社保、统计、教育、气象等与民生紧密相关、行业增值潜力显著的公共数据进行可信授权共享，并结合地方数据交易所、公共资源交易中心等机构探索数据确权及流通机制，实现区域内数据要素的跨行业、跨部门可信交互和价值传递，打通数据共享和流通障碍。

四川省成都市：基于“蜀信链”建设成渝公共信息资源共享的应用，在国内率先建立公共信息资源标识和确权体系，针对民政、工信、公安、税务、财政等各政府部门用户，开展成渝政务数据资源的标识、整理和确权工作，实现数据要素流通中数据唯一确权，数据交易真实可信，提升资产交割效率。

（2）促进企业数据开放利用，盘活数据资源。依托区块链的授权认证及数据共享能力，打通区块链行业上下游数据孤岛，实现企业数据跨区域、跨平台授权共享，释放不同信息的多元价值，提升企业数据资产管理及价值挖掘能力，打造高质量的数据流通生态。

河北省雄安新区：基于区块链技术建设了覆盖城市全行业的产业互联网平台，为企业在雄安云上建立“企业数据保险箱”，企业自主管理数据，自动生成企业画像，实现产业政策与企业精准匹配，为企业减少重复申报工作，实现不同阶段的政策滴灌。

2. 实体经济应用促进产业协同，推动数实融合发展

我国区块链应用从数字金融向千行百业逐步扩展，已在通信、金融、制造、能源等领域落地多项典型应用。

（1）通信领域：由中国电信、中国联通和中国铁塔牵头，联合多家单位共同开发“面向下一代通信基础设施的区块链 BaaS 联盟”，实现网络参数上链存证、基于智能合约的数据配置、网络共建共享协同等功能，截至 2023 年年底，平台共纳管电信和联通 4G/5G 共享基站

超过 300 万个，共建共享参数上链存证超亿条，实现网络建设运营数字化管理和资源联合调度，运营效率提升一倍以上。

（2）金融领域：中央结算公司建设区块链数字债券发行公用平台，支持首批试点债券发行，通过联盟链投票机制实现共建共治，增强市场机构参与度，实现全流程业务数据上链和可追溯，强化穿透监管，防范金融风险。

（3）制造领域：天河国云联合制造企业建设工业数据可信协同基础设施，在供应链协同管理、设计可信协同与共享、产品质量溯源三个应用场景，打通供应链间企业库存、设计文档、质量数据、服务评价等数据，覆盖 2000 余家工业企业，提升供应链协作效率。

（4）能源领域：国家电网建成能源区块链公共服务平台"国网链"，形成包含绿电"生产—交易—输配—消纳"各环节参与的行业性/地域性绿电联盟，服务绿色能源生产消费。

3. 数字资产应用拓展要素边界，赋能多方价值互联

数字资产是数字化时代资产呈现与流通的新形式，我国数字资产发展尚处在探索阶段。数字资产主要通过数字资产化与资产数字化的方式形成。数字资产可以归为现实资产数字化和原生数字资产两种形式。现实资产数字化是将实体经济中的资产以数字孪生的方式在区块链上记录。而原生数字资产包括了各类虚拟资产，如加密货币、证券型通证、功能型通证、NFT、数字 IP 类资产等。

海外重点发展实物资产通证化（Real-World Asset，RWA）的形式，将数字资产以通证化的形式在链上流转，并与链下实物资产价值锚定，实现数字资产的全域流通。海外基于区块链的数字资产规模和种类增长迅速，市场热度不减。当前，全球公有链已形成数字金融、数字商品等应用。在数字金融方面，据加密资产网站 CoinMarketCap 统计，2021 年 1 月至 2023 年 12 月，全球虚拟货币总市值在 1 万亿至 2.9 万亿美元之间，占全球 GDP 的 1%～3%，是当前区块链规模最大、影响最广泛的应用领域。在数字商品方面，以 NFT 为代表，截至 2023 年 12 月，全球已发行超过 7000 万个 NFT，总市值曾一度高达 180 亿美元。多家国际著名品牌企业探索 NFT 应用，涵盖运动品牌、快消品、奢侈品、新闻传媒、互联网等。

目前，我国数字资产探索主要集中在数字营销、数字内容确权、实物资产数字化等方面，相较于海外，以确保金融安全作为出发点，保障实体经济与数字经济协同发展。国内数字资产重点围绕双碳场景开展探索，有望发挥重要作用。碳资产定价和交易模式较为清晰，范围界定较为明确，碳资产或成为数字资产的另一种重要形式。截至 2023 年 11 月 24 日，全国碳排放配额累计成交额超过 230 亿元，相较于欧美等国家和地区市场，我国碳市场发展仍有较大的空间。为进一步扩大碳市场规模，绿证、绿债、绿色基金等金融工具的运用在完善碳市场方面起到重要作用。区块链技术的协同提效、数据可信透明、不可篡改等特点，使其在绿债的发行、销售、分配、所有权转让、支付、结算、披露资金用途等环节中发挥作用。2023 年 2 月，香港成功发售了首批由政府发行的 8 亿港元通证化绿色债券。这次通证化绿色债券的成功发行，是香港结合双碳与金融领域优势的重要尝试，具有里程碑意义。基于区块链的绿色债券交易不仅使交收程序从 5 个工作日缩短至 1 个工作日，显著提升了发行效率，而且实现了债券全生命周期跟踪，推动了可再生能源、绿色建筑等项目的高效融资，促进了数字技术与实体经济的深度融合。

4. 数字身份应用支撑信任传递，夯实数字空间基石

数字身份已成为数字世界的重要入口，分布式架构优势明显。对于传统互联网而言，数字身份的出现解决了用户身份可靠性、可辨识性、唯一性的问题，搭建了用户参与线上数字活动的入口，加快了各个行业数字化进程，落地了面向政务办事、城市交通、通信金融、民生服务等行业身份应用，实现了实体身份从现实世界到数字世界的转移。分布式数字身份系统已在多种类型场景开展应用：

（1）巴西政府已支持当地居民通过数字钱包获取出生证、学位证等文件证明。

（2）招商局集团实现分布式数字身份体系搭建，支撑物流联盟场景中的物流票据流转、创建、验证等港口物流及贸易便利化场景。

（3）微众银行基于 FISCO BCOS 开源链搭建分布式数据传输网络，用户通过签发可验证数字凭证（VC）的方式携带个人数据，已在新冠疫情期间粤港澳核酸结果互认场景得到应用。

随着分布式数字身份技术体系的完善和应用场景的拓展，分布式数字身份产业正积蓄成势，成为推动数字化转型再升级和数字经济场景应用的重要力量。

12.5 发展挑战

回望过去，我国区块链产业发展已近十载，从初期以公有链为主导构建全球最为活跃的加密资产交易生态，到将重心转向联盟链推动区块链技术与实体领域深度融合，再到数据要素、Web 3.0 等新理念推动数字信任价值潜力释放，区块链一直在质疑中前进，在挑战中发展。目前，区块链技术应用和产业发展过程中还面临着一些问题与挑战。

1. 区块链技术自主研发能力存在短板，难以支撑应用深度创新

我国在共识算法、数据存储等方面自主创新能力尚需进一步强化，身份安全、授权管理和生物识别等配套技术有待提升，以解决未来数字资产、数字身份等应用创新过程中提出的新问题。此外，我国仍存在开源社区话语权较弱、核心专利较少、基础设施与海外差距较大等困境，难以支撑未来数字资产交易规模化增长和自主化应用。

2. 联盟链缺乏有效治理机制，产业规模化增长受限

联盟链应用规模与公有链有较大差距，据 IDC 预测，中国区块链市场规模预计在 2024 年突破 25 亿美元，而国外 2022 年 DeFi 领域市场规模已接近 500 亿美元，规模差距较为明显。国内区块链应用过程中重技术、轻治理，区块链平台往往由中心化机构发起建设，联盟的治理规则不健全，缺乏有效的激励机制，相较于公有链，联盟链在公信力和认可度方面存在短板劣势，一定程度上限制了产业规模的可持续增长。

3. 区块链基础设施建设缺乏统筹，影响规模化应用

国内各行业各地区的区块链基础设施从区域和行业角度发展建设，以服务区域和行业应用需求为主。但从国家层面看，各个城市级、行业级区块链基础设施的技术标准不统一、节点不互联、数据难互通，服务特定区域、特定行业尚可满足需求，更高层面的区块链基础设施尚未出现，已经制约了跨区域、跨行业、跨主体的规模化应用，对我国区块链技术应用和产业的长期健康发展带来一定影响。

在新技术和新趋势不断涌现的新时代，我们需要准确把握挑战，并顺势而为，携手推动区块链技术应用及其产业发展。

1. 鼓励探索创新技术与应用，推动研究攻关实现自立自强

一是加强区块链基础理论、关键软硬件技术研发部署，推动智能合约、共识算法、对等网络等核心技术突破，全面布局跨链、隐私计算、数字身份等配套技术研发。二是推动产学研用深度融合，强化密码学、共识机制、智能合约、区块链虚拟机、治理模型的研究攻关，促进科技成果向产业界加速转化。三是激励龙头企业持续加大对区块链底层产品和跨链、隐私算法、预言机、数字身份等配套技术的优化和扩展，持续提升区块链产品的实战能力。

2. 发挥市场机制作用，提升产业发展水平

一是鼓励企业牵头建设开放型区块链网络，加强开源社区建设，鼓励第三方机构、中小企业等加入并参与节点运营。二是探索建设地方性、行业性区块链服务平台，降低应用门槛，促进区域、行业特色应用创新。三是支持开展区块链领域专业技术人才培养培训，鼓励市场提供区块链测试认证、投融资、产业咨询等配套服务。四是鼓励产业创新区块链建设运营机制，探索可持续商业模式，构建利益分配合理、多元主体参与的联盟链共建共享新格局。

3. 密切跟踪全球区块链成熟经验，抢占国际规则制定话语权

一是持续跟踪研究国内外区块链前沿技术现状及趋势，积极布局数字资产、Web 3.0 等新应用，充分发挥香港、澳门等地区优势条件，探索联盟链与公有链融合创新应用，研究制定符合我国国情的区块链发展战略。二是探索跨部门、跨领域区块链基础设施建设路径和模式，加快形成国际化区块链服务能力。三是紧密跟踪区块链国际标准发展趋势，优化完善国际标准专家协同工作机制，加快推进区块链国际标准立项及研制，抢占国际话语权。

撰稿：宋文希、康宸、庞伟伟
审校：李勇

第 13 章　2023 年中国互联网泛终端发展状况

13.1　智能手机

1. 发展现状

2024 年 2 月，中国信息通信研究院发布的《2023 年 12 月国内手机市场运行分析报告》指出，2023 年 1—12 月，国内市场手机总体出货量累计 2.89 亿部，同比增长 6.5%。其中，5G 手机出货量 2.4 亿部，同比增长 11.9%，占同期手机出货量的 82.8%；智能手机出货量 2.76 亿部，同比增长 4.8%，占同期手机出货量的 95.6%，如图 13.1 与图 13.2 所示。

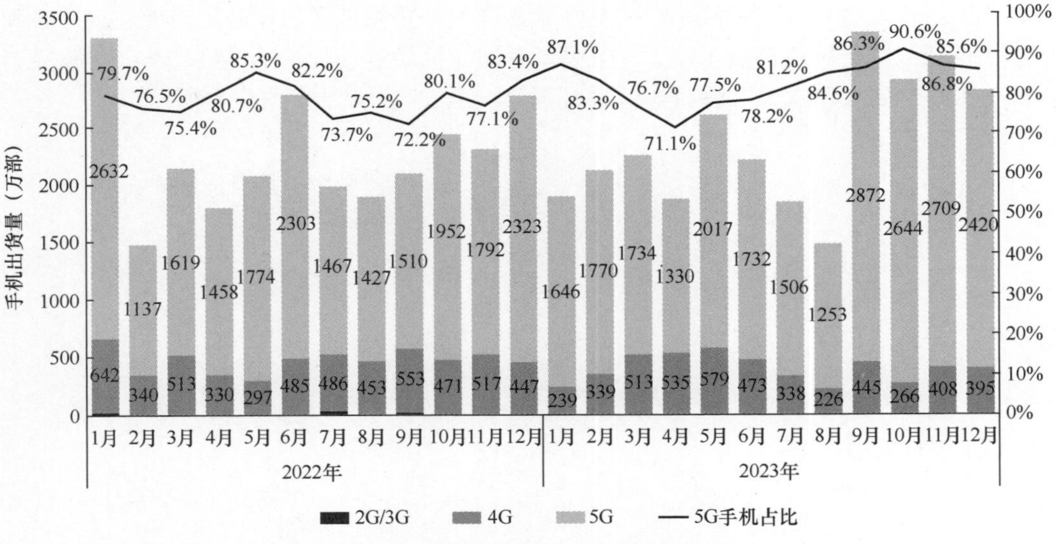

图13.1　国内手机市场出货量及5G手机占比

资料来源：CAICT《2023 年 12 月国内手机市场运行分析报告》。

在品牌构成方面，2023 年全年，中国智能手机市场出货量排名前五的厂商分别为苹果、荣耀、OPPO、vivo 和小米，如图 13.3 所示。苹果的产品力依然强劲，以出货量排名国内市场第一，荣耀在高端市场凭借折叠屏产品的优秀表现，获得了明显的份额提升，出货量排名国内安卓市场份额第一，总出货量排名第二，表现出强劲的发展势头。

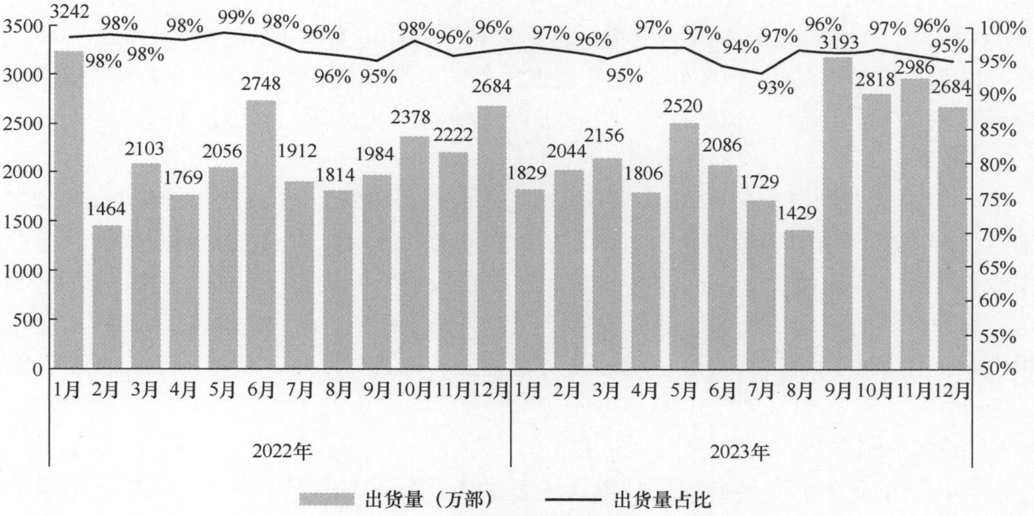

图13.2　国内智能手机出货量及占比

资料来源：CAICT《2023 年 12 月国内手机市场运行分析报告》。

厂商	2023年全年市场份额	2022年全年市场份额	同比增幅
1．苹果	17.3%	16.8%	-2.2%
2．荣耀	17.1%	18.1%	-10.3%
3．OPPO	16.7%	17.5%	-9.4%
4．vivo	16.5%	18.6%	-15.5%
5．小米	13.2%	13.6%	-8.5%
其他	19.1%	15.3%	19.0%
合计	100.0%	100.0%	-5.0%

注1：数据为初版，存在变化可能。数据均为四舍五入后取值。
注2：如果两家或两家以上厂商的营收份额或单位出货量相差0.1%或更少，IDC将宣布这些厂商在中国智能手机市场上排名并列。

图13.3　2023年中国智能手机市场出货量排名前五的厂商

资料来源：《IDC 中国季度手机市场跟踪报告，2023 年第四季度》。

在技术创新方面，随着人工智能（AI）技术的迅猛进步，2023 年，手机企业如三星、华为、荣耀、vivo、OPPO、小米和魅族等纷纷将 AI 纳入手机战略，致力于推动 AI 技术在手机行业的深度整合和广泛应用，从而提升用户体验和手机功能的智能化水平。国际数据公司 IDC 认为，2024 年全球新一代 AI 手机出货量将达 1.7 亿部，占智能手机整体出货量的 15%。中国市场 AI 手机份额也将迅速增长，到 2027 年占比将超过 50%。

2. 关键技术

1）芯片

国际分析公司 Counterpoint 发布的报告显示，2023 年第四季度全球智能手机应用处理器（AP）市场中，联发科凭借 36%的出货量占比拔得头筹，主要在于 5G 和 4G SoC 需求的强劲增长，以及其旗舰产品天玑 9300 的出色表现。高通以 23%的份额紧随其后，苹果占据 20%，紫光展锐以 13%的份额位列第三，三星和华为海思分别以 5%和 1%的份额排名靠后。

2）屏幕

IDC 中国发布的《IDC 中国季度手机市场跟踪报告，2023 年第四季度》显示，2023 年中国折叠屏手机市场出货量达到约 700.7 万台，同比增长 114.5%。尤其第四季度，出货量约为 277.1 万台，同比增长 149.6%。自 2019 年首款折叠屏手机上市以来，中国市场连续 4 年实现超过 100%的年均增长率。随着安卓厂商加大研发投入，硬件技术日益成熟，软件系统应用不断优化，消费者对折叠屏手机的使用体验显著提升。同时，价格的下降也吸引更多消费者选择。

3）操作系统

手机市场的竞争日益转向底层技术和生态系统。在华为摒弃安卓核心，推出鸿蒙操作系统之后，多家国产手机厂商加快了自研操作系统的步伐，2023 年被视为国产 OS 的爆发年，众多国内厂商加速自主研发。根据 Counterpoint 的数据，2023 年第一季度，鸿蒙操作系统（HarmonyOS）在中国智能手机市场的份额大约为 8%，截至第三季度，这一比例提升至 13%，接近 iOS 系统 14%的市场份额。这一过程仅用时 4 年。

3. 行业应用

移动办公：5G 网络的到来为移动办公提供了更多可能性和机会，它具有更高的带宽、更低的时延和更好的网络连接稳定性，为移动办公带来了以下几个方面的优势：更快的数据传输速度、低时延的实时通信、更稳定的网络连接、支持更多终端设备连接、促进远程协作和灵活办公。

智能制造与工业应用：5G 网络在智能制造和工业应用领域具有重要的作用和影响，通过低时延和高可靠性、大带宽和高密度连接的网络性能，应用网络切片、边缘计算等技术提升智能制造的效率、灵活性和智能化水平，推动工业生产的转型升级和智能化发展。

4. 发展挑战

硬件需求：随着人工智能技术的发展，手机芯片的计算能力和能效需求急剧攀升。同时，智能手机市场竞争日趋激烈，用户对芯片性能、功耗及安全性的要求愈发严苛。随着大模型赋能终端设备的深度考量，国内芯片企业面临的技术挑战愈发严峻，不仅要紧跟技术前沿，提升芯片性能，嵌入 AI 功能，还需优化功耗管理，保障用户数据安全。这些挑战要求企业持续创新，加强研发，以满足市场的多元化需求。

市场需求：经过多年的高速发展，智能手机市场已经趋于饱和，新增用户数量减少，而存量用户对于新机的需求也不再像过去那样旺盛，智能手机市场进入存量市场阶段。随着市场的成熟，用户对智能手机的需求从单纯的价格竞争转向对品质、服务、个性化体验的追求，厂商需要更加注重产品质量、用户体验和技术创新，以适应消费者需求的变化和市场的激烈竞争。

13.2　可穿戴设备

1. 发展现状

2023 年 12 月 19 日，根据 IDC 发布的《中国可穿戴设备市场季度跟踪报告，第三季度》，2023 年第三季度中国可穿戴设备市场出货量为 3470 万台，同比增长 7.5%，整体市场持续增长，正在进入稳定复苏状态。从细分市场来看（见图 13.4），2023 年智能手表市场出货量为 1140 万台，同比增长 5.5%。其中成人智能手表出货量为 559 万台，同比增长 3.9%，儿童智能手表出货量为 580 万台，同比增长 7.2%。智能手环出货量为 398 万台，同比增长 2.2%。耳戴类设备出货量为 1924 万台，同比增长 9.8%。其中真无线耳机出货量为 1510 万台，同比增长 10.6%。

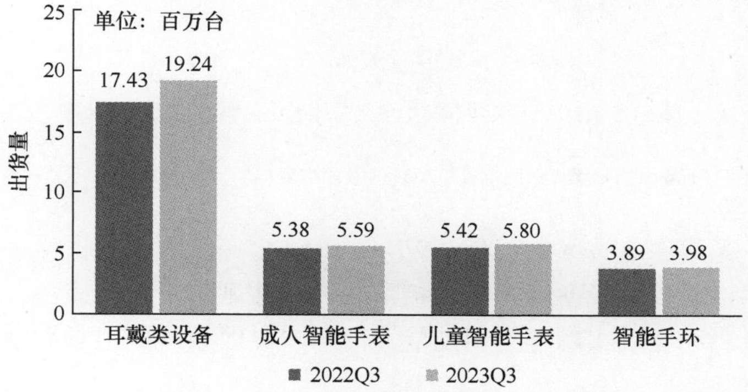

图13.4　2022年/2023年第三季度中国可穿戴设备主要产品出货量对比

资料来源：《中国可穿戴设备市场季度跟踪报告，2023 年第三季度》。

2024 年 3 月 4 日，Canalys 公布了 2023 年第四季度全球智能可穿戴设备的出货情况及重点厂商排名（见图 13.5）。受北美和西欧市场高通胀和需求疲软的影响，2023 年第四季度全球智能可穿戴设备的出货量为 4850 万台，同比下跌 3%。从品牌构成看，苹果以 21%的市场份额，位列第 1；小米推出首款智能手表和多品类可穿戴新品，同比增长 45%，以 11%的市场份额位列第 2；华为新品 Watch GT4 推动了可穿戴设备的出货量，占据 9%的市场份额，同比增长 31%，排名第 3；谷歌则凭借 Pixel 和 Fitbit 手表、手环的同步出新，成功重返第 4 位，市场份额达到 7%；Fire Boltt 依托印度市场以价格优势和机海战术实现了 52%的增长，以 6%的市场份额位居第 5。

2. 关键技术

可穿戴设备的关键技术涉及硬件与软件的双重优化。

在硬件方面，低功耗芯片和高效电池技术是关键，它们保证了设备在体积小巧的同时拥有持久续航能力。柔性显示屏技术使得屏幕能够适应各种曲面设计，不仅提升佩戴舒适度，还保证了高分辨率、高亮度和高对比度。此外，多样化的传感器如加速度计、心率监测和 GPS 等，通过高精度、低功耗和小型化设计，实现了对用户活动、健康和位置信息的精准监测。

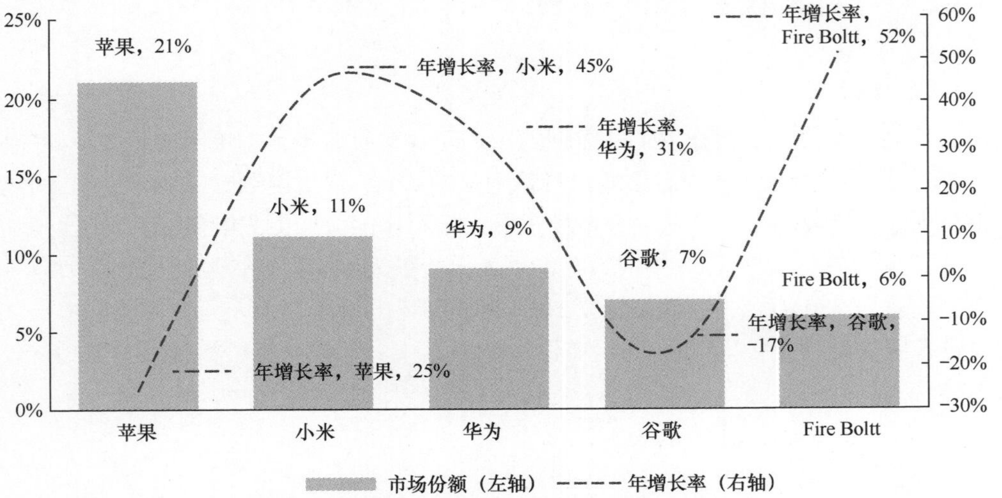

图13.5　2023年第四季度全球智能可穿戴设备市场份额

资料来源：《Canalys 中国可穿戴设备市场季度跟踪报告，2023 年第四季度》。

在软件方面，无线通信技术如蓝牙、Wi-Fi 和 NFC 等，为设备提供了稳定的数据交互能力，确保与智能手机或其他设备的顺畅连接。软件算法则负责准确采集、分析和处理数据，为用户提供健康监测和运动跟踪等实用功能。而用户界面设计则追求简洁直观、易操作，以提升用户的使用体验。

3. 行业应用

健康医疗：可穿戴设备如智能手环等能够监测用户的心率、血压、睡眠质量等生理指标，帮助用户实时掌握健康状况；也可用于远程监护慢性病患者，医生可通过远程平台实时监测患者的生理数据，及时调整治疗方案。

运动健身：可穿戴设备如智能腕表等能够追踪用户的运动数据，包括步数、距离、卡路里消耗等，帮助用户进行科学健身。一些可穿戴设备内置了运动教练功能，可根据用户的运动数据提供个性化的运动建议和指导。

智能制造：在传统制造业领域，某些可穿戴设备如智慧安全帽具备监测工人安全的功能，如监测工人的体温、心率等生理指标，及时发现异常情况并采取相应措施。

零售和服务：消费者可以通过智能手表进行非接触性支付，实现便捷的移动支付功能。

4. 发展挑战

电池续航和充电技术：由于可穿戴设备体积小、功耗低，但同时用户对设备续航能力的要求越来越高，因此电池续航和充电技术需要进一步改进，以提高充电速度和便捷性。

数据隐私安全：可穿戴设备收集的个人健康数据等敏感信息需要得到有效保护，以防止数据泄露和滥用。因此，保护用户数据隐私和确保设备安全性是一项重要的挑战，需要加强技术和法律监管。

功能和用户体验提升：可穿戴设备的功能和用户体验也需要不断提升。例如，现有的可穿戴设备功能单一，用户体验不够流畅，需要进一步改进和优化。因此，厂商需要不断创新，提供更加丰富和智能化的功能，提升用户体验。

标准和互通性：目前市场上不同的可穿戴设备厂商生产的设备之间缺乏互通性，用户体验受到影响。因此，建立统一的标准和技术规范，促进不同设备之间的互通性，是一个需要解决的问题。

13.3　智能家居

1. 发展现状

根据 IDC 发布的《2024 年中国智能家居市场十大洞察》，2023 年中国智能家居市场面临宏观消费环境和自身发展周期的双重挑战，规模增速有所放缓，但市场并未停止升级调整的步伐。2023 年第一季度全球智能家居设备出货量继续下降，同比下降 5.6%，达到 1.86 亿台。智能音箱和网络视频娱乐设备在第一季度面临的跌幅最大，分别比 2022 年同期下降 15.4%和 7.8%。尽管存在许多不确定性，但 IDC 预计市场将在 2024 年恢复增长，并持续到 2027 年，届时出货量将达到 11 亿台。

智能照明：中商产业研究院发布的《2023—2028 年中国智能照明行业市场前景预测及未来发展趋势报告》显示，2024 年，中国智能照明市场预计将继续保持高速发展，出货量有望达 3957 万台，增速领跑中国智能家居设备市场。

智能门锁：IDC 发布的《中国智能家居设备市场季度跟踪报告，2023 年第二季度》显示，2023 年上半年，中国智能门锁市场出货量为 368 万台，同比增长 13%。产品功能升级使得智能门锁逐步契合用户对家庭入户安全性与便捷性的诉求，进一步激发了智能门锁市场需求的释放。

2. 关键技术

通信技术：通信技术是智能家居连接各种设备和系统的基础。常见的通信技术包括 Wi-Fi、蓝牙、ZigBee、Z-Wave、LoRa 等。这些技术使得各种设备能够互相通信和联网，实现远程控制、数据传输等功能。

智能传感器技术：智能家居中的传感器技术用于感知环境中的各种参数，如温度、湿度、光照、空气质量等。通过传感器采集的数据，可以实现智能控制、自动化调节等功能，提升家居舒适度和能源效率。

人机交互技术：人机交互技术使得用户能够与智能家居系统进行交互和控制。常见的人机交互技术包括语音识别、手势识别、触摸屏控制、手机 App 控制等。这些技术使得用户能够方便地操作智能家居设备，实现智能化的生活方式。

智能家居平台和云服务：智能家居平台和云服务提供了数据存储、数据分析、远程控制、场景联动等功能。通过智能家居平台和云服务，用户可以随时随地通过手机或其他设备对家居设备进行远程控制和监控，实现智能家居的管理和控制。

智能化场景联动技术：智能家居设备可以通过智能化场景联动技术实现自动化控制和智

能化调节。通过设定预设的场景，如离家模式、睡眠模式、会客模式等，智能家居系统可以根据不同的场景需求自动调节设备状态，提升用户的生活品质和舒适度。

能源管理与节能技术：智能家居系统可以通过能源管理和节能技术实现对家庭能源的智能控制和管理，如智能照明系统、智能温控系统、智能家电等。这些技术可以根据用户的习惯和环境条件调节能源的使用，实现能源的合理利用和节约。

3. 行业应用

1）住宅和家庭生活

（1）智能安防系统：由智能门锁、智能摄像头、门窗传感器等组成的安防系统可以实现远程监控、报警通知等功能，提高家庭全域的安全性。

（2）智能家电控制：通过智能家居系统，用户可以远程控制家中的各种家电设备，如智能灯具、智能空调、智能窗帘等，实现远程开关、定时控制等功能，提升家居生活的舒适性和便利性。

（3）智能环境监测：使用智能家居系统中的传感器设备可以监测室内温度、湿度、空气质量等环境参数，实现智能化的环境调节和节能管理。

（4）语音助手控制：通过智能语音助手，如 Amazon Alexa、Google Assistant、Apple Siri 等，用户可以通过语音指令控制家中的各种设备和系统，实现智能家居的智能化控制。

2）商业办公

（1）智能会议室：在商业办公场所，智能家居技术可以用于实现智能会议室的建设，包括智能投影仪、智能音箱、智能照明等设备的集成和控制，提升会议效率和用户体验。

（2）智能办公室管理：智能家居系统可以用于实现智能办公室管理，包括智能门禁系统、智能环境监测、智能能源管理等功能，提高办公室的安全性、舒适性和能效性。

4. 发展挑战

标准和互通性：目前，不同智能家居厂商生产的设备之间不能互通，用户体验受到影响。因此亟须建立统一的标准和技术规范，促进不同设备之间的互通性。

数据安全与隐私保护：随着智能家居设备的增多，用户的隐私和数据安全成为重要关注点。智能家居系统需要采取措施保护用户的隐私数据，如加密传输、数据权限控制、安全认证等，确保用户数据的安全和隐私保护。

用户体验设计：智能家居系统需要考虑用户的操作习惯、界面友好性、响应速度等因素，以提供便捷、舒适的使用体验。

服务和支持体系：用户需要及时的技术支持、维修服务等，因此需建立完善的服务和支持体系，以保障智能家居系统的正常运行。

13.4 智能机器人

1. 发展现状

近年来，随着科技的飞速发展，机器人产业在全球得到了广泛关注。在各国政策的大力支持和市场需求的双重推动下，智能机器人产业迎来了一个黄金发展期。而人口老龄化、劳动力紧缺等因素与旺盛的需求叠加，推动全球智能机器人市场规模持续走高。

工业机器人：IDC 发布的《中国工业机器人市场分析，2024》显示，尽管 2023 年中国工业机器人市场发展放缓，但自 2023 年年底以来，国家相继提出培育新质生产力，推进大规模设备更新和消费品以旧换新等制造业相关高质量发展的战略部署，为工业机器人的持续部署推广提供了政策支持和积极助力。IDC 预测，中国制造业机器人密度到 2027 年将达到约 650 台/万人，中国用户在工业机器人产品的市场支出到 2027 年将增至约 160 亿美元。从工业机器人本体类型来看，协作机器人、移动机器人的应用场景在加速制造业应用的同时也向非制造业拓展，将迎来更快的应用市场增长，多关节、选择顺应性装配机器手臂（SCARA）、并联机器人市场发展平稳。

服务机器人：根据观研报告网发布的《中国服务机器人行业现状深度研究与发展前景预测报告（2023—2030 年）》，进入 2023 年 4 月，服务机器人产量同比增长 47.6%，结束了连续 12 个月的下滑。2023 年 6 月，我国服务机器人产量为 662658 台，同比增长 40%，机器人需求向好的拐点已经来临。2023 年上半年，我国服务机器人产业总体保持稳定增长态势，产量达 353 万套，同比增长 9.6%。

扫地机器人：IDC 发布的《智能家居设备市场季度跟踪报告，2023 年第四季度》显示，2023 年全球智能扫地机器人市场出货量为 1852 万台，销售额为 78 亿美元。中国和美国作为前两大市场在 2023 年出货量共计占据全球份额的近一半。伴随市场升级、渗透，未来 5 年全球智能扫地机器人市场出货量将以 6%的复合年均增长率持续提升，预计 2028 年全球出货量将接近 2500 万台。

特种机器人：工业互联网产业联盟发布的《智能机器人技术产业发展白皮书》显示，近几年，全球特种机器人产业快速发展，产业规模年均增长率达到 21.7%，预计 2024 年市场规模有望达到 140 亿美元。

人形机器人：人形是最适合人类社会所有场景的形态，无须改变场景来适应机器。同时，人形机器人能够发挥类人能力，用类人的感知、决策、运动和执行能力来帮助人们面对生活中的各种问题。随着通用人工智能、感知和动力系统等方面取得了巨大进步，人形机器人性能得到极大提升，成本逐渐下降，部署步伐加快，相关应用场景也不断扩展，从最初的制造业到医疗、救援、服务业等各个领域。高盛预计未来 10～15 年内，人形机器人市场规模将增至 60 亿美元以上规模。乐观估计，2035 年市场规模可能达到 1540 亿美元。

2. 关键技术

目前，智能机器人已经步入了新的发展周期，在稳定高效、认知学习、交互协同和环境感知四大共性功能需求的牵引下，随着人工智能、多模态传感和数字孪生等领域的先进技术快速引入和更新，智能机器人的技术框架大规模扩展升级。

数字孪生技术：通过数字孪生技术，在虚拟环境对机器人进行调试和训练，是目前降低机器人调试时间、提高训练效率的解决方案。传统机器人部署需进行大量调试装配，通过数字孪生技术创造一个数字化的反馈循环，实时模拟和优化其操作，加速了机器人的部署和应用过程，还确保其在复杂环境中具备更高的适应性和准确性，从而实现机器人的高效部署和快速应用。基于高保真模型和实时数据同步，机器人的数字孪生体提供了一个全面、实时、动态的视图，可以在机器人设计到退役的整个生命周期中，对机器人物理本体进行高精度数字化映射，实现全生命周期精准映射与高效管理。

具身智能技术：具身智能是指一种基于物理身体进行感知和行动的智能系统，其通过智能体与环境的交互获取信息、理解问题、作出决策并实现行动，从而产生智能行为和适应性。目前，以 ChatGPT 和 GPT-4 为代表的抽象人工智能，开启了通用视觉语言大模型之路，充足的数据使语义理解的研究范式日趋成熟、能力日趋完美。

新能源技术：智能机器人能源领域技术进展集中在电池技术创新和智能能源管理系统。高密度能量电池容量提升增强了机器人行动能力。智能能源管理系统可减少浪费和能源损失，优化能源消耗，提升智能机器人执行任务的时长。

3. 行业应用

教育：在教育领域，智能机器人可被用于多种用途。例如，智能机器人可以为学生提供在线辅导，帮助学生更好地理解课程内容。同时，智能机器人还可以为学生提供更多的互动环节，增强学生的学习兴趣。

工业：在自动化生产领域中，工业机器人是一种非常重要的设备。它可以进行重复、烦琐、危险或高精度的工作，提高企业的生产效率。此外，工业机器人的可编程性和高精度控制技术，还能够快速适应不断变化的生产需求，实现批量或小批量生产的快速转换。

医疗：在外科手术领域，凭借先进的控制技术，机器人在力度控制和操控精度方面明显优于人类，能够更好地解决医生因疲劳而降低手术精度的问题。通过专业人员的操作，外科手术机器人已能够在骨科、胸外科、心内科、神经内科、腹腔外科、泌尿外科等专业化手术领域获得一定程度的临床应用。在医疗康复领域，日渐兴起的外骨骼机器人通过融合精密的传感及控制技术，为用户提供可穿戴的外部机械设备。

4. 发展挑战

供应链缺乏韧性：虽然中国在某些技术领域取得了进展，但在核心技术、高端传感器、精密伺服控制系统等方面，仍然依赖进口。这限制了中国在智能机器人领域的自主创新能力和国际竞争力。中国的机器人产业链相对不够完整，关键零部件很大程度上依赖于外国供应商，这种依赖性在国际政治经济波动时可能影响供应链稳定性。

高质量人才缺乏：尽管中国在技术教育方面投资巨大，但高端人才，尤其是有经验的研发人员和工程师仍然短缺，这限制了研发和创新速度。

市场竞争和标准化：国内外机器人企业在中国市场竞争激烈，且市场上智能机器人产品的质量参差不齐。此外，标准化程度不高，缺乏统一的行业标准和规范。

13.5 无人机

1. 发展现状

无人机是利用无线电遥控设备和自备的程序控制装置操纵的不载人飞机，或者由车载计算机完全地或间歇地自主操作。作为一项战略性新兴产业，无人机市场蓬勃发展。这一快速发展的背后，是推动经济增长的新质生产力与新动能——低空经济。当前，无人机、电动垂直起降飞行器（eVTOL）及直升机等低空飞行器产品备受瞩目，展现了巨大的市场潜力和广泛的应用前景。而低空经济得以蓬勃发展的基石，正是低空空域的逐步开放与合理利用。2023 年 12 月 21 日，国家空管委制定了《国家空域基础分类方法》，为 eVTOL、轻小型无人机和通用航空提供了合法的低空飞行空间。

2024 年 4 月 1 日，赛迪顾问发布《中国低空经济发展研究报告（2024）》，指出中国无人机产业发展前景向好，据测算，2023 年中国无人机产业规模达到 1174.3 亿元，从地区规模分布来看，主要集中在中南地区，占总体比重达到 75.4%。从产业结构分布看，2023 年，工业级无人机处于市场主导地位（见图 13.6），未来将不断深化在农林植保、物流运输、电力巡检、能源安防等领域的应用。

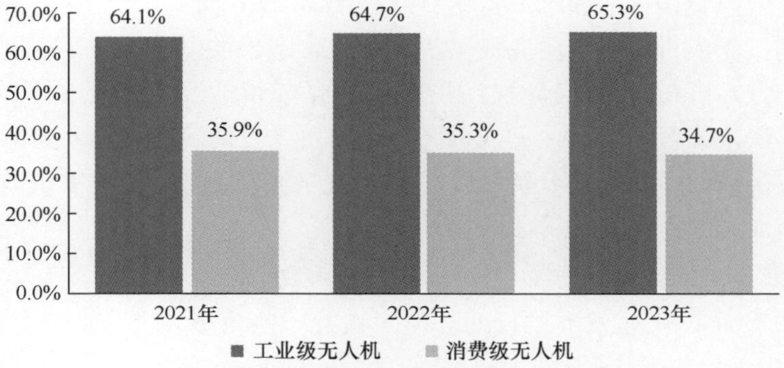

图13.6　中国无人机产业结构分布

资料来源：赛迪顾问《中国低空经济发展研究报告（2024）》。

2. 关键技术

随着无人机产业的蓬勃发展，关键技术也表现出了新的发展趋势。

自主化与智能化：无人机将越来越趋向于自主化和智能化。通过机器学习、深度学习和强化学习等技术，无人机可以具备更高级的决策能力和自主行动能力，实现更复杂的任务和应对不同环境的能力。

多机协同与群体行为：通过无人机之间的通信和协调，可以实现任务分工、集群搜索、协同侦查等复杂任务，提高工作效率和适应性。

载荷多样化：无人机的载荷多样化是未来发展的重要趋势。为了满足各行各业的需求，无人机的载荷将变得更加专业化和定制化。例如，无人机可以搭载高清摄像头、红外热像仪、气体检测仪等设备，用于环境监测、灾害救援、农业植保等领域。

低空交通管理：随着无人机数量的增加，低空交通管理将成为一个重要问题。未来需要建立高效的无人机交通管制系统，包括自动飞行路径规划、空中交通管理、碰撞避免等技术，确保无人机的安全和有效运行。

3. 行业应用

灾害救援：在生活的环境中，有许多自然灾害，如泥石流、山体滑坡、涨水洪涝现象等。当这些灾害发生时，可以通过无人机进入受灾区域，通过影像分析受灾区域及受灾状况，充分了解受灾的实时信息，便于开展救援工作，这样可以弥补人工搜救的不足，而且不需要浪费过多的人力。

城市安防：无人机平台结合视频、红外等监控及传送设备，通过空中对复杂地形和复杂结构建筑进行治安巡查，实时视频指挥，还可以开展防恐协防和交通预警。无人机也可用于监测交通流量，在主要道路上空进行巡逻，对路段的交通流量进行监测，以便指挥中心实时了解道路通行情况、掌握车流变化，采取及时、有效的排堵保畅措施。如遇突发事件，能够很快到达事发现场，为进一步处置提供高空视野支撑。

海上巡检：采用无人机进行巡检，既解决了海上常停设施日常巡查不便的难题，又丰富了海上生产设施风险管控手段，有效提升了安全环保和平台完整性管理质量，在海洋环境监测、海域管理、应急救援等方面都取得了良好应用。

核辐射监测：无人机可以自主完成整机展开、收藏、供电等动作，规划航线后可自主巡检，无须人工干预，可在日常核辐射监测中深入了解核事故发生的全过程。在建立核应急救援队伍时需要尽快采集现场信息，无人机飞行速度及飞行高度皆具有一定的可控性，在此过程中，无人机所采集的影像资料分辨率较高，准确并可靠，可对核辐射事故现场进行精细化大面积监测，从而进一步完善核应急救援系统。

4. 发展挑战

我国无人机行业在快速发展的同时，也面临着一些挑战。这些挑战主要包括以下几个方面。

空域管理和规范化：随着无人机数量的增加，如何有效管理和规范无人机的飞行活动成为一个挑战，需要进一步加强统一的标准体系、管理法规和监管体系的构建。通过制定和完善相关法规和政策，适应无人机技术的发展和应用需求，并平衡公共利益和商业创新。

技术限制：现有技术在电池续航力、载重、通信稳定性和自动避障等方面的限制，决定了无人机的应用范围和效率。例如，低空充电技术的限制导致无人机只能执行短时间任务，而通信限制可能意味着在信号弱的地方无人机无法有效操作。

隐私侵犯：无人机搭载的摄像头和监控设备可能在未经许可的情况下收集个人信息，引发隐私侵权问题。这要求无人机操作者在执行任务时要严格遵守隐私保护的法律法规，并且公众需要对无人机搜集信息的可能性有所认识，并保护自己隐私的权利。

13.6 扩展现实终端

1. 发展现状

扩展现实（XR）是指通过云计算、计算机图形学、传感技术等多种计算通信技术将真实与虚拟相结合，在终端呈现一个可人机交互的高沉浸虚实结合的环境，也是虚拟现实（VR）、增强现实（AR）、混合现实（MR）等各种沉浸式技术的统称。

从市场规模看，IDC 发布的数据显示，2023 年，AR/VR 头显的出货量同比下降 23.5%，国内 AR/VR 设备出货量 72.5 万台。其中，VR 设备出货量 46.3 万台，AR 设备出货量 26.2 万台。从趋势上看，2023 年国内 VR 市场进入下行阶段，同比下滑 57.9%。而 AR 市场进入增长快车道，同比上涨 154.4%。2023 年以来，苹果首款头显设备 Vision Pro 和 Meta Quest 3

的发布，为正处于调整周期中的虚拟现实终端市场带来了积极信号。

2. 关键技术

AR 方面：与 2022 年厂商扎堆发布轻量化分体式 AR 眼镜的策略不同，2023 年国内主流品牌也开始推出了搭载高通处理器的一体式 AR 眼镜。

VR 方面：目前，VR 终端的重要光学解决方案为菲涅尔透镜和 Pancake 折叠光路，Pancake 折叠光路方案比菲涅尔透镜更为轻薄，体积更小。如今，我国的舜宇光学、水晶光电等一批光学供应商都具备成熟的 Pancake 光学模组方案，为全球 VR 企业提供了中国的“纤薄”智慧，Meta、PICO、创维等品牌最新款 VR 一体机纷纷采用了 Pancake 光学解决方案。由于光路设计限制，Pancake 仍存在诸多需要改进的方面，如折叠光路光损高，相比菲涅尔透镜视场角更小，且成本相对较高等。

MR 方面：苹果 MR 头显 Vision Pro 通过更为成熟的眼动追踪等技术摆脱了对烦琐配件的依赖，通过眼睛、双手、语音交互输入。单纯从 3D 内容交互角度来看，苹果 Vision Pro 最直观的引领作用在于抛去手柄等交互工具，用眼动追踪和动作捕捉技术来实现肢体动作、手势、表情等与环境的交互，有效降低了用户的使用门槛，提升了交互效率，可以更便捷地与生态内其他硬件联动使用，在办公、会议、家装、健康、展览展示场景中起到了积极作用，带领 XR 硬件设备逐步改变大众消费者心中娱乐设备定位的固有印象，加速向生产工具演进。

3. 行业应用

工业：以汽车产业为例，XR 在需求分析、总体设计、工艺设计、生产制造、测试实验、使用维护等环节的应用，实现了汽车设计制造测试的一体化。汽车厂商凭借 XR 可视化、可交互的技术特点，在与真实汽车同比例的虚拟空间中，动态调整设计细节与总体原型，同时进行各类路试、碰撞、风洞测试，通过虚拟设计、生产模拟、工艺分析与虚拟试验，大幅缩短了新车研发周期，降低了研发成本。

医疗：针对医生短缺、医疗资源分布不均、诊疗方式单一等看病难的问题，XR 远程医疗可以通过图像、声音、触动等信号的生成，增强医护人员开展远程诊疗的感受，有助于丰富教学和诊疗手段、降低治疗风险、提高设备利用率、平衡医疗资源，为医患双方创造便利条件。

教培：主要用于专业培训工作，如医疗培训、消防演练，还有飞行员、驾驶员、宇航员仿真训练等。

游戏：XR 在游戏方面的应用将成为当前拉动产业发展的重要动力。尤其是 VR 视频游戏，可为用户带来更为真实而强烈的感官刺激，而庞大的用户基数及核心玩家对于新技术的开放性态度使得 VR 游戏成为最先发展起来的大众市场。

影视、直播：VR 影视赋予了观众身临其境的沉浸体验，一方面表现为对分辨率、刷新率、色深、视场角、3D、低时延等更高画质的持续追求。另一方面凸显出虚拟现实人机交互这一核心特质，影视游戏化趋势显现，VR、AR 直播已经成为必要元素，尤其是在晚会/节目直播中大放异彩。

4. 发展挑战

技术瓶颈限制：由于 XR 产业链条较长，现阶段近眼显示、渲染处理、感知交互、网络传输和内容生产等关键技术仍在迭代优化，产品和生态较为封闭，XR 产品均有各自独立的规格和方案，如光学显示技术多元且快速迭代。技术不完善限制了 XR 体验的进一步提升。

内容生态缺乏：XR 产业的内容生态仍然相对匮乏，缺乏高质量、多样化的内容。这导致用户在使用 XR 设备时，难以获得丰富、有趣的体验，从而影响了 XR 设备的普及和应用。

市场竞争激烈：XR 产业的市场竞争日益激烈，各大厂商纷纷推出自己的 XR 产品。然而，由于技术瓶颈、内容生态缺乏等问题，市场上的 XR 产品同质化现象严重，难以形成差异化竞争优势。

13.7 卫星终端

1. 发展现状

卫星终端是指用于与卫星通信的终端设备，通常由天线、调制解调器、信号处理器等组成。卫星终端可以用于不同的应用场景，如卫星通信、卫星导航、卫星遥感等。卫星终端的主要功能是接收卫星信号并将其转换成可用的数据，同时也可以将数据转换成信号发送到卫星。根据 Business Research Insight 于 2024 年 2 月发布的报告，2021 年全球卫星通信终端市场规模为 60.3 亿美元，到 2031 年将达到 22.6 亿美元，预测期内复合年均增长率为 14.13%。

中国的北斗卫星导航产业正在稳步迈入高质量发展的新阶段，根据中国卫星导航定位协会 2023 年 11 月发布的《中国北斗产业发展指数报告》，中国北斗终端应用规模达到数千万量级，北斗导航应用已成为智能手机的标配，平均每天拥有数千万用户数、亿次量级的使用数。除智能手机外，全国已有 9 个省（自治区、直辖市）的北斗终端应用数量超过百万，最多的江苏省总应用规模已超过 185 万台/套。北斗终端应用数量超过百万级的行业领域有交通运输行业、农林牧渔业等 4 个，其中应用规模最大的交通运输行业已接近 820 万台套。北斗产品已在全球半数以上国家和地区得到应用，出口产品种类更加丰富，应用领域不断拓展。

2. 关键技术

卫星终端关键技术正在不断演进和发展，在传统的信号接收与处理技术、信道编码技术、天线技术、芯片设计技术、高精度时钟技术的基础之上，朝着小型化、集成化、高频段、宽带通信、多模式通信、自适应调制解调、高效能源管理等方向发展。

小型化和集成化：卫星终端设备趋向于更轻便、更紧凑，并具有更高的集成度。这使得卫星终端便于携带和安装，适用于各种应用场景，如移动通信、航空航天、海洋监测等。

高频段和宽带通信：随着卫星通信技术的发展，越来越多的卫星通信系统采用高频段和宽带通信，以提供更大的数据传输能力。因此，卫星终端需要支持高频段的天线设计和调制解调技术，以实现更高的数据速率和更广泛的应用。

多模式通信：卫星终端越来越多地支持多模式通信，即同时支持不同的通信协议和频段，使卫星终端能够在不同的卫星系统和网络之间无缝切换，提供更灵活和可靠的通信服务。

自适应调制解调：自适应调制解调技术可以根据信道条件和网络负载情况动态调整调

制解调方式和传输参数，以优化数据传输效率和可靠性，提高卫星终端在复杂环境下的性能表现。

高效能源管理：卫星终端通常依赖电池或其他能源供电，因此高效能源管理是一个重要的技术趋势。通过优化功耗控制、低功耗模式设计和节能算法等手段，可以延长终端设备的使用时间和续航能力。

3. 行业应用

广播电视：卫星终端可以用于实现广播电视信号的接收和传输，覆盖范围广、信号稳定，适用于偏远地区和海上航行等场景。

航空航天：卫星终端可用于飞机和航天器的通信、导航和数据传输，确保飞行安全和航行精准性。

军事和国防：卫星终端在军事和国防领域有着重要的应用，可用于军事通信、情报监测、导航定位等，提升作战效率和战场指挥能力。

船舶海洋：卫星终端可以用于海上船舶的导航、定位和监控，确保船舶安全和航行追踪。

移动通信：卫星终端可用于移动通信领域，如卫星电话、卫星网络通信等，提供全球范围内的通信服务，适用于偏远地区和紧急救援等场景。

气象预报：卫星终端可以用于气象卫星数据的接收和处理，用于气象预报、灾害监测等气象应用。

科学研究：卫星终端可用于科学研究领域，如空间探测、地球观测等，用于获取和传输科学数据，推动科学研究和探索。

应急救援：卫星终端可用于应急救援领域，提供全球范围内的通信和定位服务，用于救援信号的发送、人员定位、救援指挥等。

4. 发展挑战

成本与效益平衡：卫星终端的研发、制造和运营成本较高，需要长期的维护和更新，卫星终端的投资回报周期较长。因此，如何在保证性能的同时降低成本，实现成本与效益的平衡是一个挑战。

政策与法规：卫星终端的发展受到国家和地区政策法规的限制和监管，如频谱资源的管理、卫星通信服务的许可等，为了保障卫星终端的合法合规使用，需要加强相关法规和政策的研究和制定工作，同时也需要加大监管和执法力度，确保卫星终端市场的健康发展。

技术标准和互操作性：卫星终端行业存在多种技术标准和规范，不同厂商生产的设备之间缺乏互联互通，因此，需要建立统一的技术标准和规范，促进设备之间的互联互通。

撰稿：傅蓉蓉、刘毓炜、董千洲、范洪源

审校：尹艳鹏

第 14 章　2023 年中国智能运维发展状况

在新生态、新技术、新业务不断涌现的当下，企业 IT 架构科学与完备程度、IT 基础设施规模快速增长，智能运维（AIOps）正成为企业管控物理设备、实现快速需求迭代、保障业务连续性的必备手段。

14.1　发展环境

1. 政策环境

2023 年，以智能运维为代表的数字化科技已经成为企业经营发展的重要推动力及社会重要生产力，各部委和地方政府也在不断出台鼓励政策，支持数字经济发展，推动数字能力向传统企业渗透。**《国务院关于印发"十四五"数字经济发展规划的通知》**中提出，支持有条件的大型企业打造一体化数字平台，强化全流程数据贯通，形成数据驱动的智能决策能力，提升企业整体运行效率。**《"十四五"国家信息化规划》《关于印发"十四五"国家应急体系规划的通知》**等政策文件中提出，要建设泛在、智联、高质量的数字基础设施体系，发展下一代智能设施体系，建设新一代智能运维体系和具备纵深防御能力的信息网络安全体系。此外，各部委及相关部门出台多项政策对多个细分行业的运维体系建设也提出了具体要求，**《关于银行业保险业数字化转型的指导意见》《关于推动能源电子产业发展的指导意见》**鼓励银行业、保险业、能源电子产业加快布局企业智能运维能力建设，积极运用大数据加强态势感知、故障预警和故障自愈，并鼓励开展相关标准的研制，提高产业和运维智能化水平。

2. 产业环境

在产业方面，随着信息技术的快速发展，我国企业数字化转型逐步进入深水区，智能运维在通信、金融等技术密集型行业进一步深化，并在能源、交通、制造等传统行业快速生根发芽，推动其数字化转型和升级。**在电信行业**，通过积极应用智能运维技术，实现网络的自动化管理和故障自愈，利用 AI 技术提升 5G 网络的运维效率，并通过大语言模型增强智能客服和风险控制等系统功能，以应对网络运维的复杂性和挑战。**在互联网行业，**智能运维应用进入成熟阶段，相关企业不仅尝试单场景应用，还在探索更复杂场景的拓展，以实现更全面和深入的运维自动化和管理智能化。**在金融行业**，智能运维的应用正变得越来越广泛和深入，有效提升金融企业 IT 系统的安全性、可用性与稳定性，并缩短业务响应时间，提升用户体验。

在制造行业，通过引入智能运维技术可提高生产效率、降低不良品率、缩短产品研制周期，推动工厂系统整体实现自洽、工厂决策实现智能化。**在医疗行业**，智能运维可有效提升医疗服务的质量和效率，通过智慧医院建设实现医疗资源的优化配置，增强医院信息系统的安全性和稳定性，保障患者个人数据安全和提升患者满意度。在能源、冶金与建材、船舶与海工装备等**传统工业行业**，工业设备智能运维已成为新一代信息技术融合应用的重要实践，在企业节本增效、安全运营方面日益发挥出重要作用。**在政府和公共服务机构方面**，通过智能运维技术提升线上政务平台服务效率和质量，确保政务云平台的稳定运行。

3. 社会环境

随着数字化转型的深入及智能运维技术和工具平台的逐渐成熟，越来越多的企业在智能运维场景的实践不断深入，关注的重心逐渐从如何实现智能运维到智能运维的效果和价值方面转移，这也说明企业建设智能运维技术及工具平台正从**“可用、有用”**向**“易用、好用”**转变。智能运维正成为企业高效管控种类繁多且数量庞大的物理设备、精准定位故障信息、实时防护网络攻击、快速迭代需求变更等新时代运维场景下不可或缺的科技力量和解决方案。《中国 AIOps 现状调查报告（2023）》显示，半数以上的受访者自评企业目前智能运维处于辅助智能化（37.33%）和进阶智能化（28.02%）阶段。

14.2　发展现状

1. 全球市场

智能运维在全球范围内的发展势头强劲，逐步成为企业提升运维效率、降低成本的关键技术。目前，人工智能在运维领域的应用已经相当广泛，涵盖了自动化运维、故障预测、资源优化等多个方面。其中，基于机器学习的故障预测技术可以帮助企业实现故障的提前预警和快速定位，有效减少停机时间和维护成本；智能化的自动化运维系统能够根据历史数据和实时监控信息，自主调整系统配置，提高运维效率和响应速度。根据 IDC 的预测，IT 运维分析相关软件领域的市场在 2021—2025 年间的复合年均增长率（CAGR）为 9.8%，预计到 2025 年市场将增长到 59.3 亿美元。其中，美洲地区市场仍保持着主导地位，亚太地区的市场份额虽然相对较小，但复合年均增长率最高，增长潜力巨大。全球智能运维技术仍处于成熟度曲线的上升阶段，中国等国家在该领域的技术成熟度已经超过全球平均水平，或将更快实现技术的实质性应用。

2. 国内市场

中国智能运维产业在 2023 年继续保持稳健发展态势，各行业对智能运维技术的需求进一步增长。随着运维标准体系的逐步制定和完善，智能运维市场的规范化程度将进一步提高，促进行业的健康有序发展。《中国智能运维行业发展现状分析与投资趋势预测报告（2023—2030 年）》显示，2019—2022 年我国智能运维行业市场规模由 425 亿元增长至 1058 亿元，2022 年较 2021 年增长 35.29%。此外，Gartner 发布的“*Hype Cycle for ICT in China，2023*”显示，智能运维在中国的市场渗透率达到目标受众的 5%～20%，这表明仍有大量企业还未进行智能运维的建设投入，未来市场前景广阔。从行业竞争看，我国智能运维行业参与者众多，市场集中度低，其中华为、浪潮、联想等以硬件起家的厂商占据较大市场，此外也有博睿数据、擎创科技、云智慧等智能运维独角兽企业。

中国智能运维市场的主要客户来自金融、电信运营商等业务系统复杂且对系统运行效率要求较高的行业。2023 年，随着智能化技术进一步赋能传统行业，以及新型工业化、智能制造等重点政策扶持驱动，智能运维技术也在传统行业逐渐推广。此外，随着技术的发展，智能运维正从单一场景向体系化发展，产品趋向于构建统一平台。同时，智能运维系统也在从被动响应向主动预防转变，并增加了可观测性和可解释性，提高了运维的透明度，增强了运维人员对系统的理解。根据《中国 AIOps 现状调查报告（2023）》，业务可观测性和系统可靠性与连续性工程（Site Reliability Engineering，SRE）是当前重点关注方向，可有效提升服务质量和客户体验、确保 IT 系统的稳定性和可靠性。

此外，Gartner 报告显示，中国企业对信息技术的需求正快速增长，2023 年，中国企业更加关注业务利润率和运营的可持续性。数字化转型的目标正从收入增长向利润产生转变，中国企业在 IT 方面的预算增速已经放缓，如何运用人工智能等技术提高 IT 基础资源运营效率，助力企业降本增效成为当前的关注重点。

14.3 关键技术

智能运维技术的应用场景高度多样化和复杂化，需要根据不同的业务场景和应用需求来设计和搭建智能运维系统。

1. 大模型+智能运维

大模型技术推动着智能运维向更高效率和更深层次的智能化发展。大模型通过与运维领域知识融合，赋能智能运维工具能够以更自然的方式与用户交流，缩小了工具操作与决策者之间的鸿沟。工具智能体（Tool Agent）和岗位型智能体（Job Agent）作为智能运维中的两大支柱，利用大模型技术，能够响应自然语言指令，执行具体任务，并模拟运维人员进行观察、推理和决策。此外，大模型技术还促进了对多模态数据的深入分析，包括日志、指标和调用链等，为系统状态提供了全方位的洞察。智能问答和知识库系统的构建也是大模型技术应用的一个重要方向，它们能够解析大量的技术文档，提供基于自然语言的快速问答能力。异常检测和故障诊断、自动化工作流的触发及智能运维生态的构建都因大模型技术的应用而更加高效和精准。同时，大模型技术也在解决数据质量和标注不足的问题上展现出潜力，为智能运维的有效实施提供了新的解决方案。某电信运营商探索 5G 核心网智能运维，应用多模态大模型技术，提升运维效率，通过智能体处理信令分析、告警分析等任务，实现故障处理的自动化和效率提升。随着技术的不断发展，大模型在智能运维中的作用将更加凸显，为 IT 运维管理带来更多创新和突破。

此外，在智能运维等严肃场景中，为避免“大模型幻觉”问题，需提高模型训练数据的准确性和一致性。企业可结合知识图谱技术，强化模型的规则推理能力，确保输出结果的逻辑性和准确性，也可利用检索增强生成（Retrieval-Augmented Generation，RAG）等手段，提升模型对长尾问题的响应能力。此外，在安全性方面，企业也需采取措施保护数据隐私，避免信息泄露风险，最大化地发挥大模型在智能运维中的潜力，避免其生成误导性或错误的信息，确保运维工作的高效性和系统的稳定性。

2. 可观测+智能运维

可观测性技术可通过实时监控和分析 IT 系统的指标、日志和追踪等数据，为运维团队提供深入理解系统内部状态和过程的能力。这种技术的应用使得全面监控 IT 系统成为可能，包括硬件、软件和网络等各个层面，从而实现对系统性能的实时分析和潜在故障的预测。此外，可观测性技术通过端到端的业务串联分析，帮助团队识别交易流程，理解业务运行规律，显著提升了业务运维的效率。数据整合与可视化是可观测性技术的另一大优势，它将分散的数据集中起来，并通过直观的可视化手段展现，让运维人员能够更容易地理解复杂的数据和系统状态。可观测性技术通过整合不同来源的数据，打破了“数据孤岛”，实现了数据的协作共享和灵活整合，极大地提升了数据的利用价值。某金融企业通过应用可观测技术形成了用户、业务、应用、实例、系统多层级之间的拓扑关系，并使用 AI 算法对多维度指标进行阈值计算，达到告警收敛和根因定位效果，定位问题的时间缩短了 70%，帮助业务系统快速恢复以降低对用户的影响。

3. PHM 技术+智能运维

PHM（故障预测与健康管理）技术在智能运维中发挥着至关重要的作用，它利用先进的信息技术和人工智能算法来**监测、分析**并**预测**工业设备的健康状况和潜在故障。通过安装在设备上的各种传感器，PHM 技术能够实时监控设备状态，收集关键的运行数据。基于这些数据，PHM 技术可以执行故障诊断，快速定位问题源头，并采取措施进行隔离，防止故障扩散，从而减少停机时间和维护成本。此外，PHM 技术还能预测设备的性能衰退和剩余使用寿命，使得维护工作从传统的响应式转变为预测性和预防性。随着大数据和人工智能技术的发展，PHM 技术正从基于单个传感器的监测转变为基于大数据分析的预测性维护。

PHM 技术已被广泛应用于轨道交通、航空航天、船舶、工业机器人和半导体制造等多个领域，它通过智能运维减少了故障发生，提高了设备的可靠性和运维效率。例如，某工业企业通过 PHM 技术对工业机器人进行状态监测和实时维护，有效降低了宕机时间，提高了稼动率，保障了产品质量，实现了近零宕机和近零次品的目标。未来，随着技术的持续进步，PHM 技术预计将在智能运维领域扮演更加关键的角色，为工业系统的稳定运行提供更加坚实的保障。

14.4 典型案例

1. 中国移动信息技术中心自主研发“深瞳”多智能体运维大模型

AI 智能体作为大模型应用领域的热门研究方向，尽管其在 IT 运维领域的应用前景广阔，但仍面临诸多技术难题亟待解决。中国移动信息技术中心依托九天大模型，通过持续的技术攻关，成功自主研发了“深瞳”多智能体运维大模型（见图 14.1）。这一创新成果已在浙江、上海、广东、河北等多个省份的公司得到实际应用。“深瞳”多智能体运维大模型，基于“九天”+“聚智”的技术生态，打造“聚智”多智能体开发协作框架，让用户快速构建领域智能体，实现多智能体交互、复杂任务自动编排，形成智能体“AI+”一站式解决方案。

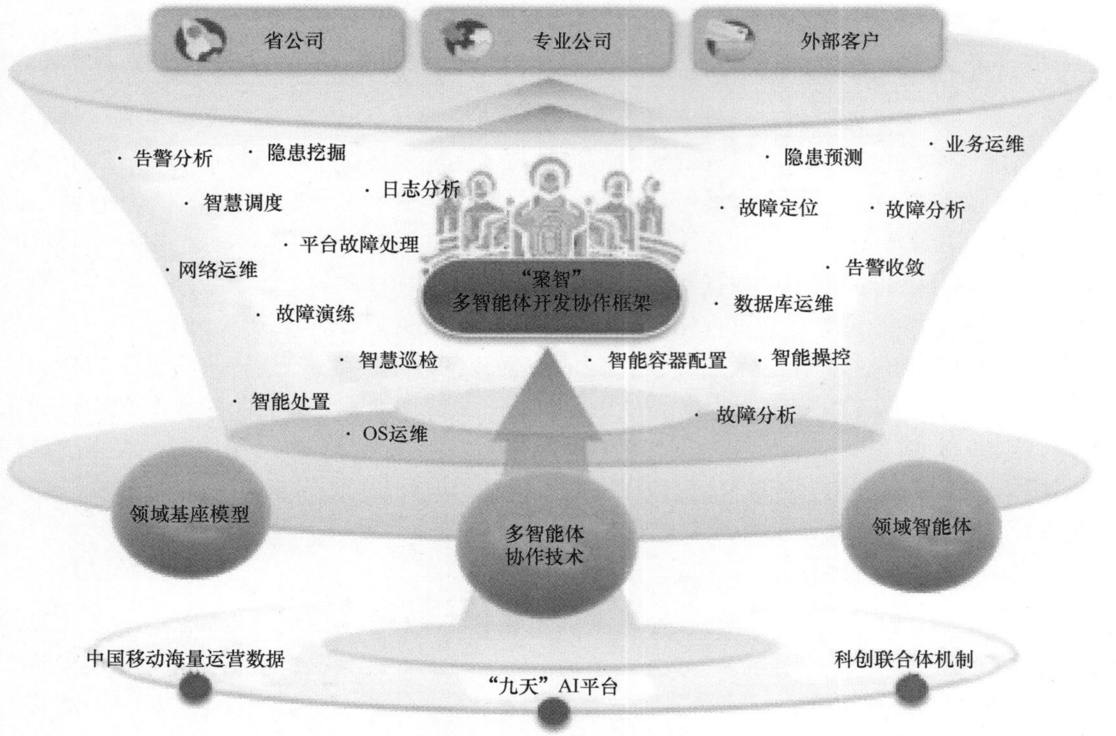

图14.1 "深瞳"多智能体运维大模型

"深瞳"专注于 IT 运维领域，面向 SaaS、PaaS，含磐基、数据库、中间件、IaaS 等场景，以共创形式构建多个通用运维智能体，联合各省移动公司共同赋能全网运维生产力提升。其利用 ReAct 框架和 CoT 思维链技术，有效实现了多智能体（Multi-Agent）的编排与调度；其提供的深度巡检、故障定界、智慧处置等功能，大幅提升了运维工作的智能化和效率。

"深瞳"多智能体运维大模型在浙江移动成功上线，通过"深瞳"构建磐基智能体，实现故障自动发现、自动诊断、自动处置等能力。利用"聚智"智能体开发协作框架及多智能体交互能力，实现了故障处置预案开发提效 25%，故障无人化处置比例达到近 50%的显著成效。

2. 南方航空在端到端全栈监控中的智能运维实践

数字化转型是今天企业保持竞争力、拓展业务边界的必经之路，这让数据中心运维工作不得不面对海量数据压力的挑战，构建面向未来的智能运维体系成为南方航空转型的关键。南方航空一体化智能可观测平台（见图 14.2）覆盖了终端应用、微服务、基础组件、基础资源、编排工具等的全栈监控，基于 Metric、Log、Trace、Event、Metadata、Profile 等数据，从时间和空间上建立数据关联性，通过自适应 AI 的能力，训练出相应的计算/检测模型，进而构建了多维分析洞察、指标异常检测、运行预测、故障根因分析等智能分析场景，并为后续深入研究及拓展智能运维技术蓝海奠定坚实的基础。

实体关联拓扑智能构建：自动从观测数据获得 IT 系统架构关联关系，并实时更新并展示拓扑和关联关系。从全局角度，以可视化、标签化的方式展示应用系统的全貌特征，包括系统画像标签、拓扑关系、关联关系等全景视图，从而为 IT 人员提供丰富的系统智能评价与分析信息，使得 IT 人员能够细致、全面、直观、高效地了解系统真实运行情况。

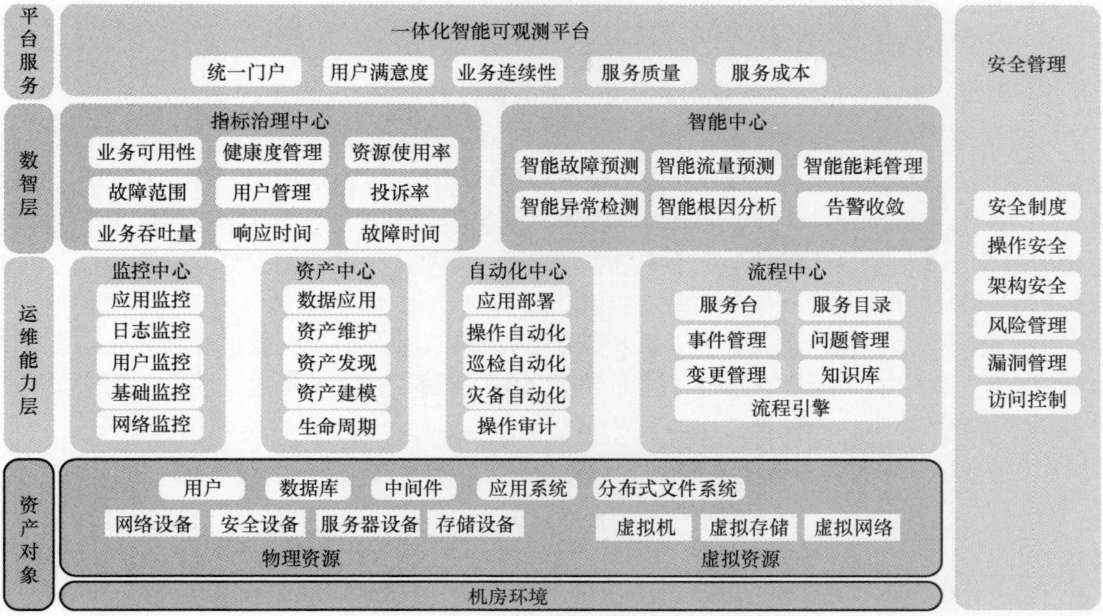

图14.2　南方航空一体化智能可观测平台

异常检测/预测：南方航空一体化智能可观测平台采用智能化指标异常检测和趋势预测场景，通过动态基线算法、指标预测算法，实现指标监控智能化管理及事前预测监控，提前预测并处理故障。

故障根因诊断：当某业务系统发生故障时，需对各种不同的数据维度进行汇聚分析，通过图数据库和图算法自动将数据关联，同时对异常事件进行计算，模型可以自动关联出故障森林和故障树拓扑得到初因，再通过深度分析模型确定产生故障的根本原因（简称根因）。

3. 字节跳动运用大语言模型搭建智能运维框架

字节跳动搭建了一套基于大语言模型的多场景智能运维框架 SRE-Copilot，该框架依托大语言模型构建，旨在应对现代企业运维中系统架构复杂性、数据量庞大及数据类型多样化等挑战。SRE-Copilot 框架通过集成多个专业化子代理（Agent），形成了一个功能强大的混合专家系统，涵盖日志分析、调用链追踪、交易监控、主机性能监测及配置管理数据库等多个维度。

在运维能力方面，SRE-Copilot 框架加强了异常检测与根因定位两大核心功能。异常检测运用 ReAct 框架和思维链策略，实现了多代理的动态编排与调度。而根因定位则采用了 RAG 框架，结合了检索模型与生成模型，增强了知识的可靠性和输出的相关性。此外，框架还引入了“反思”机制，对模型的推断结果进行复核，进一步提升了根因定位的精确性。

SRE-Copilot 框架显著降低了字节跳动智能运维领域的数据标注与模型训练成本，优化了新客户接入和私域知识整合的流程。SRE-Copilot 框架通过大模型技术大大降低了用户交互难度，该框架也为智能运维未知故障推理领域带来了新的解决方案。

14.5 发展挑战

1. 数据质量是智能运维实现跨越式进步的关键基石

企业智能运维的应用效能在很大程度上受限于其所依赖的数据质量。尽管智能运维在自动化故障检测、预测性维护和优化决策方面展现出巨大潜力，但数据的完整性、准确性、时效性、多样性、标准化、安全性和标注质量等方面仍面临挑战。数据的不完整可能导致分析结果的偏差，而错误或滞后的信息可能延误故障响应。多样化数据源的整合困难和缺乏标准化也限制了智能运维的自动化和规模化应用。

为了提升数据质量，企业必须采取包括完善数据采集机制、强化数据清洗流程、采用实时数据技术、推动数据标准化治理、加强数据安全等措施，增强智能运维的数据基础，从而提高运维决策的可靠性和运维工作的效率。

2. 智能运维不仅是技术上的智能化，需与业务紧密结合

在智能运维场景下，许多异常和故障的特征是唯一的，很难通过历史数据的学习得到，需结合业务数据进行有效学习，提升算法准确性。同时，工业化算法的准确性有限，且智能技术面临着计算效能、安全、可解释性等诸多挑战，企业需提前考虑并避免算法失效带来的负面影响，并结合业务场景不断优化智能运维模型，实现技术解决方案与业务目标的对齐。

智能运维系统的设计和实施必须考虑到业务需求，确保技术解决方案能够有效支持业务流程和增长目标。智能运维系统需要有一套明确的评价体系来衡量其对业务的贡献，如跟踪关键性能指标（KPIs），并建立反馈机制，更好地服务于业务需求，进一步凸显智能运维价值。

3. 数字化时代，企业更需要全面化的智能运维体系建设指导

随着公有云、私有云、边缘云等多种新型 IT 基础设施的推广应用，智能运维技术的应用场景趋向多样化、复杂化，需要根据不同的业务场景和应用需求来设计和实现智能运维系统，这对企业智能运维建设提出了更高标准的要求。企业不仅需要系统化的方法论指导，还需结合大模型、机器学习等技术设计搭建智能运维体系，这对企业传统运维人员提出了更高的技术要求。

为指导企业智能运维技术的体系化应用，持续推动国内外智能运维相关产业的健康有序发展，中国信息通信研究院联合金融、互联网、通信等众多行业的头部企业编制了《智能化运维（AIOps）能力成熟度模型》系列标准，并成功在国际电信联盟（ITU）发布了首个智能运维国际标准。企业可以在搭建智能运维体系时积极参考标准化文件，提升企业智能运维效率，构建一个高效、安全、用户友好的智能运维体系，支持企业的数字化转型和长期发展。

撰稿：杨玲玲、牛晓玲、尚梦宸、白璐

审校：周晓龙

第三篇

领域应用与服务篇

- 2023 年中国工业互联网发展状况
- 2023 年中国数字乡村发展状况
- 2023 年中国车联网发展状况
- 2023 年商务交易类应用发展状况
- 2023 年中国数字政府发展状况
- 2023 年网络公共服务类应用发展状况
- 2023 年中国智慧城市发展状况
- 2023 年基础功能类应用发展状况
- 2023 年网络娱乐与创作类应用发展状况
- 2023 年中国网络生活服务类应用发展状况
- 2023 年中国网络广告发展状况

第 15 章　2023 年中国工业互联网发展状况

15.1　发展环境

2023 年以来，我国工业互联网高质量发展的整体环境持续优化，政产学研用多方协同联动的政策体系更加完备。同时，工业互联网已经融入国家发展的重大战略规划中，并从各项改革举措中不断受益，全面进入规模化发展新阶段。

一是结合产业发展新趋势完善工作机制。在统筹机制方面，工业互联网专项工作组连续七年发布了工作组计划，继续围绕设施建设、融合应用、安全保障、生态构建等多个维度组织推进相关重点工作。同时，2023 年 6 月，工业互联网战略咨询专家委员会完成了换届选举，百余位来自自动化、软件、信息技术、经济等领域的专家学者共同组建形成了第二届委员会，为重大政策、重点工程、重大项目等提供高水平决策咨询。在地方发展方面，工业互联网加速融入地方经济发展大局，各地政府的高度重视为工业互联网发展注入了强大的发展动力。2023 年共有 22 个省级人民政府将工业互联网写入 2023 年《政府工作报告》，31 个省（自治区、直辖市）出台“5G+工业互联网”相关支持政策，央地协同、良性互促的发展格局进一步优化。

二是立足规模化发展新阶段强化应用推广。在试点示范方面，2023 年，工业和信息化部继续组织开展工业互联网试点示范项目遴选，加快树立标杆并强化牵引作用，围绕新技术、工厂、载体、园区、网络、平台、安全等重点领域和方向遴选出 236 个示范项目[1]，使累计示范项目达到了 835 个，在重点领域、重点行业等方面树立、打造了一批“样板房”。在“5G+工业互联网”方面，为进一步推动 5G 等信息通信技术向更大范围、更深层次、更高水平拓展，2023 年工业和信息化部发布了《5G 工厂名录》，面向重点行业遴选了 300 家 5G 工厂释放标杆示范引领作用，同时先后发布了《“5G+工业互联网”融合应用先导区试点工作规则（暂行）》《“5G+工业互联网”融合应用先导区试点建设指南》等相关政策，通过遴选一批基础好、实力强的地方，打造“5G+工业互联网”融合应用先导区，加快形成面向区域发展的辐射带动效应。在智能制造方面，为贯彻落实《“十四五”智能制造发展规划》，2023 年工业和信息化部、国家发展和改革委员会、财政部、国务院国有资产监督管理委员会、国家市场监督管

1 资料来源：工业和信息化部《关于 2023 年工业互联网试点示范名单的公示》，2024 年 2 月 6 日。

理总局公告 2023 年第 30 号，遴选一批智能制造示范工厂进行公告，引起行业热烈反响。在行业拓展方面，工业和信息化部指导发布了工程机械、电子信息制造 2 个重点行业的融合应用参考指南，为重点行业工业互联网建设的需求场景识别、应用模式打造、关键系统构建和组织实施方法提供参考借鉴。

三是面向多元化主体新需求营造良好社会氛围。2023 年以来，工业和信息化部与产业界、学术界、科研机构、产业组织等通力合作，进一步凝聚社会各界共识，积极营造有利于工业互联网规模推广的良好社会氛围。一方面，工业互联网“百城千园行”活动高质量开展，通过推动政策、设施、应用等一体化进园区，极大地提升了工业互联网的社会影响力。截至 2023 年年底，在 30 个省（自治区、直辖市）开展了 1400 余场活动，完成了 1 万余家企业的供需对接，促成融资规模达到 300 亿元，带动投资 1700 亿元，培训人才 300 万人次[1]。另一方面，工业互联网产业联盟作为全球最大产业生态载体持续发展壮大，截至 2023 年年底已经汇聚了超过 2500 家成员单位，累计发布 151 本白皮书、88 项联盟标准、17 个应用指南[2]，通过按季度组织相关会议、按年度组织重大活动、高水平助力各项技术和标准等形式，推动技术从基础研发到试验验证再到应用推广，汇聚各方力量合力推动工业互联网蓬勃发展。

四是加快融入国家重大发展战略并从多项改革中受益。一方面，工业互联网进一步融入国家重大发展战略中，从更高层面为经济社会高质量发展提供支撑。工业互联网作为数字经济和实体经济深度融合的关键底座，其应用范围加快从工业向公共服务行业拓展，有效赋能经济社会高质量发展。2023 年 2 月，中共中央、国务院印发《数字中国建设整体布局规划》，提出要全面赋能经济社会发展，在工业领域加快数字技术创新应用。同时，工业互联网作为稳定经济社会投资的重要方面，能够有效带动社会投资，为经济发展注入强大动力。7 月，中共中央、国务院印发《关于促进民营经济发展壮大的意见》，提出鼓励民营企业参与数据中心、工业互联网等新型基础设施投资建设和应用创新。9 月，全国新型工业化推进大会在北京召开，习近平总书记在会上就推进新型工业化作出重要指示，强调要把高质量发展的要求贯穿新型工业化全过程，为中国式现代化构筑强大物质技术基础。另一方面，工业互联网从国家各项改革中不断受益。以开放发展为例，2023 年 8 月，国务院印发《关于进一步优化外商投资环境 加大吸引外商投资力度的意见》，提出要加大重点领域引进外资力度，这为撬动更多国际优秀资源参与我国工业互联网发展提供了方向指引。此外，党中央、国务院围绕加快推动青年科技人才培养和使用、完善私募股权投资基金规范、加快推动数据要素市场建设等进行了一系列的谋划部署，工业互联网发展所需的人才、资金、数据等要素保障水平加速提升，产业发展的整体环境得到了进一步优化。

15.2 工业互联网网络

网络基础设施持续完善，支撑网络化应用部署。运营商面向全产业的工业互联网企业外网与 5G 网络逐步打通，服务能力进一步提升。2023 年 9 月 21 日，华为技术有限公司联合

1 资料来源：工信微报，《（图解）2023 年工业互联网实现所有工业大类全覆盖》，2024 年 1 月 22 日。

2 资料来源：工业互联网产业联盟。

中国信息通信研究院发布了《大型企业一张网白皮书》，指导工业企业利用公共网络基础设施统筹规划建设企业自有的一张网蓝图。截至 2023 年年底，全国“5G+工业互联网”项目超过 1 万个，覆盖 41 个国民经济大类，已实现工业行业大类全覆盖，并向水利、轨道交通等其他国民经济重点行业加速延伸。5G 工业专网应用加速，轻量化核心网、软硬件一体化的专网解决方案逐渐落地应用。

网络技术创新持续深化，与行业融合成为热点。面向新型工业化的新型工业网络体系研究全面开展，2023 年 6 月，工业互联网产业联盟发布《工业网络 3.0 白皮书》，提出新型工业网络发展四大愿景。时效性网络（TSN）与 5G 融合成为 5G 提供工业确定性服务的重点技术方向，2023 年 5 月，中国联通携手合作伙伴发布《5G-TSN 协同传输技术白皮书》；2023 年 10 月，工业互联网产业联盟发布《5G+TSN 联合测试床：5G over TSN 前传网络发展及验证报告》；一大批 5G 与 TSN 融合的技术与产业研究成果发布，标志着该领域产业正逐步从产品研发走向成熟应用。新型工业控制研究全面启动，2023 年 9 月，施耐德电气携手中国信息通信研究院、中国联合网络通信集团有限公司联合发布《5G+PLC 深度融合解决方案白皮书》；2023 年 11 月，中国移动研究院联合中国信息通信研究院、施耐德、中兴等 25 家合作伙伴发布《基于 5G 基座的新型工业“算网控”一体化技术白皮书》；2023 年 11 月，“新型工控启航行动”正式启动，旨在探索新型工控技术路径与应用模式，共同打造工业控制统一数字底座。通过产学研用多家单位联合建设新型工控测试床，推动在国际电联（ITU）、中国通信标准化协会（CCSA）等立项国际、国家、行业标准近 10 项，初步构建新型工控标准体系。

产业供给能力持续增强，新型产品从实验室走向商用。5G 通用模组进一步降价，基于 R17 的工业模组最低达 200 多元，应用性价比提升，定制化能力增强。内置模组的 5G 工业融合设备、轻量化核心网和解决方案不断成熟并规模化应用。TSN 自主产业链逐步成熟完善，累计已有 10 多款拥有自主知识产权的 TSN 芯片、网关、交换机、控制器等产品通过“时间敏感网络产业链名录计划”评测；车规级的 TSN 芯片和网关产品逐步成熟，有力支撑了新能源汽车车载网络的升级换代。网联化工控关键部件国产化进程加快，华为、东土等公司相继推出具有自主知识产权的工业实时操作系统，实现软件定义的网络化、智能化控制。电信运营商以云化、扁平化工业组网探索工控新模式，中国移动推出 5G 虚拟化工控网关，打造具备“5G 连接+现场算力+PLC 工控能力”的融合设备；中国电信通过设计天翼云控系统，实现云化 PLC 控制、5G 物联网数据采集、运营管理等应用集成，为工控提供扁平化工业 5G 网络底座。

网络产业生态持续活跃，服务行业全面网络化升级。通过 TSN 产业链名录计划、边缘计算标准件计划、信息模型伙伴计划、“5G+工业互联网”铸链计划等一批产业活动，共评测收录了 10 余类近百款网络产品，构建了新型工业网络产品名录雏形，全面支撑了我国工业企业数字化、网络化、智能化升级改造。2023 年，中国信息通信研究院、工业互联网产业联盟、边缘计算产业联盟成功举办第二届边缘计算开发者大赛，参赛人数达到 2562 人，增长率达到 128%，在钢铁、石油、港口、电力、物流等 12 个重点行业涌现出一批典型应用，逐步形成从单点、局部应用向多点全面应用，从生产辅助应用到生产控制应用演进的趋势。在北京、长沙、南京、深圳等多地召开了多场 TSN 行业深度应用的研讨会和技术论坛，发布 TSN 在电力、车载等领域应用及技术产业研究白皮书近 10 份，推动 TSN 产业生态持续壮大。

2023 年 11 月，“中国 5G+工业互联网大会”在武汉成功召开，并举办 1 场开幕式、2 场专题会议、20 场平行会议，成为我国“5G+工业互联网”产业发展交流、成果展示的重要平台。

5G 工厂成为“5G+工业互联网”技术应用推动重点。2023 年 11 月，工业和信息化部发布《2023 年 5G 工厂名录》，收录 300 个已建成的工厂。据工业互联网产业联盟统计，我国 5G 工厂种子项目已达 2000 余个，与 2022 年相比增长 255%。2023 年 12 月，工业互联网产业联盟组织产业各界集中发布了《钢铁行业 5G 工厂建设实施指南》《建材行业 5G 工厂建设实施指南》《汽车制造业 5G 工厂建设实施指南》，指导垂直行业规模化建设部署 5G 工厂。2023 年 11 月，工业和信息化部发布《“5G+工业互联网”融合应用先导区试点工作规则（暂行）》《“5G+工业互联网”融合应用先导区试点建设指南》，引导推动各地加快“5G+工业互联网”规模化应用，建设以先导区为核心，辐射周边、引领全国的“5G+工业互联网”产业集群和创新生态。截至 2023 年年底，苏州市、武汉市、宁波市、深圳市等多地已启动先导区建设。以苏州市为例，苏州市以苏州工业园区为核心建设区域，围绕生物医药及大健康、纳米技术应用及新材料、人工智能及数字产业、新能源及绿色产业四大新兴产业，打造“5G+工业互联网”融合应用先导区。

15.3 工业互联网标识解析体系

2023 年，我国工业互联网标识解析体系“夯基架梁”工作基本完成，标识融入仪器仪表制造业、汽车制造业、高端装备制造业等 46 个国民经济大类，产业生态向着创新开放加速构建，国际化服务能力稳步提升，工业互联网标识解析体系进入规模化发展的关键阶段。

在标识基础设施建设方面，我国工业互联网标识基础设施体系全面建成，国家顶级节点服务能力不断增强，二级节点、递归节点部署持续推进，基于标识的星火链网融合型区块链基础设施加快建设。

国家顶级节点稳定运行。工业互联网标识解析“5+2”国家顶级节点全面上线，包括北京、上海、广州、武汉、重庆五大国家顶级节点和南京、成都两大灾备节点。国家顶级节点监测平台、注册解析系统和数据管理等系统持续升级。截至 2023 年 12 月底，标识注册总量超过 4300 亿，同比增长 84%，国家顶级节点日解析量 1.4 亿次。二级节点覆盖全部工业大类。截至 2023 年 12 月底，累计接入国家顶级节点的二级节点共 337 个，分布于 31 个省（自治区、直辖市），融入 46 个国民经济大类，累计接入企业节点超过 35 万家。递归节点部署稳步推进。全国共部署 17 个递归节点。其中，中国联通在江苏、山东、广东、辽宁、黑龙江、浙江、上海、江西建设的 8 个递归节点稳定运行且开展阶段性验收工作，中国移动在上海、江苏、重庆、浙江、广东、陕西、黑龙江、山东和辽宁建设的 9 个递归节点顺利上线。基于标识的融合型区块链基础设施加快部署。以标识为切入口，星火链网融合型区块链基础设施已建设超级节点 12 个，骨干节点覆盖超过 60 个城市，在数字资产、产业金融、司法存证等行业场景快速部署应用，作为基础设施的产业生态价值不断增强。

在标识应用创新方面，我国工业互联网标识应用以模式创新和应用推广为主线，坚持按行业施策，打造智能化、敏捷化、柔性化的生产组织方式，标识一体化、规模化应用加速推进，标识解析应用体系初步形成。

标识应用模式不断完善。中国信息通信研究院发布《辽宁省工业互联网标识解析应用案例集》，总结提炼 32 个应用案例，打造具有全国影响力的标识应用新模式。工业互联网标识已形成数字化交付管理、智能化生产管控等 9 类应用模式和资产数字化管理、市场分析预测等 20 种典型应用场景。标识应用评估体系逐步形成。中国信息通信研究院联合产业界学术界积极开展标识应用评估工作，发布《工业互联网标识应用成效评估研究报告（2023）》，构建标识应用成效的评估体系、评估模型和指标体系，为标识应用推广与实施落地提供参考。主动标识载体部署规模持续扩大。主动标识应用进入规模化发展阶段，广泛应用于工业安全生产、绿色低碳管理、智能交通设备、共享经济治理等多个场景。截至 2023 年 12 月底，累计完成仪器仪表、汽车、船舶等领域 3179 万枚主动标识载体部署。

从具体应用情况来看，工业互联网企业从实际需求和痛点出发，深入挖掘标识解析体系价值，以标识服务应用，持续打造兼具示范效应和推广价值的标识应用。

标识解析体系实现产供销协同管理。长飞光纤光缆股份有限公司通过标识解析二级节点，为生产制造过程中的虚拟环节、工艺赋予唯一标识，当进行质量追溯时，可以通过 App 查找生产的工艺和参数以实现生产调优。同时，可以对包括信息的内在价值进行深层次挖掘，提升精益制造管理能力。此外，通过构建轻量级数据描述入口，连接产业链中的产品、机器、人、企业、订单等，使用 App 进行正向追查和反向追溯，促进数字化企业运营平台各系统的高效低成本协同。基于标识解析技术，实现原材料、产品数据互通共享，建立全面运营的数据模型，完成数字化驱动的经营决策，提升订单交付效率 25%，提高能源利用率 18%，提升库存周转率 20%，全面提升了长飞光纤光缆股份有限公司的数字化管理水平。

标识解析体系实现危化品追溯监管。重庆忽米网络科技有限公司借助标识解析技术提升化工危化品全生命周期监管服务管理能力。其以“一货一码一清单”为核心理念，建立区域内危化品全流程数据管控，做到数据可查、状态可控，有效提升危化品监管的风险防控水平。对特种作业开展安全管理，将每个现场作业票及人员进行联合标识，记录整个作业的全过程信息。在进厂作业前，通过 App 扫描人脸，即可与标识库中的信息进行比对，确定其是否符合作业要求。在危化品车辆监控管理时，可获取车辆实时位置，结合智慧园区管理系统，进行车辆情况预警、轨迹回溯等，提升危化品车辆的安全管理水平，有效解决危化品监管信息溯源难度大，以及生产过程管理易出错、售后管理耗时耗力、存储位置和环境信息难获取、质量判断来源不足等问题。

在标识产业生态构建方面，工业互联网标识产业生态圈日益繁荣，政府部门、供应商、应用企业等主体持续推进工业互联网标识技术标准、公共服务、标识监管和产业宣贯等多项工作。

技术标准不断完善。工业互联网标识与鲲鹏、海光、飞腾等国产处理器及欧拉、麒麟等国产操作系统实现适配。工业互联网标识解析领域在研国家标准、行业标准和团体标准共计 137 项，覆盖医药制造业、纺织业等 18 个国民经济大类，服务以京津冀、长三角、粤港澳为中心的 23 个省（自治区、直辖市）。公共服务能力日益完善。中国信息通信研究院围绕供热行业、固废治理行业和消费品行业成立工业互联网数字化转型促进中心，强化数字化转型技术支撑。数据智能服务中心 DDI 网络、星火多维全连接实验室、国家顶级节点展厅等服务载体建设运营有序推进。标识有效赋能行业运行监测。在工业和信息化部运行监测协调局的指导下，中国信息通信研究院围绕家电、电气机械、器材制造等行业持续开展标识赋能运行监测，不断完善采集及统计分析方法，初步形成多维度数据评价体系。截至 2023 年 12 月底，监测平台已在河北、山东、浙江等 17 个省（自治区、直辖市）落地，有效协助地方主管部门开展行业运行监测分析。标识产业宣贯稳步推进。工业和信息化部持续加快园区转型升级，举办工业互联网园区“百城千园行”系列活动 50 场，签约 130 家合作伙伴，发布《工业互联网园区 标识一体化建设指南》。中国工业互联网标识大会、标识应用创新大赛、星火杯区块链应用大赛等多项产业活动持续推进标识应用创新发展。

在标识国际拓展方面，我国工业互联网标识领域国际业务、国际合作、国际发声多向发力，在相关领域的国际影响力和合作成效显著提升。

跨境节点建设稳步推进。中国信息通信研究院正式启动星火链网国际（ASTRON）伙伴计划，持续推进中国香港、新加坡等跨境超级节点建设，马来西亚、中国澳门跨境超级节点上线，为跨国数字经济发展打造坚实底座。国际化服务能力不断提升。依托已上线的马来西亚和中国澳门超级节点，中国信息通信研究院不断探索并逐步落地原产地证明、跨境贸易金融、产品质量认证等公共服务，提升基础设施数字化赋能水平。此外，分布式数字身份基金会中国特殊兴趣小组正式成立，为工业互联网标识、星火链网国际化发展创造社群基础。国际合作持续加强。中国信息通信研究院与全球企业、标准化组织、技术社群深化合作，为 SAP、西门子、松下等跨国企业提供基础设施服务，构建高质量国际合作关系。国际话语权逐步提升。中国信息通信研究院深度参与二十国集团、金砖国家、联合国等重要国际组织、机制，牵头发布《区块链赋能跨境数据流通治理白皮书》，积极输出“中国方案”，我国工业互联网标识解析体系经验走向国际。

15.4 工业互联网平台

我国工业互联网平台蓬勃发展，平台赋能场景日益丰富，发展路径日渐清晰，应用价值初步显现，取得了阶段性发展成效。截至 2023 年年底，我国具有一定影响力的工业互联网平台超过 340 家，工业和信息化部办公厅公布跨行业、跨领域工业互联网平台达 50 个，重点平台设备连接数超过 9600 万台套，成为支撑制造业数字化转型的关键驱动。

工业互联网平台赋能场景日益丰富，行业应用已覆盖工业的全部 41 个大类，平台赋能制造业数字化转型成效凸显。在企业赋能方面，跨行业跨领域工业互联网平台服务的工业企业中，规模以上企业约占 30%，行业龙头企业超过 300 家，服务企业数量稳步增长。例如，宝钢基于自身转型积累孵化平台公司宝信软件，20 年内业绩就从 3900 万元增长到 21 亿元，成长为覆盖钢铁、有色、制药等多个行业的“双跨”平台，其市值一度超越母公司。在区域应用方面，截至 2024 年第一季度末，全国工业互联网平台普及率为 33.13%，企业工业设备上云率为 22.97%。平台的普及应用有力支撑了工业企业数字化能力提升，工业企业关键工序数控化率和数字化研发设计工具普及率分别达到 62.9%、80.1%，各地区工业企业关键工序数控化率和工业设备上云率发展趋势基本吻合。

消费互联网的蓬勃发展极大地促进了数字技术创新与市场资源流通，带动我国工业互联网平台率先向平台经济转型。消费电商平台增长趋于饱和，企业营收增速、市值规模持续下降，平台企业加速工业领域投资布局，使得工业电商增长迅猛。工业电商平台充分发挥其平台的经济优势，通过大范围供需匹配降低工业品流通交易成本，并帮助制造企业直接孵化产品，形成“工业品—消费品—消费者”的生产流通闭环，大幅降低中间成本，有效提升工业流通效率。根据中国信息通信研究院评测，我国 90%以上重点平台物联网、大数据管理及分析等技术能力完备，阿里、华为等工业物联网平台份额跻身全球 TOP10。同时，我国电商平台体量领先全球，致景、国联等服务商从供需对接切入，向企业提供数字化改造，覆盖企业超过 2.2 万家。希音、拼多多等消费电商则发挥流量优势，吸引海量中小企业上云、上平台。

我国工业互联网平台从推动行业/企业转型向深化业务领域赋能转变，研发设计、生产制造、运维服务等全业务领域数字化发展水平显著提升。在研发设计领域，平台通过汇聚人员、算法、模型、任务等设计资源，实现云化协同、共享资源、实时交互，提升大、中、小型企业协同研发设计效率和质量。浙江中控、之江实验室、阿里巴巴研发 supET 工业互联网平台，通过采集电池片上千个不同维度生产参数，搭建工艺参数优化模型，结合工艺专家对参数的过滤、筛选、识别结果进行综合改进，使 A 品率提升 7%。在生产制造领域，平台以用户需求为导向，打通客户端需求数据与产业端生产数据通路，以数字技术提高产品差异化程度，帮助企业解决市场需求饱和、消费者需求多样化、供应链协同难度大等痛点。海尔集团依托工业互联网平台，调用平台云化生产执行系统（MES）、仓储管理系统（WMS）等应用，实现制造数据多维度洞察可视，使用户能够参与到从产品设计到成品生产的全过程，实现以用户为中心的个性定制与按需生产。在市场服务领域，平台通过对产品的远程互联和数据分析形成产品追溯、在线监测、远程运维、预测性维护、设备融资租赁、互联网金融等服务模式，并提供供应链管理、共享制造、贷款金融等产业链增值服务。例如，三一集团打造根云工业互联网平台，联合久隆保险，围绕三一重工的挖掘机，推出了基于使用的保险（UBI）产品，实现工程机械设备基于机器数据保险的动态定价，为保险公司核保、定价、产品创新等都提供了基于数据分析预测的客观和有力的参考。

15.5　工业互联网安全

工业互联网安全形势依然严峻，各类风险挑战内外叠加不断。一方面，全球工业互联网安全不确定性加剧。近年来，随着大国博弈持续加剧、乌克兰危机和巴以冲突局势变化，全球网络空间激烈较量频发，工业领域已成为网络攻击重点目标。2023 年，乌克兰国防部情报总局（GUR）承认对俄罗斯开展了九次针对性网络攻击，俄罗斯军工企业、国防工业 IT 服务商等均是被攻击对象，通过窃取或删除数据、中断服务等手段，影响俄罗斯国计民生、国家经济和军事安全。卡巴斯基实验室分析报告显示，2023 年，俄罗斯等独联体[1]国家受到网络攻击数量最多的是工业领域，占该地区此类事件总数的 20%。另一方面，工业互联网安全风险威胁仍然复杂严峻。从攻击趋势来看，工业互联网发展推动跨设备、跨系统、跨厂区、

1 苏联解体时由多个苏联加盟共和国组成的一个地区性组织，包括阿塞拜疆、亚美尼亚、白俄罗斯、吉尔吉斯斯坦、摩尔多瓦、哈萨克斯坦、俄罗斯、乌兹别克斯坦、塔吉克斯坦共 9 个成员国。

跨地区的全面互联互通，网络攻击向企业网络渗透的入口不断增加，其中，勒索软件向工业互联网蔓延渗透尤为突出，呈爆发增长态势。据统计，2023 年全球勒索软件受害者增加了 49%，制造业已连续两年成为遭受勒索攻击最多的行业[1]。全球最大集成电路代工商台积电遭遇网络勒索（被索取 7000 万美元赎金），日本最大港口名古屋港口、电子产品制造商 Lacroix、德国汽车和防务公司莱茵金属等接连遭到勒索攻击，分别导致码头运营被迫停止、全球超过 1/3 的工厂暂时关闭、敏感数据泄露等严重后果。从威胁隐患来看，工业控制系统、设备等自身软硬件脆弱性凸显，漏洞、后门、违规联网等问题层出不穷，与此同时，针对工业互联网的攻击技术手段不断升级。据相关统计，2023 年工业控制系统发现的漏洞数量达 119 个，涉及西门子、施耐德、罗克韦尔、LS 电气等主流工控系统厂商，互联网暴露的工控设备数量明显增加，我国暴露的工控系统数量位居全球第二。此外，研究发现已有 Chernovite、Bentonite 等 20 个网络攻击团伙瞄准电力、能源等十余工业行业基础设施，通过对特定工业设备、工业通信协议等形成恶意软件进行破坏，以构建针对性高、杀伤力强的工业控制系统网络攻击链。

稳步推进、蓄势聚能，我国工业互联网安全发展不断取得新成果。随着制造业数字化、网络化、智能化转型需求日益加大，工业互联网安全的赋能和保障作用愈发凸显。一是政策标准研制持续推进，安全环境持续向好。2023 年 10 月，工业和信息化部面向社会公开征求《工业互联网安全分类分级管理办法（公开征求意见稿）》意见，旨在加快建立健全工业互联网安全管理制度体系，深入实施工业互联网安全分类分级管理，提出了企业安全分类分级、网络安全管理、支持与保障等相关要求。在标准方面，我国牵头提出的网络安全国际标准 ISO/IEC 24392：2023《网络安全工业互联网平台安全参考模型》发布，国家标准《网络关键设备安全技术要求 可编程逻辑控制器（PLC）》公开征求意见，这将助力提升工业互联网平台基础设施、工控系统的安全性。23 项国家、行业、团体标准加快研制，覆盖分类分级防护、安全管理及安全应用服务等方面，轻工、钢铁、建材等垂直行业分类分级安全标准在相关行业协会立项研制。二是部省多层次推进，赛事演练全国开展。国家级工业互联网安全赛事活动影响持续扩大，第二届全国工业和信息化技术技能大赛（工业互联网安全赛项）、2023 年中国工业互联网安全大赛等接连开展，山东、河南、江西、福建等 10 余省份举办工业互联网安全技术技能大赛、防护技能竞赛等，全国工业互联网安全技能比拼、创新人才培育的热情进一步激发，赛事引领性进一步夯实。新疆、湖南、山东、贵州等 8 省份组织开展工业互联网安全实网攻防演练，组织工业、工业互联网平台、标识解析等 1100 余家重点企业，发现并消除一批漏洞隐患，提升风险防范应对水平。三是前沿研究逐步深入，行业生态维持活跃。中国信息通信研究院、北京神州绿盟联合发布《数控机床网络安全研究报告（2023 年）》，分析了工业互联网背景下数控机床存在的漏洞隐患、入侵攻击等网络安全风险及深层次原因，为数控机床安全发展提供防护建议。中国联通研究院与安恒信息共建工业互联网安全联合创新实验室，围绕技术标准制定、实验环境及安全靶场等方面开展研究。浙江大学、北京威努特公司等共同建设工业控制系统安全技术国家工程实验室，强化工控系统安全隐患与脆

1 资料来源：派拓网络《2024 年勒索软件回顾：Unit 42 泄密网站分析》、IBM Security《X-Force 威胁情报指数》。

弱性建模和分析、威胁识别及预测、安全防护和加固等关键技术的研究、产品研发与应用。

政企协同、多方发力，工业互联网安全服务供给与产业生态加速发展。2023 年，国家有关部门、地方政府等纷纷加大工业互联网安全指导支持力度，工业行业、各类企业持续增加工业互联网安全相关研发投入，安全供给逐渐提升，安全生态更加蓬勃。一是政府持续加强安全示范典型指导培育。2023 年 3 月，工业和信息化部公布 2022 年工业互联网试点示范名单，遴选出企业分类分级管理、工控系统安全创新应用、垂直行业解决方案、服务创新载体、新技术融合应用等 7 个方向、29 个安全类试点示范。4 月，工业和信息化部公布工业互联网安全深度行活动典型案例和成效突出地区名单，包括河北、上海、江苏等 10 个成效突出地区及 33 个具有代表性、可复制可推广的工业互联网安全典型案例，覆盖钢铁、石化、建材、有色金属、电子制造等 18 个细分工业行业，为加大典型案例应用推广、加强网络安全分类分级管理奠定了有力基础。5 月，工业互联网安全深度行活动总结会召开，20 多个地方工业和信息化主管部门、通信管理局及相关企业共聚湖南长沙，交流了地方安全工作经验做法，分享了企业安全实践。二是各方积极开展安全技术创新和产业实践。国内外相关企业、科研机构等在工业互联网安全技术产品上加强创新研发，相关战略合作、投融资等也不断加强，工业互联网安全生态链持续建设。在技术创新方面，美国派拓网络推出适用于工业环境的新型坚固型防火墙，通过机器学习技术有效提升防火墙性能，俄罗斯 Positive Technologies 发布了用于确保工业系统安全的新版本产品。中国信息通信研究院自主研发和攻坚建设多个工业互联网安全技术平台和工具，形成集技术工具、测试环境、产业实践等于一体的“工业互联网安全检测评估体系实践”，入选 2023 工业互联网创新成果。在战略合作方面，美国网络安全企业 Claroty 和工业自动化巨头罗克韦尔开展合作，将其工业网络安全平台 Claroty xDome 添加到罗克韦尔自动化产品中；OT 网络安全供应商 Radiflow 与工业自动化解决方案供应商 Camozzi Group 合作，提升工业行业基础设施的弹性和安全性。在并购融资方面，罗克韦尔收购工控安全厂商 Verve，专注于工业网络安全的 Dragos、Shift5、长扬科技、Opscura 等获得了 940 万～7400 万美元不等的融资。

15.6　工业互联网产业

工业互联网从探索发展期转向规模化扩张时期，从初期的“网络、平台、安全”三大体系拓展为“网络为基础、平台为中枢、安全为保障、标识为纽带、数据为要素”五大新型发展体系。随着数字技术与工业体系深度融合，智能装备、开放自动化、新型工业软件三大新产业兴起，并融入工业互联网体系。

我国工业互联网产业稳步增长，规模增速继续放缓。从总量上看，产业规模连续扩张。2023 年，我国工业互联网产业规模达 13619.5 亿元，较 2022 年增加 1358 亿元。从增速上看，产业活力持续释放。2023 年，我国工业互联网产业规模增速达 11.1%，2021—2023 年年均增长率为 13.2%，实现“十四五”时期前三年持续保持两位数增长速度。从结构上看，增长引擎作用显现。软件及解决方案、工业互联网平台及互联自动化产业对整体规模增长带动作用较显著，增长贡献率分别为 33.7%、29.9%和 29.6%，较 2022 年分别增长 19.0%、32%和 6.7%。

软件及解决方案产业规模翻倍，应用市场愈发蓬勃。随着新兴技术的快速发展和市场需求的快速增长，以工业 SaaS 为代表的新型软件及解决方案产业持续高速发展。2023 年，我国工业互联网软件及解决方案产业规模达 2864 亿元，较 2022 年增长 19.0%，自 2018 年测算以来增长近 1.3 倍，对产业整体规模增长的贡献率常年稳定在 20%左右。新型软件及解决方案凭借性能强大、部署简单、功能全面的优势，在工业领域迅速渗透并快速迭代，应用市场蓬勃发展。例如，用友畅捷通聚焦小微企业提供云服务解决方案，围绕经营管理领域持续进行产品应用创新，2023 年前三季度新增的付费企业用户数达到 8.6 万家，同比增长 51%，带动 SaaS 订阅收入较 2022 年同期增长 45%。玄武云围绕 SaaS 产品体系，不断融合低代码、云原生、人工智能等先进技术进行渐进式改良创新，2023 年上半年实现总营收 5.30 亿元，同比增长 18.0%，核心客户留存率达 91.7%。

工业互联网平台规模增速恢复，市场趋于成熟发展。工业互联网平台产业经过强引导、高投入、保规模的扩产初期，规模增速迅速回升呈"V 型"翻转态势。2023 年，我国工业互联网平台产业规模达 1678 亿元，经过对 2020—2023 年历史数据的分析，工业互联网平台产业规模增速经历先涨后降再涨的波动，于 2023 年恢复明显增长态势，较 2022 年提升 32%。平台市场由"量的增长"转向"质的提升"，企业实现自我造血能力提升。例如，卡奥斯 COSMOPlat 注重全流程服务能力的打造，为汽车、纺织、食品、家电电子等超过 15 个行业，提供覆盖研发、生产、仓储、物流、服务等业务环节的一体化解决方案，2023 年卡奥斯 COSMOPlat 品牌价值达 868.26 亿元，较 2020 年增幅超过 55%。云道制造品牌专注工业特定场景解决方案研发，为航天、船舶、电子装备等垂直领域提供自主可控的云仿真平台，近三年营收增幅平均值超过 70%。

互联自动化产业规模小幅增长，新兴领域快速崛起。工业互联网互联自动化产业融合新兴数字技术，正处于融合、变革、重塑的深刻调整时期，未来增长动能强劲。2023 年，我国工业互联网互联自动化产业规模为 3101 亿元，较 2022 年呈现 0.8%的小幅增加，增速有所回落。其中，边缘计算主导的新兴技术领域规模增速达 23.2%，工业控制等传统自动化领域增速受开放自动化等技术影响，目前正处于裂变、调整阶段，产业规模小幅下滑。边缘计算产业规模为 126 亿元，较 2022 年增加 24 亿元，作为 IT 和 OT 的重要融合点，边缘计算在工业自动化领域加速落地，2020—2023 年年均增长率高达 24.5%。工业控制产业规模为 2605 亿元，在工业互联网互联自动化产业中的占比高达 84%。随着开放自动化融合数字技术向工业控制领域加速渗透，原有体系正向软硬件结耦、开发软件化、控制智能化等方向加速重构，虽然产业规模及增速较 2022 年有所回落，长期看增长动力强劲。

工业智能产业进入高速扩张期，动力引擎作用凸显。AI 大模型围绕工业各环节进行赋能，引发对传统工业体系的系统性重构，成为塑造产业整体竞争格局的新起点。MarketResearch 数据显示，2023 年全球"制造+大模型"的市场规模为 3.2 亿美元，预计 2032 年将突破 64 亿美元，2022—2032 年年均增长率达 41.1%。2023 年全球"工业设计+大模型"的市场规模为 2.0 亿美元，到 2032 年将达到 13.46 亿美元，2022—2032 年年均增长率为 24.5%。语言类大模型实现工业问答交互、内容生成是现阶段主要布局方向，与工业核心领域的结合仍在探索。例如，卡奥斯工业大模型 COSMO-GPT，基于 4300 多个机理模型与 200 多个专家算法库，打造员工智能助手，通过问答交互提升员工设计、查询、分析等重复性工作效率，截至 2023 年年底累计活跃用户超过 6300 人，平均日活用户达 500 人。

15.7　工业互联网应用

在数字化浪潮的推动下，2023 年见证了工业互联网应用的蓬勃发展和显著成果。工业互联网已经超越了单一技术的范畴，成为制造业转型升级的核心驱动力，正在深度重塑整个行业的未来格局。通过融合前沿的信息技术与制造业的坚实基础，工业互联网已经成为推动制造业向更高层次的智能化、自动化迈进的关键引擎。2023 年，随着工业互联网技术的深入应用，国内制造业在多个关键领域实现了突破性进展。

智能工厂建设进入新阶段，大型企业转型探索进入“无人区”，由龙头企业自行探索建设需求与路径取得进展。智能工厂的建设标志着工业互联网技术在自动化和数据化方面为制造业带来的革命性变革。以海尔中德智慧园区为例，5G 技术的集成应用不仅实现了生产设备的互联互通和生产流程的实时监控，还通过精确控制显著提升了安全管理效率和生产效率。该园区的智能化转型通过全面监控和追溯机制，在安防方面，实现了人员物料 100%受控，追溯率提升 100%，安全事故下降了 50%，展现了智能工厂在提升生产效率和安全管理水平方面的巨大潜力。

供应链数字化转型是制造业响应速度与稳定性提升的关键驱动力。以多点 DMALL 为例，该公司在零售行业中实施的数字化供应链解决方案，通过引入效期二维码管理系统，实现了商品效期的实时监控和智能预警，显著提高了门店的效期检查效率和准确性。此项创新举措有效降低了商品损耗率和门店运营成本，同时达成了过期商品零销售的卓越成就，展现了数字化在供应链管理中的强大潜力和实际效益。

重点行业的数字化转型应用，呈现出深化行业特色兼顾新技术应用的特点。数字化转型在化工行业中的应用，为安全生产和环境管理提供了创新的解决方案。以山东郯城化工产业园为例，该园区通过数据资源整合及智能设备与大数据分析技术的运用，实现了对园区管理的全面数字化升级。通过构建综合管控平台，该园区在安全生产、环境监管、应急管理和经济能源管理等多个关键领域实现了一体化管理，这不仅显著降低了人工成本和事故发生率，还极大地提升了应急响应和安全巡检的效率，展现了数字化转型在化工行业中推动管理效能提升和风险控制方面的专业实力。

中小企业作为制造业的重要组成部分，数字化转型在中小企业的规模化推广进入新阶段。新式规模化推广涉及四类主要专业推进模式，包括行业龙头带动、集群园区共享平台、工业互联网平台牵引及针对性技术产品应用，以满足不同行业如原材料、装备制造、电子信息和消费品行业的特定需求。不同规模的中小企业根据自身特点选择适合的转型路径，从中型企业的跨流程数字化应用到小微企业的单一环节数字化部署，均体现了对业务流程优化和市场响应能力提升的专业追求。中小企业的数字化转型可以被系统化为一系列具体的业务场景，全面覆盖业务链、产品链和资产链，展现了中小企业在数字化浪潮中实现质效提升和创新驱动的专业能力。《2022—2023 年中小企业案例库汇编》中的案例表明，中小企业通过工业互联网技术的应用，有效增强了产业链供应链的资源汇聚和互联互通发展水平。

2023 年涌现了大量的新技术，特别是人工智能技术取得多项重大突破，技术创新也构成了新时期制造业数字化转型的基石。无锡雪浪数制科技有限公司与吉利汽车、中国联通合作建立的虚拟制造平台便是技术创新在制造业中的一个典范。该平台集成了离散事件仿真、数字孪生技术和人工智能等前沿技术，为汽车工厂提供了一套全面的数字孪生解决方案。通过这些技术，企业能够模拟生产计划、优化生产线布局，并有效管理物流调度，从而在生产流程优化和效率提升方面取得了显著成效。这一实践不仅凸显了技术创新在制造业数字化转型中的关键作用，也展示了技术深度融合对提升企业竞争力的巨大潜力。

制造业数字化转型应用在开启巨大潜力的同时，亦面临一系列挑战，包括技术标准的不一致性、数据安全的风险及专业人才的短缺。以重庆市大足区五金工业互联网平台为例，该平台利用标识解析技术实现了成本节约和产值提升，而在标准化建设和数据安全方面仍存在挑战。针对这些问题，建议采取如下措施：首先，加强行业标准化工作，确立统一的技术标准以促进技术兼容和数据互通；其次，提升数据安全管理，确保企业数据的完整性和安全性；最后，加大对人才培训的投入，培育具备数字化技能的专业人才队伍，以支撑制造业的长远发展和创新需求。通过这些建议，可以为制造业的数字化转型提供坚实的基础和持续的动力。

2023 年，工业互联网的应用为国内制造业带来了深刻的变革。技术创新、供应链优化、智能工厂建设及中小企业的活力迸发，共同推动了制造业的数字化转型。展望未来，持续的技术创新和政策支持将对制造业的数字化转型起到关键作用。企业需要不断探索和实践，加强技术创新，优化供应链管理，提升生产效率和产品质量。同时，政府和行业组织也应加强标准化建设，完善数据安全管理体系，加大人才培养力度，共同推动制造业的数字化转型和可持续发展。工业互联网技术现今已经深刻地影响和改变了制造业的各个方面。随着工业互联网技术的不断发展和应用的不断深入，预计工业互联网将在未来制造业的发展中扮演更加重要的角色。

撰稿：王欣怡、张恒升、王亦澎、张蕾、吴诗雨、马娟、李昭伦
审校：周晓龙

第 16 章　2023 年中国数字乡村发展状况

16.1　发展现状

数字乡村是立足于我国新时代农业农村发展现状而作出的重要战略部署，是伴随网络化、信息化和数字化在农业农村经济社会发展中的应用，是农民现代信息技能的提高而内生的农业农村现代化发展和转型进程，它既是乡村振兴的战略方向，也是建设数字中国的重要内容。随着数字乡村建设的逐渐深入，数字化赋能乡村产业振兴、乡村建设和乡村治理的实践探索更加深入，为整体带动和提升农业农村现代化发展、全面推进乡村振兴、加快建设农业强国提供了强大动力。

2023 年，数字乡村政策体系持续完善。1 月，《中共中央 国务院关于做好 2023 年全面推进乡村振兴重点工作的意见》指出，深入实施数字乡村发展行动，推动数字化应用场景研发推广。加快农业农村大数据应用，推进智慧农业发展。2 月，《农业农村部关于落实党中央国务院 2023 年全面推进乡村振兴重点工作部署的实施意见》发布，全面落实一号文件部署，提出大力发展智慧农业和数字乡村。4 月，中央网信办、农业农村部等五部门联合印发《2023 年数字乡村发展工作要点》，明确了 2023 年数字乡村发展的工作目标，部署了 10 个方面 26 项重点任务，推动以数字化赋能整体带动农业农村现代化发展。6—8 月，中央财办、国家发展和改革委员会、商务部、中国人民银行等部门分别牵头出台农村流通、恢复和扩大消费、县域商业、金融支持乡村振兴等领域的政策文件。2024 年 3 月，中央网信办、农业农村部等十一部门联合印发《关于开展第二批国家数字乡村试点工作的通知》，体现了国家着眼农业农村发展最迫切、农民反映最强烈的实际问题，选择适配本地资源禀赋、信息化基础和经济社会发展水平的应用场景，分阶段推进数字乡村建设的思路内涵。

一年来，各地区、各部门深入实施数字乡村发展行动，社会各界广泛参与数字乡村建设，推动乡村数字基础设施建设取得新成效，智慧农业形成新气象、农村电商实现新突破、乡村数字治理迈上新台阶、乡村网络文化展现新风貌、乡村数字服务满足新期待。总的来看，数字乡村发展取得阶段性成效，国家数字乡村试点工作成效显著，它推动城乡地区从“同网同速”向“同步接入”“同步发展”跨越，城乡数字鸿沟进一步缩小。截至 2023 年年底，农村宽带接入用户数超过 1.9 亿，同比增长 8.8%；5G 网络基本实现乡镇及以上区域和有条件的行政村覆盖；农业生产信息化率达到 27.6%，超过预期目标 1.1 个百分点；农产品网络零售额突破 5800 亿元，同比增长 12.5%；全国具备条件的新型农业经营主体建档评级基本全覆盖。

16.2 智慧农业

智慧农业是数字技术与农业生产经营深度融合而形成的农业形态，是现代农业发展的新阶段，对于推动农业农村现代化建设具有重要意义。目前，我国大田作物种植、设施种植、畜牧养殖、渔业生产等领域数字化稳步推进，智慧农业已贯穿到农业发展的各领域、各环节。近年来，我国智慧农业建设驶入快车道，农业生产信息化率年均提升 2.5 个百分点，累计支持建设国家智慧农业创新中心和分中心 31 个、创新应用项目 97 个。数据显示，2023 年我国智慧农业行业市场规模达到 713 亿元，同比增长 9.18%，近 5 年我国农业机器人需求量保持 38.6%的增长率。

智慧农业发展大幅提高农业生产效率。通过数据、模型、算力等，对农业生产全环节进行精准调控、精准作业、精准管理，有效降低农业生产中的不可控风险，提升管理水平和农业生产效率。此外，无人驾驶拖拉机、无人机等智能农机装备的推广应用，让耕作更加规范化、标准化，提高作物种植密度和产量、降低能耗和使用成本。目前，我国推广应用各类农机北斗终端超过 220 万台，精准播种、变量施肥、植保无人机等加快推广应用。其中，植保无人机保有量已超过 20 万架，植保无人机每天飞防达到 500～800 亩，作业效率是人工作业的 50 倍以上；已建设 26 个无人农业作业试验区，智能农机累计作业面积达 1.79 亿亩，智能农机装备管理平台可实时监控超过 16 万台农机装备状态及作业情况。

智慧农业发展优化提升农业全产业链。通过数字技术对农业进行全方位的改造升级，有效解决传统农业生产产业链延伸有限、成品附加值低、产业竞争力弱等问题，极大提升了农业全产业链整体经营效率。在运营模式上，数字技术推动线上合作模式逐渐成熟，将农业生产全产业链关键环节串联起来，构建并优化了农产品全链条数字化运营体系；在供应端，数字技术在农产品的生产、采摘、运输、销售、配送全链条应用，有效降低了农产品全程追溯监管成本，并实现了全链条闭环式安全管控；在销售端，电商平台将线上资源整合优势与线下客户渠道资源融合打通，增强了农产品与消费者偏好匹配度。同时，农业全产业链的数字化升级，将促进一、二、三产业融合发展，实现农业与科技、文化、旅游等领域融合发展。

智慧农业发展大幅提高农事管理效能。农业农村大数据正与农业产业全面深度融合，推动各类数据关联上图、汇聚入库、共享开放，通过“全农码”平台，可以为涉农领域各要素赋予数字身份，连接“地、人、物、财、事”，助力农业农村数字化。目前，纳入全国家庭农场名录管理的家庭农场近 400 万个，依法登记的农民合作社 221.6 万家，组建联合社 1.5 万家。超过 19 万个家庭农场获得“一码通”赋码，以“一码定场”实现直接获客，超过 11 万个家庭农场注册“家庭农场随手记”免费记账软件应用，规范财务收支和成本核算。此外，依托数字技术可以有效发挥市场在乡村资源配置中的决定性作用。农业产业化龙头企业以“平台+农户”的方式，联合农民合作社和家庭农场、小农户，构建农业产业化联合体，实现优势互补、风险共担、利益共享，与各类农业经营主体建立契约型、分红型、股权型等合作方式，探索出了“订单收购+分红”“农民入股+保底收益+按股分红”等一系列新型生产组织模式。

16.3　农村电商

发展农村电商是创新商业模式、建设农村现代化流通体系的重要举措，能够有效转变农业发展方式、带动农民增收。近年来，我国深入推动农村电商发展，农村电商覆盖面持续扩大，电商规模持续增长。2023 年，全国网上零售额高达 15.43 万亿元，同比增长 11.0%；全国农村网络零售额达到 2.49 万亿元，同比增长 12.9%，增速快于全国整体网上零售额的增速。2014—2023 年，农村网络零售额从 1800 亿元增长到 2.49 万亿元，扩大了近 14 倍。

电商与农业融合水平进一步加深。农村电商从初期的销售端网络化逐渐向流通端、生产端的数字化、智能化推进。阿里巴巴、京东、拼多多等头部电商平台，通过打通农产品供应链，改造乡村产业链，推进电商与农业的深度融合。

农村寄递物流体系进一步完善。我国目前已基本建立起县乡村三级电子商务服务体系和物流配送体系。2014 年以来，商务部等部门共同开展电子商务进农村综合示范工作，累计支持 1489 个县，支持地区累计建设县级电子商务公共服务中心和物流配送中心超过 2800 个，村级电商服务站点 15.9 万个。根据国家邮政局数据，我国已累计建成 1267 个县级公共寄递配送中心、28.9 万个村级寄递物流综合服务站和 19 万个村邮站，“邮快合作”建制村覆盖率超过 70%，新增交邮联运邮路 1300 余条，农村邮路汽车化率同比提升 9 个百分点。

农村电商模式更加多样。各地大力发展农产品电商直采、定制生产等模式，通过建设农副产品直播电商基地，助农直播影响力不断加深，以淘宝、抖音、快手为主的农村直播电商迅猛发展。自淘宝直播的“村播计划”启动以来，超过 11 万农民主播在淘宝累计开展直播 330 万场，带动农产品销售额超过 150 亿元。2023 年，抖音直播电商百强小店年带货额超过 1600 亿元。

16.4　乡村数字服务

乡村数字服务是为农民提供便利服务、改善农村居民生活质量、提高农民生活水平的重要举措。随着数字技术的普遍应用，“互联网+教育”“互联网+医疗健康”“互联网+人社”和数字普惠金融等服务不断向农村地区下沉覆盖，乡村数字服务水平不断提升。

“互联网+教育”不断深化。我国不断推进教育数字基础设施建设，全国义务教育学校联网率已达 100%，基本实现出口带宽 100Mbps 以上。国家智慧教育公共服务平台上线运行，发布基础教育资源超过 3 万条，职业教育在线课程超过 2 万门，给广大农村地区送去了免费优质教育资源，许多农村边远地区利用平台资源实施“三个课堂”，深入推进城乡优质教育资源共享，有效助力教学质量提升。

“互联网+医疗健康”持续拓展。数字技术与传统医疗健康服务不断融合，目前国家全民健康信息平台已基本建成，省级统筹区域全民健康信息平台不断完善，基本实现了国家、省、市、县平台的联通全覆盖，目前已经有 8000 多家二级以上公立医院接入区域全民健康信息平台，20 个省份超过 80%的三级医院已接入省级全民健康信息平台。省、市、县、乡、村五级远程医疗服务网络持续完善，县级远程医疗覆盖率达到 90%以上，优质医疗资源不断下沉，乡村医疗服务的普惠性、通达性和高效性持续提升，农村居民看病就医“难、繁、贵、远”等难题得到有效缓解。

“互联网+人社”逐步覆盖。我国积极探索以社保卡为载体的居民服务“一卡通”方式，应用领域不断扩大，服务流程持续优化。2023 年，全国电子社保卡领用人数突破 9 亿，特别是在农村地区实现快速推广应用，为农村居民提供了参保登记、社保缴费及查询、待遇认证及领取等多项便民服务，目前全国 31 个省（自治区、直辖市）均可通过社保卡发放惠民惠农财政补贴资金。

数字普惠金融加快普及。银行保险机构不断优化传统金融业务模式，充分融合互联网技术与使用场景，增大对广大农户、新型农业经营主体的金融服务供给，数字普惠金融服务可得性和便利性不断提升。随着农村电商、移动出行和移动支付平台的快速发展，移动支付业务已经渗透到农村的方方面面。目前，金融机构设立近 80 万个助农取款服务点，基础支付服务村级行政区覆盖率达 99.62%，基本实现“人人有卡、家家有户、村村有服务”。2023 年，央行支付系统和农信银支付清算系统处理农村金融机构业务 459 亿笔，涉及金额 873.5 万亿元。

16.5 乡村数字治理

乡村数字治理是推进乡村治理体系和治理能力现代化的关键举措。近年来，我国乡村数字治理新模式不断涌现，以数字化打通乡村治理“最后一公里”发展模式日渐成熟，群众知情权、参与权和监督权得到充分保障，获得感、幸福感、安全感不断增强。

“互联网+政务服务”不断向乡村延伸覆盖。全国一体化政务服务平台联通 31 个省（自治区、直辖市）、新疆生产建设兵团和 46 个国务院部门政务服务平台，面向 14 亿多人口打造覆盖全国的政务服务“一张网”。各地依托一体化政务服务平台，不断提升政务服务事项“网上办”“掌上办”“自助办”比例，实现“让数据多跑路、让群众少跑腿”。目前，国家电子政务外网已实现县级行政区域 100%覆盖、乡镇覆盖率超过 96%。福建省上杭县在闽政通 App、微信等平台同步上线“杭好办”县级政务服务轻应用，推出资讯、服务和互动三大功能，提供 60 余项政务服务网上办理服务。

村务管理智慧化水平不断提升。全国各地积极探索通过互联网平台开展村务财务信息公开、村民在线议事、在线监督、村容村貌维护等。目前，我国农业农村基础数据管理平台不断完善，全国农村集体资产监督管理平台上线试运行，已汇集全国农村承包地、集体土地等各类数据；农村宅基地管理信息平台建设稳步推进，已有 105 个农村宅基地制度改革试点县（市、区）建设了宅基地数据库。四川等地在推进“积分制”“清单制”的过程中，积极运用互联网技术和信息化手段，促进积分制管理模式更精准，清单管理更透明。

乡村社会治理数字化能力显著增强。各地积极推进基层社会治理数据资源建设和开放共享，为农村预防风险、化解矛盾、打击犯罪和保障农村居民安全等提供有力支撑。目前，我国基层政权建设和平台系统已覆盖约 50 万个村委会、12 万个居委会，实现行政村（社区）

的基础信息和统计数据“一口报”。“数字乡村一张图”“一网五治”“四联共治”等乡村“智治”新模式不断涌现。在智慧平安乡村建设方面，各地在关爱农村留守老人和儿童、防范溺水意外事故等方面成效显著。

乡村智慧应急能力持续强化。通过数字技术的应用，能够对突发事件的事前预防、事发应对、事中处置和善后恢复进行管理和处置，实现灾情有效预防、应急事件迅速解决、应急资源高效利用。目前，应急广播国家级平台已经投入试运行，并与已建设的省级平台完成对接，市县平台超过 1300 个，已建成村级应急广播站超过 26.4 万个，部署应急广播终端超过 139 万个，国家、省、市、县、乡、村六级应急广播体系架构初步形成。

16.6　乡村网络文化

发展乡村网络文化既是乡村文化振兴的应有之义和重要手段，也是实现文化惠民的关键举措。2023 年，我国乡村网络文化亮点纷呈，“三农”题材网络作品日益丰富、优秀文化文物资源数字化保护持续加强，有效改善了广大农村精神风貌，丰富了农民精神文化生活，弥合了城乡在文化资源领域的“数字鸿沟”。

乡村网络文化阵地不断夯实。当前，我国网络文化新业态层出不穷，“三农”题材网络文化繁荣发展，县级融媒体中心等互联网新媒体成为乡村地域文化挖掘和传播的重要渠道，不断满足农村居民日益增长的精神文化需求。各地依托县级融媒体中心，积极探索和打造展现当地乡村特色、风土人情和农村居民文化习惯的优质网络文化内容，目前全国县级融媒体中心挂牌超过 2000 个。广大农村居民积极参与网络文化作品创作、供给和传播，“村晚”“村 BA”“村超”等特色鲜明、充满活力的乡村文体活动通过直播、短视频等平台在国内外引发强烈反响。2023 年，全国“村晚”示范展示活动共举办 2 万余场，参与人次约 1.3 亿。

基层公共文化网络设施持续健全。近年来，我国不断出台政策，加快基层公共文化设施数字化转型升级，建成一批乡村数字图书馆、乡村旅游网上展馆、乡村文化网上展馆等。数据显示，全国共建设农家书屋 58.7 万个，覆盖全国有基本条件的行政村，累计配送图书超过 13 亿册，开展数字化建设的农家书屋超过 18 万个。各地依托国家公共文化云建设公共文化云基层智能服务端，极大地丰富了农村优质文化产品和服务供给，为促进基层全民艺术普及、服务提质增效提供了有力保障。此外，文化和旅游部持续实施“乡村网红”培育计划，开展地方特色文旅资源专题推介活动，各地不断加大乡村网络文化服务人才挖掘和培育力度，“乡村网红”成为乡村文化振兴的代言人。

数字化助推乡村传统文化焕发新活力。我国积极推进各地乡村依托数字技术对乡村文物、非物质文化遗产、传统村落等文化资源进行数字化保护、挖掘和传播。目前，中央财政累计投入国家非遗保护资金 105.12 亿元，安排 18.45 亿元用于实施国家级非遗保护利用设施建设项目，非遗记录工程累计支持对超过 2000 名国家级非遗代表性传承人开展记录，用数字多媒体手段记录和留存代表性传承人所承载的独特技艺和文化记忆。中国传统村落数字博物馆建设加快推进，以全景漫游、三维实景、音视频等方式全方位展现了中国传统村落的独特价值和文化魅力，截至 2023 年年底，共有 6 批 8155 个具有重要保护价值的村落列入了中国传统村落名录，2023 年村落单馆数量已超过 400 个，覆盖全国 31 个省（自治区、直辖市），在提高村落地位、扩大村落影响、推动村落保护发展方面发挥了积极作用。各地实施“云上民族村寨”工程，运用 VR/AR 等数字化技术展现民族特色村寨建筑、历史文化等场景，助力民族特色产业数字化发展和民族文化活态传承。

撰稿：郭亚楠

审校：李想

第 17 章　2023 年中国车联网发展状况

17.1　发展环境

1. 世界主要经济体加快车联网政策布局，规模商用加速推进

美、欧、日、韩政策布局力度不断加强。美国交通部发布加速车联网部署计划草案，计划在 10 年内实现高速公路车联网应用全覆盖，75 个大城市 80%的信号灯路口联网，全国 75%的路口部署 C-V2X 设备，50 个州车与车、车与路互联互通。欧洲制定网联、协作和自动驾驶推进计划，分三个阶段在法国、德国、意大利等国建设大规模示范应用项目，并将连通各地开展综合大规模应用示范。日本发布《实现和普及自动驾驶的行动方针 5.0》，提出推广智能化基础设施以支持 L4 级自动驾驶落地，计划 2025 年在 50 个地点实现多个区域、多种类型车辆的无人自动驾驶服务。韩国发布《出行方式革新路线图》，明确到 2027 年实现具备 L4 级自动驾驶功能的乘用车商用，到 2035 年新车自动驾驶功能普及率达到 50%以上。2023 年 12 月，韩联社消息称，韩国新一代智能交通系统（C-ITS）决定使用 LTE-V2X 直连通信技术作为唯一车联网通信方式。

我国持续推动车联网规模应用。2023 年 6 月，国务院常务会议明确提出“构建‘车能路云’融合发展的产业生态”。**自动驾驶商用配套政策及标准体系持续完善。**我国开启高级别自动驾驶准入试点，2023 年 11 月，工业和信息化部、公安部、住房和城乡建设部、交通运输部联合发布《关于开展智能网联汽车准入和上路通行试点工作的通知》，对具备量产条件的搭载 L3 和 L4 级自动驾驶功能的智能网联汽车产品开展准入试点，获得准入的汽车产品可在限定区域内开展上路通行试点。2023 年 12 月，交通运输部印发《自动驾驶汽车运输安全服务指南（试行）》，明确在现行法律法规框架下使用自动驾驶汽车从事运输经营活动的基本要求。深圳、上海等地积极探索自动驾驶立法权，发布智能网联汽车管理条例和智能网联汽车道路测试与示范应用管理实施细则。武汉、北京等地开启 L4 级自动驾驶商业化示范运营。自然资源部、工业和信息化部分别发布《智能汽车基础地图标准体系建设指南（2023 版）》《国家车联网产业标准体系建设指南（智能网联汽车）（2023 版）》，持续完善标准体系。**多举措助推车辆 5G/C-V2X 网联规模商用。**工业和信息化部支持湖北（襄阳）、浙江（德清）、广西（柳州）创建国家级车联网先导区。2023 年 10 月，工业和信息化部办公厅发布《关于推进 5G 轻量化（RedCap）技术演进和应用创新发展的通知》，持续推进车联网规模化应用。交

通运输部积极推动营运车辆网联与 AEBS 融合系统，联合产业界开展基于 C-V2X 通信技术的II型 AEBS 系统的试验验证。C-V2X 支持应用功能首次被纳入中国新车评价规程（C-NCAP）测评范围。

2. 汽车加速向第三生活空间转变，产业生态系统创新探索不断

车企积极构建车载硬件与软件服务结合生态，通过车内短距通信支持手机一车机互联，通过人工智能大模型优化人车交互，通过端云结合汇聚海量内容与应用。新技术与车载交互结合多场景无缝切换体验，推动了以用户体验为核心的地图导航、移动出行、车内影音娱乐等智能应用的迅速发展。汽车已不再是单纯的交通工具，而是新技术的重要载体，成为继手机之后规模最大的“新型智能终端”，加速向“第三生活空间”转变，拓展从智能出行到智慧生活的新场景，催生“超级 VIP 影院”“移动办公空间”等车载信息生活新业态。据统计，乘用车新车前装标配中控娱乐系统渗透率超过 90%[1]，各类音视频娱乐、生活办公应用程序日益成为消费者每日必需。一汽红旗、东风岚图、长安、长城、吉利、上汽智己等众多车企与互联网厂商合作，开启人工智能大模型应用，赋能车载语音、行车助手等交互应用。蔚来、理想推出车载 AR 眼镜，奥迪 e-tron 推出车载 VR 系统，提高沉浸式驾驶体验。美国特斯拉公司基于强大的人工智能等技术，将导航、音乐播放、语音助手和自动驾驶等功能集成上车，开启智能座舱信息娱乐新生态。

17.2 发展现状

车联网产业目前已从测试验证与应用示范进入小规模部署与先导性应用实践的新阶段。智能网联协同发展战略进一步形成共识并落地实践。整车产品智能化、网联化能力持续升级，新型基础设施建设规模化扩展，车联网产业发展稳步推进。

整车产品智能化、网联化能力持续升级。辅助驾驶功能实现规模应用，“城区领航”等高级辅助驾驶功能成为当前高端车型竞争焦点。2023 年上半年，具备组合驾驶辅助功能的乘用车新车销量占比达到 42.4%[2]。全速自适应巡航、自动泊车辅助等 L2 级辅助驾驶功能已经规模化成熟应用。以“高速领航辅助驾驶”和“城区领航辅助驾驶”为代表的高阶智能辅助驾驶功能加速量产应用，小鹏、问界、阿维塔、蔚来、理想等车型相继在 2023 年前后推出城区领航辅助驾驶功能。**时空融合、大模型等新技术被引入自动驾驶，新技术赋能价值凸显**。“BEV+Transformer”[3]时空融合技术可将二维图像和传感器信息综合转化为三维向量空间，支持多传感器信息的特征级融合及时序信息融入，在车端实现高精度局部地图的实时构建，降低自动驾驶对高精度地图的强依赖。目前，小鹏、理想、华为、蔚来、比亚迪、极越等企业均在积极跟进“BEV+Transformer”时空融合技术并逐步上车。特斯拉、小鹏、华为、理想等企业也在积极投入基于大模型的端到端自动驾驶算法研发。探索从传感器感知输入、

1 资料来源：高工智能汽车研究院统计（2023 年 1—6 月）。

2 资料来源：工业和信息化部。

3 资料来源：BEV 全称 Bird’s Eye-View（鸟瞰图），Transformer 是一种基于注意力机制的机器学习模型。

直接产生车辆输出控制的端到端模型，自动驾驶行业或迎来“奇点时刻”。**5G/C-V2X 等车辆联网渗透率持续增长**。2023 年 1—10 月，国内乘用车新车市场车联网前装配备 1301.24 万辆，同比增长 23.69%，搭载率为 77.78%。其中，前装配备 5G 车联网 131.99 万辆（含选装），同比增长 245.61%，搭载率为 7.88%；前装配备 C-V2X 24.19 万辆，同比增长 97.31%，搭载率为 1.45%[1]。

车联网新型基础设施建设规模持续扩展。截至 2024 年 3 月，我国 5G 基站累计达到 364.7 万个[2]。地级市城区、县城城区道路智能化升级改造、路侧通信单元部署数量均取得显著进展。截至 2023 年年底，全国部署车联网路侧通信单元超过 8500 套[3]，相比 2022 年同期增长 2000 余套。我国已有 30 余个城市和高速公路路段启动车联网融合基础设施建设工作。无锡、天津、重庆等 7 个国家级车联网先导区和北京、上海、合肥等 16 个“双智”试点城市相继发布扩大车联网新型基础设施规模建设规划，呈现从单一区县（单一高速路段）部署向多区县（多高速路段）部署乃至市级全域（全路段）部署的发展趋势。例如，无锡、苏州等已经形成多区协同部署、市级平台统筹的建设模式；“车联网 1 号高速”（G2 京沪高速）津京塘段、山东段、江苏段等多段路线完成 710km 路段的网联化改造。

17.3　关键技术

整车开发多采用“计算能力共用、软件分层解耦”理念。电子电气架构正从“异构分布式”向“分域集中式”发展。当前车企主要采用按座舱域、车身控制域、整车控制域、自动驾驶域等功能域集成或按位置空间整合两种分域架构，通过域集成减少单一功能电控单元的分散部署，未来伴随更高性能车载计算芯片和车用操作系统的能力演进，将进一步演进至“中央集中式”架构，进一步提升功能开发和软件更新效率。整车软件架构从面向信号的软件架构向面向服务的软件架构转变，开放式、松耦合的服务架构打破了传统控制单元的“黑盒式”部署，将应用程序分解为独立于硬件和操作系统、特定的功能组件或服务，支持通过标准化协议和应用程序接口对其进行灵活访问、调用、组合、持续功能扩展和更新。

车端“高性能计算平台—操作系统—功能软件”技术开发架构不断升级迭代。高性能计算单元加速智驾域和智舱域融合。车载计算平台可同时支持智驾和智舱功能，有助于缩短开发周期，降低整车成本。当前以“舱行泊一体”为代表的产品正在逐渐扩大市场渗透，如高通、地平线等公司推出面向“舱驾融合”的芯片方案，德赛西威、华为、纵目科技等国内供应商陆续推出舱驾融合产品等。高级智能辅助驾驶不同技术路线并行。L2 级以下辅助驾驶主要采用摄像头与毫米波雷达的组合配置方案。在以领航辅助驾驶为代表的 L2++功能中，存在“多传感器融合”和“视觉为主”不同技术路线。多传感器融合路线主张以激光雷达为主导，配合毫米波雷达、摄像头等。计算机视觉为主路线倾向于更多采用摄像头降低硬件设施成本，通过加强算法优化提升以视觉为主的感知性能。整车全域操作系统有望成为下一阶段

1 资料来源：高工智能汽车统计。

2 资料来源：工业和信息化部统计。

3 资料来源：中国信息通信研究院统计。

发展趋势。现阶段智能驾驶、智能座舱仍以独立的车控操作系统或车载操作系统为主，以华为鸿蒙操作系统、小米澎湃操作系统为代表的我国企业自主研发的操作系统，有望掀起座舱应用新生态浪潮，逐步实现整车全域打通并与智能手机等终端形成生态协同。

路侧感知系统向一体化、融合化发展。路侧感知传感器不断引入新型技术，4D 毫米波雷达崭露头角，大幅提升感知性能。针对传统毫米波雷达存在分辨率较低、无法分辨垂直方向目标的问题，4D 毫米波雷达通过多芯级联、虚拟合成孔径等技术，大幅提升了毫米波雷达的分辨率，达到“点云成像”的效果。多传感器一体机集成逐渐成为主流方案。将多种感知传感器集成封装进同一设备，在提升设备的稳定性的同时，可降低实际部署与制造成本。同时，一体化集成方向从雷达与视觉传感器向多光谱、多焦距等方向发展。在满足路侧单点位感知性能的基础上，BEV+Transformer 技术栈提升车路跨域感知能力。路侧感知采用与车端相似的 BEV+Transformer 技术栈，不仅能增强路端跨域融合能力，解决跳变跟踪等数据处理问题，BEV 感知方案还会降低不同视角、不同传感器之间的转换壁垒，通过统一车—路感知架构，有望通过路端采集的数据辅助车端感知算法的训练，推进车—路融合感知应用进程。

云平台架构、接口、功能进一步达成共识。“边缘—区域—中心”多层级协同架构部署需求在业界已达成共识，目前，我国多个城市和高速公路已根据各自实际业务需求，开展多级多业务云平台的落地建设，呈现出“边缘—区域”“区域—中心”“边缘—区域—中心”多种灵活的部署方案。同时，为应对车联网规模化发展需求，面向数据跨域、基础设施跨域的互联互通方案开展探索。平台与路侧设备间的业务、运维南向接口标准化已成熟，适配不同应用服务数据共享能力的北向接口开放服务产品涌现。云平台功能实现模块化、可解耦的服务引擎成为趋势。中国通信标准化协会发布《面向 C-V2X 的多接入边缘计算平台技术规范》，已明确云平台基础功能，数据分析、感知融合、车路协同等业务引擎产品加速研发，不同厂家之间引擎产品的协同耦合仍待突破。

多网络融合、多业务协同逐渐达成业界共识。LTE-V2X、5G 等车联网无线通信技术与光纤网络深度融合，形成多网融合的交通信息通信网络，通过部署不同网络满足实时性要求较高、实时性要求较低、局部热点区域等不同场景差异化业务需求。LTE-V2X 与 5G 网络跨网业务协同信息交互关键技术正在研究，支持面向多源数据的多模通信连接，扩大车联网业务的应用范围。多链路冗余备份方案逐渐成熟，“全程全网”稳定的网络服务性能提升。针对单一网络覆盖及业务服务稳定性有限，会出现小区切换导致速率掉坑、覆盖空洞导致业务中断、多业务并发时资源不足导致业务性能降低等问题，业界正在推进多频段冗余备份、多发选收等多种方案验证。不同 5G 网络架构对车联网典型业务的服务能力正在开展验证。针对信息交互类、协作感知类的辅助驾驶业务，验证时延、可靠性、速率等通信性能参考指标，为 5G 车联网商用提供数据支撑。

17.4 典型案例

智能交通信息或驾驶安全信息服务迅速推广。互联网企业、智能出行企业及基础设施运营方积极打造各类面向个人用户端的产品或应用。百度地图、腾讯地图在无锡、成都、北京亦庄等地通过与网联信号机数据互通，实现更精准的红绿灯信息推送服务。武汉、淄博、无锡、柳州、成都等多个车联网运营方开发专用出行 App 或将相关功能集成进城市便民 App 中，或对部分车辆加装支持 LTE-V2X 直连通信功能的智能后视镜，通过语音助手、地图导航、个性化音频内容等交互方式向司乘用户提供交通信息服务和辅助驾驶提醒。Warm Car 共享汽车在柳州实现 App 内集成红绿灯信息推送；腾讯推出“出行服务”小程序集成长沙等城市网联智慧公交服务。

车路协同辅助驾驶和自动驾驶商用进程加速。博世、中信科智联等企业联合在无锡验证了协作式自适应巡航、协作式匝道汇入等 11 项基于车联网的 L2+辅助驾驶功能。福特 C-V2X 车路协同服务已经覆盖全国 7 个城市。此外，车联网赋能城市交通、物流运输、港口矿山作业等应用价值不断挖掘。长沙车路协同智慧公交方案已在 75 条线路、2000 余辆公交车上推广。百度、AutoX、小马智行等企业在北京亦庄、上海临港部分区域试点“全无人”自动驾驶出租车。上海东海大桥应用智能重卡 5 车编组跟驰自动驾驶运输作业。国内多个港口、矿山采用 5G 与 LTE-V2X 协同的网联方案实现无人集卡、无人矿车的常态化运行。

数字化治理应用不断深化。无锡在锡东新城商务区利用车辆轨迹数据提取交通参数，动态实现单路口分时段信控优化、干线协调信控优化等交通控制策略优化；襄阳基于路侧感知的车流量、排队长度等路况信息，优化信控配时方案，降低空等、空放比例，高峰时段路口排队长度下降近 50%。L4 级别网联无人驾驶环卫车在上海、无锡等地规模落地应用。

17.5　发展挑战

经过政产学研用各方的协同配合与积极努力，我国车联网产业的智能网联协同发展共识深化、态势明确、成效显著。但车联网产业涉及汽车、信息通信、智慧城市、交通运输等多个行业，又需兼顾考虑技术创新、产业经济、社会治理等多重属性，仍然面临技术协同、基础设施建设运营协同、产业生态协同等多个层面的协同难题，是一项复杂系统工程。

技术协同研发能力需加强。汽车、信息通信、智慧城市、交通运输等行业企业对车联网应用场景理解不同，核心技术实力、市场化推广等方面的优势不同，车联网技术创新及产业化合力尚未充分发挥。针对此问题，可围绕车载操作系统及中间件、智能网联计算处理平台、低时延高可靠通信系统、路侧感知计算设备、云控基础平台底座等方向领域，通过专项攻关、组建联合体及战略性投资等方式加强合作。

基础设施运营需协同部署。当前车联网基础设施建设仍以小范围部署为主，布设成本高，用户直接体验感不足，需考虑降本增效和跨域规模化建设运营问题。一方面，可围绕路侧智慧灯杆、算力网络、通信回传网络等，鼓励电信运营企业、高速公路业主方、地方城市运营主体等跨行业主体在建设部署过程中强化共建共享，实现降本增效。另一方面，优先考虑面向可规模复制推广的典型应用场景，在城市级区域范围内部署标准化的、功能一致的车联网新型基础设施及应用服务系统，提升用户体验。探索车联网跨域运营合作机制，推动跨地域的车联网运营企业服务能力互认与服务模式互通，通过市场化、商业化手段对外提供跨域一体化的运营服务。

跨行业生态协同需强化。车联网进入小规模部署与先导性应用实践的新阶段，但通信、交通、汽车等行业对于新阶段的技术路线选择、阶段性工作目标和重点任务安排尚未达成共识，需尽快在“车—路—云”一体化架构设计、多域操作系统生态培育、路侧基础设施部署与车辆网联渗透率提升之间的协同等方面实现跨行业的路径协同。同时，加快数据格式、交互接口、通信协议等互联互通，以及可靠性、可用性和安全性等跨行业标准协同制定。此外，应探索建立覆盖“人—车—路—云”多环节的车联网数据要素空间基础底座，鼓励跨行业企业共同探讨数据作为生产要素的赋能应用场景和新价值链，充分挖掘和安全释放数据价值。

撰稿：关欣
审校：李先懿

第 18 章　2023 年商务交易类应用发展状况

18.1　发展环境

1. 政策环境

党和国家推出多项利好政策助力跨境电商发展。近年来，我国电子商务特别是跨境电商快速发展，成为外贸发展的一个亮点。2023 年中央经济工作会议提出：“要加快培育外贸新动能，巩固外贸外资基本盘，拓展中间品贸易、服务贸易、数字贸易、跨境电商出口。”多部委出台一系列相关政策支持跨境电商发展。例如，工业和信息化部、国家发展和改革委员会、国务院国资委联合印发《关于巩固回升向好趋势加力振作工业经济的通知》，支持跨境电商、海外仓等外贸新业态发展；财政部、海关总署、税务总局联合发布《关于跨境电子商务出口退运商品税收政策的公告》，降低跨境电商企业出口退运成本，积极支持外贸新业态发展。

金融科技创新与监管体系重构。2023 年，国家金融监督管理总局正式成立，国内金融行业监管格局由“一行两会”转变为“一行一局一会”。中国人民银行（以下简称央行）、国家金融监督管理总局及中国证监会“三定”方案公布，“超级央行”的监管框架逐步转向“双峰”监管框架，以央行负责审慎管理、国家金融监督管理总局负责金融监管为核心的中国金融“双峰”监管框架基本形成。金融监管体系的改革使得金融科技行业进入新时代，安全合规成为金融科技未来长期发展的重要前提。新一轮机构改革在有效防范金融风险的同时，可以进一步鼓励“金融+科技”场景多元化发展。

各地方促进平台企业规范健康发展并鼓励平台经济“走出去”。自 2022 年中央经济工作会议召开以来，全国各地纷纷出台政策释放鼓励平台经济发展的积极信号。北京市市场监督管理局制定《关于优化电子商务经营者准入服务工作的通知（公开征求意见稿）》，拟出台 17 条举措以促进灵活就业，鼓励、支持平台经济规范、健康发展；山东省发布《关于加快推动平台经济规范健康持续发展的实施意见》，提出要重点培育工业互联网、电子商务、金融科技、智慧医疗健康、数字文旅等十大平台经济生态体系等。2023 年 4 月，中共中央政治局会议在分析研究当前经济形势和经济工作时提到了平台经济，强调要推动平台企业规范健康发展，鼓励头部平台企业探索创新。多地积极引导平台型企业努力促进消费、扩大就业。多地鼓励平台型企业参与国际竞争，积极“走出去”。

2. 社会环境

居民消费意愿回升，消费市场回暖态势显著，有望企稳发展。多年来，消费已成为我国经济增长的主引擎之一，同时也是当前推动中国经济迅速恢复和反弹的关键性力量。从宏观层面来看，居民的可支配收入保持增长，增长速度与我国经济增长基本同步。同时，中等收入群体的规模正在稳步扩大，消费复苏的基础坚实。

我国网民及网络购物规模、互联网普及率上涨。第 53 次《中国互联网络发展状况统计报告》显示，截至 2023 年 12 月，我国网民规模达 10.92 亿人，较 2022 年 12 月新增网民 2480 万人，互联网普及率达 77.5%。此外，“国潮”商品持续成为居民网购消费的重要组成部分。近半年在网上购买过“国潮”商品的用户占比达 58.3%，购买过全新品类、品牌首发等商品的用户占比达 19.7%。

3. 技术环境

人工智能产业进入高速发展时期，创造多个技术、市场、监管里程碑。相比前代 AI，具备高可用性、高拟人化的预训练大模型跨越技术“奇点”，国内外技术公司、高校、研究机构的语言、图像、视频、音频大模型在 2023 年以极快的速度争相推出和迭代，基于预训练的大模型应用在全球范围内产生了爆发式的增长，从公众到 AI 从业者，对人工智能技术能够带来的生产生活变革有了全新的认知。

金融业对数字化技术应用需求不断提升，金融科技“工具箱”进一步丰富。数字原生理念在金融业逐步深化，算力能力成为金融业数智化发展的新焦点，大模型、数据智能技术加速金融业数据要素价值释放，金融业数字化转型走向深水区，助力金融应用现代化转型。

数据要素 X 行业纵深发展。2023 年 12 月，国家数据局发布《“数据要素×”三年行动计划（2024—2026 年）（征求意见稿）》，提出数据要素应用场景广度和深度要大幅度拓展。数据要素作为我国战略布局与发力的重要领域，全国各地各市场主体都在积极寻找数据要素发展中的定位，探索新的业务增长点。

18.2 发展现状

1. 电子商务

2023 年，电子商务在恢复和扩大消费、促进数实融合、深化国际合作中发挥着重要作用，高质量发展取得积极成效。**一是扩大消费新动能更加强劲。**全年网上零售额 15.42 万亿元，同比增长 11%，我国已连续 11 年成为全球第一大网络零售市场；实物商品网络零售总额与社会零售总额的比重增至 27.6%，创历史新高；绿色、健康、智能、“国潮”商品备受青睐，国产品牌销售额占重点监测品牌比重超过 65%；自“促进家居消费”政策出台以来，2023 年 8—12 月期间，适老家具、家庭影院、家用装饰品同比分别增长 372.1%、153.3%和 64.6%。**二是服务消费新热点更加多元。**在线旅游、在线文娱和在线餐饮销售额合计对网络零售增长贡献率达 23.5%，拉动网络零售增长 2.6 个百分点。其中，旅游产品在线销售额增长 237.5%，哈尔滨冰雪季、贵州“村超”等旅游亮点频出；在线文娱销售额增长 102.2%，其中演唱会票务在线销售额增长 40.9 倍；在线餐饮销售额增长 29.1%，占餐饮消费总额比重进一步提高到

22.2%。**三是数实融合新模式更加丰富。**产业电商平台交易功能进一步强化，商务部重点监测平台交易额增幅达到30%；国家电子商务示范基地作用更加凸显，整合培育形成30余个数字化产业带，助力行业企业降本增效；“数商兴农”成效显著，全年农村和农产品网络零售额分别达2.49万亿元和0.59万亿元，增速均快于网络零售总额。**四是国际合作空间更加广阔。**“丝路电商”伙伴国增加到30个；上海“丝路电商”合作先行区34项任务已经启动，电子商务制度型开放新高地建设初见成效；与东盟共同发布加强电商合作倡议，为全球数字治理贡献中国智慧；举办国家级全球数字贸易博览会，打造贸易强国建设新平台；上海、广西、陕西、海南等举办东盟好物网购节、中亚主题日，开展“使节直播”活动，线上线下国际电商合作进一步深化；国内主要电商平台进口商品销售额达2903.4亿元，消费选择更加丰富多元。

2023年国内电商行业发展环境出现新变化。在国内部分中高端消费市场面临收缩与用户流量红利减少的双重压力下，对下沉市场的挖掘有望为电商平台带来新的广阔发展空间，电商行业企业开始更加注重“低价优势与服务优势”的比拼，以迎接行业全新的机遇与挑战。**一是网购用户规模趋近见顶，电商平台巩固自身基本盘的紧迫性进一步提升。**截至2023年12月，我国网络购物用户规模达9.15亿人，较2022年12月增长6967万人，用户规模的潜在增量空间趋近见顶。因此，各家电商平台对网购用户的流量争夺进入存量竞争时代。在该行业发展阶段中，各家平台做好用户深度运营工作，巩固好自身的根据地及增强用户积累和留存能力的重要性不断凸显，用户留存率和复购率成为平台高度关注指标。**二是直播与短视频电商融合愈加紧密。**2023年，我国直播电商市场规模达到4.9万亿元，同比增速为35.2%，行业依旧在释放增长信号。从供给侧看，品牌商开始多平台布局直播电商业务且网店直播趋势凸显。2023年，网店直播的市场规模占比超过50%。从需求侧看，消费者在形成购买决策时会考虑多重因素，可通过直播短视频等方式比较多家、多种商品。2023年6月，短视频用户规模达到10.3亿人，占网民规模的比例为95.1%，短视频用户渗透率极高。由于短视频平台通常具有“直播”内容场域，因此大规模短视频用户可转化为直播电商用户。**三是半日达/送货上门创新模式不断演进，具有先发优势的平台有望抢占未来物流配送竞争的制高点。**电商市场进入存量竞争阶段，新兴电商平台持续挑战现有头部电商平台行业地位，具有供应链优势资源的平台更有动力通过不断抬高仓储配送的竞争壁垒来巩固自身领先的行业地位。

2. 网络支付

2024年3月，中国人民银行发布的《2023年支付体系运行总体情况》显示，**非现金支付业务成为增长的主力军。**2023年，全国银行共办理非现金支付业务5425.89亿笔，金额达到5251.30万亿元，同比分别增长17.28%和9.27%。随着电子支付、移动支付等新型支付方式的普及，非现金支付已成为社会主流支付方式，极大地提升了支付效率，促进了经济发展。**电子支付业务量的增长令人瞩目。**2023年，银行共处理电子支付业务2961.63亿笔，金额共计3395.27万亿元，同比分别增长6.17%和9.17%。其中，移动支付业务量尤为突出，移动支付业务1851.47亿笔，金额为555.33万亿元，同比分别增长16.81%和11.15%。移动支付在日常生活中被广泛应用，接受程度提高。电子支付业务量的增长不仅提升了支付体系的便捷性，同时也为金融科技创新提供了广阔发展空间和机遇。

持续推进优化商业领域支付，提升支付便利性。2015年以来，我国移动支付发展迅速，对利企便民、活跃交易、繁荣市场等发挥了重要作用。然而，由于我国老年人等群体偏好使用现金，部分境外来华人员习惯使用银行卡或现金支付，对使用移动支付不习惯，支付服务的包容性还有进一步提升的空间。行业顶层设计多次释放信号提出要优化支付服务，提升支付便利性，更好地满足老年人、外籍来华人员等群体多样化的支付服务需求，推动移动支付、银行卡、现金等支付方式并行发展、相互补充，进一步提升支付服务水平，更好地服务社会民生，优化营商环境，促进高水平对外开放。

数字人民币构建中国经济与全球支付格局。截至 2023 年 12 月末，数字人民币的试点地域在全国范围内迅速铺开，已延伸至 17 个省份的 26 个地区，涵盖经济发达的东部沿海省市（如江苏、深圳），也囊括了东部地区的经济重镇（如浙江义乌），以及西部地区的重要枢纽（如成都等地）。其应用场景更是渗透到日常生活的方方面面，从公积金提取、社保缴纳，到税费支付、政务服务，都展现出数字人民币强大的实用性和普适性。在国际化方面，数字人民币正走向全球，特别是在深圳与香港的跨境支付试点项目中，以及与河北雄安新区、海南、北京、重庆等地的跨境支付应用合作中，数字人民币开启了跨境支付新篇章，为推动人民币国际化开辟了新路径。

跨境支付行业迎战"持续增长"。2023 年 12 月，国务院正式发布《非银行支付机构监督管理条例》（以下简称《条例》），并于 2024 年 5 月 1 日执行。其中要求境外的非银行机构拟为境内用户提供跨境支付服务的，应当依照《条例》规定在境内设立非银行支付机构。此外，非银行支付机构为跨境交易提供支付服务的，应当遵守跨境支付、跨境人民币业务、外汇管理及数据跨境流动的有关规定。2024 年 1 月 11 日，商务部、中国人民银行联合发布《关于进一步支持外经贸企业扩大人民币跨境使用促进贸易投资便利化的通知》，旨在推动银行提供更加便捷、高效的结算服务。

3. 金融科技

随着经济持续复苏，宏观政策实施与消费潜力释放的需求对金融科技应用提出更高要求，同时新一轮的金融监管改革进一步推动金融科技集中统一监管和穿透式监管。金融科技产业格局趋于稳定，产业发展模式和路径更加成熟，同时，金融科技投入质效的提升、金融科技伦理治理体系的规范、"科产金良性循环"及金融供给侧结构性改革的深入成为行业关注重点。

经济复苏与监管改革双期叠加，产业发展面临新形势与新要求。2023 年以来，全国宏观经济呈现"曲折中前进"的复苏态势。从当前金融科技的发展环境来看，不论是宏观政策的框架，还是消费潜力的释放，都对金融科技提出了新的要求。

产业格局进入相对稳定期，规范化高质量发展成为行业共识。从当前金融科技市场格局来看，行业发展经历了快速成长期和波动调整期之后，各类产业主体发展定位更加明确，发展模式和路径愈加清晰，行业竞争态势进入相对稳定阶段。头部金融机构继续坚持科技引领战略，整体科技投入仍保持增长态势，主导地位更加突出；平台企业金融业务常态化监管制度框架已初步形成，以蚂蚁集团为代表的大型平台企业金融科技业务整改进入成熟阶段，监管要求已经逐步落实到企业运营层面；IT 解决方案供应商不再局限于软件系统开发与集成服务，正在探索应用大模型等新技术为金融行业提供新的服务内容与模式，并从"传统产品+

服务收费”的定制化业务模式向 SaaS 订阅收费的标准化模式进行转变。

监管导向推动“科技—产业—金融”良性循环。当前形势下，在对科技、产业、金融三者关系进行全新诠释的过程中，金融资源配置要以促进产业升级和科技创新为导向，实现产业链、创新链、资金链的协同发展。“科技—产业—金融”良性循环的提出，为金融科技产业发展树立了新的导向，让金融与科技的双向协同有了新的聚焦点。

金融科技的发展与全球宏观经济、金融市场和科技产业进展密切相关。2022 年，全球金融科技投融资总额为 770 亿美元，较 2021 年下降 45%，2023 年上半年金融科技投融资总额为 229 亿美元，同比下降 57%，投融资交易数为 1922 笔，同比下降 41%，半年度投融资水平已降为自 2017 年以来的最低点。各阶段金融科技企业的融资规模，也出现了不同程度的下滑，2023 年上半年种子轮融资规模下降 12%，创业初期融资规模下降 14%，成长期和成熟期创业公司的融资规模分别下降 43%和 66%。

18.3　关键技术

随着数字产业化和产业数字化的日益深入，关键技术应用落地不断呈现新趋势：数智化时代，智能算力成为助推行业转型发展的新引擎，包含云原生、AI 原生等在内的数字原生应用催生金融领域新的发展动能；生成式人工智能技术助推行业新应用探索，加快数据要素价值释放；“多云多芯”信息技术创新、分布式技术应用等持续夯实行业应用现代化转型基础；金融领域安全防护向体系化部署升级，安全发展更加关注敏捷高效的管理能力构建。此外，后量子密码技术成为金融机构应对量子时代潜在风险的关键抓手，移动通信等技术的持续演进将为金融领域创新发展打开新的发展空间。

1. AI 大模型

AI 大模型技术的快速发展，尤其是由 ChatGPT 等生成式大模型引领的变革，正在为互联网和金融行业带来前所未有的新机遇。随着 ChatGPT 人工智能技术自身的飞速发展，当前的 GPT 4.0 模型参数从亿级跃升至千亿级别，增强了模型对上下文的理解能力和应用的场景适配能力。大模型已经能够训练并处理文本和图片等多种信息载体，进一步增强了对金融业复杂文本和图像信息的融合处理与分析能力。大模型技术的持续进步，金融领域中成熟的数字化基础和密集的人工智能应用场景，为模型的实际部署提供了理想的应用环境。截至 2023 年年底，农业银行、工商银行、交通银行等多家银行机构已经制定了大模型的发展策略，形成了智能问答、知识运营、投研助手等多种场景应用（见表 18.1）。

表 18.1　银行机构大模型布局

时　间	机构名称	大模型布局措施
2023 年 3 月	农业银行	推出基于开源自研的金融 AI 大模型 ChatABC，初步具备自由闲聊、行内知识问答、内容摘要等多类型任务的服务能力
2023 年 3 月	工商银行	基于昇腾 AI，发布了首个金融行业通用模型，实现百亿级基础大模型在知识运营助手、金融市场投研助手等场景的应用
2023 年 8 月	交通银行	制定 AIGC 建设规划，组建 GPT 大模型专项研究团队

（续表）

时　　间	机 构 名 称	大模型布局措施
2023 年 8 月	招商银行	提升 GPT 类自然语言处理大模型的建设能力，并重点发掘其在全流程财富管理中的应用，投产 FinGPT 创意中心
2023 年 8 月	中信银行	与华为、雄安新区联合成立创新实验室，布局大模型等联创课题
2023 年 8 月	平安银行	公布一项名为“银行业务中大模型的微调方法、装置、设备及存储介质”的专利
2023 年 8 月	兴业银行	引入并部署私有化的商业大模型，上线大模型产品 ChatCIB
2023 年 8 月	浙商银行	设立数字创作中心（AIGC Center），打造一批有浙银辨识度和行业竞争力的重大数字化应用

数据智能技术的发展进入新阶段，提升业务决策智能化水平。以金融业为例，金融业是数据智能技术应用的先行者之一，主流机构会率先探索数据智能技术的应用。目前，现代数据栈、数据编织和数据操作流程自动化等现代数据管理方法走进现实；“湖仓一体”等新一代数字化平台进入融合一体化阶段；作为数据分析的智能化升级，智能增强分析开始应用，帮助金融机构洞察和构建数据资产可信流通的生态分析能力。

头部互联网企业和金融机构在实现数据资产变现方面进行了探索，尝试将低价值、高风险的原始数据交易转变为高价值、低风险的知识产品交易，积极探索构建数字空间、数据交易平台等安全可信的数据流通基础设施，目前这些方式已实现一定规模商用。例如，北京银行在城市副中心分行落地全国首笔数据资产质押融资贷款，杭州高新金投控股集团有限公司发行了全国首单包含数据知识产权的证券化产品。

2. 智能算力

算力已成为数字化深度转型的关键资源，我国数字产业逐渐形成了以算力资源为基础、以算力网络为链接的服务模式。以多元算力资源为基础、以算力网络为连接的算力服务成为数字化转型竞争的新领域。截至 2023 年 6 月底，全国算力总规模同比增长 30%，智能算力规模同比增长约 45%[1]。浪潮与 IDC 联合发布的统计数据显示，电子商务和金融领域在算力水平行业中排名前列，算力发展对电子商务和金融业数字化转型有重要价值。例如，大型金融机构探索持续建设先进的算力基础设施，纷纷构建更加强大的算力平台，探索更加智能、敏捷、安全的算力解决方案，推动算力与算法、数据深度融合，持续优化智能信用评估、客户筛选、风险定价、风险控制、投资顾问、保险精算等金融服务。

数字原生理念逐步落地，云原生、AI 原生在金融业转型发展的基础不断夯实。数字原生是指一种与生俱来的“数字化基因”，它涵盖了将互联网、云原生、大数据等前沿数字技术与组织形态、业务模式、技术架构等多个方面深度融合的先进思维理念。这种全方位的数字化不仅改变了生产方式，也重塑了生产关系。在金融业，云原生和 AI 原生等先进理念正逐步落地，引领行业向数字原生持续进阶。云原生在金融数字化转型中扮演了关键角色，大型金融机构已广泛采纳其分布式架构作为核心系统转型的趋势。而 AI 原生则通过智能嵌入，推动金融领域进入全面智能时代，其在投资组合优化、风险评估与管理、金融市场预测等领域展现出巨大的应用潜力。

1 资料来源：《中国综合算力指数（2023 年）》。

3. 移动通信技术

移动通信的代际升级，给行业带来持续的场景扩展和体验升级。当前，5G新阶段的5G Advanced标准正在推进中。同时，国际电信联盟（ITU）于2023年6月明确了6G发展愿景和目标，移动通信的持续演进将进一步丰富电商和金融业的技术体系。

一是沉浸式交互体验技术的演进，支持服务体验大幅提升。更贴近实时的沉浸式扩展现实（Extended Reality，XR）、全息通信、感官互联等新技术的进化，带来小于1ms的时延、Tbps级的吞吐量，形成自然逼真的视觉还原，未来这些技术的落地，能够支持金融业推动真正的全息数字人、沉浸式服务的落地。**二是内生智能化在移动通信领域的应用，将支撑业务场景全方位的数字孪生。**未来，移动通信将融入普惠智能、自学习、自维护、数字镜像实体等技术，支持多个行业从数字孪生到数字原生的发展，积极拥抱这些技术，将是电商、金融行业建立高度智能化业务的重要方向之一。

4. 未来技术发展的趋势与方向

在电子交易领域，互联网与金融交汇的边界正随着数字化转型的浪潮而迅速扩展。新一代信息技术，如智能算力、数字原生及人工智能大模型等，正深度嵌入交易业务和经营管理的流程中，为行业发展注入新动力。随着这些技术的飞速发展，**行业运营服务的智能化水平逐步提升。**智能客服等应用正在多个行业中加速渗透，不仅扩大了应用领域，还优化了模型性能。对于那些重复性高、业务流程相对固化的客服业务，智能客服已经展现出对人工客服的良好替代效果。中国银行业协会发布的数据显示，2022年，银行业金融机构客服从业人员较2020年减少了约19.5%，而客服中心和远程银行的智能服务占比已达50.13%，这充分显示了智能化服务在银行业中的显著成效。

数据智能技术的持续演进，更是推动了互联网和金融产业中数据资产的可信流通和价值释放。它不仅提升了数据资产的流通分析能力和业务决策智能化水平，还为数据资产的未来应用奠定了坚实基础。随着《关于构建数据基础制度更好发挥数据要素作用的意见》的发布，数据确权、流通、交易、收益分配、治理等机制的加速建设，将为各场景中基于数据要素的创新提供快车道，为数据资产化、资本化的发展添砖加瓦。

展望未来，新一代移动通信技术、沉浸式交互技术、量子计算技术等新兴技术的发展，将给数字经济产业带来更多场景扩展和体验升级，引领我们进入一个更加智能、互联的新时代。

18.4　电子商务

1. 跨境电商

中国跨境电商发展速度迅猛，助力中国外贸业态焕新发展。海关统计数据显示，在跨境电商进出口额方面，2023年我国跨境电商进出口总额达2.38万亿元，同比增长15.6%，占外贸进出口总额的5.7%。其中，出口总额1.83万亿元，同比增长19.6%；进口总额5483亿元，同比增长3.9%。在用户规模方面，中国进口跨境电商消费者人数逐步增高，2023年达到1.63亿人。此外，跨境电商主体超过10万家，独立站超过20万个；跨境电商海外仓超过1500

个，面积近 1900 万平方米。各项数据表明，跨境电商发展态势良好，政策完善、跨境电商基础设施建设完善、机制日趋成熟等多方面因素有力支持跨境电商高质量发展。

在政策完善方面，2023 年国内出台了一系列促进跨境电商发展的政策文件（见表 18.2），顶层设计为跨境电商创造了优质的生长土壤。2023 年 12 月，国务院办公厅印发了《关于加快内外贸一体化发展的若干措施》，从市场渠道、融合发展、财政金融三方面加大对跨境电商的支持力度，支持内贸企业采用跨境电商等方式开拓国际市场，促进“跨境电商+产业带”模式发展，支持更多符合条件的支付机构和银行为跨境电商等新业态提供跨境支付与外汇结算服务。

表 18.2　2023 年中国跨境电商相关政策类文件发布情况

发布时间	政策类文件名称
2023 年 1 月	《关于进一步支持外经贸企业扩大人民币跨境使用促进贸易投资便利化的通知》
2023 年 2 月	《关于跨境电子商务出口退运商品税收政策的公告》
2023 年 4 月	《国务院办公厅关于推动外贸稳规模优结构的意见》
2023 年 7 月	《关于做好自由贸易试验区第七批改革试点经验复制推广工作的通知》
2023 年 7 月	《轻工业稳增长工作方案（2023—2024 年）》
2023 年 8 月	《财政部等三部门发布延续实施跨境电子商务出口退运商品税收政策》
2023 年 11 月	《关于强化金融支持举措助力民营经济发展壮大的通知》
2023 年 12 月	《关于加快内外贸一体化发展的若干措施》

资料来源：公开渠道搜集。

在监管创新方面，根据跨境电商“小批量、高频率、碎片化”的特点，商务部推动创设跨境贸易电子商务 B2C、跨境电子商务企业对企业直接出口、跨境电商出口海外仓、市场采购贸易模式、保税跨境贸易电子商务模式。这 5 种监管模式，分别适用于不同的交易场景，实行“定制化”监管，提升了服务效能。同时，税务与外汇等方面的监管创新大力推动了跨境电商的健康发展[1]。

2. 农村电商

发展农村电商是我国为促进乡村全面振兴、实现人民共同富裕的重要方式之一。

2024 年年初，国家针对农村电商领域发布多项重要政策，助推农村电商建设。2024 年 1 月，《中共中央　国务院关于学习运用“千村示范、万村整治”工程经验有力有效推进乡村全面振兴的意见》中，首次提出要实施农村电商高质量发展工程，推进县域电商直播基地建设，发展乡村土特产网络销售，将农村电商发展重要性上升至新高度。2024 年 3 月，商务部等 9 部门联合印发《关于推动农村电商高质量发展的实施意见》，进一步明确农村电商发展要求，为其提供政策指引，提出用 5 年时间，基本建成设施完善、主体活跃、流通顺畅、服务高效的农村电商服务体系。

我国数字基础设施的完善推动农村电商发展。截至 2023 年年底，我国农村宽带用户数

1 资料来源：商务部，《促进跨境电商健康持续快速发展》。

量为1.92亿户，较2022年增长8.8%[1]。农村数字基础设施建设的不断提升，不仅弥补了城乡数字鸿沟，也为农民拓展了新的增收方式。商务部数据显示，2023年我国农村网络零售额达到2.49万亿元，同比增长12.9%；农产品网络零售额达到5900亿元[2]，超额完成《2023年数字乡村发展工作要点》中提出的“农产品电商网络零售额突破5800亿元”的目标。

3. 新零售电商

2023年，随着科技的飞速发展和消费者需求的日益多元化，新零售电商市场正在以前所未有的速度变革。根据国家统计局公布数据和中国互联网络信息中心发布的《中国互联网络发展状况统计报告》的信息，2023年实物商品网上零售额约为13.02亿元，同比增长8.4%，增速较2022年有所回升，占社会消费品零售总额的比重也不断提升，当前已达到27.6%。截至2023年年底，我国网络购物用户规模为9.15亿人，较2022年12月增长6967万人，占网民整体的83.8%。庞大的用户基数为新零售行业的发展奠定了坚实的基础。

当前新零售电商平台在技术和服务创新方面不断取得突破。通过引入人工智能、大数据等先进技术，平台能够精准预测消费者需求，提供个性化推荐和服务。例如，能够根据消费者的购物历史行为和消费偏好，为其推荐更符合需求的商品，提升购物体验。此外，新型物流技术的应用也进一步提升了配送效率和购物体验。无人配送车、智能货架等技术的扩大使用，在降低了物流成本的同时，也使配送速度得到了显著提升。

在消费行为方面，新零售用户的消费习惯也在发生深刻变化。艾瑞咨询公布的数据显示，超过60%的消费者在选择购物渠道时优先考虑服务质量和购物体验。消费者对于个性化需求的提升进一步推动了即时零售等新零售业态的创新和发展[3]。在《2023 中国新零售白皮书》中，预计未来几年即时零售复合增长率将会保持高位，同期中国连锁经营协会预测，2024年即时零售相关市场规模有望超过1万亿元。

展望未来，新零售行业将继续保持强劲的发展势头。随着技术的不断进步和消费者需求的不断变化，新零售企业将在个性化推荐、智能化运营、线上线下融合等方面取得更多突破。同时，政策环境和市场格局的变化也将为新零售行业的发展带来更多的机遇和挑战。

4. 直播电商

2023年直播电商蓬勃发展。随着网络基础设施建设的逐渐完善和优化，智能设备普及率的提升，直播电商用户规模增长显著。中国互联网络信息中心数据显示，2021—2023年我国直播电商用户规模持续增长，截至2023年12月，我国直播电商用户规模达5.97亿人，相较2022年增长0.82亿人，增速为15.9%，占整体网民的54.7%（见图18.1）。

艾瑞咨询数据显示，2023年我国直播电商市场规模达49168.4亿元，相比2022年的36369.2亿元，呈高速增长态势，同比涨幅35.2%（见图18.2），表明我国直播电商在电商领域中的重要性日益凸显，引领新时代电商新模式，提高居民消费便利性。

---

1 资料来源：工业和信息化部，《2023年通信业统计公报》。

2 资料来源：商务部，《2023年中国网络零售市场发展报告》。

3 资料来源：艾瑞咨询，《2024年即时零售消费电子行业白皮书》。

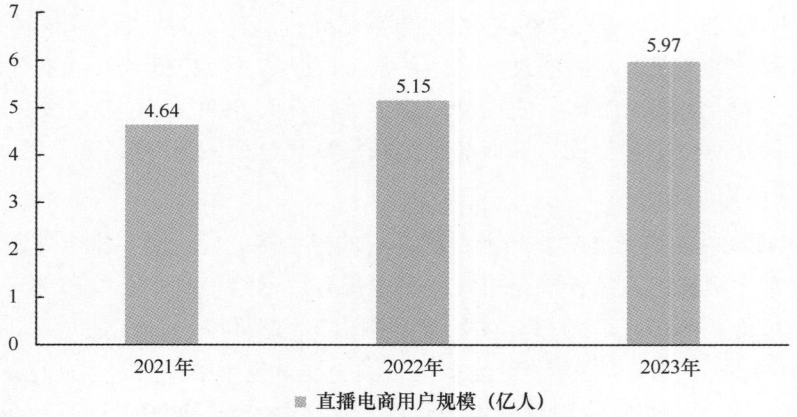

图18.1　2021—2023年中国直播电商用户规模

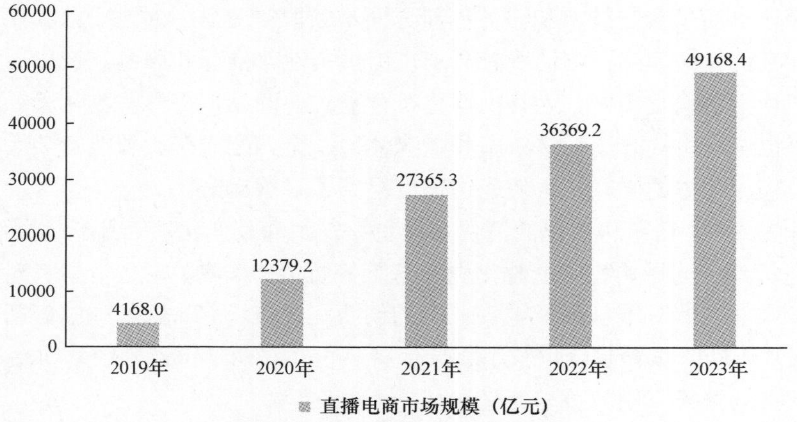

图18.2　2019—2023年中国直播电商市场规模

资料来源：艾瑞咨询。

在直播电商高速发展的同时，对直播电商行业的规范管理也变得更加重要，多项规章文件出台，规范直播电商行业发展。2023 年，上海市市场监督管理总局、杭州市司法局等多部门分别对直播电商提出合规要求，推动行业健康发展，保障消费者权益。

在人工智能发展的浪潮下，数字人进入直播电商领域，以高性价比的优势受到商家的青睐，给直播电商带来新变化。数字人通过大数据的深度训练，以较低的成本就可以实现全天候 24 小时电商直播售卖，抢占非黄金时间段的流量。百度智能云曦灵推出数字人直播业务，以高拟人的形象、声音、动作表现的数字人进行直播销售，节省了场地搭建、团队拍摄、剪辑等多项成本。

18.5　网络支付

1. 网络支付市场规模稳中有进，助力国内经济高效循环

2023 年，我国网络支付的交易量和用户数继续保持上升态势。截至 2023 年年底，网络

支付用户规模达9.54亿人，同比增长4243万人，占网民整体的87.3%，同比增长近两个百分点。

网上支付行为向移动支付偏移，网络交易金额创历史新高。截至2023年年底，网上支付的业务数量为948.88亿笔，同比下降7.09%，网上支付的金额为2765.14万亿元，同比增长9.38%。全行业网络支付交易在龙年春节达到顶峰，随着“线上预订”“云上采买”等新业务模式推出，春节期间最高并发量为每秒10.9万笔，同比增长4.61%，处理交易数量和交易金额同比分别增长15.8%和10.1%，创该时段的历史新高，充分彰显了内需的巨大潜力。

数字人民币试行多点开花，进一步实践普惠便民宗旨。2023年，数字人民币试点覆盖范围持续拓展，落地场景也得到进一步丰富。截至12月底，数字人民币试点范围已扩展至17个省份的26个地区，助力便民服务、生活缴费、优惠活动等领域。下一步，数字人民币试点将继续增量扩面，场景持续创新、生态不断完善，推动支付体系的高质量发展。

2. 第三方支付平台融合前沿技术多途径发力，风险隐患依旧突出

随着现代信息技术日益成熟，第三方支付以其便利快捷的优点，进一步加快了商品的流通速度，刺激了消费者的消费欲望。第三方支付产业继续呈现为支付宝、微信支付两家巨头占据90%以上市场份额，多家中小型第三方支付争夺其余客群的市场格局。

各支付平台持续简化接入方式、加强多方位的服务覆盖，深入触达用户日常生活消费场景。更多支付平台企业开拓布局轻量化触点和行业解决方案，将支付服务深度融合于积分、返现、游戏、促销、奖励、减免等多元用户运营场景，旨在通过加强协同合作及提升服务、功能多样性以提高留存效果。与此同时，人工智能技术的应用使支付服务更加智能化、个性化、精准化。

监管机构稳健加强支付行业的监管。2023年，一系列面向第三方支付行业的监管政策和措施出台，旨在促进行业健康有序发展。其中包含单一账户金额限制、加强资金流向监管、推动支付数据安全保护等措施，有利于行业长远的稳定发展。与此同时，随着第三方支付在我国支付体系中的角色增多，逐渐推动建立执法联动、信息共享的一体化监管格局在支持行业长期健康发展方面有重要的意义。

3. 跨境支付基础设施巩固提升，助力跨境人民币结算规模稳步攀升

2023年，随着大数据、人工智能等技术同人民币跨境支付系统（CIPS）的深度融合，进一步提升了全球人民币交易服务的及时性、完整性、覆盖性和穿透性。截至2023年11月末，CIPS共有1482家参与者。其中，直接参与者129家，包括121家银行、8家境内外金融市场基础设施，间接参与者1353家。从业务情况看，CIPS业务实际可覆盖全球182个国家和地区的4400余家法人银行机构。

跨境支付利好政策接续出台的同时，对监管工作亦提出了更高需求。2023年年底，《关于加快内外贸一体化发展的若干措施》发布，明确提出支持更多符合条件的支付机构和银行为跨境电商等新业态提供外汇结算服务，将构建更为多元立体的跨境支付生态体系，助力宏观经济外循环发展。同期，《非银行支付机构监督管理条例》发布，进一步规范了境内和境外非银支付机构在提供包含资金结算、数据存储、跨境数据流动等跨境支付服务有关流程的管理要求。

18.6 金融科技

1. 消费金融

数字化提升消费金融服务，App 拓宽消费金融边界。随着云计算、大数据、区块链等技术的不断发展，大力加强金融科技水平、加速数字化转型升级已经成为消费金融机构关注的焦点。2024 年 3 月 13 日，中国互联网金融协会发布的《2023 年金融 App 市场治理与发展报告》指出，金融 App 不仅拓展消费金融的触及面，还在助力我国实体经济和服务人民群众方面起到了重要作用。消费金融公司利用多种金融科技底层技术，通过 App 对客户进行个性化服务、提供实时反馈及支持，增强了交易便捷性，提升了客户体验。据统计，目前在我国 31 家消费金融公司中，大多数机构都可通过 App 完全实现网络化、自动化的信贷业务。

强化消费金融监管，增强消费者权益保护。2023 年 7 月，中国银行业协会发布的《中国消费金融公司发展报告（2023）》显示，截至 2022 年年末，消费金融公司服务客户人数达到 3.38 亿人次，同比增长 18.4%。消费金融公司的体量不断增大，市场规模不断增加，维护金融体系稳定的宏观审慎监管变得愈发重要。2023 年，国家金融监督管理总局修订发布的《非银行金融机构行政许可事项实施办法》和《银行保险机构操作风险管理办法》中，包含了消费金融公司对外开放和加强监督管理的内容。2024 年 3 月 18 日，国家金融监督管理总局修订发布了《消费金融公司管理办法》。该管理办法的主要修订内容包括：提高准入标准、强化业务分类监管、加强公司治理监管、强化风险管理、加强消费者权益保护。该管理办法明确了消费者权益保护的有关措施，对消费者知情权、个人信息保护、适当性管理机制及逾期贷款催收等领域设定了标准，标志着面向消费金融客群的消费者权益保护管理进入新阶段。

2. 产业数字金融

2023 年，随着金融科技深度赋能产业金融，产业链重构和整合进程加速，产业数字金融得到蓬勃发展。围绕数字化转型升级，产业数字金融将支持实体经济发展和金融服务创新紧密结合，减少传统产业金融服务的信息不对称情况，在提升产业链上下游信息透明度、推进资产穿透式管理、实时监控和潜在风险预警等方面发挥价值，赋能更多产业链上下游企业和角色获得普惠金融等服务，有效提升产业整体竞争力。金融行业的数字化转型对构建“科技—产业—金融”良性循环起到了重要作用。

多方主体加速布局产业数字金融市场。在新一代信息技术的推动下，产业数字金融进一步延伸向产业链金融、物联网金融、科创金融、农村数字金融、绿色金融等诸多发展方向。商业银行等金融机构、产业链核心企业及上下游企业、产业平台等在产业数字金融领域有多个方面的创新和探索。例如，金融机构侧，招商银行创新推出“投贷联动+股债结合”的特色服务方式；广发银行积极引进符合不同投资者偏好的养老金融产品，与多家优质机构合作，应用数字金融等方式服务养老金融产业和客群；华夏银行实施“三大数科转型工程”，围绕产业链生态打造了“1+3+*N*”服务体系；平安银行通过实施“星云物联网计划”等，多方不断创新业务模式，旨在构建数字金融市场竞争优势。

金融科技支撑下产业数字金融已取得初步成效。各类金融机构将大数据、隐私计算、物联网等科技手段应用于企业信用评级、融资产品定价、抵押品追踪、信用流转、风险防控等应用场景，支持中小微企业发展，截至2023年第三季度末，普惠小微贷款余额28.74万亿元，同比增长24.1%。

3. 智能财富管理

当前，随着金融科技的发展，财富管理的智能化水平呈现快速发展趋势。智能化水平较高的财富管理机构多采取自下而上的客户发展策略，在服务传统零售银行客户的同时，也通过金融科技赋能持续提升对中产阶层及私人银行客群的吸引力。财富管理的获客渠道、产品创新、投资组合、应用平台、客户服务模式等将进一步应用智能化技术，财富管理服务的互联网化、智能化、普惠化水平将进一步提升。

财富管理机构跨界合作，推动理财管理生态多元化发展。财富管理机构与金融科技公司凭借各自的优势和资源禀赋，在财富管理产业链上找准符合自身的定位与服务场景，以满足财富客群的需求。2023年，各家银行的手机银行版本更新浪潮中，财富管理优化是其中的重点提升板块。例如，邮储银行集中打造了集“投资问诊—产品货架—财富规划”于一体的财富资产配置服务体系和集“收支管理—账务管理—待办管理”于一身的财富管家体系。

人工智能技术深度嵌入财富管理体系。人工智能的运用有效促进了财富管理的高质量发展。一是缓解信息不对称问题。大数据分析能力、更丰富的用户行为标签体系和人工智能技术，助力机构更精准地识别客户需求和营销时机，提升经营效益。二是提升资产配置效率。通过机器学习、深度学习、神经网络等新兴技术，挖掘数据中的有价值信息，为客户构建优质的资产配置策略。三是强化风控能力。一方面，通过模拟产品在不同场景和概率模型下的收益与风险，旨在找出最优风险定价策略；另一方面，运用文本挖掘、自然语言处理等技术加速整理分析市场信息的效率，形成对内外部市场风险的监测能力。

4. 网络安全与信息安全体系化

网络安全和信息安全是行业发展的重要保障。遵守《中华人民共和国网络安全法》及其他相关法律法规的要求，注重个人信息保护、数据安全管理、网络安全、保护公众的信息安全和隐私是行业发展数字金融的必要举措。

随着数字化和智能技术的发展，在互联网和金融行业中，信息安全也从单一的网络和信息安全需求转为需多方面面面俱到的复合型需求，如基础设施安全、数据安全、交易安全等。安全防护的技术需进一步和业务场景相结合，完善安全体系。同时，当前各领域业务与网络和信息系统融合的深度日益加深，业务安全保障的复杂性和重要性愈发凸显。做好业务安全和风险防控，保障业务的可用性和连续性，确保业务运行过程中数据的完整性和一致性，正在成为金融科技发展下网络安全与信息安全的重点。

18.7　典型案例

1. 拼多多

随着互联网的发展，电商行业持续升温。拼多多集团2023年财报显示，2023年交易服务全年营收同比增长241%，达941亿元；在线营销服务和其他收入为1535亿元，同比增长

49%。同时，Temu 平台在 2023 年贡献了拼多多集团总收入的 23%。截至 2023 年 12 月，Temu 的独立用户数量已达 4.67 亿，与全球速卖通齐平，位列全球电商排行榜第 2。据统计，Temu 2023 年第三季度的销售额已突破 50 亿美元，2023 年 9 月，其单日商品交易总额（GMV）甚至达到 8000 万美元。

2022 年，Temu 推出了跨境电商全托管模式，降低跨境出海门槛。该模式不需要卖家考虑仓储、物流、运营等事项。2023 年 3 月，Temu 又推出了半托管模式，选择 Temu 半托管模式可选择不使用 Temu 指定的物流服务商。Temu 半托管模式旨在发展拥有海外仓储及物流能力的卖家，由此给予了卖家更多运营操作的灵活性与自主性。

2. 抖音

截至 2023 年 12 月末，抖音电商已经覆盖全国 684 个特色产业带，产业带商家数量增长超过 194%，直播带货场次超过 109 万场。平台通过直播、短视频和商城等模式，展示产业带商品的特性和价值，提高中间环节效率。全国产业带商品在平台销量增长超过 66%，其中货架场景销量增长 103%。此外，品牌直播间的规模迅速扩大，达人直播销售额占比达到 61%，成为平台直播规模增长的主要动力，许多品牌更多通过直播渠道进行销售。

短视频、直播和搜索已经成为抖音生活服务综合业态商家经营增长的重要流量入口。2023 年，综合业态商家足迹遍布全国 370 个城市，涵盖 260 多个类目，综合行业合作商家门店数同比增长 2.5 倍。同时，在抖音生活服务综合业态商家消费的用户数同比增长 1.43 倍，综合行业订单量是 2022 年的 5.26 倍，整体交易额同比增长 3.3 倍。数据显示，产业带商品在抖音电商有巨大的增长空间，越来越多的创作者和商家加入平台共同发展。

3. 支付宝

支付宝正在从“电子钱包”向“数字生活助手”转型。在广告市场中，支付宝正将能力从支付扩展到交易促成和精准触达等领域。2023 年，国内在线广告市场规模超过 1.2 万亿元，同比增速约为 11%。对于广告主来说，投放的精细化和寻找确定性增量成为主要议题。作为广告市场的新兴力量，支付宝凭借其平台商业生态在广告市场中具有较大影响力。一方面，长期积累的支付和服务数据使支付宝在精准触达用户方面具有优势。以学生用户为例，支付宝通过认证程序为全国 60%的高校大学生提供“学生价”服务，积累了大量真实可靠的人群数据。对于广告主来说，支付宝上的高净值人群及其对应的消费力是“可见”的，这对广告投放的精准性和投入产出比的提升有重要价值。另一方面，支付宝还能够在支付场景中“抓住”消费者，如在用户支付过程中通过“一元加购”等设置促成交易，在“支付成功”页面通过发放优惠券等形式支持用户的拉新和再转化。同时，蚂蚁科技及支付宝平台与多家银行机构深化业务合作，与建设银行、招商银行、广发银行、平安银行等多家数字金融实力领先的银行机构和信用卡中心开展营销合作，赋能银行的借记卡客群和信用卡客群发展与活跃。

支付宝打造了多个垂直人群聚集地。一是全国超过 3500 家医院、近 90%的三级医院在支付宝上提供数字化就医服务，每三个人中就有一个人通过支付宝看病就医，支付宝成为 6 亿人的“健康管家”。二是 18～35 岁年轻人群占支付宝铂钻会员的一半，60%的高校大学生通过支付宝完成认证享受“学生价”，超过 2000 万年轻用户使用支付宝“小荷包”攒钱，蚂蚁森林积攒能量成为年轻人日常习惯。三是主流汽车厂商已有 30 款车型全面接入支付宝车机产品，过去一年支付宝新能源充电服务量同比增长近 80%，全国超过 90%的充电站已入驻支付宝。此外，绿色回收、宠物教育等行业也在支付宝平台上增长迅猛，呈现出新的发展趋势。

4. 微信支付

微信支付在中国的普及和应用程度显著。作为腾讯旗下的移动支付工具，微信支付通过手机应用实现了线上线下各主流消费场景中的便捷付款。截至 2023 年 12 月末，微信及 WeChat 合并月活账户数 13.43 亿，同比增长 2%。

一方面，微信支付致力于解决境外用户在境内遇到的手机支付难题。2023 年 7 月，腾讯宣布深化与多个国际信用卡组织的合作，与腾讯合作的国际信用卡组织包括 Visa、MasterCard、Discover Global Network（含 Diners Club）、JCB 等。境外用户用微信支付绑定境外银行卡后，可以在境内餐饮、交通、酒旅、商超等多个领域的大部分商户使用移动支付服务。同时，外卡用户也可以使用扫码与被扫码、小程序支付、小额免密支付、App 内支付等多种支付方式。

18.8　发展趋势

1. “泛电商”为新质生产力发展注入新活力

新质生产力助力传统产业发展新业态。发展新质生产力的核心在于创新。新质生产力包含新技术、新业态、新应用。“泛电商”是商务交易领域通过新质生产力实现进化的重要方向。“泛电商”与新质生产力的融合发展，不仅能更有效地满足人民日益丰富的生活需要和企业生产需要，而且能为经济高质量发展提供动力。电商迅速发展进而扩张泛化成为“泛电商”，为新质生产力提供更丰富的应用场景，成为新质生产力赋能打造新业态的重要方向。

随着互联网技术和人工智能技术的进一步发展，电商业态日新月异，不再局限于亚马逊、淘宝、京东等网上商城的形态，抖音、快手、小红书、美团等新兴电商企业迅猛发展，还有更多小程序平台蓬勃发展。电商行业泛化发展的趋势明显，覆盖面也逐渐扩大。“泛电商”新业态的蓬勃发展，为新兴生产力的崛起提供了丰富多样的应用场景，这将有力推动经济高质量发展。

2. 直播电商切实促进实体经济发展

直播电商作为一种新业态快速发展，在增强经济发展韧性、推动高质量发展方面具有巨大潜力，是“促消费”的重要力量。直播电商通过实时互动的模式进一步激发消费者潜在购买需求，扩大了社会总需求，有利于促进产业链上下游协同发展，拓展了新的就业渠道。电商平台的发展，本质上是在拓宽商户所能提供服务的服务半径，以满足更广域的消费者的需求，由此实现消费潜能的释放。很多消费者“有需求而不自知”的长尾商品，正通过直播电商等新模式连接到更广阔的市场。直播电商借助直播、短视频、内购商城等形式，更立体地展示产品外观、讲解产品性能、演示操作使用，互动性更强，拉近了商家与消费者的距离，激发了潜在的消费需求。

2023 年，直播电商规模约为 4.57 万亿元，预计拉动国内生产总值增长 0.3 个百分点。在促进产业链上下游协同方面，相对于传统的“货找人”模式，直播电商作为消费者与商家之间的直通桥梁，消费者的需求和意见在主播与消费者互动沟通中快速体现，更快地反馈到源头厂家，厂家可更快地调整生产和优化产品服务，满足消费者需求，形成更接近于柔性供应链的模式。许多中小企业借助直播电商扩大销售和建设品牌，对新增需求快速响应和满足。直播电商正在逐渐成为中小企业数字化转型和互联网营销获客的“新窗口”。

3. 金融业数字化纵深发展，业务与科技双轮驱动高质量发展

金融业数字化转型持续推进，转型成效初步显现，数字化理念逐步深入金融业多个领域和多个环节，业务和科技驱动数字化转型向纵深发展。一方面，数字化转型更深入业务和企业的经营管理需要。数字化转型已成为金融机构探索的“第二发展曲线”，其借助数字技术，对个人金融、产业金融、金融市场等多方面服务进行应用，提升金融机构服务能力，拓展金融服务的边界，通过数字金融支持产业升级和促进实体经济发展；同时，要坚持发展与安全并重，进一步重视风险管理能力的提升，建立健全数字化风险监测和识别能力，持续提升数字化转型过程中的风险管理能力。另一方面，要充分认识到数字化转型“长征”过程中的阶段性重点，构建合适的发展模式。数字化转型作为一项长期的系统性工程，是分阶段、分领域循序推进的过程。金融机构在业务和科技双轮驱动下，对阶段性的重点和难点进行前瞻性布局，持续完善，稳健有序地推进数字化转型。

4. 经济形势与行业管理提升并举，金融科技发展面临新形势

2023 年以来，全国宏观经济呈现“曲折中前进”的复苏态势。为进一步稳固国内经济恢复的基础，国家出台和实施了一系列积极的财政与货币政策，并从全面促进消费的角度提出了多项重点措施。

一是要求金融科技强化对政策实施的助力作用，助力政策执行的效果和效率提升。为支持国民经济和社会发展重点领域及薄弱环节，金融监管部门需要不断调整和优化货币政策，督导金融机构加大贷款投放力度、优化贷款结构。其中，如何精准识别重点领域金融需求，准确引导资金流向成为政策有效实施的关键。在此过程中，大数据、人工智能、区块链、云计算等金融科技手段可以进一步发挥作用，赋能金融机构，推动金融领域实现高质量发展。

二是要求金融科技更加凸显对消费潜力释放的应用价值，加强消费对经济发展的拉动作用。随着经济逐步恢复，积压的消费需求陆续释放。在这一过程中，金融科技正在发挥着越发重要的促进作用。一方面，金融科技创新服务模式，满足客群的消费需求。另一方面，金融科技服务更多长尾用户、新市民群体和农村客群，释放消费潜能，助力乡村振兴。在金融科技助力下，消费金融产品能够更好发挥其小额、高频、分散、多元的特色，从“线上”切入“衣、食、住、用、行”全链条消费场景，提升用户消费场景的覆盖面，进一步释放消费潜力，助力行业高质量发展。

撰稿：孙立鑫、徐鸿、权卓然、武昱、王汉唐

审校：柳文龙

第19章　2023年中国数字政府发展状况

19.1　发展现状

1. 政策：数字政务纳入数字中国建设布局版图

2023年2月，中共中央、国务院印发了《数字中国建设整体布局规划》（以下简称《规划》）。《规划》指出，建设数字中国是数字时代推进中国式现代化的重要引擎，是构筑国家竞争新优势的有力支撑。《规划》明确了数字中国建设按照“2522”的整体框架进行布局，并将数字政务作为“五位一体”深度融合的方向之一。《规划》指出，要发展高效协同的数字政务。加快制度规则创新，完善与数字政务建设相适应的规章制度。强化数字化能力建设，促进信息系统网络互联互通、数据按需共享、业务高效协同。提升数字化服务水平，加快推进“一件事一次办”，推进线上线下融合，加强和规范政务移动互联网应用程序管理。制度创新、平台优化、应用牵引已成为新时期推进数字政府高质量发展的“三驾马车”。

2. 产业：数字政府市场规模增速预期总体趋缓

总体来看，在“十四五”规划和数字政府政策的引导下，我国数字政府市场规模增长处在重要窗口期。伴随地方政府进入偿债高峰期，政府财政压力较大，将在一定程度上影响到未来2～3年的政务领域数字化投资需求，数字政府整体市场预计进入相对低速的增长态势。IDC发布的《中国数字政府整体市场预测（2023—2028)》显示，2023年中国数字政府市场规模达1372亿元。与前一期预测相比，IDC调低了未来5年中国数字政府整体市场规模预测，5年复合增长率由12%下降为9.4%，达到2000亿元人民币市场规模目标的时间节点将由2026年推迟至2028年。

3. 数据：全国一体化政务大数据体系初步形成

“1+32+*N*”的全国一体化政务大数据体系逐步构建，有效促进了政务数据纵向贯通、横向联通。国家政务大数据平台建设加快推进，逐步完善数据服务、数据治理、数据分析、安全管理、应用支撑等系统组件，在建设国家政务数据管理总枢纽、政务数据流转总通道和政务数据服务总门户上稳步迈进。各省（自治区、直辖市）和新疆生产建设兵团统筹推动各地政务数据目录编制、供需对接、汇聚整合、开放共享，国务院有关部门推动各行业数据汇聚整合与供需对接。当前，国务院有关部门、各省级地区的政务数据平台均与国家政务大数据平台实现对接，有效推动各地区各部门数据交换共享，支撑政务数据按需调用。截至 2023 年 12 月底，全国一体化政务服务平台已接入 52 个部门（含国家数据共享交换平台）和 32 个地方，共上线 6006 个目录，挂接 2.06 万个平台资源，累计调用 4847.07 万次服务[1]。

4．应用：政务大模型应用成为各地关注新热点

当前，国内多地出台相关政策支持政务领域大模型应用（见表 19.1）。北京、上海、杭州、深圳等地发布的人工智能政策或行动计划中，均明确提及推进政务领域大模型应用，要求将政务列为大模型的垂直领域示范应用，率先突破，打造标杆性大模型产品和服务。在场景需求上，普遍将政务热线、智能客服等政务服务问询相关场景，以及社会治理、医疗、教育等民生场景作为大模型技术应用的重点方向。在应用推进上，采取软硬结合多种方式进行支持。杭州市、安徽省要求加快打造政务领域垂直行业大模型；江西省提出构建全国首个全省统一的 AI 全景智能公共服务 GPT 平台；北京市通过招募政府通用人工智能创新伙伴、发布典型应用案例和场景需求、梳理产业创新图谱、开展应用案例征集大赛等手段，支持大模型厂商布局政务领域场景应用；北京市、江西省、安徽省等通过发放算力券支持政务领域大模型训练和应用；上海市塘桥发布“数字社工”计划，面向工作人员提供窗口坐席助手、智能任务管家和报表智能填充等服务，为基层减负增能；深圳市福田区依托盘古政务 NLP 大模型基础能力，打造智能 12345 热线坐席助手，提高政务办理效率。

表 19.1　2023 年我国各地区政务领域大模型应用支持政策

地　区	时　　间	政 策 名 称	相 关 要 求
北京市	2023 年 5 月	《北京市促进通用人工智能创新发展的若干措施》	利用人工智能在语义理解、自主学习和智能推理等方面的能力优势，提高政务咨询系统智能问答水平
	2023 年 6 月	《关于加快中关村科学城人工智能大模型创新发展的若干措施》	鼓励自主可控大模型等新技术、新产品在包括但不限于医疗、城市管理、消费等各垂直领域示范应用
	2023 年 10 月	《人工智能算力券实施方案（2023—2025 年）》	支持企业租用非关联方的智能算力资源，在政务、医疗、教育、法务、交通、文旅、科学研究、城市管理、便民服务等领域进行行业人工智能大模型训练和应用
上海市	2023 年 3 月	《2023 年上海市全面深化“一网通办”改革工作要点》	探索运用自然语言大模型等新技术，不断优化智能客服“小申”智能检索、用户意图识别、多轮会话和答案精准推送能力
	2023 年 11 月	《上海市推动人工智能大模型创新发展若干措施（2023—2025 年）》	重点支持在智能制造、自动驾驶、机器人、数字政府等领域构建示范应用场景，打造标杆性大模型产品和服务
杭州市	2023 年 7 月	《杭州市人民政府办公厅关于加快推进人工智能产业创新发展的实施意见》	加快推进人工智能模型落地应用，实施模型创新应用标杆试点工程，推动城市治理、政务服务、实体经济、金融机构等领域专用模型部署投用
深圳市	2023 年 5 月	《深圳市加快推动人工智能高质量发展高水平应用行动方案（2023—2024 年）》	鼓励各区在公共服务和城市治理等领域先行先试，积极创造条件开展全域全时人工智能应用示范

1 资料来源：《数字政府一体化建设白皮书》，中国信息通信研究院。

（续表）

地　区	时　　间	政 策 名 称	相 关 要 求
安徽省	2023 年 10 月	《安徽省通用人工智能创新发展三年行动计划（2023—2025 年）》	围绕智慧办公、智慧政务、智慧教育、智慧医疗、智慧政法等领域，加快研发基于认知智能大模型底座的垂直行业大模型
	2023 年 11 月	《打造通用人工智能产业创新和应用高地若干政策》	推动政府治理、社会民生、产业升级等场景应开尽开；开展省级“十大”通用人工智能场景应用标杆评比
江西省	2023 年 8 月	《“赣服通”6.0 版建设工作方案》	积极运用人工智能（AI）、大数据分析、生成式 AI 等现代信息技术，构建全国首个全省统一的 AI 全景智能公共服务 GPT 平台

19.2　公共数据开发利用

国家数据局等十七部门联合印发的《“数据要素×”三年行动计划（2024—2026 年）》指出，要“加大公共数据资源供给，在重点领域、相关区域组织开展公共数据授权运营，探索部省协同的公共数据授权机制”。经过 20 余年探索实践，我国公共数据开发利用已形成内部共享、对外开放和授权运营 3 种主要方式。近年来，授权运营日渐成为各地推动公共数据开发利用创新的热点方向，并初步探索形成集中授权运营、分级授权运营和专区授权运营 3 种典型模式。

1. 集中授权运营

集中授权运营是指由全省统一集中授权，由一家国资大数据集团全面负责全省范围内的公共数据开发利用的模式。福建省构建了“1+3+10”的全省公共数据运营体系。“1”代表福建省大数据集团；“3”代表福建大数据一级开发公司、福建大数据交易有限公司和福建大数据信息安全建设运营有限公司；“10”代表在福州、厦门、莆田、泉州、漳州、龙岩、三明、南平、宁德等全部 9 个市和平潭综合实验区设立了福建省大数据集团地方公司。福建省大数据集团地方公司负责管理福建全省的公共数据运营，不拥有数据所有权，但经行政审批后，可与二级开发主体签订数据使用和安全保障协议，提供数据运维保障和技术支持。当前，由政府主导的公共数据应用场景集中于城市治理、社保认证、入学管理、餐饮监管、医疗救助等场景。通过开发服务平台，现已有 180 家数据应用单位、16 家公共数据开发服务商入驻，实现了 41 个场景应用。

2. 分级授权运营

分级授权运营是指公共数据由各级地方政府归口负责并分级授权，并不指定特定平台公司垄断负责公共数据授权运营的模式。浙江省域内的公共数据由省、市、县三级公共数据主管部门归口负责授权，而不是由省级或市级公共数据主管部门统一授权，现已形成 1 个省级、11 个市级和若干个县级构成的全省三级公共数据授权运营体系。浙江省依托省市两级公共数据平台、按照统一标准规范建设了省市两级公共数据授权运营平台，无论是企业单位还是事业单位，无论是国有企业还是民营企业，均可以依托公共数据授权运营平台开展公共数据产品开发和运营服务。目前，德清自动驾驶车路协同仿真场景库已成为浙江省公共数据授权运营试点的重要实践成果，其在车路协同云服务平台的基础上，融合红绿灯、道路施工、交通事故等公共数据和车联网路侧社会数据，涵盖异常交通事件预警、路段道路施工提醒等多个仿真测试场景，利用算法训练大幅降低自动驾驶 23%～35%的研发成本。

3. 专区授权运营

专区授权运营是指政府主管部门按一定客观规律将公共数据划分成若干类“专区”，并以这些“专区”分别面向数据开发主体授权运营的模式。北京是设立公共数据专区并分别开展授权运营的发源地，通过设立领域类、区域类及综合基础类3类专区开展公共数据授权运营。其中，领域类公共数据专区是为进一步深化和拓展金融、教育、医疗、交通、信用、文旅等重点行业应用场景而建设的；区域类公共数据专区则是面向重点区域或特定场景的应用场景，特别是基层社会治理而建设的；综合基础类公共数据专区是面向跨领域、跨区域的综合应用场景而建设的。京云征信平台依托北京金融公共数据专区涉企数据，已实现400项政策5万余次智能推送，落地企业申报信息智能核验16万余次，服务北京经开区企业6000家，所涉政策扶持金额超过100亿元。

19.3 数字化社会治理建设

1. 数字孪生促进数字化社会治理降本增效

数字孪生城市建设成为有效促进数字化社会治理的重要手段，降本增效成果显著。依托精准映射、虚实交互、模拟仿真、智能干预等功能特点，数字孪生既能解决城市规划、设计、建设、管理、服务闭环过程中的复杂性和不确定性问题，又能促使管理模式由传统向敏捷、智能转变，进而革新公共服务供给模式，同时激发城市运营模式的深刻转型，促进社会治理无缝衔接与高效协作，推动城市活动的数字化升级。在降本增效方面，如雄安新区建设基于数字孪生的数字道路智能化项目，有效避免路侧设备多部门重复建设，建设成本降低30%[1]。在预测决策方面，如浙江曹娥江、数字孪生水网（杭嘉湖平台）水文水动力模型模拟精度显著提升，钱塘江分水江节点水情预报达到乙级预报精度[2]。

2. 人工智能助力数字化社会治理精准高效

人工智能是数字化社会治理建设的重要技术支撑，其涵盖的机器学习、自然语言处理、计算机视觉、智能推荐等技术，为社会治理的数字化转型提供了强大的工具箱。通过对海量数据的深度挖掘与分析，人工智能能够辅助决策者识别问题、预测趋势、评估效果，实现基于数据驱动的科学决策，提高社会治理的精准性和预见性。与此同时，人工智能的应用还显著提高了社会治理的响应速度、问题解决效率和资源配置合理性，有助于降低社会治理成本，提升社会治理的整体效能。深圳市依托城市交通大脑，通过科技加警务的双轮驱动，打造数据驱动的、具有深度学习能力的云网边端协同的一体化智能系统（见图19.1），智慧赋能，深圳交警执法量增加15%，关键路口等待时间平均缩短17.7%，深圳交警“铁骑专项行动”应急反应时间缩短67%[3]。华为城市治理大模型“全场景巡查助手”可通过视频智能标签、无人机市政巡查、AR巡查等方式，让城市部件“一目了然”，事件秒级上报，巡查效率提升30%；

---

1 资料来源：《2023数字道路白皮书》，中国电信数字城市研究院。

2 资料来源：《水利信息化工作简报2023年第3期》，水利部。

3 资料来源：《深圳交警：与华为联合创新打造鹏城交通智能体，让出行可以预见》，华为。

“事件分拨助手”则是基于自然语言处理（NLP）大模型实现事件智能分类、智能分拨，其智能分拨率、分拨准确率均达 90%以上，分拨效率提升 4 倍[1]。

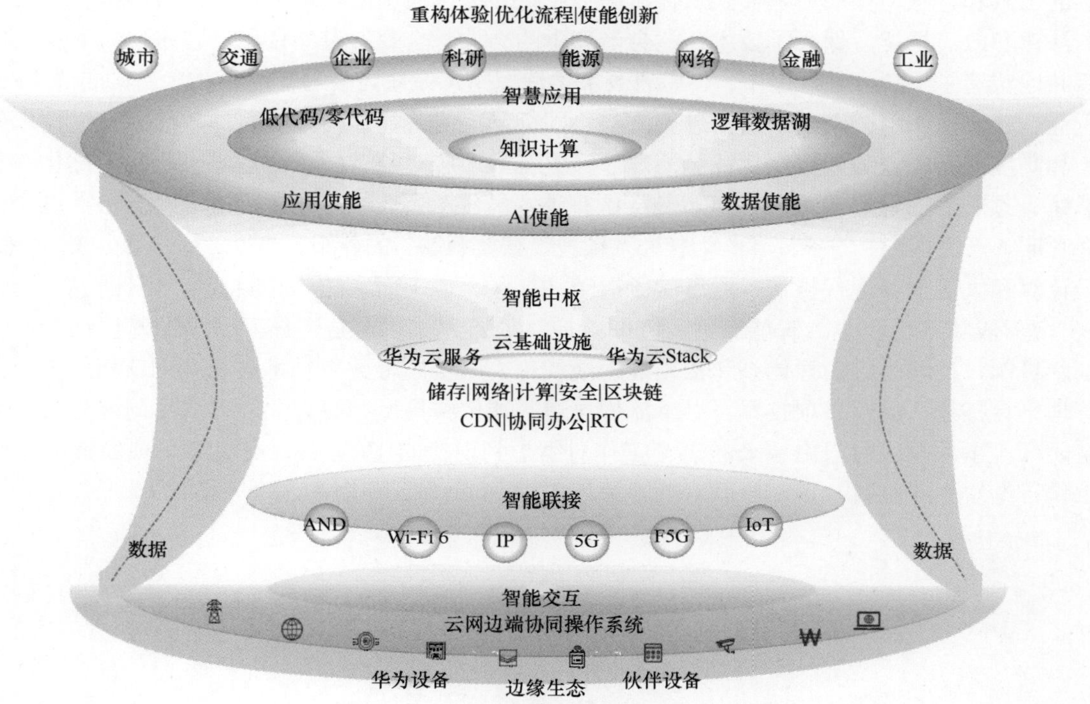

图19.1　云网边端协同的一体化智能系统

资料来源：《一网统管“再升级”，开启大模型赋能城市治理新时代》。

3. 大数据算法揭示数字化社会治理底层逻辑

大数据算法以其强大的数据处理与分析能力为数字化社会治理提供了强有力的技术支持，推动社会治理模式创新和服务升级。通过对大数据的挖掘与建模，大数据算法能够揭示社会治理中的深层次问题、预测未来趋势、评估政策效果，为决策者提供科学、精准的决策依据，推动社会治理由经验判断向数据驱动转变。大数据算法可以应用于社会治理的实时监控、风险预警、态势感知等领域，实现对城市运行、环境保护、公共安全等问题的智能化、精准化管理，同时通过对社会治理各项工作的数据化追踪与评估，大数据算法能够帮助识别效能瓶颈，提出改进策略，持续优化社会治理效能，降低治理成本。南昌市依托社会治理中枢系统，通过“交通信号三级优化”机制，实现流量动态预警、交通信号智慧调控，全市建成绿波道路 165 条，道路通行能力提升明显。2023 年第三季度，南昌市交通健康指数在全国 36 个重点城市中排名第一，在中部六省省会城市中排名第一，成为全国首个从“限行”到“不限行”而交通拥堵指数“不升反降”的城市[2]。

1 资料来源：《一网统管“再升级”，开启大模型赋能城市治理新时代》，新浪财经。

2 资料来源：《南昌公安：全力提升群众安全感满意度》，南昌日报。

4. 技术创新与制度创新驱动数字化社会治理协同开放

技术创新与制度创新是数字化社会治理建设的双轮驱动，技术创新为社会治理提供了先进的工具和方法，推动治理模式从传统向数字化转型；而制度创新为技术的应用提供了必要的法律和政策框架，保障了技术在社会治理中的合法、合理、有序使用。技术创新和制度创新共同塑造了一个开放、协作、共享的数字化治理生态系统，鼓励多元主体参与，推动政府、企业、社会组织、公众之间的信息交流与协同行动，提升社会治理的整体效能。通过技术创新和制度创新的合力，数字化社会治理能够更有效地应对复杂的社会问题，实现精细化、智能化、预防性的社会治理。福州市鼓楼区打造“一线处置”创新机制（见图 19.2），以“一线呼叫、一线报到、一线处置”为核心，依托“鼓楼智脑”的建设，借助人工智能、3S 技术、云计算和大数据等现代技术，通过赋予街镇（社区）自下而上的“呼叫权”“考评权”“监督权”，形成集事项收集、智能派遣、呼叫响应、处置办结、监督考核于一体的基层社会治理创新机制，推动政府治理体系和治理能力现代化。鼓楼区将数字技术与制度创新相结合，在管理平台搭建、问题事项收集、办事流程再造、评价结果反馈等方面，形成了问题处置的完整闭环，事项响应时限由原来的 1 个工作日缩短到现在的 10 分钟，显见性事项处置由 1 个工作日缩短到 4 小时，多部门联合处置事项由 10 个工作日缩短为 7 个工作日[1]。

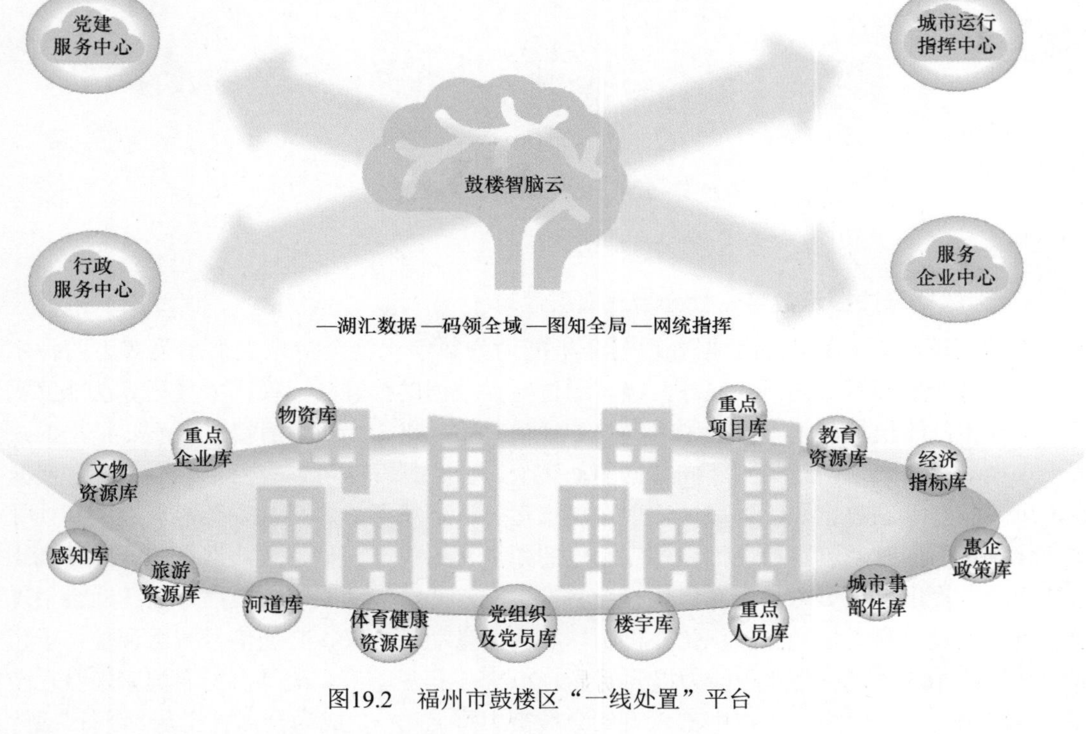

图19.2　福州市鼓楼区“一线处置”平台

资料来源：《福州鼓楼：“一线处置”破解基层治理难题》。

1 资料来源：《福州鼓楼：“一线处置”破解基层治理难题》，福建日报。

19.4　数字化政务服务发展

1. 推动政务服务效能提升常态化

2023 年 8 月 18 日，国务院办公厅印发了《关于依托全国一体化政务服务平台建立政务服务效能提升常态化工作机制的意见》（以下简称《意见》）。《意见》通过总结地方部门先进经验，从企业和群众办事体验出发，建立管根本、利长远、重实效的政务服务效能提升常态化工作机制，推动解决更多办事堵点、优化更多高频服务，持续释放改革红利，惠及民生福祉。《意见》围绕发现解决企业和群众办事堵点、推动政务服务好办易办、强化全国一体化政务服务平台支撑能力、健全制度保障 4 方面提出 13 项常态化工作机制，以及提出要多措并举强化与企业和群众的常态化沟通互动，主动发现办事堵点，及时掌握企业和群众办事中的急难愁盼问题。《意见》梳理汇总了 57 项地方部门提升政务服务效能的典型经验案例，供各地区、各相关部门参考借鉴，推动“一地创新、多地复用”，助力政务服务效能提升常态化、长效化。

在常态化工作机制方面，上海市依托“上海企业登记在线”网上服务平台，常态化提供精准个性“一站式”全程网办服务，事项覆盖所有内外资企业类型的全部登记事项。在常态化沟通举措方面，甘肃省金昌市相关部门负责同志定期下沉服务窗口，主动倾听办事群众的意见建议，当好服务企业和群众的“店小二”。在常态化政务服务方面，海南省在全省范围开展“厅局长走流程”活动，建立活动常态化推行机制，推动制度优化、流程再造和服务提升[1]。

2. 以“一件事”促进政务服务精细化

政务服务精细化是以满足公众个性化、多元化需求为目标，通过系统性、结构性改革和持续创新，改变单一的、被动的响应，实现政务服务全过程精准化、专业化、人性化的治理理念和实践模式。政务服务精细化要求以人民群众的需求为出发点，运用数字技术进行全流程优化，满足公众对高效、便捷、满意政务服务的期待。“一件事”服务模式作为政务服务精细化创新的举措之一，以用户视角整合服务流程，实现跨部门协同与流程再造，有效促进了政务服务从碎片化、复杂化向精细化、便捷化转变，提升了政务服务的整体效能。

江苏省坚持“用户思维”，聚焦企业和个人全生命周期，在广泛征求基层和社会意见基础上，在全省统筹逐步推出了企业开办、新生儿出生等 26 个高频“一件事”集成办，并支持市、县层面结合实际推出跨境电商、企业上市等特色“一件事”。在此基础上，创新完善办理流程，提出“一张清单、一窗（端）受理、一次告知、一表申请、一套材料、一次提交、一次反馈、一次分办、一窗（端）出件、一号服务”的“十个一”办理模式，提供主题式、套餐式服务。截至 2023 年年底，全省集成办“一件事”办件已达 530 万件，“减环节、减材料、减时限、减跑动”达到 60%以上，办事难、办事慢、多头跑、来回跑等问题得到明显改善[2]。

1 资料来源：《政务服务效能提升典型经验案例》，国务院办公厅。

2 资料来源：《强化数字赋能优化政务服务全力推动“高效办成一件事”》，新华财经。

3. 改革创新推进政务服务增值化

政务服务增值化聚焦破解企业生产经营、发展壮大过程中的堵点难点问题，为群众和企业提供更广范围、更深层次的政策、人才、金融、法律、科技、数字化等全周期衍生服务，实现降低成本、增加收益、强化功能、赋能发展，从而构建形成全链条、全天候、全过程的政务服务新生态。政务服务理念从深层次发生了改变，从过去政府“有什么、给什么”变为市场经营主体“要什么、给什么”，政务服务从便捷服务向增值服务迭代升级，构建全景式、链条化的服务模式，持续增强政府服务力。

浙江省先后实施“四张清单一张网”改革、“最多跑一次”改革、数字化改革、营商环境优化提升“一号改革工程”等重大改革，实施“一件事”集成改革，最大限度利企便民，不断提升行政效能。2023 年以来，浙江省创新实施政务服务增值化改革，不断牵引推动营商环境优化提升和政务服务迭代升级[1]。深圳市南山区政府打造全国首家“千企千面”一站式服务综合平台——i 南山。在前端门户中，汇聚了政策服务、政务服务、诉求服务、融资服务、科技服务、空间服务、人才服务、法律服务等 50 多项涉企服务，形成了一揽子的服务超市，综合推进政务服务实现增值化改革[2]。

19.5 发展挑战

1. 亟须关注场景一体化统筹

数字政府单一场景建设投入不高，但同类相似场景项目在多部门、多地区独立建设，资金投入往往巨大，且存在数据标准不一、系统互联互通难等问题。为更好地解决这些问题，要加强源头管理，加大数字化场景需求整合。一是以“问题清单、需求清单、场景清单”为抓手，加强关联场景需求融合，打破部门内、部门间、层级间的场景建设壁垒。二是推动省市“多部门、多层级”会商，建设数字化场景全流程管理服务平台，由平台提供需求验证、场景设计、申报入库、评价比选、实施监测、考核评估、宣传推广等服务，推动数字化场景管理服务全流程标准化、规范化。

2. 亟须关注数据价值化开发

当前，我国公共数据授权运营取得显著成效，但数据价值化开发利用仍未成熟，根本上受制于数据质量问题。政务数据来源广、种类多，治理进展不一、标准不一、质量总体偏低。亟须统筹开展政务数据治理工作，建立高质量、一体化政务数据资源体系，夯实数据底座。一是按照“应编尽编”原则，建立全量覆盖、互联互通、动态更新的全国一体化政务数据目录，形成政务数据全国“一本账”，推动政务数据实现全面逻辑关联。二是开展数据质量全周期管理工程，建立统一规范、切实可行的数据标准规范体系，明确总体规范、目录规范、分类规范、元数据规范、安全规范等，指导数据源头治理效率。

---

1 资料来源：《以政务服务增值化改革推动“高效办成一件事”落地见效》，人民网。

2 资料来源：《i 南山企业服务综合平台即将上线覆盖近 55 万家南山市场主体推出六大服务板块》，南山区人民政府。

3. 亟须关注产品共性化建设

从产业侧来看，企业面临服务方式转型问题，自主创新积极性有待激发。企业普遍以项目建设为主，在提炼项目共性需求研发产品方面投入较低，自主创新能力不足，导致平台系统标准化程度较低、复用落地成本较高、技术标准不统一等问题。为此，要引导企业以用户需求为导向，加快从项目建设向产品化和服务化转型。一是按照“提炼共性需求—设计通用架构—重用模块产品化—局部模块定制化”的理念，大力开展产品研发标准化、质量检测标准化等工作。二是推动企业打磨软件精品、提高复用程度，提供系统运维和业务运营等产品增值服务内容，推动企业从项目建设向产品服务转型。

4. 亟须关注应用智能化风险

目前，人工智能通用大模型已成为继移动互联网技术之后最大的一波技术浪潮，同时需要认识到，生成式 AI 技术目前仍处于早期阶段，技术本身并不成熟，在内容可信度、可解释性等方面仍存在很多问题。面对新技术热潮，我们既要探索其价值避免落后于人，又要保持谨慎以规避风险。一是要建立敏捷治理方式以适应技术快速变化，如采用监管沙箱推动政务大模型测试和应用，推动科技企业、公务人员、民众等共同探讨应用和治理策略，出台政务领域的针对性使用规范或指南指导各地探索等。二是因地制宜分梯次推进场景应用探索，可优先考虑应用于风险较小的支持辅助类工作，如创建电子邮件、知识搜索等，再逐步向文本生成、数据分析、政策问答等中高级应用场景过渡，确保应用安全合规。

作者：张佳宁、陶白丁
审校：付伟

第 20 章　2023 年网络公共服务类应用发展状况

20.1　网络教育

20.1.1　发展现状

1．总体发展情况

发展网络教育、推动教育数字化是推进教育现代化的发展所需。教育数字化转型已经成为全球共识。联合国教育变革峰会把教育数字化变革列为五大重点行动领域之一，并强调数字革命应当惠及所有学习者。党的二十大对推进教育数字化作出专门战略部署，明确提出："推进教育数字化，建设全民终身学习的学习型社会、学习型大国。"2023 年 5 月 29 日，习近平总书记在主持中共中央政治局第五次集体学习时强调，"教育数字化是我国开辟教育发展新赛道和塑造教育发展新优势的重要突破口"。互联网、大数据、人工智能等数字技术的普及和应用，为教育网络化、数字化、智能化转型提供了有力支撑，有利于推动各级各类教育高质量发展，从而实现 2035 年建设教育强国的总体发展目标。

我国网络教育优质均衡发展取得显著成效。为推动我国教育数字化转型加速发展、促进优质教育资源普惠共享，2022 年 3 月，我国上线了国家智慧教育平台。截至 2023 年年底，累计注册用户突破 1 亿人，浏览量超过 367 亿次，访客量达 25 亿人次；基础教育阶段资源超过 5.04 万条，职业教育阶段有超过 1 万门在线精品课程，高等教育阶段有慕课 2.7 万门；提供就业服务、考试服务、学位学历、留学服务等 26 项政务服务，推进政务服务"一网通办"，累计办件超过 5000 万件；开展寒暑假网络教师研修，参与人数超过 2500 万人次，累计时长超过 5 亿学时，有效提升了教师的数字素养；国家智慧教育平台已经成为世界用户规模最大、数字教育内容最多的教育服务平台[1]。

网络教育行业健康有序发展。2019 年，教育部等十一部门联合印发《关于促进网络教育健康发展的指导意见》，提出要扩大优质网络教育资源供给、构建多元的网络教育管理服务格局。同年，教育部印发了《教育移动互联网应用程序备案管理办法》，进一步完善对网络教育的监管体系。截至 2023 年 12 月底，我国共有 1212 家企业的 2843 个 App 进行了备案，

1 资料来源：教育部。

共计 317953 所学校（不含学前）完成使用者备案、29 个省使用者备案率超过 80%，备案 App 同比增长 7%[1]。

2. 市场发展情况

我国网络教育市场规模从高速成长期进入平稳增长阶段。随着线下学习活动恢复正常、“双减”工作走深向实，我国网络教育用户、市场规模增速放缓。截至 2023 年年底，我国网络教育用户规模为 3.44 亿人，同比增长 9.55%，较 2019 年（33.83%）、2020 年（27.13%）的超高速增长大幅下降（见图 20.1）；网络教育市场规模为 3964 亿元，同比增长 9.5%，近 5 年来的复合增长率为 6.34%（见图 20.2）。从整体上看，我国网络教育已经走过了高速发展的阶段，走向持续发展助推教育高质量发展的阶段。

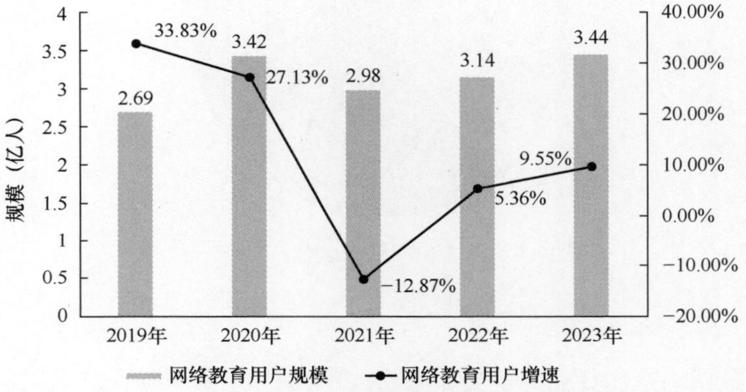

图20.1　2019—2023年中国网络教育用户规模及增速

资料来源：网经社，《2023 年（上）中国数字教育市场数据报告》。

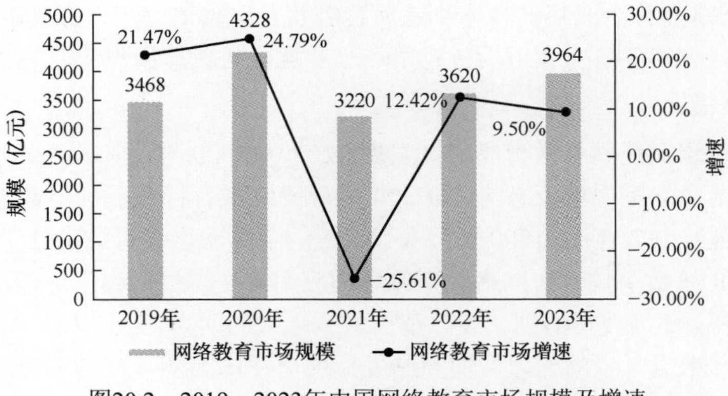

图20.2　2019—2023年中国网络教育市场规模及增速

资料来源：网经社，《2023 年（上）中国数字教育市场数据报告》。

1 资料来源：教育部。

K12 网络教育和素质网络教育是网络教育市场的主要驱动力。按照我国教育体系流程，网络教育可以分为 K12 网络教育、高等网络教育、职业网络教育和素质网络教育。2023 年，K12 网络教育占比最大，占网络教育总体市场规模的 47%；职业网络教育、高等网络教育占比分别居第 2 位、第 3 位，占比分别是 20%、19%；素质网络教育虽然占比最低，仅有 14%，但其较 2021 年占比提高 1.3 个百分点，是增长最快的领域（见图 20.3）。素质网络教育市场规模的增长主要是由于用户对于音乐、美术、编程、数理逻辑等课程的需求增长。

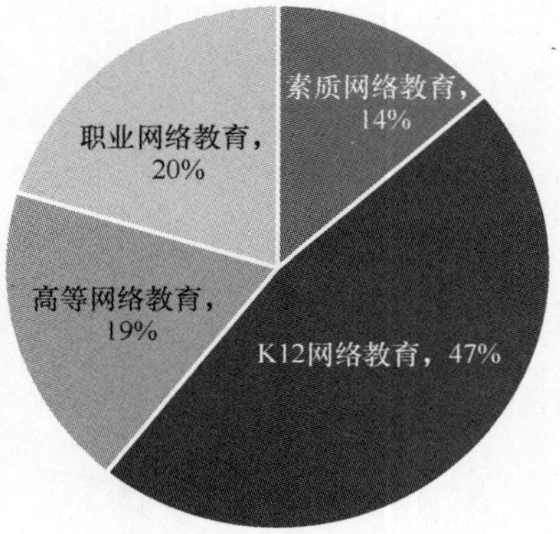

图20.3　2023年中国网络教育市场分布

资料来源：尚普咨询。

网络教育投融资遇冷，行业竞争更加激烈。"双减"明确学科类培训机构严禁资本化运作，直接导致学科类培训机构受资本市场的冷落。2023 年上半年，我国数字教育共发生 9 起融资，融资金额约 6 亿元，较 2022 年同期分别下降 71.88%、29.41%，较 2021 年同期分别下降 85.71%、94.13%[1]。随着技术的发展、参与到网络教育中的主体不断增多（如电商平台、社交平台等），网络教育企业将在技术创新、内容优化、品牌建设和渠道拓展等方面持续加大投入，以提升自身的竞争力和市场占有率，行业竞争将更加激烈。

3. 技术发展情况

数字技术进一步赋能网络教育高质量发展。2010—2020 年，全球网络教育行业专利申请人数量及专利申请量均呈现增长态势。2021 年全球网络教育行业专利申请量及专利申请人数量有所下降，分别为 2772 项和 1800 位[2]。整体来看，全球网络教育技术处于成长期。大数据、人工智能、AR/VR 等数字技术在网络教育领域的应用正变得越来越广泛和深入，它不仅改变了教育的传递方式，还为教育的创新和改革提供了强大的动力。通过人工智能和大数据分析，网络教育平台能够根据学生的学习习惯和进度提供个性化的学习路径和资源；AR/VR 可以提供沉浸式学习体验，增加学习的互动性和参与度；利用机器学习和数据分析，网络教育平台能够自动评估学生的作业和测试，并提供及时反馈，帮助学生及时调整学习策略。

1 资料来源：网经社，《2023 年（上）中国数字教育市场数据报告》。

2 资料来源：前瞻产业研究院。

20.1.2　商业模式

网络教育行业的产业链包括上游的技术供应商、资源供应商，中游的网络教育产品，下游的网络教育用户（如个人学习者、学校、企业等）（见图 20.4）。基于上述的产业链，网络教育的商业模式主要有 B2B2C、自营类 B2C、C2C、MOOC 等模式。

图20.4　网络教育行业的产业链

1. B2B2C 模式

B2B2C 模式是指网络教育平台通过与线下培训机构或者学校等合作，为其提供网络教育服务或者解决方案，从而获得收入。这种模式的优势在于可以利用线下合作方的品牌、渠道和用户资源，降低用户获取成本和风险；同时可以提高线下合作方的服务质量和效率，增加其竞争力和收益。代表企业有好未来、学而思网校等。

2. 自营类 B2C 模式

自营类 B2C 模式是指网络教育平台直接面向用户提供网络教育服务或者产品，从而获得收入。这种模式的优势在于可以直接掌握用户需求和反馈，提供更个性化和定制化的服务或者产品；同时可以拥有更高的品牌知名度和忠诚度，形成更稳定的用户群体。代表企业有猿辅导、作业帮等。

3. C2C 模式

C2C 模式是指网络教育平台通过提供一个网络教育交易平台，让教师和学生之间可以进行自由交易，从而获得佣金或者服务费。这种模式的优势在于可以提供更多样化和灵活化的网络教育选择，满足不同用户的不同需求；同时可以降低平台的运营成本和风险，提高平台的盈利能力。代表企业有猪八戒网、优米网等。

4. MOOC 模式

MOOC 模式是指网络教育平台通过提供大规模开放在线课程（MOOC），让用户可以免费或者低价获取高质量的网络教育资源，从而获得广告收入或者认证收入。这种模式的优势在于可以提供更高水平和更权威的网络教育资源，吸引更多的用户参与和学习；同时可以提高网络教育的普及度和影响力，推动网络教育的社会价值。代表企业有中国大学 MOOC、学堂在线等。

20.1.3 典型案例

1. 猿辅导

猿辅导打造以数字化驱动学习方式变革的应用场景，为广大学者提供数字资源、数字工具、数字解决方案等多项数字化服务。猿力科技推出飞象双师素质课堂，首创智能“双师模式”线上线下老师配合教学，包括书法、魔方、建筑、机械、口才、航天、人工智能等 100 门精品素质课程，满足多元素养教育需求，并通过构建一站式课后服务平台，实现服务功能的全流程智能化，在 2023 年取得一定规模业务增长。目前，飞象双师素质课堂已经在全国 23 个省份、169 个区县、2000 多所学校的 100 多万学生中常态化使用，在依托数字技术缩小城乡的教育差距方面成效明显。

2. 科大讯飞

科大讯飞打造智能 AI 学习机，实现全学科、全学段覆盖。科大讯飞打造的智能 AI 学习机融合了多项人工智能技术，基于讯飞星火大模型的语言理解、文本生成、知识问答、逻辑推理、数学能力、代码能力和多模态能力等技术支撑，实现了真正意义上的“类人辅学”，为用户提供百科自由问答、英语作文批改、智能编程助手、语文作文辅导、英语口语陪练、创意绘画伙伴、数学互动辅导、英语答疑辅导、亲子教育助手 9 项 AI 功能，基本覆盖幼小初高全年龄段及语数英等全学科，满足市场上大部分青少年的学习需求。2022 年，科大讯飞在世界顶级人工智能挑战赛 Open Graph Benchmark（OGB）上以第一名的成绩登顶知识图谱榜单。

20.1.4 发展挑战

随着数字技术的不断进步与应用，网络教育的发展前景将更加广阔。与此同时，网络教育也存在一些挑战。一是由于缺乏面对面的交流和监督，教学质量和学习效果难以保证。二是由于网络教育需要稳定的网络、设备、软件才能保证学习顺利进行，信息化障碍和鸿沟是有待解决的问题。三是网络教育的价格相对较低，因此课程质量相对而言难以保障。但随着技术的不断改进和商业模式的不断创新，以上问题也将得以解决。未来，网络教育必定是实现教育高质量发展的重要路径。

20.2 网络医疗

20.2.1 发展现状

经国务院批准，我国自 2023 年 1 月 8 日起，解除对新冠感染的甲类传染病预防、控制措施。2023 年 5 月 5 日，世界卫生组织宣布新冠疫情不再构成国际关注的突发公共卫生事件。随着对新冠疫情在全国范围内的有效控制，我国网络医疗健康发展也进入了一个新的阶段，开始从疲于应对疫情防控向稳步提升服务能力转变。经过对这 3 年多与新冠病毒斗争的经验进行总结和反思，我国也更加充分地认识到新一代信息通信技术在医疗健康领域的巨大赋能作用，并采取更加积极的政策和措施发展智慧健康、网络医疗。

一是医疗健康信息化、数字化、智能化战略纵深进一步延伸。一方面，从地理区域角度将战略纵深延伸至县域乡村，强调通过“互联网+”和信息化建设造福县域和乡村。国家卫生健康委员会、国家中医药管理局、国家疾病预防控制局在 2023 年 1 月联合发布《关于做好县域巡回医疗和派驻服务工作的指导意见》，提出加强基层卫生信息化建设，为巡诊服务提供技术支持，有条件的地方应积极利用信息化手段开展“互联网+”签约服务、慢性病管理和远程医疗服务；中共中央办公厅、国务院办公厅在 2 月和 3 月连续联合发布了《关于进一步深化改革促进乡村医疗卫生体系健康发展的意见》《关于进一步完善医疗卫生服务体系的意见》，强调要大力推进“互联网+医疗健康”，构建乡村远程医疗服务体系，推广远程会诊、预约转诊、互联网复诊、远程检查，以及建设面向医疗领域的工业互联网平台，加快推进互联网、区块链、物联网、人工智能、云计算、大数据等在医疗卫生领域中的应用。另一方面，从专业领域角度强调要充分发挥中医保护人民群众医疗健康安全的作用。国家中医药管理局、国家发展和改革委员会、国家卫生健康委员会在 2023 年 4 月联合发布了《全面加强县级中医医院建设基本实现县办中医医疗机构全覆盖的通知》，要求加强中医医共体数字化建设，推进智慧中医医院和互联网中医医院建设。

二是医疗健康服务保障能力进一步提升。随着互联网医疗需求持续增长，我国高度重视推动医疗行业的数字化进程，以此来弥合医疗健康服务的供给与需求之间的矛盾和城乡之间服务资源的鸿沟。2023 年，“互联网+医疗健康”便民惠民服务及示范省建设、“5G+医疗健康”应用试点项目持续推进，互联网医院作为医疗领域的新兴业态，其建设取得快速发展，数量已从 2022 年的 1700 余家发展到 2023 年年底的 3000 余家，增长率超过了 76%。国家全民健康信息平台已基本建成，省级统筹区域全民健康信息平台不断完善，基本实现了国家、省、市、县平台的联通全覆盖，已经有 8000 多家二级以上公立医院接入区域全民健康信息平台，20 个省份超过 80%的三级医院已接入省级的全民健康信息平台，25 个省份的电子健康档案、17 个省份的电子病历可在省内共享调阅，204 个地级市的检查检验结果实现互通共享。全国统一的医保信息平台全面建成，接入约 40 万家定点医疗机构和 40 万家定点零售药店，有效覆盖全体参保人。此外，国家药品监督管理局还批准了 61 个创新医疗器械产品上市。

三是医疗健康数字化技术供给量质齐升。结合大数据、AI 和大模型等技术在信息化、云 HIS、智慧医院、医疗数智化方面的应用和部署，相关技术标准研制工作也紧锣密鼓地开展起来。在可信医疗云计算方面，先后开展了《医疗云计算可信选型评估方法 基于边缘计算机制的医疗设备数字化管理应用平台》标准编制工作。在可信医疗大数据方面，开展了第七批健康医疗大数据可信选型评估并进行了结果发布。在人工智能大模型方面，除了华为盘古、百度文心一言、阿里通义千问等通用大模型推出医疗行业解决方案，医联、深睿医疗等还相继推出了医疗专业大模型，千亿参数大模型 MedGPT 治疗方案与真人医生一致率达到了 96%；互联网医疗健康产业联盟还研制并发布了《医疗健康行业大模型合成服务治理规范 第 1 部分：数据处理》《医疗健康行业大模型安全管理能力要求 第 1 部分：应用安全》两项标准，有力促进了医疗健康行业大模型在内容治理及安全管理等方面的规范发展。

20.2.2 细分领域

1. 互联网医疗

互联网医疗用户持续快速增长。据第 53 次《中国互联网络发展状况统计报告》，截至 2023 年 12 月，我国互联网医疗用户规模达 4.14 亿人，较 2022 年 12 月增长 5139 万人，占网民整体的 37.9%。在互联网技术加持下，互联网医疗呈现服务渠道多元化、服务内容多样化和服务模式智能化等特点。一是互联网医院有效拓展了患者就医渠道。北京市共建成 62 家互联网医院，开展互联网诊疗服务的医院共有 242 家；此外，有 11 家互联网医院接入“京通”健康服务模块，全市有 2000 多家社区卫生服务机构可以通过“京通”预约就诊，向 95 家医联体内医院上转患者。二是在线诊疗、处方开具、远程监测和会诊、药品配送等服务为患者就医提供了前所未有的便利条件，比如北京友谊医院与拉萨市人民医院等全国 20 多家医疗机构合作，每年远程救治重症患者上千例。浙江省建成了互联互通的医学检验、医学影像、心电、病理诊断等资源共享中心，实现基层检查、上级诊断和区域互认，累计互认数量超过 3000 万项次，直接节约医疗费用超过 11 亿元。三是辅助诊断康复、配送转运、医疗机器人等方面的新应用快速普及，大大提升了患者的就医体验。

2. 数字疗法

中国数字疗法行业的发展正处于快速增长阶段，由于其广阔的市场潜力和发展空间而受到越来越多的关注。一是企业数量与市场规模持续高速增长。据艾瑞咨询统计，2023 年中国数字疗法企业有近 100 家，预计未来几年企业数量每年将会增长 20%以上，市场规模也将会达到 50%以上的年均复合增长率。在中国涉足数字疗法领域的企业中，大部分并非初创企业，而是在多年前就已成立，只是在数字疗法成为热门话题后进行了业务转型或取得了进一步发展。这些企业在慢病管理、随访系统、互联网诊疗平台、移动医疗硬件等领域开展了广泛的业务，并取得丰硕的成果。二是数字疗法所关注的疾病领域布局逐渐拓展。中国的数字疗法企业主要关注代谢性疾病（如糖尿病）、呼吸系统疾病、肿瘤、精神疾病、循环系统疾病、眼科疾病等。2023 年，精神疾病、行为和认知障碍疾病成为热门的布局领域，占比分别达到 33%、24%。这些领域的数字疗法产品和服务可以帮助患者更好地管理疾病，改善生活质量，同时为医疗提供者提供了更有效的治疗工具。三是新一代信息通信技术助力数字疗法加速应用。数字疗法通过集成人工智能、大数据、云计算、VR/AR 等新兴技术及可穿戴设备等新型终端设备，可以有效提高患者参与度，实现个性化疾病干预。未来，随着脑机接口技术的逐渐成熟，数字疗法将会给患者带来越来越多的福利。

3. 医药电商

央视新闻报道数据表明，2023 年我国药品网络销售业态快速发展，药品网络零售总额已经超过 3000 亿元。当前，医药电商业务主要涉及四种模式。一是 B2B 模式，药品生产企业与医疗机构、药品批发企业之间直接进行交易。二是 B2C 模式，药品直接面向消费者的销售。三是 O2O 模式，消费者可以在线上下单，然后到实体店取药或享受服务。四是 DTP 模式，药品直接从生产或批发企业通过电子商务平台销售给患者。从市场角度来看，B2B 模式规模较大，占据主导地位，而其他三种模式则以面向消费者直接提供服务制胜。从技术角度来看，医药电商通过信息化和智慧化手段优化物流和供应链管理，同时借助大数据实现精准营销。从产品角度来看，医药电商注重品牌建设和个性化服务，提供多元化的药品及相关服务。从监管角度来看，国家市场监督管理总局已经发布了《药品网络销售监督管理办法》等制度文件，建成了药品网络销售监测平台，用信息化手段持续提升监管效能，形成了风险闭环控制机制。从趋势角度来看，随着市场的发展，医药电商正趋向于个性化和细分市场发展，未来将提供更多“药品交易+X”多元化服务，医药电商法规持续完善，消费者权益也将得到更好保障。

4. 智慧养老

国家统计局统计数据显示，2023 年我国 60 岁及以上人口达到 29697 万人，占全国总人口的 21.1%；我国银发经济规模在 7 万亿元左右，占 GDP 的比重大约为 6%。预计到 2035 年，我国 60 岁及以上人口将突破 4 亿人，银发经济规模将达到 30 万亿元左右。从政策角度来看，随着老龄化趋势的加剧，我国高度关注智慧养老发展，在中共中央办公厅、国务院办公厅联合发布的《关于推进基本养老服务体系建设的意见》中提出，“加强信息无障碍建设，降低老年人应用数字技术的难度，保留线下服务途径，为老年人获取基本养老服务提供便利”。在《国务院办公厅关于发展银发经济增进老年人福祉的意见》中专门提出，“打造智慧健康养老新业态”。从技术角度来看，物联网、大数据、云计算、人工智能等技术为智慧养老提供了强大的技术支持，包括数据采集、处理、分析、洞察等方面，使得智慧养老能够实现对老年人健康状况的实时监测、生活习惯的智能分析及紧急情况的快速响应。从产品角度来看，智慧养老的产品涵盖了健康管理、康复辅助、养老监护、慢病防治等多个方面，包括智能床垫、智能手环、智能血压计等智能穿戴设备，智能家居、智能医疗等系统解决方案，以及远程医疗、网络教育、智慧旅游等服务。

20.2.3　典型案例

1. 韩学杰名老中医经验数字化传承

韩学杰主任医师既是第七批全国老中医药专家学术经验继承工作指导老师，也是国家第三批全国老中医药专家沈绍功主任医师学术经验继承人。韩学杰传承团队致力于将大数据、人工智能等新一代信息技术与名老中医经验传承深度融合创新，取得了良好的效果。目前，韩学杰中医传承全网粉丝已经达到 370 多万人，总点击量超过 4 亿次，收藏数超过 900 万次。

一是积极研发数字化中医诊疗系统。利用大数据与图像识别技术，以深度卷积神经网络及先验知识等方法，对韩学杰主任医师通过辨手诊断冠心病的病证，进行了相关探索，设计了手诊采集器，建立了学习模型。此外，为了进一步学习韩学杰临证经验，团队已经搭建了结构化的数据管理系统，同步实现症状、手、舌、面部图片采集，以此为输入端，以韩学杰中医辨证和处方为输出，系统将韩学杰临证经验、临床大数据与 AI 结合，使系统持续自我学习，积累数据越多，诊断准确率越高。

二是古今名老中医辩证经验数字化传承。以名老中医临证思维为知识框架，以古籍及现代文献为知识本体，解析名老中医辩证的思维决策模式。团队基于韩学杰主任医师三维七要诊断法则和九法五径治疗法则，对高血压病的相关古今文献进行知识图谱的构建，明确了高血压病的病因病机、治法方药，丰富了名老中医经验的理论框架。

三是充分利用自媒体优势开展中医科普。从人民群众的健康需求出发，以北京甫济堂科技有限公司和甫济堂中医馆为平台，充分发挥自媒体的优势，致力于中医科普与专业服务相结合，远程教育与智慧医疗相结合，业余爱好者与专业队伍培养相结合，解决了民众中医科普需求及远程诊疗的问题，深受中医爱好者和患者的好评，取得了广泛的社会效益。

2. MedBrain 医学数智平台

MedBrain 医学数智平台是由大专家.COM 针对我国医疗卫生健康领域的供给侧痛点问题历时 10 年持续打造的专业、权威的数智化解决方案。大专家.COM 由钟南山、樊代明、张伯礼等 75 位院士于 2014 年在上海共同发起，秉承“尚善聚智、守正创新、维护健康”理念，致力于以数智医疗赋能全民健康，让优质的医学资源人人可及。

MedBrain 医学数智平台积极将健康管理与新一代信息通信技术相结合。该平台的设计遵循“信息—评估—干预”的核心框架，紧密围绕评估因子和干预因子展开，将大模型技术与汇聚院士专家医学经验和文献、书籍、病例医学知识紧密结合，构建了具有完全知识产权的医疗大数据知识图谱和医学大模型，再通过强化个体用户行为、定期监测与互动及健康信息管理三个关键流程，形成一体化的评估、计划和干预系统，提升用户的整体健康水平。

MedBrain 医学数智平台致力于打造新时代健康管理新范式。该平台坚守“预防为主，强化管理”的原则，借助问卷、互动反馈、数据跟踪等手段，及时、全面地把握用户健康状况，建立并持续优化用户健康画像，为用户提供个性化的健康改善方案和疾病危险度评价服务，确保及时发现并应对健康隐患。该平台为用户提供灵活可定制的健康管理空间，还建立起双余双备的“混合云”数据安全和隐私保护体系，不断提升用户体验。

MedBrain 医学数智平台自商用以来，用户数已经达到 2000 余万，覆盖了全国所有的省（自治区、直辖市），取得了广泛的社会和经济效益。未来，该平台将重点加强个性化干预处方与大模型技术的全面对接等工作，助力建设完善慢性病健康管理制度和管理体系，增加规范化健康管理服务供给。

3. 众阳健康一体化智慧医养健康服务云平台

众阳健康科技集团有限公司围绕“健康中国”与“人口老龄化”国家战略任务与居民医养重大社会民生需求，与哈尔滨工业大学、中山大学、中国信息通信研究院等紧密合作，转化“国家重点研发计划——普惠型医康养服务生态化技术研发与应用”项目成果，研发了“一体化智慧医养健康服务云平台”。该平台基于一体化设计理念，以及强大数据中台和敏捷业务中台，可有效支撑医养健康行业数字化转型与业务创新。

该平台以打造区域内全周期的医养生态体系为目标，可全面支持“互联网+医疗健康”服务、智慧医院、医共体、公共卫生服务、医养结合、慢病管理、重大疾病筛查与全病程服务、预后康复护理等全面的应用场景。此外，该平台可协助各级政府主管部门、医疗机构、康养机构整合汇聚医疗服务、公共卫生、远程干预与康复护理等各方资源，实现区域内的医疗健康数据一体化、服务一体化、业务协同一体化，实现电子病历、个人健康档案、医疗机构检查检验、医养结合等环节的数字打通，为居民提供全生命周期的医养健康服务，并可为行业生态合作伙伴提供数据和开发接口，共同打造医养产业数字化转型新生态。目前，该平台已在全国 300 多家医院、康复护理与养老机构等落地应用，由平台协同各级医疗机构、养老服务机构等，为居民提供包括健康咨询、问诊导诊、诊疗服务、院后随访、康复护理、慢病管理、全病程管理、日常照护、远程健康监测与健康管理等在内的成套服务体系，且取得了良好的成效。

20.2.4　发展挑战

1. 利用信息化手段优化生育支持服务

国家统计局数据显示，我国 2023 年出生人口 902 万人，死亡人口 1110 万人，人口总数净减 208 万人，人口下滑形势愈加严峻。目前，各地都在积极推进 5G、云计算、大数据、人工智能、物联网等新一代信息通信技术在妇女健康、助孕服务、生育护理、儿童成长等领域的应用。所推出的“云上妇幼”、智慧妇幼等服务已经取得了一定成效，但鉴于当前所面临的人口老龄化、出生人口数不断下滑的严峻形势，仍需加大力度进一步探索利用信息化手段遏制人口下降的新技术、新方法、新模式，保证妇幼健康，提高受孕率、出生率和人均寿命，降低婴幼儿死亡率。

2. 强化数据共享与流动管理，促进医康养融合发展

随着社会老龄化程度的逐渐加深，医康养融合发展的需求也越来越强，如何在保护患者隐私的情况下，推动医康养机构之间的数据共享与流动，形成协同联动的有效机制，为百姓提供生命健康服务，是当前迫切需要解决的问题之一。首先，需要破解的难题就是要建立严格的法律法规体系，明确各相关机构在数据流动、使用和保护中的责任与义务，并加强法律法规的落实监管。其次，要提升数据安全防护水平，强化区块链及相关数据安全技术的应用，并建立严格的保密制度，防止数据泄露，确保患者电子健康档案、电子病历等关键数据在不同机构间能够安全、有效地共享。此外，还要构建以“知情—同意”为核心的健康科技伦理体系，确保相关机构数据的合理使用及患者的知情同意权。

3. 充分发挥互联网作用，解决医疗资源失衡问题

在“互联网+医疗”的框架下，互联网医院正在向理性高质量发展的方向转变，远程医疗服务可以实现专家资源共享，基层医生可以通过远程会诊系统获得上级医院专家的支持和指导，从而提升基层医疗服务能力，使百姓足不出户就可以获得良好的医疗服务，体验感和获得感大大提升。但群众因病返贫、因病致贫情况仍然时有发生，人口老龄化等因素导致的总体诊疗费用大幅上涨也使得医保资金池承受巨大的压力，解决医疗资源失衡问题仍然面临巨大的挑战，需要多层次开展医疗规则与机制构建。例如，积极推进分级诊疗体系，尝试构建不同级别医疗机构之间的协作网络，满足公众对便捷、高效医疗服务的需求；充分发挥医疗大模型的优势，强化数字中医的部署和应用，实现更加规范化和高质量的服务，共同提升医疗服务水平；通过数据挖掘、智能分析及服务模式创新等手段，有效降低医疗服务费用，在保障百姓病有所医、老有所养的同时，保证医保费用得到合理有效利用，实现医保费用精准调控等。

20.3 网络出行

20.3.1 发展现状

1. 总体发展情况

网络出行已成为交通运输行业创新实践最为活跃的领域。人工智能、物联网、大数据等新一代信息技术与交通运输深度融合，是推动建设交通强国的重要途径。习近平总书记高度重视以网络出行为代表的智慧交通发展，多次作出重要指示，强调“要大力发展智慧交通和智慧物流，推动大数据、互联网、人工智能、区块链等新技术与交通行业深度融合，使人享其行、物畅其流”，为交通出行的发展指明了前进方向、提供了根本遵循。2021 年 12 月，交通运输部印发《数字交通“十四五”发展规划》，提出要建设“一体衔接的数字出行网络，推动城市客运智能化”。2024 年 1 月，国家数据局等部门印发《“数据要素×”三年行动计划（2024—2026 年）》，指出要发展“数据要素×交通运输”，培育基于数据要素的网络出行新产品和新服务，实现价值倍增，开辟经济增长新空间。

网络出行蓬勃发展成效显著。目前，我国网络出行已经形成了以网约车、共享单车、共享电单车、租车、停车、地图导航、代驾等业态为主的多元化产业生态，各类业态有序发展（见图 20.5）。出行服务模式不断创新，截至 2023 年年底，全国网约车平台月均订单约 7.6 亿单，较 2022 年增长 30.7%，仅北京市共享单车骑行量就突破 10 亿人次，“掌上出行”已成为大多数人的习惯模式。电子不停车收费技术加快推广，高速公路省界收费站全面取消，实现“一张网运行”，人民群众“一脚油门踩到底”的愿景成为现实。北京、广州、深圳等城市积极探索发展出行即服务（MaaS）新模式，为市民提供整合多种交通方式的一体化、全流程的智慧出行服务。北京、上海、广州、武汉等城市开展自动驾驶出行服务应用示范，带动自动驾驶技术加速落地。

图20.5　网络出行产业图谱

网络出行监管体系进一步完善。2014 年至今，我国网络出行的监管经历了鼓励支持、严格限制、监管体系初步建立、监管体系进一步完善等阶段（见图 20.6）。2016 年，《网络预约出租汽车经营服务管理暂行办法》及《国务院关于深化改革推进出租汽车行业健康发展的指导意见》出台，标志着我国网络出行行业监管体系初步建立。2023 年 4 月，交通运输部、工业和信息化部、公安部、国家市场监督管理总局、国家互联网信息办公室联合印发《关于切实做好网约车聚合平台规范管理有关工作的通知》（交办运〔2023〕23 号），针对网约车聚合平台这一新兴的商业模式，进一步明确平台规范管理工作，切实保障乘客和驾驶员合法权益，促进网约车行业规范健康持续发展，我国网络出行监管体系逐步完善。

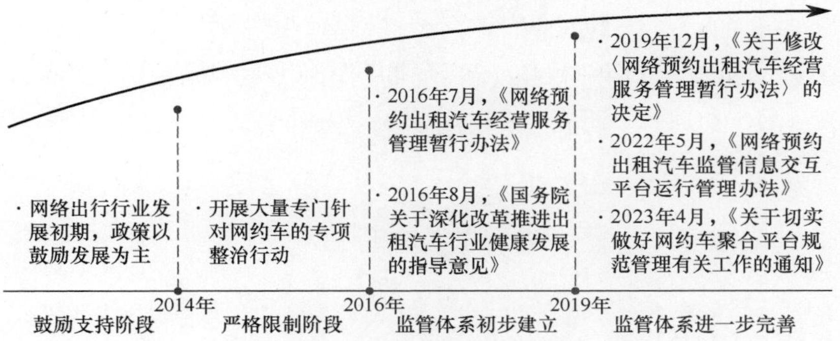

图20.6　网络出行行业政策发展阶段

2. 市场发展情况

网约车行业有序发展、活力不断提升。截至 2023 年年底，我国网约车用户规模为 5.28 亿人，同比增长 20.8%，占全体网名用户的比例为 48.3%[1]（见图 20.7）；网约车市场规模约为 3589 亿元，同比增长 14.1%[2]（见图 20.8）；全国网约车订单总量为 91.14 亿单，同比增长 30.7%，共有 337 家网约车平台公司取得网约车平台经营许可（见图 20.9），较 2022 年年底增长 13.1%，共发放网约车驾驶员证 657.2 万本，同比增长 29.1%，发放车辆运输证 279.2 万本，同比增长 31.8%[3]。网约车行业在政府的监管下，蓬勃发展。

共享单车行业稳中求进。随着我国深入贯彻和全民践行绿色出行和节能减排，共享单车作为缓解交通拥堵、相对低碳的出行方式，已经被广大居民所接受，整体上行业市场已逐步进入成熟期。目前，我国共享单车行业已经形成了以美团、哈罗、青桔为主导的三足鼎立态势。2023 年，我国共享单车用户约为 4.7 亿人，市场规模为 326 亿元，分别较 2022 年增长 2.2%、7.3%[4]。此外，随着共享单车的普及、用户需求的多样化及电单车监管逐步完善，共享电单车应运而生，但整体渗透率相对较低，市场有待进一步培育。

1 资料来源：CNNIC，第 53 次《中国互联网络发展状况统计报告》。

2 资料来源：网经社，《2023 年度中国移动出行市场数据报告》。

3 资料来源：交通运输部。

4 资料来源：根据 Statista Market Insights、华经产业研究院相关数据预测。

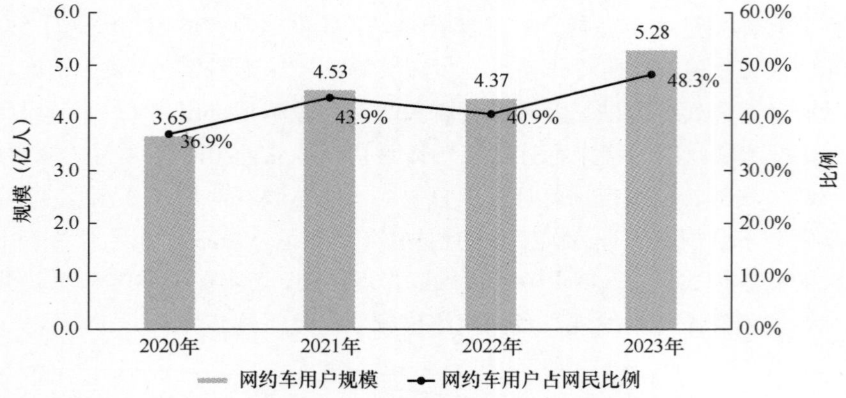

图20.7　2020—2023年我国网约车用户规模

资料来源：CNNIC。

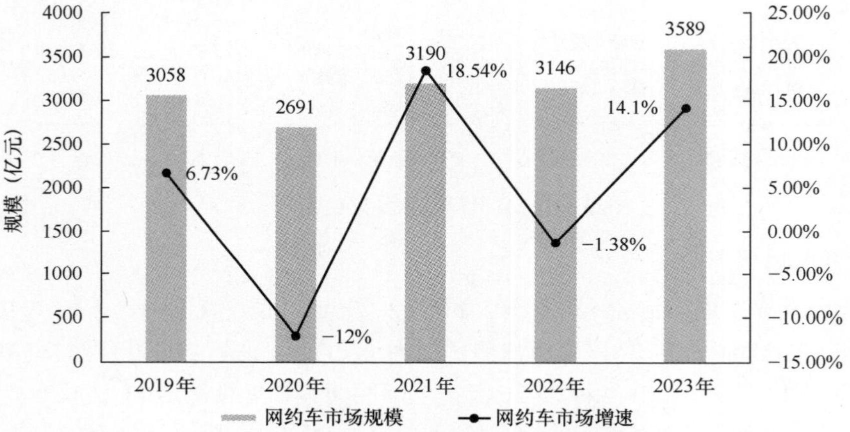

图20.8　2019—2023年我国网约车市场规模及增速

资料来源：网经社。

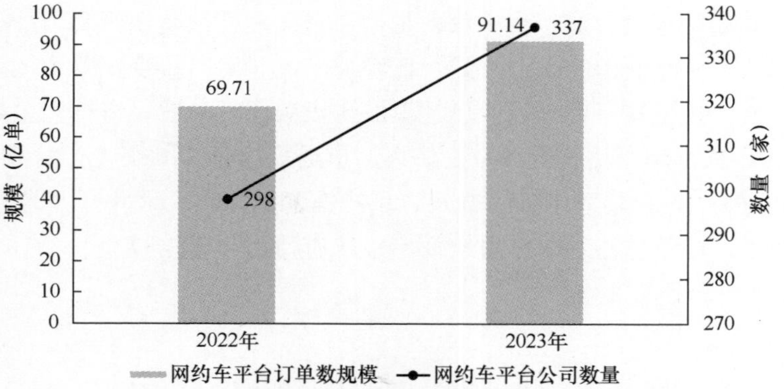

图20.9　2022—2023年我国网约车订单数数量以及网约车平台数量

资料来源：交通运输部。

3. 技术发展情况

新一代信息技术对网络出行创新发展提供了良好的支撑。基于大数据对用户出行轨迹及消费场景等进行分析，可以支撑企业精准营销。基于云计算能力提升运营效率和服务分工，可以支撑企业精细化管理城市共享车辆分布。基于人工智能算法，可以为企业能够提供精准的供需预测，实现路径规划、智能调度以优化运营。车身传感器、北斗导航芯片等智能化硬件的应用，能够有效促进高精度位置识别、降低车辆丢失率、追踪车辆位置，实现有序停放等城市管理目标。

20.3.2　商业模式

1. 网约车

网约车的商业模式除了传统的 B2C、C2C，自 2022 年开始，腾讯、华为纷纷进入网约车市场，网约车出现了新的商业模式聚合平台。

网约车 B2C 模式是指由专车公司自备车辆和专业驾驶员为用户服务。B2C 模式类似于出租车公司经营，司机与企业之间为雇佣关系，“合规”是该模式的最大特点，购置车辆、维修费用、车辆牌照和司机保险等运营成本高是该模式的缺点。一般情况下，传统车企和租车公司选择 B2C 模式进入网约车市场，典型企业有首汽约车、神州专车、曹操专车等。

网约车 C2C 模式是指公司提供独立的第三方商务车服务平台，通过网站或移动端 App 将有用车需求的用户和汽车服务提供商（如私家车拥有者、汽车租赁公司等）进行匹配并形成交易。C2C 模式的车辆来源主要是私家车和汽车租赁公司，司机通过网上报名、平台审核成为网约车司机，运营收入为个人所得。C2C 模式的优点是流程简单、运行高效、易扩张等优势，但存在无法对司机形成有效的监管和约束的合规风险。该模式的代表企业有滴滴出行。

网约车聚合平台模式是指平台本身不直接从事客运服务，而是为网约车平台提供流量入口，以自身的流量优势在网约车平台和用户之间匹配供需，撮合交易。该模式的典型代表企业有高德、美团、百度等。聚合平台的优点是平台同时接入多家网约车公司，用户能更便捷、高效地打到车辆，小型网约车公司能获取更多的订单；缺点是聚合平台更难保证服务质量。2023 年 4 月，交通运输部等五部委印发《关于切实做好网约车聚合平台规范管理有关工作的通知》，明确网约车聚合平台的运营要求、相关责任等，切实保证乘客和驾驶员的合法权益，促进行业规范。

2. 共享单车

共享单车的商业模式以 B2C 为主。共享单车平台企业短时间、大批量投放单车，迅速形成规模效应；共享单车还通过硬件配置升级创新的方式，实现任意地点换乘，提高了单车的使用效率和便捷性。共享单车平台根据用户使用的时长、距离等，对用户按次、按时长或者套餐的方式进行收费。

20.3.3　典型案例

1. 滴滴

滴滴围绕“一带一路”国家和地区加快国际业务布局，将中国经验和海外市场的实际需求相结合，为海外市场提供有特色的本地化产品和服务。滴滴与比亚迪巴西子公司、巴西汽车租赁公司 Dahruj，以及巴西车队管理服务商 IturanMob 签署了国产电动汽车国际化落地项目，共同推动国产电动汽车在巴西的推广应用，助力数字服务业带动制造业出口的良性循环。2023 年，滴滴通过旗下在巴西的出行平台引进并部署 300 辆比亚迪电动汽车，滴滴在巴西的出行平台运营着巴西最大的电动网约车队。截至 2024 年 4 月，滴滴在拉美国家的综合市场份额达到了 40%左右，在墨西哥更是占到了 56%，已经成为美国 Uber 在当地市场最大的竞争对手。

2. 美团

美团新产品、新技术助力城市单车共享共治，汰换旧车实现全流程绿色回收。美团新车采用全新一代的前置隐藏锁、配套新款菜篮、双密度轮胎、年轻化配色等，具有骑行更顺畅、外观更时尚的特点；在定位精准助力路面更有序方面，单车通过使用“北斗+GPS 高精度”双频定位，优化天线设计，在开放场景中可获得亚米级定位精度，智能锁芯片从 2G 升级到 4G，传感器更加先进；在优化车身整洁方面，车架喷涂防贴涂料，对小广告有“自脱落”抗贴功能。围绕共享单车的设计、采购、生产、投放、运营报废等全环节，美团贯彻循环经济原则，实现废旧单车、电单车 100%回收再用。美团单车通过打造 MaaS 系统，推动共享单车新技术和新产品，为用户提供更便捷的取还车体验，为治理者完善行业解决方案，助力城市秩序管理更科学有效。

3. T3 出行

T3 出行借助自研的 V.D.R 设备和车联网深度应用，打造政府端城市治理智慧平台。T3 出行作为出行领域的深耕者，累计用户超过 2 亿人，累计完单量超过 18 亿笔。每天有超过数千万千米的真实路况数据上传至云端，涵盖了人、车、路等多种合规的公共信息。基于自研设备与车联网技术的深度应用，T3 出行利用大数据端云协同能力、事件上报能力，商业智能数据分析能力，与政府可共享数据融合，打造了政府端城市治理智慧大屏——“驾驶舱”社会数据融合应用平台。在南京市数据局、南京市城市数字治理中心的指导和支持下，经过政企数据深度融合，该应用平台可辅助城市管理者对缓堵保畅等民生工程进行专项治理，建立拥堵路段及时预警机制：通过视觉多模态识别，赋能应用场景，提升全域感知能力，助力城市治理提质增效；支撑城市治理体系和治理能力的现代化建设，实现安全管控、出行便捷的目的；同时具备实时态势感知、风险智能研判、异常事件协同处理等能力。该应用平台已在南京、常州、台州、长春率先稳定运行，并积极筹划将服务拓展到全国其他城市。

20.3.4 发展挑战

我国大力倡导绿色出行理念、鼓励发展数字经济，网约车、共享单车等以共享经济为基础，与数字技术深度融合，从政策、技术的角度看前景向好。与此同时，网络出行行业也面临着一些问题，如网约车低门槛带来的司机收入不稳定、安全监管、乘客和司机人身安全问题，以及共享单车存在安全隐患、停车秩序不规范、恶意毁坏车辆等问题。随着网络出行行业进入有序健康的发展阶段，科技转型升级、精细化运营、用户质量提升等多重赋能效应逐渐体现，行业有机会衍生出新业态、新模式来应对各种挑战。

撰稿：裴艳、任光辉、徐贵宝、徐渊、于青平、董子毓、郭宇欣、吴元尊
审校：姜昕蔚、彭勇

第 21 章　2023 年中国智慧城市发展状况

21.1　发展现状

1．政策环境

国家推动智慧城市迈向全域数字化转型新阶段。2023 年 12 月，习近平总书记在上海考察时指出，在城市规划和执行上坚持一张蓝图绘到底，加快城市数字化转型。2024 年 5 月，国家发展和改革委员会、国家数据局等四部门发布《关于深化智慧城市发展推进城市全域数字化转型的指导意见》，这是“十四五”时期首个以智慧城市为标题的国家级政策，标志着我国智慧城市建设从地区试点探索逐步迈向全域覆盖。《关于深化智慧城市发展推进城市全域数字化转型的指导意见》以整体性重塑智慧城市技术架构、系统性变革城市管理流程、一体化推动产城深度融合为思路，全面提升城市全域数字化转型的整体性、系统性、协同性；在主要任务方面，部署了开展全领域推进城市数字化转型，建立并完善城市数字化共性基础平台体系；全方位增强城市数字化转型支撑，统筹推动城市算力网、数据流通利用基础设施等建设；全过程优化城市数字化转型生态，加快推进适数化制度创新，持续创新智慧城市运营运维模式等工作；在发展目标方面，提出到 2027 年，全国城市全域数字化转型取得明显成效，形成一批横向打通、纵向贯通、各具特色的宜居、韧性、智慧城市，有力支撑数字中国建设。2024 年 1 月，国家数据局等十七部门联合印发《“数据要素×”三年行动计划（2024—2026 年）》（国数政策〔2023〕11 号），提出要实施数据要素×城市治理，优化城市管理方式，支撑城市发展科学决策，推动公共服务普惠化，加强区域协同治理。

智慧城市标准化工作由顶层框架向应用领域拓展。2023 年 9 月，国家标准化管理委员会等六部门联合印发《城市标准化行动方案》，这一体系不仅涵盖数据治理、城市大脑、城市数字孪生等关键技术标准，还包含智慧养老、智慧园区、智慧社区、智慧交通等典型应用领域标准，推动城市实现“城市管理智能化”“政务服务数字化”“风险预警自动化”。智慧城市标准由往年的规范顶层设计、技术架构、基础设施，逐步向城市数字化迭代升级的各重点领域深化，根据国家标准化管理委员会数据，截至 2024 年 4 月，全国实施和发布了 46 项智慧城市相关国家标准。例如，GB/T 42442.1—2023《智慧城市　智慧停车　第 1 部分：总体要求》为智慧城市场景下智慧停车的规划、设计、建设及运维提供依据；GB/T 42760—2023《智慧城市　感知终端应用指南》提供了智慧城市感知终端的典型应用场景分类，规范了感知终端应用场景适配、管理、安全保障等要求，为感知终端应用的设计、安装、调试和运维提供了指导；GB/T 43442—2023《智慧城市　城市智能服务体系构建指南》给出了城市治理、生活服务、产业升级、绿色低碳等城市智能服务体系构建的原则，描述了城市智能服务体系概念模型、关键要素、关键特征和构建流程。

2. 产业发展

智慧城市产业投资规模逐步企稳回升。总体来看，我国智慧城市产业正处于产业成长期，市场空间由一、二线大型城市逐步向中小型城市、县级城市拓展，投资领域重点聚焦新型数字基础设施、数据驱动治理、数字化管理等项目。智慧城市产业投资自 2021 年起进入平稳上升阶段，2023 年总投资规模达到 1.9 万亿元（见图 21.1），成为加快构建新质生产力、引领城市深化改革的重要引擎。中国信息通信研究院测算，政府与企业在城市信息化投资领域的规模比重约为 1∶4，越来越多的智慧城市项目建设模式逐步从政府单一主导投入建设转向政企共同参与、企业联合建设运营等多元化模式转变，有效提高了财政资金使用效率。

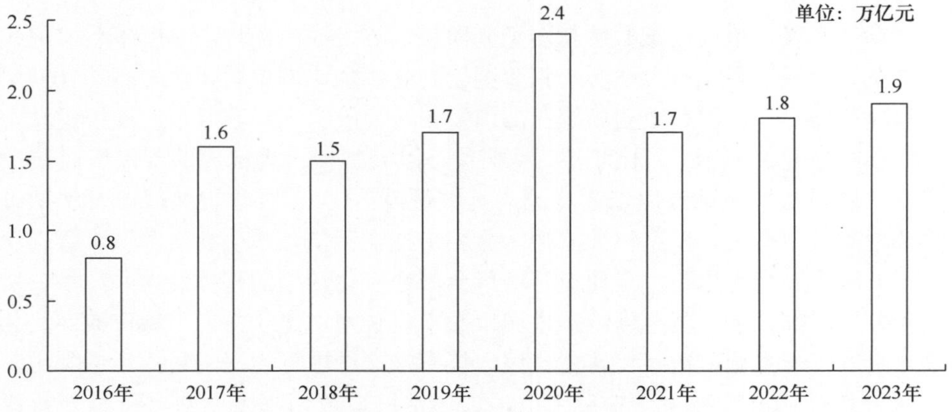

图21.1　2016—2023年我国智慧城市产业投资规模

资料来源：中国信息通信研究院。

智慧城市产业链条更加完善。经过多年发展，我国智慧城市产业新领域、新业态不断推陈出新，产业链上下游合作更加紧密，产业服务门类更加完备，相关软硬件自主可控水平大幅提升。智慧城市产业已形成由顶层规划咨询与标准服务、基础设施、数据要素、智能中枢、智慧应用、数字安全、运营服务等细分行业组成的产业生态体系。随着国家“双碳”目标、数据要素市场化配置改革等重大政策深入实施，零碳智慧城市、城市数据空间、数商生态、智能计算等新兴赛道不断涌现。

智慧城市产业生态格局正开启新一轮调整。电信运营商、城投公司等国有资本开始向智慧城市综合集成服务领域进军，科技巨头智慧城市业务战略重心转向细分领域专业化服务，腾讯、华为等企业已从早期智慧城市集成商角色逐步向大数据、云计算、人工智能等技术产品与服务提供商调整。与之相对的是，央企、国企向智慧城市建设综合解决方案供应商领域进军的势头正盛，尤其是市属国资企业、城投公司依托本地化服务优势，正成为智慧城市建设的主力军。例如，日照市城投集团下属数字日照公司承担建设了当地智慧化城市管理平台，形成以智慧场景打造为核心的新一代智慧城管产品，并依托属地服务开展平台运营运维，打造了可持续的智慧城市建设运营模式。

3. 技术融合

高阶数字孪生为智慧城市发展带来新未来。数字孪生城市自主性、智能化、自适应能力大幅增强，逐步达到机器智能和人的智慧高度协同发展阶段。城市实体对象的语义化表达标准日趋统一，中国互联网协会数字孪生技术应用工作委员会牵头制定《数字孪生体元数据标准》，明确了城市八大类实体多维度的属性定义，促进统一表达与共享流通。数字孪生相关引擎加速融合，如腾讯在数字孪生底座的基础上搭建了可视化平台、空间实时计算平台、实时仿真平台，与人工智能、实时计算、仿真推演、数据驱动等技术引擎进行深度融合。城市数字孪生底座平台加速能力集成、生态开放，苏州工业园区、雄安新区、上海临港、深圳等先行地区，均启动融合多类引擎、集成组件化服务的数字孪生底座平台建设。数字孪生城市应用已从“可视”向“可算、可用、可控”深化，业务场景建模成为推动数字孪生城市走向仿真推演应用的关键路径，行业数字孪生城市建设达到机理孪生、动态映射等级的超过 50%，达到仿真推演、虚实交互等级的超过 40%。

人工智能大模型技术与智慧城市融合探索。2023 年，我国人工智能大模型“百模大战”正式开启，科技公司、学术机构等累计推出各类大模型超过 200 个，部分地区开始探索智能中枢与城市大模型融合建设，促进传统智慧城市应用向更好的交互体验、更精准的知识检索、更复杂的场景推理演进。例如，《深圳市加快推动人工智能高质量发展高水平应用行动方案（2023—2024 年）》提出大力推动公共服务、城市治理及千行百业的人工智能场景应用，福田区依托盘古政务大模型上线了智慧助手“小福”，支持百万视图同步处置、应急事件及时处置、基于问答结果的任意关联目标的检测与分割，解决了政务热线在问题拆解、多重意图理解、政务政策关联等方面的难题。科大讯飞星火法律大模型、政务大模型、住建大模型等，通过人工智能大模型打造城市事件中枢平台、面向基层治理的“数字治理助手”应用，开发智能分派、辅助处置、执法文书生成及面向市民的政策问答等特色功能，助力城市治理减负增效。

多层次的网络技术构建智慧城市感知体系。万兆光网蓄势待发，2023 年北京、上海多地发布政策文件积极推进城市万兆光网部署。5G-A 商用进程加速，上海、北京、深圳、杭州等地已开展网络商业验证和小规模部署，5G 行业应用已覆盖 60 个国民经济大类，在制造业、矿山、医疗、能源、港口等 5G 应用的先导行业已实现规模复制。截至 2023 年 12 月，我国移动物联网终端用户达 23.32 亿户，占移动网终端连接数的比例达 57.5%，我国正式进入移动网络“物超人”时代。城市 4G Cat1 将加速向 5G RedCap 演进，NB-IoT 将由 5G 网络承载，面向各类应用需求的移动物联网络加速构建，赋能智慧城市不同场景建设。以 NB-IoT 满足大部分低速率场景需求，以 4G Cat1、5G RedCap（R18）满足中等速率物联需求和语音需求，以 4G Cat4、5G RedCap（R17）满足中高速率场景需求，以 5G NR 技术满足更高速率、低时延联网需求。

21.2 应用场景

1. 平安校园

教育部门不断推进教育能力现代化，健全教育领域风险防控机制，推动强化校园安全网格化管理，打造综合监管的工作格局，防止发生较大及以上学校安全责任事故，提升平安校园建设水平。数字技术赋能平安校园建设，注重高新技术产品应用，着力推进校园智慧安防系统建设，实现校园安防系统与公安、教育信息化应用服务体系的有效融合。例如，山东省济南市历城区教育和体育局以建立校园安全风险防控体系为目标，基于安防信息化平台建设工程项目进行平台功能升级，增加学校三维可视化功能，建设基于安全的 3D 建模模型，包含视频监控、自动导览、网格化管理等基础安全管理功能模块。应用虚拟现实、大数据、物联网、人工智能等新一代信息技术，整合提升校园安全现有的“三防”资源，建设“探头站岗、鼠标巡逻”的数字孪生校园安全风险防控预警平台，全面提高学校在安全管理、环境建设、能耗监测等方面的管理水平，提升校园决策能力。

2. 智慧水务

水利部大力推进数字孪生流域、数字孪生水网建设，推动各地区着力打造智慧水务模式，为水务管理带来革新。智慧水务利用 5G 物联网技术，通过汇聚水源地、自来水厂、用水园区和污水处理厂等关键指标，实现对整个水资源管理链条的实时监测和管控。利用大数据分析和机器学习算法，优化供水系统的运行和调整策略，减少水资源浪费。通过淹没分析等水体和流体仿真技术，结合内涝预警、治理预案能力，提供对水务系统中潜在灾害和突发事件的预测和应对能力。例如，嘉善县依托数字孪生技术建设了智慧水务平台，通过对水务设施设备和流域进行三维实景建模和数据采集，实现可视化呈现水务监测数据，提供智能调度、仿真模拟、风险管理、应急预案和决策支持功能，并提供应急预案。智慧水务平台上线后，智慧水务调度值班人员的操作效率提升约 16%，应急响应效率提高 60%，水管网整体维修效率提高 80%，污水外溢预警处理效率提高 60%，爆管模拟场景通过爆管预测查询每年预计为水务公司节约 100 万元的经济损耗。

3. 产业空间服务

产业空间服务指的是为区域不同产业发展提供最优空间要素和服务资源。数字技术赋能产业空间服务，主要将城市空间数据与产业大数据深度融合应用，打造区域标杆性产业空间资源服务信息化平台，实现全区产业空间、企业供应链资源供需之间的信息互通，并建立快速响应机制，实现资源公开化和以集约化的方式跟踪空间资源使用情况，吸引高端企业入驻，促进产业空间的租售与增值的新型高质量发展的可持续产业空间模式。例如，深圳市龙岗区以“一中台、二中心、九大应用系统”为建设路径，应用数字孪生、GIS、AR/VR、大数据算法与分析等前沿技术，构建多元数据融合、全景式智慧化的龙岗区产业空间服务平台。龙岗作为深圳的产业大区，现有工业区块线划定范围约 65.95 平方千米，近期可开发建设产业用地约 6.17 平方千米，现有产业用房建筑物约 3.3 万栋、总建筑面积约 1 亿平方米，工改城市更新项目 45 个、将可提供产业空间约 1900 万平方米，有充足的产业空间支持好企工业、好项目落地。该平台的应用使产业链上下游得以无缝对接、精准匹配，推动了产业空间的高效利用，有效降低了产业用地用房的维护成本，赋能了产业的高质量发展。

4. 自然灾害应急

我国许多城市处在多雨、山洪灾害易发区，因山洪引起的泥石流、滑坡、崩塌、塌陷等地质灾害时有发生。山洪灾害不仅对基础设施造成毁灭性破坏，而且对人民群众的生命财产安全构成极大的威胁。通过建设山洪预警平台，全面提升区级预警信息的发布能力，将“智慧化”全面应用于“信息化”预警平台，为有效预防山洪灾害提供了重要技术支持，为山城人民筑起生命“安全屏障”。例如，淄博市博山区开展“智防山洪”信息化预报预警系统建设，在全区 8 个山洪灾害防治小流域中部署自动雨量站、自动水务站、视频监控站等自动化山洪灾害监测网络，实现了对暴雨、山洪的实时准确监测。建设区、镇、村三级山洪灾害监测预警平台，开发手机“山洪灾害防御客户端”App，将雨情、水情、工情、气象、预案、卫星云图等信息有效集成“一张图”，实现了自动监测、实时监视、动态分析、统计查询、在线预警等功能“一机查询”，提高了预报预警信息发布的时效性、针对性、准确性，大大减少了人员转移的难度和成本。

5. 智慧环保

智慧环保借助物联网技术，将传感器和设备与环境保护部门监测治理业务相结合，通过数据汇聚、信息处理、决策支持等，实现以更加精细和动态的方式开展环境治理。智能环保平台可以采集的环境数据包括空气温湿度、土壤温湿度、CO_2 浓度等，从而可以准确掌握企业产生的废水、废气、废渣数据，为管理部门提供包括环评质量监测、污染源监控、环境应急管理等业务环节行政执法的依据。例如，济宁市生态环境局智慧环保项目以 5G 技术为重要信息载体引领生态环境管理现代化，以污染源全生命周期监管和生态保护红线两项业务为主线，搭建从智能感知、智能分析到智能决策的智能化系统架构和管控平台，着力解决市县两级执行层面普遍遇到的水的溯源难、气的定量评估难、问题线索收集难等共性难题，减少了违法排污行为，促进了环境质量改善。平台应用后，济宁市污染物排放在线监控月均异常告警数量下降了近 90%，全市 PM2.5 浓度同比改善 8.3%，南四湖水质连续 19 年稳中向好。

21.3　运营模式

国家大力支持智慧城市多元化运营。智慧城市项目的市场化运营趋势更加显著，由早期的政企合作运营、政府建设委托运营到企业独立运营政府购买服务等运营形式不断涌现。在政策层面，国家大力推动智慧城市项目的多元化社会资本参与运营，2023 年 11 月，国家发展和改革委员会、财政部联合印发《关于规范实施政府和社会资本合作新机制的指导意见》，明确将智慧城市项目纳入支持民营企业参与的特许经营新建（含改扩建）项目清单，旨在充分发挥市场机制作用，遏制新增地方政府隐性债务，提高智慧城市基础设施和公用事业项目的建设运营水平。《关于深化智慧城市发展推进城市全域数字化转型的指导意见》明确提出，推动政府、企业、科研智库和金融机构等组建城市数字化运营生态圈，打造多元参与、供需对接、价值驱动的社会长效运营机制。

地方持续构建智慧城市多元化运营生态。各地在数字城市建设已取得显著成效的基础上，积极探索多元参与的可持续运营模式，数字城市建设运营平台企业和数字城市运行管理中心数量显著增加、职能逐渐完善，市域一体化的运营模式不断创新，运营服务重要性日益凸显。例如，南京市推行城市数字化合伙人制度，选取华为作为“一网统管”城市合伙人，联合建设城市运行“一网统管”南京－华为联合创新实验室，并与中软国际、中兴通讯、阿里、京东等 50 余家行业龙头企业开展南京“一网统管”规划、设计、建设与运营工作，紧扣城市治理重点领域、关键环节、共性需求，持续推动新产品、新场景落地应用。

企业积极探索智慧城市多要素可持续运营路径。经过多年实践探索，市场主体通过场景运营、数据运营、资产运营等不同对象的运营流程，已基本探索形成了保持智慧城市长期运营的有效路径。面向政府侧用户，提供“一屏统览”“一网统管”等城市协同治理服务，全面监测城市生命体征状态，处置生产、生活、生态等各领域事件；面向企业等社会机构，通过涉企一站式增值服务平台，统一提供人才引进、金融对接、科创服务等资源，促进城市营商环境优化。例如，广东省汕尾市政务服务数据管理局开发涉企服务小程序——“善美店小二”，集成“服务直通车、成长路线图、扶持工具箱”三大板块，把企业关注的高频服务、部门的审批服务、营商所需的配套服务一站式提供给企业，让企业享受“7×24 小时不打烊掌上可办”服务，支撑政府部门主动靠前服务、市场机构协同联动服务。

21.4 典型案例

1. 广州市

广州市以高标准建设国际一流智慧城市为总体目标，以数字设施和基础平台集约建设为支撑点，以数据要素流通应用为关键点，以城市智能化运行和市民便捷化生活为落脚点，以数实融合高质量发展为突破点，深入推动数字政府与智慧城市融合发展，全面释放数字化发展动力。

1）重点举措

以“数据融通、流程再造、决策辅助、效能提升”为目标统筹推进智慧城市建设。构建集“数字新底座—智能新大脑—数据新要素—智慧新应用—发展新机制”于一体的广州市新型智慧城市总体架构。依托“穗智管”城市运行管理中枢统筹建设市区两级协同的城市大脑，支持各部门应用系统实现快速开发，避免重复建设。推动“一网知数”“一树治数”“一门用数”，系统推进数据要素制度、数据治理能力、数据要素流通、数据要素生态、数据安全防护等方面创新提升。面向城市治理、民生服务、产业经济三大板块的智慧新应用，提升广州开放型城市经济规模、质量和效益。建立完善智慧城市建设运营生态，实现从以建为主到长效运营的战略转向。

围绕新型智慧城市总体架构推进“三个融合”。一是智慧城市与数字政府融合，加强智慧城市和数字政府各系统云端融合互通，积极探索智慧城市与数字政府融合应用，提升广州超大城市治理体系和治理能力现代化水平。二是技术创新与场景创新融合，以新技术的创造性应用为导向，从行业应用、社会需求的角度逐渐深入，推动技术与场景双向融合创新，探索形成一批可复制、可推广的先进做法和经验。三是数据要素与业务流程融合，加快智慧城市相关联业务数据联通一体化建设，以数据赋能流程再造和业务协同，以业务推动数据分析方法的创新和变革，最终实现数据要素与业务流程深度融合。

2）建设成效

城市运行管理中枢助推跨领域、跨部门场景应用。广州建成集“运行监测、预测预警、协同联动、决策支持、指挥调度”五大功能于一体的“穗智管”城市运行管理中枢，同步开发系统的大屏、中屏（PC 端）、小屏（手机端）端，基本实现“一网统管、全城统管”。“穗智管”平台汇聚广州市市直部门超过 100 个业务系统，接入各类物联感知、感应与传感设备终端超过 8 万个，在全国率先建成“人、企、地、物、政”五张城市基础要素全景图，围绕城市运行管理各业务领域，建成了智慧党建、经济运行、一网通办、民生服务、医疗卫生、营商环境等超过 100 个服务场景，构建了“横向到边、纵向到底、不留死角”的管理体系。“穗智管”城市运行管理中枢荣获中国计算机用户协会政务信息化分会、中国电子政务年鉴编辑部“2021 年度电子政务典型案例”及第十五届中国智慧城市大会“2022 年智慧城市先锋榜优秀案例二等奖”。

数据要素价值加速释放惠民利企善治潜力。数据基础制度不断健全，广州市政务服务和数据管理局陆续发布《广州市公共数据开放管理办法》《广州市政务数据安全管理办法》《广州市数据条例（征求意见稿）》等政策文件，全国首张公共数据资产凭证在广州市发布，全国首批“数据经纪人”在广州市诞生。依托市政务信息共享平台，政务数据整合汇聚能力显著增强。数据资源流通利用持续探索，公共数据授权运营“广州模式”初步形成，广州市首个公共数据运营产品“企业经营健康指数”完成交易，探索出公共数据入市流通的有效模式。华南地区首条点对点跨境数据专线“粤新通”在广州市开通，通过专属网络平台确保跨境数据安全有序流动，助力中外企业在科技研发、文化教育及协同创新等方面开展深度合作与交流。

智慧城市安全管理运营服务能力大幅提升。建成数字政府和智慧城市安全运营统一平台，为不断推进全市统一云资源管理、统一基础运维管理、统一基础网络和安全管理、统一数据资产管理、统一政务信息化项目管理打下良好基础。2023 年全国首个超大城市数字安全运营中心“广州数字安全运营中心”正式启用，通过提供统一标准、统一质量、统一运营的一体化服务，实现广州市 505 家单位数据安全统一保障。

2. 贵安新区

贵阳市贵安新区以激发数据要素价值为突破，以“大数据－大模型－大智能”为创新，探索“以场景聚数据、以数据留企业、以生态兴业态、以融合促转型”的高质量发展新路径，全面强化贵安全域数字感知、全量数据流通、全局数据赋能。

1）重点举措

以“2141”思路开展贵安新区智慧城市建设。夯实两大数字底座，构建一体化调度的算力枢纽集群和算力调度网络，打造泛在先进的网络设施，构建贵安新区数据空间，打造“汇聚大数据、运用大模型、创新大场景”的产业循环。建设“新区—园区（乡镇）”两级联动的智慧贵安运行中心，贯彻“一网总览、一网统管、一网通办、一网共享”理念，将城运中心打造成为贵安智慧城市中枢。发展治理、民生、商业、产业四大新经济产业示范场，打造“以场景聚数据、以数据留企业、以生态兴业态、以融合促转型”的产业发展闭环。建设“政企协同、管运分离”的运营机制，组建智慧贵安平台运营公司，通过项目合作、资源合作等方式，吸引龙头企业落地贵安，培育壮大智慧贵安产业生态。

以“1+1+1+*N*”的运营架构实现统一领导、多方协同。明确一个统筹领导机构，以贵安新区智慧城市建设工作专班（以下简称专班）作为新区智慧城市统一领导、统筹协调机构。

专班下设一个统筹管理部门——新区大数据局，承担新区智慧城市数据统筹、标准统筹、共性能力统筹的工作。建立一套智慧贵安市场化运营模式，组建智慧贵安运营平台公司，开展智慧贵安投资、设计、建设、运营等全生命周期服务；通过项目合作、资源合作等方式，鼓励多元主体投资、建设、运营智慧贵安重点项目；组建智慧贵安专家智库，为贵安智慧城市建设发展提供智力支持。联合“*N*”个行业部门，将贵安新区各部门和企事业单位作为智慧贵安相关项目建设的业务需求者、建设方案的提出者和数据资源的共享者，牵头业务领域相关项目建设和工作落地。

2）建设成效

东数西算枢纽工程建设全面提速，网络质量迈上新台阶。数网工程规划建设全面提速，截至 2023 年，贵阳贵安已累计引进大型及以上数据中心 19 个，规划标准机架数超过 103 万架，服务器承载规模超过 1030 万台。超互联新算力网络建设加快推进，“核心节点+边缘节点”两级互联算力调度网络架构正在成型。枢纽工程核心平台取得试点突破，初步建成贵阳贵安超互联新算力指挥调度中心，为在全省范围实施算网一体调度、算存一体调度新服务模式奠定基础。贵阳·贵安国家级互联网骨干直联点互联链路带宽扩容至 700Gbps，与 38 座城市实现骨干网络直联贵阳贵安国际互联网数据专用通道持续优化升级，合计开通带宽 240Gbps。

数据交易“一中心一公司”新架构形成，算力产业生态初步形成。贵阳贵安“数据专区”成效初显，有力支撑税务、城管、惠企等多类政务应用。数据交易规模持续增加，截至 2023 年，贵阳交易所已入驻专业数据商 800 家，完成实质性数据交易超过 1500 笔，累计交易额达到 23 亿元。大数据科创城落户创新中心、运营中心等，吸引了中软国际、永中软件等一批行业龙头企业落户并开展数据应用服务，初步形成了以华为云为引领的云计算和数据服务产业生态。

城市安全智能化能力显著增强，公共服务数字化水平持续提升。贵安新区开启智慧用能新时代，打造能源互联网运行控制平台，实现综合能源服务的信息共享、用能优化和多能协同。建设了贵安水务综合管理平台，动态掌握供水管网运行工况，并实时监控污水处理厂的运行状况。获批国家地下综合管廊建设试点城市，建成了 2 千米的地下综合管廊，通过传感器实现了对管廊温度、氧气浓度、燃气浓度等的智能化管理。贵安医院打通诊断科室与临床科室间的信息壁垒，构建起“以患者数据为中心”的新型诊疗模式，患者检查量提升近 20%、信息化成本降低 15%、患者就医体验持续改善。出行智慧服务不断丰富，“一应黔行”“掌上公交”“贵州通”“筑翼行”等多个出行服务平台覆盖轨道交通、公交、出租车等多种交通方式。

21.5 发展挑战

规划设计“千城一面”，智慧城市落地见效亟待制度革新。长期以来，我国智慧城市缺乏国家级文件指导，部分地市顶层设计过度追求新技术的堆砌，未考虑本地经济实力和需求，生搬硬套发达地区智慧城市建设模式，缺乏与城市特色风貌的有机结合，数字化项目烟囱式、碎片化、条块化建设的制度性根本问题并未得到改善，导致标准规范不统一、数据不互通，数据融合应用深度及广度仍有待扩展。随着《深化智慧城市发展推进城市全域数字化转型的指导意见》的发布，有望推动智慧城市制度创新与技术创新相结合，大力破除数字化发展的体制机制障碍，把握共性和差异性问题，推进分级分类城市数字化转型，形成特色化、梯队式发展新格局。

城市场景“纸上谈兵”，智慧城市新应用尚需闭环培育。全国已有 40 多个城市启动场景创新工作，纷纷举起“场景创新”大旗，采取机会清单、创新大赛、揭榜挂帅等手段，挖掘与培育新一代信息技术应用场景。但城市场景创新也面临执着于项目发包、案例评选及技术开发三重误区的情况，缺少对新技术应用的主动探索，缺乏供需双方协同创新，忽视技术成果产业转化的重要性。下一阶段，智慧城市新应用场景的高质量培育，还需围绕场景挖掘、场景培育和场景落地全过程，一是前瞻谋划新兴技术应用赛道，重视挖掘产业数字化转型场景；二是支持跨组织、跨区域联动，构建大企业“发榜”、中小企业“揭榜”的企业合作机制，构建科研院校提供能力、市场提供测试验证环境的产学研合作机制，构建需求在本地挖掘、机会向全国发布的跨区域合作机制；三是强化技术成果产业转化的政策支持，建设场景应用示范园区、示范企业，同时加大对机会开放单位的引导激励。

部分地区“债台高筑”，智慧城市市场化建设运营有待提速。各地已建的智慧城市项目规模大，运营运维分散难统筹，多数城市数字化转型依然以政府投资为主导，城市数字化转型的成本居高不下。部分地区盲目建设、重复投资、建而不用等现象突出，致使财政债务隐患危机屡见不鲜。2023 年 12 月，国务院办公厅印发《重点省份分类加强政府投资项目管理办法（试行）》，要求天津、内蒙古、辽宁、吉林、黑龙江、广西、重庆、贵州、云南、甘肃、青海、宁夏 12 个省份严控新建政府投资项目，除“东数西算”设施、政务信息化项目外的新型基础设施，原则上不得新建、扩建和购置。长期来看，智慧城市政府侧投资将有所放缓，可持续运营、市场化服务的发展路径将是地方未来发展的主流选择。

撰稿：胡穆
审校：付伟

第 22 章　2023 年基础功能类应用发展状况

22.1　搜索引擎

22.1.1　发展现状

1. 传统搜索引擎使用率走低，移动端活跃用户保持增长

中国互联网络信息中心（CNNIC）数据显示，截至 2023 年 12 月，我国搜索引擎用户规模达 8.3 亿人，较 2022 年 12 月增长 0.3 亿人，占网民整体的 75.7%（见图 22.1）。自 2018 年起，传统搜索引擎的使用率持续下跌，App 内容平台通过丰富生态、封闭信息，分流部分用户的搜索行为至其应用内完成；2023 年以来，大语言模型（以下简称大模型）热度居高不下，搜索引擎成为其落地应用的重要方向，头部产品接入大模型能力迈出从传统搜索向智能搜索的升级，人工智能聊天机器人及新 AI 搜索引擎持续涌现，为行业发展带来更多新的可能。

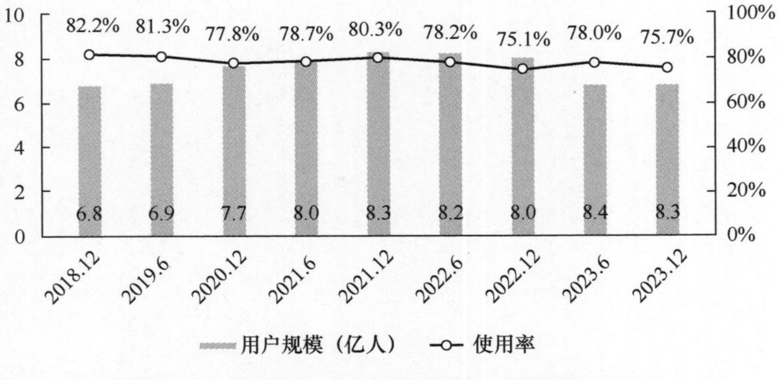

图22.1　2018—2023年搜索引擎用户规模及使用率

资料来源：中国互联网络信息中心(CNNIC)。

根据月狐数据，2023 年移动搜索下载行业活跃用户规模稳中有增（见图 22.2）。其中，行业上半年的增速更显亮眼，彼时行业正迎来大模型带来的技术利好，以百度、360、夸克为代表的搜索引擎积极探索大模型在搜索产品中的融合应用，以智能和交互优势升级搜索体验，有效拉升行业活跃用户规模。

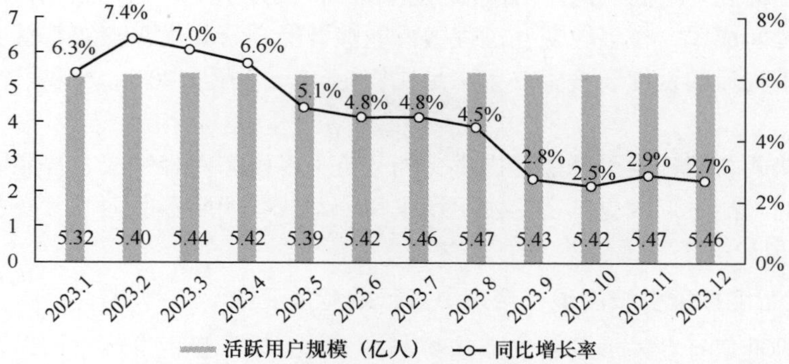

图22.2　2023年1—12月移动搜索下载行业活跃用户规模及同比增长率

资料来源：月狐 iApp（MoonFox iApp）。

在用户黏性方面，此前传统移动搜索面临短视频、内容社区等应用的冲击，人均单日使用时长持续下跌。2023 年，随着互联互通的稳步推进和大模型落地，搜索引擎内容生态得到补充，智能问答和多轮对话能力带来更强的交互性，丰富了用户使用场景，促进行业人均单日使用时长在下半年实现同比回升，基本稳定在 45 分钟的水平（见图 22.3）。

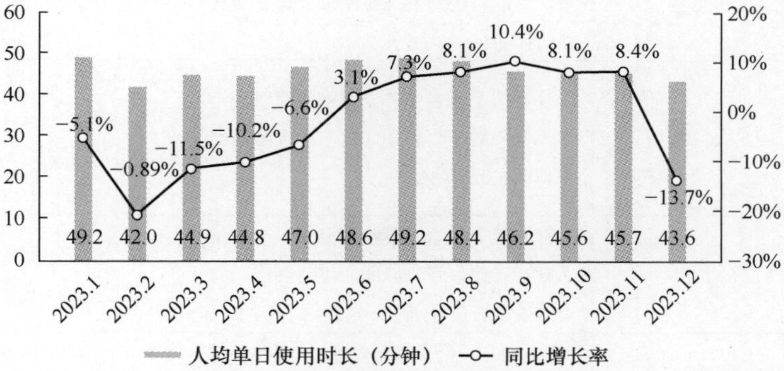

图22.3　2023年1—12月移动搜索下载行业人均单日使用时长及同比增长率

资料来源：月狐 iApp（MoonFox iApp）。

2. 大模型落地行业，生成式人工智能革新搜索方式与体验

2022 年年底，OpenAI 发布的 ChatGPT 引发大模型热潮。2023 年，对大模型的技术布局和落地探索快速推进，搜索引擎成为大模型的重要应用方向，引发搜索产品形态、用户使用体验的重塑，有望形成新的互联网入口。

从底层逻辑来看，大模型落地带来搜索方式的变迁，由依赖关键词调用知识、结合算法排名展示网页链接的传统搜索，发展为理解并匹配语义、AI 生成内容、自然交互的对话式问答，在深度学习能力之下不断优化回答、拓展服务边界。

在传统搜索场景中，用户往往需要不断优化关键词、点击结果网页、阅读梳理内容才能

完成对复杂问题的搜索。与之相比，大模型搜索具备对复杂问题的理解能力，支持用户以自然语言直接描述问题，降低了提问门槛；AI 生成的答案直接呈现问答结果，减少了用户筛选信息并加工的时间成本；在多轮交互过程中，能够智能学习并优化答案。百度数据显示，经过文心大模型重构后的百度新搜索首条满足比例由 40%提升至 70%，实现了搜索效率和用户体验的提升。

此外，生成式智能搜索引擎能够提供文档分析、多模态内容生成、智能助手等传统搜索引擎所不具备的功能，形成更丰富的使用场景和一站式智能服务能力，改变了搜索引擎产品形态。

3. 生成式智能搜索引擎涌现，带来更多行业竞争变数

大模型作为搜索行业发展的新热点趋势，在 2023 年吸引多方玩家加码布局。例如，必应、百度、谷歌、360、夸克等搜索引擎基于大模型进行产品重构升级，快速迈入生成式智能搜索新阶段，提升市场竞争力；知乎、淘宝、企查查等各领域头部平台基于大模型和大数据积累发展生态内的 AI 搜索服务（见表 22.1）。

表 22.1　大模型+搜索布局情况

大模型	所属企业	简　介	在搜索场景的应用
ChatGPT	OpenAI	2022 年 11 月发布人工智能技术驱动的自然语言处理工具，以强大的语言理解与学习能力成为人工智能时代语言交互新标杆	微软推出由 ChatGPT 支持的最新版本人工智能搜索引擎新必应和 Edge 浏览器
PaLM 2	谷歌	谷歌推出的多模态模型可使用百种语言，擅长数学、软件开发、语言翻译推理和自然语言生成	将生成式人工智能引入搜索引擎，在搜索结果顶部显示人工智能生成的响应，具备回答复杂问题的信息整合能力及购物推荐能力
文心一言	百度	百度新一代知识增强大模型，能够与人对话互动、回答问题、协助创作，助力高效便捷获取信息、知识	百度搜索全线接入文心一言，上线基于大模型的 AI 搜索对话工具“AI 伙伴”
360 智脑	360	360 自研千亿参数大模型，具备生成创作、多轮对话、逻辑推理等十大核心能力	360 智脑落地搜索场景，360 AI 搜索引擎功能 2023 年面向企业用户开放内测
知海图 AI	知乎＆面壁科技	知乎和面壁科技合作发布的中文大模型，以清华 NLP 实验室和面壁智能 CPM-Bee 模型为技术支撑	将大模型能力应用于知乎热榜，从知乎提问和回答中聚合观点，提高用户搜索效率
知彼阿尔法	企查查	商业查询大模型，基于企查查的全球企业信用数据进行训练	根据用户搜索语义，调取企查查企业信用数据，整理、归纳后将结果呈现给用户
通义千问	阿里云	基于自然语言处理技术的大规模智能问答引擎，具备多轮对话、文案创作、逻辑推理、多模态理解等功能	其典型使用场景包括电商跨模态搜索
腾讯混元大模型	腾讯	由腾讯研发的大模型，具备中文创作能力、复杂语境下的逻辑推理能力、任务执行能力等	落地腾讯广告、微信搜一搜等内部产品

目前，市场份额位居前列的百度、必应、360 等搜索引擎，均已布局大模型 AI 搜索。在围绕大模型展开的新一轮行业竞争中，企业的相关技术研发能力、实际落地融合效率与效果将对搜索产品的核心竞争力产生重要影响，继而改变市场竞争格局：Similarweb 数据显示，通过整合 ChatGPT 能力，新必应页面访问量在一个半月内增长 15.8%；同时，其主要竞争者谷歌搜索引擎的访问量下降近 1 个百分点。根据 Data.ai 数据，整合 ChatGPT 之后新必应的全球应用下载量增长 7 倍，而其主要竞争对手谷歌搜索应用的下载量同期下降 2%。大模型在搜索产品中的先发应用，对用户竞争的影响作用可见一斑。

随着“大模型+搜索”的发展，融合应用更趋深化，预计尚未升级转型的传统搜索引擎行业地位将持续下降。长期来看，生成式智能搜索的竞争将围绕着搜索问答质量、用户使用体验、技术和应用创新等维度进行。

4. 广告市场复苏、大模型落地变现，助推移动搜索市场规模增长

2023 年，移动搜索在互联网广告规模整体上涨、大模型搜索开启变现的背景下实现市场规模增速提升，以 6.7%的增长率达到 913.4 亿元（见图 22.4）。

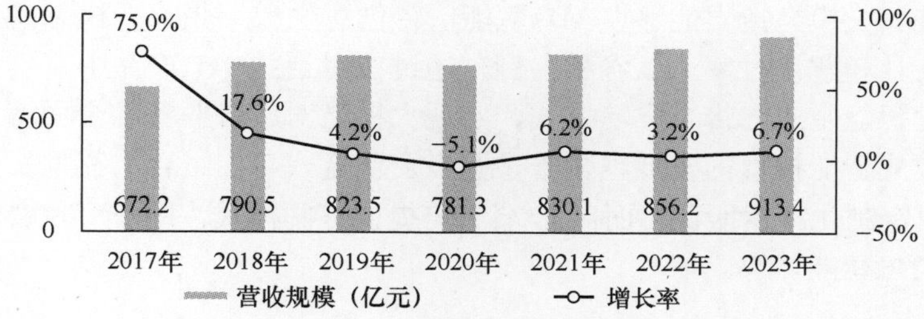

图22.4　2017—2023年中国移动搜索市场规模

资料来源：月狐分析测算。

在宏观背景层面，我国经济运行回升向好，全年国内生产总值（GDP）超过 126 万亿元，增速为 5.2%，较 2022 年提高 2.2 个百分点。在此经济环境之下，我国广告业实现快速增长。国家市场监督管理总局统计调查显示，2023 年全年互联网广告发布收入 7190.6 亿元，比 2022 年增长 33.4%。

从市场需求端来看，央视市场研究股份有限公司（CTR）数据显示，2023 年有 71.4%的广告主比往年更看重移动端搜索资源，超 4 成用户比往年更看重 PC 端搜索投放资源，企业移动搜索投放需求增长显著。

供给侧通过大模型加持放大搜索引擎价值，结合生成式内容、人工智能创新应用，进一步完善搜索服务生态；以深度学习、智能决策能力打通用户从提出问题到获得答案，再到决策转化的全过程，提升搜索收口价值。在服务广告主的过程中，以生成式人工智能（Artificial Intelligence Generated Content，AIGC）技术赋能人群洞察、创意生成、方案设计、投放优化和效果评估，驱动广告转化率提升，实现降本增效。以百度为例，通过文心大模型重构广告系统，包括生成式创意、生成式定向等服务，在线营销收入于 2023 年第四季度达到 192 亿元，同比增长 6%。

22.1.2 商业模式

目前，传统搜索引擎的商业变现方式可以分为广告变现和其他服务变现两大类型：基于搜索流量的广告变现占主导地位，包括竞价排名、固定排名、信息流等，并结合移动端布局发展搜索 App 开屏广告。其中，关键词竞价广告基于用户主动搜索行为，具有高转化效率和收口价值优势；信息流广告的原生性使得营销内容可以自然呈现，对搜索体验的影响较小，并具备精准推送、高性价比等特点，在搜索广告中的预算地位持续提升。在计费方面，搜索广告变现涵盖按点击、展示、观看、转化付费等多种模式，差异化满足广告主的品牌及效果营销需求。除广告变现外，搜索引擎也发展出云服务、数据服务、技术服务等变现方式，基于自身技术、数据优势面向 B、C 端用户提供增值服务。

虽然非广告收入丰富了营收结构，但传统搜索引擎的商业模式仍相对单一，长期缺少创新。在此背景下，生成式智能搜索的发展有效推动了搜索广告升级与商业模式创新。

基于大模型的语义理解和逻辑推理能力，AI 能够根据用户搜索需求精准匹配广告，使广告内容本身成为问题答案，从而以更自然的方式进行广告变现，兼顾用户体验并实际满足其搜索目的。此外，大模型搜索能够以 AI 赋能广告创意生成、带来多模态广告、面向广告主提供创新营销工具和解决方案。以谷歌为例，通过在对话式 AI 产品中直接插入广告、针对搜索关键词实时智能生成广告文案等方式，实现大模型对广告业务的全面渗透与改造。

同时，生成式智能搜索的发展也带来了更多变现方式，如结合大模型、企业数据与搜索技术，提供企业定制化搜索服务；面向 C 端用户提供订阅模式，用户可付费解锁更高版本大模型、更多功能与智能体等。

22.1.3 典型案例

1. 百度：大模型赋能搜索业务与广告系统改造，实现搜索用户与收入增长

百度作为头部搜索引擎，在用户规模、知名度及市场份额等多方面优势显著，近年来积极发力内容生态、场景服务和搜索技术的升级，以巩固自身行业地位。但一如传统搜索引擎普遍面临的挑战，百度部分搜索价值逐步被社区、电商、长短视频等各领域中的头部平台所取代。2023 年，在应用内搜索的持续蚕食之下，百度基于大模型优势加速推进搜索与 AI 的融合，以应对日趋激烈的市场竞争。

百度于 2023 年 3 月 16 日正式发布自研大模型产品文心一言。截至 2023 年年底，文心一言已迭代至 4.0 版本。百度搜索全线接入文心一言，上线具备全新生成式 AI 能力的百度搜索“AI 伙伴”，并于 2023 年 10 月 17 日将旗下的“简单搜索”重构升级为 AI 互动式搜索引擎，发展新搜索服务。基于大模型的百度新搜索以极致满足、推荐激发、多轮交互为特性，智能生成更合适的答案，实现搜索结果首条满足能力的提升，并打破端的限制提供交互陪伴。据百度公布，文心一言开放首日，百度搜索有超过 3 亿次需求由生成式智能引擎解决；百度搜索“AI 伙伴”内测期间每天新增问答量超过 3000 万次，开放首日访问用户数突破 400 万人次。月狐数据也佐证了大模型为百度带来的热度效应，百度 App 的周均活跃用户规模在文心一言的正式发布日、首次全面开放日（2023 年 8 月 31 日）均超过 1.7 亿人，达到全年的两次峰值（见图 22.5）。

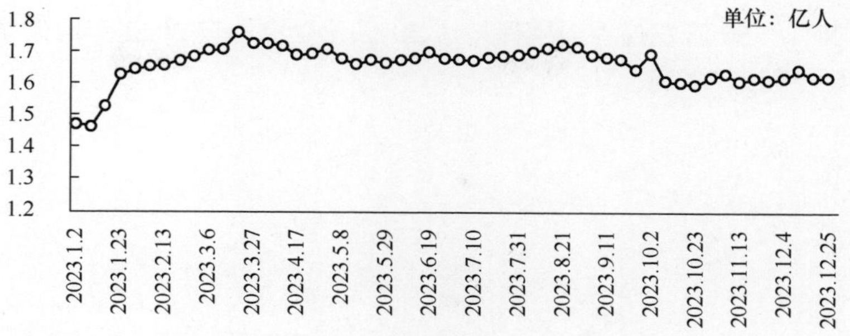

图22.5　2023年百度周均活跃用户规模

注：坐标轴日期为周期起始日，如 2023.1.2 处数据对应 2023.1.2—2023.1.8 的 DAU 均值。

资料来源：月狐 iApp（MoonFox iApp）。

AI 的价值不仅体现于用户体验和产品热度，百度正将文心大模型和文心一言更好地引入广告的目标和竞价系统。根据 2023 年百度财报，其由搜索广告驱动的在线营销出现明显的复苏，全年贡献营销收入 751 亿元，第一至第四季度分别实现 6.2%、14.6%、5.2%、6.1%的同比增长，整体表现优于预期（见图 22.6）。百度表示，采用 AI 新功能的广告商在第三季度平均实现了高个位数的转化率增长，将继续坚定对 AIGC 和基础模型的投入，为创造新增长引擎奠定基础。目前，百度搜索的 AI 化处于发展阶段，相关布局的深化有望强化其头部地位，并为百度搜索营销业务提供更为持久的驱动力，助力实现市场份额的增长。

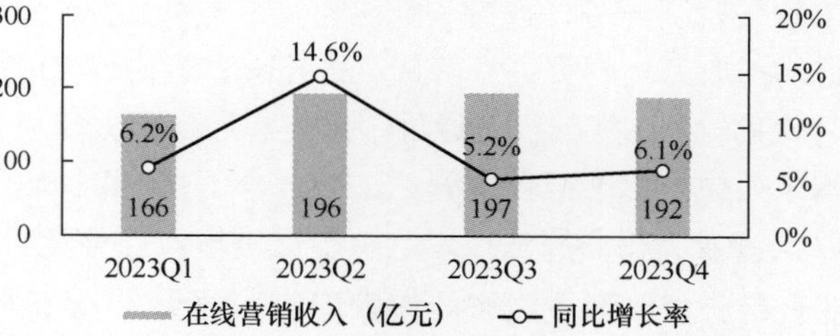

图22.6　2023Q1—Q4百度在线营销收入及同比增长率

资料来源：企业财报。

2. 360：安全及 AI 双轮驱动战略下，大模型有望助力搜索竞争力回升

2023 年 3 月，360 公开展示基于大模型的开发应用及 360 AI 搜索引擎功能，但尚未正式发布；4 月，360 正式宣布自研认知型通用大模型 360 智脑落地搜索场景，并对企业用户开放内测；6 月，360 完成对大模型 1.0 版本到 4.0 版本的升级，实现在多模态等关键能力上的迭代，并全面接入包括搜索在内的 360 产品矩阵。此后，360 在 2023 年中期财报中表示，新兴业务 360 智脑大模型已创造近 2000 万元相关业务收入。

360 以安全及人工智能为双线发展战略，360 智脑大模型承载着为其带来第二增长曲线的使命，但从业绩数据来看，360 的表现仍然承压。截至 2023 财年，360 尚未能够通过大模型能力降低投放减少及广告主流失带来的负面影响，以搜索为主的互联网广告及服务业务收入为 45.21 亿元，较 2022 年下滑 4%，大模型的价值点更多体现在了提升增值付费、优化收入结构方面。同时，360 研发投入规模保持在 30 亿元以上，较 2022 年同期略有下降，占营业收入的 34.28%（见图 22.7）。

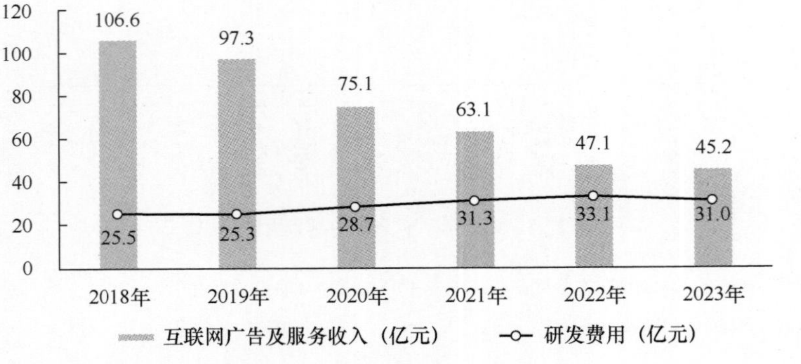

图22.7　2018—2023年360互联网广告及服务收入与研发费用

资料来源：企业财报。

战略方向上，360 加码人工智能已久，于 2015 年成立 AI 研究院布局人工智能，2018 年即开始多模态研究，从 2019 年开始加大人工智能投入力度持续积累 AI 技术能力。另外，360 发力政企安全，并发布大模型安全风险评估体系“AISE”，在大模型安全维度方面具备优势。横向对比之下，360 的算力虽不及 BAT 等头部互联网企业，但在数据获取和处理的工程化能力、人工知识训练等方面表现较优。此外，通过长期深耕搜索业务，360 积累了包括中文和英文语料在内的多源数据，日均抓取万亿网页进行筛选，结合论文期刊等权威内容形成较高质量的数据集用于大模型训练。目前，360 智脑已经通过中国信息通信研究院可信 AIGC 大语言模型功能评估，并首批通过国家大模型标准符合性测试。2024 年，360 将加码大模型及 AI 搜索产品，占据并强化优势场景，同步发力核心算法技术，有望促进搜索业务竞争力的回升。

3. 夸克搜索：基于自研大模型发展智能搜索问答，放大 AI 及品牌年轻化优势

夸克搜索主打 AI 搜索直达与工具服务，随着对学习、工作、健康、娱乐等多场景用户需求的逐步覆盖，夸克 App 活跃用户规模保持稳步增长，于 2023 年 12 月突破 7000 万量级（见图 22.8）。

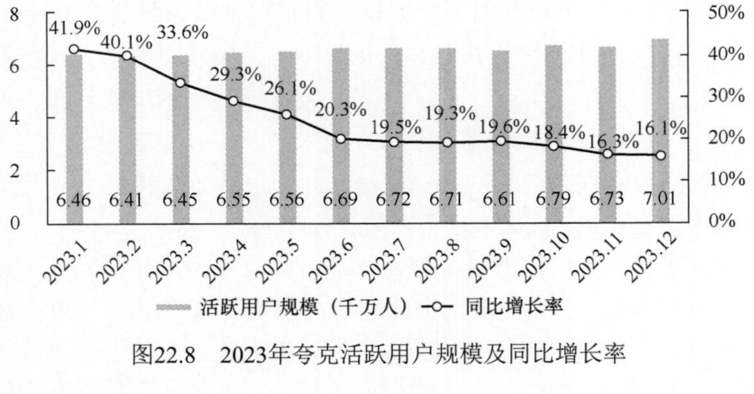

图22.8　2023年夸克活跃用户规模及同比增长率

资料来源：月狐 iApp（MoonFox iApp）。

2023 年 11 月，阿里巴巴智能信息事业群发布全栈自研、千亿级参数的夸克大模型，优先落地在通识问答、专业搜索等领域，赋能夸克加速发展为年轻用户工作、学习、生活的 AI 助手。此后，阿里集团将夸克上升为首批战略级创新业务之一，与“AI 驱动”战略紧密相连。夸克 App 基于自研大模型能力对产品功能及工具进行升级迭代，推出智能搜索问答产品“元知”，通过图文多模理解、专业知识生成、交互方式创新提升搜索体验和信息获取效率，加速对大模型时代搜索引擎革新的探索。

在“大模型+搜索”的竞争中，夸克的产品定位使其拥有天然的 AI 基因；同时，作为阿里巴巴旗下的搜索引擎产品，夸克背靠阿里集团的 AI 技术和资源，在智能搜索方向上形成发展优势。

根据月狐 iApp 用户画像数据，夸克在年轻用户市场中表现突出，App 用户主要分布在 25 岁以下，且 16～25 岁用户的占比在 2023 年 12 月接近 40%，显著高于百度 20.5%的水平。而智能技术优势的建立，也将帮助夸克更深入学生和 Z 世代职场用户的个性化需求，提供更多跨场景的智能效率工具，进一步巩固年轻市场差异化优势。

22.1.4　发展挑战

1. 生成式 AI 搜索存在可信、安全等问题，仍需提升模型能力与用户体验

目前，计算机幻觉仍是大模型发展的关键瓶颈，导致事实错误和不一致，在搜索问答场景中表现为错误理解提问、答非所问、张冠李戴、信息老旧或虚构知识等，并存在信息来源不够权威、输出回答不稳定等问题，降低了 AI 搜索质量和可信度。此外，大模型训练过程涉及大量数据，可能导致用户信息泄露，相关安全及合规难点待攻克。未来，基于大模型的 AI 搜索产品需重点加强模型能力和数据质量，从实际需求与场景出发优化用户体验。

2. AI 搜索发展尚处于初期，随融合深化有望掀起代际变革

目前，大模型在搜索引擎中的应用处在从初步落地探索迈向加速融合的阶段，基于大模型的 AI 搜索产品功能尚未完善，主要提供 AI 生成内容、互动对话等服务，以丰富数据、优化模型、扩展场景为现阶段主要发力方向，以提高 AI 搜索体验。随着落地融合的持续加深，大模型在搜索引擎中的应用将向提供多元及专业服务的方向发展，能够在更多垂直领域形成可信、权威的解决方案，具备对各类型搜索需求的深度智能满足能力。未来，AI 搜索有望发展为获取生活、学习、工作等各类信息和服务的核心途径，以跨代际体验颠覆搜索引擎行业。

22.2　网络新闻

22.2.1　发展现状

2023 年，我国数字化、网络化、智能化发展日新月异，不断夯实数字底座，持续提升服务质量，有力推动互联网普及率增长。中国互联网络信息中心（CNNIC）发布的第 53 次《中国互联网络发展状况统计报告》显示，截至 2023 年 12 月，我国网民规模达约 10.92 亿人，较 2022 年 12 月增长 2481 万人，互联网普及率达 77.5%，较 2022 年 12 月提升 1.9 个百分点（见图 22.9）。在数字时代，网络平台已经成为人们获取新闻和信息的主要渠道之一。

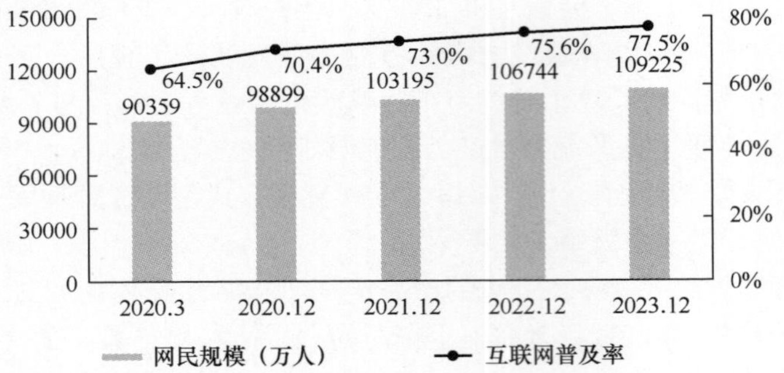

图22.9　网民规模和互联网普及率

资料来源：CNNIC，《中国互联网络发展状况统计报告》。

中国互联网络信息中心（CNNIC）发布的第 52 次《中国互联网络发展状况统计报告》显示，截至 2023 年 6 月，我国网络新闻用户规模达约 7.81 亿人，占网民整体的 72.4%，网络新闻的用户基础规模庞大，为新闻内容的传播提供了更广阔的空间（见图 22.10）。

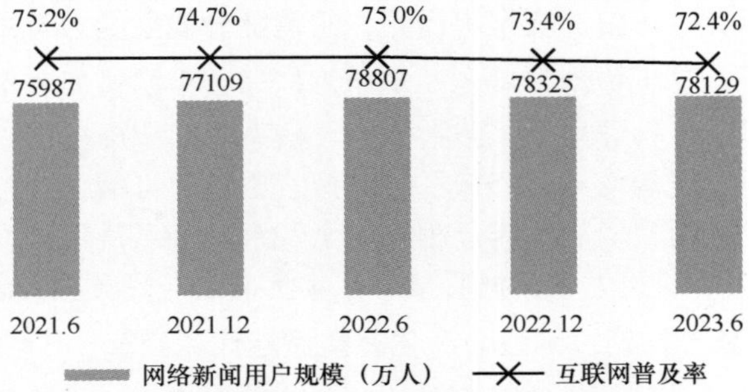

图22.10　网络新闻用户规模和互联网普及率

资料来源：CNNIC，《中国互联网络发展状况统计报告》。

庞大的用户规模反映了网络新闻的强大吸引力和技术创新驱动的智能化发展，尤其是大数据、云计算和人工智能技术的应用，极大地提升了网络新闻的生产效率。多终端、多平台的融合趋势，让新闻内容覆盖了更广泛的用户群体，进一步增强了新闻的传播力和影响力。2023 年，网络新闻领域持续发展，且呈现出一些显著的发展趋势和变化。

1. 生成式人工智能技术被广泛应用于网络新闻

在技术创新方面，网络新闻平台更加注重多元化和差异化，不断引入新技术、新应用。在网络新闻领域，AIGC 的应用正在逐渐改变新闻的生产、传播和消费方式。其优势在于：AIGC 技术可以快速处理大量数据，基于算法生成新闻内容，显著提高了新闻的生产效率；通过深度学习技术，AIGC 能够分析用户的兴趣和偏好，为用户推荐个性化的新闻内容；AIGC 系统还能够自动监测新闻源，实时更新新闻内容，确保信息的及时性和准确性。

在实际应用中，首先，利用 AIGC 技术可以辅助记者进行新闻写作，快速生成初稿，减轻记者的工作负担，如新华社等主流媒体已经开始采用 AIGC 技术进行创新报道。其次，利用 AIGC 技术生成的虚拟主播可以 24 小时不间断地进行新闻播报，提高新闻的覆盖率和传播效率，如新华社发布的“AI 合成主播”已经得到了广泛应用。此外，AIGC 技术可以创建交互式新闻体验，使用户能够更深入地了解新闻事件，如通过虚拟现实（VR）和增强现实（AR）技术，用户可以身临其境地体验新闻现场。总之，AIGC 技术正在为网络新闻领域带来革命性的变革，未来伴随技术的不断发展和应用场景的不断拓展，AIGC 技术将在网络新闻领域发挥更加重要的作用。

2. 社交媒体新军登上网络新闻主舞台

除此前已经成为网络传播主要社交媒体的微信、微博、抖音、快手外，2023 年，官方媒体入驻 B 站和小红书的数量明显增加。越来越多的官方媒体选择入驻 B 站，包括央视新闻、共青团中央、环球时报、观察者网等。这些媒体机构在 B 站开设官方账号，发布新闻、评论和专题内容，与年轻用户进行互动。

而小红书作为一个以生活方式为主题的社交平台，也吸引了众多媒体的关注，除内容传播和用户互动外，有些媒体还在小红书上进行了一定的商业化探索。例如，一些媒体机构与品牌合作推出联名产品、开展线上线下活动等，进一步扩大了其影响力和商业价值。这一趋势不仅体现了媒体机构对新兴平台的认可，而且反映了年轻用户群体在这些平台上的高活跃度和影响力。

3. 网络新闻传播形态不断推陈出新

网络新闻不再局限于单一的文字报道形式，还通过图像、视频、音频等多媒体形式进行报道，这种多样化的报道形式使新闻内容更加生动、直观，使读者拥有了更好的阅读体验。而自媒体的兴起则使得新闻来源更加多样化，新闻报道的角度也更加丰富，短视频和直播逐渐成为网络新闻的重要形式。短视频作为现代网络技术快速发展的产物，它在网络新闻领域中的融合不仅提高了新闻的传播效率，还以其独特的形式吸引了大量的受众。

网络直播技术以其实时、互动、高度参与的特点，成为新闻报道领域的重要工具之一，极大地丰富了网络新闻的形式和内容，使新闻报道可以更加直观、立体地呈现在观众面前，无论是重大事件的实时报道，还是专题访谈的深度探讨，都能给观众带来身临其境的感受。同时，直播形态下的网络新闻还可以结合虚拟现实（VR）、增强现实（AR）等先进技术，为观众带来更加沉浸式的新闻体验。短视频、直播技术与网络新闻的结合为新闻行业带来了更多的可能性，未来的网络新闻将会更加丰富多彩、生动有趣。

4. 用户参与方式呈现出多样化趋势

网络平台为受众提供了零时差、零距离接触新闻信息的可能，用户可以通过搜索引擎、新闻聚合平台或新闻 App 等方式，主动搜索和选择自己感兴趣的新闻内容；社交媒体的兴起也为用户提供了分享新闻内容的平台，用户可以通过微博、微信、抖音等社交媒体将感兴趣的新闻分享给朋友或关注者，扩大新闻的传播范围；同时，许多新闻网站和 App 都设有评论区，允许用户对新闻内容进行即时评论和讨论，增加新闻的参与感和互动性，用户可以表达自己的观点和看法，形成多元化的观点碰撞。总之，网络新闻的用户参与方式正朝着多样化、个性化和创新化的方向发展。

然而，如何在短时间内准确、全面地传达新闻信息，同时保持其趣味性和吸引力，是网络新闻当前面临的挑战和需要解决的问题。因此，网络新闻作为一种新媒体时代的传播方式，其优势和挑战并存，我们应该在发挥其优势的同时，积极应对挑战，不断提高其质量和影响力。

22.2.2 商业模式

除传统的商业模式外，基于网络新闻的“新闻+”运营模式越来越成为媒体商业化的首选，即通过汇聚外部资源、实现跨界连接及跨界资源的反哺作用，形成多元化的传播连接模式，“新闻+政务/服务/商务”模式应运而生。

在传统广告业务方面，既有传统广告收入的优化发展，也有全新场景和模式的创新。广告收入是报纸、广播、电视等媒体机构的主要盈利方式，国家广播电视总局发布的《2023 年全国广播电视行业统计公报》显示，2023 年全国广播电视和网络视听机构通过互联网取得的新媒体广告收入为 2698.34 亿元，与 2022 年相比，这一收入同比增长了 12.09%。同时，出现一些利用大数据和人工智能技术的网络新闻广告的个性化推送和高效转化。

付费阅读、会员服务、电商合作等也成为行业媒体的新尝试，为其提供了更多盈利空间。通过付费阅读，新闻平台可以提供更高质量、更深入的分析和评论内容，吸引有特定需求的用户，如财新传媒旗下的财新网，宣布从 2017 年 11 月 6 日起开始进行收费升级，启动全面收费。一些新闻媒体还提供付费订阅服务和会员制服务，如今日头条、网易新闻等，为用户提供独家内容、优先阅读等特权。网络新媒体通过电商模式实现商业价值也是一种新的尝试。通过与电商平台的合作，新闻平台可以在报道中嵌入商品链接或进行商品推荐，引导用户进行购买，从而实现盈利。

“新闻+政务”模式是一种媒体与政府机构紧密结合，共同推动政务信息公开、政策传播和社会治理的创新模式。这种模式通过新闻媒体的传播力和影响力，促进政务信息的及时发布、准确传播和有效互动，从而提升政府工作的透明度和公信力。

“新闻+服务”模式是一种创新的媒体服务模式。它围绕老百姓关心的民生大事，依托新闻媒体的公信力和权威性，依托数字化等手段，将新闻内容的传播与多样化的服务相结合，满足用户在获取新闻信息的同时，也能享受到便捷、实用的服务。

“新闻+商务”模式是在新闻传播领域中融入商务元素的一种创新模式。它结合了新闻媒体的传播力和商务活动的市场价值，通过新闻报道、广告植入、活动合作等方式，将新闻与商务紧密结合，为企业品牌推广、产品销售等商务活动提供有力的支持。“新闻+商务”可以分为两个方面：一方面，作为商务“中台”，以搭建交易平台为基础，带动第三方经济发展，助力各产业发展；另一方面，通过经营业务拓展和投资，如供版供图业务、广告服务、影视制作、文旅 IP 开发、电商带货等，实现媒体自身影响力变现，增强自我造血能力。当前，有两条主要的成功路径：一是发展电商，二是打造品牌。这种模式不仅为新闻行业带来了创新和发展机遇，也为用户提供了更加丰富、多元的新闻资讯服务。

22.2.3 典型案例

新媒体时代，技术、内容和平台形态是三大关键词，发展变化日新月异。

在技术方面，网络新闻应用开始引入智能化技术。例如，“央视听媒体大模型”的发布和新华社大模型——MediaGPT 的推出，提供了更加高效的智能创作工具，有力解决了网络新闻生产的实际需求。

2023 年 7 月，中央广播电视总台联合上海人工智能实验室发布了“央视听媒体大模型”。该模型集合了中央广播电视总台的海量视听数据与上海 AI 实验室的原创先进算法、大模型训练基础设施优势。它不仅具备强大的视频理解能力和视听媒体问答能力，可以根据提供的视频创作文字，如主持词、新闻稿件甚至诗歌等，还具备快速生成“数字人主播”的能力，使用较短的真人采集视频即可生成对应的数字人，并可根据既定文案和背景场景快速生成播报视频。此外，该模型还为用户提供了强大的交互式图像、视频编辑与创作能力，使得用户仅需使用简单的光标和文字指令，即可快速修改或编辑图像。“央视听媒体大模型”的发布，标志着媒体行业在智能化升级方面取得了重要进展。

在 2023 年 7 月的新媒体大会上，新华社发布了在各类媒体数据上进行训练的大模型——MediaGPT。该模型专注于解决中国媒体的实际需求，借助 MediaGPT，新华社可以更加高效地处理和分析海量媒体数据，提升新闻报道的质量和效率，为用户提供更加优质的信息服务。它可以广泛应用于新闻报道、内容创作、舆情分析等领域，提高了媒体内容的质量和效率。MediaGPT 是新华社在媒体融合创新方面的重要成果，它的推出标志着新华社在利用人工智能技术推动媒体行业智能化升级方面取得了重要进展。

在内容方面，网络新闻更加注重个性化内容生产与传播。通过引入智能化技术，针对不同领域、不同行业、不同人群的需求，生产更加专业、深入的垂直化内容，从而激发用户的参与热情。

2023 年 10 月，杭州第 19 届亚运会落下帷幕，向世界奉献了一届“中国特色、亚洲风采、精彩纷呈”的体育盛会。中央广播电视总台派出 4500 余人的工作团队，在历史上首次完成亚运会主转播机构服务，首次以全 4K/8K 标准向全球提供国际公用信号和相关媒体服务，展示了总台在技术上的领先地位，首次在开闭幕式中应用增强现实（AR）技术，为观众带来了更加生动、震撼的观赛体验。截至 10 月 9 日，杭州第 19 届亚运会相关报道在总台平台的境内累计触达人次达 414.23 亿次。9 月 23 日—10 月 8 日，受众累计通过总台电视端观看亚运会达 341.53 亿次，通过总台新媒体端阅读播放量达 72.7 亿次。中央广播电视总台凭借其庞大的团队规模、先进的技术应用及全媒体传播优势，创下了规模最大、触达人次最高的纪录，为全球观众呈现了一场精彩纷呈的体育盛宴。

在平台形态方面，新闻直播逐渐成为网络新闻的重要方式。用户可以通过直播了解实时新闻事件，增强新闻的时效性和互动性。此外，网络新闻直播平台还不断吸纳新技术，如虚拟现实、增强现实等，为用户提供更丰富的体验。

2023 年 10 月，澎湃新闻 24 小时直播频道 π 24H live 上线。这一新型直播平台是在澎湃新闻年均 1500 多场直播实战的基础之上应运而生的，是澎湃新闻在媒体融合新时代下的重要创新举措，将为用户带来更加丰富、高质量的新闻资讯和直播体验。它由四大矩阵组成：全球新闻事件的实时现场（事件直播）、澎湃视角的“千里江山图”（慢直播）、覆盖各个采编部门的“数字人矩阵”、20 个全新栏目及未来打通内外资源孵化出的更多新闻 UP 主，重新定义 AI 时代的移动互联直播。澎湃新闻 24 小时直播频道采用先进的直播技术和大数据分析，确保用户能够获得高质量、个性化的直播体验，进一步提升了澎湃新闻的品牌影响力和市场竞争力。

22.2.4 发展挑战

综观网络新闻的发展过程，可以看到网络新闻行业在市场规模、技术进步和全媒体融合等方面取得了显著成就，同时也面临着一些不容忽视的问题。虚假信息泛滥、内容同质化等问题是网络新闻行业面临的主要挑战。

一是片面化的虚假新闻大肆传播。如今自媒体平台泛滥，内容创作门槛大幅降低，具有片面化特点的虚假新闻大肆传播。这类信息呈现出夸大宣传、虚假宣传、旧闻新说等特征，增加了认知成本。除了报纸、电视等传统媒介，微博、微信、抖音、B 站、小红书等网络平台也成为人们获取新闻信息的重要渠道。然而，由于信息发布的门槛较低，虚假新闻和不实信息也得以在这些平台上大肆传播；网络媒体对信息传播的审核力度、检查力度相比于传统媒体较弱，造成部分未经核实的新闻不胫而走，难以保障新闻信息的客观性和真实性，从而导致一系列不良后果。

一方面，虚假新闻的大肆传播容易导致恶意攻击等极端行为，特别是一些极端网民的恶意煽动，会导致严重的网络骚乱，严重危害社会秩序，影响社会稳定与安全。另一方面，未经核实的信息被广泛传播，让新闻机构的公信力面临极大挑战，当公众发现自己所接收的网络新闻与实际情况不符时，他们会更愿意相信小道消息而非官方发声，甚至会对媒体和其他渠道的信息产生怀疑，导致社会信任危机的发生。

由此可见，虚假网络新闻的大肆传播是一个复杂的社会问题，需要政府、媒体、公众等多方面的共同努力来应对。政府应加强对网络媒体的监管，确保新闻信息的真实性和准确性；新闻机构应加强对新闻事实的核实工作，确保所发布信息的真实性和准确性，借助技术手段提高事实核实的效率和质量；同时新闻机构也要加强公众媒介素养教育，提高公众对信息的辨识能力和批判性思维，共同维护一个健康、可信的网络新闻环境。

二是内容同质化带来资源的耗费。网络新闻内容同质化在主流媒体新闻短视频传播领域是一个值得重视的问题，在一定程度上限制了网络新闻行业的发展。部分主流媒体在新闻短视频制作上缺乏创新，甚至直接原封不动转录或截取电视新闻的内容，导致新闻短视频在内容、形式和传播方式上都缺乏吸引力，无法满足大众对于个性化、差异化的需求。新闻内容的同质化不仅浪费了媒体机构的人力、物力和时间资源，还可能导致观众的流失和广告收入的减少。

因此，主流媒体需要针对新闻短视频的特点和优势，结合公众需求，制作出具有创新性和差异化的内容。在内容上，可以通过引入动画效果、快速剪辑等独特元素，提升视频的娱乐性和吸引力。在平台选择方面，主流媒体要更加注重平台的创新性和用户基数，积极与第三方平台合作，通过社交媒体、短视频平台等渠道扩大传播范围。

一是通过技术创新推动发展。人工智能技术进入新闻业后，新闻报道变得更为高效与精准，新闻的生产与传播流程不断优化，可以打破技术壁垒，实现算法的精准化、精细化，提升人工智能写作的准确度，扩大其撰写新闻的适用范围。5G 技术则进一步提高了新闻传输速度和多媒体融合能力，使得新闻报道更加迅速、生动和多样化。人工智能、区块链等新兴技术在新闻行业的应用，将为网络新闻的内容创作、传播和版权保护等提供新的解决方案。

未来，网络新闻领域将继续加强在人工智能技术应用、大数据分析深化、5G 与物联网技术融合、区块链技术等方面的探索，这些技术将不断推动网络新闻行业的创新和发展，为用户带来更加优质、便捷、沉浸式的新闻阅读体验。

二是重塑个性化推荐和精准推介。网络新闻平台可以根据用户的兴趣和行为习惯进行个性化推荐，提高用户体验和新闻点击率。同时，新闻平台可以通过精准营销手段，为广告主提供更有效的广告投放策略，实现广告收入的持续增长。基于大数据分析，未来网络新闻平台能够构建更加精细化的用户画像，包括用户的年龄、性别、地域、职业、兴趣等多个维度，为精准营销提供有力支持。而个性化推荐算法也会越来越精准，通过分析用户的浏览历史、搜索记录、点赞、评论等行为，系统能够更准确地理解用户的兴趣和偏好，为用户推荐更符合其需求的新闻内容。

三是进一步加强优质内容建设和版权保护。优质内容是网络新闻平台的核心竞争力之一，平台需要不断提高内容质量，加强原创内容的生产和保护，媒体也需更加注重内容的原创性、独特性和深度，以吸引和留住用户，网络新闻将更加强调报道的真实性、客观性和公正性，提升用户对新闻内容的信任度。

在版权保护方面，数字水印、内容识别技术等先进技术被广泛应用于网络平台和内容传播领域，这些技术的应用有效地提高了版权保护的效果，减少了侵权行为的发生。因此，未来会有更多新的版权保护技术将被研究和应用，以应对日益复杂的版权保护挑战，政府也会加强版权监管和执法工作，严厉打击侵犯版权行为。

四是积极探索跨界合作与深度融合。基于信息技术的快速发展和互联网的普及，网络新闻不再局限于传统的文字、图片报道，而是与金融、电商、教育等多个行业进行深度融合。这种跨界合作使得新闻内容更加丰富多元，满足了用户多样化的需求，而且促进了资源的共享和互补，新闻媒体与社交媒体、短视频平台等合作，可以通过这些平台快速传播新闻内容，扩大影响力。同时，这些平台也可以从新闻媒体获取高质量的新闻资源，丰富自身内容。未来，网络新闻还会在更多的领域去探索跨界合作与融合。

22.3　网络社交

22.3.1　发展现状

2023 年，网络社交在社会生活中的重要性和经济性持续增长。中国互联网络信息中心（CNNIC）第 53 次《中国互联网络发展状况统计报告》显示，网络视频、即时通信、短视频的用户规模在各类互联网应用中稳居前三。截至 2023 年 12 月，我国即时通信用户规模达约 10.60 亿人，较 2022 年 12 月增长 2156 万人，占网民整体的 97.00%（见图 22.11）。

1．社交平台功能集成化，全面提升商业化能力

2023 年，网络社交平台“跨界”发展势头显著，主动入局电商和搜索领域，加快内容视频化和流量商业化脚步。一方面，社交平台通过营造视频内容生态拓展商业服务场景，完善站内电商布局。另一方面，社交平台将站内搜索流量作为高质量增长机会，开辟“种草”新场景。

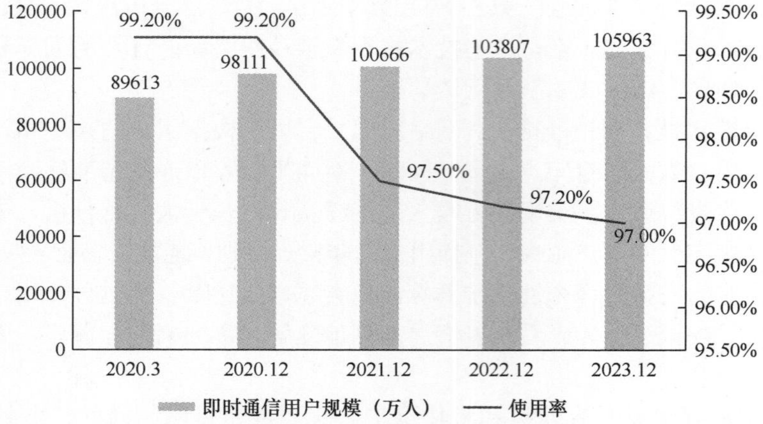

图22.11　中国即时通信用户规模及使用率统计情况

相较于传统电商平台，社交电商借助社会关系和社区建设充实用户消费信息来源，有利于品牌放大营销效应、降低获客成本。例如，作为“微信电商”基础设施的视频号，在微信社交生态中贯通公域流量和私域流量，2023 年商品交易总额（GMV）实现近 3 倍增长，据业内估算直播带货 GMV 为 1200 亿～1500 亿元；尽管老牌电商阿里巴巴、京东、拼多多和新晋直播电商平台抖音和快手的 GMV 已达到或接近万亿元规模，视频号整体规模仍然较小，但已展现出“黑马”潜质。

相较于传统搜索引擎，社交分享内容具有实时发布、时效性强的特点，覆盖用户信息检索和消费决策的需求场景，有助于实现更多消费转化，正在成为商家营销的新阵地。例如，小红书声称搜索已经成为该平台用户的日常使用习惯，42%的新用户来到小红书的第一天就会使用搜索功能，日均搜索查询量接近 3 亿次，小红书由此建立搜索营销内容池，变搜索流量为商业增量。

2. 线上线下联动“引流”，激发文旅消费新动能

2023 年，随着系列扩内需和促消费政策的落地见效，我国服务消费市场持续向好。其中，社交平台对于打造线上流量和线下人流的双重驱动局面起到链接与助推作用，为文旅市场强劲复苏作出贡献。事实证明，旅游“社交化”把旅游变成带有社交属性的活动，以分享美图、视频和“热梗”的方式，借助社交裂变效应实现口碑的正向循环，最终成功地将人群“引流”至线下消费场景，有力推动了旅游出行人数和旅游收入增长，助力文旅消费需求升级和文旅营销方式革新。

例如，山东淄博烧烤、贵州“村 BA”篮球赛、哈尔滨冰雪旅游成为网络热点并衍生诸多热门话题，形成现象级文旅 IP，带动当地文旅产业爆发式增长。数据显示，2023 年淄博共接待国内外游客 6114.9 万人次，同比增长 67.6%；旅游收入达到 630 亿元，同比增长 68.4%。再如，“特种兵式”打卡游、“CityWalk”（城市漫步）休闲游等以青年群体为主的文旅社交方式催生新的文旅消费增长点。这一年，社交平台成为文旅项目传播的主要阵地，网络社交与文旅产业相互融合促进，深度影响旅游决策、赋能开展精准营销、促进旅游业服务创新，从而有效激发文旅行业活力，实现线上流量的线下转化，是助推产业高质量发展的鲜活实例。

3. 社交产品通过功能“微创新”寻求增长机会

网络社交市场格局趋于稳定，2023 年在小范围内出现“社交”和“社区”边界逐渐模糊、双方向对方业务范围试探的情形。这说明社交平台正在发掘新增长点，强化用户交互活性。究其原因，社交强调沉淀人际关系链，社区则重在内容生产与分享；业界普遍认为社交的关系链绑定强度要胜过社区，而社区内容发展有利于探索出更多的商业模式。

例如，微信公众号上线图片消息功能，排版布局和浏览方式与小红书“笔记”类似；而后微信灰度测试“看一看”图文消息瀑布流界面，被舆论称为“小绿书”。分析认为，微信此次更新旨在依托图文创作模式，打造图片社区基础设施，并契合商品推介和广告投放需求，来提升公众号整体流量与商业化空间。再如，小红书频繁推出新功能，在加强熟人社交关系链的同时，探索陌生人兴趣社交，具体包括：增加“共享收藏夹”功能，用户可邀请好友共同维护收藏夹；添加照片社交小组件“咻咻”，用户可以通过拍照直接将照片分享到对方账号；上线“群聊广场”，用户可以创建多个群聊，邀请好友或通过关联笔记让陌生人加入；测试“找搭子”功能，用户可以根据兴趣和需求寻找一起进行相关活动的伙伴。

4. “AI+社交”大模型应用产品正值“成长期”

2023 年，AI 大模型产业迅速发展，社交领域成为新技术落地的关键垂类方向。多家互联网企业或升级现有产品，或开发独立应用，开辟“AI+社交”互动场景和功能，或将社交赛道带入充分竞争的新阶段。

其中，新浪推出自动回帖 AI 机器人“罗伯特”以提升平台活跃度，推出“明星 AI 情感伴聊”模拟明星的聊天方式自动回复；抖音上线 AI 情绪关怀机器人“抖音心晴”，为用户提供心理慰藉；快手的“AI 小快”在评论区为用户提供娱乐互动和内容创作辅助；社交平台 Soul 的“AI 苟蛋”能够与用户进行多轮个性化沟通和主动关怀；小红书内测 AI 聊天机器人“达芬奇”，帮助用户整理信息、提供问题建议和创意灵感。百度则发布 4 款 AI 社交产品，在国内上线 AI 虚拟聊天社区 App“小侃星球”和 AI 对话 App“万话”，在海外市场推出 AI 聊天应用“WiseAI”和 AI 社交应用“SynClub”。另有阅文旗下的 AI 虚拟人物互动应用“筑梦岛”，允许用户与书中的角色互动，也可定制虚拟伙伴；美团上线 AI 伴聊产品“WOW”，用户亦可创建角色与之互动。

市场分析认为，“AI 陪聊”的用户黏性强于功能性 AI 产品，是消费者最愿意买单的应用场景之一；不过现阶段 AI 社交产品还需要进一步升级技术和算法，以满足用户个性化、多样化的社交需求，引领社交创新。

22.3.2　典型案例

微信、微博和小红书是网络社交领域的代表性应用。国内第三方数据机构 QuestMobile 发布的“2023 中国互联网 TOP50 赛道用户规模 No.1App”显示，在 2022 年 10 月—2023 年 9 月中国互联网应用平均 MAU 排名中，微信高居首位，其亦是即时通信品类的最大用户规模应用；微博居榜单第 14 位，代表微博社交品类；小红书排在第 17 位，代表社区交友品类。

1. 微信

2023 年，微信及 WeChat 的合并月活跃账户数进一步增至 13.43 亿个，同比增长 2%。用户参与度的提升带动了视频号、小游戏、微信搜索等产品线的蓬勃发展。

视频号是微信生态的战略级产品，通过强化原创内容激励和生态发展支持，2023 年视频号用户使用总时长同比增长翻倍，订单数量增长超过 244%，商品供给数量增长约 300%。分析认为，视频号电商正处于关键起量期，视频号广告加载率和视频号电商活跃买家渗透率均有较大提升空间，商业化潜力持续释放。预计下一阶段，视频号将成为微信生态对小程序公域能力的完善与补充，由视频号弥补微信生态公域的视频化场景、带来更多公域流量，再通过微信生态将用户沉淀到私域内进行承接，形成公私域结合的范例。

微信小游戏和微信搜索在 2023 年同样展现出强劲增长势头。微信小游戏的月活跃用户超过 4 亿，年度总流水同比增长超过 50%；微信搜索日活跃用户数破 1 亿，搜索量同比增长超过 30%，微信生态进一步展现出强大活力和商业价值。

2. 微博

2023 年，新浪微博总营收 17.6 亿美元，全年调整后营业利润 5.921 亿美元。其中，广告及营销收入 15.3 亿美元，增值服务收入 2.258 亿美元，经营利润 4.729 亿美元，经营利润率为 27%。在用户方面，截至 2023 年第四季度末，微博月活跃用户达到 5.98 亿，同比净增约 1100 万；日活跃用户达到 2.57 亿，同比净增约 500 万。

2023 年下半年，新浪微博在保持热点、文娱、赛事 IP 生态核心竞争力的基础上，重点转向对垂直领域流量的扶持，加强垂直领域内容生态发展，从而提升新浪微博整体生态的竞争力和健康度。《微博垂直领域生态白皮书》数据显示，2023 年微博垂直领域内容规模占比达 41%，2023 年垂直创作者规模同比增长 14%。第四季度日均垂直热搜流量同比增长 82%，金橙 V 账号规模同比增长 20%；同时金 V 收入同比增长 66%，橙 V 收入同比增长 173%，优质创作者变现效率进一步得到提升。2024 年，微博将提升用户规模及活跃度、强化平台内容生态竞争力、提升平台经营效率作为核心目标。

3. 小红书

据公开报道，在广告和电子商务业务收入的带动下，小红书在 2023 年首次盈利，净利润达到 5 亿美元，营收为 37 亿美元。在用户方面，截至 2023 年年底，小红书拥有 3 亿月活跃用户，同比增长 20%。

小红书平台具有“种草”和“强搜索”特性。2023 年，小红书的“买手”电商模式初见成效，其中买手是指用户和商品之间的“连接者”；2022 年 5 月—2023 年 11 月，小红书电商买手规模增长 27 倍，动销商家数量增长 10 倍，购买用户数增长 12 倍。同时，小红书自称“用户首选的生活决策搜索平台”；截至 2023 年年底，有 70%的月活跃用户存在搜索行为，其中 88%为主动搜索，每个月约有 1.2 亿用户在小红书寻求消费建议。

2023 年 12 月底，小红书公布“种草有数”数据联盟，支持品牌商家“小红书种草，全域转化”，已有超过 1000 家品牌加入，合作伙伴包括京东、唯品会、得物、去哪儿、美团等平台，由此实现小红书的种草数据和各平台转化数据直接打通、提升经营效率。

22.3.3　商业模式

网络社交平台主要依赖广告和电商实现盈利，内在逻辑系围绕平台的流量入口和流量转化来布局商业化能力。例如，2023 年腾讯控股的网络广告收入以 23%的同比增速领跑其他主营业务，这得益于微信视频号、搜一搜带来的广告增量，以及对广告平台的持续升级；其企业服务收入增长则受益于视频号直播带货技术服务费贡献新增量。再如，2023 年小红书的主要营收由广告与电商业务构成，分别占比 80%和 20%。

1. 社交广告：发掘信息流和搜索场景的商业价值

社交广告通过流量分发和精准化投放为广告主提供营销展示空间，且越来越多地采用信息流广告的方式，以达到平台内容与广告营销一体化的效果。值得关注的是，由用户在平台的主动搜索行为衍生的搜索场景，正在成为新的流量汇聚入口和内容商业化路径。

例如，在微信平台，广告主可以在多个流量入口实现精准投放。其中，朋友圈广告以原创内容形式在用户朋友圈展示；视频号广告在视频号信息流内自然展现，支持推广短视频和直播形式；公众号广告在公众号文章底部、文章中部、互选广告和视频贴片等广告资源位展示；小程序广告基于微信公众平台生态、利用专业数据处理算法实现广告投放；“看一看”广告在“在看”标签页首位呈现；“搜一搜”广告覆盖微信生态内多个搜索场景，现已形成超级品牌专区和搜索结果广告两大商业化产品，助力广告主以更短链路获取高效曝光与转化。

再如，2023 年小红书着手完善商业化基础设施建设，包括商业服务平台“蒲公英”的升级、投放系统“聚光”的上线、“KFS”（创作者+信息流+搜索投放）投放系统的建立等。小红书广告类型主要包括品牌广告（含开屏和话题等形式）、信息流广告和搜索场景广告等，广告将在用户页面、内容推荐和搜索结果中进行定向投放。鉴于搜索承接了消费者决策链路的前端环节，小红书专门推出“搜索快投”“搜索直达”等广告服务，深度挖掘搜索流量的营销价值。

2. 社交电商：开启直播和短视频生态的电商转型

鉴于电商业务更接近用户购买行为，转化效率更高、商业能力更强，被网络社交平台视为盈利的“第二增长曲线”。网络社交平台发展直播和短视频生态为电商铺路，并通过广告业务和收取佣金或服务费推进流量变现。

其中，微信视频号从 2023 年 1 月 1 日起面向商家收取技术服务费。技术服务费是因平台向商家提供包括商品信息展示、商品交易能力、流量支持等功能所收取的费用；按照商品类目不同，费率标准范围为 1%～5%。小红书采取佣金分成的盈利模式。商家在小红书上开设店铺，需要将销售额的一部分交给平台作为佣金，是平台提供服务和流量的合理费用；一般来说，佣金比例范围为 5%～15%。小红书平台也会根据订单实付金额和商品类目调整佣金比例。

分析认为，社交电商的商业模式之所以受到青睐，归根结底是商家希望借助平台社交属性提升和潜在客群之间的链接，同时将流量掌握在自己手中以构建私域流量池，即积累高忠诚度粉丝、获取高精准度流量。2023 年，网络社交平台的电商探索尚处于早期阶段，商业化生态仍需进一步完善。其中主要涉及两个问题：一是商业化提速将对平台内容质量产生影响；社交和电商之间的通道被逐渐打通后，保持并扩大流量规模成为考验。在电商业务发展初期，平台仍需努力构建完善的直播和短视频内容生态，强调日活量级和用户时长等关键增长指标，对推进商业化保持克制。二是激励用户购买行为、培育消费习惯还需强化平台的电商配套设施建设，包括但不限于丰富商品种类、吸收优质的品牌商家和货源，以及打造成熟的供应链等。

22.3.4 发展挑战

1. 趋势：机遇与风险并存，AI 技术或开启网络社交新叙事

网络社交领域的 AI 技术赋能趋势显著，如何应用其生产自动化、匹配精准化、交互智能化优势，同时做好安全风险防范工作，是行业关注的命题。在发展机遇方面，可利用 AI 技术实现产品经济效益提升，如智能营销与广告投放有利于扩大平台营收规模，再如打造智能化、个性化的交互体验有利于提高用户参与度。同时，AI 社交产品为企业出海提供新方向，如上海稀宇科技（MiniMax）开发 AI 虚拟人物聊天应用“Talkie”，结合卡牌游戏、游戏剧情等元素，海外日活跃用户已接近千万；再如昆仑万维的 AI 社交产品“Linky”位列 28 个国家和地区的社交类下载榜前十。在安全风险方面，需要警惕 AI 技术在社交场域的滥用问题，如为了赚取平台流量补贴，利用 AI 制作传播虚假信息，在社交网络上混淆视听、污染网络生态甚至扰乱社会秩序。

2. 挑战：规范内容分发机制，社交平台应实现“算法向善”

伴随社交平台越来越多地采用机器推荐机制，算法技术手段可能造成信息圈层化与茧房化的弊端引发舆论关注。个性化推荐能够提升用户与内容的匹配效率，达到“千人千面”的效果，其背后的技术逻辑系基于用户的历史行为、偏好和其他相关数据，运用算法模型来预测并推荐用户可能感兴趣的内容；从市场经济的角度来说，平台需要通过推荐算法加强用户存留，并将流量售卖给广告商来营利。不过需要注意的是，算法分发机制在一定程度上具有影响网络传播生态的能力，可能构成信息茧房、造成舆论极化，因而有必要呼吁“算法向善”，即通过科学分类、精准推送来强化正向引导，使社交信息传播符合公共利益。建议明确算法行为的责任主体、形成多方共同治理体系，完善预防机制与追责制度，同时注重提升公众的智能媒介素养。

3. 问题：“线上线下”深度融合，亟须拉起安全“防护网”

如今，人们在做生活与消费决策时习惯于参考社交平台上的信息，然而部分个人和机构制造噱头、刻意造假，不仅动摇了口碑经济的根基，甚至还会从整体上降低社会信任感。例如，“虚假种草”涉嫌虚假宣传，让用户“避雷”变“踩雷”；再如，“达人分享”故意忽略危险警示信息、造成安全隐患；又如，“搭子社交”利用青年群体缺乏社会经验的弱点来实施网络诈骗等。这就需要社交平台为用户营造真实、安全的信息环境，由此建立更加健康、可持续的商业生态。建议平台对虚假宣传加强监测并及时介入处理；对明知有重大危险仍然推荐的，平台可以强化预先审核，完善相应信息筛选和推荐机制；对于网络社交中的欺诈行为，平台需要发布安全提醒，帮助用户树立安全防范意识，同时健全举报机制，将涉及违法犯罪的线索上报公安机关。

22.4　线上办公

22.4.1　发展环境

1. 国务院印发指导意见，数字政务加速建设并落地

为提升政府与地方机构办公、办事效率，顺应经济社会数字化转型趋势，2022 年 6 月，国务院发布了《关于加强数字政府建设的指导意见》，其中提及“加快推进数字机关建设，提升政务运行效能”的核心理念。《关于加强数字政府建设的指导意见》中表示，应深化数字技术应用，创新行政执行方式，切实提高政府执行力。加快一体化协同办公体系建设，全面提升内部办公、机关事务管理等方面共性办公应用水平，推动机关内部服务事项线上集成化办理，不断提高机关运行效能。2023 年 2 月，中共中央、国务院印发了《数字中国建设整体布局规划》，提到应发展高效协同的数字政务。加快制度规则创新，完善与数字政务建设相适应的规章制度。同时，《数字中国建设整体布局规划》提出，到 2025 年，基本形成横向打通、纵向贯通、协调有力的一体化推进格局，政务数字化智能化水平明显提升。总体来看，国家层面对数字政务领域关注度较高，作为政府部门线上办公、提供服务的模式，数字政务的深化发展将有效提升办事效率，切实解决人民群众办事“急难愁盼”的问题，优化政务服务、提升行政效能。

2. 推进中小企业数字化转型，提升办公效率

2023 年 6 月，财政部、工业和信息化部发出通知，开展中小企业数字化转型城市试点工作，根据部署，于 2023—2025 年组织开展中小企业数字化转型城市试点工作。基于评审结果，2023 年拟将深圳市、北京市昌平区、上海市浦东新区、杭州市等 30 余个城市纳入第一批试点方案。基于工业和信息化部印发的《中小企业数字化转型指南》，转型路径包括数字化评估、管理数字化、业务数字化、融入数字化生态及优化数字化实践。其中，业务数字化即围绕研发设计、生产制造、营销服务等各类场景，提升中小企业线上办公及协同作业水平。截至 2023 年年底，中小企业数字化转型已于多个一、二线城市落地，诸如重庆市等地已有数千家企业完成数字化转型，该数字将于未来 3～5 年突破 1 万家。

3. 企业积极布局线上办公，员工协作需求多样化

新冠疫情影响逐步消退，企业及员工对于线上协同办公的依赖性并未减弱，反而有所加深。首先，线上沟通协作更加方便且易于留痕，即使涉及商业机密也能够依托平台进行保密管理；其次，线上办公为员工提供了更加便捷的文件传输、储存和共享，云盘结合办公软件的融合让员工能够于各终端打开文件，快速处理工作内容；最后，云文档、智能化会议系统进一步加深了员工之间的协作深度并提升效率，显著降低了沟通成本。总体来看，线上办公平台已成为企业管理员工、规划发展的重要一环；对于员工而言，数字化线上办公平台已逐步成为刚需，线上、线下一体化的办公模式和新理念正逐步形成。

22.4.2 发展现状

1. 线上办公市场稳步发展，用户规模初遇增长瓶颈

CNNIC 数据显示，截至 2023 年我国线上办公用户规模达 5.37 亿人，占中国网民的 49.2%，规模水平已与外卖、网约车、网络文学等细分行业持平（见图 22.12）。受网民规模及用户结构等因素影响，线上办公用户规模增长初遇瓶颈，当下持平在 5.3 亿人左右。月狐数据显示，截至 2024 年 4 月，我国线上办公软件行业月活跃用户数为 4.6 亿人，同比有所下滑。整体来看，未来，狭义层面线上办公用户群体量级将维持在 5.5 亿～6 亿人；但广义维度下，线上办公平台功能将进一步多样化，在 AI 加持下能够满足更多个人工作者、其他群体的需求，泛用户规模将持续走高，预计将达到 7 亿～8 亿人。

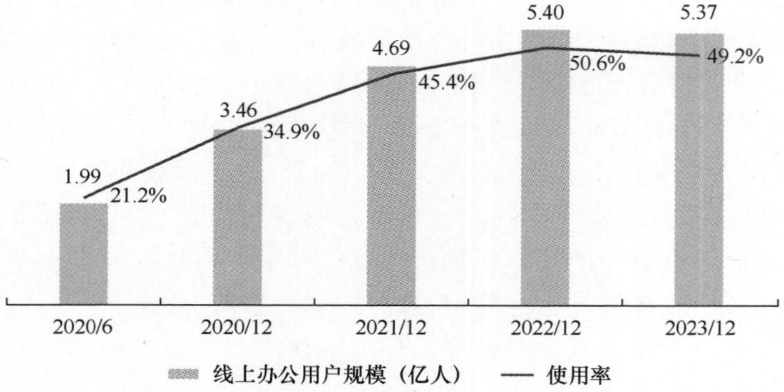

图22.12 2020年6月—2023年12月中国线上办公用户规模及使用率

资料来源：第 53 次《中国互联网络发展状况统计报告》，中国互联网络信息中心。

2. 规模走高，市场格局趋于稳固

根据公开数据，2023 年我国线上协同办公市场规模接近 800 亿元，预计 2025 年将突破千亿元；从全球维度来看，协同办公市场规模已接近 4000 亿元，我国贡献主要比重。企业层面，线上协同办公市场格局稳固，头部企业占据较大的市场份额，如钉钉、企业微信、飞书为互联网背景下行业排名 TOP3 的综合型协同办公平台，根据月狐数据，当下三者整体去重 MAU 已超 1 亿；如 WPS，其 MAU 当下接近 1 亿，用户黏性较强。从新增用户维度来看，头部平台均能够于月度保持百万级别的新用户增长，飞书同比增速显著（见图 22.13）。同时，如扫描打印、云盘储存等细分领域，均有如全能扫描王、百度网盘等头部产品，用户独占率较高。整体来看，云计算、AI 等技术的发展为当下头部线上协作平台带来契机，未来其受众、收入水平等均将有所提升，线上办公行业市场规模将进一步走高。

3. 从企业服务到“AI+”，投融资热度有所衰退

我国线上办公投融资市场历经波动，投资标的快速轮换，但产品均未脱离“降本增效”的核心理念。2014—2016 年，获投线上办公企业年均数量达 100 多家，从业务来看，绝大多数面向市场提供企业服务，即包括考勤、访客登记、工作日志管理等相对通用的功能；自 2017

年前后，平台化产品兴起，在线协同设计、可视化协作、全模块化的 HR 管理软件等产品出现，钉钉、飞书等头部平台陆续完成优化并进入市场；2019—2021 年，更多云服务相关企业获投，且大部分完成 B 轮及以上融资，通过平台上云进一步优化产品质量，显著提升各企业线上办公效率；2022 年至今，在市场环境变动等复合因素影响下，线上办公赛道投融资事件数量及相关金额有所减少（见图 22.14），但背靠 AI 技术的自动化协作平台开始兴起、吸引资本注意，诸如 AI 文档处理、数据搜索、写作及编程辅助等各类产品出现，战略投资居多。整体来看，虽然市场格局已形成且逐步稳定，但 AI 技术的出现和发展为大量细分的线上办公赛道提供了契机，未来“AI+协作办公”的初创企业将迎来新一轮增长，其业务将更加垂直，小而美的初创企业将吸引更多投资。

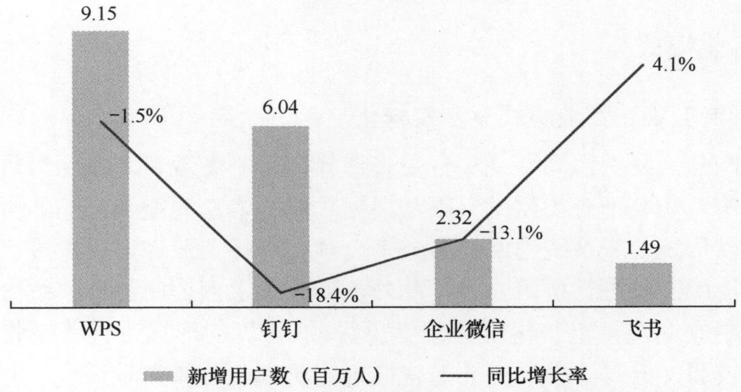

图22.13　2024年4月中国线上办公软件平台月度新增用户数及同比增长率

注：该统计结果仅含应用端数据，不含网页、小程序、快应用等生态流量数据。

资料来源：月狐 iApp（MoonFox iApp）。

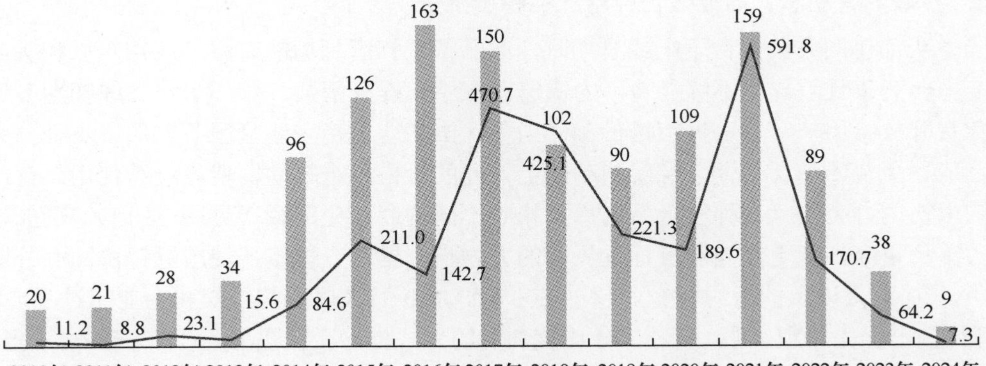

图22.14　2010—2024年中国线上办公赛道投融资事件数量及相关金额

注：此处包括协同办公、协作办公、办公 OA、移动办公、远程办公五大行业。

资料来源：IT 桔子。

4. 线上线下加速融合，填补企业个性化需求

软件产品快速发展，单一线上平台逐渐难以满足日趋多样化的企业需求。一方面，更多企业开始将软件服务与自身生产环境相融合，以工厂为例，其更关注生产环境是否安全稳定、办公园区设计等方面，其中会涉及如灯光温度调节或实时安全检测等，需要线上、线下深度融合的协同服务。另一方面，员工工作环境持续复杂化，针对居家办公提出的线上协同功能已经难以满足员工的复合性需求。基于此，线下的硬件办公产品开始发展，解决诸多固化的办公难题。例如，2023 年 1 月，钉钉推出“智能会议室”，将会议室预订及管理审批、智能硬件关联、数据报表统计及后台运维管理等功能集成于钉钉智能会议室，结合会议室中的一体机及会议大屏、会议室门禁和电子白板等硬件产品，显著提升了开会效率及质量，避免了会议室资源浪费等情况发生。

22.4.3 商业模式

1. 围绕订阅制变现，商业模式逐步多样化

作为软件类产品，线上协同办公平台更多选择订阅制变现，即按照每月或每年为维度支付金额购买账号，以获取平台的使用权限，根据功能的丰富程度和产品的类别，价格同样有所差异；另外，以传统 OA 系统为主的部分平台倾向选择企业许可模式进行收费，即根据公司规模和具体的使用需求进行费用收取；此外，部分线上办公产品着眼细分需求、业务方向垂直，此类平台更倾向选择定制化服务或“免费+广告”的形式进行费用收取，相比综合型服务平台功能性较弱，但对于中小企业而言性价比更高。总体来看，线上办公平台正积极尝试拓宽变现手段。未来，围绕服务深度提升订阅单价仍将是企业商业化发力的重心；同时，更多企业会选择将旗下产品以功能为维度进行拆分，以求服务更多中、小企业，提升市场影响力。

2. 打破固有观念，商业化仍存难点但稳步推进

当下头部协同办公平台于上线早期时，产品缺乏打磨且功能有限，最初难以和头部的传统 OA 平台竞争且差异化不够显著。为快速获取用户提高基数，头部平台上线初期多选择将产品免费开放给用户，以占据市场份额。当下，虽功能日趋完善且服务方向逐步细分化，但由于形成了免费的使用习惯，订阅制动辄上万元的价格很难打动消费者继续使用。在此背景下，国内协同办公的“三强平台”选择了相对不同的商业化路径（见图 22.15）。例如，钉钉的服务单价更高，即更倾向服务行业头部的大客户，据官方披露，使用钉钉协同办公服务的客户中，10 万人以上的组织和企业超过 600 家，100 万人以上的组织和企业超过 30 家；同时，钉钉推出优先让利策略，通过部分让渡利润的方式提升企业黏性，据官方数据，截至 2023 年 8 月，钉钉软件付费企业数达 10 万家，付费 DAU 超过 2300 万元。相比之下，如飞书则更关注企业于协作侧的需求，意求工作更高效、协作更便捷，其服务单价相对也更低。对于飞书而言，获客和短线的营收增长并非核心痛点，其仅于 2023 年上半年便签约了 40 多家企业，且在 2022 年的年度经常性收入已达 1 亿美元。未来，飞书抢占市场空间并进一步提升商业化能力的关键是，在全面拥抱 AI 打造飞书智能伙伴的当下，如何拉开与其他家模型能力的差距，从而实现产品的差异化。总体来看，头部线上协同办公平台已逐步开始关注产品

变现，随着 AI 的融合及复合性商业化解决方案的推出，协同办公平台将进一步加速商业化进程，盈利将成为钉钉、飞书等平台的策略重心。

	钉钉	飞书	企业微信
服务类比	创业版、专业版、专属版	标准版、专业版、旗舰版	邮件、文档、会议等高级功能
价格	（年度）980元、9800元、98000元	（人/月-支持500人）50元、80元、120元	按人收费、多为200元/人/年
视频会议	关注同时会议数、会议清晰度	秒记储存、妙享	2000人同时参会、会议管理
储存	标注储存时间、数据恢复服务	更大的单个文件上传大小	微盘—暗水印、权限配置
其他特征	开放能力（API）、直播服务	云文档/多维表格，企业文化搭建	一步添加客户、私域运营

图22.15　2024年5月　钉钉、飞书、企业微信收费标准及服务对比

资料来源：各平台官网整理。

3. AI 热度走高，丰富产品维度、提升商业化能力

2023 年，AI 成为线上协同办公的关键词，拥抱 AI、加速变现成为绝大多数头部平台的核心发力方向，海外市场，如微软接入 GPT-4，发布 Microsoft365 Copilot，满足用户资料查找及整理、文件起草撰写、PPT 内容生成等需求；在价格方面，AI 赋能的微软全家桶订阅价为单一用户 30 美元/月、年度为 360 美元，未做折扣。整体来看，当下仍处于市场推广阶段，行业预计 2026 年其可为微软创收超过 100 亿美元。国内市场，各头部企业同样加速推进 AI 与自身产品的融合。首先，作为办公平台，WPS 于 2023 年 4 月推出代号-WPS AI 的产品，其中包含在线协同编辑工具轻文档，为用户提供知识分析、内容生成、文本处理等功能。同年 11 月，WPS AI 正式陆续开放体验，优化了功能唤起体验、PPT 内容生成创作及美化、PDF 内容提炼、表格条件标记及生成公式等功能，当下的 WPS AI 功能已经结合会员体系开始收费，但由于收费模式设置不合理，饱受用户诟病。其次，2023 年 4 月，飞书推出智能 AI 助手“My AI”，为用户提供各类自动化功能，包括如会议记录、文字内容创建及优化和续写、日程创建管理等。2023 年 11 月，飞书于秋季飞书未来无限大会上正式发布“飞书智能伙伴”，限时开放 10000 个名额，飞书 AI 产品功能虽已较为完备，但整体仍处于初期试用优化中，暂未进入全面商业化阶段。最后，作为行业头部线上办公平台，钉钉同样于 2023 年大力发展 AI 方向，2023 年 4 月，阿里钉峰会宣布钉钉已接入阿里巴巴同义千问大模型，展示了钉钉 AI 助理——“魔法棒”，其更关注用户的场景化需求，并结合此推出了如贾维斯（智能助理）、缪斯（艺术专家）、法务助理等 AI 功能。随着模型的优化、当下产品质量的进一步提升，钉钉推出了专业版、专属版、专有版 3 类 AI 助理类别产品，专业版及专属版价格分别为 19800 元/年、118000 元/年，专有版则为按需定制，据官方披露目前已有超过 50 万家专业版及专属版客户加入。

22.4.4 发展趋势

1. 从 SaaS 到 PaaS，平台化能力将持续提升

SaaS 是飞书、钉钉等线上协同办公平台的能力根基，包含如审批、文档、表格等服务。随着平台功能的日渐丰富，企业用户对其依赖程度加深，更多平台开始选择开放基础 API 接入，满足企业各类办公场景需求。基于员工的深入使用，部分问题开始浮现。例如，跨平台间数据不互通，员工需要手动同步信息以完成提交；又如，平台功能过于繁多，难以在短时间内找到功能入口等。基于此，飞书推出集成平台，钉钉则上线链接平台，为企业用户提供高频场景下的集成模板；针对功能调用，钉钉则推出酷应用，员工可在群聊内直接新建任务，一键快速完成流程创建及审批。未来，线上协同办公产品将进一步平台化，其覆盖的协作场景也将更加丰富和细分，为满足此要求，各家平台将陆续开放更多 API，打造一站式工作平台。同时，作为平台化产品，其将不仅局限于对功能的打磨，未来将更加深入所服务客户的业务当中，进一步体现产品价值。

2. XR 稳步发展，虚实融合构建未来协同办公方式

2023 年第四季度，全球 VR 头显 B 端销量 21 万台、AR 设备 B 端销量 3.3 万台，虽然与 C 端仍有距离，但是整体数量以季度为单位保持平稳。2023 年，元宇宙热度持续走高，多家企业开始关注 XR 与娱乐、办公、协作等场景的融合，如 Meta 推出的 Horizon Workrooms，用户可通过头戴 VR 设备，于虚拟生成的办公室中享受超大屏、多屏幕的办公环境，更加便捷的虚拟键盘+手势互动，不受地理位置影响的多人虚拟会议等；如苹果发布的 MR 设备 Vision Pro，用户可依托设备生成多个虚拟屏幕，同时进行开会、项目演示。同时，多软件基于 Vision Pro 进行了适配，如微软旗下 Office 软件提供三维的柱状图展示、更强的互动性，Teams、Zoom 等会议软件同样基于设备进行了高度适配，显著提升会议沉浸感等。未来，更多线上协同办公需求将虚拟化，围绕会议、演示等需求，更多高度适配的软件产品将出现，结合 XR 设备成本的走低及设备渗透率的提升，依托虚拟现实设备进行办公将成为更多用户的选择。

3. AI 影响力将进一步深化，优化并改变员工协作模式

Gartner 预测，截至 2026 年，全球将有超过 80%的企业使用 AIGC 的 API 或者模型，而这一比例于 2023 年不足 10%。2023 年是 AI 于线上协同办公领域快速发展的关键年份，钉钉、飞书等头部平台纷纷推出 AI 产品及相关服务。未来，更多企业将加速搭建自身定制化的 AI 办公平台，一方面，初创企业会选择将 AI 融入其办公协作平台的底层，同时在设置上提高适配度；另一方面，基于大模型，更多企业会针对性地打造更加专用、具备业务针对性的“小模型”，通过更低的部署成本撬动更大的用户群体，满足自身使用需求。同时，随着 AI 加速接入，数据安全问题将被更多企业关注，AI 模型监控和数据保护服务将被更多企业选择。

撰稿：付彪、李玥、王龙、邓寒思、孙静、李思明、马阿鑫
审校：田宇

第23章　2023年网络娱乐与创作类应用发展状况

23.1　网络音视频

网络音视频已经成为人们最喜闻乐见的媒介形态和内容形态。网络视频以接近98%的使用率成为互联网第一大应用，网络音频也汇聚了3.3亿以上的用户规模，人工智能背景下的视听天下已经成为当前阶段互联网发展的主要特征。

23.1.1　发展现状

1. 市场：整体规模持续增长，短视频市场迅速扩张

网络视频行业的市场收入来源主要包括用户付费订阅、广告变现、节目版权、技术服务、直播打赏及短视频电商等。2023年网络视听市场规模超过1.15万亿元，企业66万余家[1]。根据《2023年全国广播电视行业统计公报》，2023年网络视听服务机构总收入为7795.45亿元，同比增长16.57%。

目前，短视频产业规模已经接近3000亿元，近7年以来短视频行业规模增加153倍，所占份额增长17.8倍，市场规模迅速扩张，短视频已成为大视听产业发展主引擎[2]，带动网络视频行业不断拓展新业务和新商业模式。

综合类视频行业呈现出回暖趋势。例如，爱奇艺在2023年总营收达到318.7亿元，其中会员服务203亿元，在线广告62亿元，内容发行25亿元，总营收同比增长10%。芒果超媒公司2023年实现营业收入146.28亿元，同比增长4.66%，归母净利润35.56亿元，同比增长90.73%[3]，芒果TV的互联网视频业务实现营收106.14亿元，占公司总营收的72.56%。

网络音频产业的盈利模式主要包括订阅付费、广告、打赏、自营商城、直播等形式。在市场份额方面，喜马拉雅系占整体市场份额的77.8%。2021—2023年，喜马拉雅营业收入分别为58.6亿元、60.6亿元和61.6亿元。自2022年第四季度开始，喜马拉雅实现历史

1《中国网络视听发展研究报告（2024）》，中国网络视听协会，2024.3。

2《中国短视频发展研究报告（2023）》。

3 新京报，《广告收入下滑收窄，芒果超媒去年营收超146亿》。

首次盈利，截至 2023 年 12 月，喜马拉雅已连续实现 5 季度盈利，2023 年全年经调整净利润达 2.24 亿元[1]。

2. 用户：用户规模稳中有升，增长速度趋于放缓

整体而言，根据《中国网络视听发展研究报告（2024）》，截至 2023 年 12 月，网络视听继续保持“第一大互联网应用”地位，用户数量达到 10.74 亿，网民使用率高达 98.3%，相较于 2022 年度稳中有增。在付费用户规模方面，互联网视频年度付费用户达 7.32 亿户，互联网音频年度付费用户达 1.82 亿户，短视频上传用户超过 7.5 亿户[2]。

网络视频（含短视频）的用户规模稳中有升、增速放缓，但用户黏性得到进一步提升。截至 2023 年 12 月，网络视频用户规模约为 10.67 亿人，较 2022 年 12 月增长 3614 万人，占网民整体的 97.7%。2020 年 3 月—2023 年 12 月，网络视频（含短视频）用户增加量超过 2.16 亿人，使用率从 94.1%增加到 97.7%（见图 23.1）。其中，短视频用户规模为 10.53 亿人，较 2022 年 12 月增长 4145 万人，占网民整体的 96.4%[3]。回望过去两年，我国短视频用户规模增长率从 8.3%降低至 4.1%，网民通过手机上网的比例已达到 99.9%，短视频市场正在从用户增量竞争迭代为用户存量竞争[4]。

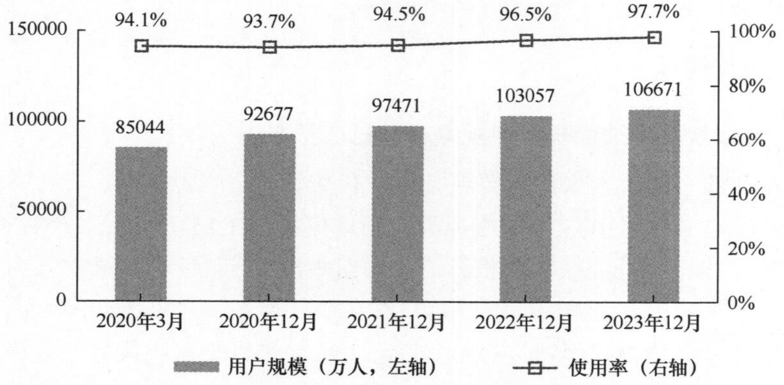

图23.1　2020年3月—2023年12月网络视频（含短视频）用户规模及使用率

资料来源：CNNIC，《中国互联网络发展状况统计调查》，2023.12。

相较于网络视频，国内网络音频用户规模仍有较多增长空间。截至 2023 年 12 月，我国网络音频（包括网上听书、网络电台）用户规模已经超过 3.3 亿人，网民使用率达到了 30.4%，较 2022 年 12 月增加 1353 万人，增长率达到 4.3%[3]。《2023 喜马拉雅中文播客生态报告》指出，喜马拉雅平台中文播客听众数在 2023 年超过 2.2 亿人，每 10 个网民中就有至少 2 人在

1《喜马拉雅赴港递交招股书 2023 年净利润 2.24 亿元》。

2《2023 年全国广播电视行业统计公报》。

3 第 53 次《中国互联网络发展状况统计报告》，中国互联网络信息中心，2024 年 3 月 22 日。

4《中国互联网视听行业发展报告（2024）》。

听播客。平台周活跃播客听众高达 1600 万人，用户累计收听播客时长达到 4.44 亿分钟[1]。

23.1.2　商业模式

1. 综合视频

在市场竞争格局方面，自 2021 年以来综合长视频市场由“爱优腾芒”+哔哩哔哩五大平台应用主导。2023 年，“爱优腾芒”、哔哩哔哩、咪咕视频等 6 家主要长视频平台应用已经占整体市场份额的 92.9%，相较于 2022 年的 90.56%有了进一步提升。

综合长视频开始朝降本增效、质量升级方向发力，不断开发新营销玩法，创新商业模式。在版权分销和会员付费方面，各平台之间推出“捆绑订阅，联播共享”模式，为用户带来更优质的视听内容体验，促进平台之间合作共赢，保障长视频市场在短视频、直播的冲击下行稳致远。在内容衍生业务方面，各平台积极推动 IP 内容营销，依托精品内容开发“一鱼多吃”商业模式，促进全链路生态营销。例如，爱奇艺围绕华夏古城宇宙系列 IP 完成综艺、剧集、纪录片、VR 全感剧场等多品类内容开发，促进 IP 价值商业变现[2]。在市场拓展层面，面对国内存量市场竞争和消费人群的结构特征，长视频平台积极布局海外市场和分众市场。例如，芒果 TV 借助国际 App 持续推进版权 IP 海外输出，爱奇艺聚焦“一老一小”，努力为中老年人和儿童打造更优质健康的娱乐体验。

2. 短视频

在市场竞争格局方面，短视频领域呈现抖音系、快手系和微信视频号“三足鼎立”竞争格局[3]。2023 年，抖音和快手两大系列产品占据短视频整体市场份额的 95.3%[4]。短视频行业的具体商业模式包括广告、电商、知识付费和本地生活[3]。相较于综合视频和音频，短视频用户黏性最高，人均单日使用时长为 151 分钟[4]，在带动消费增长方面具有更大潜力。2023 年，快手、抖音两大平台继续布局本地生活赛道，通过短视频内容带动线下多元场景消费。在抖音平台，短视频点燃更多兴趣消费，短视频交易额相较于 2022 年增长 83%。2023 年有超过 450 万家门店借助抖音获得生意增长，总交易额增长 256%，入驻团购达人数量增长 2.89 倍，达人探店助力实体商家增收 946 亿元[5]。在快手平台，2023 年第四季度较 2022 年第四季度，快手本地生活用户规模同比增长 23 倍，商品交易总额（GMV）同比增长 25 倍，均实现井喷式增长。2023 年第四季度和第一季度相比，快手本地生活品牌的下单用户增长 553.9%，品牌动销产品数增长 186.7%[6]。

---

1 喜马拉雅：《2023 喜马拉雅中文播客生态报告》，2024 年 1 月 5 日。

2 王晓晖：《文艺创作是爱奇艺多元娱乐生态和“一鱼多吃”商业模式的起点》。

3《中国互联网视听行业发展报告（2024）》。

4《中国网络视听发展研究报告（2024）》，中国网络视听协会，2024.3。

5《2023 抖音生活服务年度数据报告》。

6《快手本地生活用户洞察报告》。

3. 网络音频

目前，网络音频市场已经进入稳定发展期，传统盈利模式亟待转型，各大音频平台积极拓展新商业模式。在市场竞争格局方面，网络音频市场呈现一家独大的垄断趋势，喜马拉雅系应用产品占整个市场份额的77.8%，蜻蜓FM、猫耳FM仅占整体市场份额的9.3%[1]。在优化订阅付费服务方面，网络音频平台积极进行IP内容开发，推出定制化内容创作，在付费会员权益方面探索新盈利增长点。在广告营销方面，播客广告开辟“声音种草”新玩法，凭借高质量人群画像和用户黏性提升广告投放精准度。此外，网络音频具有较强的互动社交属性和场景氛围感，“网络音频+直播”的结合推动直播打赏、主播直播带货等不同变现形式的搭建，有机会形成更广阔的商业闭环。在技术赋能层面，AI技术正在重塑网络音频平台的商业化应用基础，AI技术的运用促进内容生产提质增速，同时拓展网络音频应用场景，拓展潜在变现渠道[2]。

23.1.3 典型案例

1. 快手

2023年，快手在经营模式层面实现了转型，从高亏损、高增长模式扭转为高利润、稳增长模式。快手2023年全年总收入达到1134.7亿元，同比增长20.5%，其中线上营销服务占总收入的53.1%[3]。快手在社区互动、社会价值和产业技术三方面表现亮眼，活力倍增。

在创作者层面，超过1.38亿用户首次在快手平台发布短视频，增加内容创作的活跃度和生命力。超过2200万名创作者通过快手平台获得收入，快手直接和间接带动新职业数量达到174种。在内容层面，快手平台发布量增幅最快的视频类型包括短剧、摄影、房产家具、人文、科学与法律和读书，形成了良好的内容生态。在消费端，2023年快手用户视频点赞量超过1万亿次，评论量超过1700亿次，收藏量超过1000亿次，转发量超过1200亿次[4]。

在垂类赛道方面，快手在电商、本地生活、房产、汽车、短剧、体育、“三农”等领域持续发力。在短剧赛道，快手短剧日活跃用户达到2.7亿人，播放量破亿的星芒短剧高达326部，短剧市场的爆发式增长带动短剧创作者规模大幅增长，数量破10万。在“三农”领域，快手“三农”兴趣用户规模高达3.3亿人，乡村创作者通过快手被世界看见、听见[3]。

在社会责任方面，快手积极进行社区治理，持续构建积极向上的网络社区生态，围绕不实信息管理、防治网络暴力、加强青少年保护等问题进一步提升治理成效。在网络安全方面，快手通过自研模型部署全链路反诈风控，日均保护触发涉诈风险的用户数超过101.7万人[5]。

1《中国网络视听发展研究报告（2024）》，中国网络视听协会，2024.3。

2 艾瑞咨询：《2023年中国网络音频产业研究报告》，2023年8月8日。

3《快手2023年成绩单：7亿+，100亿+，1000亿+和10000亿+》。

4 快手年度数据报告发布：2023年超过1.38亿用户首次发布短视频。

5《2023年快手社区治理报告》：持续构建真实、美好、多元、有益的内容生态。

2. 腾讯视频

在剧集内容生产方面，腾讯视频聚焦内容艺术价值和审美价值，深耕内容，沉淀精品，终于迎来内容质变，热度、口碑双丰收。根据 Vlinkage 数据，在豆瓣 23 部超过 8 分的剧集中，腾讯视频占据 9 席，《漫长的季节》以 93 万人打出 9.4 分的成绩成为业内新标杆[1]。在 2023 年全网剧集有效播放 TOP20 榜单中，腾讯视频有 9 部剧集上榜，其中《长相思第一季》位列第三[2]。在剧集题材方面，腾讯视频实现守正创新，古装、现实、医疗题材等传统赛道剧集广受好评，以《三体》《漫长的季节》《鹊刀门传奇》为代表的科幻、悬疑、情景喜剧赛道惊喜不断。在厂牌化建设方面，腾讯视频在 2023 年先后推出“X 剧场”“板凳单元”“萤火单元”，通过优质内容、差异化排播实现厂牌突围。

在微短剧赛道，腾讯视频聚力前行，实现内容和用户双维度规模性增长。2023 年，腾讯视频微短剧上新数量较 2022 年增加 80%，2023 年腾讯视频微短剧用户规模突破 2.3 亿人，较 2022 年提升 68%，微短剧月活跃用户同比提升 186%，单用户播放时长较 2022 年提升 93%，用户通过看微短剧的消费习惯逐渐养成。根据云合数据，2023 年上新短剧集均 V30 有效播放 TOP20，腾讯视频上榜 16 席，占比超过八成，处于行业领先地位。目前，在国家政策规范引导下，腾讯视频微短剧正朝着精品化方向发展，得到社会广泛好评[3]。

在剧集营销方面，腾讯视频播出的剧集合作品牌数量占比居第一位，达到 36%。在植入品牌数量前十的剧集中，腾讯视频占据 3 席，分别为《长风渡》《偷偷藏不住》和《繁花》，其中《繁花》共吸引 41 个品牌植入[4]。

3. 芒果超媒

芒果超媒基于芒果 TV 互联网视频业务、新媒体互动娱乐内容制作及内容电商三大业务板块，2023 年实现营业总收入 146.28 亿元，同比增长 4.66%；归属于上市公司股东的净利润 35.56 亿元，同比增长 90.73%，扣除非经常性损益后归属于上市公司股东的净利润 16.95 亿元，同比增长 5.70%。2023 年年末芒果 TV 有效会员规模达 6653 万元。

在社会责任方面，芒果超媒聚焦主责主业，巩固主流思想舆论。准确把握党媒坐标定位，抢占主流宣传阵地，深化芒果 TV“学习时刻”头条工程和首屏首页建设，习近平总书记重要报道专区播放量超过 60 亿次；助力文化出海，通过内容、模式和渠道三方面的输出，持续探索中国故事和中国声音的全球化表达。芒果 TV 国际 App 覆盖全球超过 195 个国家和地区，目前下载量超过 1.7 亿次；打造系列精品力作，多部主旋律作品连续 6 年获“中国新闻奖”。

在内容创作方面，芒果超媒坚持夯实内容优势，实现长视频“量质双升”。坚持内容创新，高扬思想旗帜，深植文化根脉。2023 年，芒果 TV 累计上线各类综艺节目超过 100 档，上新数、独播数、创新率居行业榜首，豆瓣最受关注综艺市场前十占据八席；累计上线影视

1《“繁花”绽放：腾讯视频的“新质剧集”之路》。

2《2023 年剧集网播表现及用户分析报告》。

3《2023 腾讯视频微短剧年度报告》。

4《2023 剧集营销价值报告》。

剧 128 部，剧集品质再上新台阶。全网综艺正片有效播放量同比上涨 31%，全网剧集正片有效播放量同比上涨 46%，增速双双位居长视频行业第一。

在生态构建方面，芒果超媒强化生态协同，升级媒体融合发展，打造上下游协同发展的传媒全产业链生态。2023 年，芒果超媒完成对金鹰卡通的收购，小芒电商跑出独特发展路径，升级拓展为芒果 TV+湖南卫视+金鹰卡通+小芒电商“四平台”模式，充分发挥业务协同和资源整合效应，打造内涵更加丰富的“1+1+1+1+*N*”芒果生态圈。

在培育新质生产力方面，芒果超媒积极推进“文化和科技融合”，持续加强人才培养，打造了一支超过 600 人的科技人才队伍，专利申请总数超过 1300 件；聚焦前沿科技应用，推出国内首个 AI 导演“爱芒”和 40 多个 AI 产品，将 AI 广泛应用于媒资运营、广告投放、会员互动、视频剪辑、内容生产等业务场景。

23.1.4 发展挑战

1. 新质生产力下 AIGC 赋能网络音视频行业

人工智能生成内容（AIGC）的崛起赋能网络音视频行业。当前，长视频平台、短视频平台和网络音频平台积极拥抱 AI，密切关注 AI 为市场带来的新变化。各平台积极尝试借助 AIGC 进行图文创作、视频创作和音频创作，在策划、宣发阶段提供支持，并且在其他领域拓展了“AI+网络音视频”的想象空间。2024 年 3 月，湖南卫视和芒果 TV 推出的国内首位 AI 导演“爱芒”亮相《我们仨》，并参与节目互动，播出 24 小时内全网传播流量超过 27 亿。“爱芒”导演能从多维度参与影视剧、综艺创作，如剧本拆解、选角、定妆造型生成等，成为芒果 TV 转型跨越的新质生产力[1]。快手平台自研文生图大模型“可图”，推出短视频评论文生图、图生图、扩图功能，增加评论互动的玩法和趣味性[2]。喜马拉雅平台自研 asr 将音频转文字，实现“听着剪”变成“看着剪”，提供音频在线处理、AI 快剪、智能降噪、AI 包装、在线配乐等功能，AI 加持为播客主提供“录音—剪辑—包装”全链路创作服务[3]。在 AIGC 时代，网络音视频制作必须立足精品内容，立足优秀创意和审美，将 AIGC 打造为内容创作者的合作伙伴，实现更高效、优质的内容创作。

2. 加速布局网络音视频出海业务

目前，随着“走出去”战略的实践落地，网络音视频出海是推动行业增长的新风口。当前网络音视频海外市场供给和需求都存在较大缺口，网络音视频平台加速布局出海业务，形成了新的业务增长点。在长视频领域，“爱优腾芒”积极布局国际化内容平台，推动国内精品剧集出海。2024 年 3 月，芒果 TV 与越南头部媒体集团 YEAH1 达成合作，推动《乘风》《披荆斩棘》《妈妈是超人》等芒果 IP 越南版落地[4]。在短视频领域，截至 2024 年 4 月，TikTok 的全球下载量突破 49.2 亿次，月活跃用户人数超过 15.82 亿，成为全球第五大最受欢

1《中国网络视听大会掀芒果科技热 爱芒导演首秀受瞩目》。

2《快手年度数据报告发布：2023 年超过 1.38 亿用户首次发布短视频》。

3 喜马拉雅：《2023 喜马拉雅中文播客生态报告》，2024 年 1 月 5 日。

4 第 28 届香港国际影视展上，《乘风》《披荆斩棘》等芒果 IP 输出海外。

迎的社交 App[1]。中文在线旗下的微短剧应用 Reel Short 在海外市场广受欢迎，多次位居美国 App Store 娱乐类应用下载量第一[2]。快手出海印度尼西亚的本地品牌 SnackVideo 在 2023 年开始全面走向商业化，《2023 年印度尼西亚短视频发展报告及 SnackVideo 生态分析》显示，短视频平台在印度尼西亚媒体平台的渗透率已高达 70%，SnackVideo 在印度尼西亚拥有覆盖印度尼西亚全境 31 个省的 4300 万月活跃用户和 510 万的月活跃创作者[3]。面对国际市场蓝海和全球“平台社会”的到来，网络音视频平台业务出海势必要面临世界经济、国际政治变动引发的多维度的挑战，在更复杂的全球博弈场中走向更广阔的天地。

23.2　网络直播

网络直播作为高互动性音视频传播方式近年来获得了广泛关注，拓展出更多应用场景，形成了更大的市场价值。网络直播除个人直播外，更多被机构使用，在多个垂直领域嵌入发展，成为辐射其他领域、为相关行业赋能的重要媒介形态，以 75%左右的使用率成为第七大网络应用，深受网民喜爱。随着人工智能和元宇宙的发展，虚拟数字人也成为网络直播的重要传播主体，很多主流媒体也开始进入该领域，网络直播已经走入人们的日常生活，成为一种“常态化”的视听传播方式。

23.2.1　发展现状

1. 市场概况

截至 2023 年 12 月，我国网络直播用户规模达 8.16 亿人，较 2022 年 12 月增长 6501 万人，占网民整体的 74.7%，网络直播成为网络视听的第二大应用[2]。当前，网络直播包含电商直播、电竞直播、体育直播、娱乐直播等多种类型。网络直播主体较为分散，综合型平台如抖音、快手、微信，垂类直播平台如虎牙、YY、花椒、斗鱼等。根据《全国广播电视行业统计公报》、企业公开财报或公开营收等相关数据，推算出包括长视频、短视频、直播、音频等领域在内的 2023 年我国网络视听行业市场规模为 11524.81 亿元。

据艾瑞咨询测算，2023 年中国直播电商市场规模达 4.9 万亿元，同比增速为 35.2%[4]。抖音电商销售额较 2022 年提升了 77%，其中达人直播与品牌直播共占总销售额的 82%[5]；垂类直播平台斗鱼全年总营收为 55.3 亿元，毛利润为 6.84 亿元，调整后净利润为 1.54 亿元，平台盈利效能获得有效提升，成功实现净利层面扭亏为盈[6]。

---

1 Most popular social networks worldwide as of April 2024, ranked by number of monthly active users.（2024-05-22）。

2 第 53 次《中国互联网络发展状况统计报告》，中国互联网络信息中心，2024 年 3 月 22 日。

3《中国互联网视听行业发展报告（2024）》，中国互联网络信息中心，2024 年 3 月 22 日。

4《中国直播电商行业研究报告（2023）》。

5《2023 年抖音电商年报》。

6《斗鱼 2023 年全年财报：净利润扭亏为盈，非直播收入占比提升至 13.2%》。

2. 用户规模

截至 2023 年 12 月，中国网络直播的用户规模为 81566 万人，较 2022 年（75065 万人）增长了 8.7%。网络直播的网民使用率也从 2022 年的 70.3%上升到了 2023 年的 74.7%[1]（见图 23.2），网络直播在用户中的受欢迎程度持续上升。

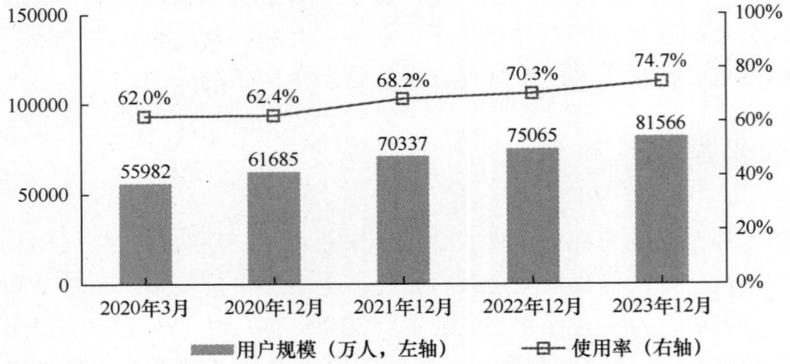

图23.2　2020年3月—2023年12月中国网络直播用户规模及使用率

资料来源：CNNIC，《中国互联网络发展状况统计调查》，2023.12。

网络直播的特殊之处在于垂类众多，不同垂类下的用户规模也有差异。其中，2023 年，电商直播依然是直播行业占比较大的部分，用户规模为 5.97 亿人，较 2022 年 12 月增长 8267 万人。体育直播用户规模虽然有所下降，但在总体占比中依然位居第 2，占网民总体的 31.6%。游戏直播、真人秀直播、演唱会直播的用户规模也呈上升趋势，分别占网民整体数量的 27.2%、18.3%与 20.4%。

2022 年 8 月—2023 年 9 月，快手累计观看“三农”内容直播人次超过 1165 亿人次，文艺类主播数量同比增长 36%，游戏主播日均开播数 15 万+，游戏活跃创作者同比增长 42%[2]。主播数量的增加也为用户观看直播提供了更多选择。

23.2.2　商业模式

1. 电商直播

电商直播在近年来迅猛发展，其核心在于人、货、场三者的紧密结合。其中，“人”指的是直播主播及其背后的多频道网络（Multi-Channel Network，MCN）机构，他们构成了直播生态中的核心驱动力；“货”则是直播中展示并销售的商品，是吸引观众并产生购买行为的关键；“场”则是直播平台，如抖音，提供了直播的展示舞台和交易环境。人、货、场三要素双向互动，构成了电商直播的主体[3]。电商直播如抖音、淘宝、快手等平台的主播“人”类型多样，包括品牌自播、个体主播等。个体主播凭借垂类内容吸引一定量的粉丝数后，不

1 第 53 次《中国互联网络发展状况统计报告》，中国互联网络信息中心，2024 年 3 月 22 日。

2 2023 快手直播生态报告：相伴每一天，携手又一年。

3 宋亚辉. 网络直播带货的商业模式与法律规制[J]. 中国市场监管研究，2020(8)：9-15，27。

断提升用户黏性，随后进军电商直播行业进行商品售卖。2023 年，抖音 TOP3 带货达人分别为“李炮儿”“疯狂小杨哥”“东北雨姐”[1]，均为内容产出赋能电商直播的代表。MCN 机构则为主播提供全方位的支持，包括内容策划、粉丝运营、商务合作等，帮助主播在竞争激烈的直播市场中脱颖而出。在“货”方面，电商直播让上游出货方不再只局限于品牌，零售商、工厂、原产地都可以直接给主播进行供货，产品涵盖从美妆、服饰、家居到食品等各个品类的商品。主播通过直播的形式，向观众展示商品的特点、使用方法及搭配建议等，让观众在直观感受商品的同时，产生购买欲望。平台也为商家提供了便捷的入驻和运营支持，帮助他们更好地开展电商直播业务。“场”即平台，现有平台通过强大的算法技术和用户画像功能，为商家和主播提供了精准的流量支持。例如，在淘宝上，用户可以根据自己的兴趣和需求，发现感兴趣的主播和商品。同时，平台还在不断完善直播功能和服务体系，如增加互动玩法、优化购物流程等，提升用户的购物体验和满意度。

2. 游戏直播

游戏直播内容主要为用户在线观看主播打游戏或观看电竞类赛事直播，主要直播平台有快手、哔哩哔哩、虎牙、企鹅电竞等。据预测，2023 年中国游戏直播行业市场规模超过 1300 亿元。中国电子竞技产业实际收入为 263.5 亿元，同比下降 1.31%。在收入构成中，电子竞技内容直播收入占比最高，达到 80.87%[2]。游戏直播由内容版权方将内容授权给内容提供方，进行如电竞赛事、游戏综艺节目、游戏解说等直播内容，接着将内容提供给游戏直播平台或公会进行市场的输出。品牌方可以通过提供营销赞助内容获取流量。游戏厂商、电商平台则可以与市场进行业务合作（见图 23.3）。当前较为受关注的游戏或赛事如王者荣耀、和平精英、英雄联盟、LPL 均有游戏直播的输出。

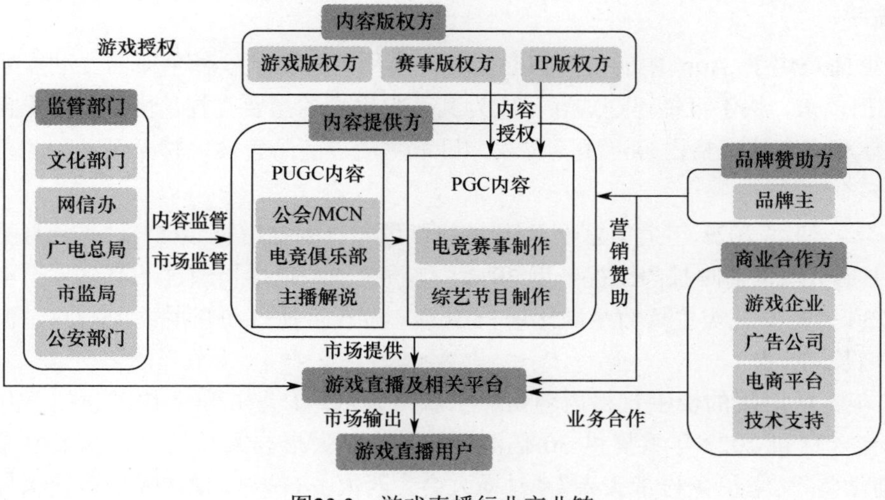

图23.3　游戏直播行业产业链

资料来源：前瞻产业研究院。

1《2023 年抖音电商年报》。

2《2023 年中国电子竞技产业报告》。

由 ESL Gaming 联合高通技术公司共同打造的全球性综合移动电竞赛事骁龙电竞先锋赛于 2023 年 5 月结束，包括王者荣耀、和平精英、英雄联盟手游、第五人格等游戏，共设 60 个比赛直播日，联合虎牙直播、斗鱼、CC 直播、微信视频号、快手游戏[1]，方便受众观看直播赛事。

3. 演唱会直播

线上演唱会的商业模式包括观众付费、广告赞助、版权输出、平台打赏等。主办方通过提供高质量的线上演唱会内容，吸引观众付费观看，这是线上演唱会最直接的收入来源之一。例如，某些线上演唱会采用会员制，提供独家内容给付费会员。同时，线上演唱会带来的流量和关注度，会吸引品牌进行广告投放或寻求赞助，从而获取广告费或赞助费。这种模式在线上演唱会中尤为常见。主办方还可以将线上演唱会的视频内容进行版权输出，如出售给视频平台或电视台等，同时开发相关的衍生品，如周边商品、专辑等，以增加收入来源。线上演唱会对于主办方、演唱者、观众、平台来说是共赢的模式[2]。赞助商可以通过演唱会吸引消费者，观众可以足不出户、利用比线下演唱会更低廉的价格享受音乐，平台可以获得更多的流量博取关注。因此，2023 年许多歌手与团体采取线上演唱会的方式进行演出。2023 年 TFBOYS 十年之约演唱会于 8 月 6 日晚在优酷平台独播线上直播，其采取收费模式，分设 39 元、99 元两个价位，为观众带来多机位的体验，线上直播为演唱会各方带来近亿元门票收入[3]。

23.2.3 典型案例

1. 快手

快手直播是快手 App 中的一个核心功能，为用户提供了一种全新的互动娱乐方式。自 2016 年推出以来，快手直播迅速成长，成为其营收来源的重要支柱。快手直播平台拥有庞大的用户群体和丰富的直播内容，涵盖游戏、日常生活、商品售卖、聊天互动、才艺展示、科普教学等多个领域。

2023 年，快手 2023 年全年总收入达 1134.7 亿元，同比增长 20.5%。平台直播品类超过 400 个，主播日均直播时长同比提升近 30%，优质主播数量增长超过 100 倍；全年虚拟直播场次超过 30 万；文艺类主播数量同比增长 36%，游戏主播日均开播数 15 万+，游戏活跃创作者同比增长 42%[4]。

2023 年不得不提的快手直播内容是“三农”领域。1 月 6 日，快手科技召开“村播计划”启动会，宣布 2023 年将提供 30 亿流量扶持乡村发展与人才培养，正式发布“村播计划”“村播学堂”“幸福乡村带头人”“村播大会”四大乡村振兴 IP，围绕培训指导、流量扶

1《2023 年中国电竞行业研究报告》。

2 陈程. 音乐 O2O：在线直播演唱会商业新模式探析[J]. 声屏世界，2015(5)：47-49。

3 TFBOYS 演唱会线上直播超 233 万人付费，各方获益近亿元。

4《2023 快手直播生态报告》。

持、线上运营、线下活动持续助力乡村人才振兴和产业发展[1]。全年“三农”直播年度累计观看人次达 1145 亿，直播包含农业生产、农村生活、乡村体育赛事、农业经济、返乡创业、乡村振兴等多种内容。用户“小高养猪奋斗”平台粉丝数超过 100 万人，通过直播的方式科普养猪知识，解决养猪人的难题；在体育方面，贵州“村超”入驻快手，3—6 月共直播村赛 500 场，直播村赛观看人次达 8 亿。

2. 虎牙

2018 年 5 月，虎牙直播在美国纽交所上市，股票代码为“HUYA”，成为中国第一家上市的游戏直播公司。作为中国领先的游戏直播平台之一，其市场份额和影响力在行业内处于领先地位。通过不断的技术创新和内容拓展，虎牙直播吸引了大量的用户和主播加入，形成了庞大的用户基础和生态系统。2023 年全年，虎牙公司总收入为 70 亿元。其中在第四季度，虎牙平台通过游戏广告和分发服务，收入环比增长了 40.5%，同比增长了 29.2%。除游戏领域外，虎牙也在积极拓展其他内容领域，2023 年共开展正能量直播 4230 余场，总时长超过 5 万小时，参与主播 4650 余位[2]。

作为游戏领域的主要直播平台，版权赛事是虎牙电竞直播的重点。2023 年虎牙在第二季度承办的“英雄联盟职业联赛（LPL）夏季赛”“王者荣耀职业联赛（KPL）春季赛”“穿越火线职业联赛（CFPL）夏季赛”等赛事获得高度关注；6 月直播了《无畏契约》东京大师赛，通过直播方式为游戏预热。第三季度，虎牙直播移动端月活跃用户人数达 8600 万，环比增长 3.7%；直播约 80 项版权电竞赛事，总观看人次达 4.8 亿；此外，虎牙还自制并播放约 30 档电竞赛事和娱乐节目，总观看人次超过 1.1 亿[3]。9 月底参与了杭州亚运会电竞赛事的转播，促进了电竞直播的发展。

23.2.4 发展展望

1. 人工智能助力直播

随着科技的不断进步和互联网的飞速发展，AI 技术正逐渐渗透到人们生活的方方面面，特别是在直播领域，AI 技术的应用正引领着行业的新变革。在电商直播方面，2023 年阿里巴巴推出 AI 全时主播，平衡了长时间直播成本高与断播的难题，AI 主播可以实现 24 小时不间断直播，创建更适合淘宝直播间、更能吸引消费者的内容脚本，同时还可以搭建不同的 AI 智能场景，让场景根据产品的不同变换，更多元丰富。2023 年，有超过 500 家商家实现 24 小时全时直播，成本降低了 90%[4]。

在新闻直播方面，澎湃新闻于 2023 年 10 月 26 日上线 24 小时直播频道 π24H live，将数字人覆盖到采编各个部门，助力新闻直播间的运营，重新定义了 AI 时代的移动互联直播。

1 快手启动“村播计划”，推出 30 亿流量、四大 IP 赋能乡村创作者。

2 解读虎牙 2023 年 Q4 及全年财报：商业化重点转型取得进展，广告和其他业务收入环比增长 40.5%。

3 Q3 财报初见成效，虎牙给出转型后首份“成绩单”。

4 阿里妈妈上线“AI 全时直播”能力！“24 小时不停播”抢占淘系直播中心红利。

2. 网络直播乱象频出，多方助力正向发展

网络直播行业蓬勃发展，为观众带来了丰富多样的娱乐体验。然而，随着行业的迅速扩张，一些乱象也逐渐浮出水面，亟待整治。电商直播易出现虚假宣传、产品质量、价格误导、不文明带货、不文明用语等问题[1]。2023 年 10 月 30 日，抖音电商直播博主“疯狂小杨哥”旗下女主播“红绿灯的黄”在直播间带货美妆产品时姿势不雅、表情狰狞并在直播时发表低俗言论，在网络上引起争议。垂类直播平台则易出现色情、低俗、淫秽等问题。斗鱼在修改平台违规扣分规则后，减少了违规扣分行为对主播收入的限制和影响，后有网友投诉收到斗鱼官方推送的软色情表演。5 月，针对斗鱼平台存在的色情、低俗等严重生态问题，国家互联网信息办公室指导湖北省互联网信息办公室派出工作组，进驻斗鱼平台开展为期 1 个月的集中整改督导。网络直播乱象频发，亟待法律、政府、平台和网友的共同努力来整治。法律应完善相关规定，加大处罚力度；政府应强化监管，确保平台合规运营；平台应严格审核直播内容，加强主播培训，并鼓励用户举报违规行为；网友则应提高自我保护意识，理性看待直播内容。只有各方携手合作，才能营造健康、文明的网络直播环境，保障消费者的权益，维护社会的道德底线。

23.3 网络游戏

23.3.1 发展现状

1. 市场规模

2023 年，中国网络游戏市场实际销售收入达到 3029.6 亿元，同比增长 13.95%（见图 23.4），移动游戏实销收幅明显，收入占比达 74.88%，继续占据主导地位，移动游戏实际销售收入 2268.6 亿元，同比增长 17.51%，创下新的纪录。回看往年数据，中国游戏市场经历了快速增长和不断变化。随着移动互联网的普及和 5G 技术的发展，中国游戏市场呈现蓬勃发展的态势。对于收入同比增长并创新高的主因，新冠疫情期间诸多负面因素明显消退，用户消费意愿和能力有所回升；游戏新品集中面市并有爆款出现，与长线运营产品共同撑起收入增长。

在细分市场领域，移动游戏实销收入增幅明显，收入占比高达 74.88%，继续占据主导地位；客户端游戏实销收入持续升高，占比为 21.88%；网页游戏继续萎缩，占比仅为 1.57%。具体来看，2023 年我国移动游戏市场实际销售收入为 2268.6 亿元，同比增长 17.51%，创下新的纪录。2023 年，国内客户端游戏市场实际销售收入为 662.83 亿元，同比增长 8%，这主要得益于大型多人在线角色扮演游戏（MMORPG）收入稳定、头部电竞和二次元游戏收入持续增长及更多新品在 PC 端同步发行等[2]。而网页游戏市场实际销售收入同比下降 10.04%，整体规模为 47.5 亿元。值得注意的是，这已是连续第 8 年下滑。此外，2023 年，中国主机游戏市场实际销售收入 28.93 亿元，同比增长 22.93%。在电竞方面，2023 年，中国电子竞技游

1《直播带货消费维权舆情分析报告（2023）》。

2《2023 年中国游戏产业报告》。

戏市场实际销售收入 1329.45 亿元，同比增长 12.85%。电竞游戏产品收入增长，主要在于头部电竞游戏基本盘的稳定；新兴电竞游戏品类和自研新品推出，赢得玩家青睐，为市场带来显著增量；再有就是杭州亚运会电竞赛事成功举办及中国队的出色战绩，或产生了一定加持作用。在快速增长的细分游戏市场中，云游戏、VR 游戏、主机游戏在 2023 年迎来快速增长，增幅达到 59.8%（见图 23.5）。

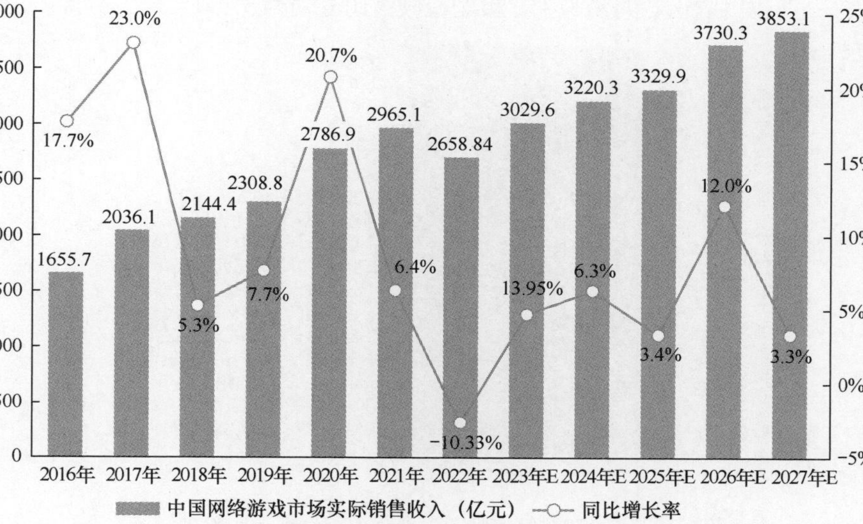

图23.4　2016—2027年中国网络游戏市场实际销售收入趋势及预测

资料来源：易观分析。

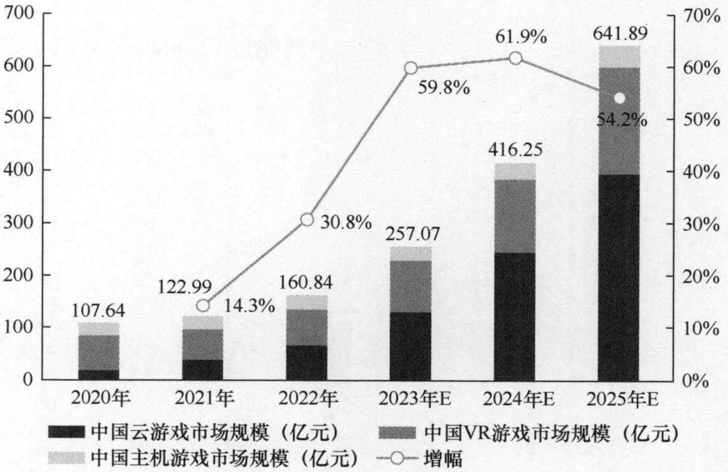

图23.5　2020—2025年中国游戏快速增长领域市场规模趋势及预测

资料来源：易观分析。

2. 市场份额

在 2023 年流水 TOP100 产品中，自研移动游戏新品数量增至 18 款，同时新品流水占比也从 2022 年的 6.2%增至 16.7%。此外，近年来 AI 技术的快速发展，为游戏产业带来大量机遇，对游戏企业的调研结果显示，超六成企业对 AIGC 技术的关注点主要集中于 AIGC 在游戏中的应用方向与应用效果。现阶段中国游戏营收 TOP50 企业中，已有 48%的企业搭建了专业的 AI 团队或实验室，在探索与推进 AI 技术发展的同时，奠定自身研发竞争力优势。

从发行商来看，2023 年我国游戏发行市场中，比较具有竞争力的企业多数为老牌的游戏厂商，其中头部企业仍以腾讯、网易为主，市场份额占比分别为 37.50%、23.07%（见图 23.6）。

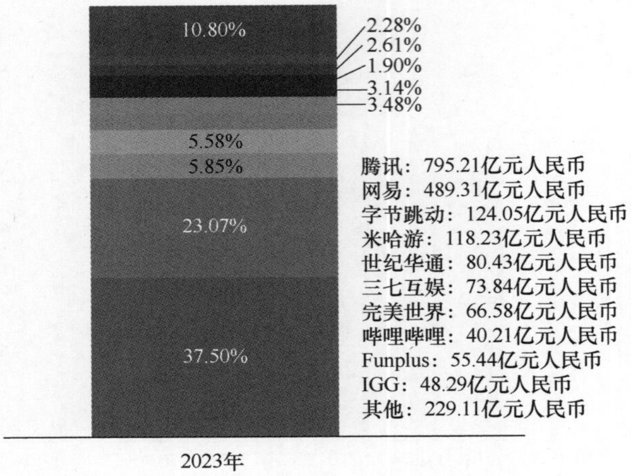

图23.6　2023年中国游戏发行市场份额占比情况

资料来源：易观分析。

3. 用户情况

2023 年，中国游戏市场用户规模为 6.7 亿人，同比增长 0.6%（见图 23.7），创历史新高。

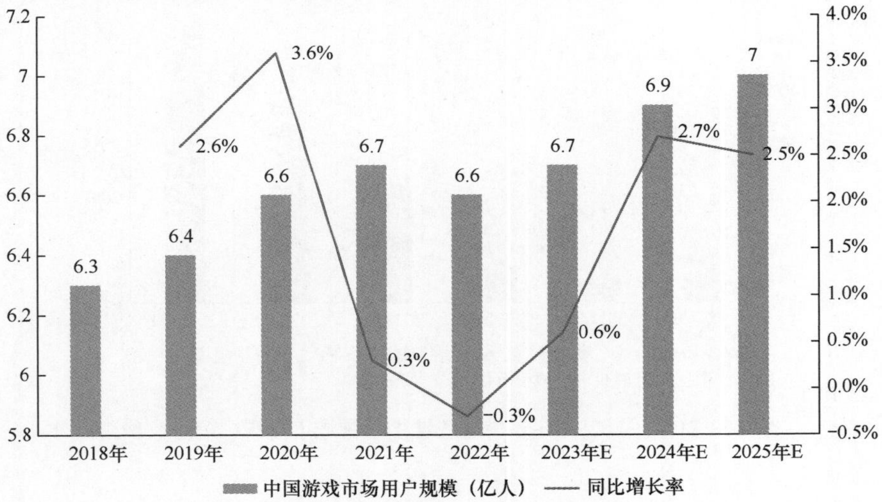

图23.7　2018—2025年中国游戏市场用户规模

资料来源：易观分析。

2023 年中国游戏市场用户男性居多 ，均以年轻人为主体人群。在男女比例方面，用户占比分别为 61.26%、38.74%。在年龄分布方面，用户在 18～24 岁之间，占比为 26.82%。在城市分布方面，全国各线级城市均有下沉。学历分布方面，用户学历普遍集中在本科，占比为 24.64%（见图 23.8）。

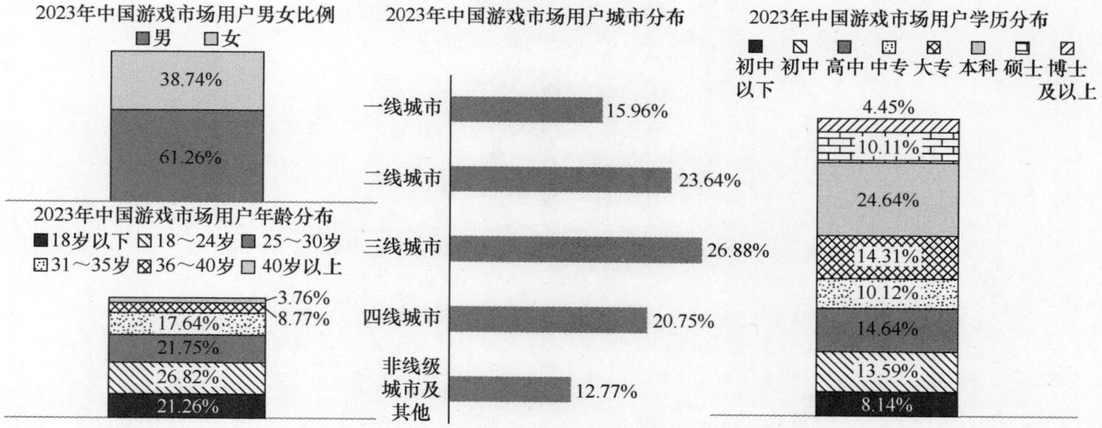

图23.8　2023年中国游戏市场用户画像情况（1）

资料来源：易观分析。

2023 年中国游戏市场用户多数为公司及个体经营普通职员，占比为 24.64%。在消费能力方面，用户群体普遍集中在中高消费群体以及中等消费群体，占比分别为 26.72%、26.25%。在使用的手机品牌分布上，苹果品牌为主流赛事群体普遍使用的手机品牌，占比为 25.10%（见图 23.9）。

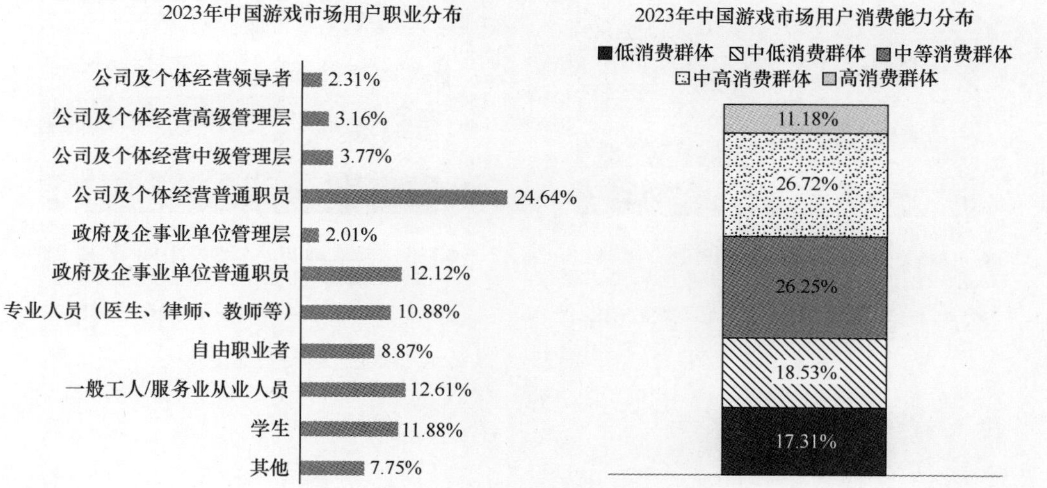

图23.9　2023年中国游戏市场用户画像情况（2）

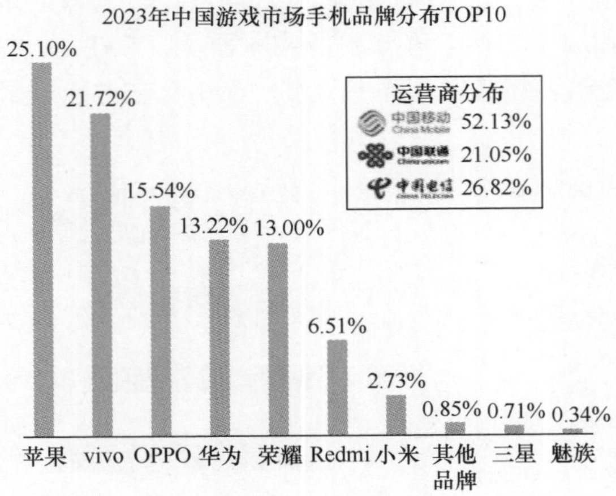

图23.9　2023年中国游戏市场用户画像情况（2）（续）

资料来源：易观分析。

4. 产品情况

根据产品内容和风格的不同，网络游戏可以分为角色扮演、策略、射击、休闲益智、卡牌、竞速、体育、模拟经营、冒险解谜等类型。在游戏玩法类型方面，2023 年游戏的玩法类型更加多元化，其他类型题材占比达到 32.50%，相比 2022 年增长了 6.7%。在游戏题材方面，用户对题材的选择也更加均衡，主要突出在文化融合方面，占比达到 16.10%，相比 2022 年增长了 3.2%（见图 23.10）。

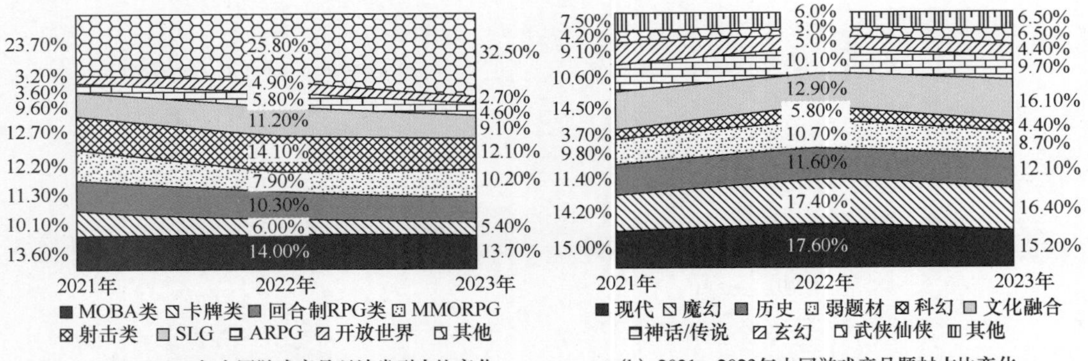

(a) 2021—2023年中国游戏产品玩法类型占比变化　　(b) 2021—2023年中国游戏产品题材占比变化

图23.10　2021—2023年中国游戏产品玩法类型与题材占比变化

资料来源：易观分析。

23.3.2　商业模式

在产业链方面，现阶段游戏产业链主要由上游游戏研发商、发行商，中游渠道分销商及下游终端用户组成。上游游戏研发商负责游戏开发和制作，发行商则负责游戏的修改更新、活动运营、市场投放等工作。规模较小、不具备丰富发行运营经验的游戏研发商多专注于游戏开发，而腾讯、网易、三七互娱等头部厂商则采用“研运一体”的经营模式。中游渠道分销商在产业链中拥有较高的议价能力，主要可分为线上、线下、运营商三种渠道。分发渠道主要包括硬件官方商店（华为、小米等应用商店）、第三方应用商店（腾讯应用宝、App Store 等）、超级 App（抖音、微博、微信等）、广告平台及垂直社区平台。

在商业模式方面，首先是订阅制模式，它通过稳定的收入来源和持续更新的内容，成为吸引用户的主要手段，在这种模式下，游戏运营商通过定期收费制度，为游戏用户提供服务及不断更新的游戏内容，增强用户黏性和忠诚度。这种模式的优势在于提供稳定的价值回报，使用户更愿意长期投入时间及精力。其次是“免费游戏+内购”模式，通过免费提供基础的游戏内容，来吸引庞大的用户群体，进而通过游戏内的购买道具、皮肤等增值服务实现盈利。这种模式体现了用户对于个性化、差异化的追求，能够迅速扩大市场份额。再次是广告模式，通过在游戏内植入广告，开发者可以获得额外的收入来源。在这种模式下，用户基础大的游戏产品则获得的收益更多，在此模式下更注重实现精准投放，以提升广告效果。最后是竞技赛事模式，随着电子竞技的火热，通过举办线上或者线下的竞技赛事，吸引玩家参与并产生商业价值，这种模式提升了游戏产品的知名度和影响力，还为游戏产业带来了可观的收益。

从整体的 2023 年游戏产业营销策略来看，在产品策略方面，网络游戏企业继续追求精品化和多元化的产品开发，并加强对用户需求和市场变化的敏感度和响应度；同时加大对 IP 资源的开发和利用，并与其他文化产业形成深度融合。在价格策略方面，网络游戏企业继续探索多种收费模式和变现方式，并根据产品特性和用户特征进行动态调整和优化；同时更加注重用户体验和用户价值的提升，并与用户形成良性互动。在渠道策略方面，网络游戏企业继续加大海外市场和新兴市场的开拓力度，并注重本土化适应和创新突破；同时利用社区圈层传播、二次元联合运营等渠道进行精准定位和个性化服务。在推广策略方面，网络游戏企业继续强化品效合一的可视化营销，并拓展内容呈现边界；利用大数据分析、人工智能等新技术提高营销效率和效果；更加频繁地与影视、音乐、动漫等跨界合作形成出圈效应。

23.3.3　典型案例

1. 中旭未来

中旭未来作为中国的网络游戏产品开发商，致力于在中国营销及运营网络游戏（尤其是手机游戏），通过“贪玩游戏”品牌将客户开发的游戏产品向玩家提供运营服务。公司运营的游戏产品组合多样化，主要包括大型多人线上角色扮演游戏（MMORPG）、策略游戏（SLG）、休闲游戏、塔防游戏及集换式卡牌游戏等多类型游戏。

2023 年，公司全年营收达 65.15 亿元，净利润 2.73 亿元，经调整净利润 5.42 亿元，毛利率达 70.2%。公司主要通过自营模式和联运模式运营网络游戏业务。2023 年，自营模式运营的游戏产品毛利率为 92.3%，基本保持稳定；联运模式运营的游戏产品毛利率由 2022 年的 16.3%增至 2023 年的 24.5%。

2023 年，中旭未来已成功推出 69 款新游戏。截至 2023 年 12 月 31 日，公司已运营超过 350 款游戏产品，累计达 4.89 亿名注册用户。同时，2023 年平均每月的月活跃用户人数达 870 万名，每名付费用户平均月收入（ARPPU）为 469.2 元，较 2022 年的 403.4 元有所增长。

2023 年开始，公司在稳住传奇大 IP 发行的领先地位的基础上，有序推进奇迹、斗罗大陆、笑傲江湖等多个新的大 IP 游戏品类布局。公司与中手游联合发行的首款斗罗大世界团战 MMO 手游《斗罗大陆：史莱克学院》，首发当日便空降 App Store 免费榜总榜及 TapTap 热门榜榜首。此外，中旭未来已经获得真实动物题材 SLG《野兽领主：新世界》及《斗罗大陆：诛邪传说》两款新赛道产品的版号，有望在 2024 年推进公司业绩更上一个台阶。

除游戏产品外，中旭未来利用品牌优势，提供有关网络文学产品及短视频的营销服务。2023 年，中旭未来“其他营销业务”产生的收入为 9161.8 万元，同比大增 141.0%。在企业社会责任领域，中旭未来始终坚持企业发展与社会服务同步的理念，集团内部成立“贪玩有爱”对社会进行捐赠。“贪玩有爱”实施“希望 • 未来”等多个公益计划，履行公益社会责任。2023 年，中旭未来的捐款额为 1290 万元，共投放了 170 万元于慈善及公益活动，慈善拍卖捐赠了 550 万元，涿州洪灾捐助 130 万元，集团 70 余名员工参与了 40 项公益活动。由于积极践行社会责任，中旭未来因此获得“2023 社会责任奖”“公益十佳项目——乡村振兴”“广州市游戏行业网络生态治理优秀企业”等多项荣誉和奖项。

2. 三七互娱

三七互娱聚焦以全球网络游戏研发与发行为基础的文化创意业务，2023 年，在“精品化、多元化、全球化”战略定位下，三七互娱深化“研运一体”策略，持续增强精品游戏产出能力，巩固其出海核心优势，并通过科技领域内外资源联动，发掘与科技发展相结合的可能性，稳步推动企业高质量可持续发展。

2023 年，三七互娱实现多元游戏品类突破和长线运营能力提升。一方面，三七互娱研发团队积极布局多元品类，以全球化视野研发产品，在 MMORPG、SLG、轻游戏 3 条赛道形成专业化布局。另一方面，三七互娱在自研品牌的基础上，通过投资布局等方式深度绑定外部研发团队加强自研能力，形成丰富的外部研发储备，在产品供给侧进行多元化布局。旗下《斗罗大陆：魂师对决》“*Puzzles &Survival*”《叫我大掌柜》《凡人修仙传：人界篇》《云上城之歌》《小小蚁国》《寻道大千》《灵魂序章》等多款产品深受游戏爱好者喜爱。

在游戏海外市场竞争日趋激烈，出海难度增加的背景之下，三七互娱依托多年游戏出海经验的沉淀，基于“因地制宜”策略扎根全球市场，海外业务稳居中国出海游戏厂商第一梯队。在全球市场已形成以 MMORPG、SLG、卡牌、模拟经营为基石的产品矩阵。此外，三七互娱还将产品的玩法题材及推广素材与中华优秀传统文化深度融合，以贴近不同区域、不同国家、不同群体受众的传播方式，去推动中国故事的全球化表达。

随着人工智能的快速发展，三七互娱积极拥抱人工智能在游戏产业的应用，不断探索游戏工业化“AI+应用”，将人工智能、大数据等前沿技术与其业务深度融合，对从产品立项、内容生产、发行运营到资产沉淀的各个环节有效赋能，进而把契合各业务流程的能力工具化、模块化，并将决策式 AI 与生成式 AI 运用到各业务环节，逐步打造出贯穿研运全流程的数智化产品矩阵，显著提升游戏研运管线的工业化水平与企业整体运转效率（见图 23.11）。

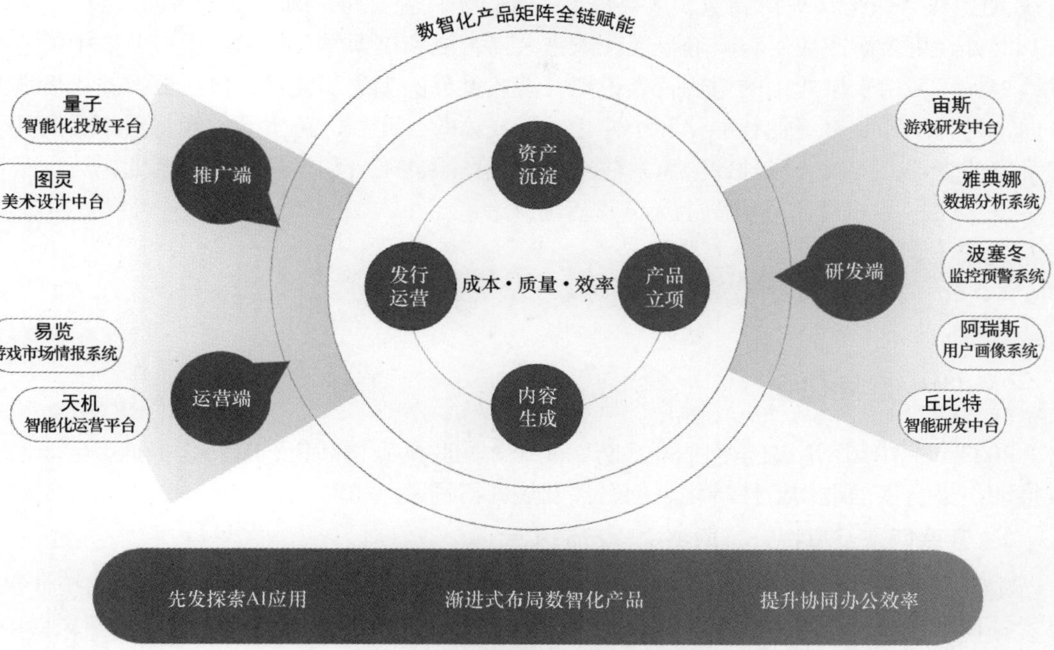

图23.11　三七互娱数智化产品矩阵图

资料来源：三七互娱。

23.3.4　发展挑战

首先，国内游戏厂商在全球各市场的攻城略地，从过去只出海至东南亚等地区，到近几年的美日韩和欧洲、中东、俄罗斯地区，再到巴西、印度、非洲等地的全面开花，中国游戏厂商的研发实力和市场推广能力在显著提高，腾讯、网易等头部公司更是把公司未来的发展目标定为海外营收占比达到 50%以上。

其次，以米哈游为首的新兴游戏公司正在崛起，其产品不仅受到国内市场的欢迎，在海外也具有非常强的营收能力，并带动了一批公司（广州库洛等）不断朝着相同的方向发展，未来可预期的结果是越来越多的新兴公司找到自己的发展之路，成为继传统大型多人在线角色扮演游戏（MMO）厂商和页游厂商之后，第三批真正基于手游发展起来的中坚力量。

再次，国内人口红利的消失也意味着市场开始进入新阶段，经过 20 多年的发展，国内游戏行业已经愈发成熟，接近美国和日本的水平，未来高质量玩家群体必然带动游戏的高品质发展，用户意识的觉醒，也必然带来对高品质游戏更高的忠诚度和更高的付费能力，游戏行业将呈现典型的马太效应，表现出整体向上但是更向头部聚拢的趋势。

最后，游戏行业的相关技术也将越来越受到社会的关注和认可，虚拟世界建设、3D 模型搭建、游戏 AI、游戏引擎、游戏化思维和游戏化设计、虚拟经济和数字货币等都开始应用到其他领域，而游戏行业本身的发展也带动了芯片、计算机硬件、智能设备、AR/VR 等硬件的发展。云游戏、多终端（PC、手机、主机、AR/VR 等）、次时代超写实、物理引擎高拟真、游戏 AI、数字成像、虚拟偶像、区块链等革新技术，也必将迎来一次全新的突破。

此外，更多游戏应用将喷涌显现，未来人工智能和机器学习技术在游戏开发中的应用将继续增加，并用于游戏中的角色行为模拟、游戏世界的生成和优化、自适应游戏难度调整等方面，将为玩家带来更加智能化和个性化的游戏体验。此外，跨平台游戏将继续受到开发者和玩家的青睐，游戏公司预计会愈发注重将游戏在不同平台和设备上实现互通，让玩家可以在手机、PC、主机等不同设备上无缝进行游戏。

23.4 网络文学

23.4.1 发展现状

2023 年，中国网络文学产业增长势头不减，同时受到精品化、IP 转化提速、全球化等趋势推动，进一步呈现创造性转化、创新性发展新格局。

1. 互联网普及率提升，网络文学产值扩大

中国互联网络信息中心（CNNIC）发布的第 53 次《中国互联网络发展状况统计报告》显示，截至 2023 年 12 月，我国网民规模达 10.92 亿人，较 2022 年 12 月新增网民 2480 万人，互联网普及率达 77.5%。其中，网络文学用户规模达 5.2 亿人，达到历史最高水平；较 2022 年 12 月增长 2783 万人，占网民整体的 47.6%。网络文学的社会影响力持续增强。

网络文学总体规模不断扩大。阅读市场规模达 404.3 亿元，同比增长 3.8%，网络文学 IP 市场规模大幅跃升至 2605 亿元，同比增长近百亿元；作家、作品、读者数量呈稳健增长态势，作者规模达 2405 万人，新增作者 225 万人，作品数量达 3620 万部，新增作品 420 万部，用户数量达 5.37 亿人，同比增长 9%。总体而言，2023 年网络文学市场规模增速趋缓，但平台对创作质量重视程度在提高。

2. 人工智能翻译推动网络文学海外传播

2023 年，中国网文出海总体上仍然延续了前几年的发展态势，网文出海市场规模突破 40 亿元，作品质量稳定提升，作品数量持续增长。以起点国际（Web Novel）为例，截至 2023 年年底，该网站上线约 3800 部译作，同比增长 31%。随着 AI 技术的突飞猛进，文字翻译的瓶颈即将突破，出海作品数量有望相应出现一个井喷时期。长期蓄势待发的全球性 IP 生态在 AI 技术加持下，早已显露出爆发式增长态势。以阅文为代表的知名网文企业与企鹅兰登、Amarin、Libre 等近百家海外出版机构开展合作，向日韩、东南亚、欧美等全球多地授权数字出版和实体图书出版作品约 2000 部，涉及英语、法语、德语、俄语、日语、韩语、泰语、越南语、土耳其语、葡萄牙语等 20 多种语言。作品类型囊括仙侠、玄幻、科幻、言情、奇幻、都市等多种类型，其中 2023 年阅读量最高的 5 部作品分别是开创基因流派的《超级神基因》、融合西方奇幻元素的《诡秘之主》、将东方文化融入世界风情的《宿命之环》、从游戏中开掘出领主流的《全民领主：我的爆率百分百》、讲述了现代女性摆脱困境的《许你万丈光芒好》。除阅文旗下的起点国际外，其他众多文学网站的海外业务也多有较好斩获。截至 2023 年 12 月，晋江网文出海已成功拓展到 20 多个国家和地区，包括泰国、越南、缅甸、马来西亚、韩国、日本、俄罗斯、匈牙利、葡萄牙、德国、巴西、法国、西班牙、意大利、新加坡、哈萨克斯坦、土耳其、斯里兰卡等。

3. 网络文学 IP 改编结构化升级

在 2023 年大众文化和泛娱乐产业景观中，网络文学仍然是重要的供给侧。第三方机构极光数据预测，本年度网络文学 IP 市场规模年增长近百亿元。同时，网络文学 IP 改编的发展形势也迎来重大改变：一方面，传统文学改编和原创剧集爆款频出，后疫情时代电影院线逐步回暖，外部竞合环境面临重塑；另一方面，大众审美变化凸显，微短剧成为新风口，游戏和动漫改编的系列化趋势增强，网络文学不仅通过丰沛而稳定的内容供给彰显着自身作为“IP”的资源属性，也在技术迭代和大众审美的合力下推动着网络文艺生态的更新。

其中，IP 改编全链路的结构性变化成为 2023 年网络文学发展的亮点之一。IP 前置开发模式逐渐成熟，内容平台得以在作品连载阶段便启动孵化，其定制化打造的有效互动、二次创作等模式，更成为 IP 改编孵化“杀手锏”。比如，《宿命之环》在起点读书 App 收获了 7000 万字“本章说”（读者可在全文任意段落进行点评的功能，类似于视频弹幕），单个用户为作品配音最高超过 2800 次；《道诡异仙》“本章说”字数 2500 万，B 站相关视频播放量破 6000 万次；起点读书为《诡秘之主》系列 IP 打造的官方主题站“卷毛狒狒研究会”，依托原著丰富的世界观设定，定制化打造出序列升级加阅读收集魔药的全新互动方式，上线首月快速汇聚了超过 60 万“诡秘”核心粉丝，用户日活环比上线前提升超过 200%，这些新模式均为 IP 产业转化提供了新路径与新增量。

4. 网络文学版权保护逐步完善

2023 年，国家对版权保护的力度从政策、监管到执行持续加大，网络文学平台仍然保持上一年度的高度重视态势，用户版权意识不断提升，版权环境呈现向好趋势。在多部门联合展开声势浩大的打击盗版行动把反盗版推向新高度的基础上，持续推进版权保护的生态共治，以全方位保障与服务为创作护航。

网络文学版权保护工作进一步严格化与全面化。由国家版权局、工业和信息化部、公安部、国家互联网信息办公室四部门联合启动的打击网络侵权盗版“剑网 2023”专项行动，是全国持续开展的第 19 次打击网络侵权盗版专项行动。自 2005 年起，国家版权局等部门针对网络侵权盗版的热点、难点问题，聚焦网络视频、网络音乐、网络文学等领域，连续开展专项整治，有效打击和震慑了网络侵权盗版行为，规范了网络版权秩序，得到国内外权利人的充分肯定。通过“剑网”专项行动，督办了一批网络文学大案。在加大打击侵权盗版力度的同时，通过加强源头治理和行业监管，进一步强化对网络文学作品的版权管理。

5. 年龄结构优化，“95 后”“00 后”引领创作风潮

2023 年，网文写作年轻化趋势持续深入，95 后、00 后作家以崛起之姿引领网络文学创作新风潮，“00 后”作家成为网文作家新增主力。以代表性网络文学平台为例，阅文集团新增作家 60%是“00 后”，“00 后”作家万订作品新增 230%，新增白金大神中 60%是“90 后”“95 后”，2023 网络文学榜样作家“十二天王”中 80%是“95 后”；字节跳动旗下番茄小说数据显示，入驻作者较 2022 年上涨 42%，签约作者中 57%为“95 后”，26%为“85 后”，“75 后”则只占 9%；七猫中文网原创新增签约作者数量同比增长 104.18%，“90 后”作者占比为 55%。

2023 年，网络作家在职业和教育结构上也进一步得到优化。多数作家系非文学专业教育背景，且多为兼职写作的“斜杠青年”。例如，“最白的乌鸦”是检察官助理，“可怜的夕夕”是精算系毕业的海归硕士，杀虫队队员本专业是艺术学，三九音域曾修建筑学和金融工程，“00 后”作家季越人、鹦鹉咬舌是在读大学生。作者身份几乎涵盖了 57 个国民经济行业大类，来自各行各业的写作者源源不断地为网络文学注入新鲜血液。同时，近年科幻题材火热和人工智能兴起，吸引了更多网生代和教育程度较高的群体加入网络文学用户队伍。以起点为例，约超 7 成科幻品类签约作家为本科在读及以上学历，首次创作科幻题材的作家中 72%为“00 后”，近 7 成科幻读者年龄小于 30 岁且 40%左右为本科及以上学历。更广泛的创作者背景，使得作品的关注视角、题材涵盖更加多元、专业、立体，也吸引了越来越多年轻读者的关注与共鸣。

23.4.2　商业模式

1. 网络文学布局新业态

据全国 50 家重点网络文学平台数据，2023 年营收规模约为 340 亿元。付费阅读网站在线阅读板块营收增长低迷，网站纷纷探索新业态。短篇、同人业务等进入多网站商业布局，知乎上线“盐言故事”平台，主打短篇小说；多平台以“热点向”短故事征文的方式试水网络文学短篇；部分网站开启“同人”频道，“同人”创作出现商业化趋势。番茄小说等免费阅读平台着重经营原创内容，借鉴付费阅读平台机制，上线作者等级体系、“巅峰榜”等作品口碑榜单，举办创作者大会，完善作者储备和原创内容生态，免费阅读平台着眼内容分化运营，逐步走上原创内容的精品化路径。

2. 网络文学 IP 改编成为经济增长主力

高质量 IP 全生命周期开发生态的建设，提高了不同内容形态的爆款率。数据显示，2023 年阅文集团版权运营及其他收入为 30.6 亿元，下半年环比增长 46.2%，增势明显。

在影视方面，继过往的《庆余年》《赘婿》《人世间》《你好，李焕英》等爆款作品之后，阅文在 2023 年陆续推出了《纵有疾风起》《平凡之路》《骄阳伴我》和《潜行者》等精品热播作品。其中，《平凡之路》播出期间热度居高不下，连续 16 天位居腾讯视频电视剧热播榜第一，连续 15 天位居中国视听大数据（CVB）黄金时段电视剧收视率第一，并在多个第三方专业影视数据平台的热度榜单中位列第一；《骄阳伴我》连续 16 天位列酷云全端播放量日榜第一；《潜行者》播出期间稳居中国视听大数据黄金时段电视剧收视率第一。

在动画领域，阅文不断推出经典 IP 改编动画的续作和新番，使得头部 IP 内容持续保持着高热度。期内，《斗破苍穹》《星辰变》《全职法师》和《武动乾坤》等高人气动画续作表现亮眼，尤其是《斗破苍穹年番》连续 3 个月高居微博最热门国漫榜的榜首，目前继续保持着全网动画热度值第一的人气。根据云合数据，2023 年全网动画播放榜前 10 的作品中，有 6 部改编自阅文的 IP。

在漫画领域，2023 年上线的阅文 IP 改编漫画作品中，13 部漫画人气破亿。同时，阅文集团宣布拟收购腾讯动漫资产，将《一人之下》《狐妖小红娘》等知名国漫 IP 纳入版权库，丰富阅文头部 IP 的储备，同时进一步夯实小说漫改合作产线并补充动画产能。

在游戏领域，阅文授权改编作品《凡人修仙传》和《吞噬星空》的成功上线，以及《斗破苍穹》《聊天群的日常生活》等 IP 游戏项目的顺利推进，展现了阅文 IP 在游戏市场的竞争力。同时，阅文的游戏自营能力也在不断提升，《新斗罗大陆》的持续迭代和优化，为玩家带来了更加沉浸式的游戏体验。未来，《斗破苍穹：三年之约》《大奉打更人》等阅文自营游戏项目也将陆续和大家见面。

23.4.3　典型案例

2023 年，阅文持续提升服务于内容创作生态的平台能力，聚焦生产高质量精品内容、执行强有力的反盗版措施、优化核心产品运营的策略，在线业务实现收入 39.5 亿元，其中核心自有产品“起点读书”收入同比增长 40%。

在精品内容策略的驱动下，阅文的内容创作生态质量和活力不断提升。数据显示，平台新增作家数量达到 38 万名，新作品数量超过 67 万本，新增字数高达 390 亿字。其中，新人创作者数量的不断提升及亮眼的成绩表现，尤其引人注目。据悉，2023 年阅文平台新增作家中 60%为“00 后”，作品总收入超过 10 万元的新人作家数量同比增长 60%；收入超过 100 万元的新书中，新人作家占比接近三分之一；“00 后”作家的作品均订过万的数量同比增长达到了 230%，新一代年轻作家正成为阅文平台创作的主力军，与平台产品运营互为生态正向循环要素。

在用户方面，以 IP 社区为纽带，阅文通过系列运营活动不断增强读者与作品之间的紧密联结。例如，《宿命之环》2023 年在起点读书的“本章说”字数累计超过 7000 万，单个用户为作品配音最高超过 2800 次。与此同时，平台为《诡秘之主》打造的官方主题站“卷毛狒狒研究会”，依托全新互动方式，上线首月即汇聚了超过 60 万粉丝，用户日活环比提升超过 200%，这不仅有效增强了用户黏性，也为“诡秘”有声读物、盲盒、改编动画等多品类创作提供了新路径与新增量。

得益于活跃的创作生态、产品运营的不断改善和有效的版权保护机制，阅文旗下“起点读书”近年呈现出连续增长态势，2023 年收入同比增长 40%。同时，平台各项订阅纪录被不断打破，新增的均订过 10 万的作品数量同比增长 125%；平台达成百万评论的新书数量同比提升 67%；全年获得 10 万月票的作品数量同比增长达 66%。2023 年，阅文平台平均 MAU 达 2.1 亿，平均月付费用户数达到 870 万人，同比提升 10.1%。

23.4.4　发展挑战

2022 年年底，ChatGPT 的横空出世，使得 AIGC 一跃成为整个 2023 年度当之无愧的全球性热门话题。

1. AIGC 助推网络文学翻译的转化与出海

AIGC 展现出极为强大的多模态内容生成能力，可依据指令流畅地撰写行政文书、计算机代码、学术论文、诗歌小说，甚至绘制插画、谱写歌曲等。其相关应用最早诞生于 20 世纪五六十年代（如计算机谱曲的弦乐四重奏《依利亚克组曲》和人机对话程序 Eliza 等），但直到 21 世纪 10 年代，才随着语音识别、机器翻译等技术的突破性进展而进入公众视野。

ChatGPT 的发布，则又将 AIGC 的应用范围与创作潜力推向了一个前所未有的新高度。

中国网络文学与 AIGC 的渊源，可以追溯到网文海外传播过程中 AI 翻译工具的使用。机器翻译是人工智能神经网络（和 ChatGTP 同属一个技术路径）最早取得重大突破的应用之一，自 2013 年以来，随着 DeepL、谷歌翻译、百度翻译等一系列老牌翻译工具陆续完成技术迭代，机器翻译也逐步具备了与普通人工翻译一较高下的水准。巧合的是，中国网络文学作品在英语世界的传播，正是兴起于这一时期。然而，当时包括 Wuxiaworld 在内的一系列翻译网站，却多以爱好者自发翻译、读者捐款资助为主要运营模式。人工翻译的速度既赶不上读者“追更”的脚步，更不可能在短时期内穷尽网络文学这个体量巨大的内容宝库，部分心急的海外读者甚至开始借助翻译工具阅读中文网络文学作品。

2. AIGC 或将改变网络文学生产模式

除了机器翻译领域的应用，AI 所具备的文学创作能力也越来越受到大众的瞩目：从 2007 年首部完全由 AI 创作的小说 I The Road，到 2017 年发布个人诗集《阳光失了玻璃窗》的微软“小冰”，再到如今普遍具备文学创作能力且支持用户通过各种形式的 promote 进行私人化定制的聊天机器人（如 ChatGPT、谷歌的 Bard、百度的文心一言及彩云小梦等）。尽管目前由 AI 创作的文学作品还缺乏足够的可读性与稳定性，但考虑到 AI 绘画对漫画、游戏行业造成的冲击，AIGC 在文学创作领域的潜力与前景，或许足以引起相关从业人员的忧虑。

2023 年 7 月 19 日，阅文集团发布了国内首个专注于网络文学这一垂直领域的大语言模型“阅文妙笔”及其应用产品——“作家助手妙笔版”。该产品主要为网文作者提供四种内容生成功能——世界观设定、角色设定、情景描写和打斗描写。其中，自动生成世界观、角色的相关设定资料，对于动辄便要构造复杂的背景设定并且往往包含海量出场人物的网络小说而言，无疑是非常实用的辅助创作功能。例如，随机生成一个修仙门派各不同等级长老的尊号（世界观设定），或随机生成一个仅仅出场几百字篇幅的龙套角色的姓名、性格及简要生平（角色设定）等，这类工作与其浪费作者宝贵的构思时间，倒不如交给 AI 来完成。并且，这些由 AI 生成的世界观设定、角色设定的文本，是无法逐字逐句地写进小说里的（如“人物性格：心思缜密、处事冷静，任性而又坚韧”这样的设定资料），作者在创作过程中自发进行的遴选甄别与创造性转化，将在很大程度上避免著作权方面的争议。至于 AI 自动生成情景描写与打斗描写这两项功能，就处于较为模糊、暧昧的地带了。不过，对于那些只看重故事整体走向而忽视情景、打斗描写的作品及其读者群体而言，在明确标注哪些段落使用了 AIGC 工具的情况下，由 AI 代劳一部分内容生产的工作，似乎也并不是不可接受的方案。

3. AIGC 开辟 IP 改编新赛道

如今，越来越多的网文读者倾向于通过各种形式的交流、创作活动来表达自己对某些作家作品、人气角色的喜爱。这种以网络文学作品为“中心文本”的同人粉丝文化，正展现出极强的创造力与活跃度。自 2023 年以来，随着 AIGC 的兴起，许多空有“脑洞”而缺乏相应艺术创作能力的读者，也开始尝试利用各种 AI 创作工具，如 ChatGPT、Midjourney 等，通过提供关键词与引导，生成符合自身喜好的同人小说段落或漫画作品等。在仅供自己欣赏而不涉及大范围传播、售卖的情况下，这种行为显然是合理合法的。AIGC 为粉丝参与同人文化活动的形式提供了新的可能性，帮助他们更加灵活地分析、探索那些早已耳熟能详的故事和角色，并将自己独特的构思与偏好融入其中。

总体而言，当前 AIGC 在网络文学海外出版、创作辅助、同人粉丝活动中的应用，已经对行业的发展产生了极其深远的影响，未来更有可能利用其强大的多模态转化能力，在 IP 前置开发等领域大显身手。而由此引发的一系列悖论与挑战，则需要广大从业者、研究者着眼于技术、法律及文学创作等多重维度，充分考量 AIGC 的著作权归属、数字资产的转化、训练数据来源的合法性、算法的可追溯性与可解释性、AI 生成内容的鉴别与区分等问题，在其中找到一个复杂、微妙的平衡点，以促进政策、法规和文学创作伦理的制定与重估。

撰稿：陈鹏、叶茜林、强靖雯、梁德平、郑华平、徐钧、盘剑、刘慧、董振、黄嘉强、叶国营、汤俏、孙金琛

审校：田宇

第 24 章　2023 年中国网络生活服务类应用发展状况

24.1　在线旅游

24.1.1　发展现状

2023 年，国内旅游业实现了超预期复苏。根据文化和旅游部统计，2023 年，国内出游人次 48.91 亿，比 2022 年同期增加 23.61 亿人次，同比增长 93.3%；国内游客出游总花费 4.91 万亿元，比 2022 年增加 2.87 万亿元，同比增长 140.3%。

基于旅游业宏观形势的持续改善，2023 年在线旅游行业也实现了强劲反弹，总体表现远超业界预期。根据同程研究院的综合测算，2023 年在线旅游市场交易规模历史性地达到了 2.2 万亿元（交易额口径），同比增长 131.6%，整体表现远超预期（见图 24.1）。

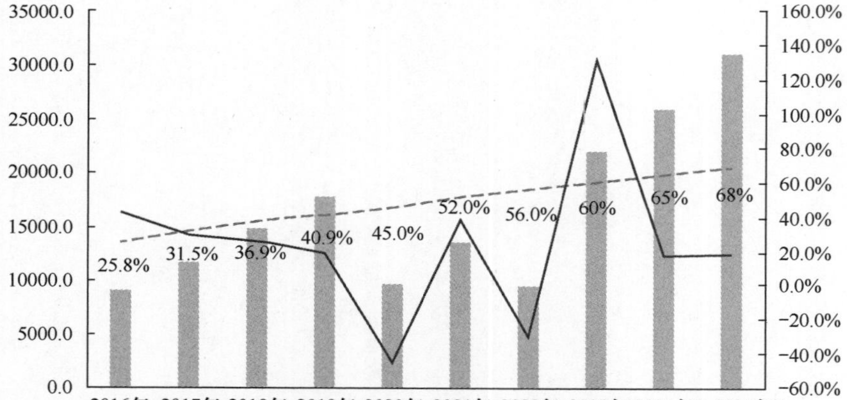

图24.1　2016—2025年中国在线旅游市场交易规模增长趋势及渗透率趋势

资料来源：同程研究院。

随着国内休闲旅游市场的快速恢复，在线度假的交易额占比也随之增加，2023 年恢复至 11%，2024 年有望进一步恢复至 13%（见图 24.2）。在线度假市场加快恢复之后，在线交通和在线住宿的交易额占比相对下降，但在线交通依然占据绝对主导地位。受益于我国交通客运一体化进程的深入推进，民航、铁路、公路等部门的客票线上化规模继续扩大。另外，住宿产业的数字化进入智慧化的新阶段，加之住宿供给规模的恢复性增长，在线住宿的交易额占比稳中有升，并超过 2019 年水平。

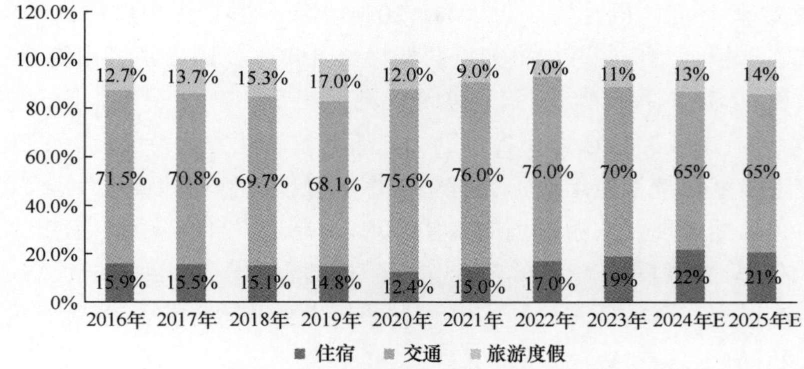

图24.2　2016—2025年中国在线旅游行业结构分布情况

注：交通票务包含机票、火车票、汽车票、船票。

资料来源：同程研究院。

得益于 2023 年中国宏观经济的稳中向好，以及国内旅游业的强劲复苏势头，在线旅游行业各细分市场的表现远超市场预期（见图 24.3）。其中，在线交通市场的规模达到了 15400 亿元，在线住宿的市场规模达到了 4180 亿元，二者均创造了历史新高。在线度假市场的规模为 2420 亿元，暂未恢复至 2019 年水平，主要是因为入境、出境旅行的恢复相对滞后，旅行社行业总体复苏进程滞后于行业大盘。

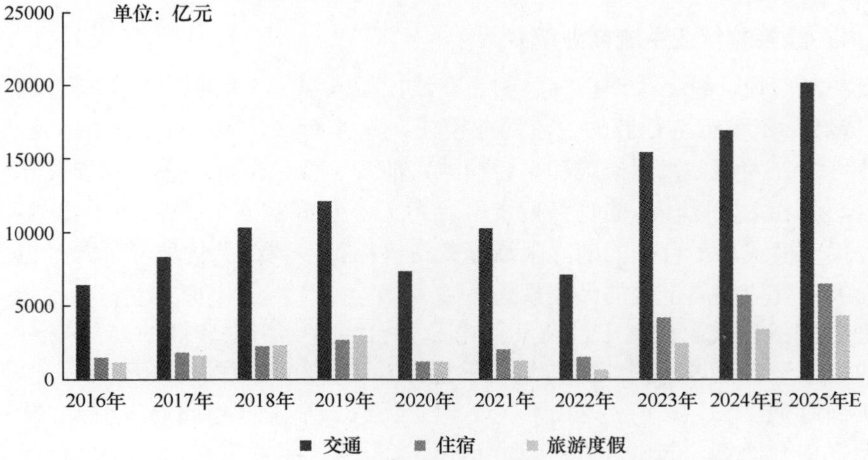

图24.3　2016—2025年国内在线旅游行业细分市场交易规模

资料来源：同程研究院。

预计 2024 年国内旅游业的主基调将从复苏全面转向增长，在线旅游各细分市场将有望延续 2023 年的势头，尤其是在线度假的市场规模将有望超过 2019 年同期水平。

根据文化和旅游部公布的调查统计数据，2024 年第一季度，国内出游人次 14.19 亿，比 2023 年同期增加 2.03 亿人次，同比增长 16.7%。国内游客出游总花费 1.52 万亿元，比 2023 年增加 0.22 万亿元，同比增长 17.0%。2024 年春节假期国内旅游出游 4.74 亿人次，同比增长 34.3%，按可比口径较 2019 年同期增长 19.0%；国内游客出游总花费 6326.87 亿元，同比增长 47.3%，按可比口径较 2019 年同期增长 7.7%。另外，国际旅行的稳定复苏也将为 2024 年旅游业的持续增长提供助力。随着旅游业整体持续向好，2024 年国内在线旅游行业有望继续保持稳定增长，并有望在市场规模上创出新高。综合 2024 年第一季度宏观经济的超预期表现及旅游市场的整体表现，预计 2024 年在线旅游市场的交易额有望达到 2.6 万亿元，实现同比 18%左右的增长。在市场规模全面回归增长轨道的同时，在线旅游行业的渗透率（交易额占比）将继续保持稳步上升的势头，至 2025 年年末有望达到 68%的历史新高。

24.1.2 商业模式

中国在线旅游行业已是一个拥有 25 年历史的成熟行业，线上代理模式（OTA）、平台模式（OTP）及混合模式（OTA+OTP）等在商业层面已经完全成熟化，相关领域的头部企业也已进入稳定增长阶段，并具备了参与国际竞争的内外部条件。随着互联网行业新一轮技术革命的兴起，中国在线旅游行业也迎来了基于产业和技术的商业革新浪潮，头部在线旅游企业和新兴超级应用（抖音、小红书）是其中的主要推动者。一方面，携程集团、同程旅行等在线旅游头部企业加快了全产业链布局的步伐，事实上已成为一个多元化发展的旅游企业集团。另一方面，以 AI 为代表的新技术在旅游行业的应用也催生了一些全新的业态，并有望成为主流商业的重要补充。

1. 国内在线旅游行业主流商业模式

按照交易额口径，线上代理模式大约占在线旅游大盘的 70%以上（艾瑞咨询等机构的历史数据），依然是在线旅游行业的主流商业模式。具体而言，国内在线旅游交易型企业的商业模式大体可细分为线上代理模式和平台模式，前者主要包括旅游服务代理商和一些综合性的电商平台，后者主要以传统的垂直搜索平台为主（见图 24.4）。在经历了 20 多年的发展演化后，线上代理模式与平台模式的界限逐渐变得模糊，多数线上代理平台同时也会发展平台业务，以最大限度地提高平台的品类规模。

在代理模式下，线上代理平台及其他电商平台通过分销供应商的产品按约定的佣金率获取佣金收益，平台可以选择买断包销（承担库存成本和相应的市场风险），也可以选择代销（不承担库存成本）。在平台模式下，平台方类似一个大型“商场”，符合条件的商家可以在“商场”内开店铺，按照 CPC（点击付费）模式、年费模式或分成模式向平台支付费用，平台方主要向“店主”们提供流量支持、运营支持、交易系统、支付结算系统、品牌展示等服务。随着在线旅游产业链的成熟，围绕交易型在线旅游企业衍生出了一系列支持类服务，如支付服务（微信支付、支付宝、银联等）、消费金融服务、目的地服务（百度地图、高德地图）等。

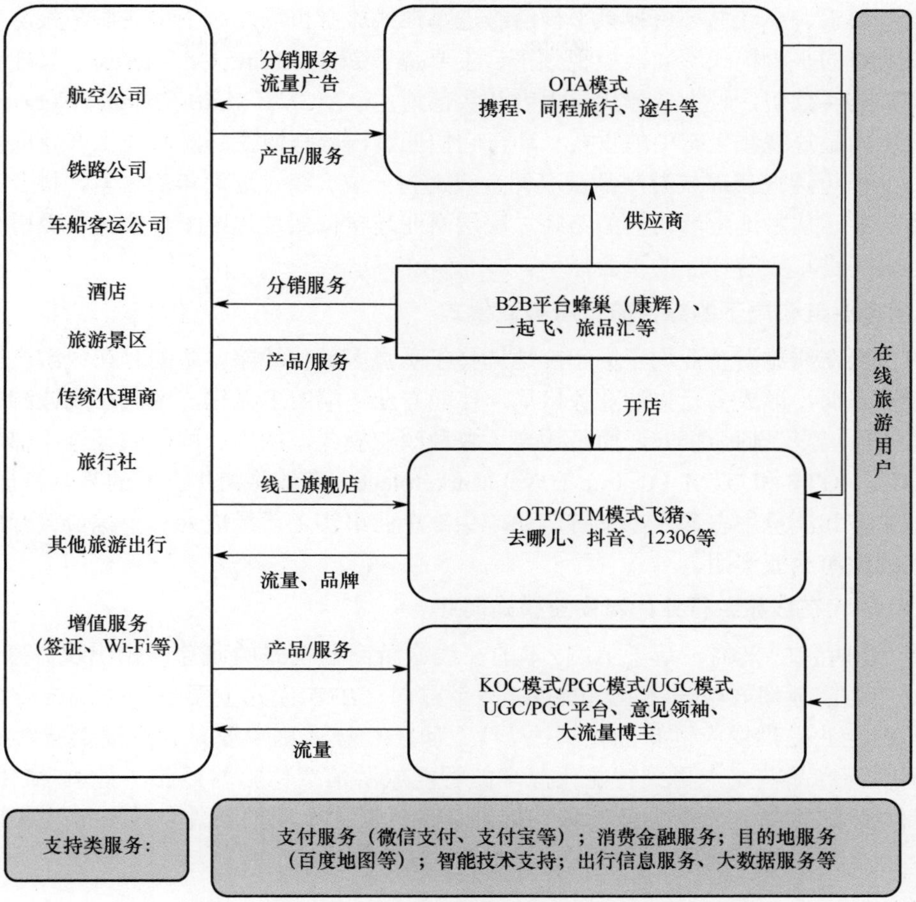

图24.4　中国在线旅游行业产业图谱（2024版）

近年来，随着头部企业纷纷开启多元化布局，在线旅游行业的 B2B 和 B2C 模式逐渐融合，专注于 B2B 业务的平台逐渐式微，部分老牌 B2B 平台退出了经营，部分平台开始尝试 B2C 业务。与此同时，随着行业跨界玩家的增加，专注于住宿、度假等细分市场的小规模 B2B 平台迎来了新的市场机遇（如专注于度假业务的康辉蜂巢等，专注于酒店批发业务的深捷旅等）。

2. 短视频时代在线旅游行业的新兴商业模式

随着短视频平台的快速发展，粉丝规模庞大的 VLOG 博主及旅行相关博主逐渐成为旅游产品分销的新势力，部分博主可绕过中间商直接为上游商家带货，或者为主流在线旅游平台引流，从而形成了一个全新的 KOC（Key Opinion Consumer，关键意见消费者）模式。但是，由于旅游产品的非标准化属性，博主直接通过大型平台售卖还存在一些阻碍，提供广告及品牌引流是目前比较主流的业务模式。为应对流量新势力的挑战，以携程为代表的主流线上代理平台开启了内容生态体系的建设，尝试打造一个包括内容生产者（博主）、品牌商家（品牌专区等）等参与者在内的全新体系，以视频、图文等为载体的内容是链接整个体系的重要纽带。

抖音、快手、小红书等短视频平台纷纷进军在线旅游市场，旗下均注册了旅游相关的子公司。与传统的平台模式不同，短视频平台主要基于 POI（Point Of Interest，兴趣点）的逻辑激发用户购买欲望，较为依赖优质内容和头部博主。MCN（Multi-Channel Network，多频道网络）机构是短视频生态中的重要一环，它们通过内容与博主的流水线生产获取优质流量源和 IP，从而可通过代理旅游产品获取佣金或销售分成。经过近两年的摸索，抖音等短视频平台基本确定了从本地生活切入的路径，底层商业逻辑依然是传统平台模式，吸引更多旅游商家入驻是其进军旅游行业的重要抓手。

3. 全产业链布局下的综合旅行服务商模式

国内主要在线旅游企业均不同程度地选择了垂直多元化战略，即同时在旅游产业链上下游进行投资布局，形成多元化的业务格局。伴随着业务端的多元化，主流在线旅游企业的商业模式也不再局限于佣金模式，而是融合了多种商业模式，携程、同程旅行等头部平台均同时具备 OTA、OTP 和 OTM（Online Travel Marketplace，在线旅游生态）的某些特征。同时，通过技术生态和流量生态深入上下游产业，头部企业事实上已经成为一个综合旅行服务商，是新时代的旅游企业集团。

4. AI 时代在线旅游行业的新商业模式萌芽

随着 AI 时代的来临，基于 AI 技术的在线旅游商业模式的萌芽开始出现。基于 AI 技术的在线旅游商业模式包含 B2B 和 B2C 两个方向，B2B 模式主要是为传统旅游企业或传统在线旅游企业提供供应链智能化解决方案，而 B2C 模式则主要是为终端消费者提供从出游决策辅助到产品购买，再到智能化分享的智能旅游消费体验。目前，基于 AI 技术的在线旅游商业模式创新还处于探索阶段，尚不具备规模化发展的条件，其未来发展趋势仍有待观察。

24.1.3 典型案例

2023 年，受益于旅游业强劲的复苏势头，携程集团、同程旅行、美团、途牛等在线旅游主要企业的业绩表现亮眼，抖音、小红书等“新玩家”继续基于自身优势加大了在线旅游市场的投入，并逐渐形成了一些相对成熟的商业模式。以下为基于公开报道、上市公司财报汇总的 2023 年度国内在线旅游行业典型企业的基本情况（见表 24.1）。

表 24.1 2023 年度国内在线旅游行业典型企业的基本情况

企业	商业模式	独特性	2023 年经营动态概要	战略及未来趋势
携程集团	OTA+门店	全球布局的 OTA 平台，国内 OTA 行业龙头企业	净营业收入为 445 亿元，同比增长 122%；净利润 100 亿元，同比增长 614%；住宿预订营业收入为 173 亿元，交通票务营业收入为 184 亿元，旅游度假业务营业收入为 31 亿元，商旅管理业务营业收入为 23 亿元，分别同比增长 133%、123%、294%、109%	基于资本布局的国际化；保持国内领先优势；基于内容生态的平台进化

（续表）

企　业	商业模式	独特性	2023 年经营动态概要	战略及未来趋势
同程旅行	OTA+产业	全产业链布局的综合旅行服务商	全年实现收入 118.96 亿元，同比增长 80.7%；其中，住宿业务收入 39 亿元，同比增长 61.5%，相较 2019 年同期增长 65.4%；交通业务收入 60.3 亿元，同比增长 78.5%，相较 2019 年同期增长 33.5%	核心业务继续保持增速领先，全产业链布局的综合旅行服务商，深耕国内的同时，加速布局海外
美团	OTP+OTA	领先的生活服务与零售 O2O 平台	2023 年，包含旅游酒店业务的核心本地商业经营利润为 387 亿元，同比增长 31.2%；到店及旅游酒店交易额同比增长超 100%，境内酒店间夜量创历史新高	继续深化“零售+科技”战略，并将零售作为战略重点，不断提升市场份额。继续从本地消费切入旅游酒店业务
途牛	OTA+门店	聚焦于度假业务的 OTA 平台	2023 年净收入 4.413 亿元，同比增长 140.3%。其中，旅行团业务收入 3.334 亿元，同比增长 374.1%；毛利润 2.937 亿元，同比增长 227.9%	线上+线下的旅行社，专注于旅游度假市场，积极探索度假直播电商模式
抖音	OTP	直播平台模式	截至 2023 年 3 月底，抖音上景点、酒店住宿、航空公司、线上代理、旅行社等各类旅游企业账号数量的平均增速超过了 20%，其中酒店住宿、商旅票务的账号数量的增速高达 61.5%、46.0%	从本地生活切入，加速向酒旅行业渗透，确保平台入驻旅游商家数量保持高速增长
飞猪	OTP+OTM	OTP 平台及OTM 平台	独立发展进入快车道，业务及品牌年轻化成为平台运营的核心。积极布局入境游业务	全面进入独立发展阶段，同时在继续深耕阿里电商生态的同时，积极探索抖音、小红书等外部生态

资料来源：根据上市公司财报、媒体公开报道整理。表中收入利润等均为人民币。

1. 国际化优势凸显，2023 年携程集团营收利润同比大幅增长

2023 年，携程集团把握旅游业复苏机遇，加大了对 AI 技术的投入，并从产品、内容、服务等多维度入手，持续提升服务质量，实现了全年业务的快速增长。2023 年，携程净营业收入为 445 亿元，同比增长 122%。其中，住宿预订营业收入为 173 亿元，交通票务营业收入为 184 亿元，旅游度假业务营业收入为 31 亿元，商旅管理业务营业收入为 23 亿元，分别同比增长 133%、123%、294%、109%。国际业务的持续高速增长是携程集团 2023 年业绩的一大亮点。携程集团的国际 OTA 平台 Trip.com 已在亚洲、欧洲和美洲的 39 个国家和地区运营，充分发挥国际化资源与能力，携程积极助推入境、出境游发展。2023 年第四季度，携程集团旗下国际 OTA 平台总预订量同比增长超过 70%。

2. 打造综合旅行服务平台，同程旅行年度付费用户创历史新高

丰富的服务场景生态和多元的旅游产品供给，助力同程旅行用户规模大幅增长。财报数据显示，2023 年度，同程旅行的月均付费用户达 4130 万，同比增长 39.1%，与 2019 年相比增长 53.5%；年付费用户达到 2.35 亿，同比增长 25.2%，与 2019 年相比增长 54%，再度创下历史新高。庞大的用户基数也为同程旅行的业绩增长奠定了坚实的基础。2023 年，同程旅

行实现收入 118.96 亿元，同比增长 80.7%，较 2019 年增长 60.7%，创下历史新高。从业务板块来看，住宿业务收入 39 亿元，同比增长 61.5%，相较 2019 年同期增长 65.4%；交通业务收入 60.3 亿元，同比增长 78.5%，相较 2019 年同期增长 33.5%。

同时，同程旅行的全产业链布局取得新突破，酒店管理业务、旅游度假业务等产业板块也进入规模化发展阶段，2023 年的收入贡献再创新高，综合旅行服务商的总体布局也更加清晰。

3. 坚定“零售+科技”战略，美团核心本地商业表现亮眼

2023 年，美团继续深化“零售+科技”战略，包括旅游酒店业务的核心本地商业板块表现亮眼。财报显示，美团 2023 年营收 2767 亿元，同比增长 25.8%。其中，包含旅游酒店业务的核心本地商业板块的营收为 2069 亿元，同比增长 29%，到店及旅游酒店交易额同比增长超过 100%，境内酒店间夜量创历史新高。2024 年 2 月，美团进行组织架构调整，对与核心本地商业相关的多项业务进行了整合，并提升了科技与国际化相关业务的优先级。

4. 深入探索度假直播电商，途牛经营基本面显著改善

2023 年，途牛净收入同比增长 140.3%，打包旅游产品收入同比增长 374%，非美国通用会计准则（Non-GAAP）净利润 5080 万元，创上市以来新高。在业务模式探索方面，途牛的直播是一大亮点。2023 年，途牛直播业务迎来快速发展，并在销售和供给两个角色上都取得了显著突破，全年直播交易总额突破 10 亿元，2 次单品单日交易额破千万元，途牛小玩家 MCN 稳居抖音平台酒旅直播头部地位。途牛已在抖音等直播平台构建了包括 60 多个自营直播账号、自有专职主播超过 40 人、孵化达人超过 130 人、机构签约主播超过 200 人的酒旅直播达人矩阵，通过多平台、多矩阵、差异化的文旅推广模式，赋能目的地文旅消费的可持续发展。

5. 从本地生活切入，抖音旅游业务锚定 OTP 模式

2023 年，抖音基于本地生活积极布局旅游业，平台入驻商家规模及活跃度均有显著提升。抖音巨量引擎发布的《2023 抖音旅游行业白皮书》显示，截至 2023 年 3 月底，抖音平台上的景点、酒店住宿、航空公司、OTA、旅行社等各类旅游企业账号数量平均增幅达 20%，其中，以酒店住宿、商旅票务、旅游景点的增长较为明显，分别为 61.5%、46.0%、35.5%。同时，与 2022 年第一季度相比，抖音平台有关旅游的内容分享量增长 62%，播放量增长 33.3%，评论量增长 22.2%，创作者数量增长 17.6%。

6. 飞猪加快独立发展步伐，尝试突破阿里生态

在阿里系全力以赴推动“二次创业”的大背景下，一直成长于阿里体系内的飞猪在 2023 年全面开启了独立发展之路，在最短时间内完成了组织架构和业务发展路线的调整。开启独立发展之路后，飞猪在深耕阿里生态的同时，也开始布局微信小程序、抖音等其他的流量生态，同时强化了内容生态的建设。2023 年下半年开始，在入境游快速复苏的大好形势下，飞猪借助支付宝生态加大了在入境游服务方面的布局。

除以上企业外，铁路 12306 平台的 OTA 化趋势也值得关注。目前，铁路 12306 平台已经形成了火车票、机票、巴士票、酒店、旅游线路、网约车、订餐等业务条线，同时还形成了完善的会员体系和支付体系，初步具备了一个在线旅游平台所需的关键要素，未来发展前景值得关注。

24.1.4　发展挑战

尽管 2023 年在线旅游行业整体表现远超预期，但也存在一些需要关注的问题或挑战，主要体现在以下四个方面。

1. 部分经营者未能跟随行业的复苏恢复正常经营

2020—2022 年，旅游行业的深度衰退激化了一些企业的债务问题和可持续发展困境。在多重债务问题的困扰之下，一些“掉队”的老牌 OTA 平台因自身现金流枯竭而导致正常的经营难以为继，被迫停止运营。建议对于一些自身具备一定规模和用户基础的平台给予专项支持，帮助其渡过难关，避免其债务危机在产业链上下游形成恶性连锁反应。

2. 入境游服务发展滞后

随着入境游的全面复苏，国内在线旅游行业在服务入境旅行者方面存在的短板被暴露了出来。过去 20 多年间，中国在线旅游行业的重头仍然是服务国内市场，国内（港澳台地区除外）用户是基本盘，而在国际化线上平台和国际化服务方面的布局相对滞后。建议行业头部企业加快国际化步伐，重点补上平台国际化、客源国际化和服务国际化方面的历史“欠账”，一方面要面对全球市场开发国际化专属平台和服务，另一方面则要在基础服务和产品的设计上充分兼顾国际旅客的需求和消费习惯。

3. 传统 OTA 平台的产品创新步伐逐渐滞后于旅游消费新趋势

近年来，旅游消费的多元化趋势持续演化，需求日益碎片化，传统 OTA 平台以标品为主的业务结构就显得越来越滞后，这一趋势可能会在未来几年里成为行业结构调整的推动力。从长远来看，传统 OTA 平台应跳出平台思维，不断提高供应链弹性，覆盖更广泛的消费场景，以更具前瞻性的业务结构抓住消费新需求所带来的新机会。

4. 新一轮技术革命所带来的新挑战

当前，以人工智能为代表的新一轮技术革命正在深刻影响包括旅游业在内的所有行业，为企业的经营带来了新的机遇，同时也隐含着一些潜在的挑战。2023 年，携程集团、同程旅行等头部企业启动了各自的大模型计划（携程“问道”，同程旅行“程心”），这是在线旅游行业进入大模型时代的标志性事件。但是，新技术的投入是巨量的，并不是所有企业都有足够的资源用于技术革新。另外，人工智能时代更需要各个行业内部的横向协作，垂直领域的大模型更是要依托整个行业的海量数据要素的支撑。因此，在线旅游行业迫切需要建立包括大数据、供应链等方面的要素市场，同时更加高效地融入其他行业的智能化发展进程当中。

24.2　网络居住

24.2.1　发展现状

2023 年，中国房屋交易市场走出 2022 年的低谷，新房和二手房的总体交易规模达到 17.4 万亿元，比 2022 年增长 5.8%。房产交易市场的结构出现新房收缩、二手房上升的变化。2023 年，全国新建商品住宅销售面积约为 9.5 亿平方米，销售额为 10.3 万亿元，比 2022

年分别下降 8.2%和 6.0%。根据贝壳研究院估算，2023 年全国二手住宅交易面积为 5.7 亿平方米，对应交易额为 7.1 万亿元，成交面积和成交金额比 2022 年分别增长 44%和 30%。二手房销售面积占比提升到 40%左右，较 2022 年同期提高约 10 个百分点。

随着各地保障性租赁住房政策落地并进一步完善，保障性租赁住房的快速增加，缓解了市场上“小户型、低租金”房源较少的结构性矛盾，住房租赁市场需求和供应进入新均衡状态。贝壳研究院测算，2023 年我国租赁人口达到约 2.6 亿人，住房租赁市场规模超过 2 万亿元，其中青年对于租住的居家品质和居住环境要求更高。从租赁类型来看，“95 后”青年租客选择带有一定服务的机构化房源的比例为 22.2%，高于 29～35 岁租客 2.2 个百分点，特别是选择集中式公寓的比例较高。此外，中年家庭型租客占比增加趋势显著。2023 年全国重点 40 城 35 岁以上各年龄段租客占比超过 35%，比 2021 年提升了 4.9 个百分点。家庭型租客会更倾向于选择品质较好的房源，全国重点 40 城租赁成交三居室占比达到 27.2%，占比超过一居室。

中国家装市场保持稳步增长，家装市场规模达到 3.8 万亿元。存量房带来的装修规模将逐步扩大，并将在未来逐步取代新房装修。预判新房装修市场占比约在 40%，存量房装修市场规模在 60%左右。家装产业链将呈现横纵延伸、融合发展的趋势。上游企业除通过传统的线上、线下零售渠道外，还积极向产业链中游延伸。一方面，上游供应商加强与中游的各类装企合作，拓渠进行联合销售、营销、产品共创等；另一方面，软体家具及定制家具供应商已经开始布局全屋定制业务，产业边界逐渐模糊化，跨界融合趋势明显。各类装修公司也在谋求向上游产业链的延伸，并购上游企业或贴牌生产建材、家具产品等。

居住服务行业数字化进入全流程与智能阶段。**在交易环节，**近年来，从成交前浏览房源、IM 咨询、带看等准备工作，再到交易中的签约、贷款核实等环节，消费者购房全流程均已实现不同程度的线上化渗透。VR、AR 技术与房屋销售相结合，消费者线上活跃度显著提升。房产交易正逐步呈现信息渠道的线上化与多元化、信息筛选的决策智能化、转化体验的线上线下一体化和交易闭环的线上化、自媒体创造全新服务场景化等趋势。其中，与传统端口相比，自媒体平台通过内容连接潜在客户，能以视频、图片、文字等新形式承载大量信息，适应了购房决策路径的变迁，更是将选择权给予消费者，消费者有机会主动选择更信任、更专业的服务者进行购房咨询和服务。**在装修环节，**装修消费需求逐渐呈现数字化、智能化等趋势。装修企业通过线上装修服务平台、小程序、手机应用程序等多种载体和虚拟现实等信息技术，能够突破传统线下门店在营销范围和家装设计展示等方面的制约，打造沉浸式、互动式的营销场景，同时基于消费大数据，通过社交媒体和短视频、直播平台实现广告精准投放和装修方案个性化推荐，提升获客效率。

24.2.2 商业模式

1. 房产信息与交易服务平台

随着行业数字化进程的不断推进，房产信息平台和交易服务平台已成为当下两种核心的商业模式，前者聚焦在房源信息获取与展示方面，后者聚焦在线上响应与线下服务方面。两种模式各有特点，并在相应的细分领域内，均诞生出具有一定规模的代表性企业（见图 24.5）。

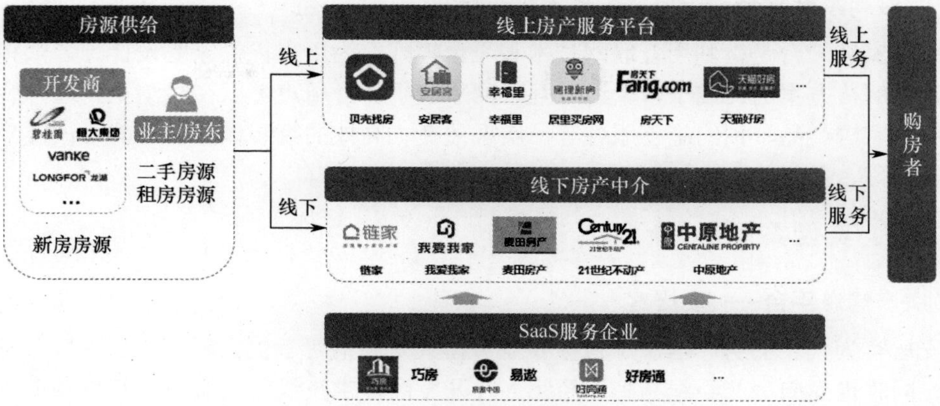

图24.5　房产信息与交易服务交互关系

1）房产信息平台

房产信息平台主要指的是仅提供线上房源信息发布功能的平台，即通过提供新房、二手房、租房、房地产市场信息来服务广大消费者。该类平台通过互联网技术，将传统的房地产信息数字化，方便用户查询和获取信息，帮助用户了解房地产市场和选择房源。该类平台的主要盈利方式为向服务者收取挂牌费（端口费）与营销费用，服务者通过购买这类企业的线上端口，获得在平台上展示房源的权限，进而可以在这些平台上获得潜在的客户。用户登录平台查询搜索，经平台与服务者建立联系，并展开交互、协商等一系列业务动作，最终在线下达成交易。目前，该类平台的主要代表有安居客、房天下等。

2）交易服务平台

交易服务平台除提供房源信息外，还会介入线下房地产交易过程。一方面，通过数字化工具、职业化培训赋能线下服务者，优化和改造供给端；另一方面，该类平台还能向用户提供居住服务支付结算的一站式服务。这类企业的主要盈利模式为向服务者或开发商收取平台费用。服务者通过与平台合作，获得潜在客户的购/租房线索。当用户最终通过平台完成房产签约交易后，平台会从服务者所获得的中介佣金中抽取一部分费用作为平台费。目前，该类平台的主要代表有贝壳找房。

3）SaaS 服务平台

SaaS 服务企业主要为房产经纪公司提供房源管理系统、客源管理系统、交流工具、签后管理系统、数据分析系统等软件服务。该类企业主要以向经纪公司和服务者收取服务费作为主要的盈利模式，服务费用通常包括软件服务和培训服务。其中，以平台模式开展 SaaS 服务的企业可能还会收取一定的佣金抽成。目前，该类平台的主要代表有巧房、易遨等。

2. 资产托管平台

资产托管平台是指住房租赁企业与业主签订委托代理合同，业主承担租赁经营的成本，租赁企业提供代理出租、代收房租、代管房屋、代为修缮等服务，赚取服务费用。托管模式主要输出管理团队和品牌资源，其盈利模式源于房屋托管费。目前，该类平台的主要代表有贝壳省心租、自如、我爱我家相寓等。

3. 互联网家装平台

互联网家装平台是指利用互联网技术和平台模式，为用户提供家庭设计、装修和家具服务等一站式解决方案的在线平台。通过互联网家装平台，用户可以在线浏览和选择装修设计方案、购买家居产品、预约施工服务等，实现便捷、高效的家装体验。目前，该类平台的主要代表有被窝、圣都等。

24.2.3 典型案例

1. 房产信息平台——安居客

以安居客为代表的房产信息平台主要业务模式是向消费者提供新房、二手房、租赁等房源信息，同时也面向房产经纪品牌、经纪人及开发商提供在线营销服务，其盈利模式是向服务者收取 C 端网络推广服务佣金。该模式下，安居客在房产信息平台领域具备相对显著的优势地位。

随着在信息平台领域能力的逐步完善，安居客也在着手新的商业模式布局。2023 年，安居客发布了“安居客 N+”联盟平台与旗下经纪品牌“安个家”，该模式将对房源录入、维护、品质管理、交易管理实行强运营，帮助店东提升门店管理效率。这也是安居客由单纯的“线上信息平台”向“线上+线下”结合的综合服务平台转变的一次尝试和探索。

2. “一站式交易服务”——贝壳找房

为了提高存量房交易效率，一些企业充分利用互联网技术，打通交易各个环节。例如，贝壳在全国多地推广“一站式服务”模式，推动政、银、企合作，一站式完成贷款审批、税费缴纳、抵押登记、转移登记等手续，打通了存量房售后交易全链条，实现了交易资金托管、银行贷款面签、房屋过户等一站式服务，并严格管理交易流程中的每一个细节，围绕客户的实际需求，不断完善和延续交易价值，实现客户满意度提升，助力业务提效。

3. 资产托管平台——“省心租”房屋托管租赁产品

为响应国家“租购并举”战略，更好地服务租住客户，贝壳、自如等企业推出“省心租”等房屋托管租赁产品，为业主和租客提供专业的房屋托管服务。资产管理公司接受业主的房产委托，对房产进行简单配置、保洁、轻美化后对外出租，将市场上分散的房源转为有品质、可信赖的专业机构化长租房源，并提供专业管家服务。这类产品为租住消费者提供了“租期稳定、租金稳定、服务放心”的全新租住体验，同时为房产业主提供了稳定、省心的资产收益。除分散的房产托管租赁外，“省心租”还推出新青年公寓、海盐公寓、森邻寓等集中式公寓产品，为城市青年提供“一张床、一间房、一套房”的多种房源类型，打造灵活支付、职住一体、安全干净的独立居住空间，为不同需求群体提供“多层次供给”。

4. AI+家装设计——设牛

一些公司基于居住领域大模型打造家装设计产品，如贝壳家装开发的“设牛”。“设牛”具有面向普通用户使用和面向经纪人和客户经理/设计师使用两种形态，以“AI+家装设计”为构想，具备拍照片设计房间（实拍生图）、选户型设计整屋（户型生图）和参考图设计房间（垫图生图）三大核心能力，支持用户不同输入形式的生图需求，可以针对多种风格实现 10 秒钟快速出图，整体生成效果处于行业领先水平。“AI+家装设计”的核心价值包括：让用户快速体验多种风格的装修方案，在装修灵感阶段获得针对自己家的定制化内容；让服务者在带看、量房、沟通方案等场景能够实现快速的效果可视化，看图沟通可以显著提升转化效率。"设牛"自 2023 年 9 月开启试点以来，在 B 端与 C 端获得了广泛的应用。

24.2.4　发展挑战

随着房地产行业进入增存并重向存量转型的阶段，围绕"好房子"的建设和使用，居住服务业及各类住房衍生产业模式进一步增加。 基于超过 20 万亿元的居住市场规模，很多价值链将被重新发现和打开，并连接成一个统一的大居住价值网络。以消费者新居住需求为导向，居住行业需要提供给新居住产品和服务，不仅要实现边界的扩展，将原先离散的业务打通，而且要提升产品和服务的质量，构建新的行业生态系统。下一个 10 年，居住产业将会从交易走向居住服务，以交易为中心，按照二手房、新房、租赁、家装家居、居住周边服务的路径，建立一站式新居住服务平台。

一站式新居住服务平台将进一步推进线下线上一体化，形成房产交易新闭环。围绕消费者从选房、看房再到买房、售后保障等一系列环节，平台通过线上实时搜索、咨询、VR 看房、资金担保等服务满足消费端需求。同时，平台通过线上线下一体化不断动态构建交易流程，设计师、装修工长、管家、租赁服务、房屋托管服务、家政服务等不同的主体、不同的交易场景、不同市场主体之间将进行有效合作，贯穿新居住市场交易的各个环节。

AI 是一站式新居住服务平台的技术动力。目前，AI 技术在居住领域比较明确的应用主要集中在两个方向。第一是房源匹配。例如，应用 AI 技术来增强客户的购房体验，帮助经纪人为客户快速匹配合适的房产。消费者用自然语言简单描述理想的房屋特征后，AI 就会在短短几秒钟内自动输出房屋渲染图，并匹配市场上最符合客户描述的待售房屋列表。第二是房屋估价。例如，美国房地产经纪公司 Zillow 推出了基于神经网络技术的 Zestimate，它有能力收集房产交易、公开记录和房屋面积等数据，并通过过去的数据分析消费者偏好。购房者可以在 Zillow 的搜索栏中输入如"纽约，价值 70 万美元，带后院的别墅"搜索房屋，这意味着，消费者可以用自然语言与网站系统直接交互，寻找合适的房屋。

借助于物联网、移动互联网等技术的发展，家居智能化是现代家居的发展趋势之一。未来家装家居行业将从多场景智能联动阶段向全屋主动智能阶段过渡，并诞生出众多非传统家具、家电品牌的新兴智能家居系统企业。例如，2023 年 12 月，贝壳找房推出首款 AIGC 家装设计产品"设牛"，通过快速生成装修设计图，把用户对于家的构想可视化，旨在提高设计师和用户的沟通效率、打造装修全新体验。这些 AIGC 技术的应用提升了消费者的满意度，降低了服务供应的成本，这也意味着未来家装行业智能化发展潜力巨大。

AI 技术的大规模应用将带来房地产经纪服务内容和价值链的重构。AI 技术的引入将在很大程度上消除行业内外的信息差，未来房源信息将越来越扁平化，房屋匹配也会越来越智能。传统房地产经纪机构建立在房源信息差之上的竞争优势很难持续，房地产经纪人房源客源简单匹配的技能优势将逐渐消失。在这种情况下，居住服务企业需要重新定义价值，尽快将在行业的竞争优势从信息差维度，提升到服务差维度。

居住产业在数字化进程中也面临服务供给端的挑战。一是面临流程繁杂的挑战。居住服务交易链条复杂，参与方众多，通常需经过服务委托、发布信息、撮合谈判、交易签约等环节。同时，数字化技术对居住服务作业流程的改造过程面临诸多现实挑战，物理世界和数字世界的紧密融合需要时间。二是面临重构行业生态的挑战。行业恶性竞争由来已久，共同进化及建设互联网优质生态需要时间。居住服务平台需要时间来重构行业内各方服务者和消费者之间的关系，改变行业缺乏合作和恶性竞争现状，推动居住服务的健康发展。三是从业者职业化不足。在居住服务供应链中，经纪人是中心环节，是决定消费者体验的关键因素。但从发展现状看，消费者对经纪服务普遍不满意，经纪人的服务供给还有很大不足，居住服务平台可进一步加大智能线上工具等新产品开发，以科技持续赋能服务者，为其提供如贝壳“小贝助手”等赋能训练和业务辅助工具，提升业务效率和服务品质。

24.3 网络外卖

24.3.1 发展现状

网络外卖是借助外卖平台信息撮合完成的线上餐饮交易。外卖平台以用户的即时洞察为核心，以大数据为驱动，围绕着本地生活服务平台打通线上和线下消费场景，线上实现交易闭环，线下通过即时配送完成交易履约，为更多消费者提供从餐饮需求发起到餐食到家完成交易的一站式服务。

自 2023 年以来，全国生活服务业迅速复苏，到店堂食迎来消费高峰，全年餐饮收入达到 52890 亿元，同比增长 20.4%。网络外卖业务相对增长平稳，在社会餐饮堂食增长迅速的发展背景下，2023 年网络外卖收入占全国社会性餐饮业[1]收入比重约为 25.6%，较 2022 年小幅提升约 0.2 个百分点（见图 24.6）。

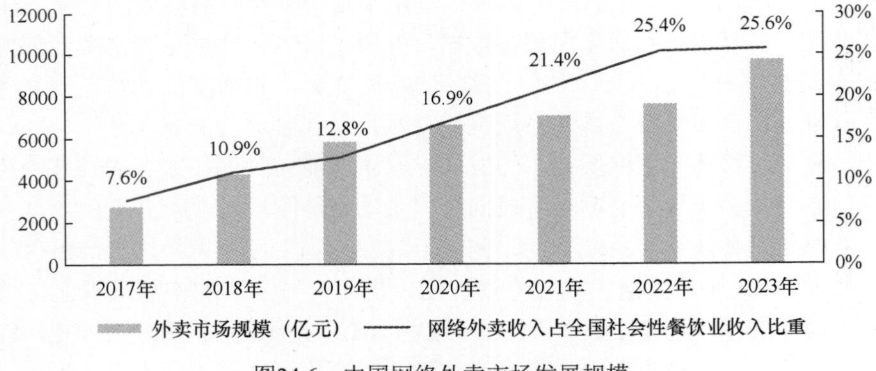

图24.6　中国网络外卖市场发展规模

网络外卖平台通过优化营销策略、精细化运营和多样化的活动，有效满足更多不同场景下的用户需求，推动平台用户黏性持续增长，网络外卖已经成为人们日常生活方式的一部分。根据中国互联网络信息中心数据，截至 2023 年 12 月，我国网上外卖用户规模达 5.45 亿人，

1 统计口径中，网络外卖收入为实付价格，社会性餐饮是指除团餐之外的餐饮行业，包括正餐、快餐和饮品等经营类型。

占网民整体的 49.9%（见图 24.7）。网络外卖对方便网民生活、拉动日常消费的意义凸显，已成为很多人日常生活中重要的互联网应用。

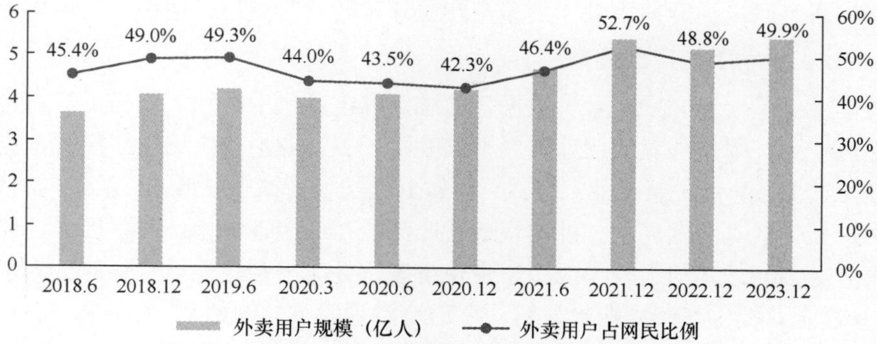

图24.7　中国网络外卖用户规模

资料来源：第 53 次《中国互联网络发展状况统计报告》。

24.3.2　商业模式

1. 网络外卖平台是典型的 O2O 商业模式

网络外卖平台是典型的 O2O 商业模式。外卖 O2O 商业模式的主体包括商家、外卖平台、顾客及第三方支付平台。商家是外卖 O2O 商业模式中餐品的提供者。商家为了增加销售额，通过外卖平台发布产品信息，吸引顾客订餐，同时也为外卖 O2O 商业模式的存在和发展提供了潜在的动力。外卖平台是连接商家和顾客的中间桥梁，其运营水平直接关系到外卖 O2O 商业模式的发展。外卖平台的业务包括网站平台的运营维护、线下商家的寻找和谈判、顾客的吸引和留存。首先需要专业人员建设和维护网站，保障外卖平台能够正常有序地进行运营；其次需要拥有一批强大的线下拓展团队，寻找优质商家进行谈判合作；最后将商家的餐品信息整合后发布在外卖平台上，不定期做优惠宣传活动，吸引顾客订餐，同时也要注重提高服务水平，使顾客能够持续消费。外卖平台的顾客是指通过外卖平台订餐的广大消费者。顾客对便捷和低成本的追求构成了外卖 O2O 商业模式的推动因素。以网络外卖、在线办公等为代表的互联网服务，帮助人们足不出户实现就餐与工作。需求端用户市场的扩大为整体餐饮行业提供了广阔的市场机会。

2. 网络外卖为商户带来发展增量

外卖业态是餐饮行业的重要增量，不仅为商户带来了大量新增消费，还对堂食消费具有比较明显的引流效果。商户上线外卖平台后，外卖业务并未对线下的堂食产生显著的挤出效应，而是为餐厅提供了一种新的经营渠道。网络外卖业务有效延展了商户的服务半径和经营时长，帮助门店突破传统堂食消费模式的时空限制。传统中小餐饮门店的服务半径一般为 500 米左右，而线上外卖的平均配送距离为 987 米。外卖业务受天气和季节影响更小，在原有的午、晚就餐高峰期外，其他时段也可以形成稳定销售群体，销量上更加稳定，可以从长周期上对门店经营形成有效补充。根据社科院财经战略研究院基于美团平台数据的测算，餐饮商户开通网络外卖业务后可以帮助商圈内更多的人了解商户菜品，提高周围居民堂食的频次，引导周边消费者从点外卖到线下堂食的转化。同时，外卖开通具有显著的空间溢出效应，可以帮助商圈内所有商户提升销售额，不存在开通外卖商户对周边其他商户的市场份额抢占。

3. 网络外卖带动餐饮产业链条

网络外卖业务基于互联网平台大数据，通过标准定量化生产和大规模供需对接，推动餐饮行业加速产业化。餐饮外卖的快速发展不仅改变了餐饮业消费市场发展模式，也推动了供给端引入新生产要素，催生新的业态模式，整体上延长了餐饮产业链条。基于网络外卖业务，大量新业态、新模式不断涌现，如外卖代运营服务、在线店铺装修、共享厨房、外卖智能设备和预制菜等。高新技术的大规模应用，也使得餐饮外卖平台企业以全供应链为切入点，实现对 B 端餐饮企业提供直接采购原材料、配送上门等服务。例如，“美团快驴”作为全品类的餐饮供应链平台，面向餐饮商户推出的食材一站式采买渠道，根据餐厅采购需求选择食材，直接结算下单，次日送货上门，对众多中小型餐饮企业压缩成本、提高进货效率有较大的促进作用。

4. 网络外卖推动餐饮业数字化进程

网络外卖成为餐饮业数字化的代表形态，推动餐饮业数字化快速发展。从线上交易到线下配送，外卖涵盖了营销、点餐、结算、出餐、配送、评价等各个环节的数字化。随着外卖快速发展，推动餐饮企业门店管理数字化、供应链数字化。随着直播、短视频等平台的加入，外卖领域衍生更多新型餐饮业数字化营销形式，餐饮业数字化也向供应链管理等餐饮业不同环节渗透，推动线上线下融合商业模式的持续创新。外卖在数字化时代背景下对餐饮行业的促进作用越来越突出。

24.3.3 典型案例

网络外卖行业集中度较高，整体呈现“2+*N*”的竞争格局。“2”为美团和饿了么，两者市场份额较高，领跑整个餐饮外卖行业，这两大平台均为综合型餐饮外卖平台，即为多品类餐饮商家提供餐品上线服务。“*N*”为其他网络外卖平台或通过网络平台经营外卖的餐饮企业，往往服务于特定区域或特定品牌，如麦当劳品牌下的麦乐送、星巴克品牌下的专星送等通过微信小程序完成下单支付，通过三方配送完成履约，也成为近年来餐饮品牌自营网络外卖业务的新趋势。

1. 美团外卖

美团外卖于 2013 年 11 月正式上线，秉承“帮大家吃得更好，生活更好”的使命，始终聚焦于消费者“吃”的需求。通过科技连接消费者和商家，依托庞大的骑手团队，搭建起了覆盖全国的实时配送网络，为消费者提供品质化、多样化的餐饮外卖服务。2023 年 5 月，美团在香港的新外卖平台 KeeTa 正式上线，服务范围已覆盖全港，未来 KeeTa 将秉持“快速高效”的服务追求，为香港市民带来更快更好的服务体验。

2. 饿了么

饿了么于 2009 年上线，2018 年 4 月，阿里巴巴以 95 亿美元的价格全资收购饿了么，同年 12 月，阿里巴巴将饿了么与口碑合并，打造成阿里本地生活公司，饿了么借助阿里巴巴的新零售生态体系优势和流量优势进一步抢夺市场用户。

24.3.4　发展挑战

1. 餐饮品牌通过卫星店新模式聚焦网络外卖

随着网络外卖业务成为餐饮经营的一种普遍形态，很多餐饮品牌开始探索外卖的新模式。品牌卫星店是指依托于数字技术和平台经济，在外卖和堂食混合经营的基础上升级而成的全新外卖专营门店，是餐饮业数字化发展催生的一种新型餐饮供给。品牌卫星店不提供传统的堂食服务，而是专注于提供高性价比的品质外卖。相较于传统餐饮门店，品牌卫星店一般所需面积更小，通常在 30～60 平方米，仅有后厨和外卖取餐架，不含或仅含少数用餐区，品类则主要包含正餐、快餐、小吃等。品牌卫星店包括外卖专门店和外卖店中店两种类型，外卖专门店是指开辟专门的店铺用于提供外卖和自提产品的门店，外卖店中店是指在堂食的门店里隔出一个专门区域用于提供外卖的门店。品牌卫星店是餐饮外卖的一种创新模式，对比堂食外卖混合经营下的外卖经营，品牌卫星店坪效和人均产值相对更高。

2. 外卖平台深入下沉市场助力县域消费发展

当前，我国近七成人口集中在下沉市场，三、四线城市消费加速复苏，随着互联网服务的持续下沉和“万物皆可外卖”消费习惯的不断普及，县域乡镇地区的网络外卖业务在加速发展。调研显示，即使在中西部地区，以一个能辐射 3000～4000 人的乡镇中心外卖站点为例，开通外卖后可以为平台商家每户每月增加 6000 元的额外收入，为 3～5 位外卖骑手提供每月 4000～5000 元收入。外卖平台深入县乡市场也为餐饮连锁品牌进军下沉市场提供了线上交易与线下配送的基础设施。

3. 国内外卖业务出海，机遇与挑战并存

2023 年全球外卖行业市场规模超过 4000 亿美元，受亚洲、中东增量需求与北美、欧洲持续发展的推动，预计 2024 年将增长 14%，外卖为全球各地区即时配送行业的主要需求来源[1]。美团积极探索外卖业务出海，参与国际竞争。2023 年 5 月 22 日，美团在中国香港地区的新外卖平台 KeeTa 正式上线，从进驻至覆盖全港共历时约 5 个月。KeeTa 于香港市场推出的“准时保”服务，准时率高达 98%以上，平均配送时长稳定在 30 分钟以内。根据市场调查机构 Measurable AI 的数据，截至 2024 年 3 月，KeeTa 的订单量占香港外卖市场的 44%，市场份额已超过 Foodpanda 和 Deliveroo 等外卖平台成为区域第一。

4. 网络外卖推进餐饮行业绿色环保发展

网络外卖通过数字化推进行业绿色发展水平取得显著效果。目前，主要外卖平台均已实现外卖点餐全流程“适量点餐”提醒，上线了支持商户一键配置节约提示海报功能。政府部门联合美团等主要外卖平台，共同起草外卖首个国家标准《外卖餐品信息描述规范》（GB/T 40041—2021），强化餐品分量信息公示。外卖平台利用技术优势，持续优化餐品供给结构，大力宣传适量点餐，多种方式激励商户供给小份饭、小份菜。截至 2023 年年底，

---

[1] 根据 Euromonitor，摩根士丹利研究部，部分国家统计局与数据机构数据测算。

仅美团外卖一家平台就累计超过 110 万餐饮商户提供超过 740 万种小份菜，较 2022 年增加 150 万种。

外卖平台利用外卖渗透率高、触达便利等特点持续联动餐饮商家开展各类宣传活动，制作各类宣传素材，多方面多途径鼓励绿色消费。2023 年，美团碳账户上线，消费者点小份菜、点外卖时选“无须餐具”可获得碳积分。截至 2023 年年底，已有超过 4 亿美团外卖消费者选择过“无须餐具”的选项，累计减碳超 22.6 万吨。

外卖平台持续推动减塑工作，在外卖包装的生产、使用、回收、再生全链条关键节点持续探索，已形成覆盖产业链上下游、带动参与方共治的绿色转型模式。截至 2023 年年底，美团已在全国 14 个省份的 15 个城市落地规模化垃圾分类及餐盒回收项目，累计回收塑料餐盒约 1.76 万吨，较 2022 年新增回收量超过 1.1 万吨。

撰稿：程超功、许小乐、芦思超、王珺

审校：姜昕蔚

第 25 章　2023 年中国网络广告发展状况

25.1　发展环境

1. 政策环境

2023 年年初，商务部举行例行新闻发布会，将 2023 年定为“消费提振年”，为全年扩内需、促消费奠定主基调。消费是支撑经济增长的重要力量之一，国家层面明确着力扩大国内需求，把恢复和扩大消费摆在优先位置。自 2023 年以来，促消费政策接连发布，从优化消费环境、提振消费信心等方面推动消费稳中向好。同时，随着互联网广告领域的快速发展与变革，国家对互联网广告行业的规范和监管也提出了更加明确和细化的要求。2023 年 2 月，国家市场监督管理总局发布《互联网广告管理办法》，对广告主、互联网广告经营者、互联网广告发布者及互联网信息服务提供者的责任进行了详细规定，着重强调了对未成年人保护、禁止利用互联网发布电子烟广告等重要内容的监管。此外，将直播间运营者、直播营销人员等新兴角色的广告活动也纳入了监管范围，进一步细化了广告主体的合规标准和法律责任，不仅回应了社会对健康网络环境的期待，也标志着互联网广告行业进入更加规范和有序的新阶段。3 月，文化和旅游部办公厅印发《文化和旅游部办公厅关于组织开展 2023 年文化和旅游消费促进活动的通知》，要求“做好宣传推广和成效总结。文化和旅游部将通过中央媒体、新媒体平台，把握预热推介、跟踪报道、成果发布等重点环节，对促进活动进行全程宣传推广。各地要主动用好中央、地方媒体资源，积极对接新媒体平台、电商平台，多渠道多模式加大宣传力度，提供丰富信息服务”。7 月，国家发展和改革委员会印发《关于恢复和扩大消费的措施》，要求“把恢复和扩大消费摆在优先位置，优化就业、收入分配和消费全链条良性循环促进机制，增强消费能力，改善消费条件，创新消费场景，充分挖掘超大规模市场优势，畅通经济循环，释放消费潜力，更好满足人民群众对高品质生活的需要”，同时提出了稳定大宗消费、扩大服务消费、促进农村消费、拓展新兴消费、完善消费设施、优化消费环境六项工作重点。

2. 经济环境

2023 年，随着宏观经济企稳回升，消费政策不断释放积极信号，居民信心与消费意愿逐渐得到改善。现阶段消费已成为驱动我国内需增长的主引擎，为经济高质量发展提供有力支撑。根据国家统计局公布的数据，2023 年前三季度，中国居民人均消费支出较 2022 年同期实际增长 8.8%，最终消费支出对经济增长的贡献率是 83.2%，拉动 GDP 增长 4.4 个百分点。前三季度居民人均消费支出增速高于人均可支配收入增速，消费倾向明显改善，政策不断落地显效，为消费增长的可持续性保驾护航。

3. 行业环境

据 CNNIC 统计，截至 2023 年 6 月，用户规模排名前 5 的互联网应用类型为即时通信、网络视频、短视频、网络支付和网络购物，以上类型的互联网应用使用率均在 80%以上。此外，互联网也逐渐渗透至出行、办公、就医等领域。随着互联网逐渐成为社会生活基础性设施，消费者注意力转移至线上并在海量应用中不断流动，线上成为品牌营销必争之地。在压力中前行是当下市场的主旋律，宏观经济与消费市场的回暖迹象在一定程度上提振了广告主的信心。根据艾瑞咨询网络调研结果，超过 70%的广告主认同当前市场上存在被压抑的消费需求待释放，56.7%的广告主对于自身所处行业保持乐观预期（见图 25.1）。信心比黄金更宝贵，外部世界充满不确定性与不可控变量，市场波动意味着变化，变化中可能蕴藏着新的机遇。保持信心与期许是品牌顺势而为的重要内驱力，也是积极采取行动求新求变的先导。

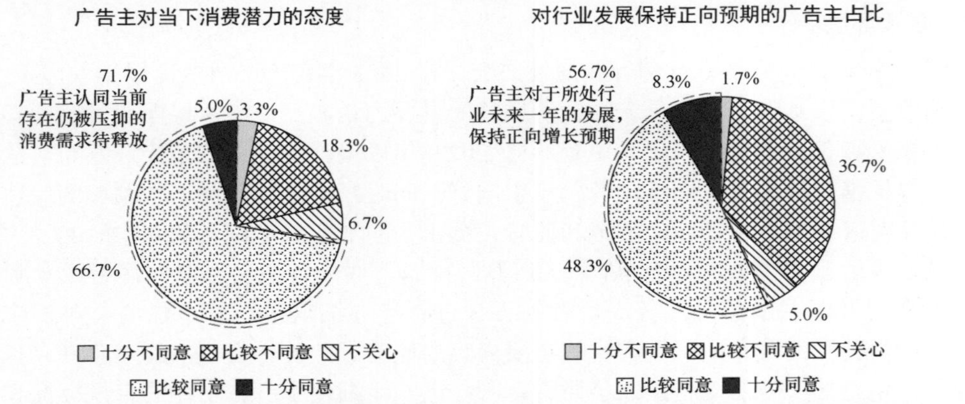

样本：$N=60$，于2023年12月通过网络调研获得。涉及题目为“您对以下观点认同度如何：当前中国消费市场中，存在着仍被压抑的消费需求待释放”。

样本：$N=60$，于2023年12月通过网络调研获得。涉及题目为“您对以下观点认同度如何：对于本人所处行业未来一年的发展，保持正向增长的预期”。

图25.1　广告主对消费潜力与行业发展的态度

资料来源：艾瑞咨询。

25.2　发展现状

1. 移动端竞争激烈，信息流广告为最主流形式

据 CNNIC 统计，截至 2023 年 6 月，我国手机网民规模达 10.76 亿人，网民中使用手机上网的比例为 99.8%，移动端对网民的极高覆盖率决定了移动广告是线上注意力争夺战中绕不开的话题。如图 25.2 所示，现阶段 96.7%的企业在移动端进行广告投放，表明市场已进入激烈的红海角逐时代。大平台小程序（微信、支付宝、百度、抖音）去重后月活用户达到 9.8 亿[1]，为生活服务、移动购物、移动视频等领域的中小玩家提供了巨大流量加持。在这种规模

1《2023 中国互联网广告数据报告》。

效应下，互联网应用生态繁荣度持续提升，内容生产与线上、线下场景结合的应用形式，正在快速“聚变”。从内容类型来看，90%的企业将信息流广告作为主要投放类型之一，信息流是当前最为主流的广告形式。

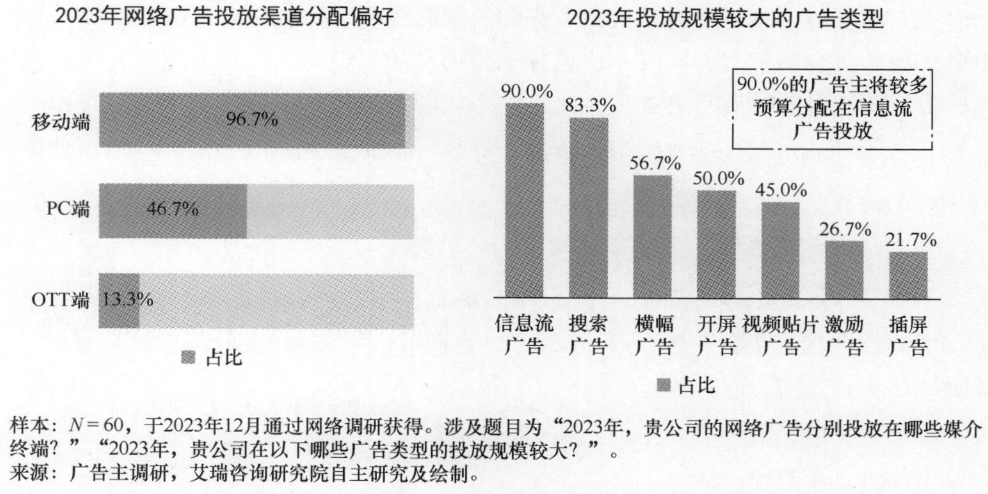

图25.2　网络广告投放渠道及类型

资料来源：艾瑞咨询。

2. 短视频/直播平台为九成企业线上投放必选项

媒体格局起伏的背后是消费者信息接收习惯甚至数字生活方式的变化，在众多媒体类型中，短视频直播平台占据绝对优势。据 CNNIC 统计，截至 2023 年 6 月，我国网络直播用户规模达 7.65 亿人，占网民总数的 71.0%。越来越多的企业意识到，直播营销是实现增长的有效路径，2023 年超过 90%的广告主在短视频/直播平台进行广告投放，如图 25.3 所示。半数以上广告主同时开展品牌自播和达人直播，达人直播依靠达人自身影响力推动品牌破圈、实现大规模转化，头部达人更善于依靠自身庞大的影响力帮助品牌实现快速转化，中腰部达人在日常的内容传播和互动过程中，潜移默化地培育用户心智。品牌自播让品牌离消费者更近，借助常态化运营达成与消费者的持续对话。如图 25.3 所示，2024 年预计增投的媒体类型中，选择传统电商平台的广告主比例位列前 3，反映了现阶段品牌对消费入口的重视与增长确定性的追求。

3. 社媒内容地位显著，品牌探索流量获取新机遇

如图 25.4 所示，2023 年 81.7%的广告主开展线上内容营销，这一比例预计在 2024 年上升至 88.3%。在进行内容营销时，广告主最为关注的领域是社媒短视频和社媒图文。社媒时代为品牌发声提供更多载体，小程序游戏和微短剧的兴起不仅伴随着大量的广告投放需求，也是流量获取的重要渠道。当前小程序游戏市场在互联网行业的新兴势力中，其增速表现得尤为突出，得益于小程序游戏包括内购付费、广告变现和混合变现等在内的多样化变现模式，国内小程序游戏市场的收入达到了 200 亿元，同比增长高达 300%[1]。与此同时，在快节奏、

1《2023 中国互联网广告数据报告》。

碎片化的传播环境中，短剧以短平快、情绪化的特征成为内容领域炙手可热的新赛道，开始承载广告主的内容营销诉求，通过抖音、快手等平台获得流量，并将观众引导到微信小程序进行付费观看。小程序游戏和短剧作为新兴的互联网广告媒介，不仅在广告投放方面展现出巨大的潜力，而且成为重要的流量入口。它们的崛起改变了传统的广告行业格局，为广告投放者提供了新的机会和挑战。同时，这也预示着用户的兴趣与选择越来越短链化、感性化，互联网广告行业未来的发展将更加多元化、动态化和浅表化。

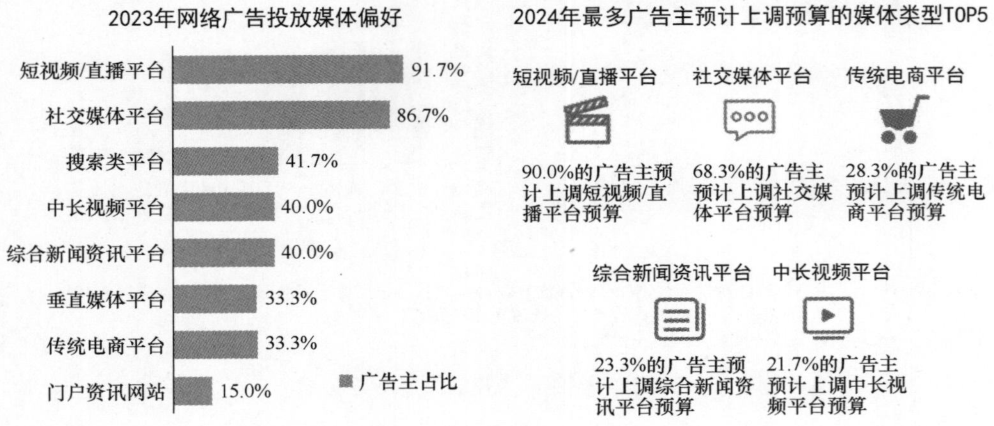

样本：$N=60$，于2023年12月通过网络调研获得。涉及题目为“2023年，贵公司的网络广告主要投入在哪类媒体上？”。

样本：$N=60$，于2023年12月通过网络调研获得。涉及题目为“明年（2024年），贵公司会增加在哪类媒体上的广告投放预算？”。

图25.3　网络广告投放媒体选择

资料来源：广告主调研，艾瑞咨询研究院自主研究及绘制。

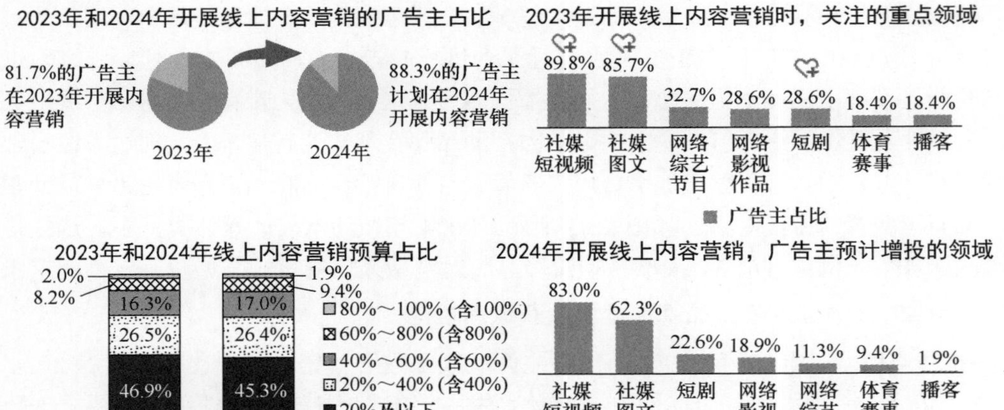

样本：1. $N=60$，2. $N=49$，3. $N=53$，于2023年12月通过网络调研获得。涉及题目为“2023年与2024年规划中，贵公司的内容营销投入占总体线上营销费用的百分比分别是多少？”。4. $N=49$，于2023年12月通过网络调研获得。涉及题目为“2023年贵公司开展线上内容营销时，关注的重点领域是哪些？”。5. $N=53$，于2023年12月通过网络调研获得。涉及题目为“明年（2024年）贵公司开展线上内容营销时，预计增加哪些领域的投入？”。

图25.4　内容营销开展情况

资料来源：广告主调研，艾瑞咨询研究院自主研究及绘制。

4. 营销数字化投入持续增长，AIGC 技术应用辅助创意内容生产

2023 年，营销数字化应用较为成熟的领域前 3 名分别是数据资产管理、广告投放、用户运营和流程管理，分别有 68.3%、66.7%和 60.0%的广告主已在该领域基本实现营销数字化。48.3%的广告主已经将 AIGC 应用于线上营销，其中 93.1%的广告主应用 AIGC 技术辅助创意内容生产，如图 25.5 所示。尚未应用 AIGC 技术的广告主中，25.8%有意向在未来一年内应用。AI 技术已经深入互联网广告的各个环节，包括广告策划、创意、投放、监测、优化、分析、评估和管理等。例如，在电商领域，生成式 AI 不仅可以实现商品推荐、智能客服等 To C 的个性化服务，还可以在直播场景下赋能主播，通过运营虚拟主播为企业降本增效、改善用户体验。这种技术的应用让广告平台能够提供更精准、更高效和更灵活的服务，同时生成更具创意、更符合受众需求和喜好的广告内容，实现了广告内容的个性化、场景化和情感化。

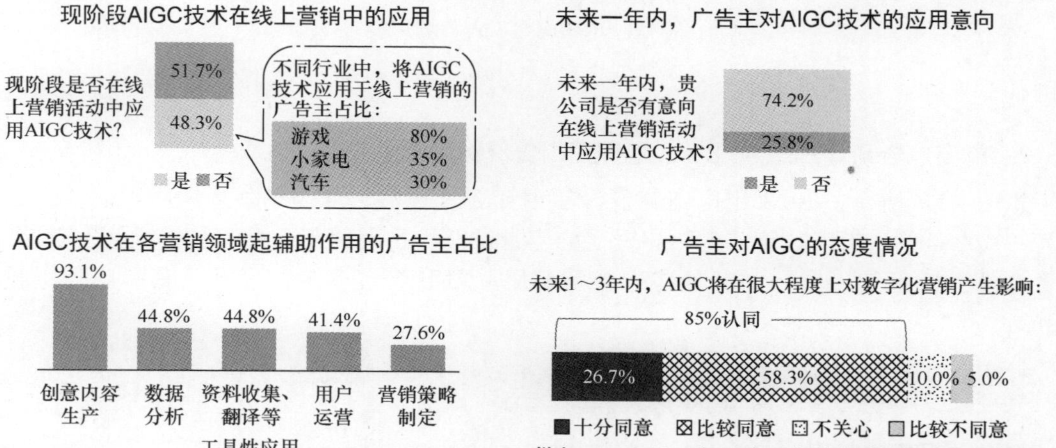

样本：1. $N=60$，于2023年12月通过网络调研获得。涉及题目为“现阶段，贵公司是否在线上营销活动中应用AIGC技术？”。2. $N=29$，于2023年12月通过网络调研获得。涉及题目为“现阶段，在贵公司的营销活动中，AIGC主要在哪些方面起到辅助作用？”。

样本：1. $N=31$，于2023年12月通过网络调研获得。涉及题目为“未来一年内，贵公司是否有意向在线上营销活动中应用AIGC技术？”。2. $N=60$，于2023年12月通过网络调研获得。涉及题目为“请问您对以下观点的认同程度如何？：未来1～3年内，AIGC将在很大程度上对数字化营销产生影响”。

图25.5 AIGC技术应用情况

资料来源：广告主调研，艾瑞咨询研究院自主研究及绘制。

25.3 市场规模

1. 2023 年中国网络广告市场将迎来复苏新阶段

2023 年，随着宏观经济逐渐恢复，生产生活回归常态化，以及人工智能等新兴技术的迅速发展，品牌营销获得了新鲜的发展土壤。如图 25.6 所示，中国网络广告市场或将出现回暖，2023 年估算规模达 11368.6 亿元，同比增长率或将提升至 12.9%。未来两年，中国网络广告市场在度过了互联网带来的红利期后，增长将逐渐趋于平稳。

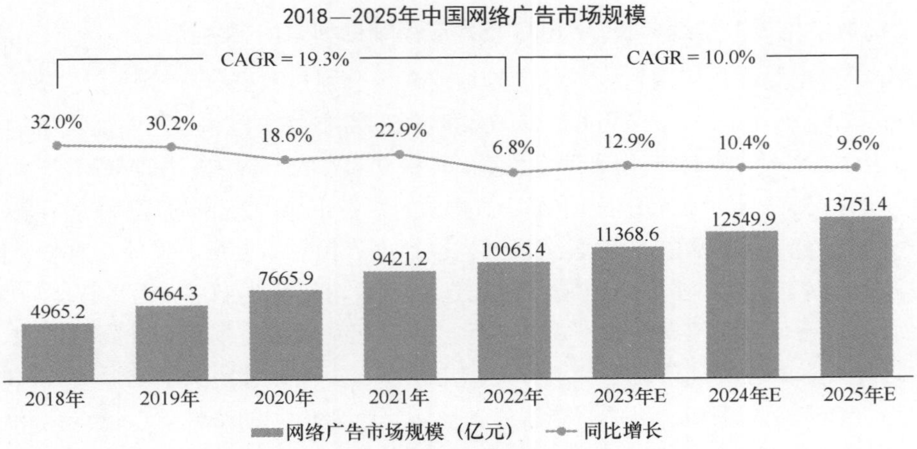

图25.6　中国网络广告市场规模

资料来源：艾瑞咨询。

2. 电商广告预计占比 41.8%，短视频广告份额逐年上升

如图 25.7 所示，2023 年电商广告份额预计居首位，达 41.8%，其次是短视频广告，预计占比 26.0%。未来几年，电商和短视频广告份额均呈现逐年上升趋势，预计在 2025 年二者合计占比可达七成。与其他广告类别相比，电商广告离转化更近，获得广告主较多预算。

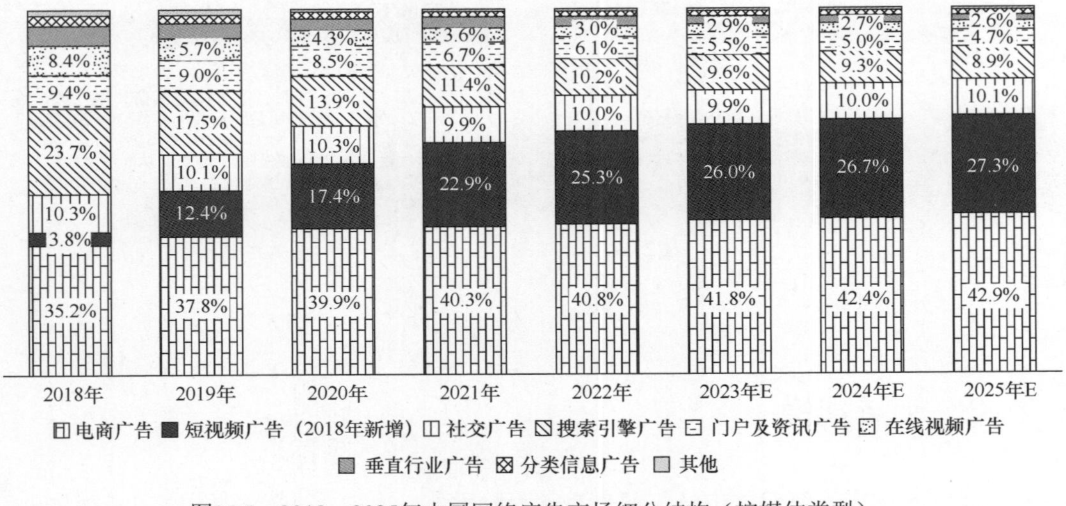

图25.7　2018—2025年中国网络广告市场细分结构（按媒体类型）

资料来源：艾瑞咨询。

3. 移动广告市场平稳发展，渗透率趋于稳定

2023 年，中国移动广告行业的市场规模预计达 10069.7 亿元，突破 1 万亿元关卡。随着移动设备的普及和用户使用习惯的养成，移动广告占网络广告的比重逐渐提高，2023 年移动

广告在整体网络广告市场中的渗透率预计保持在 88.6%。至 2025 年，移动广告市场规模预计将达到 12124.2 亿元，如图 25.8 所示。未来两年，移动广告在网络广告市场渗透率逐渐见顶，市场发展动力将更多来自品牌主对网络广告的重视及各细分赛道内的创新。

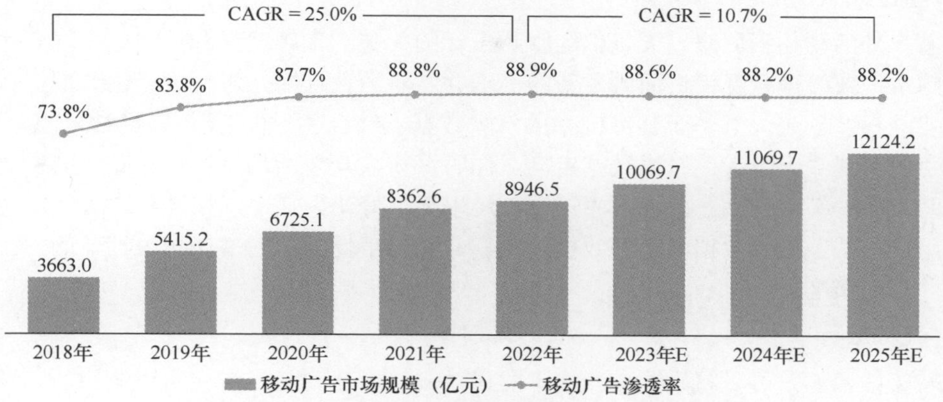

图25.8　2018—2025年中国移动广告市场规模及渗透率

资料来源：艾瑞咨询。

4. 电商广告预计占比 40.6%，短视频广告增速最快

在移动广告市场中，电商与短视频广告仍然是占比最高的两大细分市场，如图 25.9 所示，2023 年电商广告与短视频广告的市场份额预计分别为 40.6%和 29.0%，预计未来几年仍保持增长势头。至 2025 年，预计电商广告与短视频广告共占网络广告市场 70%以上的份额。移动广告市场中增速最快的细分市场同样是短视频广告，而短视频广告的崛起正是移动广告市场发展的重要支撑力量。

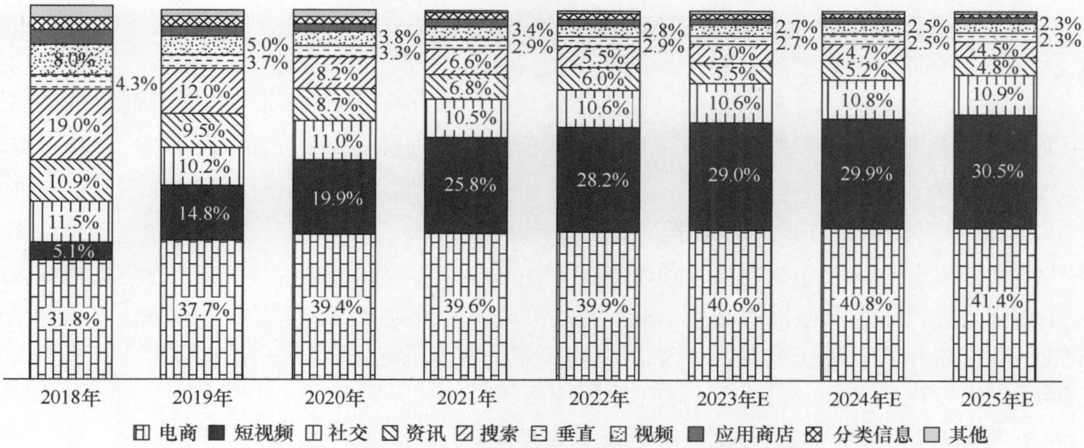

图25.9　2018—2025年中国移动广告市场细分结构

资料来源：艾瑞咨询。

25.4 典型案例

1. 墨迹天气

随着户外活动逐渐回暖，天气作为影响出行的关键因素越发得到重视。天气变化作用于消费者的生理或心理状况，进而触发新的需求并左右消费行为，对气象变化的把控帮助品牌加深消费洞察。墨迹天气基于高准确率的气象数据，结合基于位置服务（LBS）定位技术与用户洞察，实现“天地人”三维数据定向；同时深耕大众生活场景，打造超 30 种生活服务指数，助力品牌精准营销。此外，墨迹天气还以天气变化为抓手，精准圈定天气敏感行业的高价值用户，基于气象数据与销售数据，洞察品类与市场需求的潜在相关性，助力品牌方判断商机并实现精准投放。

2. 飞猪旅行

随着新技术的发展，特别是 AI 技术的日益成熟，互联网广告行业正在经历一场技术驱动的变革。AI 技术的应用不仅提升了广告的精准性和效率，还推动了广告内容创意和个性化的发展。飞猪在 2023 年 4 月以“这个五一玩什么”为主题，首次运用 AI 进行广告创作并投放在地铁内。飞猪根据关键词的堆砌并利用 AI 技术生成了近 1000 个平面广告，为大众提供了丰富的想象空间。此外，飞猪还推出了首个 AI 主播熹贵妃，与大众进行直播聊天和虚拟人在线 PK，为大众提供五一旅游新思路。品牌希望以此来鼓励消费者用真正的旅行来代替脑海中的想象，用出行来发现自己心中独一无二的世界。

25.5 发展趋势

1. 网络广告市场增速趋于平稳，电商和短视频是两大支柱

中国网络广告市场正在进入稳增长阶段，作为大盘主体的移动广告渗透率同样趋于稳定，存量市场将更加看重用户黏性和用户价值。未来几年，电商广告与短视频广告仍是网络广告市场的两大支柱，二者的持续增长为市场建立起发展信心。电商广告看重渠道带来的增长确定性，未来依然是多数品牌的首选。短视频占据着绝大部分用户的注意力，是品牌投放绕不开的重要触点。

2. 效果广告重要性提升，品牌广告价值未被忽视

当前市场环境下，更多品牌主开始将目光转向效果广告，效果投放能够帮助品牌主快速达成转化目标，是追求增长的高效手段。与此同时，大多数品牌主仍然认可品牌广告的价值，通过品牌广告积累长期资产是品牌穿越周期、竞争存量的定力所在，未来品效广告的天平将重新回到更合理的范围，品牌广告的价值会得到更突出的体现。

3. 全域媒介投放，短视频/直播平台竞争加剧

数字生活日渐丰富，媒介使用与生活场景深度融合，单一渠道投放已成过去式。品牌需要基于不同媒体平台的人群特征、使用场景打造精细化的媒介布局策略，从媒体类型来看，未来多数品牌主持续将更多预算投入短视频/直播平台。

4. 品牌营销逐渐转向内容化、社交化

流量空间见顶，过去依靠增量用户拉动转化的红利不复存在，未来品牌增长的动力更多来自用户价值和消费频次的提升，品牌运营策略也将逐步转向精细化、全周期。新一代消费群体伴随着社交媒体而成长，他们因兴趣和信任聚集在数字世界。在此背景下，消费者对情绪价值的需求越来越大，品牌营销不能仅停留在触达，更重要的是与消费者进行交互与对话。未来品牌营销更趋内容化与社交化，品牌以优质内容为锚点与消费者产生共鸣，探索新的增长空间。

5. 增加数字化投入驱动营销提效

广告主普遍意识到营销数字化的重要性并加大数字化投入，从广告投放、用户运营、数据资产管理、内容生成、渠道运营等多领域提升自身数字营销能力。数字营销依靠数据驱动，数据资产管理在营销数字化建设过程中的重要性不言而喻，也是大多数广告主持续发力的领域。同时，随着品牌建设从野蛮生长迈向精耕细作，内容的重要性凸显，广告主的数字化投入重心开始转向内容与创意生成，未来在技术的推动下，与内容相关的营销产品存在更强的创新动力。

撰稿：杨祎、王鲲

审校：艾瑞数智

第四篇

治理与发展环境篇

- 2023 年中国互联网政策法规建设状况
- 2023 年中国互联网治理状况
- 2023 年中国网络知识产权保护状况
- 2023 年中国网络安全状况
- 2023 年中国互联网投融资发展状况
- 2023 年中国网络人才建设状况

第 26 章　2023 年中国互联网政策法规建设状况

26.1　2023 年中国互联网政策法规建设状况综述

党的十八大以来，习近平总书记高度重视互联网法治工作，强调要坚持依法治网、依法办网、依法上网，让互联网在法治轨道上健康运行。在习近平新时代中国特色社会主义思想指引下，我国将依法治网作为全面依法治国和网络强国建设的重要内容，网络综合治理体系基本建成，网络安全保障体系和能力持续提升，网信领域科技自立自强步伐加快，网络空间法治化程度不断提高。“中国把握互联网发展规律，坚持科学立法、民主立法、依法立法，大力推进网络法律制度建设，网络立法的系统性、整体性、协同性、时效性不断增强。”[1]“制定出台网络安全法、数据安全法、个人信息保护法等涉网络领域立法 150 余部，网络法律体系基本形成”[2]，在网络设施安全防护、数据安全和数据治理、数字平台综合治理、数字技术规范发展等方面不断构建完善相关立法，为网络强国建设提供了坚实的制度保障。我国网络法治建设取得历史性成就，网络立法的“四梁八柱”基本构建完成。我国运用法治观念、法治思维和法治手段有效应对我国互联网发展中的深层次问题，为我国从网络大国向网络强国迈进提供了坚实的制度保障，进一步丰富完善了中国特色治网之道，形成了丰富的理论成果、实践成果、制度成果。随着我国进入经济恢复期，2022 年年底的中央经济工作会议提出，要大力发展数字经济，提升常态化监管水平，支持平台企业在引领发展、创造就业、国际竞争中大显身手。对此，我国立法机关已经迅速开展相关立法规划工作，推动实现互联网由“管”到“治”的根本转变。2023 年 9 月发布的《十四届全国人大常委会立法规划》，将反不正当竞争法（修改）、网络安全法（修改）列入第一类项目“条件比较成熟、任期内拟提请审议的法律草案”，将电信法、数字经济促进法、网络犯罪防治法列入第二类项目“需要抓紧工作、条件成熟时提请审议的法律草案”，并提出就数据权属、网络治理等方面的项目进行研究论证。

2023 年是全面贯彻落实党的二十大精神的开局之年，也是实施“十四五”规划承上启下

1 国务院新闻办公室：《新时代的中国网络法治建设》白皮书，2023 年 3 月。

2《阔步迈向网络强国》，中央网络安全和信息化委员会办公室室务会，载于《人民日报》2024 年 2 月 27 日版。

的关键之年。我国深入贯彻落实党中央关于网络强国、数字中国的决策部署，积极推进互联网立法工作，不断完善相关法律制度规范，基本形成了具有中国特色的互联网法律体系，为推动互联网持续健康发展提供了法治保障。我国网络空间法治建设继续顺应全球信息化发展大势，立足我国互联网发展实践，不断深化对依法治网的规律性认识，在保安全的基础上向促发展迈进，查漏补缺、完善制度、细化规则。

2023 年，我国互联网法治工作取得显著成效，互联网法律体系日趋健全完善。在筑牢国家网络安全、数据安全屏障，规范网络信息内容管理的基础上，我国重点突出互联网立法稳预期、利长远的作用，在创新构建数据价值释放和数据跨境制度、促进新技术新应用向上向善发展方面加快推进相关立法，为数字经济创新发展提供基础保障。**在网络设施方面，**继续推进网络安全法等相关上位法配套规则出台，在金融、交通等重点行业领域加强对网络设施的安全保护力度。**在数据立法方面，**呈现出促进数据价值释放的明显转变，在推动数据跨境流动、促进数据产业发展、构建数据资产管理制度等方面进行创新性制度设计。**在互联网平台方面，**进一步细化数字市场竞争管理法律制度，针对重点平台业务出台管理要求，强化互联网平台在未成年人网络保护等方面的义务。**在数字技术方面，**立足技术产业发展实践，出台人工智能等相关立法，促进安全与发展的动态平衡，在全球新技术法律规则制定中占据主动地位。

26.2 网络设施安全持续强化，重点行业领域完善安全细则

我国高度重视网络设施的安全防护和建设发展，出台《中华人民共和国网络安全法》《关键信息基础设施安全保护条例》等明确对网络设施的安全防护要求。2023 年，我国在现有立法基础上进一步细化具体制度规则，强化重点行业领域网络设施保护。

1. 持续完善重点网络安全制度要求

一是细化商用密码安全管理规则。4 月 27 日，国务院发布《商用密码管理条例（2023 年修订）》，适应商用密码技术创新发展实践，明确对商用密码的管理要求，构建了“四级管理+专项管理”机制，促进密码科技创新与标准化，细化了商用密码检测认证实施要求，与《中华人民共和国电子签名法》衔接，确立了电子认证商用密码管控要求，并明确商用密码进出口管制规定。明确促进商用密码应用，鼓励公民、法人和其他组织依法使用商用密码保护网络与信息安全。9 月 27 日，国家密码局发布《商用密码应用安全性评估管理办法》，进一步明确了商用密码应用安全性评估范围，确定商用密码应用安全性评估对象为重要网络与信息系统，并且明确了对网络和信息系统使用商用密码技术、产品进行检测分析和验证评估的具体要求。

二是优化对关键设备和网络安全产品服务的管理规则。3 月 15 日，国家市场监督管理总局、中央网络安全和信息化委员会办公室、工业和信息化部、公安部联合发布《关于开展网络安全服务认证工作的实施意见》，明确了网络安全服务认证目录确定机制，以及对网络安全服务认证机构的资质、工作机制、信息公开等具体要求。7 月 3 日，国家互联网信息办公室、工业和信息化部、公安部、国家认证认可监督管理委员会联合发布《关于调整〈网络关键设备和网络安全专用产品目录〉的公告》，调整后的目录共包括 38 类网络关键设备和网络安全专用产品，其中网络关键设备仍为 4 类，网络安全专用产品由之前的 11 类增至 34 类。8 月 10 日，国家认证认可监督管理委员会发布修订的《网络关键设备和网络安全专用产品安

全认证实施规则》，明确此前已经颁发的有效安全认证证书可继续使用，证书转换工作采取到期换证、产品变更、标准换版等自然过渡的方式完成。

三是强化网络安全事件管理。4月26日，我国公布修订的《中华人民共和国反间谍法》，将针对关键基础设施实施的网络攻击、侵入、控制、破坏等活动列入间谍活动范畴。12月8日，国家互联网信息办公室发布《网络安全事件报告管理办法（征求意见稿）》，规定了网络运营者对于较大、重大或特别重大网络安全事件进行报告的时间、内容等要求，并规定网络安全事件处置后需进行全面分析总结并进行上报，同时明确了运营者的法律责任。

2. 重点行业出台网络安全实施细则

金融、交通等重点行业领域结合行业监管现实情况出台网络安全具体规则。2月27日，证券监督管理委员会发布《证券期货业网络和信息安全管理办法》，明确证券期货业网络和信息安全监督管理体系、网络和信息安全运行、投资者个人信息保护、网络和信息安全应急处置、关键信息基础设施安全保护等要求。6月8日，交通运输部发布《公路水路关键信息基础设施安全保护管理办法》，在《关键信息基础设施安全保护条例》的基础上进一步细化公路水路关键信息基础设施认定方法、运营者责任义务、风险隐患应急处置、事前事中事后监管等内容，提升了公路水路关键信息基础设施安全保护和监督管理水平。12月17日，交通运输部发布《铁路关键信息基础设施安全保护管理办法》，规定国家铁路局是铁路领域关键信息基础设施安全保护工作部门，明确铁路关键信息基础设施的认定规则，要求运营者对铁路关键信息基础设施的网络安全保护不得低于网络安全第三级保护水平，并对国家铁路局加强铁路关键信息基础设施保护工作提出具体要求。12月18日，工业和信息化部发布《民用无人驾驶航空器生产管理若干规定》，从唯一产品识别码、无线电发射设备型号核准、电信设备进网许可、网络与数据安全、产品信息备案等方面明确了对民用无人驾驶航空器的管理要求。

26.3　数据安全与价值释放并重，数据法律规则体系全面构建

数据作为新型生产要素，是数字化、网络化、智能化的基础。数据基础制度建设事关国家发展和安全大局。2022年年底，我国发布《中共中央　国务院关于构建数据基础制度更好发挥数据要素作用的意见》，从数据产权、流通、交易、使用、分配、治理、安全等角度提出构建有利于数据安全保护、有效利用、合规流通的数据基础制度。2023年，我国在维护国家数据安全、保护个人信息的基础上，进一步健全数据出境规则，探索构建数据基础制度，为数据价值释放提供合法依据。

1. 构建中国特色数据跨境流动规则体系

一是制定个人信息出境标准合同规范。2月22日，国家互联网信息办公室出台《个人信息出境标准合同办法》，细化通过标准合同向境外提供个人信息的场景，明确了个人信息保护影响评估的评估要素，并规定了个人信息处理者对个人信息出境标准合同进行备案的要求。该办法解决了中小型数据出境安全问题，为企业数据安全高效流通新增路径。5月30日，国家互联网信息办公室发布《个人信息出境标准合同备案指南（第一版）》，详细规定了个人信息出境标准合同备案需提交的材料内容及个人信息出境标准合同的范本，进一步提升了个

人信息出境标准合同的可操作性。

二是探索为企业数据跨境流动“减负”立法。6 月 29 日，国家互联网信息办公室与香港特区政府创新科技及工业局签署《关于促进粤港澳大湾区数据跨境流动的合作备忘录》，在国家数据跨境安全管理制度框架下，建立粤港澳大湾区数据跨境流动安全规则，促进粤港澳大湾区数据跨境安全有序流动。9 月 28 日，国家互联网信息办公室发布《规范和促进数据跨境流动规定（征求意见稿）》，在《网络安全法》《数据出境安全评估办法》《个人信息出境标准合同办法》等相关立法的基础上，《规范和促进数据跨境流动规定（征求意见稿）》规定了无须申报数据出境安全评估、订立个人信息出境标准合同、通过个人信息保护认证的具体情形，从“例外规定”视角进一步完善了我国数据出境法律制度，更精准地适配数据出境具体场景，减轻企业在数据出境中的合规压力，是我国促进数据合法有序跨境流动的积极尝试。12 月 10 日，国家互联网信息办公室与香港创新科技及工业局共同制定并发布《粤港澳大湾区（内地、香港）个人信息跨境流动标准合同实施指引》，落实《关于促进粤港澳大湾区数据跨境流动的合作备忘录》中“共同制定粤港澳大湾区个人信息跨境标准合同并组织实施，加强个人信息跨境标准合同备案管理”的合作措施，促进粤港澳大湾区个人信息跨境安全有序流动。2024 年 3 月 22 日，国家互联网信息办公室正式公布《促进和规范数据跨境流动规定》，自公布之日起施行。

2. 构建重点领域数据安全管理要求

一是工业和信息化领域加快推进数据安全管理实施细则出台。1 月 1 日，《工业和信息化领域数据安全管理办法（试行）》正式实施，确定了工业和信息化领域数据分类分级管理、重要数据识别与备案相关要求。针对不同级别的数据，在数据处理全生命周期的不同环节规定相应安全管理和保护要求。10 月 9 日，工业和信息化部发布了《工业和信息化领域数据安全风险评估实施细则（试行）（征求意见稿）》，明确工业和信息领域重要数据和核心数据处理者开展数据安全风险评估的评估内容、评估期限、评估方式、评估报送等具体要求，为相关数据处理者开展数据安全风险评估提供了实践指引。11 月 23 日，工业和信息化部公开征求对《工业和信息化领域数据安全行政处罚裁量指引（试行）（征求意见稿）》的意见，对工业和信息化领域数据安全行政处罚管辖规则、处罚情形、裁量权适用规则等进行了具体规定，进一步提升了数据安全相关立法的实施效果。12 月 19 日，工业和信息化部、国家标准化管理委员会印发《工业领域数据安全标准体系建设指南（2023 版）》，旨在建立和完善工业领域的数据安全标准体系，为企业和相关机构强化工业数据的安全保护提供具体指引，促进工业领域数据安全标准的建设和实施。2024 年 5 月 10 日，工业和信息化部正式印发《工业和信息化领域数据安全风险评估实施细则（试行）》。

二是金融领域细化数据安全具体要求。6 月 27 日，国家金融监督管理总局办公厅向各银保监局、银行保险机构等下发《关于加强第三方合作中网络和数据安全管理的通知》，通报了企业微信服务风险情况和科技外包风险情况，要求各银行保险机构深入排查供应链风险隐患，切实加强整改。7 月 24 日，中国人民银行发布《中国人民银行业务领域数据安全管理办法（征求意见稿）》，明确了中国人民银行业务领域数据定义，确定了数据分级分层的标准及划分级别，针对数据收集、存储、使用、加工、传输、提供、公开和删除等环节明确了数据安全保护要求，细化了风险监测、评估审计、安全事件处置等制度规则。

3. 加快推进数据要素市场依法依规构建

一是促进数据产业规范发展。1月3日，工业和信息化部、国家互联网信息办公室、国家发展和改革委员会、教育部、科学技术部、公安部、国家安全部、财政部等十六部门联合发布《促进数据安全产业发展的指导意见》，要求提升数据安全产业的创新能力，加强核心技术攻关，构建数据安全产品体系；壮大不同类型的数据安全服务，推进规划咨询与建设运维服务，积极发展检测、评估、认证服务；推进标准体系建设，加强数据安全产业重点标准供给；推广技术产品应用，提升关键环节、重点领域应用水平，加强应用试点和示范推广；构建繁荣产业生态，推动产业集聚发展，打造融通发展企业体系，强化基础设施建设等。8月25日，国家金融监督管理总局、中国人民银行、中国证券监督管理委员会、国家互联网信息办公室、国家外汇管理局联合发布《关于规范货币经纪公司数据服务有关事项的通知》，要求货币经纪公司加强数据安全管理，明确可接受数据服务的机构范围，并对货币经纪公司提供数据服务的标准和协议框架进行规范。

二是探索构建数据资产"入表"制度。8月21日，财政部发布《企业数据资源相关会计处理暂行规定》，要求企业根据数据资源的持有目的、形成方式、业务模式，以及与数据资源有关的经济利益的预期消耗方式等，对数据资源相关交易和事项进行会计确认、计量和报告。在不改变现行企业会计准则的基础上，在资产负债表中的"存货、无形资产、开发支出"三个项目下增设"数据资源"子项目，并对数据资源相关会计信息进行披露。

26.4　互联网平台责任逐步规范，平台发展法治环境日益优化

互联网平台在支持创新、促进增长、扩大需求、就业创业等方面发挥引领作用，是经济新旧动能转换和产业结构升级的有力引擎。2022年年底的中央经济工作会议提出，支持平台企业在引领发展、创造就业、国际竞争中大显身手。2023年，我国在数字市场竞争监管、网络社会管理等方面强化互联网平台主体责任，并在重点领域细化对互联网平台的管理要求。

1. 强化未成年人网络权益保护

出台未成年人网络保护专门立法和实践指南。8月2日，国家互联网信息办公室发布《移动互联网未成年人模式建设指南（征求意见稿）》，指导移动智能终端、移动互联网应用程序、移动互联网应用程序分发服务平台推进"未成年人模式"建设的具体要求，为未成年人营造安全健康的网络环境。10月16日，国务院发布《未成年人网络保护条例》，构筑了覆盖未成年人参与网络活动全链条，涵盖家庭、学校、社会、政府等多主体的网络保护体系。在网络素养促进方面，规定了政府、学校、监护人等各方主体在培育未成年人网络素养方面的责任；在网络信息内容规范方面，按照内容管理"三分法"的思路，对正能量信息、违法信息和不适宜未成年人接触的信息分别明确管理要求；在未成年人个人信息网络保护方面，明确未成年人个人信息权益的行使方式，夯实未成年人个人信息保护制度基础；在网络沉迷防治方面，对应援集资、投票打榜等诱导未成年人沉迷网络、非理性消费的活动进行专门规范，对网络游戏、网络直播等重点应用的防沉迷规则提出细化要求。

2. 针对网络信息内容管理突出问题重点规范

加快推进网络暴力规制进程。7月7日，国家互联网信息办公室发布《网络暴力信息治

理规定（征求意见稿）》，明确了网络暴力信息的定义，规定网络信息服务提供者需承担网络信息内容管理主体责任，对网络暴力信息进行监测预警、及时处置，并完善对用户的网络暴力保护机制。9 月 25 日，最高人民法院、最高人民检察院、公安部联合发布《关于依法惩治网络暴力违法犯罪的指导意见》，对网络诽谤、网络侮辱、侵犯公民个人信息等网络暴力违法犯罪的具体情形、法律适用、定罪处罚考量等进行规定，提升网络暴力综合治理能力。

3. 配套出台数字市场反垄断规则

出台实施细则配套落实反垄断法最新要求。3 月 10 日，为适应平台经济发展需求、提升数字平台竞争活力，国家市场监督管理总局发布《禁止垄断协议规定》《禁止滥用市场支配地位行为规定》《经营者集中审查规定》三部部门规章，明确对互联网平台垄断行为监管的具体要求。《禁止垄断协议规定》明确界定平台经济领域相关商品市场界定方法，禁止利用平台规则等达成垄断协议；《禁止滥用市场支配地位行为规定》结合平台经济特点明确认定平台经济领域经营者具有市场支配地位的考量因素，并具体规定平台经济经营者滥用市场支配地位的具体要求；《经营者集中审查规定》明确了平台附加限制性条件减少对竞争不利影响的具体情形。6 月 25 日，国家市场监督管理总局发布《禁止滥用知识产权排除、限制竞争行为规定》，对经营者滥用知识产权排除、限制竞争的行为进行规制，明确了知识产权领域相关市场认定方法，认定排除、限制竞争行为考虑因素。

4. 细化重点领域平台管理要求

重点民生领域强化互联网平台责任规范。2 月 25 日，国家市场监督管理总局发布《互联网广告管理办法》，提出互联网平台经营者在提供互联网信息服务过程中应防范、制止违法广告，并遵守记录保存用户真实信息，对违法广告进行监测、排查等义务。3 月 3 日，国家药监局发布《化妆品网络经营监督管理办法》，明确化妆品电子商务平台经营者承担对平台内化妆品经营者进行管理的责任，包括实名登记、日常检查、违法行为处置等。3 月 24 日，文化和旅游部发布《文化和旅游部关于推动在线旅游市场高质量发展的意见》，要求在线旅游平台经营者应强化对平台内经营者资质审核，确保平台信息内容安全。4 月 25 日，交通运输部办公厅、工业和信息化部办公厅、公安部办公厅、国家市场监督管理总局办公厅、国家互联网信息办公室秘书局联合发布《关于切实做好网约车聚合平台规范管理有关工作的通知》，提出压实网约车聚合平台等企业主体责任，保障乘客和驾驶员合法权益，维护公平竞争市场秩序。6 月 9 日，国家市场监督管理总局、商务部发布《关于发挥网络餐饮平台引领带动作用有效防范外卖食品浪费的指导意见》，引导网络餐饮平台通过餐品信息展示、多维度提示适量点餐、优化平台协议规则等方式，带动全社会减少食品浪费。8 月 10 日，中央网络安全和信息化委员会办公室印发《网站平台受理处置涉企网络侵权信息举报工作规范》，规范境内网站平台受理处置涉企网络侵权信息举报工作，维护保障企业和企业家网络合法权益，同时建立“优化营商网络环境”长效工作机制。

26.5 数字技术规则加速推进，新技术新应用发展逐步规范

近年来，数字技术创新和迭代速度明显加快，在提高社会生产力、优化资源配置的同时也带来一些新问题、新挑战。2023 年，我国针对人工智能等新技术、新应用带来的风险问题

加快立法应对，为数字技术规范和创新提供了基本遵循。

1. 针对重点类型人工智能及时立法

针对重点人工智能技术应用明确管理要求和发展原则。1月10日，国家互联网信息办公室、工业和信息化部、公安部联合制定的《互联网信息服务深度合成管理规定》正式实施，明确了对应用深度合成技术提供互联网信息服务的具体要求，构建了深度合成内容管理、训练数据管理及对深度合成信息内容添加标识等具体制度。7月10日，国家互联网信息办公室联合国家发展和改革委员会、教育部、科学技术部、工业和信息化部、公安部、国家广播电视总局发布《生成式人工智能服务管理暂行办法》，明确了生成式人工智能服务的基本概念，提出鼓励生成式人工智能创新应用，生成积极健康、向上向善的优质内容。同时，明确了生成式人工智能服务提供者在数据处理活动、保护服务使用者个人信息、及时处置违法内容等方面的义务。

2. 探索构建科技伦理审查规则

以科技伦理审查构建数字技术风险事前防范制度。10月8日，科学技术部、教育部、工业和信息化部、农业农村部、国家卫生健康委员会、中国科学院、中国社科院、中国工程院、中国科学技术协会、中央军事委员会科学技术委员会十部门联合发布《科技伦理审查办法（试行）》，落实科技伦理审查主体责任，明确需进行科技伦理审查的科技活动范畴，并对科技伦理审查的一般程序、简易程序、专家复核程序等进行具体规定。旨在规范科学研究、技术开发等科技活动的科技伦理审查工作，强化科技伦理风险防控，促进负责任创新。

3. 针对重点类型新技术强化规制

强化对高风险数字技术的管理要求。5月31日，国务院、中央军事委员会发布《无人驾驶航空器飞行管理暂行条例》，明确对无人驾驶航空器、操控员及空域和飞行活动的管理要求。6月6日，国家互联网信息办公室就《近距离自组网信息服务管理规定（征求意见稿）》公开征求意见，对近距离自组网信息服务提供者、使用者的责任义务进行明确，要求服务提供者采取必要的安全管理制度和技术措施，依法处置违法信息，防范和抵制不良信息传播，保存有关记录并进行报告。8月8日，国家互联网信息办公室就《人脸识别技术应用安全管理规定（试行）（征求意见稿）》公开征求意见，重点规定了人脸识别技术的使用原则，禁止使用人脸识别技术的情形，限定使用人脸识别技术的场景，强化对人脸信息的保护。

除上述针对互联网重点问题出台的立法外，2023年相关部门着力强化网络执法的合法化、规范化，出台相关规定界定执法职责，严格规范执法程序。3月18日，国家互联网信息办公室发布《网信部门行政执法程序规定》，明确了网信部门在行政执法中的管辖权、行政处罚程序等具体规则。5月30日，工业和信息化部发布《工业和信息化行政处罚程序规定》，明确了工业和信息化管理部门在行政处罚中的管辖规则及行政处罚普通程序、简易程序等相关规则。

撰稿：赵淑钰

审校：王磊

第 27 章　2023 年中国互联网治理状况

27.1　网络治理概况

27.1.1　促进数字经济规范健康发展的法治体系持续完善

2023 年，我国数字经济的法治体系更好地平衡安全和发展的关系，聚焦数据、平台和新技术新应用领域，完善相关法律制度，健全配套规则，促进数字经济规范健康发展，集中体现在以下三个方面。

明确数据资源体系架构，探索数据价值释放规则。一是确立数据基础制度构建方向。2022 年 12 月，中共中央、国务院发布《关于构建数据基础制度更好发挥数据要素作用的意见》，明确了数据基础制度基本框架。2023 年 2 月，中共中央、国务院印发《数字中国建设整体布局规划》，确立了数据资源体系建设重点领域。二是细化跨境数据流动规则。2023 年，国家互联网信息办公室发布《个人信息出境标准合同办法》《规范和促进数据跨境流动规定（征求意见稿）》等文件，为数据出境活动提供了具体指引。三是肯定数据资源的资产属性。2023 年 8 月，财政部发布《企业数据资源相关会计处理暂行规定》，规范企业数据资源相关会计处理，强化相关会计信息披露。

明确规范平台经济的实施细则，完善各领域平台责任具体要求。一是细化平台经济竞争规则具体要求。2023 年，国家市场监督管理总局发布《禁止垄断协议规定》《禁止滥用市场支配地位行为规定》《经营者集中审查规定》，针对平台经济的特点，完善不正当竞争、垄断行为管理的具体规则。二是明确平台未成年人网络保护责任。2023 年 10 月，我国出台《未成年人网络保护条例》，规定平台在网络沉迷防治、网络欺凌防治等方面的法律义务和责任。三是平台经济专项整改接近尾声。2023 年，我国公平竞争监管、网络和数据安全审查、App 个人信息治理、金融监管等专项整治工作基本完成。

优化新技术新应用监管方式，推动新技术新应用精细化治理。一是聚焦技术前沿规范深度合成。2023 年 1 月，《互联网信息服务深度合成管理规定》正式实施，明确管理范围、主体责任和相关监管要求。二是探索生成式人工智能精细化治理方案。2023 年 7 月，国家互联网信息办公室发布《生成式人工智能服务管理暂行办法》，明确生成式人工智能规范发展的具体要求。三是推动技术向善，加强科技伦理治理。2023 年 10 月，科技部会同教育部、工业和信息化部等 10 部门印发《科技伦理审查办法（试行）》，从健全体系、规范程序、严格标准、加强监管等方面提出了一系列措施。

27.1.2　数字政府引领驱动数字化发展的作用不断显现

2023 年，数字政府建设持续深化，各地区各部门聚焦企业和群众办事的痛点堵点，通过制度创新、技术创新双轮驱动，深化政务服务改革，持续提升政务服务效能，赋能营商环境建设及数字惠民便民。

以制度改革引领政务服务常态化和增值化发展。中央层面，国务院办公厅持续完善政务服务效能提升常态化机制，推动“能办”向“好办”转变。2023 年以来，国务院办公厅会同各地区各有关部门依托全国一体化政务服务平台开展政务服务效能提升“双十百千”工程，围绕为民办实事、惠企优服务，推动解决一批企业和群众办事急难愁盼问题，集中优化推广一批高频“一网通办”服务。在此基础上，2023 年 8 月印发《关于依托全国一体化政务服务平台建立政务服务效能提升常态化工作机制的意见》，提出建立健全办事堵点发现解决机制、服务体验优化机制、平台支撑能力提升机制、效能提升保障机制“四个机制”，推动提高政府为民服务的创造性执行效能。地方层面，浙江引领探索政务服务增值化改革，推动政务服务标准化、规范化、便利化“三化”变“四化”。政府在政务基本服务之外，围绕企业经营的痛点、堵点和难点提供全生命周期衍生服务，在原来政府“有什么、给什么”的基础上实现企业“要什么、给什么”，创新推进有效市场和有为政府结合。2023 年 10 月，李强总理到浙江调研，对增值化改革进行肯定，并强调要从企业需求出发，持续优化政务服务，调动社会资源，做好科创、金融等增值服务文章，主动推送政策，精准高效服务，不断提升企业和群众的获得感。

以 AI 大模型等技术变革助力政务服务提质增效。ChatGPT 带来的巨大冲击，燃起国内企业对生成式人工智能（AIGC）赛道的空前关注。各大互联网和 AI 企业争先推出政务领域大模型应用，加快入场步伐。据统计，国内至少有 56 家大模型厂商在政务领域开展了布局，其中百度、智谱华章、科大讯飞、商汤科技、中国科学院自动化研究所、阿里云、360 和昆仑万维等厂商的大模型产品已通过备案上线。多地发文明确政务领域大模型应用方向，强化引导和支持。北京、上海、杭州、深圳等地发布人工智能政策或行动计划，明确提及推进政务领域大模型应用，要求将政务列为大模型的垂直领域示范应用，率先突破，打造标杆性大模型产品和服务。在场景需求上，普遍将政务热线、智能客服等政务服务问询相关场景作为大模型技术应用的重点方向。在应用推进上，采取软硬结合多种方式进行支持。杭州、安徽要求加快打造政务领域垂直行业大模型；北京通过招募政府通用人工智能创新伙伴、发布典型应用案例和场景需求、梳理产业创新图谱、开展应用案例征集大赛等手段，支持大模型厂商布局政务领域场景应用；上海、北京、江西、安徽等通过发放算力券支持政务领域大模型训练和应用。

27.1.3　数字社会建设的整体性、协同性水平稳步提升

智慧城市建设全面铺开，基本形成统筹联动发展格局。当前，智慧城市已走向数据融通、全域转型、质效提升的发展新阶段，供需两侧争相布局智慧城市万亿级蓝海赛道。2022 年，

我国智慧城市产业投资规模达 1.8 万亿元，投资强度快速反弹到新冠疫情暴发前的水平，投资规模保持高位。据不完全统计，目前我国已有 400 个县级以上城市发布了智慧城市相关专项政策文件，高位统筹谋划智慧城市建设。各地数字基础设施、共性赋能平台集约化建设水平不断提升，智慧城市底座进一步夯实。城市大脑呈现市、区（县）、乡镇（街道）多级联动发展趋势，“一网统管”进一步延伸到基层，推动城市治理条抓块统、敏捷高效，城市韧性智治水平不断提高。数字生活走向集约化、智能化、普惠化发展新阶段，以 AI 大模型、元宇宙、数字孪生为代表的新技术不断催生服务新模式、新业态。此外，构建多元化、一体化运营服务生态成为各地标配，智慧城市运营服务商、数据集团、城市合伙人等开始涌现，“以产促城、以城兴产、产城融合”的智慧城市发展新格局正加速形成。

数字乡村建设分类推进、重点突出，加快提升乡村振兴内生动力。一是顶层设计不断完善。中央网络安全和信息化委员会办公室联合多部委连续 4 年发布年度《数字乡村发展工作要点》，《2023 年数字乡村发展工作要点》部署了 10 个方面 26 项重点任务，要求提升乡村治理数字化水平，深化乡村数字普惠服务，保障数字乡村高质量发展等。二是标准体系不断健全，中央网络安全和信息化委员会办公室、农业农村部等部门组织修订《数字乡村建设指南 2.0》，智慧农业信息系统、农机物联网等领域的 20 余项国家标准和 10 余项行业标准先后发布，浙江、黑龙江、四川、陕西等地积极开展标准制定实施。三是重点领域数字化治理成效明显。全国已建设 355 个县级政务服务平台，更多涉农服务事项实现“网上办”“掌上办”“自助办”。国家智慧教育公共服务平台在中西部农村地区得到充分应用，县级远程医疗覆盖率达到 90%以上。国家农业农村地理信息公共服务平台、农业农村大数据平台基座等基本建成。数字化治理工具在公共安全、人居环境整治、应急管理、反诈防骗等重点领域得到广泛、深入应用。

27.2 网络治理的政策走势

27.2.1 加强数字经济顶层设计，推进中国式现代化进程

党的十八大以来，以习近平同志为核心的党中央高度重视发展数字经济，并将其上升为国家战略。习近平总书记多次发表重要讲话，深刻阐述了数字经济发展的趋势和规律，科学回答了为什么要发展数字经济、怎样发展数字经济的重大理论和实践问题，为我国数字经济发展指明了前进方向、提供了根本遵循。2022 年 12 月，习近平总书记在中央经济工作会议上再次强调“要大力发展数字经济”。数字经济在《政府工作报告》中的地位也不断提升，从 2017 年第一次提出“促进数字经济加快发展”，到 2022 年将“促进数字经济发展”单独成段，再到 2023 年“大力发展数字经济”，《政府工作报告》对“数字经济”的表述不断强化，释放大力发展数字经济的积极政策信号。

在习近平总书记关于网络强国的重要思想指引下，我国数字经济顶层战略规划体系渐趋完备。《中华人民共和国国民经济和社会发展第十四个五年规划和 2035 年远景目标纲要》《“十四五”数字经济发展规划》《数字中国建设整体布局规划》相继出台，构成我国发展数字经济的顶层设计体系。2022 年 7 月，国务院批准建立由国家发展和改革委员会牵头，中央网信

办、工业和信息化部等 20 个部委组成的数字经济发展部际联席会议制度，强化国家层面数字经济战略实施的统筹协调。

27.2.2　提升产业竞争力，构建现代化产业体系

我国高度重视数字产业创新发展，以顶层设计和专项规划、指导意见等合力推进数字产业基础高级化。《“十四五”数字经济发展规划》提出，“加快推动数字产业化”“增强关键技术创新能力。瞄准传感器、量子信息、网络通信、集成电路、关键软件、大数据、人工智能、区块链、新材料等战略性、前瞻性领域，发挥我国社会主义制度优势、新型举国体制优势、超大规模市场优势，提高数字技术基础研发能力”。国务院发布《计量发展规划（2021—2035 年）》，提出“加强量子计量、量值传递扁平化和计量数字化转型技术研究，建立国际一流的新一代国家计量基准”“研究人工智能、生物技术、新材料、新能源、先进制造和新一代信息技术等领域精密测量技术”。工业和信息化部、教育部、科学技术部、中国人民银行、中国银行保险监督管理委员会、国家能源局六部门发布《关于推动能源电子产业发展的指导意见》，从供给侧入手、在制造端发力、以硬科技为导向、以产业化为目标，助力能源电子领域发展。

我国政府充分认识到提升产业链供应链韧性和完整性的重要性，完善主导产业体系，加强重点领域布局。工业和信息化部、国家市场监督管理总局、国家能源局联合发布《关于促进光伏产业链供应链协同发展的通知》，为优化建立全国光伏大产业大市场、促进光伏产业高质量发展、积极推动建设新能源供给消纳体系提供重要指导。工业和信息化部、国家市场监督管理总局发布《关于做好锂离子电池产业链供应链协同稳定发展工作的通知》，从科学谋划、供需对接、监测预警、监督检查、管理服务 5 个角度为保障锂电产业链供应链稳定提出解决思路。系统布局新型基础设施建设。新型基础设施是现代化基础设施体系的重要组成部分，是实施创新驱动发展战略，推动经济社会高质量发展的重要支撑。2018 年 12 月，中央经济工作会议首次提出，“加快 5G 商用步伐，加强人工智能、工业互联网、物联网等新型基础设施建设”。2023 年 1 月，习近平总书记在中共中央政治局第二次集体学习时强调，适度超前部署新型基础设施建设。政策文件持续升级，2022 年 12 月出台的《扩大内需战略规划纲要（2022—2035 年）》从加快建设信息基础设施、全面发展融合基础设施、前瞻布局创新基础设施等方面对新型基础设施系统布局。2023 年 1 月，国家发展和改革委员会在新闻发布会上表示，将会同有关方面进一步加力支持新型基础设施建设，引导支持社会资本加大相关领域投入。

27.2.3　深入推进数实融合，打造高质量发展新引擎

习近平总书记指出，要促进数字技术与实体经济深度融合，赋能传统产业转型升级，催生新产业新业态新模式，不断做强做优做大我国数字经济。2021 年以来，我国在顶层设计中不断强化数实融合的重要地位。《中华人民共和国国民经济和社会发展第十四个五年规划和 2035 年远景目标》强调，充分发挥海量数据和丰富应用场景优势，促进数字技术与实体经济深度融合，赋能传统产业转型升级，催生新产业新业态新模式，壮大经济发展新引擎。《“十四五”数字经济发展规划》提出，以数字技术与实体经济深度融合为主线，协同推进数字产

业化和产业数字化。信息化与工业化深度融合是数实融合发展的重点领域。《“十四五”智能制造发展规划》指出，要以新一代信息技术与先进制造技术深度融合为主线，深入实施智能制造工程。工业和信息化部发布的《关于印发 5G 全连接工厂建设指南的通知》提出，为各地区各行业加快“5G+工业互联网”新技术、新场景、新模式向工业生产各领域各环节深度拓展，推进传统产业提质、降本、增效、绿色、安全发展提供指导。

工业和信息化部等各部委从路径方法和服务平台双向发力，助力中小企业数字化转型。一是推出“指标+指南”，明确中小企业转型路径和方法。2022 年 10 月，工业和信息化部发布《中小企业数字化水平评测指标（2022 年版）》，从数字化基础、经营、管理、成效 4 个维度综合评估中小企业数字化发展水平，为中小企业开展自我诊断、找准问题不足提供工具参考，并将评测指标作为“专精特新”企业认定标准中的数字化水平评价依据。同年 11 月，工业和信息化部印发《中小企业数字化转型指南》，从增强企业转型能力、提升转型供给水平、加大转型政策支持 3 个方面提出了 14 条具体举措。二是通过数字化服务平台和数字化服务节打造转型样板。2022 年 8 月，工业和信息化部会同财政部印发《关于开展财政支持中小企业数字化转型试点工作的通知》，计划在“十四五”期间围绕 100 个细分行业支持 300 个左右的中小企业数字化转型公共服务平台，打造 4000～6000 家试点中小企业。同月，工业和信息化部启动为期 1 个月的中小企业数字化服务节活动，从技术、经验、渠道、资本等维度为中小企业数字化转型赋能，共服务机构超过 6000 家，受益中小企业超过 60 万家。

以数字经济产业集群为抓手驱动转型。《“十四五”数字经济发展规划》准确把握新阶段的特征要求，以数实融合为主线，在政策设计上突破过去从三大产业角度推动数字化转型的传统范式，从企业、产业、集群和园区及转型服务支撑生态 4 个方面着力，推动传统产业更快、更有效、更均衡地实现数字化转型。党的二十大报告进一步明确，要打造具有国际竞争力的数字产业集群。2022 年 3 月，工业和信息化部公布第十批国家新型工业化产业示范基地名单，其中数字经济相关示范基地数量累计达到 101 家，约占全部基地数量的四分之一。

27.2.4 持续强化数字化治理，推动治理能力现代化

党中央将加强数字政府建设作为创新政府治理理念和方式、形成数字治理新格局、推进国家治理体系和治理能力现代化的重要举措。2022 年 4 月，中央全面深化改革委员会第二十五次会议审议通过《关于加强数字政府建设的指导意见》，强调要将数字技术广泛应用于政府管理服务，推进政府治理流程优化、模式创新和履职能力提升，构建数字化、智能化的政府运行新形态，并就全面开创数字政府建设新局面作出部署。同年 9 月，国务院办公厅印发《全国一体化政务大数据体系建设指南》，提出加强数据汇聚融合、共享开放和开发利用，积极开展政务大数据体系相关体制机制和应用服务创新。此后，国务院办公厅相继发布《关于扩大政务服务“跨省通办”范围进一步提升服务效能的意见》《关于加快推进“一件事一次办”打造政务服务升级版的指导意见》等文件，推行政务服务集成化办理，打造政务服务升级版，提升政务服务标准化、规范化、便利化水平，为推进国家治理体系和治理能力现代化提供有力支撑。

我国在推进“互联网+”行动之初，即强调通过互联网实现社会服务资源优化配置，让公众享受更加公平、高效、优质、便捷的服务。在群体层面，我国持续聚焦老年人、残障人、

偏远地区居民、文化差异人群等信息无障碍重点受益群体，着重消除信息消费资费、终端设备、服务与应用 3 个方面的障碍。工业和信息化部从互联网适老化及无障碍改造着手，重点推动与老年人、残障人基本生活密切相关的网站、手机 App 的适老化改造。2023 年，工业和信息化部开展了互联网应用适老化及无障碍改造“回头看”行动，公布了首批互联网应用适老化及无障碍改造优秀案例，在巩固前期专项行动成效的同时，进一步加强示范引领，有力推动老年人、残障人更便利地享受智能化服务。在区域层面，《关于加强数字政府建设的指导意见》指出，推动数字普惠，加大对欠发达地区数字政府建设的支持力度，加强对农村地区资金、技术、人才等方面的支持，扩大数字基础设施覆盖范围，优化数字公共产品供给，加快消除区域间数字鸿沟。

27.2.5　挖掘数字化供需潜力，构建现代化市场体系

供给侧加快构建数据基础制度体系，探索构建数据要素市场。数据基础制度建设事关国家发展和安全大局。习近平总书记指出：“要构建以数据为关键要素的数字经济。”自党的十九届四中全会首次将数据增列为生产要素以来，我国发布多项政策文件，围绕数据要素发展谋篇布局。2020 年 4 月，《关于构建更加完善的要素市场化配置体制机制的意见》明确将数据列为五大生产要素之一，首次提出培育数据要素市场。2022 年 12 月，《中共中央 国务院关于构建数据基础制度更好发挥数据要素作用的意见》（以下简称“数据二十条”）发布，提出加快构建数据基础制度体系，从数据产权制度、数据要素流通和交易制度、数据要素收益分配制度、数据要素治理制度等方面提出具体要求。下一步，将围绕“数据二十条”不断丰富完善数据要素各方面制度体系和配套政策，打造“1+*N*”数据基础制度体系。

总需求不足是当前经济运行面临的突出矛盾。信息消费作为我国增长迅速、创新活跃、辐射广泛的消费领域，成为市场扩内需的关键动力。2022 年 4 月，国务院办公厅印发《关于进一步释放消费潜力促进消费持续恢复的意见》，强调要创新消费业态和模式，加快线上线下消费有机融合，扩大升级信息消费。8 月，工业和信息化部组织遴选 151 个新型信息消费示范项目，探索形成了一批发展前景好、示范效应强的标杆项目和发展模式。2022 年 12 月，中央经济工作会议指出，要把恢复和扩大消费摆在优先位置。各部门积极采取措施，增强消费能力，改善消费条件，创新消费场景，充分激发消费市场潜力。同月，中共中央、国务院印发《扩大内需战略规划纲要（2022—2035 年）》，提出支持线上线下商品消费融合发展，促进共享经济等消费新业态发展，加快培育新型消费。2023 年 1 月，习近平总书记在中央政治局第二次集体学习时进一步强调，坚决贯彻落实扩大内需战略规划纲要，尽快形成完整内需体系。

27.3　网络治理推动构建开放发展新格局

27.3.1　积极推进数字领域高水平对外开放

随着大数据、云计算、人工智能、区块链等数字技术赋能传统行业创新发展，数字经济与实体经济融合加深，数字领域对外开放成为国家推进高水平对外开放、构建双循环新发展

格局的重要内容，对重组全球要素资源、重塑国际经贸格局具有重要作用。在当前世界百年变局加速演进、数字经济繁荣发展的态势下，数字领域扩大开放成为各方关注的重点。

从国际层面看，全球数字贸易不平衡发展，数字治理包容性问题加剧，推进高水平对外开放是应对外部挑战的战略需要。全球范围内数字贸易发展不平衡、机会不平衡、规则兼容性不足等问题日益突出，“数字鸿沟”问题加剧，全球数字治理碎片化风险提升，亟须构建开放包容的全球数字治理体系，助力各国共享数字经济发展红利。麦肯锡研究院发布的报告指出，当前亚洲正处在新时代风口浪尖，在世界秩序、技术应用、人口力量等方面成为世界新的主导力量。中国作为亚洲的贸易和增长中心，统筹利用好国内国际两个市场、两种资源，推进高水平对外开放具有重大意义。数字领域高水平开放将拓展中外经贸关系、深化全球互联互通，促进数字贸易创新发展，为全球经济增长注入新活力、提供新动能。

从国内层面看，中国数字贸易蓬勃发展，数字产业基础坚实，推进高水平对外开放是推动数字经济高质量发展的内在要求。党中央、国务院高度重视对外开放，党的二十大报告提出“推进高水平对外开放”，2023 年政府工作报告提出“实行更加积极主动的开放战略”，2023 年中央经济工作会议提出“放宽电信、医疗等服务业市场准入”，对数字领域实施高水平对外开放提出新要求。一方面，我国跨境数字服务贸易规模、增速位居世界前列，具备完善的数字经济产业生态和庞大的市场应用基础，进一步扩大对外开放有助于引入境外优质外资企业在国内开展竞争，激发市场主体活力，提升行业服务水平和国际竞争力。另一方面，我国坚持以高水平开放促进高质量发展，通过发布对外开放政策、对标高标准国际规则、在自由贸易试验区试点等多种开放形式，优化完善了监管政策和配套安全管理措施，开放监管能力和风险防范能力进一步提升。

从开放方向看，统筹外资开放诉求和国内发展需要，数字领域推进高水平对外开放的重点方向包括放宽电信等服务业市场准入、促进数据跨境流动、优化外资营商环境三方面。一方面，我国境内经营的外资企业高度关注放宽电信等服务业市场准入限制、优化数据出境政策制度、提供开放透明的营商环境等问题。中国美国商会发布《美国企业在中国白皮书》，建议中国取消对境外投资者在电信行业的投资限制，同时不再实施数据本地化政策。中国欧盟商会发布《欧盟企业在中国建议书》，重点关注外国股东在增值电信业务领域的限制、数据本地化、制定与国际接轨的标准规范等问题。另一方面，经济合作与发展组织（OECD）发布的《OECD 服务贸易限制指数：2023 年政策趋势》指出，2014—2022 年，由于在金融服务、物流服务、增值电信和专业服务等行业对外资企业采取所有权、设立和控制方面的自由化措施，中国的服务贸易限制指数大幅下降。伴随服务贸易在全球贸易中的比重不断扩大，数据跨境流动对促进数字经济发展的作用日益凸显，我国需要把握新一轮科技革命和产业变革的历史机遇，进一步扩大电信等服务业开放，促进数据依法有序自由流动，同时对标高标准国际经贸规则，持续优化外资营商环境，以更加开放的姿态拥抱世界，与各国携手共促开放共享的数字经济。

27.3.2 服务业扩大开放为经济发展注入新动力

当前，服务贸易在数字贸易中的比重正在不断上升，扩大数字领域服务业对外开放有助于激发我国市场主体活力，提升行业服务水平和国际竞争力，为数字经济发展注入新动力。

电信业对外开放水平不断提升。一是加入世界贸易组织（WTO）时首次对外开放电信市场。我国于 2001 年正式加入世界贸易组织，承诺开放相关增值电信业务和基础电信业务，并发布《外商投资电信企业管理规定》，为电信业对外开放奠定了法律基础。二是通过《内地与港澳关于建立更紧密经贸关系的安排》（CEPA）面向港澳资本扩大电信业务开放。2012 年以来，我国在 CEPA 补充协定中允许港澳服务提供者在内地经营互联网数据中心、呼叫中心、互联网接入服务等业务，并对部分业务设置了外资持股比例要求，在开放过程中不断完善外资监管政策。三是开展自由贸易试验区试点，逐步复制推广至全国。2014 年 1 月，我国发布《关于中国（上海）自由贸易试验区进一步对外开放增值电信业务的意见》，在上海自由贸易试验区开展呼叫中心业务、国内多方通信服务业务、因特网接入服务业务（为上网用户提供因特网接入服务）、国内因特网虚拟专用网业务等增值电信业务开放试点。2019 年，在修订《外商投资准入特别管理措施》《自由贸易试验区外商投资准入特别管理措施》等政策文件时，我国在全国范围内取消了在线数据处理与交易处理（经营类电子商务）、呼叫中心、存储转发类、国内多方通信等增值电信业务的外资股比限制，并将上海自由贸易试验区增值电信业务开放试点政策复制推广至所有自由贸易试验区，电信业对外开放水平显著提升。

电信业对外开放取得积极成效。一是产业发展基础不断坚实。一方面，引入境外优质的外资电信企业在境内开展经营，为消费者带来了丰富的产品和服务供给，同时激发了境内企业创新活力，提升了行业服务水平和国际竞争力，为电信业高质量发展注入新动能。另一方面，境内企业积极优化国际化布局，开放透明的政策环境有利于中外企业加强国际合作，实现互利共赢。二是监管法规政策持续完善。我国持续加强电信等领域监管法规建设，自 2022 年《外商投资电信企业管理规定》实施以来，外资准入门槛进一步降低，外资管理要求进一步优化。三是安全管理政策措施不断充实。2022 年《反电信网络诈骗法》正式实施，随后数据安全、网络安全、个人信息保护等领域法规制度持续完善，进一步提升了开放监管能力和监管水平。

国家对电信等服务业扩大开放提出新要求。一是立足新发展阶段，国家对电信等服务业扩大开放作出顶层部署。《“十四五”信息通信行业发展规划》指出，“实施行业更大范围、更宽领域、更深层次开放”“推动数据中心、云服务等增值电信业务试点开放”，为信息通信领域实施高水平对外开放、推动实现高质量发展提供了基本原则和指导方向。二是地方自由贸易试验区积极部署电信等领域对外开放试点措施，打造对外开放创新高地。《海南自由贸易港外商投资准入特别管理措施（负面清单）》提出，“允许实体注册、服务设施在海南自由贸易港内的企业，面向自由贸易港全域及国际开展互联网数据中心、内容分发网络等业务”，北京、上海、深圳等地自由贸易试验区也积极部署扩大增值电信业务开放，对接高标准国际经贸规则，发挥制度型开放示范效应。三是着眼下一步方向，云服务、数据中心等增值电信业务是扩大对外开放的重要内容。扩大对外开放需要以促进高质量发展为目标，丰富行业服务供给，建立与高水平开放相适应的法律法规和监管政策，提升监管能力和水平，并且先试点后推广，根据监管制度完善程度、产业发展成熟程度稳步推进开放措施。

27.3.3 我国数据跨境流动制度持续优化

我国数据跨境的规制思路逐渐由强调安全转向平衡安全和发展双重目标，相关体系持续完善、实践工作有序推进、具体场景的管理要求也开始探索放宽。党中央通过多项文件，进一步强调要构建更有利于发挥数据要素价值的跨境流动机制，2022 年 12 月，《中共中央　国务院关于构建数据基础制度更好发挥数据要素作用的意见》指出，要“构建数据安全合规有序跨境流通机制”；2023 年 8 月，《国务院关于进一步优化外商投资环境　加大吸引外商投资力度的意见》提出，要“探索便利化的数据跨境流动安全管理机制”。在党中央指导下，我国数据跨境流动相关立法不断完善，同时寻求在现有制度框架和保障数据安全前提下进行创新探索。

第一，安全评估落地实施。安全评估是指数据处理者向境外提供数据时，通过所在地省级网信部门向国家网信部门申报，由国家网信部门组织有关机构就数据出境活动可能对国家安全、公共利益、个人或者组织合法权益带来的风险进行评估并作出是否允许数据出境的评估结果的一类数据出境路径。安全评估在《网络安全法》《数据安全法》《个人信息保护法》3 部立法中均有规定，并在《数据出境安全评估办法》中得到进一步规范和明确。2023 年，相关部门根据《数据出境安全评估办法》的规定，通过了医疗、民航、日化、汽车、信息通信等多个不同行业的企业申报的安全评估。例如，2023 年 1 月，首都医科大学附属北京友谊医院与荷兰阿姆斯特丹大学医学中心合作研究项目成为全国首个数据合规出境案例；5 月，北京现代汽车有限公司数据出境安全评估项目顺利通过国家互联网信息办公室的审批，并成为我国汽车领域首个全系统盘点、全业务申报且全场景获批的数据出境安全评估案例。

第二，标准合同正式出台。标准合同是指由国家网信部门制定的，并由个人信息处理者与境外接收方订立的，约定双方的权利和义务的合同。2023 年 2 月，国家互联网信息办公室公布了《个人信息出境标准合同办法》，明确了我国《个人信息保护法》第三十八条中规定的个人信息出境的路径之一，尤其为中小型企业跨境传输个人信息提供了很大便利。该办法规定，个人信息处理者通过订立标准合同的方式向境外提供个人信息的，应当同时符合下列情形：（一）非关键信息基础设施运营者；（二）处理个人信息不满 100 万人的；（三）自上年 1 月 1 日起累计向境外提供个人信息不满 10 万人的；（四）自上年 1 月 1 日起累计向境外提供敏感个人信息不满 1 万人的。法律、行政法规或者国家网信部门另有规定的，从其规定。同时明确，个人信息处理者不得采取数量拆分等手段，将依法应当通过出境安全评估的个人信息通过订立标准合同的方式向境外提供。《个人信息出境标准合同办法》自 2023 年 6 月 1 日起正式施行，为部分个人信息出境案例提供了标准合同文本，明确了个人信息处理者的备案义务。依据本办法，北京、上海、浙江、山东、广东等多地出台了详细的备案指导文件，企业进行标准合同备案具有了明确的方向和指导。

第三，具体场景探索放宽。2023 年 9 月，国家互联网信息办公室发布《规范和促进数据跨境流动规定（征求意见稿）》并向社会公开征求意见。《规范和促进数据跨境流动规定（征求意见稿）》结合此前数据出境安全评估、个人信息出境标准合同备案工作中的实际问题，大幅调整了数据出境评估备案工作的适用标准，实质性豁免了具有强出境必要性及仅涉及少量个人信息出境的数据出境场景的评估备案义务，在确保数据有序跨境流动的同时实质降低了企业的合规负担。例如，针对合同所必需、人力资源管理、紧急情况、数量没达到限制等场景减少了需要通过安全评估方式进行出境的数据范围；增加了地方数据出境管理的权限，规定自由贸易试验区可自行制定本自由贸易试验区数据出境负面清单。

27.4　网络平台治理现状分析

27.4.1　顶层制度设计逐步健全

2021 年以来，为推动平台经济规范健康持续发展，我国围绕反垄断和防止资本无序扩张、个人信息保护和数据安全等方面，加快建立和完善制度规则，推动平台经济治理体系建立健全。

在公平竞争方面，《反垄断法》目前已完成修订，提升了对平台经济领域的适用性。同时，为贯彻落实新《反垄断法》,《禁止滥用市场支配地位行为规定》《禁止垄断协议规定》《经营者集中审查规定》等一系列配套制度也陆续完成修订。此外，《反不正当竞争法》新一轮修订工作亦已展开，其结合现有执法及司法经验，针对新经济形势下涌现出的新竞争问题展开了制度层面的探索，全面回应了平台经济竞争新特点。总体上，虽尚待进一步细化完善，但适应平台经济特征的公平竞争制度顶层设计已基本完成。

在防止资本无序扩张方面，监管从规范投资与并购两方面出发逐步强化资本监管，一方面完善经营者集中审查制度，细化经营者集中申报、审查、调查等规定，完善执法程序，推动相关试点省市发布申报指南、明确商谈要求，增强制度的可操作性。在制度层面着力规范平台经济领域的扼杀式并购，维护市场创新活力。另一方面提出资本“红绿灯”制度，并逐步推出系列“绿灯”案例，引导资本规范健康发展，充分发挥资本的积极作用。此外，为加强对超大型平台的监管，监管部门开始建立针对超大型平台的投资审查制度，避免产业资本过度金融化，扰乱行业竞争秩序。

在个人信息保护和数据安全方面，首先，个人信息相关法律法规不断完善。《个人信息保护法》的出台填补了我国立法空白，为数字时代个人信息权益保护提供了基础制度保障，《常见类型移动互联网应用程序必要个人信息范围规定》《移动互联网应用程序个人信息保护管理暂行规定（征求意见稿)》等相关配套制度则对 App 过度收集个人信息、“大数据杀熟”等数字时代的新问题作出了针对性规范。其次，数据安全相关法律法规相继出台，如《网络安全法》《数据安全法》，与之配套的《网络安全审查办法》《网络数据安全管理条例》也相继生效，更加细化的数据出境和行业数据管理相关规定亦开始发挥作用，如《数据出境安全评估办法》《汽车数据安全管理若干规定（试行)》等。

在新技术监管方面，建立了新技术新业务安全评估监管工具，并针对算法推荐、深度合成、生成式人工智能等重点新技术领域，先后出台《互联网信息服务算法推荐管理规定》《互联网信息服务深度合成管理规定》《生成式人工智能服务管理暂行办法》等法律法规和规范性文件。总体上，新技术治理正逐渐走向制度化、法律化的道路，监管框架与原则性治理规则均已明确。

27.4.2　多部门共同治理格局逐渐形成

平台经济具有显著的跨界融合特征，涉及多领域、多行业、多层次的监管工作。当前，我国平台经济监管呈现多部门共同治理的格局。参与的监管部门包括以下 3 类。

第一类是行业管理部门，一般是从某一类行业主体出发，形成有行业特色的监管职责。行业管理部门的监管对象限定在特定行业范围内，但监管的行为可以很广泛。典型如交通部门对交通行业的管理、金融部门对金融行业的管理及工业和信息化部对信息通信业的管理等。监管方式上，行业管理部门通常具有行政许可或备案等界定管理对象范围的事前手段，同时也会使用行政处罚等事中、事后措施。

行业管理部门又分为两类，即互联网行业管理部门和线下行业管理部门。其中，互联网行业管理部门主要指工业和信息化部，根据“三定”，工业和信息化部依法“对电信和互联网等信息通信服务实行监管，承担互联网行业管理”。

平台经济往往兼具互联网行业和线下行业两重属性，因此工业和信息化部和线下行业管理部门均对其有监管职责。实践中，按照“线上线下一致”的原则，通常由相应的线下行业管理部门主导监管。比如，网约车监管由交通部主导、支付由中国人民银行主导等。工业和信息化部主要负责监管涉及互联网信息服务的部分。比如，网站备案、网络资源监管及线上能力认定等。换句话说，工业和信息化部监管的是“互联网+”融合业务“+”前互联网部分，线下行业管理部门监管的是“+”后线下行业部分，这也是当前“互联网+”融合业务最为典型的监管格局。

第二类是综合管理部门，一般是从某一类违法行为出发，形成有普适特点的监管职责，理论上的监管对象涵盖所有市场主体。典型如国家市场监督管理总局对竞争秩序的监管、人力资源和社会保障部对劳动者权益的监管、税务总局对依法纳税的监管、公安部对违法犯罪的监管等。监管方式上，综合管理部门一般以事中、事后手段为主。

从平台经济监管视角看，综合管理主要涉及几类典型监管职责：宏观管理、市场秩序、权益保护、安全监管、跨境管理、税务管理等。其中，市场秩序、权益保护、安全监管也是行业监管的范畴。比如，工业和信息化部 20 号令管理互联网信息服务市场秩序，中国人民银行 5 号令保护金融消费者权益，等等。在综合管理对所有市场主体普遍适用的情况下，部门间职责交叉是不可避免的。

第三类是统筹协调部门，即中央网信办。按照《深化党和国家机构改革方案》，中央网信委负责重大工作的顶层设计、总体布局、统筹协调、整体推进、督促落实。实践中，网信委实际工作通常由中央网信办承担。在这种制度安排下，中央网信办能够事实上牵头开展所有与互联网监管相关的工作，因此在很多领域与其他部门存在职责交叉。例如，在网约车管理方面与线下行业管理部门的交叉，滴滴等网约车平台主要由交通运输部门管理，但其安全审查则由网信办牵头；又如，平台反垄断工作方面与综合监管部门的冲突，反垄断属市场监管部门职责，但互联网平台反垄断工作由网信办牵头，等等。除统筹协调外，中央网信办还同时负责具体综合管理和行业管理工作，这也是其职责特殊性所在。一是安全综合管理职责。依据《网络安全法》《数据安全法》等法律授权，对平台企业的安全问题进行普适管理。二是新闻信息内容的行业管理职责。承担了互联网新闻信息服务的监管工作，并设有互联网新闻信息服务许可等准入事项。

27.4.3 “超大型平台”分级监管思路初步确立

探索制定专门文件对互联网平台进行分级。2021 年 10 月 29 日，国家市场监督管理总局首次发布《互联网平台分类分级指南（征求意见稿）》《互联网平台落实主体责任指南（征求意见稿）》，此后在部门间征求意见时进行了修订。《互联网平台分类分级指南（征求意见稿）》从用户规模和经济体量出发，将我国互联网平台分为 3 级，并将超级平台与大型平台统称为超大型平台。

多部政策法规体现分级监管思路。《网络安全法》将网络运营者划分为一般的网络运营者和关键信息基础设施运营者两大类；规定国家实行网络安全等级保护制度，不同级别的等级保护对象应具备不同的基本安全保护能力。《个人信息保护法》对“提供重要互联网平台服务、用户数量巨大、业务类型复杂的个人信息处理者”赋予额外义务。《互联网信息服务算法推荐管理规定》提出建立算法分级分类安全管理制度，对“具有舆论属性或者社会动员能力的算法推荐服务”设置特别义务。

27.4.4　平台经济专项整改基本完成

平台经济专项整改基本完成。在金融业务监管方面，自 2020 年年底蚂蚁集团上市被紧急叫停开始，金融领域专项整改拉开序幕。金融管理部门对蚂蚁集团、腾讯等从事金融业务的 14 家网络平台企业进行集中监管约谈，要求平台企业从支付业务、个人征信业务、资本市场业务、金融消费者权益保护等方面开展自查整改。2023 年 7 月 7 日，中国证监会等对蚂蚁集团及其旗下机构处以罚款 71.23 亿元，对腾讯财付通支付科技有限公司处以罚款近 30 亿元，同时宣布平台企业金融业务存在的大部分突出问题已完成整改，金融管理部门工作重点从推动平台企业金融业务的集中整改转入常态化监管。在反垄断和防止资本无序扩张方面，自 2021 年 2 月《关于平台经济领域的反垄断指南》发布以来，市场监督管理部门依法查处平台企业垄断行为，针对阿里巴巴、美团“二选一”行为，知网滥用市场支配地位行为开展反垄断执法，同时强化经营者集中审查，禁止游戏直播领域腾讯系平台虎牙与斗鱼并购，对腾讯收购中国音乐集团股权案作出责令恢复相关市场竞争状态的处罚等。通过对平台经济重点领域加强反垄断执法，平台“二选一”行为基本停止，市场竞争秩序明显好转。在网络和数据安全审查方面，2020 年 12 月，美国《外国公司问责法案》新增对外国上市公司更严格的信息披露和审计要求，并加入针对中国上市公司的额外披露义务，涉及数据的跨境传输和披露。为防范国家数据安全风险，维护国家安全，中央网信办联合七部委依据《国家安全法》《网络安全法》，于 2021 年 7 月对滴滴出行、运满满、货车帮、BOSS 直聘等赴美国上市企业开启网络安全审查，依法对滴滴违法过度收集个人信息等行为作出行政处罚和规范。2022 年 7 月，中央网信办对滴滴出行罚款 80.26 亿元，要求其在网络安全、数据安全、个人信息保护方面进行整改。2023 年 1 月，滴滴出行完成数据安全专项整改重新上架 App，恢复新用户注册。在互联网行业监管方面，2021 年 7 月 23 日，工业和信息化部开展为期半年的互联网行业专项整治行动，聚焦扰乱市场秩序、侵害用户权益、威胁数据安全、违反资源和资质管理规定 4 个方面的 8 类问题，涉及 22 个具体场景，使得头部平台生态不兼容问题得到有效缓解。

撰稿：郭丰

审校：李文超

第 28 章　2023 年中国网络知识产权保护状况

28.1　发展现状

1. 知识产权为创新发展战略提供有力支持

知识产权作为创新的核心载体，对于促进产业的创新驱动发展具有至关重要的作用。一方面，我国知识产权创新产出不断增强。截至 2023 年年底，我国国内拥有有效发明专利的企业达 42.7 万家，较 2022 年增加 7.2 万家，拥有有效发明专利 290.9 万件，占比增至 71.2%。其中，高新技术企业、科技型中小企业拥有有效发明专利 213.4 万件，同比增长 24.2%，占国内企业拥有总量的 73.1%；我国有效商标注册量达到 438.3 万件；我国集成电路布图设计累计发证 7.2 万件[1]。另一方面，我国数字经济领域创新能力增强。截至 2023 年年底，我国国内有效发明专利增速排名前 3 的技术领域分别为信息技术管理办法、计算机技术和基础通信程序，同比增长分别达到 59.4%、39.3%和 30.8%[1]。根据世界知识产权组织发布的《2023 年全球创新指数》，我国近年来的创新能力持续提升，2023 年我国创新能力综合排名为全球第 12 位，我国拥有的全球百强科技创新集群数量达到 24 个，首次跃居世界第一。同时，我国知识产权转化运用也持续加强，专利密集型产业和版权产业增加值占 GDP 的比重分别达到 12.44%、7.41%，有力促进了经济高质量发展[2]。世界知识产权组织总干事邓鸿森在第二十届上海知识产权国际论坛期间表示，中国的公司“正运用知识产权来推动业务增长，而这对中国经济非常有益”[3]。

2. 新兴领域知识产权法律规制路径进一步明确

科技创新催生新产业、新模式、新动能，对现有规则提出了新挑战。在立法领域，为应对新兴领域完善立法规制、弥补立法空缺，以适应新领域知识产权保护的现实需求，2023 年，我国完成了《专利法实施细则》的修订工作及《专利法审查指南》的适应性修改，旨在优化和完善对人工智能、大数据、区块链及生物基因技术等领域专利申请的权利要求保护方式

---

1 资料来源：国务院新闻办发布会介绍 2023 年知识产权工作进展情况。

2 新华社，“我国拥有的全球百强科技创新集群数量首次跃居世界第一”。

3 新华社，“世界知识产权组织总干事：中国企业创新力在持续提升”。

和创造性审查标准。在司法领域，人民法院积极应对在审判工作中面临的新技术与新思维的双重考验。在最高人民法院公布的 2023 年十大知识产权案件中，北京某科技股份有限公司与北京某科技有限公司等著作权侵权及不正当竞争纠纷案涉及电子地图的著作权问题，在该案中法院深入分析导航电子地图构成图形作品的要件，同时在海量地图数据实质性相似比对方面进行了有益探索[1]；北京某网络技术有限公司与广州某信息科技有限公司等不正当竞争纠纷案涉及“数据”的不正当竞争，在该案中法院认定通过变换网络地址（IP）、用户账号等欺骗性技术非法调用目标服务器应用程序接口（API）抓取大量数据进行存储并未经处理直接售卖而获利的行为属于不正当竞争行为，不仅增大了微博平台被实质性替代的风险，并且可能导致个人隐私数据、敏感数据泄露，严重侵犯了数据控制者和消费者的合法权益[2]。通过司法审判可以厘清数据权益保护边界，引导市场主体合理、合法地获取和利用数据。

3. 知识产权多元主体协同格局逐渐完善

2023 年 2 月 20 日，最高人民法院、国家知识产权局联合发布《关于强化知识产权协同保护的意见》，旨在深化司法机关与知识产权管理部门的知识产权领域合作。2023 年 9 月 5 日，工业和信息化部办公厅、国家知识产权局办公室印发《知识产权助力产业创新发展行动方案（2023—2027 年）》，对知识产权与产业协同发展机制提出指引。2023 年新批复建设知识产权保护中心 8 家、快速维权中心 7 家，全国协同保护机构总数达到 112 家。已运行的保护中心和快维中心共受理知识产权保护维权相关案件 12 万件，受理专利快速预审请求 23.9 万件。在保护中心和快维中心备案的企事业单位约 15 万家，其中国家级专精特新“小巨人”企业超过 5700 家。国家知识产权局办公室、最高人民法院办公厅发布《2021—2022 年知识产权纠纷多元调解典型经验做法和案例》。知识产权领域“总对总”在线诉调对接工作实现全国 31 个省（区、市）全覆盖。全国知识产权系统指导管理的调解组织达 1900 余家，较 2022 年增加了 700 家。这些举措有助于完善知识产权保护体系，为高质量发展提供了更便捷和满意的保护服务[3]。

4. 知识产权国际合作持续深化

在知识产权国际合作领域，我国取得了一定进展。在北京和日内瓦成功举办两场纪念中国与世界知识产权组织（WIPO）合作五十周年活动，进一步巩固双方伙伴关系。在“一带一路”倡议框架下，知识产权合作取得了丰硕成果，并在第三届“一带一路”国际合作高峰论坛上予以展示。我国还发起并成功举办了首届中国—中亚知识产权局局长会议，承办了第 14 届中国—东盟知识产权局局长会议，加深了与周边国家和地区在知识产权方面的合作。通过举办 2023 国际版权论坛和中非版权合作论坛，我国的授权实体加入了无障碍图书联合会的全球服务网络，标志着我国在版权保护方面迈出了重要一步。此外，我国还持续加强了与美国、欧盟、日本、韩国，以及金砖国家、中日韩和中欧等在知识产权方面的机制性交流

---

1 北京市高级人民法院（2021）京民终 421 号民事判决书。

2 广东省高级人民法院（2022）粤民终 4541 号民事判决书。

3 资料来源：国新办举行新闻发布会介绍 2023 年中国知识产权强国建设有关情况。

与合作。在地理标志产品领域，完成了第二批 350 个中欧地理标志产品的互认互保清单公示工作。专利审查高速路（PPH）试点项目也扩展到了 32 个，这将加快专利审查流程，提高效率[1]。总体而言，我国在知识产权国际合作方面不断深化，展现了我国积极参与全球知识产权治理、推动创新和保护知识产权的决心与成效。

28.2 细分领域

1. 专利

其一，我国发明专利实现量质齐升。截至 2023 年年底，我国发明专利有效量为 499.1 万件。其中，国内（不含港澳台）发明专利有效量为 401.5 万件，同比增长 22.4%。高价值发明创造储备速度增快，高价值发明专利拥有量达到 166.5 万件，同比增长 25.7%，其中属于战略性新兴产业的有效发明达到 116.6 万件，同比增长 22.5%，为重点产业创新发展提供了保障。我国每万人口高价值发明专利拥有量达到 11.8 件，较“十三五”末提高 5.5 件。

其二，重点地区创新引领作用显著。截至 2023 年年底，长三角、京津冀、粤港澳大湾区发明专利有效量分别为 130.8 万件、70.3 万件和 67.2 万件，合计占国内总量的 65.6%，分别同比增长 21.1%、21.0%和 23.2%。根据世界知识产权组织发布的《2023 年全球创新指数》报告，深圳—香港—广州集群、北京集群及上海—苏州集群在全球科技集群的排名中均位列前 5。科技创新深度融入京津冀协同发展、长三角一体化发展、粤港澳大湾区建设等国家重大战略，成为推动产业经济发展的有力支撑。

其三，我国专利转化运用态势向好。一方面，我国专利产业化率较快提升，2023 年我国发明专利产业化率为 39.6%，相较于 2022 年提高 2.9 个百分点，其中企业发明专利产业化率为 51.3%，首次超过 50%。实用新型专利产业化率为 57.1%，相较于 2022 年提高 12.2 个百分点。外观涉及专利产业化率为 66%，较 2022 年提高 7.3%。另一方面，企业发明产业化收益进一步增长，2023 年我国企业实现产业化的发明专利平均收益为 829.6 万件，相较于 2022 年增加 3.8%。其中，在自主品牌产品领域的发明专利产业化所带来的平均收益为 1067.1 万元/件，是用于代加工产品发明专利产业化平均收益（426.1 万件）的 2 倍，专利与品牌综合运用效益更加显著。

其四，专利保护意识与成果逐步提升。2023 年我国专利侵权比例较低，专利权人中遭遇过专利侵权的比例为 6.7%，较 2022 年下降 1.0 个百分点，对比而言，“十三五”期间该比例一直高于 10%，而“十四五”期间均低于 8%，表明我国对专利侵权行为的遏制获得了一定成效。并且，我国企业专利权人维权意识有所增强，遭遇侵权后采取维权措施的比例为 83.1%，较 2022 年提高 10.4%[2]。

1 资料来源：国新办举行新闻发布会介绍 2023 年中国知识产权强国建设有关情况。

2 资料来源：国家知识产权局 2023 年中国专利调查报告。

2. 版权

其一，我国作品著作权登记量显著增长。2023 年全国共完成作品著作权登记 6428277 件，同比增长 42.30%。全国作品著作权登记量总体呈现增长趋势，登记量较多的分别是北京市、山东省、福建省、中国版权保护中心、上海市，以上登记总量占全国登记总量的 55.87%。相较于 2022 年，河南、西藏、山东、福建、河北、江西、云南、青海的作品著作权登记量增长率超过 100%；新疆、湖南、广西、内蒙古、辽宁、天津、吉林的作品著作权登记量增长率超过 50%[1]。

其二，我国计算机软件著作权登记数量回升向好。2022 年全国完成计算机软件著作权登记数量相较于 2021 年下降 19.50%，2023 年实现逆转，相较于 2022 年增长 35.95%，登记数量和增速均创 5 年来新高。从登记区域分布情况看，计算机软件著作权登记区域主要分布在东部地区，登记量约为 147 万件，占登记总量的 59%。从各地区登记数量看，计算机软件著作权登记量较多的省（市）依次为：广东、北京、江苏、浙江、上海、四川、山东、湖北、安徽、陕西。上述地区共登记软件著作权约 175 万件，占登记总量的 70%。其中，广东省登记计算机软件著作权超过 26 万件，占登记总量的 11%[1]。

其三，我国版权产业稳中向好。2022 年我国版权产业的行业增加值为 8.97 万亿元，同比增长 5.83%；占 GDP 的比重为 7.41%，与 2021 年持平。2012—2022 年，我国版权产业的行业增加值从 3.57 万亿元增长至 8.97 万亿元，占 GDP 的比重提高 0.54 个百分点。其中，2022 年核心版权产业的行业增加值为 5.66 万亿元，同比增长 5.76%。2022 年，我国版权产业商品出口额为 4638.75 亿美元，同比增长 1.37%，占全国商品出口总额的比重为 13.03%。2022 年，我国版权产业的城镇单位就业人数为 1600.05 万人，占全国城镇单位就业总人数的比重为 9.58%，同比提高 0.08 个百分点。版权产业成为激发全民族文化创新的重要动力，持续发挥对国民经济的贡献作用[2]。

3. 商标

其一，在商标方面，2023 年全年注册商标 438.3 万件，完成商标异议案件审查 15.3 万件，完成各类商标评审案件审理 37.3 万件，收到中国申请人马德里商标国际注册申请 6196 件。截至 2023 年年底，我国有效商标注册量为 4614.6 万件。

其二，在地理标志方面，全年批准地理标志产品 13 个，核准地理标志作为集体商标、证明商标注册 201 件。核准使用地理标志专用标志经营主体 5842 家。截至 2023 年年底，我国累计批准地理标志产品 2508 个，核准地理标志作为集体商标、证明商标注册 7277 件，地理标志专用标志经营主体总数达 2.6 万家，地理标志产品年产值超过 8000 亿元。

其三，在集成电路布局设计方面，全年集成电路布图设计登记发证 1.1 万件。截至 2023 年年底，我国集成电路布图设计累计发证 7.2 万件[3]。

---

1 资料来源：国家版权局关于 2023 年全国著作权登记情况的通报。

2 资料来源：中国新闻出版研究院，“2022 年中国版权产业增加值占 GDP 的 7.41%”。

3 资料来源：《国家知识产权局：知识产权工作稳中有进、进中提质》。

28.3 保护成果

1. 政策保障

其一，通过顶层制度设计强化知识产权保护。2023 年 2 月，国家知识产权局印发《知识产权维权工作指引》，明确了维权援助工作的总体目标、工作范围、维权援助机构定位和工作重点等内容，提高了知识产权维权服务的便捷性和可及性。2023 年 3 月，国家知识产权局印发《推动知识产权高质量发展年度工作指引（2023）》，提出发挥知识产权高质量发展的指标引领作用及聚焦重点任务，通过健全知识产权保护、运用政策及加强知识产权公共服务体系建设等完善知识产权高质量发展政策体系。2023 年 9 月，国家知识产权局、司法部联合印发《关于加强新时代专利侵权纠纷行政裁决工作的意见》，明确了加强新时代专利侵权纠纷行政裁决工作的总体要求，包括指导思想、基本原则和主要目标，旨在发挥行政裁决制度对知识产权的法治保障作用。

其二，政策指引探索数据知识产权保护规则。2022 年 11 月 17 日，国家知识产权局印发《国家知识产权局办公室关于确定数据知识产权工作试点地方的通知》，选择北京、上海、浙江等 8 个省市开展数据知识产权地方试点，落实国家研究构建数据知识产权保护的工作部署，指导试点地区探索数据知识产权规则，总结推广典型经验做法。截至 2023 年年底，数据知识产权工作试点地方已颁发数据知识产权登记证书 5000 余张，累计接收申请超过 1.1 万份。各试点地方在数据知识产权制度构建、登记实践、权益保护、交易使用等方面均取得积极的实践成果[1]。2023 年 12 月 21 日，国家知识产权局办公室发布《国家知识产权局办公室关于确定 2024 年数据知识产权试点地方的通知》，增加天津、河北、山西等 9 个省份加入第二批试点名单，并明确在试点过程中要坚持“四个充分”，在已有基础上进一步推进数据知识产权地方试点工作。

其三，政策引导规范知识产权转化运用。国务院办公厅印发《专利转化运用专项行动方案（2023—2025 年）》，深入实施专利转化专项计划，推进专利许可制度全面落实。另外，由于《中华人民共和国专利法》等相关法律法规的修订和《知识产权强国建设纲要（2021—2035 年）》《“十四五”国家知识产权保护和运用规划》等政策规划的出台，相关政策和法规也对专利转化运用提出了新要求。考虑到专利转让许可合同对市场主体及创新促进的重要作用，国家知识产权局发布《专利（申请）权转让合同模板及签订指引》《专利实施许可合同模板及签订指引》，对现有的专利转让合同模板、专利实施许可模板及签订指南进行系统修改，对专利转让许可行为进行规范，从而减少纠纷，助力专利转化运用。

2. 立法完善

其一，知识产权法律体系进一步完善。2023 年 1 月，国家知识产权局起草的《中华人民共和国商标法修订草案（征求意见稿）》（以下简称《修正草案》）正式向社会公开征求意见。《修正草案》针对服务商标和互联网环境下的商标使用行为、通过电子商务活动实施侵犯注

1 资料来源：知识产权报，《探索保护规则制定 促进数据要素流通》。

册商标专用权的行为作出规定。2023 年 12 月 21 日，国务院发布修订后的《专利法实施细则》，进一步完善专利申请、审查制度，加强专利行政保护和公共服务，增设外观设计国际申请章节，加强其与国际条约的衔接。同日，国家知识产权局还发布《关于施行修改后的专利法及其实施细则相关审查业务处理的过渡办法》，保障修改后专利法及其实施细则的顺利实施，明确其中涉及审查业务的相关条款在修改后的《专利法实施细则》生效实施前的具体适用规则。

其二，专利、商标、地理标志审查保护制度进一步完善。2023 年 12 月 21 日，国家知识产权局发布修订后的《规范申请专利行为的规定》，规定非正常申请专利的认定标准，维护专利工作的正常秩序。国家知识产权局制定《关于含地名商标申请注册与使用的指引》《关于禁止作为商标使用标志的指引》等 6 项专利商标申请、使用指引，明确专利、商标申请注册与使用过程中的规则与程序。2023 年 12 月 29 日，国家知识产权局发布《地理标志产品保护办法》，主要明确地理标志产品审查标准和程序，明确生产者义务和地方知识产权管理部门日常监管职责，加强地理标志的保护。

其三，反垄断、竞争领域立法注重网络平台规制。2023 年 3 月 10 日，国家市场监督管理总局发布《禁止垄断协议规定》，新增了数字经济领域垄断协议的有关规定，对经营者利用数据和算法、技术及平台规则等达成横向和纵向垄断协议的方式进行列举，适应数字经济背景下的反垄断监管需要。同日，国家市场监督管理总局发布新修订的《禁止滥用市场支配地位规定》，进一步明确相关规则在平台领域的适用，新增“具有市场支配地位的经营者不得利用数据和算法、技术及平台规则等从事滥用市场支配地位行为”规定，在平台经济领域经营者具有市场支配地位的考虑因素中增加“交易金额”“交易数量”“控制流量的能力”。2023 年 6 月 25 日，国家市场监督管理总局发布《禁止滥用知识产权排除、限制竞争行为规定》，扩充了“滥用知识产权排除、限制竞争行为”的内涵，健全了利用行使知识产权的方式实施垄断行为的认定规则，并规制了知识产权领域典型、特殊垄断行为。

其四，加强对新兴领域知识产权规则的完善。北京市知识产权局联合 3 个部门制定《北京市数据知识产权登记管理办法（试行）》，浙江省知识产权局联合 11 个部门出台并向省人大备案了数据知识产权登记办法，山东省知识产权局联合 6 个部门印发《山东省数据知识产权登记管理规则（试行）》[1]。国家知识产权局修改《专利审查指南》，完善人工智能、大数据、区块链、生物基因技术等的权利要求保护方式及创造性审查标准。完善新兴技术领域立法，优化对知识产权保护的规制方式。

3. 执法保护

其一，充分发挥行政执法职能，提高知识产权保护的力度和效率。2023 年各级版权执法部门检查实体市场相关单位 72.36 万家（次），查办实体市场侵权盗版案件达 2785 件[2]。国家知识产权局制定年度知识产权行政保护工作方案，加强对商标、专利的执法力度。2023

1 资料来源：知识产权报，《探索保护规则制定 促进数据要素流通》。

2 资料来源：国家版权局，《2023 年版权执法部门打击侵权盗版取得积极成效》。

年，全国市场监管部门共查办商标专利领域违法案件 4.41 万件，涉案货值 8.39 亿元，向司法机关移送涉嫌犯罪案件 1376 件[1]。此外，建设国家知识产权保护示范区，天津市滨海新区等 10 个首批示范区建设已经取得初步成效，在区域内运用“硬手腕”进行执法保护，如在成都、杭州等地加强知识产权巡回审批网络体系建设，同时优化执法部门设置，如在天津市滨海新区法院和区检察院共同设立知识产权联合保护办公室，南京建设知识产权大保护检察联盟等[2]。

其二，组织专项行动，加强对网络知识产权的保护。例如，在版权方面，2023 年，版权执法部门组织开展打击网络侵权盗版“剑网 2023”专项行动、院线电影盗录传播集中行动、青少年版权保护季行动、清朗·杭州亚运会和亚残运会网络环境整治等专项行动，严厉打击各类侵权盗版行为，维护著作权人合法权益；国家市场监督管理总局组织开展侵权假冒物品全国统一销毁活动，22 个省（区、市）同步销毁侵权假冒伪劣商品 200 多个品种、重量 4734.2 吨、货值达 8.3 亿元[3]。在商标保护方面开展“铁拳”行动，强化整治以“囤商标”“傍名牌”“搭便车”为突出表现的商标恶意囤积和商标恶意抢注行为。

其三，推进知识产权诚信建设，落实知识产权信用管理规定。主要对知识产权领域的失信行为进行规制，累计将 107 名主体列入严重违法失信名单，涉及故意侵犯知识产权、从事严重违法专利、商标代理行为等失信行为。分两批推动北京、上海、浙江等 19 个省（区、市）及福建厦门、广西柳州等 12 个地级市开展以信用为基础的分级分类监管试点[2]。

4. 司法保护

其一，司法机关以利益平衡和激励创新为目标，加强网络知识产权的司法保护，并就网络新议题提供裁判规则引导。例如，杭州互联网法院公布了网络知识产权十大典型案例，有助于提供类案指引。某（上海）科技公司诉杭州某网络公司著作权侵权及不正当竞争纠纷案作为首例涉及“虚拟数字人”知识产权侵权纠纷，法院阐明了真人驱动型虚拟数字人从创建到使用过程中设计的虚拟数字人本体、真人演员、虚拟数字人经营者等多方主体的著作权或邻接权，明确虚拟数字人本身不能成为作者，即使其生成作品，其权力也不归属于虚拟数字人，而虚拟数字人背后的真人演员才属于著作权法保护的表演者，如果构成职务表演，其表演者权可归属于经营者[4]；在涉及网络游戏与魔幻特效电影改编关系的浙江某网络科技公司诉某公司确认不侵害著作权纠纷案中，法院厘清了视听作品的比对思路，对于参考在先创作的视听作品的主题、构思等思想内容而在后创作的视听作品，其是否侵犯在先作品的改编权要着眼于其是否有独创性表达，这对科技与艺术结合的文娱作品的规制路径具有启示意义，有利促进多业态创作的创新与蓬勃发展[5]；在北京某科技公司、浙江某科技公司与襄阳甲科技公司、襄阳乙科技公司、湖北某科技公司不正当竞争纠纷案中，法院认定通过计算机软件模拟

1 资料来源：中国新闻网，“2023 年，全国市场监管部门共查办商标专利领域违法案件 4.41 万件”。

2 资料来源：国务院新闻办发布会介绍 2023 年知识产权工作进展情况。

3 资料来源：国家市场监督管理总局，《2023 年侵权假冒伪劣商品全国统一销毁行动举行》。

4 杭州市中级人民法院（2023）浙 01 民终 4722 号。

5 杭州市中级人民法院（2023）浙 01 民终 453 号。

人工操作，创造虚假的点击、评论和关注数据，从而骗取短视频平台的流量分配的行为，干扰平台推荐算法的正常运作，破坏短视频市场竞争秩序，属于《反不正当竞争法》第十二条第二款第四项所禁止的不正当竞争行为，法院从平台、算法与数据的融合治理方面探索反不正当竞争法互联网专条兜底调控的规制路径[1]。司法机关在适用法律的过程中探索界定网络知识产权不同主体的权益边界，有助于加强司法保护，促进行业的创新发展。

其二，知识产权检察工作成效显著，刑事办案质效持续优化，民事与行政检察监督力度显著增强，公益诉讼职能得到有效发挥。最高人民检察院发布《知识产权检察工作白皮书（2021—2023 年）》。2023 年，全国检察机关受理审查逮捕侵犯知识产权犯罪案件为 7049 件，相较 2022 年上升 72%；受理审查起诉为 12122 件，相较 2022 年上升 42.8%，由此可见，检察机关对知识产权案件的打击力度正在加大。此外，检察机关加强了立案监督力度，2023 年，立案监督案件的开展数量为 1155 件，是 2022 年数量的 3.2 倍。在知识产权民事监察案件方面，人民检察院不断推进民事审判监督，2021—2023 年，全国检察机关共受理知识产权民事检察案件 3465 件。其中，受理知识产权民事生效裁判监督案件 2136 件，提起抗诉 55 件，提出再审检察建议 761 件，法院裁定再审 718 件；受理民事审判活动监督案件 950 件，提出检察建议 784 件，法院采纳检察建议 777 件，采纳率为 99.1%；受理民事执行活动监督案件 379 件，提出检察建议 283 件，法院采纳检察建议 276 件，采纳率为 97.5%。在行政检察监督方面，知识产权行政检察案件受理量逐年上升，从 2021 年的 105 件上升到 2023 年的 215 件，特别是最高人民检察院向最高人民法院提出的几起重要抗诉案件，如“蒙娜丽莎”商标争议、“妈咪鸡蛋仔”商标申请驳回复审案，均已得到再审并改判，有助于统一司法裁判标准[2]。

5. 社会共治

其一，产业主体积极合作探索知识产权共赢新模式。根据第 53 次《中国互联网发展状况统计报告》，截至 2023 年 12 月，我国网络视频用户规模为 10.67 亿人，较 2022 年 12 月增长 3613 万人，占网民整体的 97.7%。其中，短视频用户规模为 10.53 亿人，较 2022 年 12 月增长 4145 万人，占网民整体的 96.4%。短视频易制作、易分享的特点导致其传播速度快、覆盖面广，但同时也带来了侵权问题，长短视频合作可有效改善数字版权面临的困境。2023 年 4 月 7 日，腾讯视频与抖音集团宣布建立合作关系，双方将在长短视频的联动推广和短视频的衍生创作领域展开合作。腾讯视频将授权抖音使用其拥有信息网络传播权的丰富影视内容，激励短视频创作者进行创作。同时，双方还就短视频的衍生创作方法和发布规则达成共识。产业主体在版权生态治理方面发挥越发重要的作用，有利于促进我国版权产业的健康发展。

其二，网络平台积极开展自我净化活动。2023 年 4 月 26 日，微信法务团队发布了《2022 年微信第三方版权保护报告》，显示 2022 年微信累计为近 3900 万篇文章提供了原创标识。2023 年 12 月 14 日，腾讯发布《2023 微信品牌保护报告》，介绍了公众平台处理商标侵权投诉 8.6 万件，同比减少 22%，核实 3.3 万单侵权，同比减少 20%，并且微信品牌维权平台更

1 杭州市中级人民法院（2023）浙 01 民终 4707 号。

2 资料来源：《知识产权检察工作白皮书（2021—2023 年）》。

新至 3.0 版本，覆盖个人账号、朋友圈、群聊、视频号直播、短视频、视频号小店、企业微信、公众号、小程序等场景。2023 年 12 月 22 日，抖音发布《2023 抖音电商知识产权保护报告》，强调平台积极保护版权，如平台主动识别并处理盗版短剧资源商品超 1.5 万条，清退违规商家超 250 个。抖音还协助有关部门开展六大专项行动，协助构建线上线下全链路知识产权保护体系。

撰稿：张蕾蕾、李文宇、毕春丽

审校：冯骏

第 29 章　2023 年中国网络安全状况

29.1　网络安全形势

1. 数字安全与发展并重，安全防护能力建设需强化

随着全社会各领域数字化发展，数字安全成为数字时代构筑新优势、领先新赛道的必要前提，为保障网络物理融合空间的安全运行和治理提供核心动力。近年来，我国不断强化数字安全制度机制建设，从国家全局出发作出长远部署和谋划，逐步形成自上而下的政策法规和安全管理体系。党的二十大报告和《“十四五”数字经济发展规划》等一系列国家顶层规划皆将安全发展作为新时代主要战略方向，奠定了数字安全发展主要基调。同时，数字时代安全的基础性、全局性地位不断凸显，数字安全体系全面覆盖信息通信、数据要素、运行操作、物理安全等四大核心领域，以及数字技术融合应用安全、数字空间安全治理、产业安全供给和产业链供应链安全可控等四大外延领域。数字安全重点保障线上网络系统安全可靠运转、线下经济社会运行秩序稳定、数据要素流通过程的安全和可信，从而确保全社会各领域数字化全过程、全方位、全链条的安全。

同时，我国数字安全防护能力建设面临重要挑战。一是数字安全顶层设计有待健全。在数字基础设施、数据要素、数字化发展、数字产业生态等数字安全能力建设细分领域缺乏整体布局和规划部署，亟须明确统一工作目标。二是数字安全防护能力认证亟待强化。目前测评仍以物理安全、网络安全、系统功能安全、应用安全等传统测试为主，缺少针对产品实际防护能力效果的验证和评价体系，无法针对性地强化数字安全的防护短板。

2. 数据安全保障能力重要性凸显，安全治理体系仍需健全

伴随数字经济快速发展，数据作为新增的生产要素已经成为全球发展和保护的重点，基于数据的全生命周期防御保障作用日益凸显。2023 年，国家高度重视数据要素流通与价值释放，进一步贯彻《数据安全法》工作部署并推动落地实施。《工业和信息化领域数据安全管理办法（试行）》《关于促进数据安全产业发展的指导意见》等政策文件的发布，不断细化针对数据全生命周期的管理措施要求，落实国家数据安全工作协调机制工作部署。随着数字经济的发展和信息技术的演进，数据安全相关技术的热度大幅攀升，在数字安全企业未来三年重点研发方向词云图中，“数据”相关的词频最高，涉及数据加密、数据脱敏、隐私计算等

细分领域，如图 29.1 所示。数据安全技术一方面是实现数据安全保护目标的核心技术手段，另一方面又为数据安全技术应用层所要实现的安全监测、隐私保护等目标提供了有效技术支撑。

图29.1　数字安全企业未来三年重点研发方向词云图

资料来源：中国信息通信研究院网络安全产业调研。

然而，数据要素安全治理体系需持续健全。一是关键数据保护有待强化，行业数据安全防护水平仍需提升。当前重要行业领域的敏感数据面临的安全威胁加大，针对关键信息基础设施及能源、钢铁等重点行业高价值数据缺乏分类分级保护，行业数据安全保障体系尚未健全。二是数据安全技术能力有待释放，创新应用需加快落地。数据从采集、传输、存储到应用、共享直至销毁的全生命周期的各个环节均面临安全风险，我国在异常行为监控、攻击溯源等动态技术方面仍存在不足，亟须加快构建覆盖数据要素全生命周期的防御体系。

3. 工业互联网安全管理落地推进，对安全环境提出更高要求

随着制造业领域数字化转型，5G、大数据等数字技术加速在工业互联网中赋能应用，推动制造业向数字化、网络化和智能化转变，工业互联网成为构造新型工业化的关键引擎。伴随近年来全球复杂严峻的工业互联网数据安全形势，我国愈发重视工业互联网安全保护工作，近年来发布了《关于深化“互联网+先进制造业”发展工业互联网的指导意见》《加强工业互联网安全工作的指导意见》《工业大数据发展的指导意见》等一系列工业互联网相关政策文件，构建了体系化、多部门协同的工业互联网安全工作格局，明确提出工业互联网数据安全保护要求，数据安全成为工业互联网安全保障的基线和重点。目前，我国工业互联网安全技术的发展处于在传统网络安全技术基础上加以改进和融合的阶段。在技术手段建设方面，我国基本建成国家、省/行业、企业三级协同联动的工业互联网安全技术保障体系。在安全技术发展方面，工业互联网安全技术在实践中不断融合新技术、新模式，不断向主动安全防御升级演进。

工业互联网的深化应用下安全风险形势严峻。一是攻击面不断扩大。生产环境更加开放，生产设备、系统趋于网联化、智能化，导致大量生产系统暴露于公网，加大了安全隐患。二是威胁手段和路径不断增多。传统 IT 和 OT 较为清晰可见的安全边界逐渐消失，安全风险进一步向工厂内网、控制系统、设备等延伸，攻击入口和路径不断增多。三是攻击影响较以往更严重。攻击可由物理世界直达现实世界，导致系统运行中断、生产线停摆、工厂停工，甚至可能引发人身安全等级联效应。

4. 车联网安全标准体系持续完善，新型安全风险和挑战凸显

车联网是全球汽车产业数字化战略转型、数字经济发展、实现能源转型的基础核心。随着信息通信技术的快速迭代及汽车产业的深度融合与集群发展，汽车领域加速智能化、网联化、共享化、电动化发展，2023 年车联网安全管理加快落地推进，政策和标准体系逐步完善。2023 年 6 月，国务院常务会议明确提出“构建‘车能路云’融合发展的产业生态”。2023 年 12 月，交通运输部印发《自动驾驶汽车运输安全服务指南（试行）》，明确在现行法律法规框架下使用自动驾驶汽车从事运输经营活动的安全保障要求。自然资源部、工业和信息化部分别发布《智能汽车基础地图标准体系建设指南（2023 版）》《国家车联网产业标准体系建设指南（智能网联汽车）（2023 版）》，持续构建支撑车联网安全标准体系。除此之外，车联网网络安全防护能力整体逐步提升，保障车联网健康有序发展。一方面，车联网企业针对服务平台、应用程序等能够采取有效安全措施保障网络安全，建立了多层纵深防御、软硬件结合的安全防护体系。另一方面，车联网网络安全检测工具持续完善，支撑车联网“云-管-端”安全检测，助力企业生产安全合规的产品。

与此同时，随着汽车网联化、智能化创新应用进程不断加快，安全特性愈发复杂，新型安全风险和挑战愈加凸显。一是车联网平台面临攻击威胁。由于用户可通过车联网平台进行信息交互、远程操作，一旦平台遭受网络攻击控制，攻击者即可实现对车辆的远程操控，造成严重后果。二是车联网应用场景对网络安全和数据安全保障能力也提出了更高要求。车联网数据全生命周期的安全保障能力不足，可能导致道路和环境数据、驾驶行为、位置信息等敏感数据面临泄露风险。

29.2　网络安全监测情况

1. 网络安全事件数量整体小幅增长

一是分布式拒绝服务（DDoS）攻击事件小幅增长。截至 2023 年年底，中国信息通信研究院数据显示 DDoS 攻击事件总计 60 余万起，同比增长 15%，月攻击事件数量呈增长趋势。从攻击特征来看，短时高频攻击占比仍然较高，其中 5～10 分钟的攻击最多，约占 50%；其次为小于 5 分钟和 10～30 分钟的攻击。从攻击流量来看，1～5Gbps 的攻击最多，占比约为 35%，其中 11 月达到 2023 年的峰值；5～10Gbps 的攻击增幅最大，同比增长约 90%，其次为小于 1Gbps 的攻击，同比增长约 90%。从攻击类型来看，UDP Flood 和 SSDP Amplification 类攻击最多，占比共超过 50%。

二是恶意邮件攻击事件略有增长。截至 2023 年年底，数据显示恶意邮件攻击事件共发生 4000 余万起，同比增长约 6%，其中 7 月最高，约占全年的 12%。

2. 恶意程序呈现总体小幅增长趋势

一是计算机恶意程序数量小幅增长。截至 2023 年年底，中国信息通信研究院数据显示，计算机恶意程序 2000 余个，均为木马程序，同比增长近 20%，其中 6 月和 9 月数量最多。从家族分布角度来看，共涉及恶意程序家族 600 余个，同比增长约 35%，其中 GenericKD、Agent、Generic 等数量较多。

二是手机恶意程序明显增长。截至 2023 年年底，中国信息通信研究院数据显示，手机恶意程序为 9000 余个，同比增长约 45%，其中 11 月最多，占全年总数的近 20%。从手机恶意程序种类来看，主要是 A.Fraud.loanAppsa.a 和 A.Fraud.loandxm.a。从行为特征来看，以系统破坏为主，约占全年总数的 60%，其次为流氓行为和诱骗欺诈，共占全年总数的近 35%。

3. 恶意网络资源数量同比降幅明显

一是恶意 IP 地址数量明显减少。截至 2023 年年底，中国信息通信研究院数据显示，恶意 IP 地址为 200 余万个，同比减少超过 40%，其中 5 月最多，约占全年总数的 30%。恶意 IP 地址类型主要以安全探测和恶意程序传播为主。

二是恶意域名/URL 明显减少。截至 2023 年年底，中国信息通信研究院数据显示，恶意域名/URL 为近 300 万个，同比减少约 50%，其中 2 月最多，约占全年总数的 20%。从类型来看，主要为恶意程序控制端域名/URL，约占全年总数的 30%，其次为恶意程序传播和放马域名/URL，约占全年总数的 20%。

29.3 网络安全产业

1. 我国网络安全产业处于扩张成长期，软硬件产品占比较高

网络安全作为国家网络安全能力的重要组成，在维护国家安全、促进经济发展、维护社会稳定、保障人民利益等方面都产生了重要作用，网络安全产业的全局性、基础性、战略性地位凸显。网络安全产业主体持续通过产品和服务的创新迭代，致力于基础能力提升、前沿技术发展和服务模式创新，为各行业领域提供整体防护策略，持续向各领域输出安全能力，发挥着构筑网络安全防线的作用。

在政策支持、需求扩张、应用创新等多重利好带动下，我国网络安全产业逐步进入扩张成长期，中国信息通信研究院预测，2023 年我国网络安全产业规模接近 2200 亿元[1]；从长期发展趋势来看，2016 年以来我国产业规模复合年均增长率超过 14%，高出全球近 4 个百分点[2]，且有进一步提速态势，产业发展活力显著。随着行业快速发展，我国网络安全企业数量目前已超过 2000 家，并且仍在进一步增长。和全球领先企业相比，我国网络安全企业市场估值增速领

1 产业规模数据以国家统计局、工业和信息化部等相关单位公布的网络安全收入或增加值相关数据为基础，通过中国信息通信研究院网络安全产业规模测算框架进行综合测算得出。若相关基础数据由于规模以上入统企业数量或企业年度审计数据变动等原因发生调整，则后续将对相关测算数据进行同步调整。

2 资料来源：根据中国信息通信研究院、Gartner 公司数据综合计算得出。

先，2022 年与 2017 年对比超 7 倍[1]，企业生态价值具备巨大发展潜力。在我国市场中，部署的产品形态仍以软硬件产品为主，其中移动安全、工控安全等增速较快；以安全运维为代表的安全服务在网络安全销售中的占比快速增加，反映出行业用户注重安全防护的特点。

2. 网络安全技术不断创新应用，技术产品赛道布局较为齐全

网络安全随着信息化、数字化发展同步演进，网络安全技术亦随着威胁持续演进而不断升级。我国网络安全技术产品赛道可分为传统赛道和新兴赛道两类，传统赛道为目前主流安全产品，相关技术产品在原有基础上缓慢演进，新兴赛道是在新技术、新场景趋势下诞生的新领域，技术高速发展。我国网络安全主要赛道及企业分布如图 29.2 所示。从产品服务布局情况来看，我国在传统赛道、新兴赛道布局均较为齐全。网络安全产品已从传统网络安全领域延伸到云、大数据、物联网、工业控制、5G 等新兴应用场景，产品服务体系覆盖底层基础设施安全至上层应用场景服务安全等多个维度。从企业布局情况来看，我国传统赛道以头部企业为主导，新兴赛道涌现出较多新锐力量。具体差距为：国际巨头企业更倾向差异化定位，追求某些赛道的技术领先，新兴赛道已出现众多数十亿美元估值企业，未来有可能产生新的巨头；我国头部企业赛道覆盖面更广，倾向于追求“大而全”，提升产品的完整性和覆盖度（自研+OEM 路线），新兴赛道企业的估值和扩张速度落后于国际先进水平。

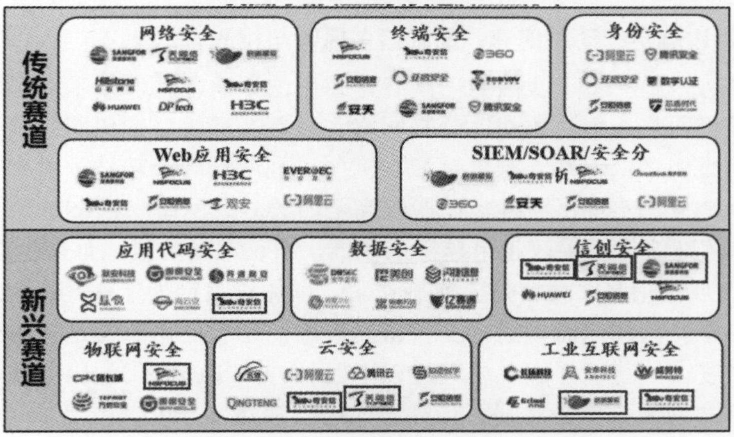

图29.2　我国网络安全主要赛道及企业分布

资料来源：中国信息通信研究院根据公开资料整理。

3. 网络安全企业顽强发展，产业竞争能力仍需加强

网络安全是国家网络安全能力的重要组成，由于我国网络安全市场起步较晚，网络资源、网络防御等方面能力储备不足，网络安全企业在营收情况、融资并购、技术发展方面仍较为薄弱。在企业发展方面，我国网络安全企业数量众多、产业集中度小，新进入者竞争壁垒越来越高，限制创新企业自由竞争，使得优质企业发展空间有限。企业多通过增加相关研发、营销等投入，提高市场占有率。现存网络安全企业数量超过 2000 家，但由于欠缺强有力的

1 资料来源：中国信息通信研究院根据公开资料计算得出。

整合和筛选机制，我国有约 55%（远高于美国的 30%）的企业依靠客户关系、概念炒作等方式存活。在企业营收方面，2022 年受新冠疫情扰动等因素影响，我国主要上市企业营业收入实现微弱增长，增速达到近几年来最低水平，对网络安全下游市场需求造成负面影响，导致包括政府、医疗、教育等在内的行业用户推迟或减少对网络安全相关产品或服务的采购。在融资并购方面，在经济大环境不确定性增加、资本市场投资信心不足等因素影响下，我国网络安全融资规模震荡下跌，数据安全、工业互联网安全、软件供应链安全、安全管理与运营等热门融资领域获得较多融资，并且涌现出一批高成长性企业，创新型企业相继获得大额融资，但头部企业并购数量显著低于国际同业。在技术发展方面，在传统安全领域，我国传统安全产品能力已跻身全球前列，具备一定竞争力。在新兴安全领域，从市场成熟度情况来看，我国多数创新技术市场成熟速度与世界总体趋于一致，零信任网络访问、安全访问服务边缘、软件成分分析、入侵和攻击模拟技术等市场成熟度慢于国际 1～2 个阶段；从技术成熟度情况来看，我国数据分类技术成熟速度与世界总体趋于一致，入侵和攻击模拟技术、机密计算、攻击面管理、软件成分分析等多数产品技术成熟度慢于国际水平。

29.4 网络安全挑战

1. 电信网络诈骗持续动态博弈，面临诸多风险与挑战

全球诈骗形势日趋严峻，我国电信网络诈骗手法不断翻新，技术对抗性不断增强，打击电信网络诈骗仍面临一系列挑战。一是网络诈骗复杂严峻，通信网络技术的新型应用使得电信网络诈骗更加难以识别、难以溯源。例如，利用域名跳转技术，批量生成泛域名，在国内部署拨测站点，实现不断跳转；通过高防内容分发网络（CDN）服务，实现涉诈域名转发。二是电信网络诈骗手段越来越复杂多样，不仅难以防范，而且也难以追查。例如，利用 IP 代理修改属地信息，仿冒他人实施诈骗，增加诈骗行为迷惑性；利用网络视频会议软件中“共享屏幕”功能，偷窥用户支付密码等用户隐私信息。三是跨境诈骗趋势日益凸显，打击治理难度大。跨境诈骗主要通过以下四种方式实施。①利用境外涉诈资源：境外接入网站数量超过 90%，境外注册、境外接入的诈骗网站难以管控；②利用漫入境外卡：利用漫入境外卡拨打诈骗电话或作为网络流量实施网络诈骗，难以处置；③利用跨境诈骗电话：境外诈骗电话多使用改号软件，难以识别处置；④利用跨境诈骗短信：境外诈骗短信形式多样、仿真度极高，难以辨别。四是传统业务恶意利用也是一大难题。例如，利用隐私号、中间号等用于招聘、外卖等场景的重点业务实施诈骗；通过互联网远程拨打，实现固话的远程控制，实施诈骗。

2. 软件供应链安全攻击事件依然高发，开源风险问题不断升级

近年来，针对软件供应链的安全攻击事件持续增加，数据泄露、服务中断等风险日益凸显。2023 年 2 月，半导体行业技术巨头 Applied Materials 旗下的一家主要供应商因遭受勒索软件攻击而被迫中断，预计给下季度造成 2.5 亿美元的损失[1]。2023 年 3 月，OpenAI 指出开

1 资料来源：互联网安全内参，《全球关键半导体厂商因勒索攻击损失超 17 亿元》，2023-02-20。

源库中的一个错误导致 ChatGPT 服务中暴露了用户信息，1.2%的 ChatGPT Plus 用户的个人信息和聊天标题可能被泄露[1]。软件供应关系日趋复杂多元，开源供应网络风险问题不断升级。开源模式为传统的软件供应链路引入开源软件的上游社区、基金会开发者、维护者及源码包、包管理器和存储仓库等诸多节点，导致软件供应链复杂度、多样性显著增强。同时，链路中具体构成关系、供应链上下游的依赖关系的整体透明度进一步降低，导致安全管理难度显著提升。除此之外，开源产品具有更新迭代速度快、软件模块数量多、供应全球化、用户多样化等特点，也加剧了软件供应链的安全风险。

3. 数据流通及安全成为关注热点，数据安全风险大幅增加

数字经济时代，数据规模化流通应用加速，数据作为新型生产要素，是数字化、网络化、智能化的基础，已快速融入生产、分配、流通、消费和社会服务管理等各环节。近年来，我国高度重视统筹数据流通和安全，2022 年 12 月发布《关于构建数据基础制度更好发挥数据要素作用的意见》，强化了数据安全保障体系建设，把安全贯穿数据供给、流通、使用全过程。当今数据要素加快流通应用，引发越发严峻的安全威胁。一方面，数据流通带来共享隐患，安全治理需不断加强。全球海量数据跨境流通，跨境数据中不可避免地涵盖了个人敏感信息、企业运营数据和国家重要信息数据，并且随着数据规模不断扩大、种类不断丰富，数据泄露风险逐渐严重，数据跨境流动、数据确权、重要数据识别等治理规则和手段需进一步强化。另一方面，不同流通设施平台间开放互动增强，数据向部分设施平台汇聚集中，数据资产暴露面和安全边界持续扩大，数据泄露、滥用等安全风险大幅增加。2023 年 8 月，南昌某高校存储 3 万余条师生个人信息的数据库被黑客非法入侵，相关数据在境外互联网上被公开售卖[2]。诸类攻击事件的频发导致数据安全防护压力不断加大。

撰稿：张涵羽、葛悦涛
审校：刘文懋

1 资料来源：澎湃新闻，《ChatGPT 巨大漏洞，能看别人支付聊天内容，OpenAI 公布技术细节》，2023-03-25。

2 资料来源：澎湃新闻，《数万条师生信息在境外被兜售！江西一高校被罚 80 万！》，2023-08-17。

第 30 章　2023 年中国互联网投融资发展状况

30.1　创业投资及私募股权投资

2023 年，伴随行业进入深度调整期，国内互联网创业投资活跃度持续下滑，投资交易数量创下自 2014 年以来的历史最低点。监管层出台了多项鼓励规范发展创业投资、股权投资的政策，有意促进投资行业高质量发展，但由于市场预期不佳、企业经营困难等原因，民间企业投资决策总体偏向保守状态。2023 年，尽管新冠疫情对全球投资市场的冲击影响已基本消退，但在美联储加息、地缘政治等多重因素影响下，全球经济增长乏力，一级市场投资热度相对低迷。

从投资项目和金额来看，国内创业投资市场发展的韧性与压力并存。2021—2023 年投融资整体行情呈现渐进式下行趋势，且 2023 年投融资事件处于近 10 年历史的低位。2023 年中国新经济领域的一级市场投资交易事件数量共 4482 起，同比下降 26.9%，创下近 10 年的最低点，新经济投融资总金额为 6283.7 亿元，同比下降 28.4%，也成为近 8 年来的低点（见图 30.1）。尽管机构投资意愿有所下滑，但资本对优质项目的投资热度和集中度依旧热情不减，2023 年一级市场单笔投资的平均交易金额仍保持在 1.4 亿元。此外，2014—2023 年单笔投融资的结构发生变化，创业投资市场“投早投小”意愿偏弱，社会资本参与积极性不高，头部独角兽企业更受市场资本的青睐。具体体现在，以单笔百万元级别为代表的小额投资在总体中的占比呈现下降趋势，以单笔亿元级别为代表的大额投资在总体中的占比呈现上升趋势。

从行业分布情况看，2023 年行业投资信心继续探底，投资金额和投资事件整体呈现下降趋势。超过千亿元规模的私募股权投资金额仅先进制造行业达到 2884.94 亿元（见表 30.1），相较 2022 年少了医疗健康和汽车交通这两个行业。此外，2023 年融资交易金额实现同比增长的领域有农业、旅游等。其中，2022 年的热门赛道“元宇宙”在 2023 年中的融资事件数量减少 65%，融资总额下降 67%，成为下滑最严重的投资赛道之一。

从细分行业融资规模看，2022 年年末 ChatGPT 的推出和迅速爆火，使得 AI 行业的发展前景受到空前关注，投资市场表现高度活跃，在整体投资行情低迷的情况下，AI 领域的融资交易数逆势上涨 5 倍，达到 121 起，融资额增长 16 倍，达到 158.26 亿元。

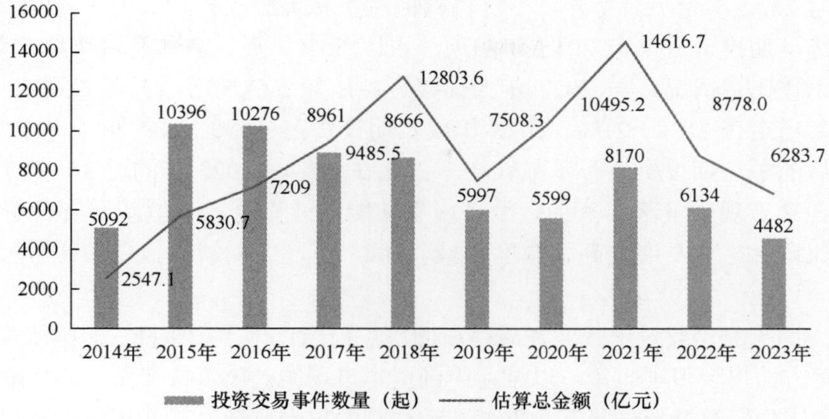

图30.1　近10年中国新经济一级市场投资交易事件数量及金额

资料来源：IT 桔子。

表 30.1　2023 年中国新经济一级市场各行业融资情况

行　业	投资事件数（起）	估算总金额（亿元）	事件同比变化	金额同比变化
先进制造	1805	2884.94	−18%	−9%
医疗健康	821	844.66	−30%	−40%
企业服务	555	506.10	−31%	−44%
汽车交通	274	813.44	−20%	−34%
电商零售	217	323.51	−49%	−26%
本地生活	189	97.43	−20%	−37%
传统制造	179	205.95	−25%	−10%
农业	68	240.89	−9%	158%
物流	55	57.66	−17%	−75%
文娱传媒	51	48.28	−48%	−2%
金融	48	97.32	−35%	−75%
元宇宙	33	23.40	−65%	−76%
教育	33	13.38	−51%	−57%
区块链	30	23.83	−39%	−42%
旅游	29	29.78	−12%	36%
游戏	23	34.34	−52%	−15%
房地产	20	14.01	−62%	−92.4%
体育运动	18	7.62	−25%	−28%
广告营销	16	8.57	−33%	−19%
社交网络	12	4.10	−25%	−6%
工具软件	6	4.48	−33%	−53%

资料来源：IT 桔子。

从投资占比的角度看，2023 年中国创投市场仍延续着 2022 年的低迷态势，总体投资阶段和结构与 2022 年无明显差异，投资机构更注重私募股权投资（PE）等中后期投资。A 轮、种子轮等早期投资占比自 2015 年触顶（占比 85%）后，总体呈现下降趋势。2023 年早期投资占总体比重情况，与 2022 年大体接近；B 轮、C 轮等成长期投资在 2019—2023 年占比趋稳，稳定在 18%～21%。2023 年成长期投资占总体比重的 18%，与 2022 年大体持平；D 轮后的中后期投资由于基数较小，占比在 2014—2023 年的近 10 年时间里无大幅变化。随着各项宏观政策落实落细，经济内生动能陆续修复，大型新经济公司的投资策略将更聚焦企业自身主业发展的高关联度领域。2023 年，企业战略投资占比较 2022 年有一定程度的提升。

2023 年，国家对创业投资行业发展存在的重点问题作出了积极回应，围绕强监管、防风险、促发展等方面出台多项政策，以推动中国资本市场的健康可持续发展。在**政府引导基金方面**，伴随着国内私募股权创投基金首部行政法规的出台落地，行业规范发展将迎来新的契机。2023 年 7 月 9 日，国务院常务会议审议通过了《私募投资基金监督管理条例》，进一步夯实行业法治基础，有利于更好地保护投资者合法权益。《私募投资基金监督管理条例》鼓励创业基金发展，给予政策支持，鼓励和引导其投资成长性、创新性创业企业，鼓励长期资金投资于创业投资基金。针对创业基金设计的“差异化”监督管理，为主要从事长期投资、价值投资、重大科技成果转化的创业投资基金在投资退出等方面提供便利。2023 年 8 月 13 日，国务院印发《关于进一步优化外商投资环境 加大吸引外商投资力度的意见》，提出要发挥服务业扩大开放综合试点示范引领带动作用，有序增加股权投资和创业投资份额转让试点地区。拓宽吸引外资渠道，要鼓励符合条件的外国投资者设立投资性公司、地区总部，相关投资性公司投资设立的企业，可按国家有关规定享受外商投资企业待遇。2023 年 9 月，中国证监会发布《关于高质量建设北京证券交易所的意见》，从加快高质量上市公司供给、推进市场改革创新、优化市场发展基础和环境等方面，全面推进北交所高质量发展，其中提出允许除创业投资基金外的私募股权基金通过二级市场增持其上市前已投资的企业在北交所发行的股票。2023 年 11 月，中国人民银行、金融监管总局、中国证监会、国家外汇局、国家发展和改革委员会、工业和信息化部、财政部、全国工商联等八部门联合印发《关于强化金融支持举措 助力民营经济发展壮大的通知》，其中强调强化区域性股权市场对民营企业的支持服务。推动区域性股权市场突出私募股权市场定位，稳步拓展私募基金份额转让、认股权综合服务等创新业务试点，提升私募基金、证券服务机构等参与区域性股权市场的积极性。2023 年 10 月的中央金融工作会议提出，“培育一流投资银行和投资机构”，2023 年 12 月的中央经济工作会议进一步明确，“鼓励发展创业投资、股权投资”，如何加快培育积极活跃的创投与股权投资市场，成为当前和今后一段时间的重点工作之一。在**创投基金方面，**2023 年 2 月 17 日，中国证监会发布全面实行股票发行注册制相关制度规则，中国资本市场改革发展迎来又一重要里程碑，将有利于资本市场的生态优化，进一步提升服务实体经济、支持创新发展和推动经济转型的能力。对风险投资（VC）、私募股权投资（PE）机构而言，注册制下的一二级市场定价机制更加透明，更能促进创投机构向“投早投小”策略倾斜，以支持科技创新和经济发展。“募–投–管–退”的循环更加顺畅，有利于进一步改善私募股权与创业投资的退出环境，也将有力提振投资机构的投资信心。在**财政方面，**2023 年 8 月 21 日，财政部、税务总局、国家发展和改革委员会、中国证监会四部门联合印发《关于延续实施创业投资企业个人合伙人所得税政策的公告》，提出关于创投企业个人合伙人可以按照被转让项目对应投资额的70%抵扣及创投企业选择按单一投资基金核算的个人合伙人可享受20%税率优惠的两大税收优惠政策得以延续至 2027 年 12 月 31 日。2023 年 12 月 6 日，财政部发布《全国社会保障基金境内投资管理办法（征求意见稿）》，提到“社保基金会开展直接股权投资和私募股权基金投资”，且社保基金对股票类、股权类资产最大投资比例，分别可达 40%和 30%，一二级市场有望迎来更多增量资金。2023 年 12 月 8 日，中国证监会就《私募投资基金监督管理办法（征求意见稿）》公开征求意见。《私募投资基金监督管理办法（征求意见稿）》对私募股权投资的投资门槛、基金募资、基金退出清算等方面均作出了细化安排。《私募投资基金监督管理办法（征求意见稿）》明确了将单只私募股权、创投基金实缴金额从 100 万元提高到 300 万元。

30.2　互联网行业投融资情况

投融资市场呈现收缩态势，2023 年，我国互联网领域投融资案例数和金额均出现下降，共发生投融资案例 946 起，同比下降 51.5%，披露的总交易金额为 49.6 亿美元，同比下降 52.4%（见图 30.2）。互联网投融资案例数和金额的下降主要受到 3 个方面因素的影响：一是受全球其他主要经济体的通胀抬升，以及全球地缘政治经济双重分裂导致的紧张态势影响，全球资本避险倾向加重；二是全球经济增长动能减弱，国内经济恢复基础尚不稳固，周期性和结构性矛盾交织叠加；三是互联网行业整体增长疲软，2023 年互联网业务总收入增长放缓，市场“投早投小”意愿不足，对大额投资又持谨慎态度，在很大程度上影响了市场投资活力。

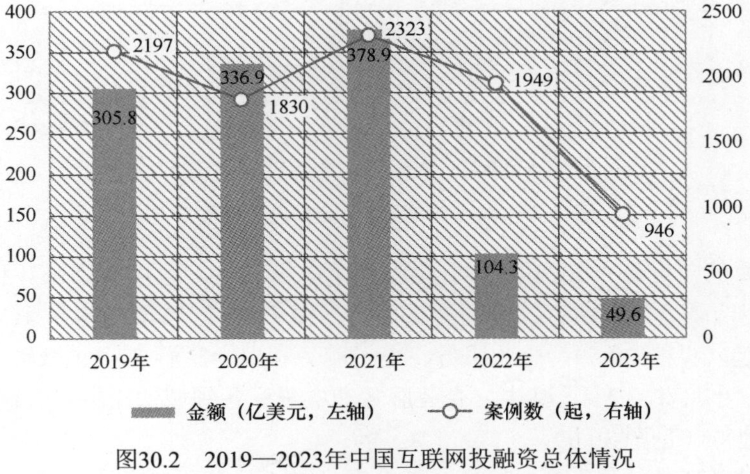

图30.2　2019—2023年中国互联网投融资总体情况

从季度表现来看，2023 年全年投融资活跃度总体呈现下降趋势，总金额波动下行。在投融资案例方面，从第一季度的 321 起下降至第四季度的 192 起，在投融资金额方面，从第一季度的 17 亿美元下降至第四季度的 9 亿美元（见图 30.3）。

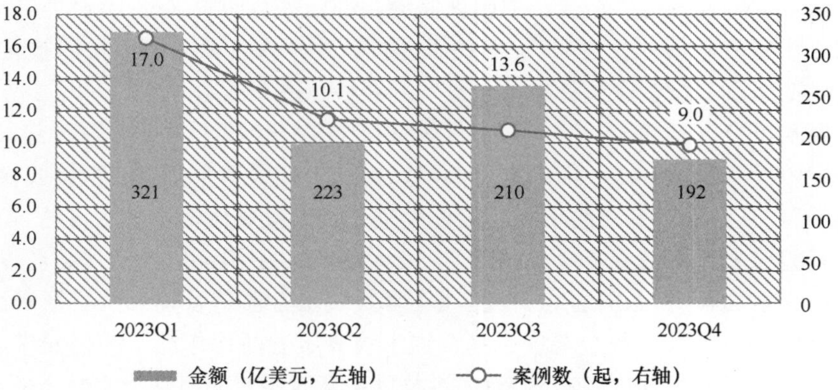

图30.3　2023年中国互联网投融资总体情况

从融资轮次来看，国内互联网行业的投融资的阶段结构组成相对稳定，市场有向优质成长企业集中的趋势，互联网行业集中度进一步提高，说明创业创新企业的集中度和创业投资的集中度都在升高。全年早期融资（种子轮、天使轮和 A 轮）占比为 79%，各季度早期融资的占比均维持在 80%左右，成长期（B 轮、C 轮）投资稳定在 15%～22%，D 轮及更后期的融资基数占比较小，为 3%左右（见图 30.4）。

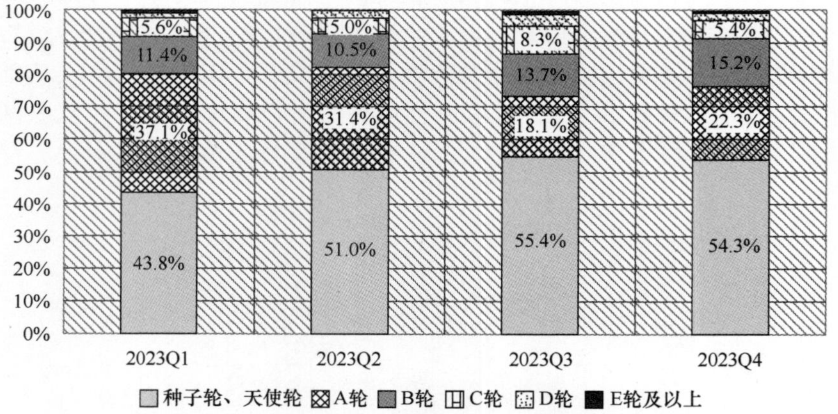

图30.4　2023年中国互联网投融资轮次情况

从细分领域的角度看，2023 年，企业服务、电子商务、医疗健康服务和应用基础设施 4 个领域的融资活跃度最高，占比分别为 30.1%、10.9%、7.7%和 7.7%，其中，企业服务案例数高达 285 起（见图 30.5）。企业服务、电子商务和出行旅游 3 个领域融资金额较大，占比分别为 27%、27%和 7.3%，其中，企业服务和电子商务领域的投融资金额均为 13.4 亿美元，处于领先地位（见图 30.6）。

从大额投融资交易的角度看，2023 年，金额超过 1 亿美元的融资案例有 9 起，总金额为 16.2 亿美元，占互联网领域总金额的 32.7%。其中有 3 起案例融资金额超过 2 亿美元。在细分领域方面，电子商务、人工智能两个领域的融资金额位居前列，分别为 5.54 亿美元和 3 亿美元，电子商务、出行旅游两个领域的投融资案例数排名领先。在重点案例方面，百川智能已完成 A 轮超过 3 亿美元融资，涉及阿里巴巴、腾讯等互联网巨头企业及多家顶级投资机构，一跃成为国内市场估值排名前 5 的大模型创业公司。2023 年中国互联网大额投资季度情况如图 30.7 所示。

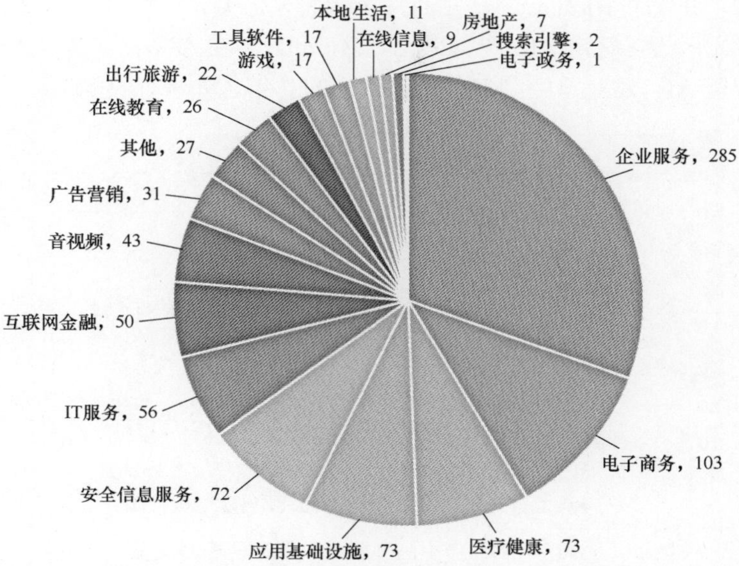

图30.5　2023年中国互联网投融资领域情况（案例数：起）

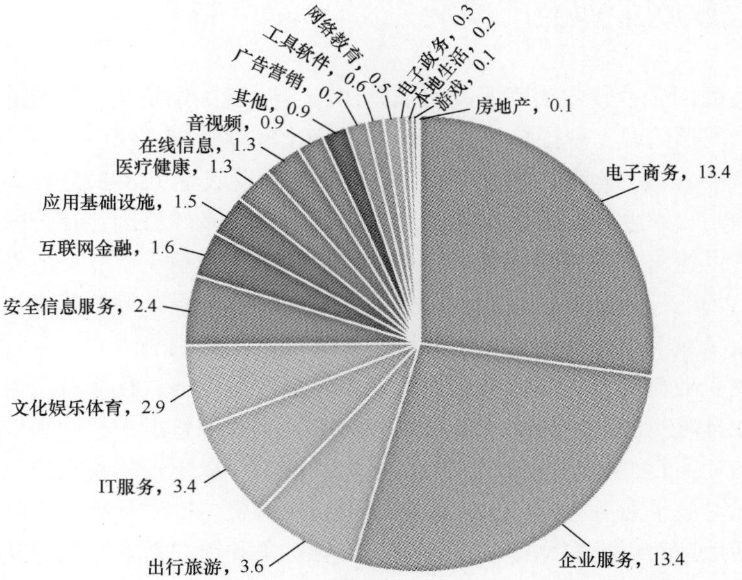

图30.6　2023年中国互联网投融资领域情况（金额：亿美元）

从巨头企业的产业布局角度看，2023 年，在 6 家典型的头部互联网企业中，仅阿里巴巴一家对外投资企业数量实现同比增长，其余企业均出现不同程度的收缩。其中，腾讯和阿里巴巴均完成了对 40 家企业的投资，投资企业数量领先于其他企业。从细分子行业领域来看，尽管互联网市场正遭遇资本寒冬，头部互联网企业对 AI 领域的投资热情依旧不减，投资频率和规模均出现明显抬升。例如，阿里巴巴将 AI 技术对电子商务业务的应用纳入战略重点，投资事件和单笔投资金额均位于前列，完成对百川智能、智谱 AI 及零一万物这 3 家头部国产大模型的投资，并投资 Kimi ai 的开发商月之暗面 8 亿美元；腾讯对外投资的企业以 AI 及其大模型为主，先后投资智谱 AI、无问芯穹、Minimax 名之梦等 7 家人工智能相关企业；美团不仅投资了智谱 AI，还对已经跻身独角兽行列的光年之外进行收购。

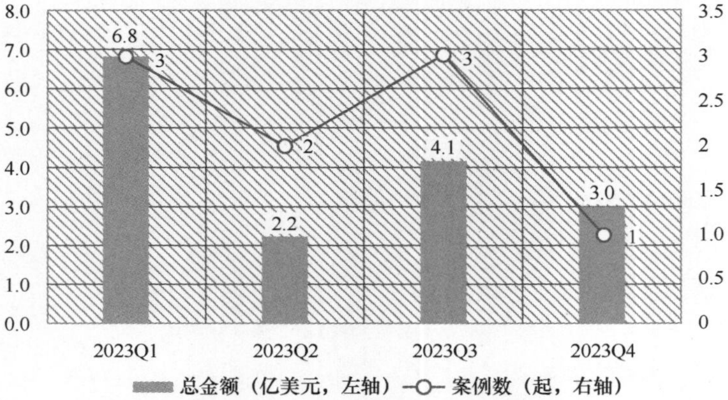

图30.7　2023年中国互联网大额投资季度情况

30.3　互联网企业上市情况

我国上市互联网企业营收实现平稳增长，2023 年，我国经济逐渐恢复企稳，国内互联网发展进入高质量发展阶段。中国信息通信研究院统计，2023 年，我国上市互联网企业营收总计 4.8 万亿元。其中，2023 年第四季度上市互联网企业总营收达 12893 亿元，同比增速达 10.1%（见图 30.8），除第一季度外，其余季度增速均超过 10%。具体原因包括：一是国民经济持续恢复向好，消费供给与需求逐步恢复；二是各大互联网企业基于自身业务发展不断调整市场策略，以适应市场的需求和变化。互联网企业延续 2022 年降本增效策略，在创新研发、组织架构调整、数字赋能、海外布局等方面取得积极成效，盈利能力有一定程度的增强。

一是互联网企业延续降本增效策略，进一步聚焦主营业务。在互联网流量增长见顶的当下，互联网企业延续 2022 年的降本增效经营策略，通过调整组织架构和资源的优化配置，建立健全与公司业务转型相匹配的组织架构和运行机制，以更短的决策路径响应客户需求。例如，阿里巴巴对旗下业务进行了大规模的组织架构调整，推动管理效率和资源配置能力提升，以更加灵活地应对市场变化；京东为适应市场竞争和用户需求，选择从事业群制回归事业部制。同时，京东零售五大事业群负责人将统一变更为事业部负责人，原事业群统管下的各事业部将按照细分品类拆分为具体的经营单元，给予品类负责人更多的决策自主权。

二是我国互联网企业研发投入仍保持高品质投入。工业和信息化部数据显示，2023 年，我国规模以上互联网企业共投入研发经费 943.2 亿元，同比下降 3.7%，头部互联网企业高研发投入的特征明显。2023 年发布的最新民营企业研发投入排名前 10 位的企业中，互联网企业占据 6 位，百度、蚂蚁集团、腾讯分别以 18.85%、11.4%、11.07%的研发投入水平位居前 3。其中，腾讯一直保持着高研发投入，财报数据显示，自 2018 年以来，腾讯累计研发投入超过 2696.54 亿元。截至 2023 年年底，腾讯在全球的专利申请总数超过 7.5 万件，授权专利数量超过 3.7 万件。专利申请、授权数量在全球互联网公司中位居第 2。

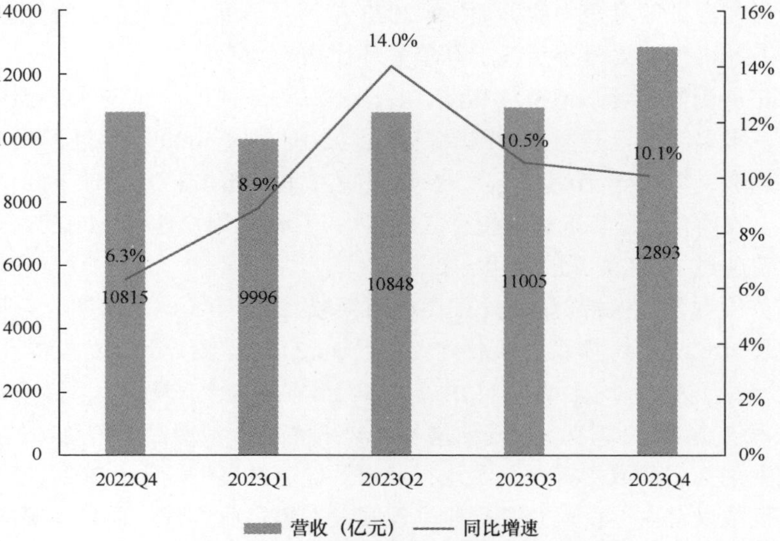

图30.8　我国上市互联网企业营业收入增长情况

三是科技成果不断突破，提升国产自主创新能力。我国数字产业创新活跃度提升，世界知识产权组织发布的《全球创新指数报告》显示，中国拥有的全球百强科技集群数量达到 24 个，首次跃居全球第 1。以人工智能为例，在框架层方面，我国多家互联网企业积极推进人工智能框架层部署，百度开源深度学习框架飞桨（PaddlePaddle）、腾讯推理框架（TNN）、阿里巴巴手机端推理框架（MNN）、字节跳动基于参数服务器架构的分布式训练框架（BytePS）等，大幅提升国产人工智能框架的自主率，在不同程度上实现了对谷歌团队开发的深度学习框架（TensorFlow）和脸书开发的深度学习框架（PyTorch）等外国平台的对标；在模型层方面，阿里巴巴持续推进人工智能基础算法及模型研究，浦江实验室借助阿里云技术能力，将大规模人工智能训练性能提升 2～5 倍；在芯片层方面，百度推出第二代自研昆仑人工智能芯片，较上代性能提升 2～3 倍，助力填补云端人工智能芯片的空白问题。

四是 AI 市场火爆，互联网企业争相布局。自 ChatGPT 发布以来，行业出现了人工智能发展热潮，多种类型的 AI 企业、产品和功能加快研发上线，加速商业化进程。头部互联网企业加速场景渗透和应用普及。例如，百度将多项主流业务接入文心一言，与头部企业和机构共建 10 多个行业大模型，相继在能源、金融、航天、制造、传媒、城市、社科及影视等领域落地。面向 B 端用户的腾讯云 MaaS，覆盖金融、文旅、政务、传媒、教育等多个行业，建设超过 50 个解决方案，客户通过加入自身独有的场景数据，就可以快速生成自己的专属模型。中小企业则专注文本生成、图片生成等细分赛道，如秘塔网络凭借其推出的秘塔写作猫“量子速写”的文章生成功能，为重度文字创作者提供新的写作思路，目前已拥有超千万名用户，深受青年工作者的喜爱。

五是助力中小企业推进数字化转型，提升中小企业的经营效率。中小企业是国民经济和社会发展的主力军，但受限于资金有限、创新能力薄弱等问题，仍处于数字化转型初期。对互联网平台而言，着力推进中小企业数字化转型，有利于拓展更多数字化业务场景，形成更具竞争力的业务模式和盈利模式。例如，美团通过流量扶持策略、线上店铺装修等专业工具，帮助平台内新店在激烈的竞争中脱颖而出。2023 年第一季度，美团在上海地区新开的特色小店数量超过 3 万家，仅在 3 月小店线上订单量环比增长 25%。

六是出海拓展国际市场热情持续高涨。我国出海势头强劲，部分领域已经领跑全球。在跨境电商方面，多多跨境已开通 12 个国家的站点，拥有超 5000 万名注册用户和 2000 万名活跃用户，月均成交额达到 10 亿美元。在短视频方面，TikTok 是全球下载量最大的移动应用程序，截至 2023 年 6 月其下载量超过 35 亿次，月活跃用户达到 11 亿人，成为全球首个单季度用户消费超过 10 亿美元的应用。

互联网细分领域营收保持健康增长。在**电商领域**，2023 年，电子商务业务收入约为 30892 亿元，同比增长 16.3%，对行业贡献最大（见表 30.2）。国家统计局数据显示，2023 年全国网上零售额 15.42 万亿元，同比增长 11.0%，连续 11 年成为全球第一大网络零售市场。其中，实物商品网上零售额 13.02 万亿元，同比增长 8.4%，占社会消费品零售总额的比重为 27.6%。在**游戏领域**，主管部门释放支持网络游戏行业繁荣健康发展的信号，2023 年 12 月，国产游戏版号单次审批数量首次过百，游戏行业呈现回暖态势，业务营收迎来小幅增长。腾讯、网易等大型互联网企业在游戏市场通过自研布局、战略投资、全球发行等方式积极拓展海外市场，将更多高品质、有创新的“好游戏”推向海外，推动产业的高质量发展和可持续发展。其中，腾讯游戏在欧美、日韩、中东等全球多个区域市场获得用户认可，2023 年其国际市场游戏收入在游戏业务整体收入的占比提升至 30%。米哈游的《崩坏》《原神》等多款经典 IP 持续畅销海外，以独特的艺术风格和文化元素，吸引无数海外用户追捧。在**出行旅游领域**，伴随新冠疫情后的商旅出行和线下消费的强劲复苏，消费者出行需求不断释放，旅游业迎来新一轮繁荣周期。携程的数据显示，2023 年用户机票出行频次同比上一年增长 13.9%。此外，2023 年跨出国门的游客显著增多，年度跨境机票订单量同比增长 832%。在**医疗健康领域**，2023 年 3 月，中共中央办公厅、国务院办公厅印发《关于进一步完善医疗卫生服务体系的意见》，再一次强调发展“互联网+医疗健康”，加快推进互联网、区块链、物联网、人工智能、云计算、大数据等在医疗卫生领域中的应用。互联网医疗从线上问诊的基础模式，转向远程手术等更加精细化的诊疗服务，带动了健康消费的发展和升级。例如，医医科技依托互联网打造的远程心脏康复训练及检测系统，服务患者、医疗机构、社区，支持远程指导、就近治疗、降低费用的互联网康复训练模式。

表 30.2　2023 年互联网细分领域营收及增速

业务名称	2023 年营收（亿元）	细分业务营收占比	同比增速
电子商务	30892	63.7%	16.3%
游戏	2832	5.8%	5.6%
互联网金融	2692	5.6%	3.1%
社交/在线社区	2501	5.2%	7.6%

（续表）

业 务 名 称	2023 年营收（亿元）	细分业务营收占比	同 比 增 速
出行旅游	2494	5.1%	830.4%
音视频	2293	4.7%	−2.9%
搜索引擎	1355	2.8%	8.6%
医疗健康	1001	2.1%	50.8%
房地产	789	1.6%	21.9%
IT 服务	462	1.0%	0.8%
门户/邮箱/分类网站等	283	0.6%	12.0%
IDC/CDN 等	199	0.4%	68.9%
文体娱乐	197	0.4%	24.6%
在线教育	163	0.3%	5.4%
企业服务	149	0.3%	42.3%
工具软件	145	0.3%	21.5%
安全信息服务	16	0.0%	−62.0%
电子政务	14	0.0%	2.0%

我国规模以上互联网企业净利润增长趋势显著。工业和信息化部数据显示，2023 年，我国规模以上互联网和相关服务企业实现利润总额 1295 亿元，同比增长 0.5%。得益于政策支持及国内经济稳步复苏，多数互联网企业业绩迎来修复，腾讯、拼多多、快手等头部企业净利润均迎来较大幅度增长。此外，多家互联网企业重点加码 AI 的布局，丰富应用场景，激发企业内生动力。例如，百度人工智能产业化取得积极成效，百度智能云凭借人工智能基础设施和标准化的人工智能解决方案建立起稳固的"基本盘"。

上市互联网企业市值小幅下跌。截至 2023 年年底，我国上市互联网企业总市值为 9.7 万亿元，共 9 家企业跻身全球互联网企业市值前 30 强。季度数据显示，我国上市互联网企业市值总体呈现小幅下滑趋势，其中第一季度市值为 2023 年顶峰，达 11.1 万亿元，随后出现下滑，第二季度市值下降幅度最大，环比下降 8.1%（见图 30.9）。伴随国内经济形势日趋企稳，企业业绩向好，上市互联网企业的市值波动渐趋平稳。

香港上市企业市值占比下降。截至 2023 年年底，我国上市互联网企业中，在美国上市的企业共 65 家，总市值达 4.8 万亿元，占全行业的比重为 49.1%，市值同比上涨 8.1%，环比上升 4.8 个百分点（见图 30.10）。其中，对比 2022 年年底的时点市值，拼多多、网易、百度和携程集团 4 家市值排名前 10 位的互联网企业实现同比增长，增幅分别为 91.7%、28.0%、7.1%和 13.4%（见表 30.3）；对比 2023 年第三季度，拼多多、携程集团两家企业市值环比增长，增幅分别为 47.2%和 1.6%。在中国内地上市的互联网企业共 66 家，市值合计 1.3 万亿元，占全行业的比重为 13.1%，占比与 2022 年年底相比有所上升。中国香港交易所上市的互联网企业共 53 家，市值合计 3.7 万亿元，占全行业的比重为 37.8%。

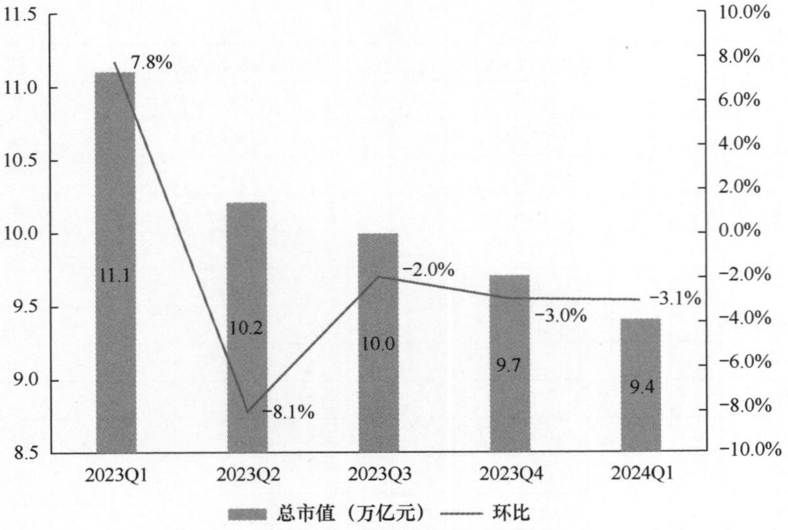

图30.9　我国上市互联网企业总市值

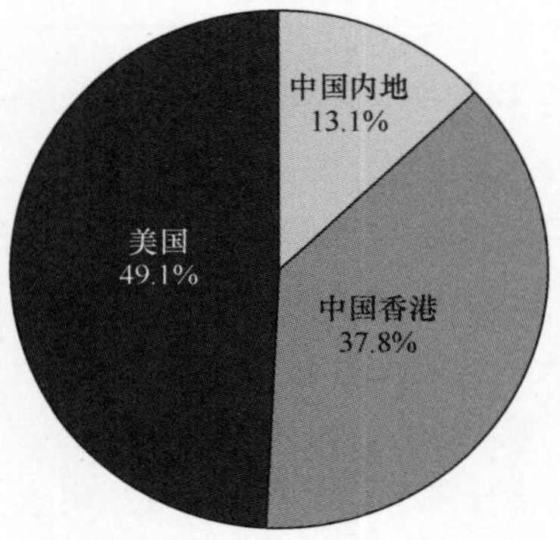

图30.10　国内上市互联网企业市值分布图（按上市地）

表 30.3　我国市值排名前 10 位的互联网企业

排名	企 业 名 称	2023 年 12 月 31 日市值(亿元)	2023 年 12 月 31 日环比变化	2023 年 12 月 31 日同比变化
1	腾讯控股	25231.04	−5.8%	−11.7%
2	阿里巴巴	13981.31	−11.8%	−13.9%
3	拼多多	13767.75	47.2%	91.7%
4	美团-W	4634.53	−29.4%	−52.0%
5	网易	4254.05	−8.2%	28.0%
6	京东	3253.11	−2.2%	−46.7%
7	百度	2948.78	−12.6%	7.1%
8	东方财富	2226.32	−7.6%	−13.2%
9	快手-W	2085.36	−17.0%	−23.7%
10	携程集团	1743.32	1.6%	13.4%

头部企业市值占比相对稳定。截至 2023 年年底，我国市值排名前 10 位的互联网企业市值合计为 7.4 万亿元，同比下降 8.6%。头部企业市值占总市值的 76%，较 2022 年占比整体

相差不大。这主要源于互联网企业依托国内经济稳步复苏的契机，着力推动科技创新、提升业务服务质量以打造企业发展动能。美团外卖聚焦上下游合作，持续加强即时配送的合作生态建设，与顺丰同城、闪送等达成合作，有效提升了即时零售行业的履约能力，缩短了配送时效，为用户提供更加优质的服务水平；阿里巴巴发布的两款电子标签（RFID）芯片羽阵 611、羽阵 612，以更强的性能、更低的功耗满足商超零售、智慧物流、供应链等复杂场景下的高识别率要求，推动我国物联网、智慧物流领域持续发展。在头部企业的引领下，产业链上下游协同发展，扩大产能，深挖国内市场潜力。

30.4　互联网企业并购情况

我国互联网企业并购活跃度同比下降。2023 年，全球通货膨胀压力上升，多国的经济运行形势承压，资本对产业投资的观望态度较深，联合国贸易和发展会议将投资不足、增长低迷等列为问题。其中，中国互联网行业也受到关联影响，行业并购同步受到影响。IT 桔子数据显示，2023 年国内共发生 431 起并购交易，相关交易金额约为 1782.3 亿元，相较 2022 年环比分别减少 33%和 32%。对比 2021 年，并购交易数量和交易金额均有一定程度的下滑。头部互联网企业的并购交易活动在 2023 年呈现低迷态势。例如，字节跳动在 2023 年收购了醒图 App、印尼电商平台 Tokopedia 两家企业，相比 2022 年的并购数量有所减少；猎豹移动作为出海的标杆性企业，其发展轨迹一直都是业界关注的焦点，公开信息显示，自 2016 年以 5700 万美元的价格收购法国新闻服务运营商 News Republic 后，再无大规模并购记录。

头部互联网企业加速资源整合，补齐短板。头部互联网企业围绕自身实际发展，整合各类优势资源，不仅可以给企业自身补齐短板、增强优势，完善产业生态，还可以为用户提供更为精准和专业的服务。例如，阿里巴巴本地生活旗下的到店业务（原“口碑”）与高德合并，此举旨在增强优势提升运营效率，基于地图导航功能叠加到店服务，为用户提供更直观的本地生活推荐。未来，阿里巴巴也会将旗下的多元本地生活到店业务整合到高德地图中；同程旅行收购同程旅业（原“万达旅业”）100%股权，对现有业务形成有效补充与延展，进一步丰富旅游相关业务生态的度假产品及服务供应。

随着国内互联网行业发展进入成熟期，国内的互联网投融资发展也同步进入成熟期状态。国内的互联网投融资下一步将继续强化规范经营，进入高质量发展阶段。

撰稿：朱帅、张雅琪、尹昊智
审校：柳文龙

第 31 章　2023 年中国网络人才建设状况

当前，我国经济已由高速增长转入高质量增长阶段，传统产业转型升级，新兴业态频繁涌现，互联网和信息化技术与传统产业融合发展。在此背景下，建设一支规模大、素质好、结构优的高水平网络人才队伍至关重要。互联网对加快实体经济发展，促进行业数字化、智能化转型已是大势所趋，科技进步和经济社会发展也为网络人才成长带来巨大空间。

31.1　网络人才建设概况

近年来，我国互联网行业在不断发展中开拓出新局面，互联网相关行业中，除互联网、计算机软件、IT 服务等偏传统的领域外，还包括新零售、网络/信息安全、人工智能等新兴领域。结合智联招聘平台大数据，本章将对包含以上领域互联网相关行业[1]的网络人才建设情况进行分析。

1. 计算机软件、电子商务行业人才持续聚集

在 2023 年网络人才[2]所从事的细分行业中（见图 31.1），互联网占比为 34.2%，连续 4 年（2020—2023 年）排名第 1，但占比逐年下降。其次是计算机软件、电子商务，占比分别为 18.9%、18.1%，自 2020 年起四度包揽第 2 名、第 3 名，且占比均较往年有所提升。近年来，我国软件和信息技术服务业运行态势良好，收入和效益保持较快增长。2023 年，全国软件和信息技术服务业规模以上企业超过 3.8 万家，累计完成软件业务收入 123258 亿元，同比增长 13.4%[3]。同时，随着消费的复苏，电子商务行业在 2023 年也保持了较好的发展形势，全年网上零售额 15.42 万亿元，同比增长 11%[4]。计算机软件和电子商务行业的持续发展吸引了较多人才积极涌入。

从占比变化看，新媒体、人工智能、网络/信息安全、云计算/大数据、区块链等细分行业的网络人才占比均连年上升，上述行业正处于发展时期，人才吸引力与黏性较高。

---

1 互联网相关行业：包括互联网、计算机软件、电子商务、IT 服务、新媒体、互联网金融/小额贷款、人工智能、新零售、网络/信息安全、云计算/大数据、物联网、在线医疗、在线生活服务（O2O）、区块链、在线音乐/视频/阅读。

2 网络人才：最近一份工作所在行业为互联网相关行业的求职者。

3 资料来源：工业和信息化部，《2023 年软件业经济运行情况》，2024 年 1 月 25 日。

4 资料来源：商务部，《商务部电子商务司负责人介绍 2023 年我国电子商务发展情况》，2024 年 1 月 19 日。

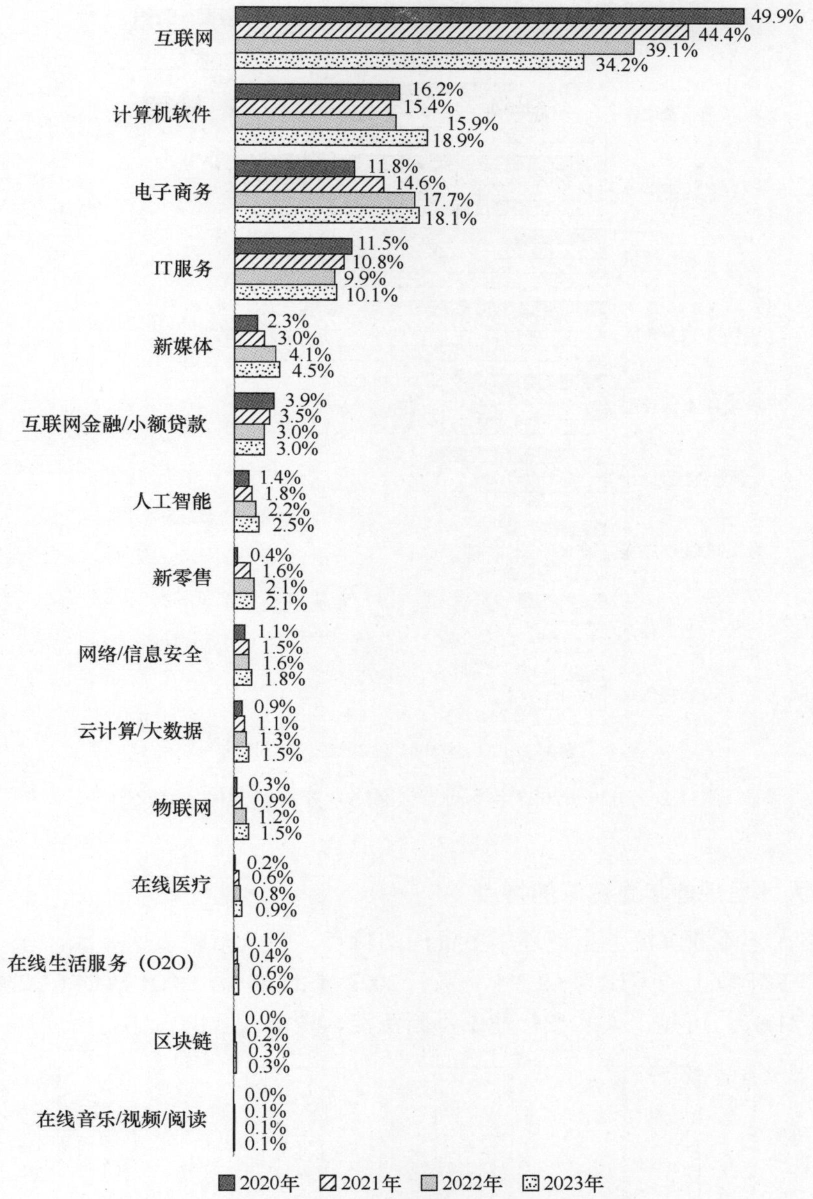

图31.1　2020—2023年网络人才从事细分行业占比变化

资料来源：智联招聘。

2. 技术岗人才占比呈增长态势

从职业看，网络人才中技术型人才占比呈上升态势，销售、行政及市场相关岗位的人才占比则有所下降。从技术岗位来看，在 2023 年网络人才中，运营/专业分析人才占比为 20.5%，排名各职业之首，并且自 2020 年以来占比呈上升趋势。互联网/通信及硬件、运维/测试人才占比分别为 15.4%、11%，排名第 2 位、第 4 位，均为 2020 年以来最高水平（见图 31.2）。

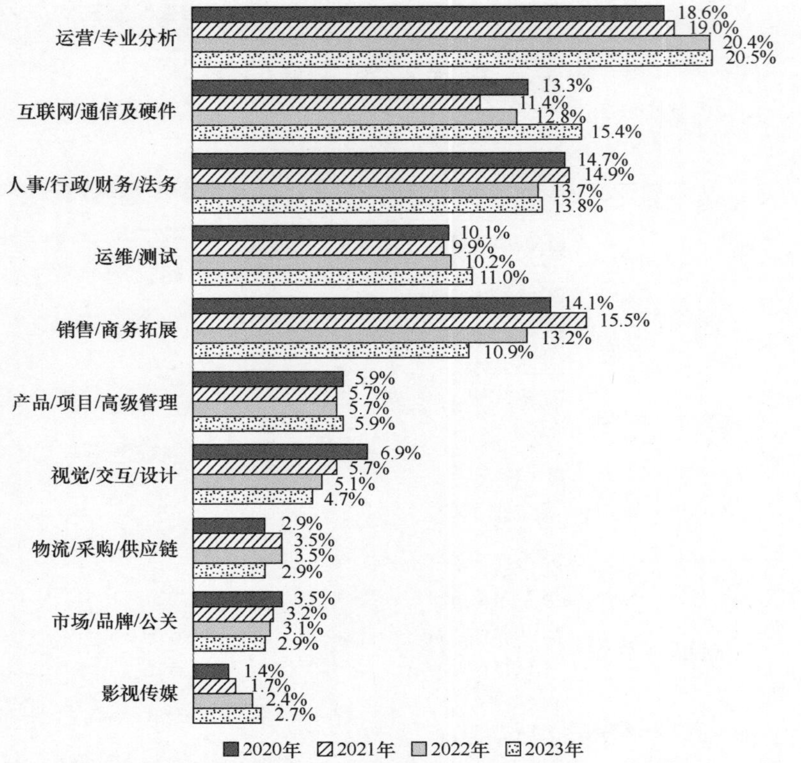

图31.2　2020—2023年不同类型网络人才占比变化（TOP10）

资料来源：智联招聘。

3. 网络人才呈现逐年更资深的特点

当前网络人才不断沉淀，呈现逐年更资深的特点。智联招聘数据显示，在 2023 年网络人才中，工作 5 年以上的占比为 62.2%，高于 2022 年的 60%、2021 年的 61.2%、2020 年的 56.6%（见图 31.3）。可见，人才在行业中不断沉淀，资深人才的占比有所增高。

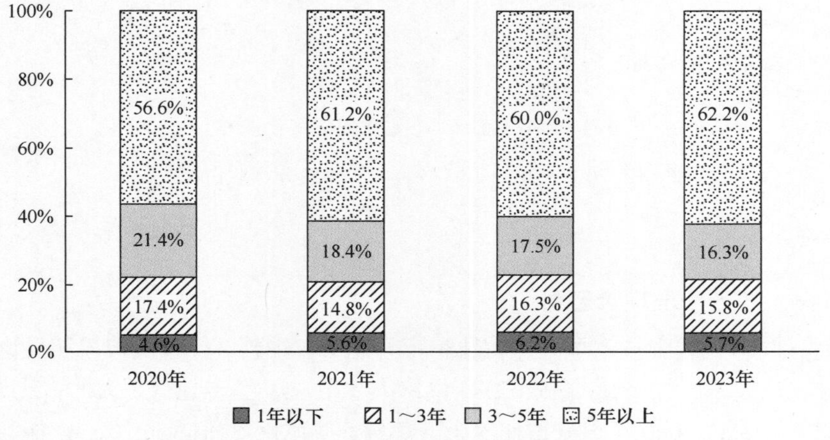

图31.3　2020—2023年网络人才工作经验年限占比变化

资料来源：智联招聘。

31.2　互联网行业招聘与求职趋势

1. 招聘端趋势

1）人工智能、新零售等新兴领域的需求占比增加

2023 年互联网这一细分行业的招聘需求[1]占比为 44.7%，占比最高（见图 31.4）。从占比的趋势变化来看，线上经济相关的细分行业需求占比有所提高。自 2020 年以来，电子商务行业招聘

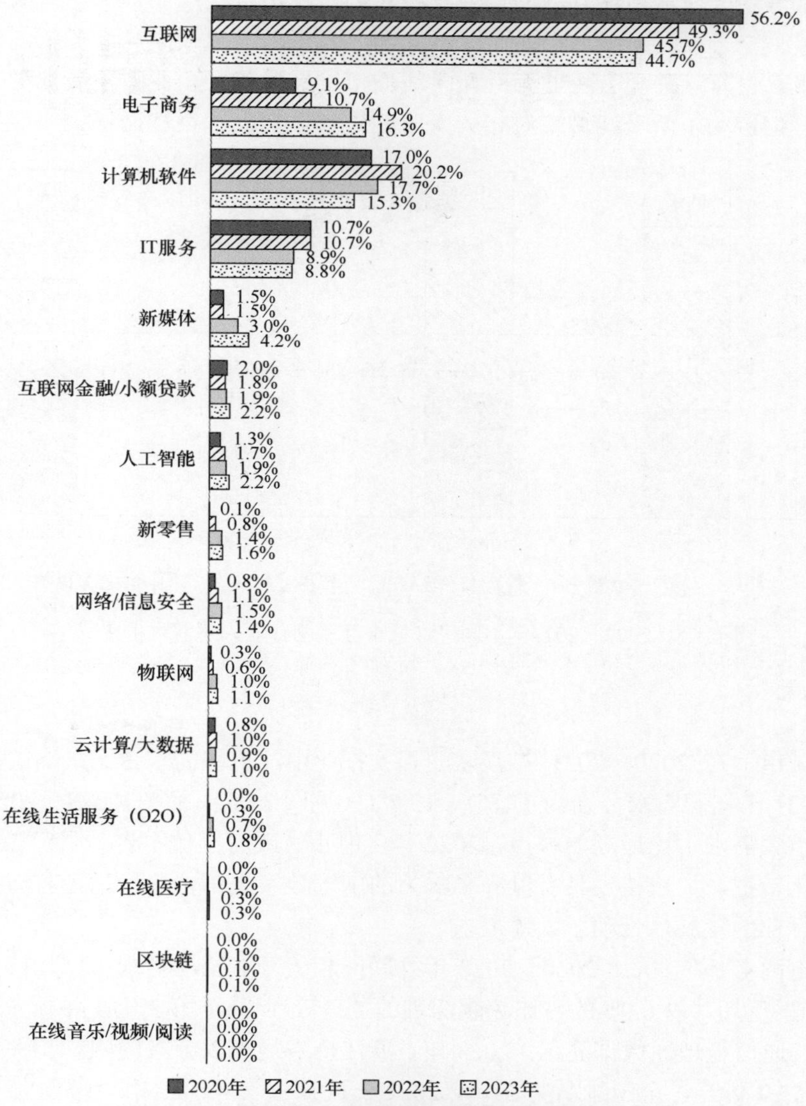

图31.4　2020—2023年互联网行业逐年需求占比

资料来源：智联招聘。

1 招聘需求：招聘职位数。

需求占比逐年增加，从 2020 年的 9.1%增长到 2023 年的 16.3%。人工智能、新零售、物联网等新兴领域的招聘需求占比也呈逐年上升态势。近几年线上经济增长迅速，短视频、直播等行业兴起，人工智能、物联网等数字新技术呈跃进式发展，带动了相关新兴领域的人才需求。

2）新一线城市招聘需求占比逐年增长，杭州超过深圳跃居第 3

从城市等级看，2023 年新一线城市的招聘需求占比最高，为 37.7%。一线、二线、三线及以下城市的招聘需求占比分别为 30.7%、19.3%、12.3%（见图 31.5）。从占比变化看，新一线城市的招聘需求占比从 2020 年的 34.3%，逐年增长到 2023 年的 37.7%。一方面，近年来杭州、成都等新一线城市在互联网行业积极布局，打造重点产业，优化营商环境，吸引企业前往发展；另一方面，一线城市的企业运营和人力资源成本较高，许多新创立企业选择落地新一线城市，也有一些现有企业奔赴新一线城市发展业务。企业的发展推动了新一线城市的产业进步，也带动了新一线城市对相关人才的需求，实现了良性循环。

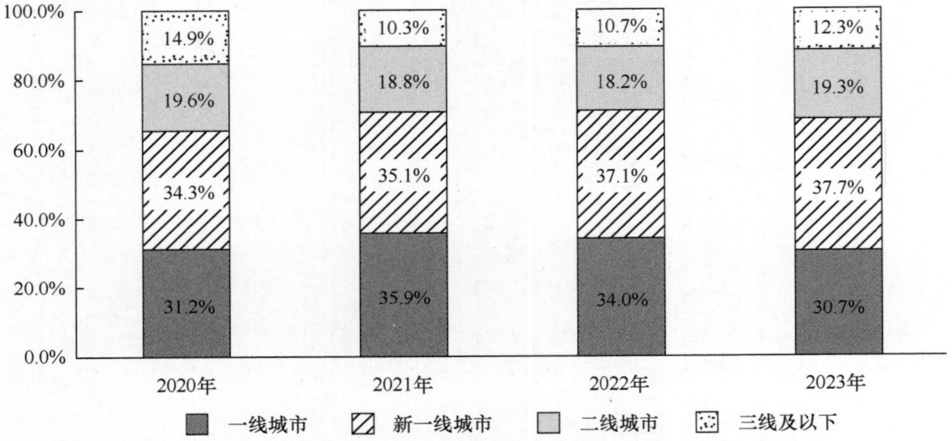

图31.5　2020—2023年不同等级城市互联网行业人才需求占比变化

资料来源：智联招聘。

具体看城市，在 2020—2021 年互联网相关行业中，招聘需求占比最高的城市为北京，2020 年和 2021 年招聘需求分别为 11.8%、13.7%（见图 31.6）。而在 2022—2023 年，上海超越北京成为招聘需求占比最高的城市。2022 年上海市《政府工作报告》明确提出，要聚力推进城市数字化转型，加快建设具有世界影响力的国际数字之都，这一举措有力推动了上海市互联网相关行业的发展，带动了人才需求。

作为“电商之都”，杭州 2020—2022 年互联网相关行业招聘需求占比均落后于深圳，但在 2023 年一举反超，以 6.9%的占比超越深圳的 5.5%，上升至第 3 位，并领先于其他新一线城市。浙江省通信管理局数据显示，2023 年，浙江全省规模以上互联网和相关服务企业完成业务收入 1955.9 亿元，全国排名第 3，较 2022 年同期增长 4.8%。作为省会城市，杭州成为全省互联网行业发展的主力军，招聘需求占比同步拉升。

2. 求职端趋势

2023 年，互联网相关行业总体竞争指数为 47.7，自 2021 年以来呈逐年上升态势（见图 31.7）。

竞争指数[1]在一定程度上反映了供需关系和职位的竞争激烈程度，竞争指数持续上升，表明了互联网行业的竞争程度逐年增强，仍较受求职者的欢迎。

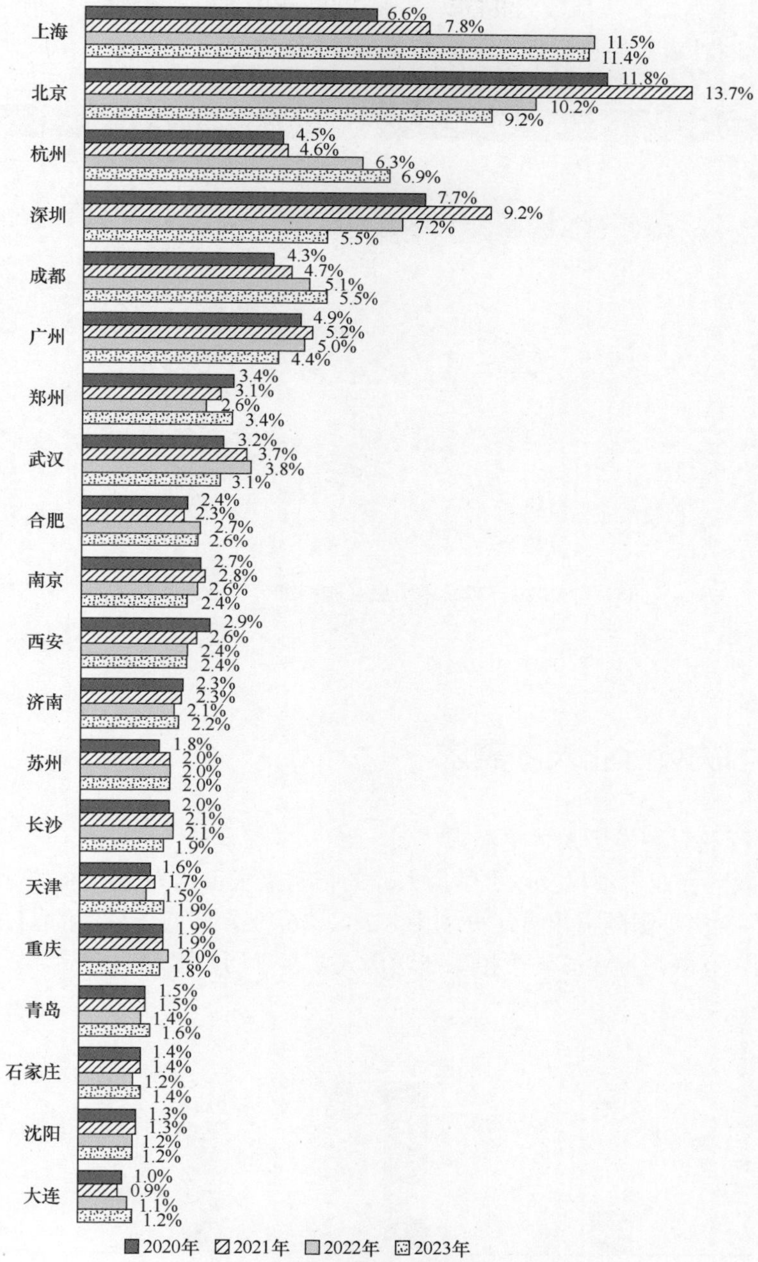

图31.6　2020—2023年互联网人才招聘需求占比

资料来源：智联招聘。

1 竞争指数=简历投递量/招聘岗位量，指数越高，代表求职竞争越激烈。

我们选取了 2023 年互联网行业中招聘需求占比前 10 的细分行业，进一步观察其竞争指数。2023 年，竞争指数最高的行业是计算机软件，达到 78.7，较 2022 年的 42.8 大幅增长。其次是云计算/大数据，竞争指数为 74.7，高于 2022 年的 53.5。可见，当前传统技术领域的竞争仍旧激烈，同时新兴的热门行业求职竞争态势居高不下。

2020—2023 年重点互联网细分行业竞争指数				
行业	2020 年	2021 年	2022 年	2023 年
互联网	29.4	18.7	27.7	36.8
电子商务	17.9	16.4	31.8	40.4
计算机软件	38.6	19.5	42.8	78.7
IT 服务	35.3	20.9	41.6	72.1
新媒体	15.7	16.9	27.4	33.1
人工智能	39.6	23.5	41.2	56
新零售	26.8	15.2	27.5	33.6
网络/信息安全	25.2	20	35	59
物联网	39	22.2	38.7	64
云计算/大数据	37.6	26.5	53.5	74.7
互联网行业总体	30.2	18.8	33.8	47.7

图31.7　2020—2023年重点互联网细分行业竞争指数

资料来源：智联招聘。

31.3　互联网行业人才需求

1）互联网行业对高学历人才更渴求

2023 年互联网行业对本科及以上学历人才的招聘需求占比为 24.4%，高于总体的 19.9%，对高中及以下、学历不限的需求占比分别为 8.2%、36.7%，均低于总体的 11.1%、40.2%（见图 31.8）。可见，互联网行业倾向于招募高学历人才，学历门槛相对较高。

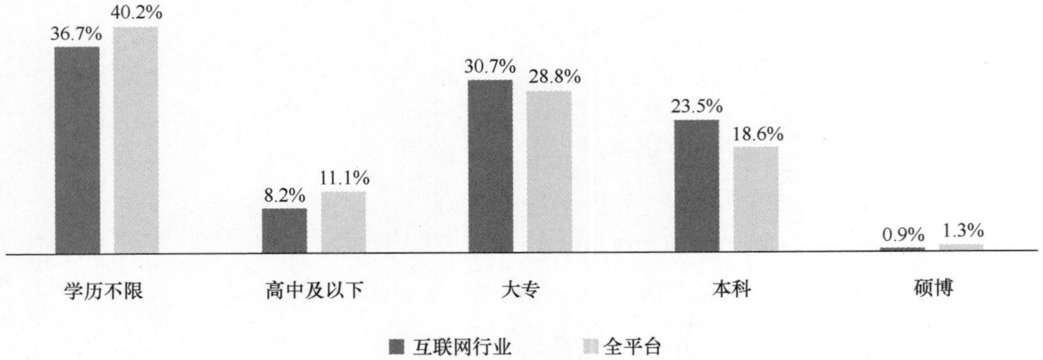

图31.8　2023年互联网行业学历要求

资料来源：智联招聘。

2）编程语言是互联网行业重要技能门槛，Java 需求最高

我们选取了互联网行业中的核心技术岗位，分析其招聘人才的技能要求。2023 年需求排名第 1 的技能是 Java，该技能从 2020 年起连续 4 年蝉联首位（见图 31.9）。Java 语言被普遍应用于软件、手机 App、第三方交易系统的开发及大数据处理技术，使用范围广泛，因此需求较高。与此同时，企业对 C++、Python 等编程语言也有较大需求，在 2023 年分别排名第 4、第 8。应用数据库管理系统 MySQL，操作系统 Linux 等数字化技能，也受到行业青睐。互联网行业的发展带来了大量的数据产生和存储需求，如电商平台的数据存储与管理、社交平台的好友关系和消息管理、新闻媒体的内容管理和分发等，都离不开数据库管理系统，因而行业对该技能的需求较高。总体来说，编程及流行的数据库、操作系统技能，是互联网行业需求的主流技能。

2020—2023 年互联网行业对人才技能需求变化				
排名	2020 年	2021 年	2022 年	2023 年
1	Java	Java	Java	Java
2	JavaScript	Spring	MySQL	MySQL
3	MySQL	MySQL	VUE	SpringBoot
4	Linux	JavaScript	Spring	C++
5	Spring	VUE	JavaScript	VUE
6	SQL	Web 前端	C++	SpringCloud
7	VUE	SQL	SpringBoot	Web 前端
8	Web 前端	MyBatis	Python	Python
9	Python	Linux	SQL	JavaScript
10	CSS	Python	CSS	SQL

图31.9　2020—2023年互联网行业对人才技能需求变化

资料来源：智联招聘。

3）人工智能行业更青睐高学历人才

作为人类最具革命性的技术之一，人工智能技术在制造业、交通运输业、能源业及互联网行业的应用正在逐步加深。智联招聘数据显示，2023 年，人工智能行业对本科及以上学历人才的招聘需求占比为 43.2%，超过互联网行业总体的 24.4%，其中硕博的占比为 4.0%，显著高于互联网总体（0.9%）；而对大专、高中及以下学历的招聘需求占比分别为 29.4%、7.2%，低于互联网行业总体的 30.7%、8.2%（见图 31.10）。由于人工智能行业是具有高技术门槛的

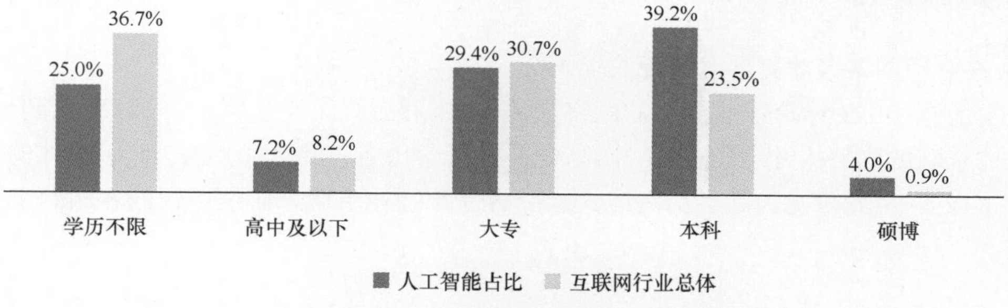

图31.10　2023年人工智能行业对人才的学历要求

资料来源：智联招聘。

行业，需要从业者掌握新知识和新技术，并对新应用场景进行探索，因而对人才的知识技能水平要求高，更愿意招揽高学历人才。

31.4 网络人才流动情况

1. 跨行业人才流动

1）网络人才主要流向制造业领域，推动产业数字化转型

从网络人才流向的行业看，2023 年，在跨行业流动的网络人才[1]中，流向专业服务、制造业行业的占比分别为 14.6%、13.3%（见图 31.11）。当前制造业正面临智能化、数字化转型阶段，是发展新质生产力的重要领域，对数字化人才的需求较高。跨行业流动的网络人才流向制造业，有利于传统制造业的转型发展，顺应了我国高度重视发展新型工业化、推进制造业数字化转型的方针。此外，近年来，随着我国产业结构的调整，以服务业为主的第三产业在经济结构中的比重持续增大，带动专业服务业招聘需求上升，为网络人才提供了较大发展空间。

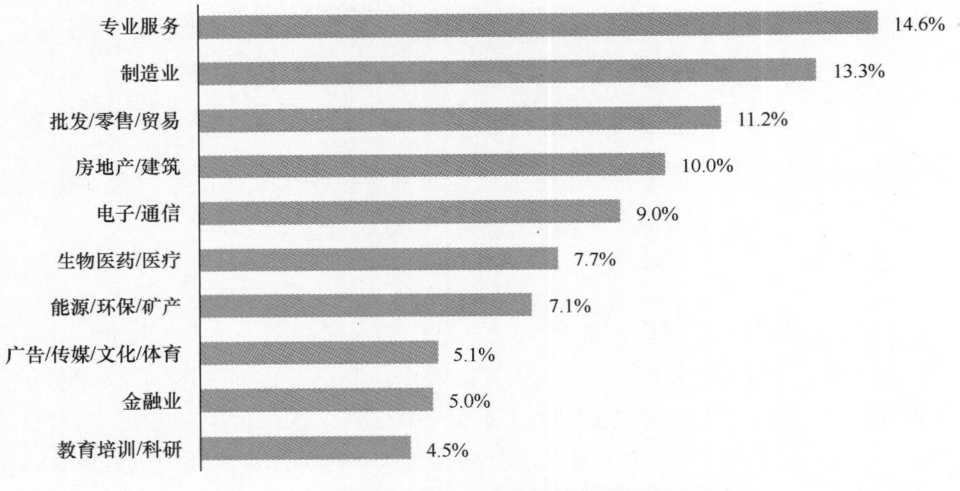

图31.11　2023年跨行业流动网络人才去向行业TOP10

资料来源：智联招聘。

2）高学历网络人才更愿意跨行业求职

从学历看，2023 年跨行业流动的网络人才中，本科及以上学历者占比最高，达到 53.5%，高于总体求职的网络人才（50.3%）。而高中及以下学历者占比为 10.1%，低于总体的 13.1%（见图 31.12）。由此可见，高学历网络人才更容易跨行业求职，而学历较低者倾向于“按兵不动”。

1 跨行业流动的网络人才：限定最近一份工作为互联网相关行业，投向非互联网相关行业的求职者。

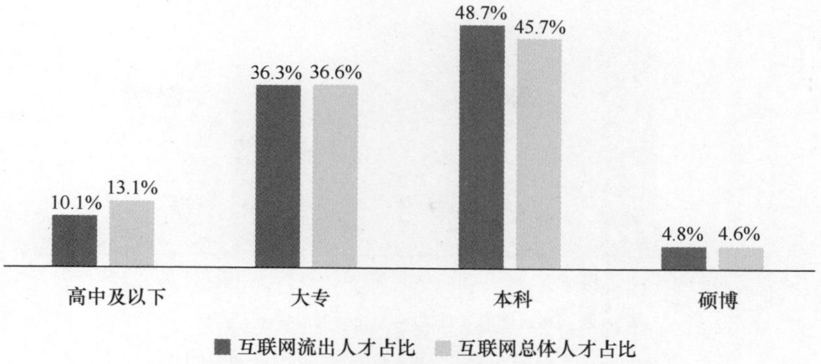

图31.12　2023年跨行业流动的网络人才学历占比

资料来源：智联招聘。

2. 跨区域人才流动

观察2023年跨区域流动的网络人才[1]后发现，从年龄看，35岁以下人才占比总和为90.2%，高于总体求职的网络人才（88%）（见图31.13）。这意味着，年轻网络人才灵活性更强，更容易跨区域就业，而考虑到城市积累、家庭等多重原因，35岁以上网络人才前往异地发展的动力较弱，更愿意"留在原地"。

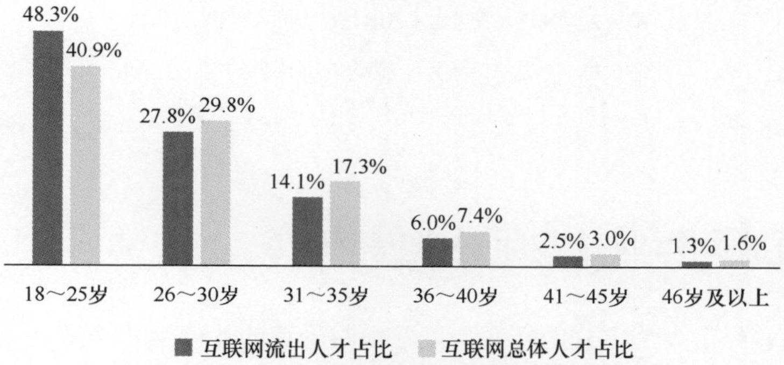

图31.13　2023年跨区域流动的网络人才年龄占比

资料来源：智联招聘。

从性别看，在2023年跨区域流动的网络人才中，男性占比为59.9%，高于总体网络人才（54.9%）（见图31.14）。由此可见，男性网络人才更愿意跨地区求职。

从学历看，2023年跨区域流动的网络人才中，本科及以上学历者占比55.7%，高于总体网络人才（50.3%）（见图31.15）。这意味着，高学历网络人才的跨区域流动意愿更强烈，更愿意通过城市转换获得更好的发展。

1 跨区域流动的网络人才：限定最近一份工作为互联网行业，居住城市和投递城市不同。

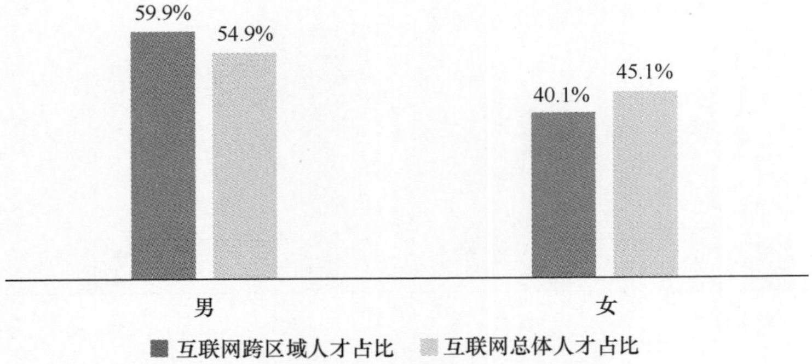

图31.14　2023年跨区域流动的网络人才性别占比

资料来源：智联招聘。

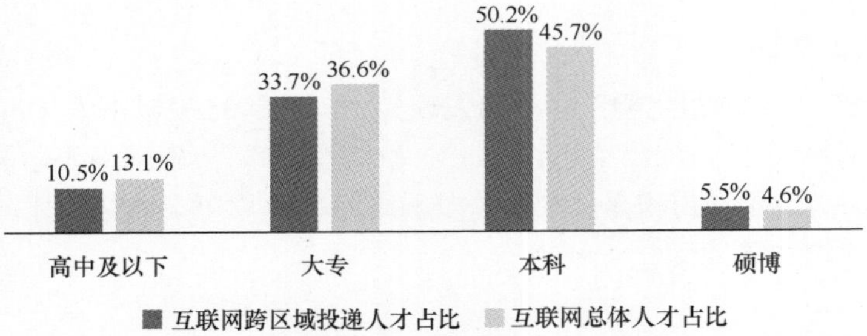

图31.15　2023年跨区域流动的网络人才学历占比

资料来源：智联招聘。

31.5　互联网行业就业促进举措

近年来，随着经济发展方式的转变，以互联网为首的热门行业纷纷进入转型期，整体就业形势受到了冲击。在此背景下，人力资源服务机构推出促就业服务举措。

智联招聘启用人岗匹配算法系统，大大提升了人岗匹配率。针对企业，推出 AI 发职位、AI 筛简历、AI 处理投递助手等服务，用大模型自动抽取职位核心要求，快速生成专业职位信息，发布职位效率缩短 90%以上；同时，系统也会主动帮企业搜寻精准简历，匹配效率提升 100%。针对求职者，首创 AI 改简历、模拟面试间等服务，帮助求职者快速输出完整规范的全新简历，也能对过往简历进行升级和优化，大大提升求职者在简历撰写和优化阶段的效率，让更快入职理想工作成为可能。同时，还将人工智能、大模型、大数据等前沿技术与先进实践紧密结合，以帮助欠缺面试经验的职场新人提升面试能力，了解自身不足和短板。

此外，为了更好地满足广大求职者和企业的需要，智联招聘积极响应人力资源和社会保障部关于开展 2024 年春风行动暨就业援助月的通知，连续 3 年启动“我在家乡挺好的”城市专场直播招聘系列活动，2024 年活动正式在 3 月 1 日开启，帮助地方政府精准触达返乡就业创业人群，发挥了引进人才、推动地方经济发展的作用。针对毕业生，智联招聘自 2020

年 5 月起就面向广大应届生，推出了直播带岗品牌“校招扒啦扒”。截至 2024 年 5 月底，“校招扒啦扒”已累计直播带岗超 3000 场，累计有 1523 万名应届毕业生通过观看带岗直播高效求职。

中国国际技术智力合作集团有限公司（以下简称中智集团）是以人力资源服务为核心的中央企业。党的十八大以来，累计推动就业、择业和流动超过 1200 万人次。一方面，中智集团依托全产业链服务优势促就业，通过“中智招聘”平台及遍布全国的完善服务网络体系，开展线上线下全流程招聘服务，有效促进了就业供需精准对接；另一方面，聚焦重点群体促就业。针对高校毕业生、农民工、残障人等重点群体，提供职业生涯辅导、能力素质提升等技能培训；依托“拉手计划”“圆梦行动”等特色助残就业项目，帮助数千名残障人实现稳定就业。此外，中智集团创新服务模式促就业，与抖音合作开展两季就业季特别直播，浏览量超过 1.4 亿人次。

猎聘作为专业的招聘平台，始终以“让职场人更成功”为使命，为企业、人才和猎头提供精准高效的招聘求职服务。其深耕在线招聘市场 10 余年，目前拥有超过 1 亿名优质人才，验证猎头用户数超过 21 万人，为超过 132 万家验证企业提供专业招聘服务。猎聘专注于向高校毕业生、留学生、白领人群及高端人才提供优质的职业机会、职业测评与职业咨询等专业服务。猎聘平台人才优质，79.88%的人才具有本科及本科以上学历，89%的人才具有 3 年以上工作经验。985/211 应届毕业生在平台更为活跃，2024 届毕业生中 985/211 和留学生占比为 18.17%。猎聘人才的行业分布体现在新质生产力领域集蕴优势资源，其中 IT/互联网/游戏人才占比为 17.53%、建筑/房地产人才占比为 15.18%、机械制造人才占比为 8.10%、金融人才占比为 7.29%、科研技术/商务服务人才占比为 6.82%、医疗健康人才占比为 6.45%、交通/物流人才占比为 5.81%、电子/通信/半导体人才占比为 5.39%。

猎聘为企业、猎头和求职者之间架起沟通桥梁，加速企业招聘进程，提高猎头服务效率，促进职场人职业发展。在用户越来越注重品质和效率的今天，猎聘以闭环为中心的互联网化招聘服务极大程度地提升了企业招聘效率和效果，同时也优化了用户的求职体验，实现了面试快、入职快。平台平均面试一个人是普通猎头服务费用的 4%～5%，日均发起量 1000 多次，累计服务职位 136 万个以上，企业交付后 90 天内再次使用面试服务率达 80%。平台平均入职一个人是普通猎头服务费用的 30%～50%，累计服务职位 141 万个以上，交付职位 13000 多个，累计推荐简历数 158 万份以上，企业交付后 90 天内再次使用入职复购率约为 78%，平均交付时间 13 天。自 2014 年，猎聘开始布局大数据及人工智能，2019 年将 AI 面试工具推入市场，如人工智能赋能企业数智化能力建设，不仅帮助企业做到科学选才、精准面试，更是高性价比实现招聘成本控制，猎聘 AI 面试成本能够做到传统线下面试成本的 1/8～1/5，帮助企业将到面率从传统线下面试的 60%提升至 85%，面试执行周期缩短至原来的 60%～70%，降本增效促进企业释放更多面试机会。2023 年以来，中高端招聘行业供给端加速出清，推动行业集中度进一步抬升。随着宏观经济的进一步修复和产业结构的不断优化，企业也在不断推进人才升级。作为实施人才强国战略和就业优先战略的重要载体，人力资源服务业重任在肩。未来，猎聘会持续加强技术投入，不断提升用户体验，为平台用户提供精准高效的服务。

31.6 网络人才建设的展望与挑战

作为技术密集、知识密集、人才密集型产业，网络人才建设将促进科技创新人才、高技能人才、企业领军人才的聚集与成长，带动互联网行业向前发展。随着互联网技术的不断进步和应用领域的不断拓展，互联网行业对人才提出了更高要求，人才建设呈现出技能多元化、终身学习、创新驱动、国际化等趋势。

同时，我们应注意网络人才发展与建设目前遇到的挑战：

第一，互联网行业传统领域仍处转型期。当前互联网相关行业中，新兴领域发展较好，但传统领域处于转型期，业务开展及用工趋于谨慎。未来需要积极推动产业转型升级，将现有传统业务与数字科技结合，推动产业发展，吸引更多的人才。

第二，产业“引才”“留才”政策需要进一步完善。数据显示，跨行业流动的网络人才中，高学历人才流失更严重，因此企业在转型时期，需要合理投入资源来引才、留才。

2023 年对于互联网行业是充满机遇与挑战的一年，为了应对这些挑战，政府、教育机构和企业需要共同努力，通过改革教育体系、提供在职培训、建立产学研合作等方式，完善引才、留才机制，培养和吸引更多的网络人才，以支持互联网行业的持续健康发展和各行业数字化转型的顺利推进，未来互联网行业及网络人才的发展与建设仍面临诸多考验，期待在多方力量的努力下，取得更卓越的成效。

撰稿：李强、王一新、杨泠子、李小丽、李玉昭、把冉

审校：付伟

第五篇

附录篇

2023 年影响中国互联网行业发展的十件大事

2023 年中国互联网企业综合实力指数

2023 年互联网和相关服务业经济运行情况

2023 年通信业统计公报

2023 年软件业经济运行情况

2023 年电子信息制造业运行情况

附录 A　2023 年影响中国互联网行业发展的十件大事

一、中方提出《全球人工智能治理倡议》，为人工智能全球治理提供中国方案

2023 年 10 月，习近平主席在第三届“一带一路”国际合作高峰论坛开幕式上宣布中方提出《全球人工智能治理倡议》。《全球人工智能治理倡议》就各方普遍关切的人工智能发展与治理问题提出了建设性解决思路，为相关国际讨论和规则制定提供了蓝本。11 月，中国与美国、英国等 28 个与会国共同签署了《布莱切利宣言》，围绕人工智能模型构成人类生存威胁的担忧积极展开研讨。这一系列发声，展现出我国在推动完善全球人工智能治理舞台上的大国担当。

二、《数字中国建设整体布局规划》正式印发，我国数字经济发展总体架构进一步明确

2023 年 2 月，中共中央、国务院印发了《数字中国建设整体布局规划》，擘画了建设数字中国的宏伟蓝图，部署了加快数字中国建设的重点任务，为数字中国建设体系化布局提供了纲领性指导。12 月，中央经济工作会议再次强调以科技创新引领现代化产业体系建设为重要任务，凸显了实施创新驱动发展战略、转变经济发展方式、增强经济内生动力的紧迫性和必要性。目前，我国数字经济发展已取得显著成绩，未来以数字经济高质量发展助力中国式现代化成为必然方向。

三、大模型呈现爆发式增长，我国人工智能产业发展驶入快车道

2023 年以来，受 ChatGPT 影响，国产大模型呈现出爆发式增长态势，据不完全统计，我国已累计发布 AI 大模型 200 余个。与此同时，人工智能产业规模持续扩大。根据测算，我国人工智能核心产业规模达到 5000 亿元，企业数量超过 4400 家，已建设近万个数字化车间和智能工厂。在政策环境方面，2023 年 7 月，国家互联网信息办公室联合七部委发布《生

成式人工智能服务管理暂行办法》，为生成式人工智能的发展创造了良好的创新生态。在政产研携手推动下，我国人工智能产业发展正在驶入快车道。

四、工业互联网进入规模化发展新阶段，数实深度融合服务新型工业化建设

2023 年是我国实施《工业互联网创新发展行动计划（2021—2023 年）》的收官之年，我国工业互联网开始进入规模化发展新阶段。截至 2023 年 11 月，我国已建成超过 270 个具有一定影响力的工业互联网平台，“5G+工业互联网”项目超过 8000 个。工业互联网在平台化设计、智能化生产、网络化协同、个性化定制、服务化延伸、数字化管理六大典型模式中加速推广。根据预测，2023 年，工业互联网核心产业规模将达到 1.35 万亿元。总体来看，我国工业互联网网络、标识、平台、数据、安全五大体系建设持续完善，后续数字技术与实体经济将加速融合，为推进新型工业化注入强大动能。

五、国家数据局正式挂牌成立，推动数据要素价值充分释放

2023 年 10 月，国家数据局正式挂牌成立，并于 12 月发布《“数据要素×”三年行动计划（2024—2026 年）（征求意见稿）》，提出发挥数据要素乘数效应，重点部署 12 个重点行业领域，通过推动数据在多场景应用提高资源配置效率、创造新产业新模式，培育发展新动能。随着我国数据管理体制机制建设不断提速，数据要素价值将持续释放，成为数字经济高质量发展的重要驱动力量。

六、算力基础设施部署有序推进，算力互联加速网络创新

2023 年 10 月，工业和信息化部、中央网信办等六部门联合印发《算力基础设施高质量发展行动计划》，制定了到 2025 年的主要发展目标，提出完善算力综合供给体系、提升算力高效运载能力、强化存力高效灵活保障、深化算力赋能行业应用、促进绿色低碳算力发展、加强安全保障能力建设六方面重点任务。当前，在政策和需求的双轮驱动下，算力基础设施正由通用算力为主向通算、智算、超算一体化演进，算力互联将推动网络创新加速发展。

七、数据跨境流动新规发布，促进国际数字贸易提速发展

2023 年 9 月，国家互联网信息办公室发布《规范和促进数据跨境流动规定（征求意见稿）》，在保障国家数据安全、保护个人信息权益的基础上，进一步规范和促进跨境数据合规有序流动。2023 年以来，我国数字贸易增长加快，结构持续优化，数字贸易生态日渐完善和活跃，跨境数据在支撑国际贸易活动方面的作用日益凸显。商务部最新数据显示，2023 年前三季度，我国可数字化交付的服务贸易额达 20259.5 亿元人民币，同比增长 8.6%，占服务贸易总

额的42%。本次新规的发布进一步统筹了数据安全和数据流动之间的关系，将有利于促进国际数字贸易提速发展。

八、《未成年人网络保护条例》等法规文件相继发布，多方合力推动清朗网络空间建设

2023年，政府部门围绕网民权益保护，发布了《未成年人网络保护条例》《电信网络诈骗及其关联违法犯罪联合惩戒办法（征求意见稿）》《网络游戏管理办法（草案征求意见稿）》等多部法规与征求意见稿。同时，中国互联网协会积极发挥作用，制定并公布了多项自律公约。由企业履责、政府管理、从业者自律、社会监督相结合的网络综合治理体系得到进一步完善，多方合力共同营造清朗有序的网络空间。

九、电商平台加速海外市场布局，国际化战略推动平台企业高质量发展

2023年以来，国内电商企业不断加速布局海外业务。商务部数据显示，目前我国跨境电商主体已超过10万家，2023年前三季度，我国跨境电商进出口额达1.7万亿元，同比增长14.4%，跨境电商正在从外贸新业态转变为外贸新常态。2023年第四季度，部分头部互联网平台凭借国际业务取得超预期发展，国际化将为互联网行业带来增长新动能。

十、开源操作系统生态快速成长，赋能数字产业应用持续深化

开源开放作为技术创新和产业发展的重要模式已成为产业界的共识。2023年，随着多款国产操作系统产品陆续发布，国内开源操作系统社区发展进入爆发阶段。数据显示，中文国产操作系统软硬件生态适配数已突破500万，较2022年同期增长400%。未来，在全球开源大发展的背景下，国内开源体系将加快推进建设，开源发展潜能持续释放，规模应用不断向金融、电信、能源、交通等垂直行业深化拓展。

附录 B　2023 年中国互联网企业综合实力指数

2022 年是党的二十大隆重召开的喜庆之年，是实施“十四五”规划的关键之年，也是我国踏上全面建设社会主义现代化国家新征程、向第二个百年奋斗目标进军的重要一年。但在新冠疫情反复冲击和国际环境等不利因素影响下，全球经济增长普遍放缓。降本增效潮席卷全球互联网行业，互联网企业开始在聚焦主线的同时压缩优化经营成本，提升企业经营效率。

2013 年以来，中国互联网协会已连续 11 年开展中国互联网企业综合实力研究工作，翔实展现了中国互联网企业总体发展现状与态势，系统反映了我国互联网行业未来发展趋势，获得了政府部门、行业机构、业界专家的广泛关注和认可，塑造了国内互联网企业综合实力的品牌形象，已成为了解和掌握优秀互联网企业发展状况的重要参考。

2023 年，中国互联网协会继续组织开展本年度中国互联网企业综合实力研究工作，主要研究成果包括中国互联网企业综合实力指数（CICCI）、综合实力前百家企业名单、成长型前二十家企业名单和数据安全服务前五家企业名单等。其中，中国互联网综合实力企业评价指标体系选取代表企业规模、盈利能力、创新能力、成长能力、风险防控能力和社会责任六大维度的 14 类核心指标，中国互联网成长型企业评价指标体系选取代表企业成长能力、创新能力和社会责任三大维度的 10 类核心指标，数据安全服务企业评价指标体系选取代表企业数据安全业务规模、成长能力、创新能力和社会责任四大维度的 14 类核心指标，再综合行业发展态势和专家意见分别设置指标权重后，加权平均计算生成相关研究成果。

总体来看，我国互联网综合实力企业呈现如下特征：一是综合实力指数小幅下降，盈利指数同比大幅提升。2023 年我国互联网企业综合实力指数值为 717.8 分，同比下降 1.8%。二是互联网业务收入小幅下降，营业利润率稳步提升。2022 年前百家企业互联网业务收入总规模为 3.21 万亿元，同比下降 3.8%；营业利润总额高达 5821 亿元，同比增长 24.8%。三是研发经费投入稳步增长，发明专利数量增速提升。2022 年前百家企业中，尚处于在法定保护期限内的发明专利总数约 13 万项，同比增长 17.9%；研发投入共 3006 亿元，同比增长 2.8%。四是偿债能力处于健康水平，财务风险防控表现良好。2022 年前百家企业中，资产负债率不高于 100%的企业有 91 家，说明绝大多数企业资产总额大于负债总额，很少出现资不抵债的情况。五是纳税总额小幅下降，社会责任信息披露企业过半。2022 年前百家企业纳税总额共 1278 亿元，同比下降 7.2%；于当年披露社会责任/ESG 报告的企业共 51 家，其中有 34 家企业的报告参照了国内外较科学和权威的标准。六是大文娱产业高居首位，前百家企业地理集聚明显。2022 年前百家企业中，开展大文娱业务的企业共 49 家，领先于其他业务种类；前百家企业主要分布在我国四大超一线城市，其中北京市的集聚效应尤为明显。七是投资规模大幅下降，案例和金额集中在排名前十的企业。2022 年前百家企业风险投资和股权投资共 332 笔，同比下降 24.7%。投资金额共 223.3 亿美元，同比下降 56.9%。八是市值估值规模持续下跌，返港上市企业连续上涨。2022 年前百家企业市值估值规模为 11.1 万亿元，同比下降 26.7%；上市企业中于港交所上市的企业数量最多，共 26 家，同比增加 6 家。

我国互联网成长型企业发展势头迅猛，呈现如下趋势：一是互联网业务规模高速扩张，营业利润迅猛增长。成长型前 20 家企业的互联网业务收入平均增速达 46.8%，远高于前百家企业的整体增速（-3.8%）。二是研发投入力度加大倾斜，科创型人才积极引进。成长型前 20 家企业研发投入平均增速达 49.8%，高于前百家企业整体增速（2.8%）47 个百分点。三是多元化业态竞相迸发，新型基础设施群英荟萃。成长型前 20 家企业遍布互联网行业的各个细分领域，具体包括安全服务、软件服务、实用工具、社交网络、互联网金融、电子商务、公共服务、网络营销、新型基础设施、大文娱和农业互联网十一大领域。

我国数据安全服务企业快速发展，具体来看，一是数据安全产业高速发展，企业营收普增。2022 年前 5 家数据安全服务企业的整体数据安全业务收入同比增长 33.6%，远高于其营业收入的整体增速（6.9%）。二是技术产品能力创新升级，研发费用普涨。2022 年前 5 家数据安全服务企业的整体数据安全业务研发投入同比增长 33.4%。三是技术产品体系基本成熟，发展空间广阔。2022 年前 5 家数据安全服务企业均能提供超过 15 款不同类型的数据安全产品或服务，且在市场行业分布方面，均已面向至少 6 个行业进行市场布局。

科技改变未来，互联网正在为经济社会发展构建一个网络化、在线化的数字化运行空间，正在为全球产业发展构建起全新的发展和运行模式。我国要坚持把握互联网发展趋势，深化互联网应用，加强互联网治理，才能让互联网更好地服务人类发展。我国互联网行业未来发展趋势表现为：一是新型基础设施加快升级，数字经济底座不断夯实；二是数据基础制度持续构建，数据市场建设推陈出新；三是新技术大模型百花齐放，通用人工智能雏形显现；四是各地积极信号相继释放，广大平台企业大有可为。

一、研究方法

（一）研究对象

2023 年中国互联网企业综合实力指数研究的主要对象是持有增值电信业务经营许可证或其他研究领域内必要的资质与牌照、营业收入主要通过互联网业务实现、主要收入来源地或运营总部位于中国大陆、无重大违法违规行为的企业。对于集团公司的全资子公司或绝对控股的子公司，原则上以集团总公司的名义统一填报；对于集团公司控制权比例小于 50%的参股公司，则可以独立填报；若绝对控股子公司独立运营，且主营业务收入主要来源于市场，则可独立填报。

（二）数据来源与审核

本次研究的数据基础是企业 2022 年度数据，数据来源包含上市公司财务报告、拟上市公司招股说明书、企业审计报告、所得税纳税申报表、第三方平台监测数据和企业自主填报数据等。

企业资质及数据审核工作，重点包括：企业经营许可证情况核查、企业主营业务类型核查、企业数据真实性和准确性核查等。为确保研究工作的严谨性，对于自身情况不符合填报要求、填报材料不符合要求、数据真实性与准确性存疑的企业，本年度不纳入研究范围。

（三）评价维度和方法

中国互联网综合实力企业研究选取代表企业规模、盈利能力、创新能力、成长能力、风险防控能力和社会责任六大维度（见图 B.1）的 14 类核心指标，综合行业发展态势和专家意见对指标设置权重，加权计算生成综合得分作为企业的最终得分，对候选的互联网企业进行排序，取前 100 名企业作为 2023 年中国互联网综合实力前百家企业。

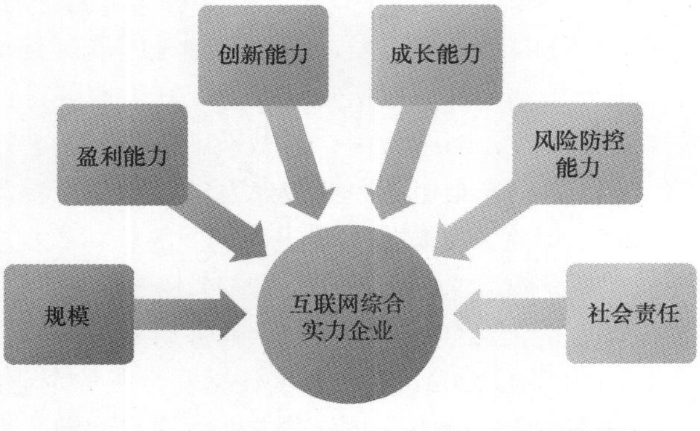

图B.1　2023年中国互联网综合实力企业评价维度

2023 年中国互联网成长型企业研究选取代表企业成长能力、创新能力和社会责任三大维度（见图 B.2）的 10 类核心指标，综合行业发展态势和专家意见对指标设置权重，加权计算生成综合得分作为企业的最终得分，对未进入互联网综合实力前百家企业的候选企业进行排序，取前 20 名企业作为 2023 年中国互联网成长型前 20 家企业。

2023 年数据安全服务企业研究选取代表企业数据安全业务规模、成长能力、创新能力（数据安全领域）和社会责任四大维度（见图 B.3）的 14 类核心指标，综合行业发展态势和专家意见对指标设置权重，加权计算生成综合得分作为企业的最终得分，对候选的数据安全企业进行排序，取前 5 名企业作为 2023 年数据安全服务前五家企业。

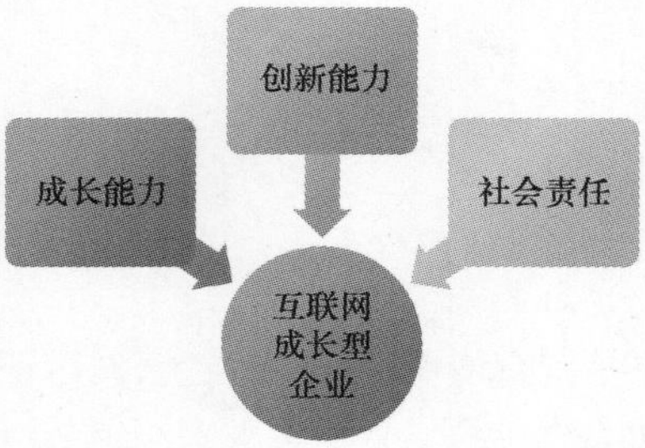

图B.2　2023年中国互联网成长型企业评价维度

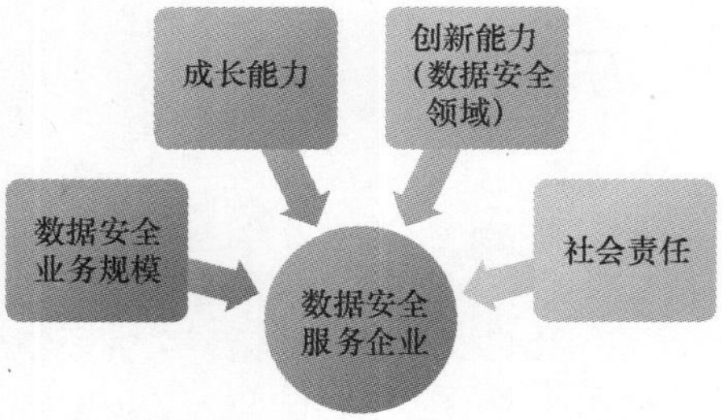

图B.3　2023年数据安全服务企业评价维度

二、2023 年中国互联网综合实力企业总体评述

（一）综合实力指数小幅下降，盈利指数同比大幅提升

随着我国网民规模增速的明显放缓，互联网行业的流量红利逐渐见顶，行业增长遇到瓶颈。同时，我国对互联网行业的监管政策相继落地、持续完善，不断加强对企业规范经营的

管理和对资本无序扩张的约束，互联网行业逐渐进入平稳发展期。工业和信息化部运行监测协调局发布的“2022 年互联网和相关服务业运行情况”报告显示，2022 年我国规模以上互联网和相关服务企业的互联网业务收入同比下降 1.1%。

综合实力指数小幅下滑。2023 年我国互联网企业综合实力指数值为 717.8 分，同比下降 1.8%，这是过去十年（自 2013 年）以来该数据首次出现同比下滑（见图 B.4）。

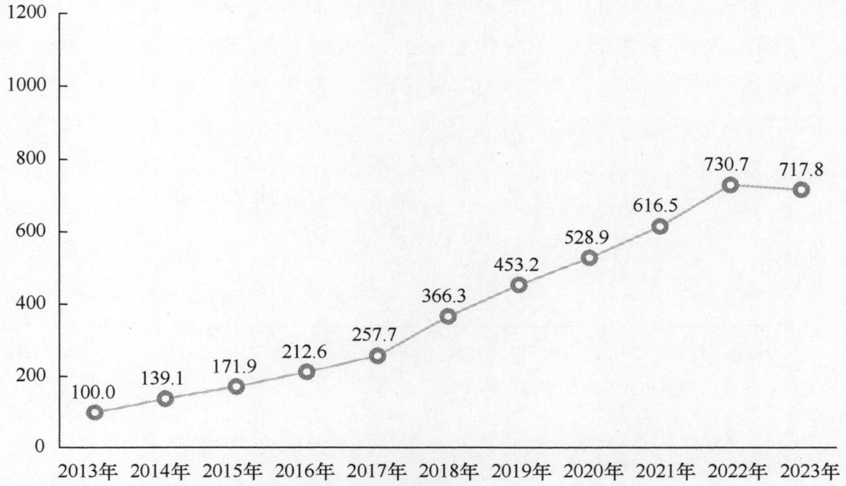

注：综合实力指数主要通过企业规模、盈利和创新等指标计算得出。

图B.4　2023年中国互联网企业综合实力指数

规模指数小幅下滑。2023 年我国互联网企业规模指数值为 983.5 分，同比下降 5.7%，这同样是过去十年（自 2013 年）以来该数据首次出现同比下滑（见图 B.5）。

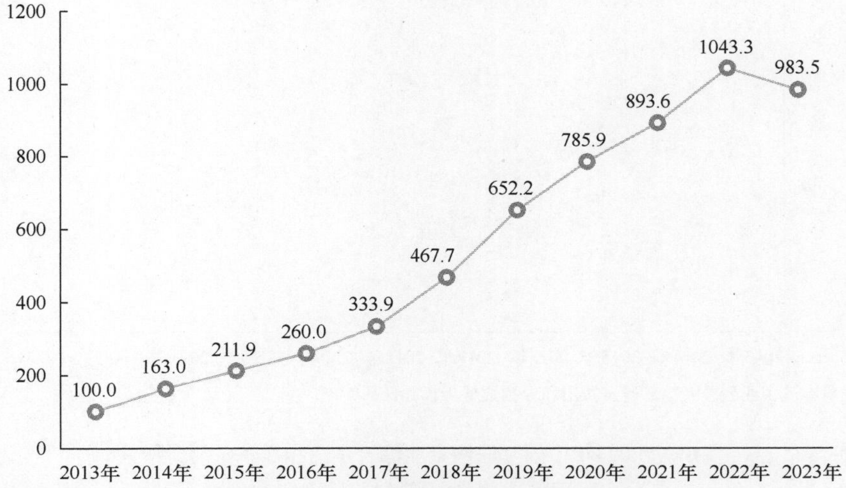

注：规模指数主要通过企业营业收入、互联网业务收入、员工数量和市值等指标计算得出。

图B.5　2023年中国互联网企业综合实力指数——规模指数

盈利指数高速增长。2023 年我国互联网企业盈利指数值为 500.9 分，同比增长 26.1%，增速较 2022 年提高 15.2 个百分点（见图 B.6）。

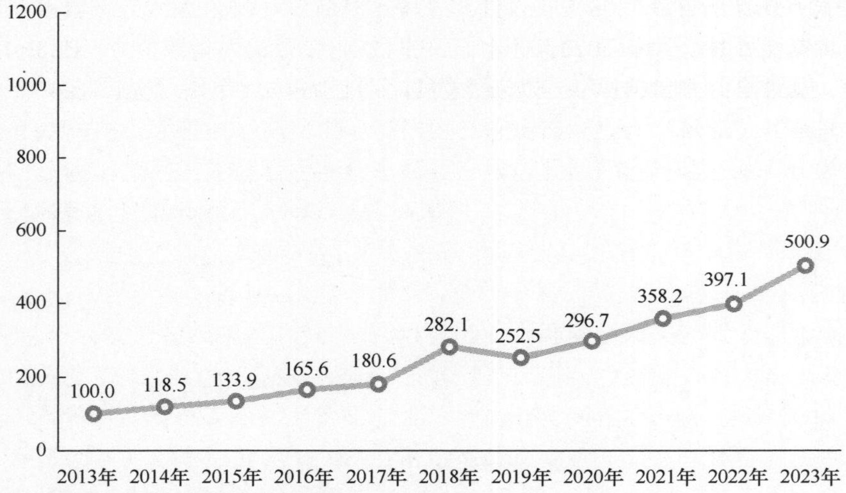

注：盈利指数主要通过企业营业利润和营业利润率等指标计算得出。

图B.6　2023年中国互联网企业综合实力指数——盈利指数

创新指数小幅下降。2023 年我国互联网企业创新指数值为 660.3 分，同比下降 1.9%，这同样是过去 10 年（自 2013 年）以来该数据首次出现同比下滑（见图 B.7）。

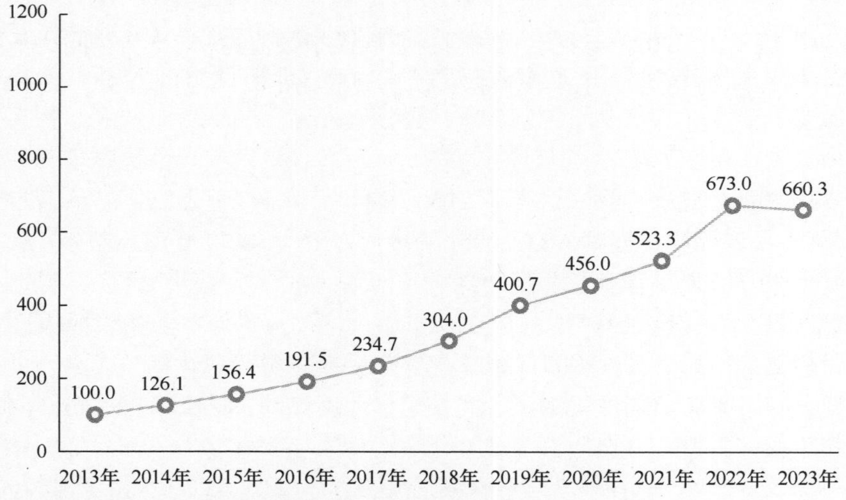

注：创新指数主要通过企业研发人数、研发费用和专利数量等指标计算得出。

图B.7　2023年中国互联网企业综合实力指数——创新指数

综上所述，从规模指数、盈利指数和创新指数 3 个分指数来看，只有盈利指数同比实现正增长，表现最为突出。

（二）互联网业务收入小幅下降，营业利润率稳步提升

2022 年，在互联网平台监管政策逐渐落地、赛道投资回报率不足及自身战略布局调整等因素影响下，头部互联网企业不再盲目横向扩张、争抢热门赛道，而是纷纷调仓换道，撤出与自身业务关联度不高且成长性欠佳的领域，专注提升主业竞争力。这一年，互联网行业裁员降薪、业务收缩、阵线调整、项目裁撤等举措不绝于耳，行业整体收入有所回落，但降本增效成果显著。

互联网业务收入呈小幅下降态势。2022 年前百家企业互联网业务收入总规模为 3.21 万亿元，同比下降 3.8%（注：2022 年前百家企业互联网业务收入总规模同比下降主要受参评的头部企业变化影响。2022 年阿里巴巴集团开启“1+6+*N*”组织变革，正式拆分后的六大业务集团只有淘天集团参评，相比 2021 年阿里巴巴集团参评的情况，前百家企业互联网业务收入总规模有所下降）。

境外互联网业务收入同比小幅下滑。2022 年前百家企业中开展境外互联网业务的企业共 48 家，占比近一半。其境外互联网业务收入总额共 1141 亿元，同比下降 8.8%，占互联网业务收入总规模的比例为 3.6%。其中，开展境外互联网业务的企业主要为网络游戏企业，共 18 家，占比为 37.5%。

营业利润率明显提升。2022 年前百家企业营业利润总额高达 5821 亿元，同比增长 24.8%，增速较 2021 年提高 7.4 个百分点。整体营业利润率为 13%，较 2021 年提高 2.8 个百分点。

（三）研发经费投入稳步增长，发明专利数量增速提升

2022 年，尽管经济下行压力加大，但互联网企业研发投入不减反增。加大企业研发投入、加强核心技术攻关，成为互联网公司的共识。

研发费用稳步增长。2022 年前百家企业研发投入共 3006 亿元，同比增长 2.8%（见图 B.8）。整体研发强度为 6.7%，较 2021 年提高 0.3 个百分点。

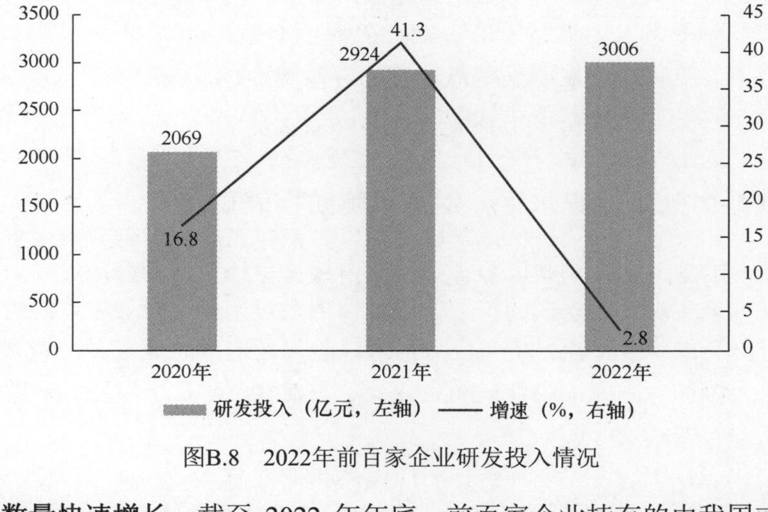

图B.8　2022年前百家企业研发投入情况

发明专利数量快速增长。截至 2022 年年底，前百家企业持有的由我国或外国专利主管

机关授予的，尚处于法定保护期限内的发明专利总数约 13 万项，同比增长 17.9%，增速较 2021 年提高 7.8 个百分点（见图 B.9）。

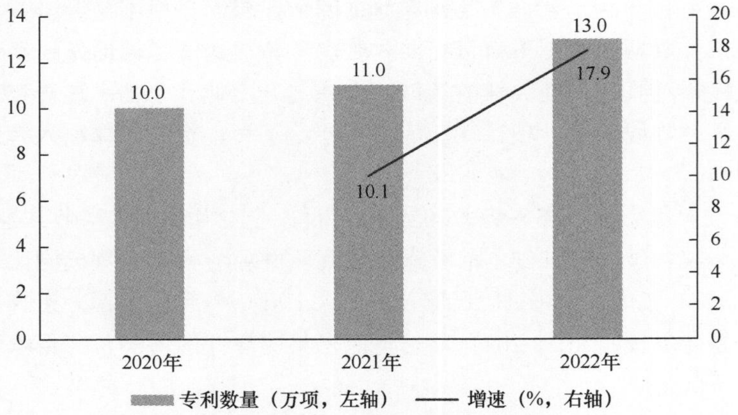

图B.9　2022年前百家企业发明专利数量情况

研发人员数量增速转负。2022 年前百家企业研发人员总数共 34.5 万人，同比下降 16.5%（见图 B.10）。

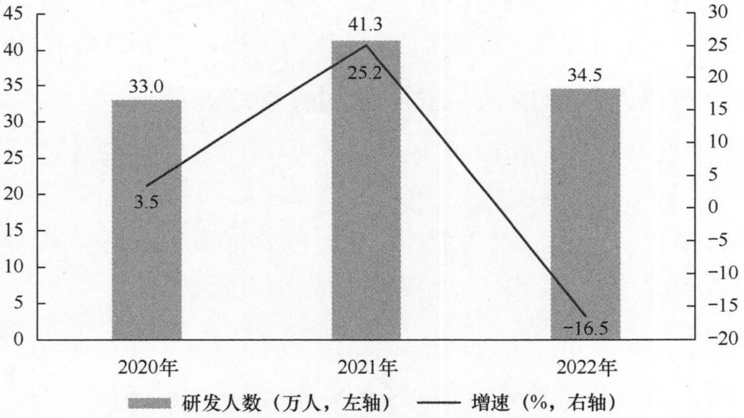

图B.10　2022年前百家企业研发人员数量情况

（四）偿债能力处于健康水平，财务风险防控表现良好

互联网行业发展速度快、创新能力强，随着市场竞争环境日趋激烈，许多互联网企业都积极利用财务杠杆来实现经营规模的扩大，通过债务融资来保证企业生产经营所需的资金。但由于其“轻资产”的行业特点，极易因为债务风险问题造成企业资金链断裂，进而带来巨大的经济损失甚至倒闭。因此，当互联网企业处于负债状态时，需要对其风险因素进行仔细梳理。

2022 年前百家企业中，资产负债率不高于 100%的企业有 91 家，说明绝大多数企业资产总额大于负债总额，很少出现资不抵债的情况。有 68 家企业资产负债率小于 63%，说明大多数企业财务风险防控能力都处于健康水平[1]。有 55 家企业资产负债率小于 50%，说明过半企业都有着较好的偿债能力和负债经营能力。2022 年前百家企业资产负债率分布情况如图 B.11 所示。

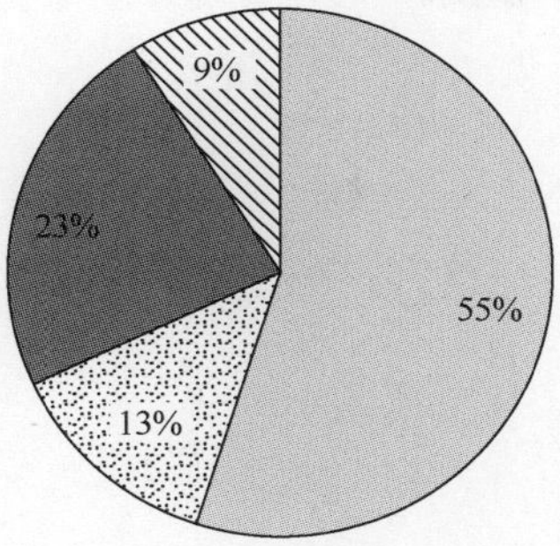

图B.11　2022年前百家企业资产负债率分布情况

（五）纳税总额小幅下降，社会责任信息披露企业过半

我国的社会责任/ESG 信息披露起步略晚，但发展迅速，势头强劲。近几年，国资委、生态环境部、中国证监会等政府部门及金融监管机构陆续出台政策法规指导社会责任/ESG 信息披露。2022 年国资委印发的《提高央企控股上市公司质量工作方案》中，明确要求央企控股的上市公司要力争在 2023 年做到 ESG 相关专项报告披露“全覆盖”。互联网企业在认真履行保护环境、关爱员工、保障数字权利、普惠科技成果等社会责任的同时，紧随时代发展的脚步，积极披露社会责任信息。

纳税总额及占我国纳税总额比重均同比小幅下滑。2022 年我国纳税总额为 16.66 万亿元，同比下降 3.5%。前百家企业纳税总额共 1278 亿元，同比下降 7.2%（见图 B.12）。前百家企业纳税总额占我国纳税总额的比重为 0.77%，较 2021 年回落 0.03 个百分点。

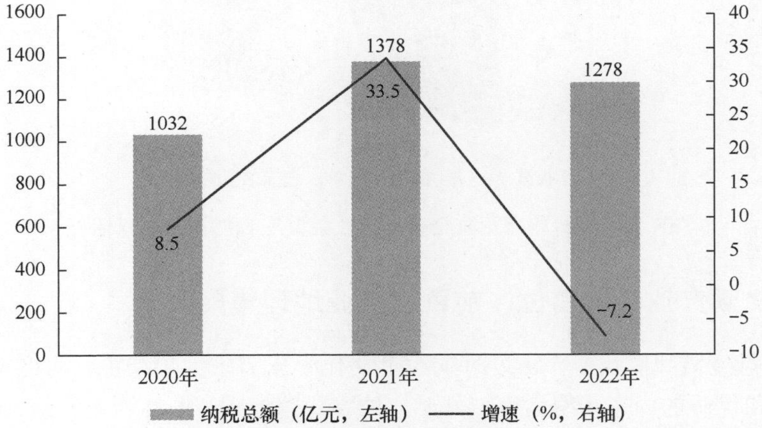

图B.12　2022年前百家企业纳税总额情况

1 参考国务院国资委考核分配局所编《企业绩效评价标准值 2022》。

员工数量持续减少且降幅逐渐扩大。2022 年前百家企业员工数量共 151.7 万人，同比下降 7.4%，降幅较 2021 年扩大 6.7 个百分点（见图 B.13）。

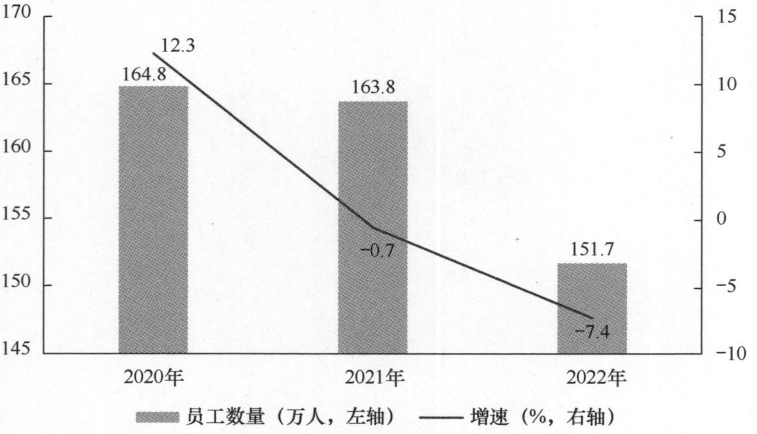

图B.13　2022年前百家企业员工数量情况

过半企业披露社会责任/ESG 报告。2022 年前百家企业中于当年披露社会责任/ESG 报告的企业已经超过半数。披露的 51 家企业中，有 34 家企业的报告参照了国内外较科学和权威的 GRI 标准、香港联合交易所《环境、社会及管治报告指引》及《互联网企业社会责任报告编写指南》（T/ISC 0003—2020）等标准。2022 年前百家企业当年社会责任/ESG 报告披露情况如图 B.14 所示。

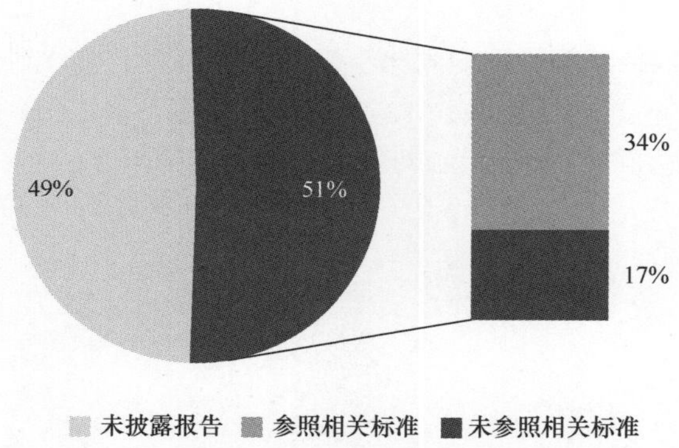

图B.14　2022年前百家企业当年社会责任/ESG报告披露情况

（六）大文娱产业高居首位，前百家企业地理集聚明显

2022 年新冠疫情肆虐反复，防疫时期线上文化娱乐需求大幅增加。网络文娱相关行业依靠全面的服务和优质的内容，积累用户好感，扩展覆盖范围，推动产业升级，释放巨大活力。

大文娱业务位列首位。2022 年前百家企业中，开展大文娱业务的企业共 49 家，领先于其他业务种类。其他业务包括新型基础设施 23 家、网络营销 18 家、公共服务 17 家、电子商务 16 家、互联网金融 13 家、社交网络 9 家、生活服务 8 家、实用工具 8 家、软件服务 5 家、搜索服务 4 家、基础业务 3 家和安全服务 2 家，如图 B.15 所示（注：企业开展业务类别采用多标签形式，因此业务种类数量总和大于 100）。

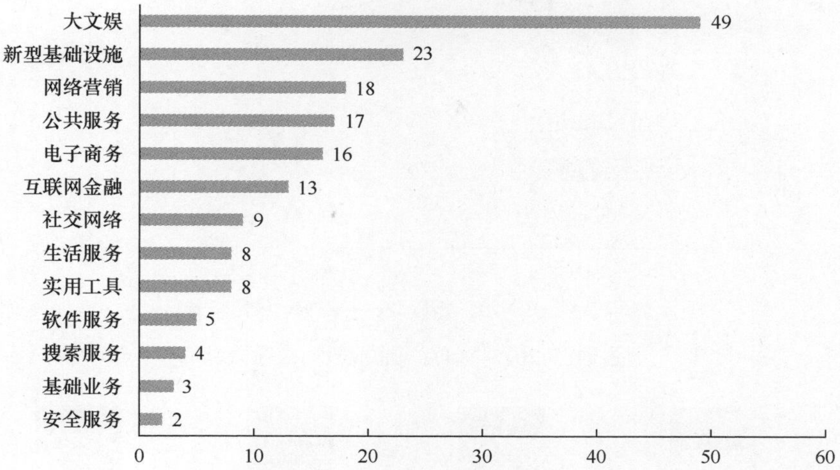

图B.15　2022年前百家企业业务分布情况

就细分领域具体来看，2022 年开展大文娱业务的企业主要以网络游戏企业为主，共 24 家，占比为 49%；开展新型基础设施业务的企业主要以云服务企业为主，共 18 家，占比为 78.3%。

地理聚集特征显著。中国互联网综合实力前百家企业主要分布在我国四大超一线城市：北京、上海、广州和深圳。其中，北京市的集聚效应尤为明显。2022 年前百家企业中有 33 家企业位于北京市，同比增加 3 家。有 17 家企业位于上海市，与 2021 年持平。广州市和深圳市各有 7 家企业进入前百，同比均减少 2 家。

（七）投资规模大幅下降，案例和金额集中在前 10 家企业

头部互联网企业近年来的投资策略一直是“重扩张，轻成本”。其投资数量多，金额大，频次快，广撒网。除了主营业务，通过投资拓展业务、打开边界，争抢热门赛道、头部公司。但从 2022 年开始，受平台监管政策及资本市场投资回报率等因素影响，互联网企业的投资走向拐点，其投资策略开始转向“重实效，收领域”。投资数量和金额进一步下探，投资领域调仓换道，围绕主业布局，健全核心业务闭环，撤出与自身业务关联度不高且成长性欠佳的领域。

投资数量和金额同步下滑。2022 年前百家企业风险投资和股权投资共 332 笔，同比下降 24.7%。投资金额共 223.3 亿美元，同比下降 56.9%（见图 B.16）。

早期投资数量占比上升，E 轮及以上轮次投资金额占比过半。2022 年前百家企业早期投资（包括 Seed、Angel 及 A 轮）案例数占比为 51.2%，较 2021 年提高 5.9 个百分点。E 轮及以上轮次投资金额占比为 57.2%，较 2021 年提高 12 个百分点（见图 B.17）。

投资案例数和金额集中在前 10 家企业。2022 年前 10 家企业风险投资和股权投资案例数占前百家企业的比重为 81.3%，较 2021 年回落 1.7 个百分点。投资金额占比为 98.3%，较 2021 年提高 4.5 个百分点（见图 B.18）。

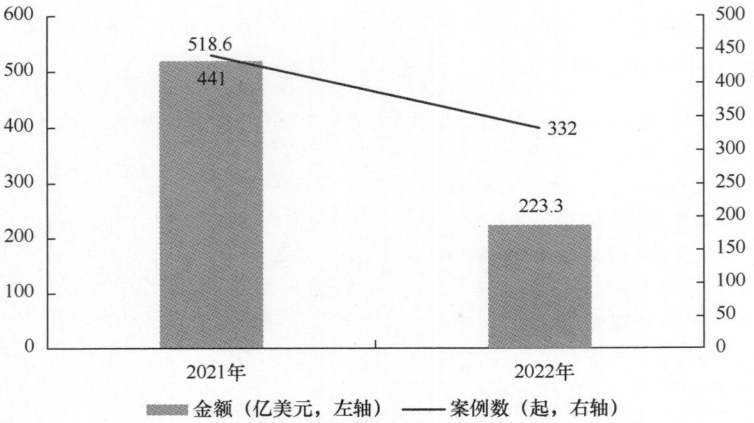

图B.16　2022年前百家企业投资规模情况

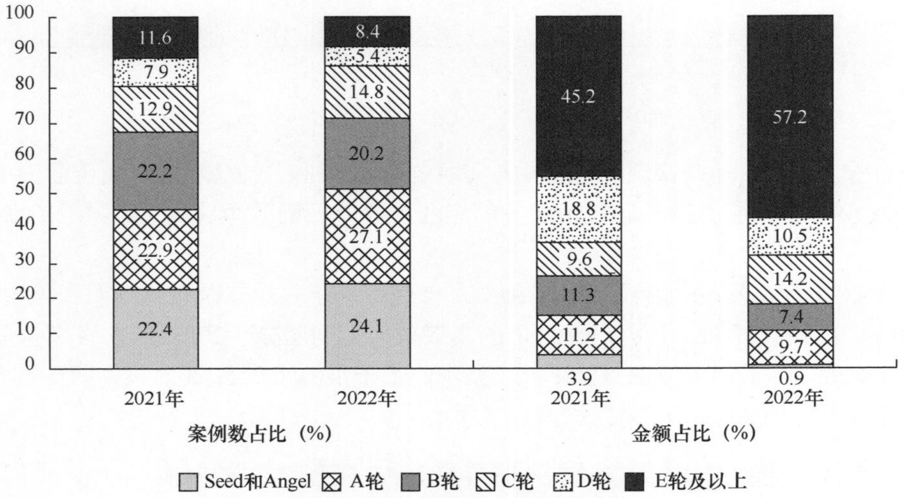

图B.17　2022年前百家企业投资轮次情况

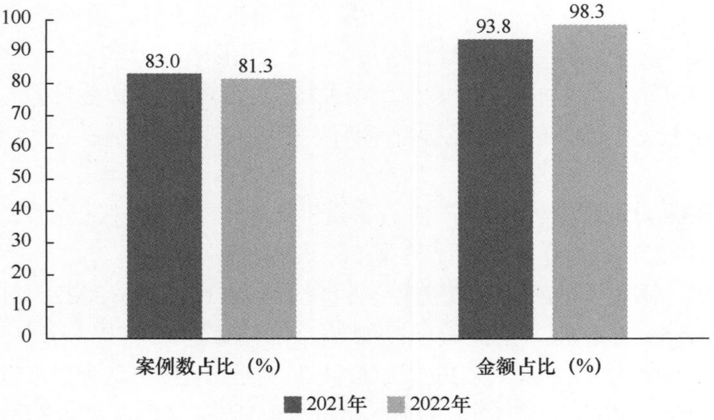

图B.18　2022年前10家企业投资占比情况

（八）市值估值规模持续下跌，返港上市企业连续上涨

2020 年，新冠疫情暴发，大量原有的线下需求被转移到线上，互联网行业获客成本大幅降低，消费习惯迅速养成，消费留存率提高，行业获得新的发展机遇。同时，刺激经济的利好政策纷纷出台，大量资金涌向整体向好的互联网企业，一时致 2020 年互联网行业市值增速领跑全球。2021 年，针对平台经济二选一、个人隐私保护、数据安全、未成年人保护等监管新规及监管案例相继落地，监管政策不断明晰，互联网行业的估值也逐渐回归理性。2022 年，受宏观经济增速回落、强监管信号陆续释放等多重因素影响，我国上市互联网企业市值继续下滑。

市值估值规模呈连续下降态势，且降幅逐渐加深。2022 年前百家企业市值估值规模共 11.1 万亿元，同比下降 26.7%，降幅较 2021 年扩大 5.6 个百分点（见图 B.19）。

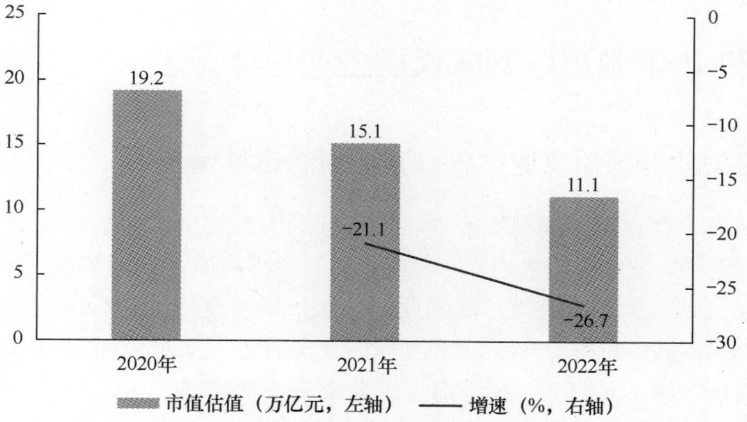

图B.19　2022年前百家企业市值估值规模变化情况

2018 年港交所进行制度改革，允许同股不同权企业的存在，中概股回归港股的制度条件开始成熟。2020 年 5 月和 12 月，美国参议院和众议院分别批准通过《外国公司问责法案》。2021 年 11—12 月，SEC 相继批准 6100 新规监管框架，要求中概股披露其所有权结构和审计细节。这意味着，相应的中资企业或最快于 2024 年之前在美国退市，这样的预期造成了巨大的市场压力，增加了中国互联网企业在美国受审计监管的风险。因此，从 2020 年开始，在美国上市的互联网企业逐渐掀起了一股“回归潮”。

港交所上市及返港上市企业数量持续增加。2022 年前百家企业中，上市企业共 63 家。其中，于港交所上市的企业数量最多，共 26 家，同比增加 6 家；于美国和中国香港两地上市的企业共 9 家，同比增加 2 家（见图 B.20）。

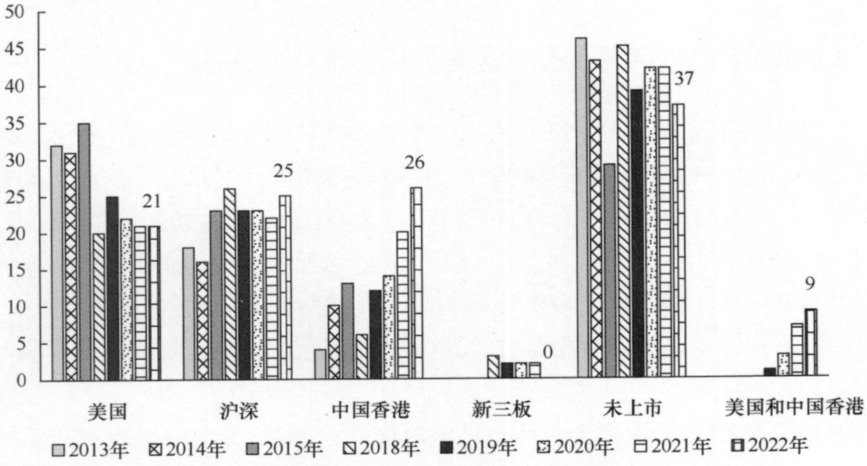

图B.20　2022年前百家企业上市情况

三、2023 年中国互联网成长型企业总体评述

（一）互联网业务规模高速扩张，营业利润迅猛增长

中国互联网成长型企业在规模维度的各项指标上大都实现正增长，且增速较快，为互联网行业注入新的动力，带来新的机遇，也为推动我国经济高质量发展提供了强大的内生动力。

2022 年成长型前 20 家企业的互联网业务收入平均增速达 46.8%，远高于前百家企业的整体增速（-3.8%）。其中，有 65%的企业互联网业务收入同比增速超过 20%，呈快速增长态势。员工数量平均增速达 41.1%，高于前百家企业整体增速（-7.4%）48.5 个百分点。其中，有 50%的企业员工数量同比增速超过 10%，呈较快增长态势。营业利润平均增速达 163.6%，是前百家企业整体增速（24.8%）的 6.6 倍。其中，有 55%的企业营业利润同比增速超过 30%，呈高速增长态势。

（二）研发投入力度加大倾斜，科创型人才积极引进

中国互联网成长型企业高度重视技术研发，建立科学完善的技术创新机制，积极投入研发资源夯实科技自立自强根基，培育壮大新动能。

2022 年成长型前 20 家企业研发投入平均增速达 49.8%，高于前百家企业整体增速（2.8%）47 个百分点。其中，有 65%的企业研发投入同比增速超过 10%，呈较快增长态势。平均研发强度达 10%，高于前百家企业整体水平（6.7%）3.3 个百分点。其中，有 30%的企业研发强度超过 10%。研发人员平均增速达 34.5%，远高于前百家企业的整体增速（-16.5%）。其中，有 60%的企业研发人员同比增速超过 20%，呈快速增长态势。

（三）多元化业态竞相进发，新型基础设施群英荟萃

中国互联网成长型企业深挖消费互联网需求，紧跟产业互联网发展趋势，为我国数字经

济发展贡献了强大力量。

2022 年成长型前 20 家企业遍布互联网行业的各个细分领域，具体包括安全服务、软件服务、实用工具、社交网络、互联网金融、电子商务、公共服务、网络营销、新型基础设施、大文娱和农业互联网十一大领域。其中，最为聚焦的领域为新型基础设施。这说明大多数成长型企业在新型基础设施领域集中发力、重点突破，提升建设规模、质量、效益和能级，推动新型基础设施建设迈上新台阶。

四、2023 年数据安全服务企业总体评述

（一）数据安全产业高速发展，企业营收普增

近年来，国家多次发布数据安全相关法规法案，强化关键数据资源保护能力，不断释放数据安全防护需求信号，积极助推数据安全产业高速发展。2022 年前 5 家数据安全服务企业中，大多数企业都以数据安全为主营方向，其数据安全业务收入占营业收入的比重均超过 70%。

在营业收入方面，数据安全业务成为前 5 家数据安全服务企业的主要增长点。其整体数据安全业务收入同比增长 33.6%，远高于营业收入的整体增速（6.9%）。其中，2 家企业数据安全业务收入增速超过 50%，展现出数据安全领域的巨大发展潜力。

在净利润方面，受国家相关政策法律驱动影响，数据安全需求充分释放，产业进入加速发展的红利期。前 5 家企业整体数据安全业务净利润同比大幅增长，增速达 104.3%。其中，有 2 家企业数据安全净利润增速超过 50%。

在员工规模方面，2021 年是数据安全服务企业在数据安全领域快速扩张的关键时期，2022 年受扩展后企业稳定发展策略、疫情下安全需求不如预期等因素影响，数据安全业务员工数量增速放缓。前 5 家企业整体数据安全业务员工规模同比小幅增长，增速为 7.3%，较 2021 年回落 23.4 个百分点。

（二）技术产品能力创新升级，研发费用普涨

2022 年前 5 家数据安全服务企业处于稳定发展阶段，创新投入持续提升。

在研发费用方面，前 5 家企业继续保持高速增长态势，其整体数据安全业务研发投入同比增长 33.4%，增速较 2021 年有所放缓。

在研发人员方面，前 5 家企业调整了研发策略，集中研发资源投入重点产线，放缓新产线扩张速度。其整体数据安全业务研发人员规模同比增长 5.3%，增速较 2021 年回落 31.8 个百分点。平均研发人员占比为 45.5%，同比下降 13.1 个百分点。

在知识产权方面，前 5 家数据安全服务企业平均拥有发明专利数量 122 项。不同企业知识产权布局思路差异较大，其中，有 2 家企业专利数量超过 100 项，剩余 3 家企业专利数量较少，平均不足 50 项。

（三）技术产品体系基本成熟，发展空间广阔

在产品布局方面，聚焦数字产业化和产业数字化发展需求，前 5 家数据安全服务企业积

极布局完善数据安全相关产品和服务，不断强化数据库防护、数据脱敏、数据加解密等传统软硬件产品，隐私计算、数据溯源等新兴技术产品，数据安全监测平台、数据安全运营管控平台等平台系统，以及数据分类分级、数据安全合规评估、数据安全培训等服务的安全能力水平。2022 年前 5 家企业数据安全产品覆盖面较广，均能提供超过 15 款不同类型的数据安全产品或服务。

在市场行业分布方面，数据安全下游客户主要来自政府和医疗等行业。从前 5 家数据安全服务企业的具体用户组成来看，政府行业的用户数量最多，占全部数量比重的 29%，医疗、交通、金融和能源行业用户数量占比均超过 8%。前 5 家数据安全服务企业均已面向至少 6 个行业进行市场布局，教育、互联网等行业仍具有广阔的发展空间。

五、中国互联网行业未来发展趋势展望

（一）新型基础设施加快升级，数字经济底座不断夯实

加快新型基础设施建设是党中央、国务院作出的重大决策部署，是当前和今后一个时期把握新发展阶段、贯彻新发展理念、构建新发展格局的重大举措，也是实施创新驱动发展战略、推动经济社会高质量发展的强大支撑。当前，我国新型基础设施建设已取得显著成效，预计至 2023 年年底，5G 基站数量新增 60 万个，累计开通数量超过 291 万个，5G 人口普及率过半；1000Mbps 及以上宽带接入用户超过 1.5 亿户；移动网络终端连接总数中，“物”连接数占比超过 57%。

未来，以数据为重要生产要素构建新型基础设施，将重构原有生产方式与生产关系，培育经济社会发展的强大动能。随着新型基础设施的建设和应用，充分发挥前沿布局牵引作用，将释放更多经济动力和消费需求，对实体经济产生全方位带动作用。

（二）数据基础制度持续构建，数据市场建设推陈出新

当前数据要素化仍处于初级阶段，发展数字经济必须要激活数据要素，激活数据要素就必须要建立完善、公平、可信的数据市场。2022 年 12 月 19 日，中共中央、国务院印发了《关于构建数据基础制度更好发挥数据要素作用的意见》，指出要“完善和规范数据流通规则，构建促进使用和流通、场内场外相结合的交易制度体系，规范引导场外交易，培育壮大场内交易”。

数据市场是数字经济基础设施的重要组成部分，预计将在 2023 年超越近些年各地所尝试的“数据交易所”模式，与数据流通场景实现更紧密的融合，在统一监管下创新出一系列的场景数据市场。

（三）新技术大模型百花齐放，通用人工智能雏形显现

随着技术的进步和市场的变化，互联网在不断地演进和升级，互联网新兴技术也随之不断地迭代创新。近年来，AI 的快速发展引发了广泛关注，在众多 AI 技术中，大模型逐渐成为一个备受瞩目的领域。它以其强大的学习能力和广泛的应用前景，成为探索人工智能新时

代的智能引擎。大模型的兴起不仅为互联网行业带来资本的助力，更是为陷入动能不足的行业找到新的增长点，打开发展瓶颈，实现互联网的新发展和新突破。

借助大模型，数字经济可以深入实体经济的细枝末节，与实体经济建立一种多元、无缝对接的方式和方法，达到与实体经济深度融合的目的。随着计算力的增强和数据集的丰富，大模型的研究和应用有望进一步为人们的生活带来更智能、更高效、更人性化的体验，为人类社会的进步注入新活力。

（四）各地积极信号相继释放，广大平台企业大有可为

平台经济是中国经济的重要组成部分，是实体经济发展的重要助力。尽管 2022 年是中国互联网行业过去十年间最为艰难的一年，但年底国家释放积极信号：2022 年 12 月 16 日，中央经济工作会议强调，要大力发展数字经济，提升常态化监管水平，支持平台企业在引领发展、创造就业、国际竞争中大显身手。各地政府也随之酝酿出台更多细化的平台经济扶持政策，鼓励平台经济健康发展。2023 年 1 月，14 家平台企业金融业务专项整改已基本完成，对数据要素的确权及交易流转进行了法规的规范，对海外资本的控制也进行了调整，少数遗留问题正在抓紧解决，标志着对平台经济的专项整改已接近尾声。

未来，随着平台经济在数字技术上不断增加投入，以及系统化、长期稳定、常态化的平台经济综合监管生态的形成和完善，平台经济将在促进经济高质量发展中发挥更重要作用，更多中国平台企业也将成为创新引领实体经济发展的重要力量。

2023 年中国互联网综合实力企业如表 B.1 所示，2023 年中国互联网成长型企业如表 B.2 所示，2023 年数据安全服务企业如表 B.3 所示，连续 11 年名列中国互联网综合实力企业如表 B.4 所示。

表 B.1　2023 年中国互联网综合实力企业

序　号	企 业 名 称	主要业务和品牌	所 属 地
1	深圳市腾讯计算机系统有限公司	微信、QQ、腾讯云	广东省
2	蚂蚁科技集团股份有限公司	支付宝、蚂蚁链、oceanbase	浙江省
3	淘天集团	淘宝、天猫	浙江省
4	百度公司	百度搜索、百度智能云、文心一言	北京市
5	美团公司	美团、大众点评、美团外卖	北京市
6	上海寻梦信息技术有限公司	拼多多、多多买菜、Temu	上海市
7	京东集团	京东、京东物流、京东科技	北京市
8	北京快手科技有限公司	快手、快手极速版、AcFun	北京市
9	北京抖音信息服务有限公司	抖音、今日头条、西瓜视频	北京市
10	网易公司	网易邮箱、网易游戏、网易有道	浙江省
11	小米集团	小米、MIUI 米柚、Redmi	北京市
12	携程集团	携程、Trip.com、天巡	上海市
13	贝壳找房（北京）科技有限公司	贝壳找房、链家、圣都整装	北京市
14	哔哩哔哩股份有限公司	哔哩哔哩弹幕网	上海市
15	上海米哈游网络科技股份有限公司	米哈游、miHoYo、原神	上海市
16	三六零安全科技股份有限公司	360 安全卫士、360 手机卫士、360 安全浏览器	北京市

（续表）

序　号	企 业 名 称	主要业务和品牌	所 属 地
17	波克科技股份有限公司	波克城市	上海市
18	北京爱奇艺科技有限公司	爱奇艺、随刻、奇巴布	北京市
19	汇通达网络股份有限公司	超级供应商、超级老板	江苏省
20	看准科技有限公司	BOSS 直聘、店长直聘、看准网	北京市
21	三七互娱网络科技集团股份有限公司	三七游戏、37 手游、37 网游	安徽省
22	湖南快乐阳光互动娱乐传媒有限公司	芒果 TV	湖南省
23	满帮集团	运满满、货车帮	贵州省
24	东方财富信息股份有限公司	东方财富、东方财富证券、天天基金	上海市
25	深圳依时货拉拉科技有限公司	货拉拉	广东省
26	北京微梦创科网络技术有限公司	微博	北京市
27	上海识装信息科技有限公司	得物	上海市
28	北京车之家信息技术有限公司	汽车之家、二手车之家	北京市
29	上海钢银电子商务股份有限公司	钢银电商、钢银数据、钢银云・贸易	上海市
30	北京网聘信息技术有限公司	智联招聘	北京市
31	搜狐公司	搜狐媒体、搜狐视频、畅游游戏	北京市
32	美图公司	美图秀秀、美颜相机、美图宜肤	福建省
33	央视网国际网络有限公司	中国互联网电视、CCTV 手机电视、央视网	北京市
34	福建网龙计算机网络信息技术有限公司	魔域、征服、英魂之刃	福建省
35	上海壹佰米网络科技有限公司	叮咚买菜	上海市
36	马上消费金融股份有限公司	安逸花、马上金融	重庆市
37	恺英网络股份有限公司	天使之战、蓝月传奇、XY.com 游戏平台	上海市
38	唯品会（中国）有限公司	唯品会	广东省
39	广州虎牙信息科技有限公司	虎牙直播、Nimo	广东省
40	网宿科技股份有限公司	网宿科技	上海市
41	上海巨人网络科技有限公司	征途系列游戏、球球大作战、太空行动	上海市
42	上海喜马拉雅科技有限公司	喜马拉雅	上海市
43	四三九九网络股份有限公司	4399、4399 小游戏、4399 休闲娱乐平台	福建省
44	武汉斗鱼鱼乐网络科技有限公司	斗鱼直播	湖北省
45	广州趣丸网络科技有限公司	TT 语音、TT 电竞、TT 游戏	广东省
46	福建博思软件股份有限公司	博思非税票据一体化管理平台、博思政府采购公共服务平台、博思智慧城市电子缴费公共服务平台	福建省
47	浙江世纪华通集团股份有限公司	盛趣游戏、点点互动、天游游戏	浙江省
48	中原大易科技有限公司	大易科技大宗智慧物流平台	河南省
49	用友网络科技股份有限公司	YonBIP、YonSuite、畅捷通	北京市
50	竞技世界（北京）网络技术有限公司	竞技世界	北京市
51	贵阳朗玛信息技术股份有限公司	39 互联网医院、39 健康网、朗玛移动	贵州省
52	金蝶软件（中国）有限公司	金蝶云・苍穹、金蝶云・星瀚、金蝶云・星空	广东省
53	同程旅行	同程旅行、艺龙网	江苏省
54	厦门吉比特网络技术股份有限公司	问道、问道手游、一念逍遥	福建省

（续表）

序　　号	企 业 名 称	主要业务和品牌	所 属 地
55	拉卡拉支付股份有限公司	拉卡拉	北京市
56	北京花房科技有限公司	花椒直播、六间房直播	北京市
57	湖南兴盛优选电子商务有限公司	兴盛优选	湖南省
58	深圳市梦网科技发展有限公司	消息云、国际云、物联云	广东省
59	新华网股份有限公司	学习进行时、新华智云、溯源中国	北京市
60	同道猎聘集团	猎聘	天津市
61	杭州边锋网络技术有限公司	边锋游戏	浙江省
62	好未来教育科技集团	学而思网校、学而思素养、熊猫博士	北京市
63	联动优势科技有限公司	联动支付、联动信息、联动数科	北京市
64	汇量科技集团	Mintegral、GameAnalytics、Nativex	广东省
65	深圳市迅雷网络技术有限公司	迅雷、迅雷云盘、迅雷链	广东省
66	焦点科技股份有限公司	中国制造网、新一站保险网	江苏省
67	北京光环新网科技股份有限公司	光环新网、光环云、光环有云	北京市
68	北京点众科技股份有限公司	点众阅读、点众文学、Webfic	北京市
69	东方明珠新媒体股份有限公司	百视通、东方购物、东方有线	上海市
70	易车公司	易车、易车汽车报价、易车伙伴	北京市
71	湖北盛天网络技术股份有限公司	随乐游云游戏平台、易乐途数字营销平台、易乐玩游戏平台	湖北省
72	江苏零浩网络科技有限公司	智通三千	江苏省
73	南京领行科技股份有限公司	T3出行	江苏省
74	福建游龙共创网络技术有限公司	19196手游平台	福建省
75	上海阑途信息技术有限公司	途虎养车	上海市
76	北京蜜莱坞网络科技有限公司	映客直播、积目、对缘	北京市
77	鹏博士电信传媒集团股份有限公司	鹏博士智慧云网、鹏博士算力网络、鹏博士数字经济产业园	山东省
78	北京猿力科技有限公司	斑马、猿编程、飞象星球	北京市
79	北京趣拿信息技术有限公司	去哪儿网、去哪儿旅行	北京市
80	无锡市不锈钢电子交易中心有限公司	无锡不锈钢	江苏省
81	企查查科技有限公司	企查查、企查查专业版	江苏省
82	昆仑万维科技股份有限公司	Opera、StarX、ArkGames	北京市
83	二六三网络通信股份有限公司	263云通信、263云网络、263元宇宙	北京市
84	汇付天下有限公司	斗拱、聚合支付、汇来米	上海市
85	在线途游（北京）科技有限公司	捕鱼大作战、途游斗地主、富豪麻将	北京市
86	龙采科技集团有限责任公司	龙采、资海、龙采体育	黑龙江省
87	江西贪玩信息技术有限公司	贪玩手游、贪玩页游、贪玩微游戏	江西省
88	深圳市东信时代信息技术有限公司	营赛洞见、营赛洞察、云知数	广东省
89	广州多益网络股份有限公司	多益网络、神武、梦想世界	广东省
90	武汉福禄网络科技有限公司	福禄开放平台	湖北省
91	深圳市创梦天地科技有限公司	乐逗游戏	广东省

（续表）

序　号	企业名称	主要业务和品牌	所属地
92	海看网络科技（山东）股份有限公司	IPTV、海看数字应用	山东省
93	上海益世界信息技术集团有限公司	商道高手、我是大东家、一号玩家平台	上海市
94	广州市百果园网络科技有限公司	Hello 语音	广东省
95	德邻陆港供应链服务有限公司	德邻 e 钢、德邻循环、德邻畅途	辽宁省
96	荔枝集团	荔枝、荔枝播客	广东省
97	万物云空间科技服务股份有限公司	万物云、万科物业、万物梁行	广东省
98	北京值得买科技股份有限公司	什么值得买、星罗	北京市
99	百融云创科技股份有限公司	百融云创	北京市
100	浙江金科汤姆猫文化产业股份有限公司	会说话的汤姆猫家族、汤姆猫总动员、汤姆猫跑酷	浙江省

表 B.2　2023 年中国互联网成长型企业

序　号	企业名称	主要业务和品牌	所属地
1	厦门她趣信息技术有限公司	他趣	福建省
2	武汉岚晨网络科技有限公司	皮皮	湖北省
3	厦门快快网络科技有限公司	快快盾、游戏盾、快卫士	福建省
4	江西傲星科技有限公司	傲星智慧营销云平台	江西省
5	青岛飞熊领鲜科技有限公司	飞熊领鲜、飞熊数科、飞熊领鲜数智云平台	山东省
6	黑龙江农投大数据科技有限公司	黑龙江数字农业综合服务平台、农业大数据+数字金融平台、农业大数据+政策性农业保险服务平台	黑龙江省
7	湖南微算互联信息技术有限公司	红手指云手机、微算云云计算平台、ARM 服务器	湖南省
8	北京外研在线数字科技有限公司	外研在线 UNIPUS	北京市
9	福建大道成物流科技有限公司	超好运、至简管车、至简集运	福建省
10	广州君海网络科技有限公司	君海游戏、君海海外	广东省
11	厦门吉快科技有限公司	吉快	福建省
12	百奥家庭互动有限公司	奥拉星、奥比岛、食物语	广东省
13	南威软件股份有限公司	政务服务数据治理平台、公安数据中台、苍穹大数据平台	福建省
14	成都优卡优投企业管理有限公司	融享客、有信钱包、趣多省	四川省
15	武汉百捷集团有限公司	百捷	湖北省
16	深圳市小赢信息技术有限责任公司	小赢卡贷	广东省
17	浙江葫芦娃网络集团有限公司	CnTrus 数字认证、放心签电子合同	浙江省
18	上海弘连网络科技有限公司	网镜、网探、火眼	上海市
19	厦门众联世纪股份有限公司	小鸣引擎	福建省
20	北京百悟科技有限公司	百悟云、语音云、百悟 5G 融合平台	北京市

表 B.3　2023 年数据安全服务企业

序　号	企业名称	主要业务和品牌	所属地
1	奇安信科技集团股份有限公司	奇安信	北京市
2	北京亿赛通科技发展有限责任公司	亿赛通电子文档安全管理系统、数据库安全审计系统、亿赛通数据泄露防护系统	北京市

（续表）

序　　号	企业名称	主要业务和品牌	所属地
3	北京安华金和科技有限公司	安华金和	北京市
4	北京天融信网络安全技术有限公司	天融信	北京市
5	北京明朝万达科技股份有限公司	Chinasec（安元）	北京市

表B.4　连续11年名列中国互联网综合实力企业

序　　号	企业名称	所属地
1	深圳市腾讯计算机系统有限公司	广东省
2	淘天集团（阿里）	浙江省
3	百度公司	北京市
4	美团公司	北京市
5	京东集团	北京市
6	网易公司	浙江省
7	小米集团	北京市
8	携程集团	上海市
9	三六零安全科技股份有限公司	北京市
10	三七互娱网络科技集团股份有限公司	安徽省
11	新浪公司	北京市
12	北京车之家信息技术有限公司	北京市
13	搜狐公司	北京市
14	福建网龙计算机网络信息技术有限公司	福建省
15	四三九九网络股份有限公司	福建省
16	新华网股份有限公司	北京市
17	深圳市迅雷网络技术有限公司	广东省

附录 C　2023 年互联网和相关服务业经济运行情况

2023 年，互联网和相关服务业呈现企稳向好发展态势。互联网业务收入持续提速增长，利润总额保持增长，研发经费小幅回落。

一、总体运行情况

互联网业务收入持续提速增长。2023 年，我国规模以上互联网和相关服务企业[1]（以下简称互联网企业）完成互联网业务收入 17483 亿元，同比增长 6.8%（见图 C.1）。

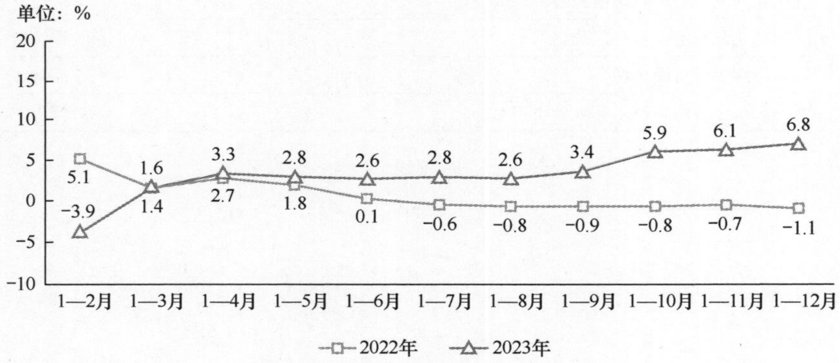

图C.1　互联网业务收入累计增长情况

利润总额保持增长。2023 年，我国规模以上互联网企业营业成本同比增长 10.7%。实现利润总额 1295 亿元，同比增长 0.5%（见图 C.2）。

研发经费小幅回落。2023 年，我国规模以上互联网企业共投入研发经费 943.2 亿元，同比下降 3.7%（见图 C.3）。

1 规模以上互联网和相关服务企业口径由上年互联网和相关服务收入 500 万元以上调整为 2000 万元及以上，文中所有同比增速均按可比口径计算。

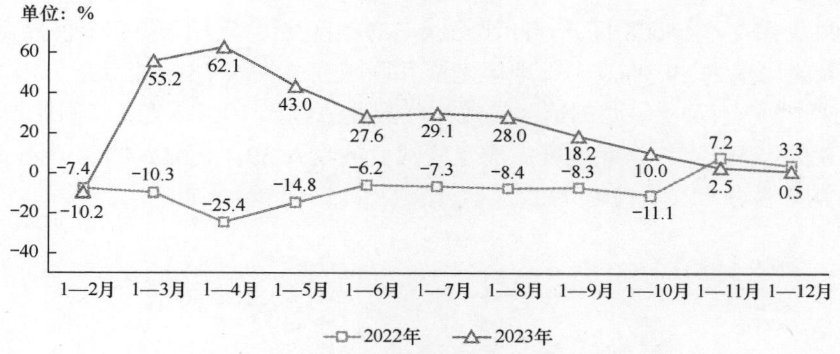

图C.2　互联网和相关服务业营业利润增长情况

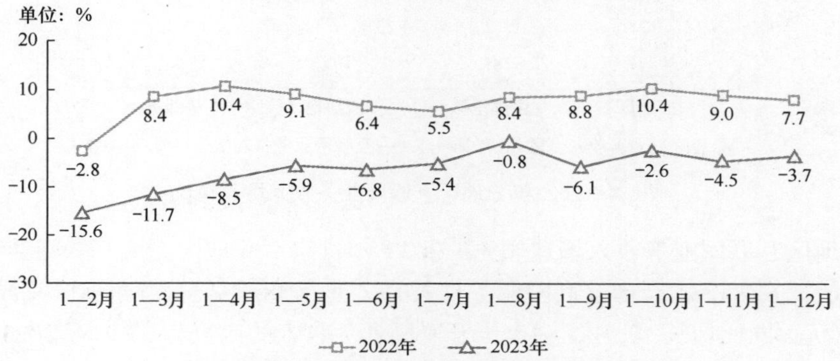

图C.3　互联网和相关服务业研发经费增长情况

二、分领域运行情况

（一）信息服务领域企业收入基本稳定

2023年，以信息服务为主的企业（包括新闻资讯、搜索、社交、游戏、音乐视频等）互联网业务收入同比增长0.3%。

（二）生活服务领域企业收入增速大幅提升

2023年，以提供生活服务为主的平台企业（包括本地生活、租车约车、旅游出行、金融服务、汽车、房屋住宅等）互联网业务收入同比增长20.7%。

（三）网络销售领域企业收入高速增长

2023年，主要提供网络销售服务的企业（包括大宗商品、农副产品、综合电商、医疗用品、快递等）互联网业务收入同比增长35.1%。

三、分地区运行情况

东部和中部地区互联网业务收入较快增长，西部和东北地区增长承压。2023年，东部地区完成互联网业务收入 15608 亿元，同比增长 7.3%，高于全国增速 0.5 个百分点，占全国互联网业务收入的比重为 89.3%。中部地区完成互联网业务收入 781.6 亿元，同比增长 8.1%，高于全国增速 1.3 个百分点。西部地区完成互联网业务收入 1054.2 亿元，同比增长 0.2%，低于全国增速 6.6 个百分点。东北地区完成互联网业务收入 39.4 亿元，同比下降 25.1%，低于全国增速 31.9 个百分点（见图 C.4）。

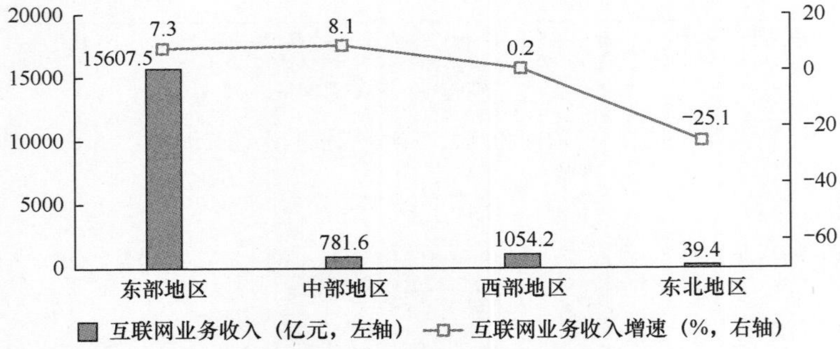

图C.4　2023年分地区互联网业务收入增长情况

长三角地区互联网业务收入增速领先。2023 年，京津冀地区完成互联网业务收入 6777 亿元，同比增长 6.4%，占全国互联网业务收入的比重为 38.8%。长三角地区完成互联网业务收入 6623 亿元，同比增长 12.9%，占全国互联网业务收入的比重为 37.9%。2023 年经济带地区互联网业务收入增长情况如图 C.5 所示。

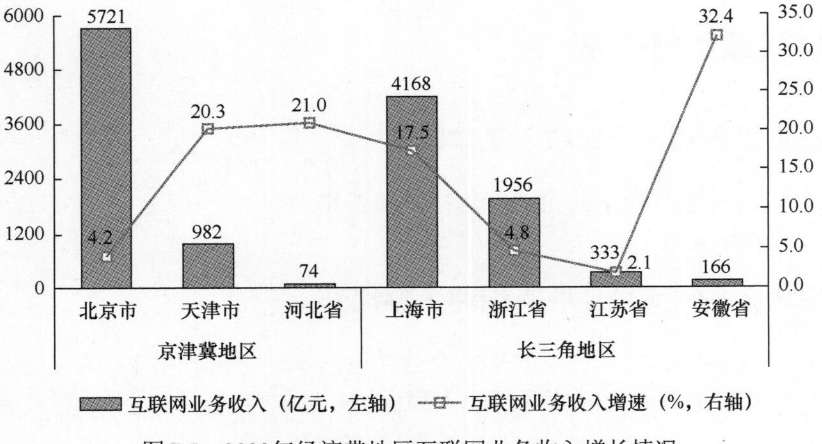

图C.5　2023年经济带地区互联网业务收入增长情况

半数地区互联网业务增速实现正增长。2023 年，互联网业务累计收入居前 5 名的北京（增长 4.2%）、上海（增长 17.5%）、浙江（增长 4.8%）、广东（下降 4.6%）和天津（增长 20.3%）共完成业务收入 14581.3 亿元（见图 C.6），同比增长 7.5%，占全国（扣除跨地区企业）比重达 83.4%。全国互联网业务增速实现正增长的省（自治区、直辖市）有 16 个，数量较 2022 年增长 3 个。

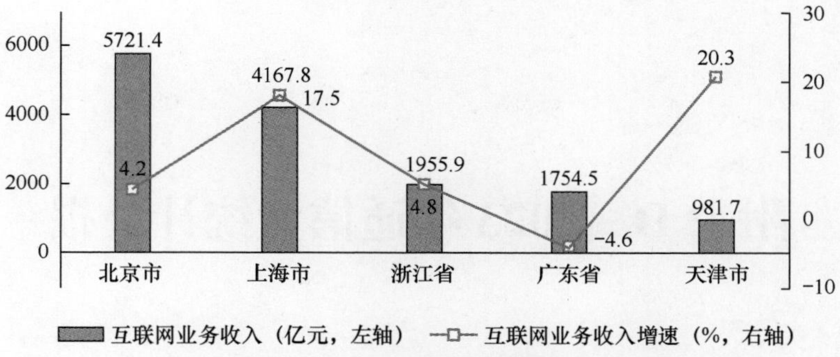

图C.6　2023年前5名省市互联网业务收入增长情况

附录D　2023年通信业统计公报

2023年，我国通信业全面贯彻落实党的二十大精神，认真落实党中央国务院各项决策部署，坚持稳中求进工作总基调，全力推进网络强国和数字中国建设，促进数字经济与实体经济深度融合，全行业主要运行指标平稳增长，5G、千兆光网等网络基础设施日益完备，各项应用普及全面加速，行业高质量发展稳步推进。

一、行业总体情况

（一）电信业务量收入保持增长

经初步核算[1]，2023年，电信业务收入累计完成1.68万亿元，比2022年增长6.2%。按照2022年价格计算的电信业务总量同比增长16.8%（见图D.1）。

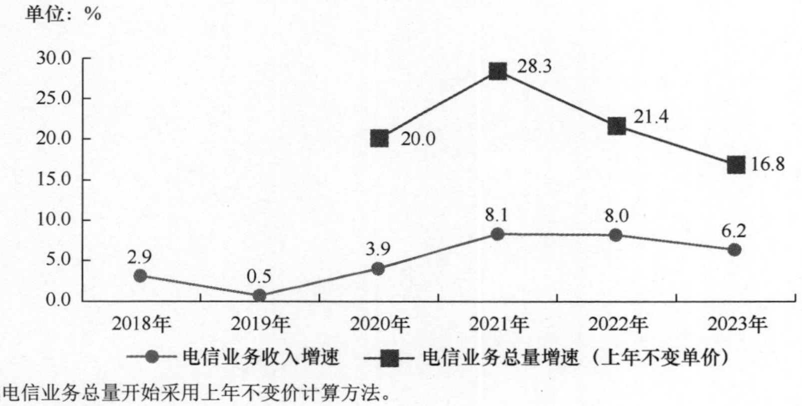

注：自2020年起电信业务总量开始采用上年不变价计算方法。

图D.1　2018—2023年电信业务收入和电信业务总量增长情况

1 本公报中2023年数据均为初步统计数，2022年及之前年份采用年报决算数据。各项统计数据均未包括香港特别行政区、澳门特别行政区和台湾省。部分数据因四舍五入的原因，存在总计与分项合计不相等的情况。

（二）固定互联网宽带接入业务收入平稳增长

2023年，完成固定互联网宽带接入业务收入2626亿元，比2022年增长7.7%（见图D.2），在电信业务收入中占比由2022年的15.2%提升至15.6%，拉动电信业务收入增长1.2个百分点。

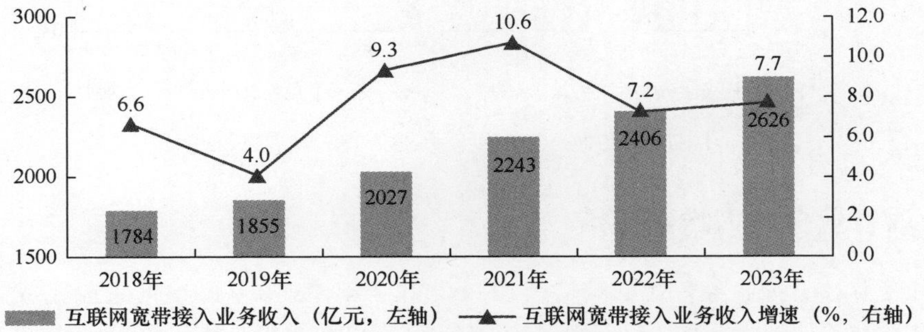

图D.2　2018—2023年互联网宽带接入业务收入发展情况

（三）移动数据流量业务收入小幅回落

2023年，完成移动数据流量业务收入6368亿元，比2022年下降0.9%（见图D.3），在电信业务收入中占比由2022年的40.5%下降至37.8%。

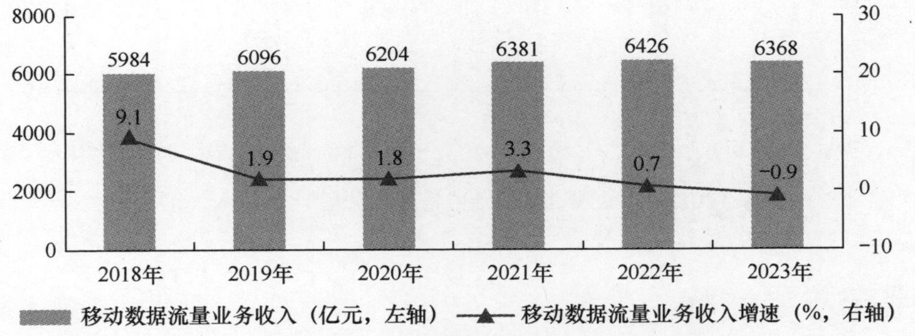

图D.3　2018—2023年移动数据流量业务收入发展情况

（四）新兴业务收入保持较高增速

数据中心、云计算、大数据、物联网等新兴业务快速发展，2023年共完成业务收入3564亿元，比2022年增长19.1%（见图D.4），在电信业务收入中的占比由2022年的19.4%提升至21.2%，拉动电信业务收入增长3.6个百分点。其中，云计算、大数据业务收入比2022年均增长37.5%，物联网业务收入比2022年增长20.3%。

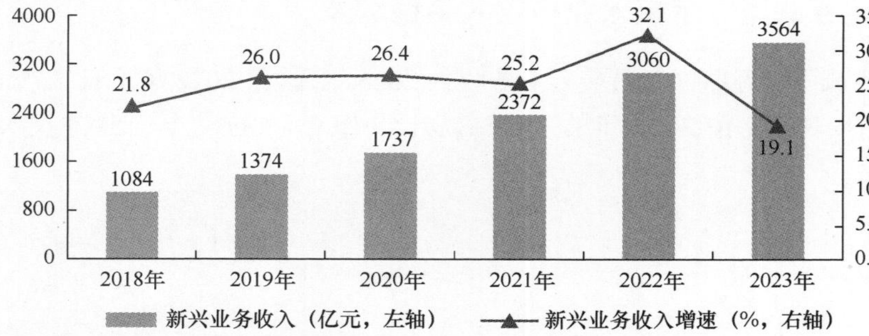

图D.4　2018—2023年新兴业务收入发展情况

（五）语音业务收入持续下滑

互联网应用对语音业务替代影响持续加深。2023 年，3 家基础电信企业完成固定语音和移动语音业务收入分别为 185.3 亿元和 1108 亿元，比 2022 年分别下降 8%和 2.5%，两项业务合计占电信业务收入的 7.7%，占比较 2022 年回落 0.8 个百分点。2018—2023 年 3 家基础电信企业语音业务收入发展情况如图 D.5 所示。

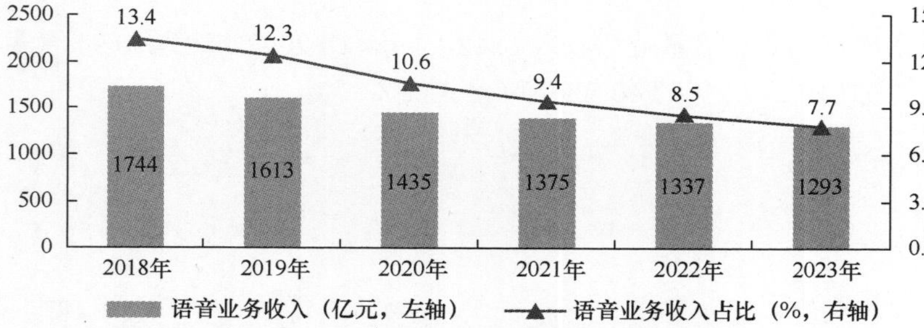

图D.5　2018—2023年3家基础电信企业语音业务收入发展情况

二、用户发展情况

（一）移动电话用户保持增长

2023 年，全国电话用户净增 3707 万户，总数达到 19 亿户。其中，移动电话用户总数为 17.27 亿户，全年净增 4315 万户，普及率[1]为 122.5 部/百人，比 2022 年年末提高 3.3 部/百人（见图 D.6）。其中，5G 移动电话用户达到 8.05 亿户，占移动电话用户的 46.6%，比 2022 年年末提高 13.3 个百分点。固定电话用户总数 1.73 亿户，全年净减 608.8 万户，普及率为 12.3 部/百人，比 2022 年年末下降 0.4 部/百人。2023 年各省市移动电话普及率情况如图 D.7 所示。

1 计算普及率使用的全国人口数据，来源于国家统计局发布的 2023 年年末人口数。

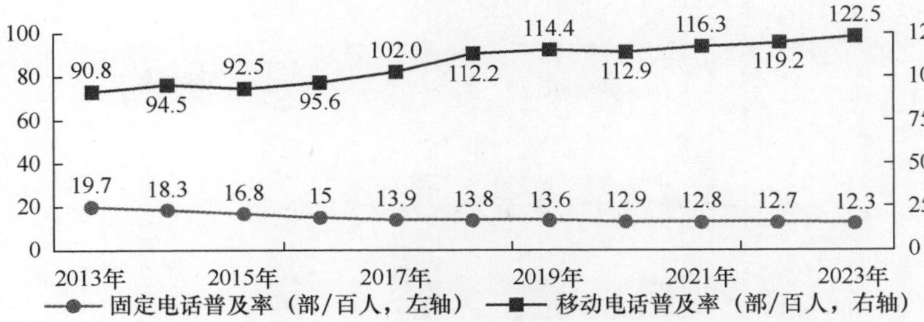

图D.6　2013—2023年全国固定电话及移动电话普及率发展情况

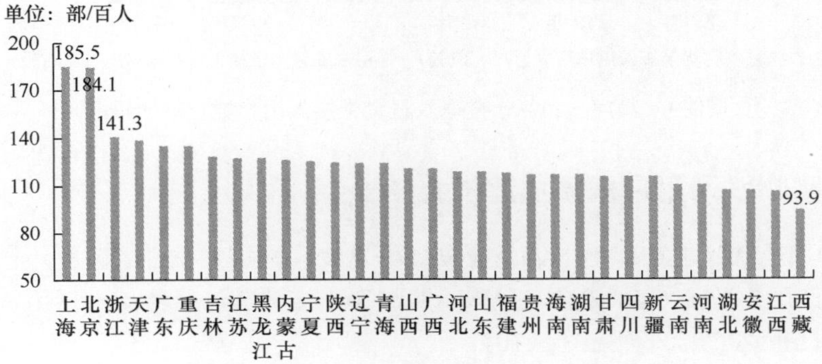

图D.7　2023年各省市移动电话普及率情况

（二）固定宽带接入用户持续增加

截至 2023 年年末，3 家基础电信企业的固定互联网宽带接入用户总数达 6.36 亿户，全年净增 4666 万户。其中，100Mbps 及以上接入速率的用户为 6.01 亿户，全年净增 4756 万户，占总用户数的 94.5%，占比较 2022 年年末提高 0.6 个百分点；1000Mbps 及以上接入速率的用户为 1.63 亿户，全年净增 7153 万户，占总用户数的 25.7%，占比较 2022 年年末提高 10.1 个百分点（见图 D.8）。

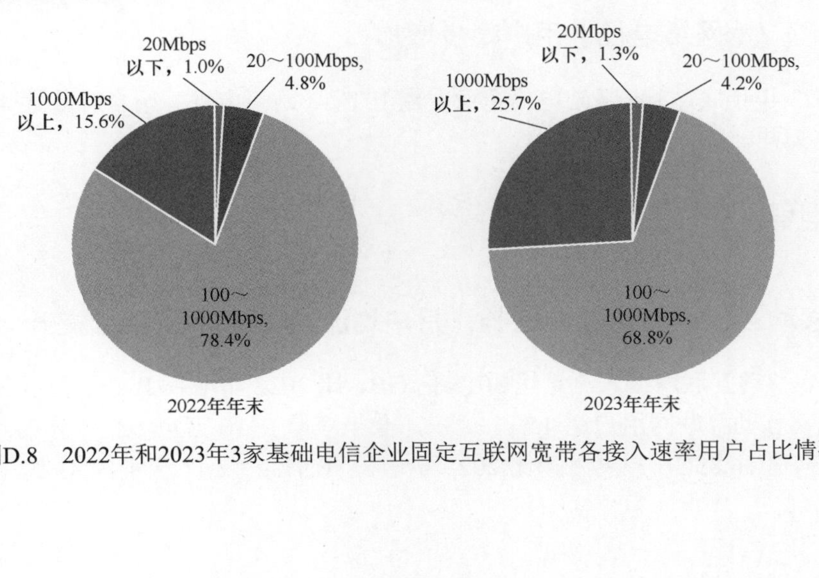

图D.8　2022年和2023年3家基础电信企业固定互联网宽带各接入速率用户占比情况

固定互联网宽带接入服务持续在农村地区加快普及，截至 2023 年年底，全国农村宽带用户总数达约 1.92 亿户，全年净增 1557 万户（见图 D.9），比 2022 年增长 8.8%，增速较城市宽带用户高 1.3 个百分点。

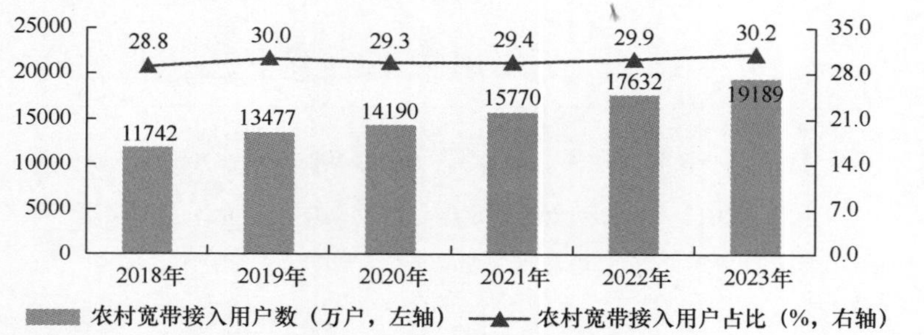

图D.9　2018—2023年全球农村宽带接入用户数及占比情况

（三）蜂窝物联网用户规模加速扩大

截至 2023 年年底，3 家基础电信企业发展蜂窝物联网用户 23.32 亿户，全年净增 4.87 亿户，较移动电话用户数高 6.06 亿户，占移动网终端连接数（包括移动电话用户和蜂窝物联网终端用户）的比重达 57.5%（见图 D.10）。

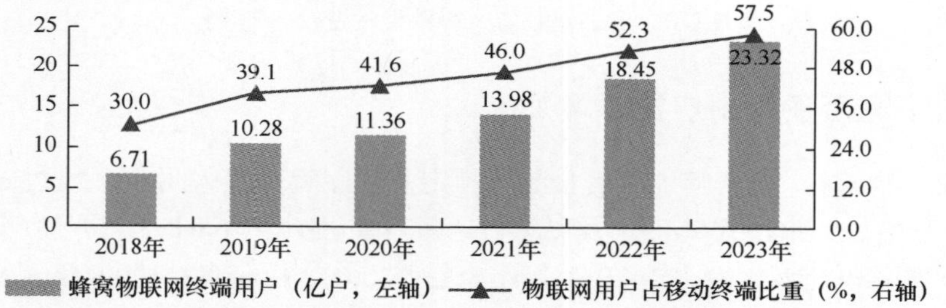

图D.10　2018—2023年3家基础电信企业物联网用户情况

（四）IPTV（网络电视）用户稳步增加

截至 2023 年年底，3 家基础电信企业发展 IPTV（网络电视）用户总数达 4.01 亿户，全年净增 2058 万户。

三、电信业务量情况

（一）移动互联网流量较快增长，月户均流量（DOU）持续提升

2023 年，移动互联网接入流量达 3015 亿 GB，比 2022 年增长 15.2%（见图 D.11）。截至 2023 年年底，移动互联网用户达 15.17 亿户，全年净增 6316 万户。全年移动互联网月户均流量（DOU）达 16.85GB/户·月，比 2022 年增长 10.9%；12 月当月 DOU 达 18.93GB/户，

较 2022 年年底提高 2.75GB/户（见图 D.12）。

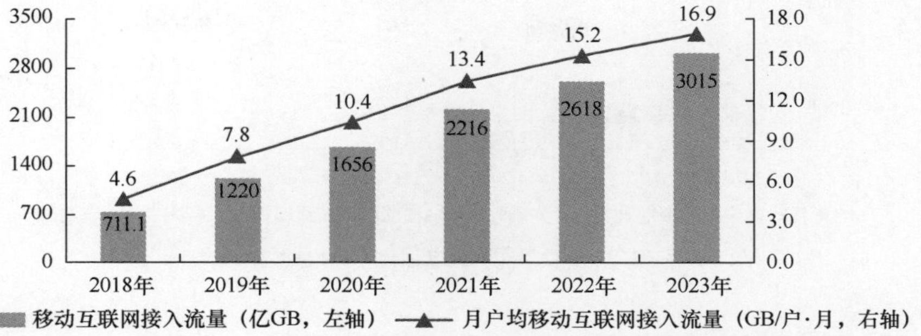

图D.11　2018—2023年移动互联网流量及月户均流量（DOU）增长情况

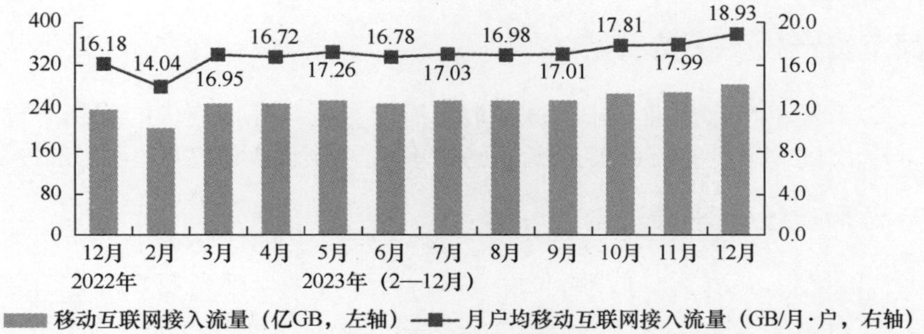

图D.12　2023年移动互联网接入当月流量及当月DOU情况

（二）短信业务量收入和通话时长小幅下降

2023 年，全国移动短信业务量比 2022 年下降 0.3%，移动短信业务收入比 2022 年下降 0.7%（见图 D.13）。全国移动电话去话通话时长 2.24 万亿分钟，比 2022 年下降 2.7%（见图 D.14）。

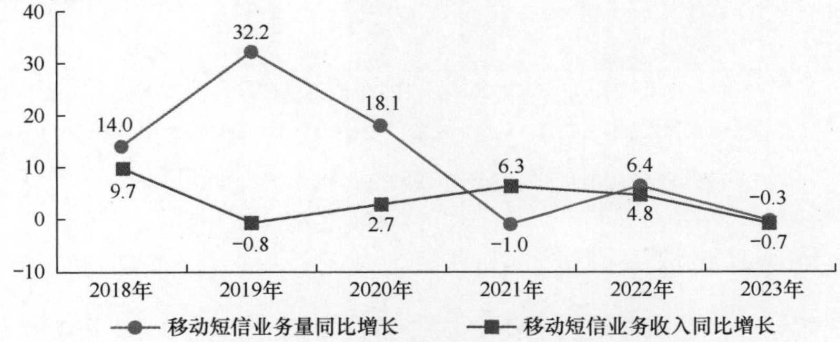

图D.13　2018—2023年移动短信业务量和收入增长情况

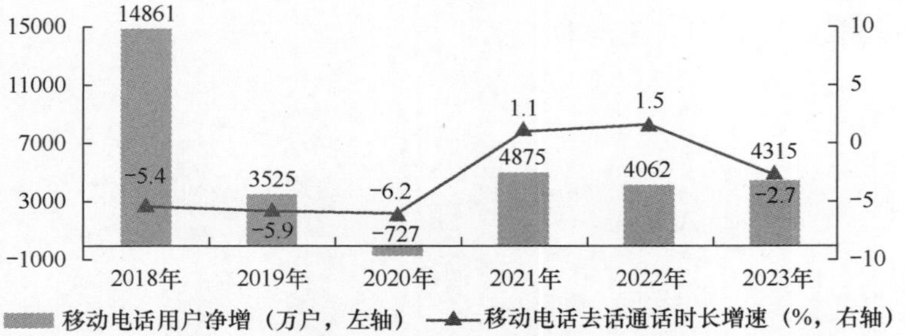

图D.14　2018—2023年移动电话用户和通话量增长情况

四、网络基础设施情况

（一）固定资产投资保持稳定

2023 年，3 家基础电信企业和中国铁塔股份有限公司共完成电信固定资产投资 4205 亿元，比 2022 年增长 0.3%。其中，5G 投资额达 1905 亿元，同比增长 5.7%，占全部投资的 45.3%。

（二）全光网建设快速推进

截至 2023 年年底，新建光缆线路长度 473.8 万千米，全国光缆线路总长度达 6432 万千米；其中，长途光缆线路、本地网中继光缆线路和接入网光缆线路长度分别达 114 万千米、2310 万千米和 4008 万千米。互联网宽带接入端口数达到 11.36 亿个，比 2022 年年末净增 6486 万个。其中，光纤接入（FTTH/O）端口达到 10.94 亿个，比 2022 年年末净增 6915 万个，占比由 2022 年年末的 95.7%提升至 96.3%（见图 D.15）。具备千兆网络服务能力的 10G PON 端口数达 2302 万个，比 2022 年年末净增 779.2 万个。

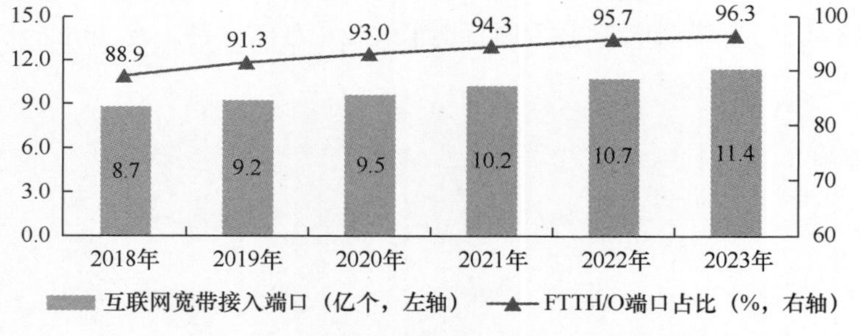

图D.15　2018—2023年互联网宽带接入端口发展情况

（三）5G 网络建设深入推进

截至 2023 年年底，全国移动通信基站总数达 1162 万个，其中 5G 基站[1]为 337.7 万个，

1 自 2023 年 3 月起，将现有 5G 基站中的室内基站数统计口径由按基带处理单元统计调整为按射频单元折算，由于具备使用条件的基站数据是动态更新的，故不能追溯调整以往数据。

占移动基站总数的 29.1%，占比较 2022 年年末提升 7.8 个百分点（见图 D.16）。

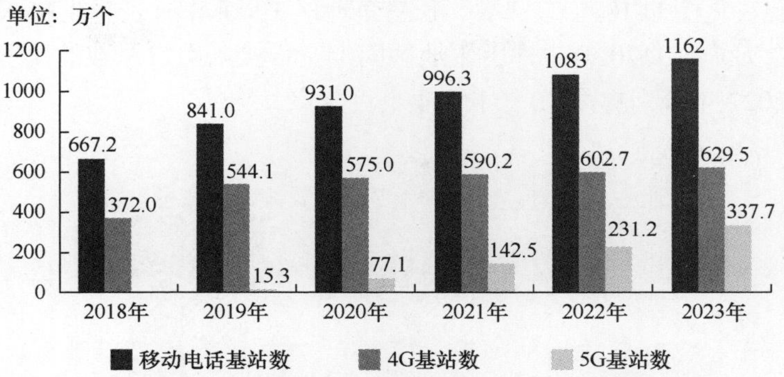

图D.16　2018—2023年移动通信基站发展情况

（四）数据中心机架数量大幅增长

截至 2023 年年底，3 家基础电信企业为公众提供服务的互联网数据中心机架数量达 97 万个，全年净增 15.2 万个。

五、区域发展情况

（一）各地区电信业务收入份额小幅波动

2023 年，东部、西部地区电信业务收入在全国的占比分别为 51.3%、24%，比 2022 年分别提升 0.2 个和 0.1 个百分点；中部、东北地区占比分别为 19.5%、5.2%，比 2022 年分别下降 0.1 个和 0.2 个百分点（见图 D.17）。京津冀地区收入占全国比重为 9.4%，比 2022 年下降 0.1 个百分点；长三角地区收入占全国收入比重为 22.9%，比 2022 年提升 0.3 个百分点。

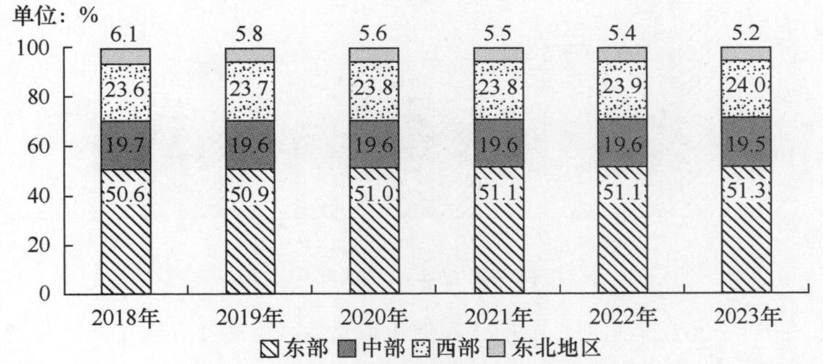

图D.17　2018—2023年东部、中部、西部和东北地区电信业务收入比重

（二）各地区千兆用户占比均实现较快提升

截至 2023 年年底，东部、中部、西部和东北地区 1000Mbps 及以上接入速率的宽带接入用户分别达 7226 万户、4133 万户、4331 万户和 637 万户，占本地区固定宽带接入用户总数

的比重分别为 27.2%、25.6%、25.3%和 17%，占比较 2022 年分别提高 9.5 个、11 个、10.6 个和 8.8 个百分点（见图 D.18）。京津冀、长三角地区 1000Mbps 及以上接入速率的宽带接入用户分别达 1317 万户、3170 万户，占本地区固定宽带接入用户总数的比重分别为 27.5%、25.3%，占比较 2022 年分别提高 10 个和 8.4 个百分点。

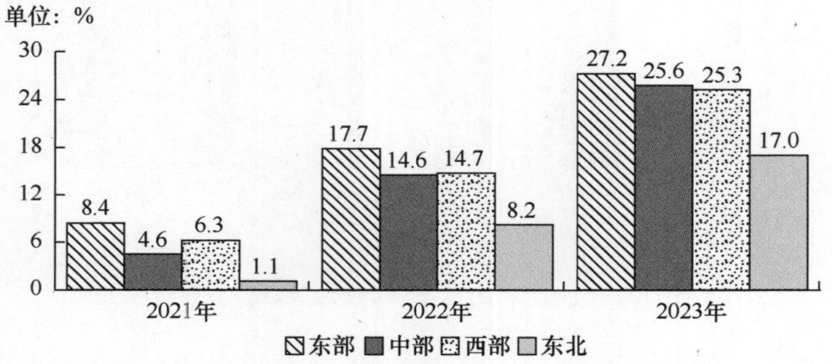

图D.18　2021—2023年东部、中部、西部和东北地区1000Mbps及以上速率固定宽带接入用户渗透率情况

（三）各地区移动互联网接入流量均保持两位数增长

2023 年，东部、中部、西部和东北地区移动互联网接入流量分别达到 1295 亿 GB、693.9 亿 GB、867.3 亿 GB 和 158.9 亿 GB，比 2022 年分别增长 15.9%、17.2%、12.2%和 17.6%，区域间增速差距缩小（见图 D.19）。12 月当月，西部地区当月户均流量达到 19.91GB/户，比东部、中部和东北地区分别高出 1.28GB/户、0.37GB/户和 5.05GB/户。2023 年，京津冀、长三角地区移动互联网接入流量分别达到 218.2 亿 GB 和 552.8 亿 GB，同比分别增长 12.1%和 16.8%。

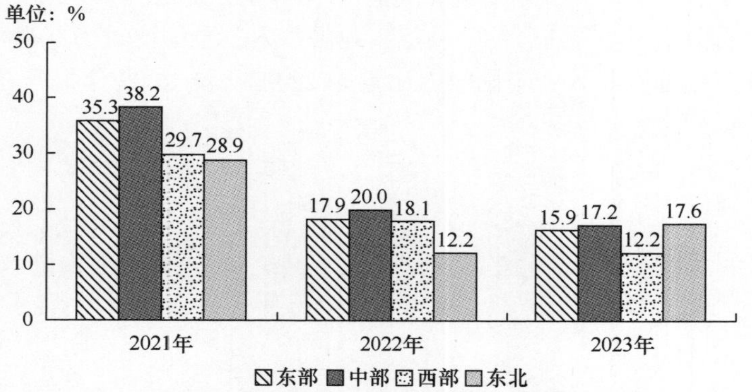

图D.19　2021—2023年东部、中部、西部和东北地区移动互联网接入流量增速情况

附录 E 2023 年软件业经济运行情况

2023 年，我国软件和信息技术服务业（下称“软件业”）运行稳步向好，软件业务收入高速增长，盈利能力保持稳定，软件业务出口小幅回落。

一、总体运行情况

软件业务收入高速增长。2023 年，全国软件和信息技术服务业规模以上企业超过 3.8 万家，累计完成软件业务收入 123258 亿元，同比增长 13.4%（见图 E.1）。

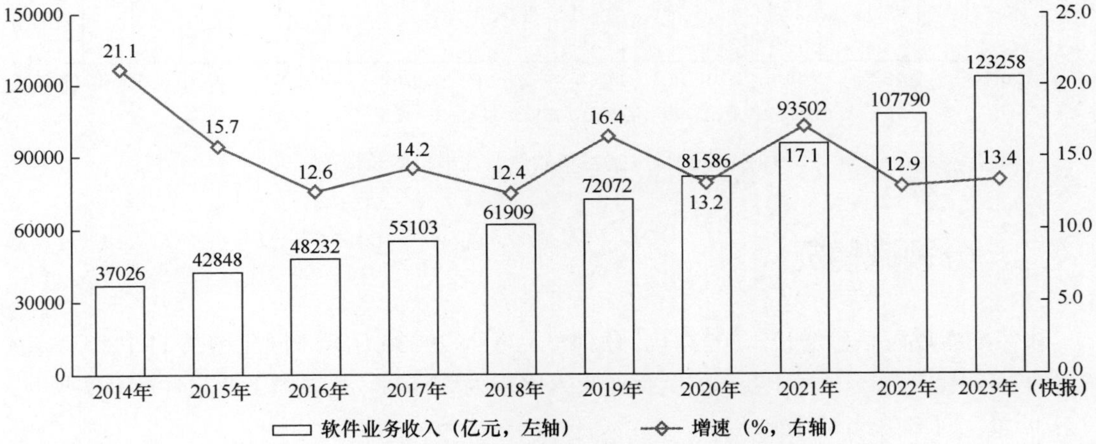

图E.1 2014—2023年软件业务收入增长情况

盈利能力保持稳定。2023 年，软件业利润总额 14591 亿元，同比增长 13.6%，增速较 2022 年同期提高 7.9 个百分点（见图 E.2），主营业务利润率提高 0.1 个百分点至 9.2%。

软件业务出口小幅回落。2023 年，软件业务出口 514 亿美元，同比下降 3.6%（见图 E.3）。其中，软件外包服务出口同比增长 5.4%。

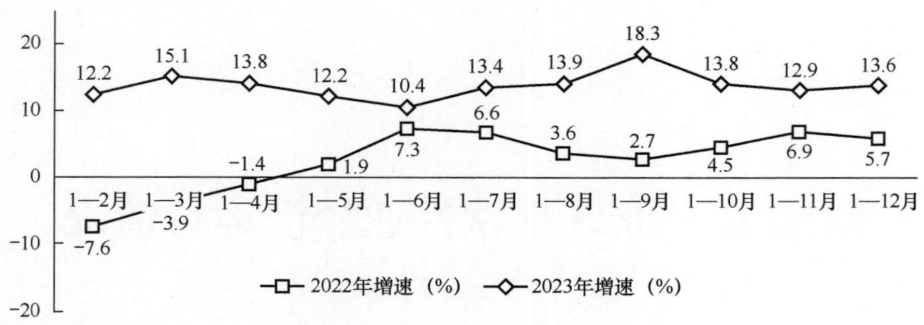

图E.2　2023年软件业务利润总额增长情况

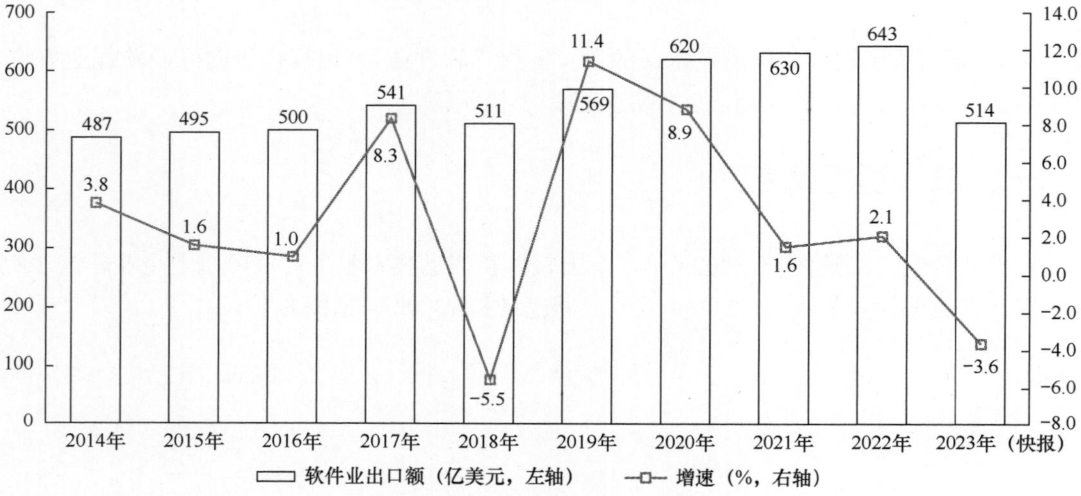

图E.3　2014—2023年软件业务出口增长情况

二、分领域情况

软件产品收入平稳增长。2023 年，软件产品收入 29030 亿元，同比增长 11.1%，增速较 2022 年同期提高 1.2 个百分点，占全行业收入比重为 23.6%。其中，工业软件产品实现收入 2824 亿元，同比增长 12.3%。

信息技术服务收入较快增长。2023 年，信息技术服务收入 81226 亿元，同比增长 14.7%，高出全行业整体水平 1.3 个百分点，占全行业收入比重为 65.9%（见图 E.4）。其中，云服务、大数据服务共实现收入 12470 亿元，同比增长 15.4%，占信息技术服务收入的 15.4%，占比较 2022 年同期提高 0.5 个百分点；集成电路设计收入 3069 亿元，同比增长 6.4%；电子商务平台技术服务收入 11789 亿元，同比增长 9.6%。

信息安全产品和服务收入稳步增长。2023 年，信息安全产品和服务收入 2232 亿元，同比增长 12.4%，增速较 2022 年同期提高 2.0 个百分点。

嵌入式系统软件收入两位数增长。2023 年，嵌入式系统软件收入 10770 亿元，同比增长 10.6%，增速较 2022 年同期回落 0.7 个百分点。

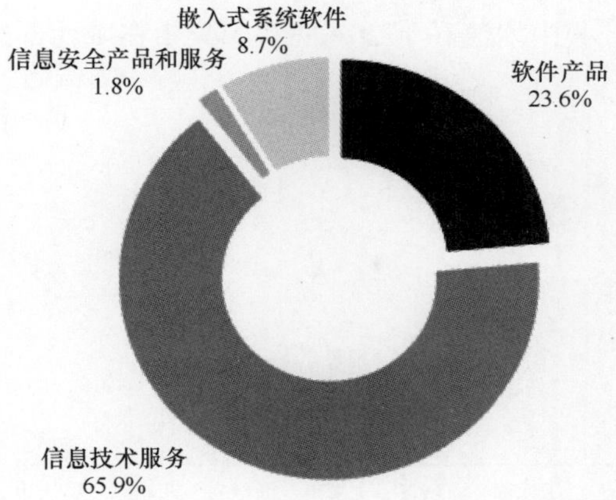

图E.4　2023年软件业分类收入占比情况

三、分地区情况

东部、东北地区保持较快增长，中部地区增势突出。2023 年，东部、中部、西部和东北地区分别完成软件业务收入 100783 亿元、6965 亿元、12626 亿元和 2884 亿元，分别同比增长 13.8%、17.4%、8.7%和 13.9%（见图 E.5）。其中，东部、中部、东北地区高出全国平均水平 0.4 个、4.0 个、0.5 个百分点。4 个地区软件业务收入在全国总收入中的占比分别为 81.8%、5.7%、10.2%和 2.3%。

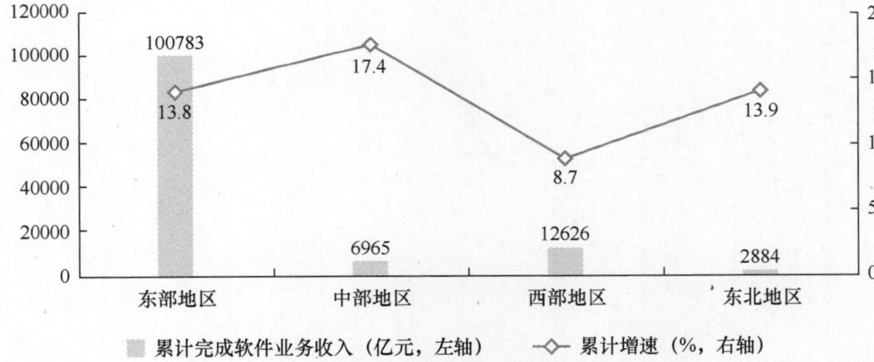

图E.5　2023年软件业分地区收入增长情况

京津冀地区增势突出，长三角地区稳中有升。2023 年，京津冀地区完成软件业务收入 29827 亿元，同比增长 17.1%，高出全国平均水平 3.7 个百分点；长三角地区完成软件业务收入 35437 亿元，同比增长 10.6%，增速较 2022 年同期提高 2.5 个百分点。2 个地区软件业务收入在全国总收入中的占比分别为 24.2%、28.7%。

主要软件大省收入占比小幅提高，部分中西部省市增速亮眼。2023 年，软件业务收入居前 5 名的北京、广东、江苏、山东、上海共完成收入 85135 亿元（见图 E.6），占全国软件业比重的 69.1%，占比较 2022 年同期提高 1.1 个百分点。软件业务收入增速高于全国整体水平的省（区、市）有 13 个，其中增速高于 20%的省份集中在中西部地区，包括内蒙古、安徽、青海等。

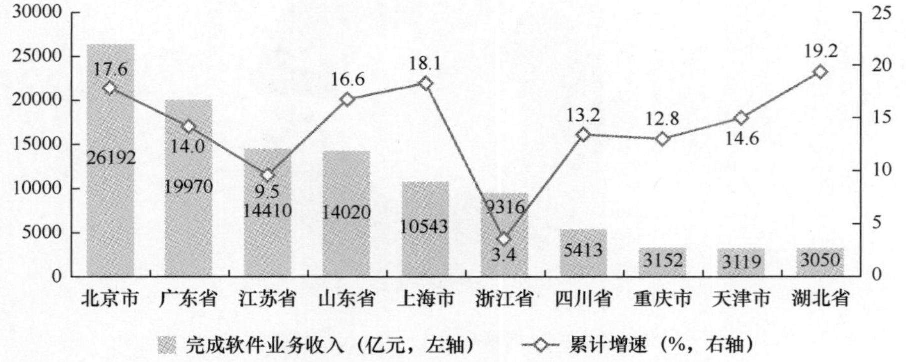

图E.6　2023年软件业务收入前十省市增长情况

中心城市软件业务收入稳步增长，利润总额增速大幅提高。2023 年，全国 15 个副省级中心城市实现软件业务收入 59604 亿元，同比增长 11.2%，增速较 2022 年同期提高 1.2 个百分点，占全国软件业的比重为 48.4%；实现利润总额 7936 亿元，同比增长 15.6%，增速较 2022 年同期提高 13.2 个百分点。其中，哈尔滨、武汉、大连、深圳、济南、青岛、厦门和沈阳软件业务收入同比增速超过全行业整体水平。2023 年前 10 位副省级中心城市软件业务收入增长情况如图 E.7 所示。

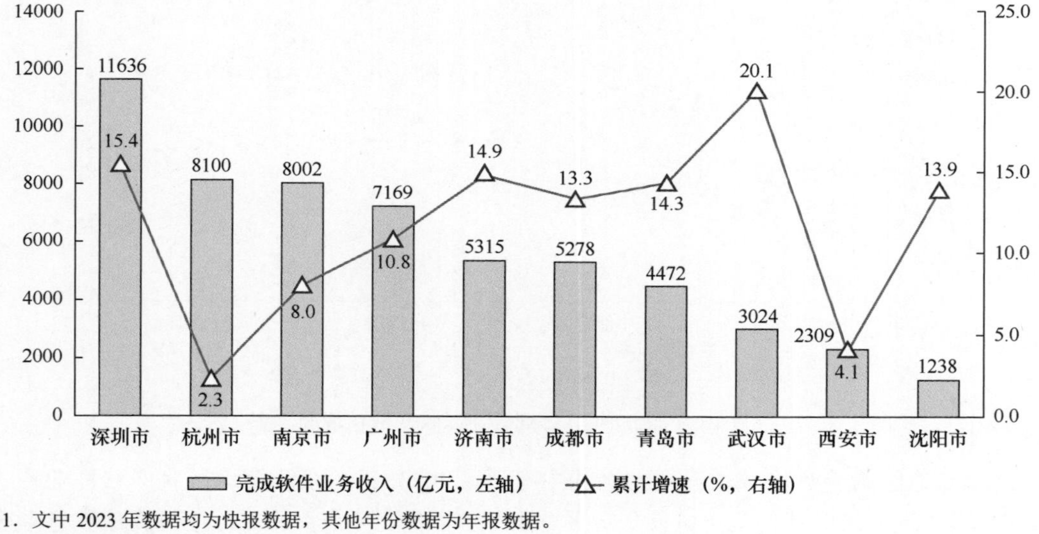

注：1．文中 2023 年数据均为快报数据，其他年份数据为年报数据。

2．文中增速均按可比口径计算。

图E.7　2023年前10位副省级中心城市软件业务收入增长情况

附录 F　2023 年电子信息制造业运行情况

2023 年，我国电子信息制造业生产恢复向好，出口降幅收窄，效益逐步恢复，投资平稳增长，多区域营收降幅收窄。

一、生产恢复向好

2023 年，规模以上电子信息制造业增加值同比增长 3.4%，增速比同期工业低 1.2 个百分点（见图 F.1），但比高技术制造业高 0.7 个百分点。12 月，规模以上电子信息制造业增加值同比增长 9.6%。

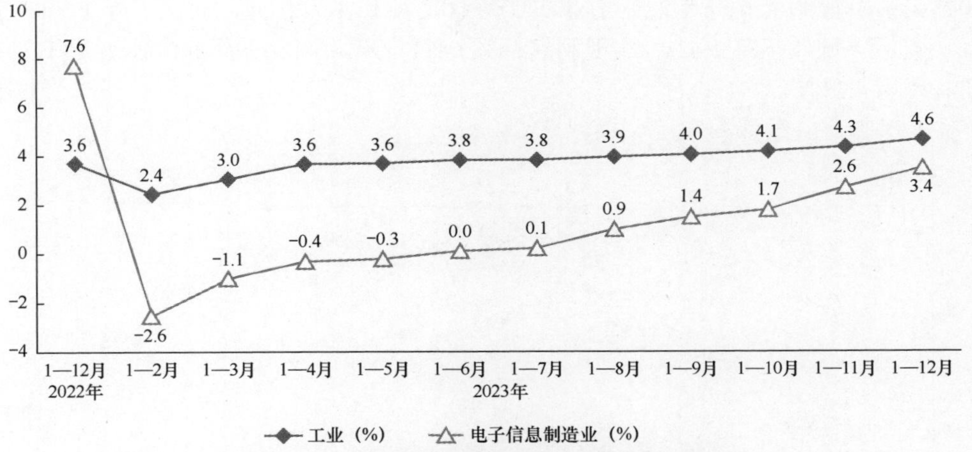

图F.1　电子信息制造业和工业增加值累计增速

2023 年，主要产品中，手机产量 15.7 亿台，同比增长 6.9%，其中智能手机产量 11.4 亿台，同比增长 1.9%；微型计算机设备产量 3.31 亿台，同比下降 17.4%；集成电路产量 3514 亿块，同比增长 6.9%。

二、出口降幅收窄

2023 年，规模以上电子信息制造业出口交货值同比下降 6.3%，比同期工业降幅深 2.4 个百分点（见图 F.2）。12 月，规模以上电子信息制造业出口交货值同比下降 5.5%。

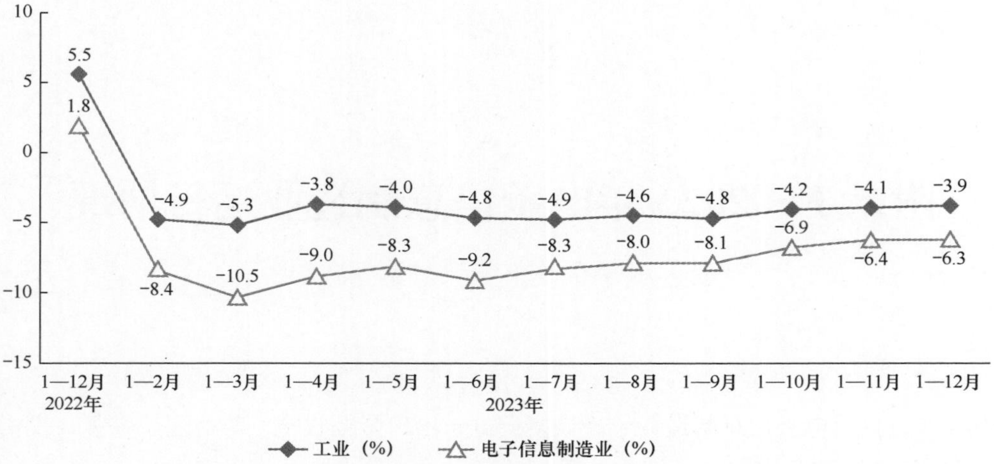

图F.2　电子信息制造业和工业出口交货值累计增速

据海关统计，2023 年，我国出口笔记本电脑 1.4 亿台，同比下降 15.1%；出口手机 8.02 亿台，同比下降 2%；出口集成电路 2678 亿块，同比下降 1.8%。

三、效益逐步恢复

2023 年，规模以上电子信息制造业实现营业收入 15.1 万亿元，同比下降 1.5%；营业成本 13.1 万亿元，同比下降 1.4%；实现利润总额 6411 亿元，同比下降 8.6%（见图 F.3）；营业收入利润率为 4.2%。

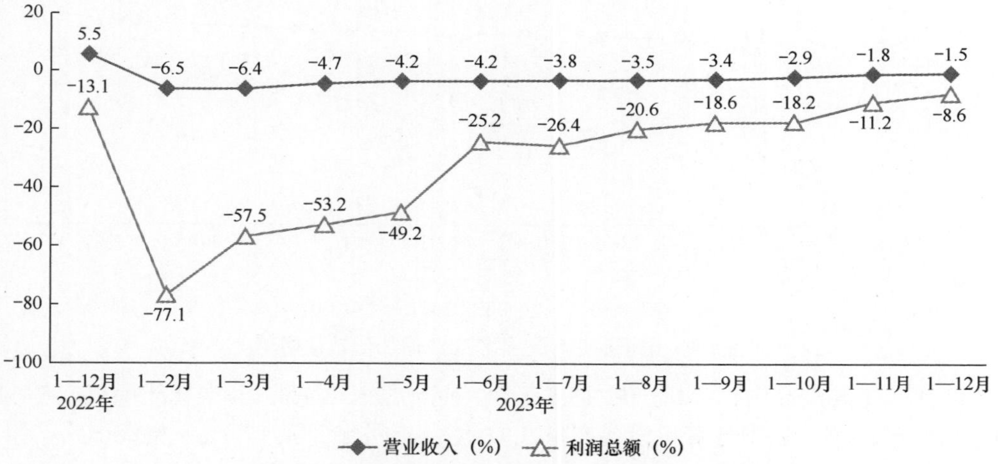

图F.3　电子信息制造业营业收入、利润总额累计增速

四、投资平稳增长

2023 年，电子信息制造业固定资产投资同比增长 9.3%，比同期工业投资增速高 0.3 个百

分点（见图 F.4），但比高技术制造业投资增速低 0.6 个百分点。

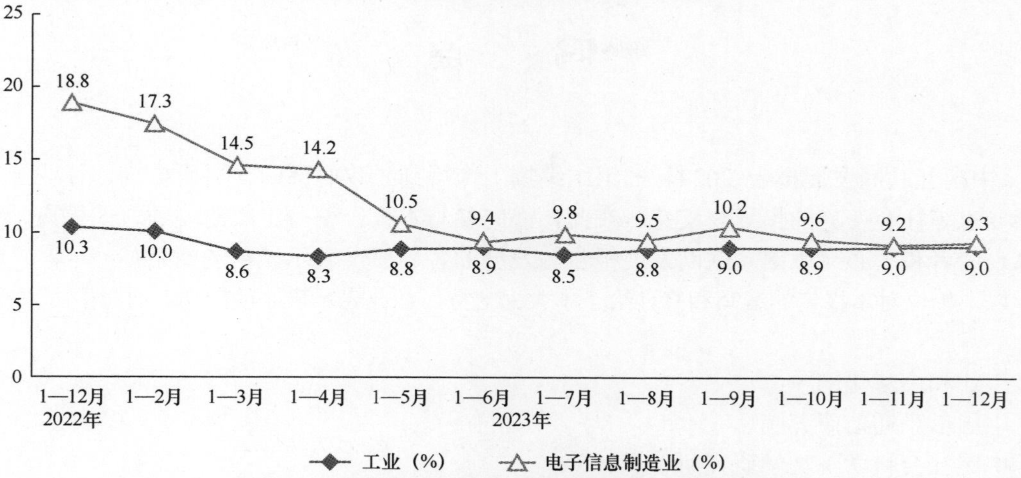

图F.4　电子信息制造业和工业固定资产投资累计增速

五、多区域营收降幅收窄

2023 年，规模以上电子信息制造业东部地区实现营业收入 102827 亿元，同比下降 1.2%；中部地区实现营业收入 25331 亿元，同比下降 1.5%；西部地区实现营业收入 21903 亿元，同比下降 3.3%；东北地区实现营业收入 1007 亿元，同比增加 9%（见图 F.5）。4 个地区电子信息制造业营业收入占全国比重分别为 68.1%、16.8%、14.5%和 0.7%。

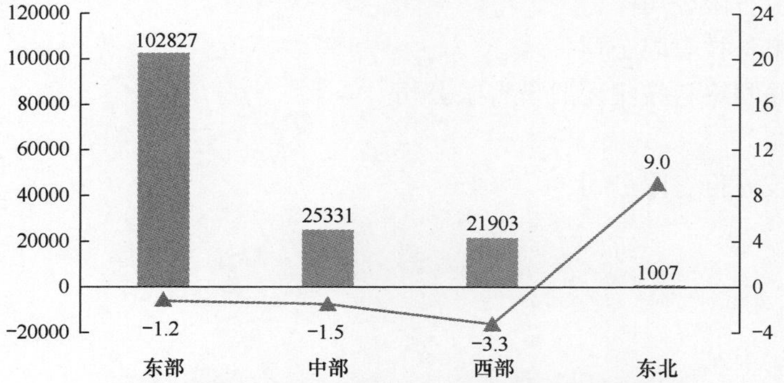

图F.5　电子信息制造业分地区营业收入增长情况

注：1．文中统计数据除注明外，其余均为国家统计局数据或据此测算。

2．文中“电子信息制造业”与国民经济行业分类中的“计算机、通信和其他电子设备制造业”为同一口径。

2023 年，规模以上电子信息制造业京津冀地区实现营业收入 7497 亿元，同比下降 2.8%，营收占全国比重为 5%；长三角地区实现营业收入 42600 亿元，同比下降 1.8%，营收占全国比重为 28.2%。

鸣　谢

《中国互联网发展报告 2024》的组织编撰工作得到了政府部门、科研机构、行业企业及业界专家等社会各界的指导与支持。在此，谨向参与本报告编写出版的编委、撰稿人、审校专家、读者和关心《中国互联网发展报告》发展的各界朋友表示诚挚的谢意。

以下单位对本报告的编写和修订给予了大力支持，在此表示衷心的感谢！（排序不分先后）

工业和信息化部
中国信息通信研究院
中国社会科学院文学研究所
南开大学新闻与传播学院
深圳和讯华谷信息技术有限公司
北京易观智库网络科技有限公司
同程网络科技股份有限公司
贝壳找房（北京）科技有限公司
美团研究院
艾瑞数智科技有限公司
北京网聘信息技术有限公司
芒果超媒股份有限公司
广州中旭未来科技有限公司
芜湖三七互娱网络科技集团股份有限公司
同道猎聘集团
南京领行科技股份有限公司